AF300973

Ausgewählte
Untersuchungsverfahren
in der Metallkunde

Die Anforderungen, die an die
Werkstofforschung und -entwick-
lung gestellt werden, steigen ständig. Laufend tritt die Industrie
mit neuen Anforderungen bezüglich der Eigenschaften der Werkstoffe und ihres Einsatzes an die
Forschung heran. Die immer komplizierter werdenden Probleme der
Werkstoffentwicklung und -opti-
mierung erfordern eine ständige
Erweiterung des Methodenkom-
plexes, der für die Werkstoffforschung zur Verfügung steht.
Bestehende Methoden wurden weiter ausgebaut und verfeinert, neue
Methoden wurden entwickelt.
Anspruchsvolle Werkstoffe stellen
auch hohe Ansprüche an die Her-
stellungstechnologien. Geringe
Abweichungen von den technologischen Parametern führen oft
schon zu unbrauchbaren End-
produkten. Auch hier müssen
oftmals sehr aufwendige Untersuchungsverfahren zur Klärung
der Schadensursache eingesetzt
werden. Das vorliegende Buch
wendet sich vorwiegend an den
auf dem Metallsektor tätigen
Praktiker, der mit Fragen der
Werkstoffentwicklung und Quali-
tätssicherung konfrontiert wird.
Es soll ihm einen Einblick in
Grundprinzipien und Anwendungsmöglichkeiten einiger ausgewählter
Analysenmethoden vermitteln
und ihn bei der Auswahl von Methoden unterstützen, die für die
Lösung seiner Probleme geeignet
erscheinen.

VEB Deutscher Verlag
für Grundstoffindustrie · Leipzig

Distributed by Springer-Verlag
Wien – New York

Von einem Autorenkollektiv
unter Federführung
von Dr.-Ing. HANS-JÖRG HUNGER

Mit 206 Bildern und 25 Tabellen

Ausgewählte Untersuchungsverfahren in der Metallkunde

Autorenkollektiv:

Dr. sc. nat. Günter Dlubek
Dr.-Ing. Hans-Jörg Hunger
Dr.-Ing. Bernd Kämpfe
Dr.-Ing. Peter Käufler
Dr. rer. nat. Jürgen Klöber
Dr. rer. nat. Carl-Ernst Richter
Dr.-Ing. Burckhard Simmen
Dr. rer. nat. Hubert Vöhse
Dr. rer. nat. Frank Werfel
Dr. rer. nat. Egbert Wieser
Dr. sc. nat. Gert Wolf

ISBN-13: 978-3-7091-9504-8   e-ISBN-13: 978-3-7091-9503-1
DOI: 10.1007/978-3-7091-9503-1
(Springer-Verlag Wien – New York)
1. Auflage
© VEB Deutscher Verlag für Grundstoffindustrie
Leipzig 1983
Softcover reprint of the hardcover 1st edition 1983
VLN 152-915/62/83
Gesamtgestaltung: Gottfried Leonhardt, Leipzig
Vignetten: Gerhard Raschpichler, Leipzig
Lektor: Hartmut Stephan
Gesamtherstellung: INTERDRUCK
Graphischer Großbetrieb Leipzig – III/18/97
Redaktionsschluß: 10. 6. 1982

Geleitwort

Metallkundler, (allgemeine) Werkstoffwissenschaftler und Werkstoffingenieure werden bei der Klärung der Zusammenhänge zwischen *Technologie → Struktur, Gefüge → Eigenschaften* in steigendem Maße mit modernen Untersuchungsmethoden konfrontiert. Diese Verfahren müssen meist in Kombination eingesetzt werden, um die Frage beantworten zu können, *warum* eine Technologie *wie* gestaltet werden muß, damit gewünschte Eigenschaften bzw. die dafür erforderlichen Struktur- und Gefügeparameter erreicht werden. Um die in der metallkundlichen (werkstoffwissenschaftlichen) Fachliteratur in steigendem Maße veröffentlichten Ergebnisse moderner Untersuchungsmethoden verstehen, richtig einschätzen und evtl. für die Lösung eigener Probleme nutzen zu können, benötigt auch der »Nichtphysiker« Grundkenntnisse des Prinzips und der Möglichkeiten und Grenzen der betreffenden Verfahren.

In dem vorliegenden Buch haben erfahrene Fachleute der behandelten Spezialgebiete den Versuch unternommen, eine Darstellung von ausgewählten, heute in den meisten werkstoffwissenschaftlichen Forschungszentren vorhandenen oder durch Kooperation mit Speziallaboratorien zugänglichen, modernen und z. T. schon klassischen Untersuchungsverfahren der Metallkunde zu erarbeiten, die bewußt den »Nutzer« von Ergebnissen anspricht.

Dadurch soll die Lücke zwischen der dem aktiv die Verfahren betreibenden Spezialisten gewidmeten Literatur und den auf die Grundprinzipien der genannten Verfahren eingeschränkten metallkundlichen oder werkstoffwissenschaftlichen Lehrbüchern geschlossen werden.

Mit dem Buch sollen nicht nur in Industrie und Forschung, in Technologie und Entwicklung tätige Metallkundler, sondern auch Werkstofftechniker und Werkstoffingenieure sowie Studierende dieser Fachrichtungen angesprochen werden.

Obwohl die Beispiele bewußt auf metallische Werkstoffe beschränkt sind, können auch Bearbeiter anderer Werkstoffgruppen (wie Hochpolymere, anorganisch-nichtmetallische Werkstoffe, Silikat- und keramische Werkstoffe, Baustoffe), ja selbst Geowissenschaftler und Mineralogen sowie mit werkstoffkundlichen Fragestellungen beschäftigte Physiker und Chemiker einen raschen Überblick über die verfügbaren Untersuchungsmethoden und deren Aussagemöglichkeiten erhalten.

Prof. Dr. sc. techn. D. BERGNER
Bergakademie Freiberg,
Sektion Metallurgie und Werkstofftechnik,
Wissenschaftsbereich Physikalische Metallkunde

Vorwort

Das vorliegende Buch bietet eine Auswahl von Untersuchungsmethoden, die aus der heutigen Werkstofforschung nicht mehr wegzudenken sind. Es wendet sich vor allem an die vielen Techniker und Ingenieure der Praxis, die keinen unmittelbaren Umgang mit diesen Methoden haben, und soll ihnen einen ersten Einblick in Wirkprinzipien und Anwendungsmöglichkeiten dieser Methoden vermitteln. Es soll mit dazu beitragen, den Praktiker zu befähigen, sowohl schneller und zielsicherer die Methoden auszuwählen, die für die Lösung seines speziellen Problems Erfolg versprechen, als auch im Kontakt mit dem Methodiker als qualifizierter Gesprächspartner aufzutreten. Bezüglich der abzuhandelnden Methoden konnte nur eine Auswahl getroffen werden, da eine umfassende Darstellung metallkundlicher Untersuchungsverfahren den Rahmen des Möglichen gesprengt hätte. Das gleiche gilt auch für die stoffliche Beschränkung. Allerdings ist diese Beschränkung nicht so wesentlich, da die Grundprinzipien der Methoden werkstoffunabhängig sind und man leicht auch Rückschlüsse auf andere Werkstoffe ziehen kann. Bei der Abhandlung der Methoden wurde auf eine einfache und klare Darstellung Wert gelegt. Für diejenigen, die über das hier Gesagte hinaus mehr wissen wollen, sind Monographien und Originalarbeiten zitiert, anhand deren eine Vertiefung der Kenntnisse erfolgen kann. Als Einleitung wird im Kapitel 1 ein Überblick gegeben über Werkstoffeigenschaften und -struktur sowie deren Beeinflussung durch äußere Einflußfaktoren. Zusätzlich enthält es Erläuterungen zu einigen physikalischen Begriffen, die in manchen der nachfolgenden Kapitel Verwendung finden.

Im Kapitel 2 wird auf thermodynamische Untersuchungsverfahren eingegangen, da die Bedeutung der Thermodynamik in der Praxis noch häufig unterschätzt wird. Es folgen Ausführungen zu solchen bekannten Methoden wie der quantitativen Metallographie, Röntgenfeinstrukturanalyse, Durchstrahlungselektronenmikroskopie usw. Das Kapitel über Positronenannihilation ist als Ausblick auf eine Methode gedacht, die noch keine allgemeine Verbreitung in der Metallkunde gefunden hat, deren Beiträge zur Grundlagenforschung jedoch auch in Zukunft mit Interesse verfolgt werden sollten.

Das Buch wendet sich zwar zunächst an metallkundlich orientierte Wissenschaftler, kann aber auch anderen stofflich orientierten Wissenschaftlern, wie Chemikern, Mineralogen und Physikern, als Informationsquelle dienen, ebenso wie Studenten obengenannter Fachrichtungen.

Den Herren Prof. Dr. BRÜMMER und Prof. Dr. BERGNER danken wir an dieser Stelle für viele nützliche Hinweise und dem Verlag für die gute Zusammenarbeit.

Freiberg *Die Autoren*

Inhaltsverzeichnis

1. Peter Käufler und Hans-Jörg Hunger

Einführung 15

1.1. Stoffeigenschaften – systematische Aspekte 15
1.2. Strukturelle Einflußfaktoren auf die makroskopischen Stoffeigenschaften 19
1.3. Untersuchung von Materialzusammensetzung und -struktur 20
1.4. Erläuterungen zu einigen Begriffen der Elektronenstruktur 23

    1.4.1. Schalenaufbau der Atome und spektroskopische Termsymbolik 23
    1.4.2. Übergang von den Elektronenzuständen im isolierten Atom zu den Elektronen-
    zuständen im Festkörper – das Bändermodell 25
    Literaturverzeichnis 26

2. Gert Wolf

Thermodynamische Untersuchungsmethoden 27

2.1. Einleitung 27
2.2. Metallkundliche Probleme und die dafür interessanten thermodynamischen Untersuchungsmethoden 28

    2.2.1. Chemische Stoffwandlungsprozesse der Metallkunde und thermodynamische
    Untersuchungsmethoden 29
    2.2.2. Physikalisch-chemische Stoffwandlungsprozesse der Metallkunde und thermo-
    dynamische Untersuchungsmethoden 32
    2.2.3. Physikalische Stoffwandlungsprozesse der Metallkunde und thermodynamische
    Untersuchungsmethoden 34
    2.2.4. Physikalische Eigenschaften metallischer Werkstoffe und thermodynamische
    Untersuchungsmethoden 37

2.3. Kalorimetrische Untersuchungsmethoden 39

    2.3.1. Grundlagen der Kalorimetrie 39
    2.3.2. Betriebsarten von Kalorimetern 42
    2.3.2.1. Dynamische Kalorimeter 42
    2.3.2.2. Statische Kalorimeter 43
    2.3.3. Spezielle kalorimetrische Untersuchungsverfahren 45

2.4.   Gleichgewichtsmethoden zur Untersuchung von Metallen und Legierungen 48

    2.4.1.   Messungen von elektromotorischen Kräften 48
    2.4.2.   Partialdruckmessungen über Mischphasen 49
    Literaturverzeichnis 51

3. BURKHARD SIMMEN
Quantitative Metallographie 53

3.1.   Gegenstand der quantitativen Metallographie 53
3.2.   Systematisierung des Gefügeaufbaus nach geometrischen Gesichtspunkten 55
3.3.   Halbquantitative metallographische Untersuchungsverfahren 58
3.4.   Grundlegende Arbeitsverfahren 59

    3.4.1.   Flächenanalyse 59
    3.4.1.1.   Bestimmbare Gefügekenngrößen und Arbeitsprinzip 59
    3.4.1.2.   Bestimmung der mittleren Kornfläche für den Sonderfall einphasig-polyedrischer
           Gefüge 60
    3.4.1.3.   Hinweise zur Durchführung der Flächenanalyse – Einschätzung des Verfahrens. . . . 60
    3.4.2.   Punktzählung 61
    3.4.3.   Linearanalyse 62
    3.4.3.1.   Meßprinzip und Anwendung bei einphasig-polyedrischen Gefügen 62
    3.4.3.2.   Anwendung bei Matrixgefügen 63
    3.4.3.3.   Anwendung bei mehrphasig-polyedrischen Gefügen 64
    3.4.3.4.   Anwendung bei orientierten Gefügen 64
    3.4.3.5.   Hinweise zur Durchführung der Linearanalyse 65
    3.4.4.   Zusammenfassende Betrachtung der Verfahren Flächenanalyse, Punktzählung und
           Linearanalyse 67

3.5.   Hinweise zur Aufnahme und Darstellung von Größenverteilungen 68
3.6.   Hilfsmittel und Geräte für die quantitative Metallographie 71

    3.6.1.   Mikroskopzubehör und elektromechanische Integriervorrichtungen 71
    3.6.2.   Automatische Bildanalysatoren 72

3.7.   Anwendungsbeispiele für quantitative metallographische Untersuchungen 77
    Literaturverzeichnis 79

4. BERND KÄMPFE und HANS-JÖRG HUNGER
Röntgenfeinstrukturanalyse 80

4.1.   Grundlagen 81

    4.1.1.   Kenngrößen der Röntgenstrahlung 81
    4.1.1.1.   Merkmale der Röntgenstrahlung 81
    4.1.1.2.   Aufbau und Spektrum einer Röntgenröhre 81
    4.1.1.3.   Strahlungsauswahl und Strahlungsdetektoren 82
    4.1.2.   Überblick über die Beugungsanalyse 83

4.1.2.1.   Beugung am Kristallgitter 83
4.1.2.2.   Kennzeichnung von Netzebenen im Kristallgitter – MILLERsche Indizes 84
4.1.2.3.   BRAGGsche Reflexion 85
4.1.2.4.   Reziprokes Gitter 86
4.1.2.5.   EWALDsche Konstruktion 88
4.1.2.6.   Bemerkungen zu Einkristalluntersuchungen 89
4.1.2.7.   Polkugelmodell.. 90

4.2.   Durchführung von Vielkristalluntersuchungen 92

4.2.1.   Einteilung der Interferenzen................................ 92
4.2.2.   Überblick über die Aufnahmetechnik 93

4.3.   Auswertung der Röntgeninterferenzen......................... 98

4.3.1.   Struktur- und Phasenanalyse 98
4.3.1.1.   Widerspiegelung der Struktur in der radialen Intensitätsverteilung............. 98
4.3.1.2.   Gitterparameterbestimmung 100
4.3.1.3.   Qualitative Phasenanalyse 104
4.3.1.4.   Quantitative Phasenanalyse 106
4.3.2.   Gefügeanalyse 109
4.3.2.1.   Zusammenhänge zwischen Gefüge und DEBYE-SCHERRER-Ring des Vielkristalls... 109
4.3.2.2.   Anwendungsmöglichkeiten 110
4.3.3.   Realstrukturuntersuchungen 111
4.3.3.1.   Einflüsse der Realstruktur des Vielkristalls auf eine Interferenzlinie............ 111
4.3.3.2.   Präzisionsgitterkonstanten-Bestimmung 115
4.3.3.3.   Messung von Spannungen 1. Art 117
4.3.3.4.   Versetzungsdichtebestimmung 119
           Literaturverzeichnis 121

EGBERT WIESER

5. Neutronenstreuung 122

5.1.   Grundlagen 122

5.1.1.   Eigenschaften thermischer Neutronen 123
5.1.2.   Vergleich von Neutronenbeugung und Röntgenbeugung 125

5.2.   Experimentelles 125
5.3.   Kristallstrukturuntersuchungen 127

5.3.1.   Ordnungsvorgänge....................................... 127
5.3.1.1.   Fernordnung – Überstrukturreflexe 127
5.3.1.2.   Nahordnung – diffuse Streuung 128
5.3.2.   Wasserstoff in Metallen 129

5.4.   Phasenanalyse.. 130

5.4.1.   Zusammensetzung mehrphasiger Systeme 130
5.4.2.   Bildung neuer Phasen – Kleinwinkelstreuung................... 130

5.5.   Texturuntersuchungen 131
5.6.   Untersuchung magnetischer Momente und Strukturen 134

  5.6.1.   Experimentelle Besonderheiten 134
  5.6.2.   Magnetstrukturen 134
  5.6.3.   Größe der atomaren magnetischen Momente 136
            Literaturverzeichnis 136

6.

HUBERT VÖHSE

Durchstrahlungs-Elektronenmikroskopie 138

6.1.   Einführung 139
6.2.   Probenpräparation 139

  6.2.1.   Allgemeines 139
  6.2.2.   Präparationsverfahren 140
  6.2.2.1. Oberflächenabdrücke 140
  6.2.2.2. Präparation elektronentransparenter Folien aus dem kompakten Material 141
  6.2.2.3. Zielpräparationen 143
  6.2.2.4. Folienaufbewahrung 143

6.3.   Gerätetechnik 144

  6.3.1.   Allgemeines 144
  6.3.2.   Mikroskopausstattung 144
  6.3.2.1. Durchstrahlungs-Elektronenmikroskop 144
  6.3.2.2. Raster-Durchstrahlungs-Elektronenmikroskop 146
  6.3.2.3. Zusatzeinrichtungen zur Objektmanipulierung 148

6.4.   Elektronenmikroskopisches Bild 148

  6.4.1.   Grundlagen 148
  6.4.2.   Abbildungstechniken im Beugungskontrast 152
  6.4.3.   Beugungstechniken 162
  6.4.4.   Höchstauflösende Elektronenmikroskopie 167
  6.4.5.   Höchstspannungs-Elektronenmikroskopie 169

6.5.   Anwendungen 170
          Literaturverzeichnis 173

7.

HANS-JÖRG HUNGER

**Elektronenstrahl-Mikroanalyse und
Rasterelektronen-Mikroskopie** 175

7.1.   Einführung 176
7.2.   Grundlagen der Elektronenstrahl-Mikroanalyse 176

  7.2.1.   Erzeugung und Absorption von Röntgenstrahlung 177
  7.2.1.1. Röntgenbremsstrahlung 177

7.2.1.2.	Charakteristische Strahlung	177
7.2.1.3.	Absorption von Röntgenstrahlung	179
7.2.2.	Elektronenemission und Absorption·	180
7.3.	Gerätetechnik	181
7.3.1.	Prinzipieller Aufbau eines Elektronenstrahl-Mikroanalysators	181
7.3.2.	Spektrometrie der Röntgenstrahlung	182
7.3.2.1.	Wellenlängendispersives Spektrometer	182
7.3.2.2.	Energiedispersives Spektrometer	183
7.3.3.	Rasterprinzip	184
7.4.	Rasterelektronen-Mikroskopie	184
7.4.1.	Bildentstehung	184
7.4.1.1.	Sekundärelektronenbild	184
7.4.1.2.	Rückstreuelektronen	186
7.4.1.3.	Probenstrombild	188
7.4.2.	Bildqualität und Auflösung	188
7.5.	Röntgenmikroanalyse	189
7.5.1.	Probenpräparation	189
7.5.2.	Qualitative Analyse	190
7.5.3.	Elementverteilungsanalyse	190
7.5.3.1.	Linienanalyse	190
7.5.3.2.	Flächenanalyse	191
7.5.4.	Quantitative Analyse	193
7.5.4.1.	Prinzipien der quantitativen Röntgenmikroanalyse	193
7.5.4.2.	Fehler der quantitativen Analyse	194
7.5.4.3.	Nachweisgrenze der Röntgenmikroanalyse	194
7.5.5.	Analyse dünner Schichten	195
	Literaturverzeichnis	195

CARL-ERNST RICHTER

8. **Sekundärionen-Massenspektrometrie und Ionenstrahl-Mikroanalyse**

8.	Sekundärionen-Massenspektrometrie und Ionenstrahl-Mikroanalyse	197
8.1.	Einführung	198
8.2.	Grundlagen der Sekundärionen-Massenspektrometrie (SIMS)	199
8.2.1.	Sputter- und Ionisierungsprozeß	199
8.2.2.	Verarbeitung und Nachweis der Sekundärionen	201
8.3.	Gerätetechnik	202
8.3.1.	Nichtabbildende Geräte	202
8.3.2.	Abbildende Geräte	202
8.3.3.	Kombinationsgeräte	205
8.4.	Anwendung der SIMS	205
8.4.1.	Probenpräparation	205

8.4.2.   Qualitative Analyse 206
8.4.3.   Quantitative Analyse 208
            Literaturverzeichnis 209

9.   FRANK WERFEL

            Photoelektronen-Spektroskopie 211

9.1.   Prinzipien der Photoelektronen-Spektroskopie an Festkörpern 212

   9.1.1.   Elektronenbindungsenergie und chemische Verschiebung 212
   9.1.2.   Valenzelektronenniveaus 215
   9.1.3.   Photoelektrischer Wirkungsquerschnitt und Winkelverteilung 216

9.2.   Apparative Voraussetzungen 217
9.3.   Aufnahme von ESCA-Spektren 219

   9.3.1.   Probenpräparation 219
   9.3.2.   Photoelektronen aus Metallen 220
   9.3.3.   Informationen zur Oberfläche 225
   9.3.4.   ESCA als Analysenmethode 226
            Literaturverzeichnis 227

10.   JÜRGEN KLÖBER

            Auger-Elektronenspektroskopie 229

10.1.   Grundlagen 230

   10.1.1. AUGER-Elektronenemission und Charakteristika der bei Elektronenbeschuß aus
            Festkörpern emittierten Elektronen 230
   10.1.2. Bezeichnung, Energie und Intensität der AUGER-Elektronenemission 231
   10.1.3. Quantitative Fassung des AUGER-Elektronenstroms aus Festkörpern 234

10.2.   Experimentelle Technik 236
10.3.   Anwendungen in der Werkstofforschung 240

   10.3.1. Ermittlung der Oberflächen-Elementkonzentrationen 240
   10.3.2. Untersuchung des Deckschichtaufbaus und des Konzentrationsprofils 241
   10.3.3. Aussagen zum Bindungszustand 242
   10.3.4. Beispiele 244
            Literaturverzeichnis 245

11.   HANS-JÖRG HUNGER und EGBERT WIESER

            Mössbauer-Spektroskopie 247

11.1.   Grundlagen 248

   11.1.1. MÖSSBAUER-Effekt 248

11.1.2.   Charakteristische Größen 250
11.1.2.1. Isomerieverschiebung 251
11.1.2.2. Magnetische Aufspaltung 251
11.1.2.3. Quadrupolaufspaltung 253

11.2.   'Experimentelle Aspekte 255

11.2.1.   Meßapparatur 255
11.2.2.   Quellen 256
11.2.3.   Anforderungen an das Probenmaterial und Nachweisgrenzen für ^{57}Fe 256

11.3.   Anwendungsmöglichkeiten 257

11.3.1.   Ordnungserscheinungen 257
11.3.2.   Ausscheidungen und Diffusionsprozesse 259
11.3.3.   Phasenumwandlungen 261
11.3.4.   Phasenanalyse 264
           Literaturverzeichnis 265

GÜNTER DLUBEK

12.

Positronenannihilation 266

12.1.   Einführung 267
12.2.   Grundlagen der Methode 267
12.3.   Meßtechnik 268

12.3.1.   Positronen-Lebensdauermessung 268
12.3.2. 2γ-Winkelkorrelationsmessung 270
12.3.3. γ-Linienformmessung 272

12.4.   Theorie der Positronenannihilation in Realkristallen 273
12.4.1.   Positron-Kristallbaufehler-Wechselwirkung und Annihilationscharakteristik 273
12.4.2.   Phänomenologische Beschreibung der Positron-Kristallbaufehler-Wechselwirkung
           und Meßdatenauswertung 274

12.5.   Anwendung der Positronenannihilation zur Untersuchung von Kristallbaufehlern
           in Metallen 276

12.5.1.   Leerstellen im thermischen Gleichgewicht 276
12.5.1.1. Reine Metalle 276
12.5.1.2. Verdünnte Legierungen 278
12.5.1.3. Legierungen 279
12.5.2.   Kristallbaufehler durch plastische Verformung 280
12.5.2.1. Versetzungsdichte und Leerstellenkonzentration 280
12.5.2.2. Erholung und Rekristallisation 281
12.5.3.   Ordnungs- und Entmischungserscheinungen in Legierungen 283
12.5.3.1. Nah- und Fernordnung 283
12.5.3.2. Entmischung 283
12.5.4.   Ausblick auf weitere Anwendungen 285
           Literaturverzeichnis 286

Sachwörterverzeichnis 288

1 Einführung

Von PETER KÄUFLER, VEB Halbzeugwerk Auerhammer, Aue,
und HANS-JÖRG HUNGER, VEB Bergbau- und Hüttenkombinat
»ALBERT FUNK«, Freiberg

Die Entwicklung der Technik und das Rohstoffangebot stellen Werkstoff-
forscher vor immer neue schwierige Aufgaben. Einerseits steht die Forderung, Werkstoffe mit neuen Eigenschaften zu entwickeln, andererseits
gilt es, Werkstoffe mit verfügbarem und kostengünstigem Ausgangsma-
terial anstelle bekannter Werkstoffe aus teuren Rohstoffen einzusetzen.
Viele neue Werkstoffe werden heute z. B. in der elektronischen Industrie
sowie in der Luft- und Raumfahrttechnik benötigt. Auf dem Gebiet der Werkstoffsubsti-
tution geht es vor allem um Einsparung bzw. Ersatz der Edelmetalle Au, Ag und Pd, die
vorwiegend als Kontaktwerkstoffe Verwendung finden, als auch um Einsparung solcher
Metalle wie Cu, Co, Ni, Mn, Mo, W und Sn.
Bei der heute zur Verfügung stehenden Palette von Werkstoffen ist die Entwicklung und
Produktion neuer Werkstoffe nur mit einem hohen materiellen und technischen
Aufwand möglich. Das drückt sich seitens der Werkstofforschung in einer raschen Neu-
und Weiterentwicklung verschiedener analytischer Verfahren aus, ohne die die heutige
Werkstofforschung nicht mehr auskommt. Andererseits sind hochwertige Werkstoffe
nur mit Hilfe komplizierter Technologien herzustellen. Die genaue Einhaltung ihrer
Parameter ist Bedingung für eine gute Qualität des Erzeugnisses. Um die Ursache von
mitunter auftretenden Qualitätsmängeln des erzeugten Werkstoffes oder Produktes zu
klären, müssen auch hier oftmals subtile Untersuchungsmethoden herangezogen werden.
Ihre Prinzipien und Möglichkeiten zu kennen ist grundlegende Voraussetzung für eine
erfolgreiche Arbeit auf dem Gebiet der Werkstoffentwicklung und Schadensfallanalyse.

1.1. Stoffeigenschaften – systematische Aspekte

Die Untersuchungsverfahren zur Charakterisierung von Werkstoffen beruhen auf einer Wechselwirkung zwischen Meßsonde und Objekt.
Erfaßt die Wechselwirkung die Probe als Gesamtheit, so erhält man Aussagen über die makroskopischen Stoffeigenschaften. Diese makroskopischen Eigenschaften werden jedoch durch den
inneren Aufbau der Werkstoffe bestimmt, d. h.
von ihrer Struktur und ihrem Gefüge. Über die
Definition von Struktur und Gefüge liegen z. Z.
noch unterschiedliche Auffassungen vor [1.1],
[1.2]. Deshalb wird hier für beide Begriffe keine
Definition gegeben. Es hat sich jedoch als prakti-
kabel erwiesen, unter der Struktur den atomaren
Aufbau der Stoffe zu verstehen, einschließlich
der Art, Anzahl und Verteilung ihrer Baufehler,
wie z. B. Leerstellen, Fremdatome, Versetzungen
und Korngrenzen, und unter dem Gefüge die
Anzahl sowie die Menge der den Werkstoff aufbauenden Phasen einschließlich ihrer Korngröße,
der gegenseitigen räumlichen Anordnung der
Körner und ihrer Orientierung. Selbstverständlich ist zwischen Struktur und Gefüge nicht immer
klar zu unterscheiden. Man denke nur an das

Problem der Ausscheidungen, die mit einer örtlichen Veränderung der Struktur beginnen und in der Bildung einer neuen Phase enden.

Die makroskopischen Stoffeigenschaften charakterisieren das pauschale Verhalten der Materialien gegenüber äußeren Einflüssen. Betrachtet man das zu charakterisierende Material als thermodynamisches System im Rahmen der reversiblen Thermodynamik, so lassen sich auf dieser Grundlage Werkstoffzustand und Eigenschaften in einheitlicher Weise darstellen und beschreiben. Aufgrund der Universalität der Thermodynamik stellt sie ein unentbehrliches Hilfsmittel bei der Werkstoffentwicklung dar. Ausgehend von der freien Enthalpie (das sogenannte GIBBSsche Potential) gelangt man zu den inneren Zustandsgrößen eines Systems durch Ableitung der freien Enthalpie nach den äußeren Einflußgrößen. Solche äußeren Einflußgrößen sind z. B. Druck (p), Temperatur (T), anisotrope äußere mechanische Spannungen (σ), Konzentrationen (c) sowie elektrische (E) und magnetische (H) Felder. Diese Einflußgrößen werden in der Thermodynamik auch als Zustandsvariablen bezeichnet.

Die inneren Zustandsgrößen Volumen (V), Entropie (S), elektrische Polarisation (P) und magnetische Polarisation (M) ergeben sich aus der freien Enthalpie gemäß

$$\frac{\partial G}{\partial T} = -S; \quad \frac{\partial G}{\partial p} = V; \quad \frac{\partial G}{\partial E} = -VP;$$

$$\frac{\partial G}{\partial H} = -VM$$

Bildet man die Ableitungen der inneren Zustandsgrößen nach den Zustandsvariablen, so ergibt sich ein weiterer Satz untereinander gleichwertiger Materialkenngrößen, von denen einige in Tabelle 1.1 aufgeführt sind. Er ist als nunmehr bereits zweite Ableitung des GIBBSschen Potentials ent-

sprechend umfangreicher als der erste und betrifft folgende Stoffeigenschaften: spezifische Wärmekapazität, thermische Dehnung, Elastizität, Permittivität und Permeabilität, Piezoelektrizität und Magnetostriktion, Temperaturabhängigkeit von elektrischer und magnetischer Polarisation, Abhängigkeit der magnetischen Polarisation von der elektrischen Feldstärke bzw. die Inversion davon. Bei der Aufzählung wurde berücksichtigt, daß bei gemischten zweiten Ableitungen von Zustandsgrößen die Reihenfolge der Operationen beliebig ist, wodurch sich die Anzahl unterschiedlicher Kenngrößen reduziert. Eine schematische Übersicht über die dargelegten Zusammenhänge gibt Bild 1.1. Weitere gebräuch-

Tabelle 1.1. Einige Stoffkenngrößen als partielle Ableitungen äußerer Einflußgrößen

Spezifische Wärmekapazität	c	$= \dfrac{T}{m}\dfrac{\partial S}{\partial T}$
Thermischer Ausdehnungskoeffizient	β	$= \dfrac{1}{V}\dfrac{\partial V}{\partial T}$
Kompressibilität	$\varkappa$	$= -\dfrac{1}{V}\dfrac{\partial V}{\partial p}$
Magnetische Suszeptibilität	$\mu_0\varkappa_m$	$= \dfrac{\partial M}{\partial H}$
Elektrische Suszeptibilität	$\varepsilon_0\varkappa_e$	$= \dfrac{\partial P}{\partial E}$
Magnetostriktion	ω_H	$= \dfrac{1}{V}\dfrac{\partial V}{\partial H}$
Elektrostriktion	ω_E	$= \dfrac{1}{V}\dfrac{\partial V}{\partial E}$
Temperaturabhängigkeit der magnetischen Polarisation	M_T'	$= \dfrac{\partial M}{\partial T}$
Temperaturabhängigkeit der elektrischen Polarisation	P_T'	$= \dfrac{\partial P}{\partial T}$

Bild 1.1. Innere Zustandsgrößen und Stoffkenngrößen eines thermodynamischen Systems als erste bzw. zweite Ableitungen der freien Enthalpie nach äußeren Einflußgrößen.
Die Linien für die äußeren Einflußgrößen bedeuten:

—— Druck (bzw. anisotrope äußere Spannungen)   – · – elektrische Feldstärke
· · · Temperatur   – · · – magnetische Feldstärke

Die Verbindungslinien geben an, nach welcher äußeren Einflußgröße in Pfeilrichtung abgeleitet wird.

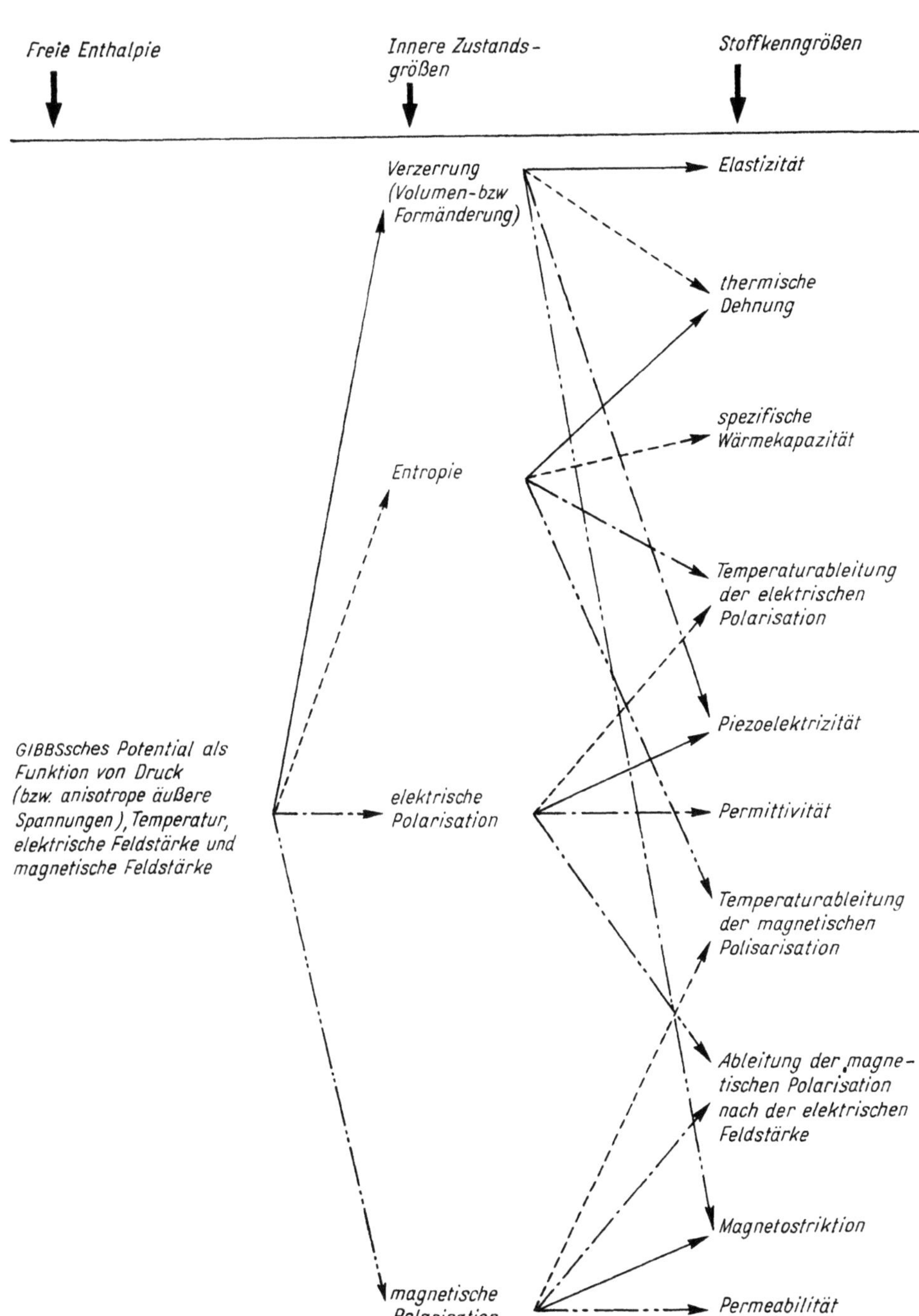

Freie Enthalpie
Innere Zustands- größen
Stoffkenngrößen
Verzerrung (Volumen-bzw Formänderung)
Entropie
GIBBSsches Potential als Funktion von Druck (bzw. anisotrope äußere Spannungen), Temperatur, elektrische Feldstärke und magnetische Feldstärke
elektrische Polarisation
magnetische Polarisation
Elastizität
thermische Dehnung
spezifische Wärmekapazität
Temperaturableitung der elektrischen Polarisation
Piezoelektrizität
Permittivität
Temperaturableitung der magnetischen Polisarisation
Ableitung der magnetischen Polarisation nach der elektrischen Feldstärke
Magnetostriktion
Permeabilität

liche Materialkenngrößen dieser Art lassen sich auf die bisher aufgeführten zurückführen, wie z. B. die Schallgeschwindigkeit auf Elastizität und Massendichte.

Die irreversible Thermodynamik liefert noch zusätzliche Stoffeigenschaften, die unter dem Komplex der sogenannten Transportphänomene zusammenfaßbar und ebenfalls in formal einheitlicher Weise darstellbar sind. Hierzu gehören innere Reibung, elektrische Wärmeleitfähigkeit sowie Thermokraft, Hall- und ähnliche Koppeleffekte.

Eine Materialkenngröße beschreibt allerdings die zugehörige Stoffeigenschaft im allgemeinen noch nicht vollständig, sondern kann selbst noch einer Reihe von Beeinflussungen unterliegen:

- Die Kenngröße wird ortsabhängig, falls merkliche Materialinhomogenität vorliegt (z. B. Verbundwerkstoffe, Seigerungen).
- Die Kenngröße wird meßrichtungsabhängig bei Materialanisotropie (z. B. Einkristalle, Texturmaterial), sofern sie nicht Skalarcharakter hat.
- Die Kenngröße wird selbst noch vom jeweiligen äußeren Einfluß abhängig, wenn der Zusammenhang zwischen ihm und der zugehörigen inneren Zustandsgröße nicht linear ist. Dann verschwinden auch die dritten und evtl. höheren Ableitungen des GIBBSschen Potentials, die sogenannten Kenngrößen höherer Ordnung nicht. Strebt die Abhängigkeit einem Grenzwert zu, so ist dieser als zusätzliche Kenngröße geeignet (z. B. Sättigungspolarisation, Streckgrenze, Festigkeit).
- Die Kenngröße wird von der Meßvorgeschichte abhängig und damit mehrdeutig bei Ablauf irreversibler Teilprozesse; diese Erscheinung wird Hysterese genannt (z. B. Ferromagnetismus). Sie kann durch Zusatzkenngrößen, wie spezifische Verlustenergie je Hystereseumlauf, Koerzitivkraft, Remanenz, beschrieben werden.
- Die Kenngröße wird von der Meßgeschwindigkeit abhängig bei Existenz innerer Relaxations- oder Resonanzmechanismen (z. B. Anelastizität). Speziell bei sinusförmiger Änderung des äußeren Einflusses (aber nur bei solcher!) läßt sie sich als komplexe Größe darstellen.

- Die Kenngröße wird abhängig von den Auslagerbedingungen (Zeit, Temperatur) infolge Alterung nach der letzten Materialbearbeitung, sofern diese Bearbeitung einen Nichtgleichgewichtszustand erzeugt (z. B. Elastizitätsalterung metallischer Werkstoffe nach Kaltumformung).
- Die Kenngröße hängt selbst noch vom Wert der bei obigen Ableitungen jeweils konstant gehaltenen übrigen Einflußgrößen ab (z. B. Temperaturabhängigkeit der Permeabilität). Die Abhängigkeit kann bei materialtypischen Werten dieser äußeren Nebenbedingungen, z. B. bei Phasenumwandlungstemperaturen, unstetig werden (Knick oder Sprung); auch die Sprunghöhen innerer Zustandsgrößen an solchen Punkten sind schließlich noch zusätzliche Materialkenngrößen (z. B. molare Umwandlungsentropie).

An Materialoberflächen können die bisher angeführten äußeren Einflüsse oder auch Kombinationen derselben, wie z. B. Wellen aller Art, spezielle Phänomene auslösen wie Reflexion, Brechung, Polarisation. Diese werden nicht von weiteren Stoffeigenschaften verursacht, sondern ergeben sich lediglich als Folge der speziellen Verhältnisse an der Grenzfläche zweier Medien. Sie lassen sich also auf die bisher erwähnten Eigenschaften zurückführen. So wird z. B. der Reflexionsgrad für elektromagnetische Wellen durch Permittivität, Permeabilität und elektrische Leitfähigkeit des Stoffes bestimmt.

Die meisten die Oberfläche betreffenden makroskopischen Stoffeigenschaften lassen sich jedoch nicht auf bereits erwähnte zurückführen. Das gilt z. B. für Benetzbarkeit, (elektrolytische) Abtragbarkeit, Verbindbarkeit (Löten, Schweißen, Kleben), Beschichtbarkeit (speziell Galvanisierbarkeit), für Korrosionsanfälligkeit im weitesten Sinne und für Passivierbarkeit. Zur formalen Herleitung entsprechender Kenngrößen müssen weitere Einflüsse einbezogen werden, nämlich Bindungskräfte, Löslichkeiten, chemische Konzentrationen bzw. Aktivitäten. In der Tat lassen sich diese weiteren Einflüsse durch sogenannte chemische Potentiale beschreiben, die man formal wie äußere Einflüsse betrachten kann. Über entsprechende Erweiterung des GIBBSschen Potentials sind auch für derartige Oberflächeneigenschaften geeignete Materialkenngrößen erhaltbar, und zwar als auf das jeweils vorliegende chemische Potential bezogene Mengenanteile von Adsorbaten sowie Lösungs- bzw. Reaktionsprodukten.

Wie gezeigt wurde, bietet die Thermodynamik (siehe auch [1.3], [1.4]) die Möglichkeit, vielfältigste Zusammenhänge zwischen den makroskopischen Stoffeigenschaften und der sie beeinflussenden Faktoren aufzuzeigen und quantitativ zu erfassen. Sie ist damit ein wichtiges Hilfsmittel für ein planmäßiges und systematisches Herangehen bei der Werkstoffentwicklung. Die Methoden der Thermodynamik liefern wichtige und häufig auch unentbehrliche Informationen über den Werkstoff. Auf diese Problematik wird im Kapitel 2 näher eingegangen.

1.2. Strukturelle Einflußfaktoren auf die makroskopischen Stoffeigenschaften

Da die makroskopischen Stoffeigenschaften vom inneren Aufbau der Stoffe selbst, d. h. von der Struktur und dem Gefüge abhängen, reicht ihre alleinige Betrachtung nicht aus. Vielmehr muß man Struktur und Eigenschaften im Zusammenhang betrachten, um über eine gezielte Beeinflussung von Struktur und Gefüge die gewünschten makroskopischen Werkstoffeigenschaften zu erzielen. Die Beeinflussung von Struktur und Gefüge erfolgt durch Einwirkung verschiedener Parameter während der Herstellung des Werkstoffs. In der Metallurgie gehören dazu z. B. die

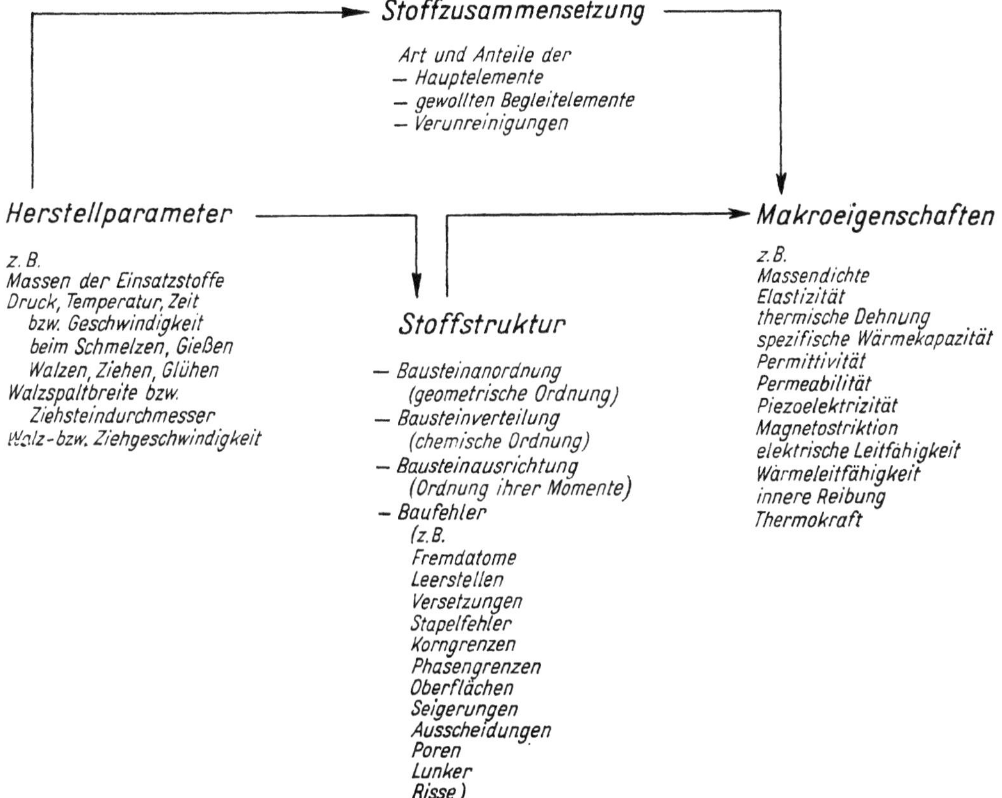

Bild 1.2. Abhängigkeit der makroskopischen Stoffeigenschaften von den Herstellungsbedingungen

2*

Einwaagenmassen der Komponenten und deren Reinheit, d. h. die chemische Zusammensetzung des Werkstoffs, die Schmelztemperatur, Warmwalztemperatur, Walzdruck, Ziehgeschwindigkeit, Temperatur und Abkühlgeschwindigkeit beim Schlußglühen, Glühdauer und Glühatmosphäre.

Im allgemeinen ist die Struktur eines Werkstoffs von Ort zu Ort verschieden. Das ist eine Folge der Tatsache, daß es keinen Idealkristall gibt, sondern durch immer vorhandene Baufehler ein Realkristall vorliegt. Man teilt die Baufehler nach ihrem Ausmaß ein in nulldimensionale (z. B. Leerstellen, Fremdatome), eindimensionale (z. B. Versetzungen), zweidimensionale (z. B. Stapelfehler, Korngrenzen, Phasengrenzen, innere und äußere Festkörperoberflächen, Blochwände) und dreidimensionale Baufehler (z. B. Punktdefekt-Wolken, Bereiche mit Nahentmischung bzw. Mikroseigerung, Ausscheidungen, Poren, grobe Materialbaufehler wie Lunker, Risse, Dopplungen usw.). Bei mehrkomponentigen Werkstoffen, wie z. B. bei Legierungen, spielt auch die Verteilung der unterschiedlichen Atomsorten auf die Gitterplätze, also der chemische Ordnungsgrad, eine große Rolle. Er reicht von völliger statistischer Besetzung der Gitterplätze bis zur »chemischen« Fernordnung. Besitzen die Bausteine elektrische oder magnetische Momente, so spielt deren gegenseitige Orientierung, d. h. der Ausrichtungsgrad oft eine entscheidende Rolle (z. B. Magnetwerkstoffe).

Zum Begriff der Struktur eines Festkörpers gehören jedoch nicht nur geometrische Gesichtspunkte bezüglich der Anordnung der Atome und Ionen im Gitter, sondern auch ihre energetischen Beziehungen untereinander (z. B. Bindungsart, Kopplungskräfte). Dieser Komplex wird unter dem Begriff der Elektronenstruktur zusammengefaßt. Für den Werkstoffwissenschaftler wird sie vor allem in Zusammenhang mit elektrischen und magnetischen Phänomenen von großer Bedeutung. Zusammensetzung und Struktur legen demnach die Makroeigenschaften eines Werkstoffs fest. Dabei dominiert je nach Problematik der eine oder der andere Einfluß.

In Bild 1.2 wird der Gesamtzusammenhang der Abhängigkeit der makroskopischen Stoffeigenschaften von den Herstellungsbedingungen noch einmal schematisch dargestellt.

1.3. Untersuchung von Materialzusammensetzung und -struktur

Die Untersuchungsverfahren für die beiden Zweige des Schemas von Bild 1.2 lassen sich gemeinsam abhandeln, denn sie stellen gerade den Komplex dar, den man heute mit Analytik umreißt. Der moderne Analytikbegriff wurde über die reine Elementanalyse hinaus erweitert. Das war keine bloße Formalität, sondern hat objektive Gründe. Begnügt man sich bei der Elementanalytik nicht mehr nur mit pauschalen Gehaltsaussagen, sondern untersucht auch die Vorgänge bei Umwandlungsprozessen sowie die Feinverteilung der Elemente, so kommt man zwangsläufig in den Bereich der Strukturuntersuchung. Im Mikroskopischen sind also beide Problemkreise nicht mehr zu trennen (deshalb ist in dem Schema der Begriff der Werkstoffzusammensetzung nur als Pauschalaussage zu verstehen).

Eine umfassende Systematik der Analysenprinzipien unter diesem erweiterten Aspekt gibt [1.5]. Dabei zeigt sich, daß sich die Verfahren im wesentlichen auf die Untersuchung von Reaktionsprozessen der zu untersuchenden Substanz mit bekannten Reagenzien bzw. von Wechselwirkungsprozessen mit bekannten Wellen oder Teilchenstrahlen zurückführen lassen.

Speziell die Strukturanalytik hat in den letzten Jahrzehnten eine derartig rasche und vielseitige Entwicklung erfahren, daß es dem Anwender oft schwerfällt, einen Überblick zu bekommen. Für den Anwender aus dem Gebiet der Werkstoffentwicklung oder -fertigung, der in der Regel nicht selbst Betreiber analytischer Geräte ist, ergibt sich oft die Notwendigkeit, ein bestimmtes analytisches Problem zu lösen. Deshalb interessiert ihn, welche Verfahren und Geräte prinzipiell für das Anliegen geeignet sind und welche Vor- bzw. Nachteile sie im einzelnen hierfür besitzen. Dabei benötigt er neben Kenntnissen über Verfahrensprinzipien vor allem vergleichbare Informationen zu erforderlicher Probengröße und -qualität, Eignung für Polykristalle, Präparationsaufwand, Untersuchungsaufwand und -dauer, horizontale und Tiefenauflösung, Meßgenauigkeit und -empfindlichkeit sowie die Eignung als Routineverfahren. Anhand dieser Informationen kann er entscheiden, mit welchen Institutionen Kooperationen anzustreben sind bzw. welche Geräte sich für den Einsatz im eigenen Arbeitskreis eignen und rentieren.

Obwohl das vorliegende Buch nach Verfahren aufgegliedert werden mußte, wurde versucht, bei jedem Kapitel diese Informationen in übersichtlicher Form zusammenzustellen. Zusätzlich werden in Tabelle 1.2 für wesentliche Strukturphänomene typische Untersuchungsverfahren aufgeführt. Es zeigt sich, daß bereits eine relativ geringe Palette von Verfahren und Geräten für die Untersuchung der meisten Probleme der Werkstoffstruktur ausreicht.

Tabelle 1.2. Systematische Übersicht über die wesentlichen Strukturphänomene metallischer Festkörper mit Angabe typischer Untersuchungsverfahren

Ausmaß	Strukturphänomen	Analytisches Problem	Untersuchungsverfahren
3 D	Makrobaufehler (Defekte)	Lunker, Risse, Makroeinschlüsse, Dopplungen, Haft- und Bindungsfehler u. ä.	Magnetische und magnetinduktive Verfahren Ultraschallverfahren Röntgen- und Gammadefektoskopie
		Poren, Gasblasen	Ultraschallverfahren
	Phasen, Einschlüsse	Zusammensetzung (Phasenanalyse)	Elektronenstrahl-Mikroanalyse Sekundärionen-Massenspektroskopie AUGER-Elektronenspektroskopie Röntgendiffraktion Röntgenfluoreszenzanalyse MÖSSBAUER-Spektroskopie
		Gitterstruktur und -konstanten	Röntgendiffraktion Durchstrahlungs-Elektronenmikroskopie (HEED) Neutronenbeugung
		Volumenanteile von Phasen	Quantitative Metallographie Röntgendiffraktion mit Intensitätsmessung MÖSSBAUER-Spektroskopie Neutronenbeugung
		Korn- bzw. Einschlußgrößen; Klassierung, räumliche Verteilung	Quantitative Metallographie Quantitative Gefügeanalyse mittels Elektronenstrahl-Mikrosonde
	Texturen	Art und Texturgrad	Röntgendiffraktion mit Texturgoniometer MÖSSBAUER-Spektroskopie Neutronendiffraktion
	Elementverteilung	Seigerungen u. ä.	Elektronenstrahl-Mikroanalyse AUGER-Elektronenspektroskopie Sekundärionen-Massenspektroskopie
		Korngrenzenanreicherungen	Sekundärionen-Massenspektroskopie AUGER-Elektronenspektroskopie
		Diffusionszonen	Elektronenstrahl-Mikroanalyse Sekundärionen-Massenspektroskopie AUGER-Elektronenspektroskopie
		Ordnungen (mit Überstrukturen) Entmischungen	Röntgendiffraktion MÖSSBAUER-Spektroskopie Ionenrückstreuung Durchstrahlungs-Elektronenmikroskopie (HEED)

Tabelle 1.2 (Fortsetzung)

Aus-maß	Strukturphänomen	Analytisches Problem	Untersuchungsverfahren
	Ausscheidungen	Identifizierung, Zusammensetzung	Elektronenstrahl-Mikroanalyse Röntgenfluoreszenzanalyse Sekundärionen-Massenspektroskopie Durchstrahlungs-Elektronenmikroskopie Röntgendiffraktion MÖSSBAUER-Spektroskopie
		Gitterstruktur	Durchstrahlungs-Elektronenmikroskopie Röntgendiffraktion
		Volumenanteil, Größe, Verteilung	Reflexions-Elektronenmikroskopie Röntgendiffraktion Röntgen-Kleinwinkelstreuung Quantitative Metallographie MÖSSBAUER-Spektroskopie
	Magnetische Strukturen	Aufklärung magnetischer Strukturen und Phänomene	Neutronendiffraktion MÖSSBAUER-Spektroskopie
2 D	Korn- und Phasengrenzen	Spezifische Kornoberflächen und Phasengrenzen	Quantitative Metallographie
		Zusammensetzung	Sekundärionen-Massenspektroskopie AUGER-Elektronenspektroskopie Photoelektronen-Spektroskopie
		Struktur	Durchstrahlungs-Elektronenmikroskopie
	Äußere Oberflächen	Rauheit	Tastschnittverfahren Interferenzmikroskopie
		Topographie	Rasterelektronen-Mikroskopie
		Zusammensetzung (auch von Adsorptions- u. ä. Schichten)	Sekundärionen-Massenspektroskopie AUGER-Elektronenspektroskopie Photoelektronen-Spektroskopie
		Struktur	Elektronendiffraktion (RHEED, LEED)
	Stapelfehler	Abbildung	Durchstrahlungs-Elektronenmikroskopie
	Ferromagnetische Bereiche	Abbildung von Blochwänden	Magnetpulververfahren (BITTER-Technik) Polarisationsmikroskopie Rasterelektronen-Mikroskopie (LORENTZ-Technik)
1 D	Versetzungen	Abbildung	Ätztechnik Durchstrahlungs-Elektronenmikroskopie Röntgentopographie (LANG-Technik)
		Versetzungsdichte	Röntgendiffraktion Durchstrahlungs-Elektronenmikroskopie

Tabelle 1.2 (Fortsetzung)

Aus-maß	Strukturphänomen	Analytisches Problem	Untersuchungsverfahren
0 D	Leerstellen	Konzentration, Verteilung	Ionendiffraktion Positronenannihilation
	Gelöste Fremdatome	Konzentration, Verteilung von Substitutions- und eingelagerten Fremdatomen	Ionen- und Neutronendiffraktion Ionometrie Feldelektronen- und Feldionenmikroskopie Positronenannihilation

1.4. Erläuterungen zu einigen Begriffen der Elektronenstruktur

Da in den folgenden Kapiteln bei der Abhandlung einiger Methoden Begriffe verwendet werden, wie Termsymbolik, Elektronenzustände, Fermigrenze, Zustandsdichte u. ä., deren Bedeutung nicht jedem Leser unbedingt sofort gegenwärtig sein muß, sei auf einige noch einmal in anschaulicher und kurzer Form eingegangen.

1.4.1. Schalenaufbau der Atome und spektroskopische Termsymbolik

Betrachtet man ein Elektron in einem Atom, so wird es durch die Angabe von vier Quantenzahlen n, l, m_l und m_s eindeutig gekennzeichnet. Dabei besagt das sogenannte PAULI-Prinzip, daß es in einem Atom nicht zwei Elektronen gibt, die in allen vier Quantenzahlen übereinstimmen. Die Hauptquantenzahl n kann alle ganzzahligen Werte 1, 2, 3, 4 ... annehmen, wobei man n mit dem Schalenaufbau der Atome in Verbindung bringt, indem man den Hauptquantenzahlen 1, 2, 3, 4, 5 die Schalen K, L, M, N, O zuordnet. Jede Schale kann $2n^2$ Elektronen aufnehmen, d. h., zu jeder Hauptquantenzahl n gehören $2n^2$ Energiezustände. Die $2n^2$ Elektronen werden auf n Unterschalen verteilt, die man mit den Buchstaben s, p, d, f usw. bezeichnet. Ihnen entsprechen die Bahndrehimpulsquantenzahlen $l = 0, 1, 2, 3, ..., (n - 1)$. Jedes Unterniveau kann eine

bestimmte Zahl von Elektronen aufnehmen, die der Reihe der ungeraden Zahlen multipliziert mit dem Faktor 2 folgt. Damit ergibt sich für die maximal mögliche Zahl von Elektronen auf den Niveaus s, p, d und f $1 \cdot 2$, $3 \cdot 2$, $5 \cdot 2$, $7 \cdot 2$. Die Elektronen auf den Unterniveaus s, p, d und f unterscheiden sich in den magnetischen Quantenzahlen m_l und den Spinquantenzahlen m_s. m_l kann die Werte $m_l = -l$, ... $+l$ annehmen, und für m_s existieren nur die zwei Werte $m_s = \pm 1/2$. Das heißt, für ein Niveau mit $l = 1$ (p-Niveau) gibt es drei Unterniveaus, charakterisiert durch $m_l = -1, 0, +1$. Auf jedes m_l-Unterniveau passen zwei Elektronen mit $m_s = -1/2$ und $m_s = +1/2$. Damit kann das p-Niveau sechs Elektronen aufnehmen.

Die Elektronenkonfiguration der Elemente wird durch die Angabe der Hauptquantenzahl n, der Nebenquantenzahl l (s, p, d, f) und der Zahl der auf den Unterniveaus befindlichen Elektronen beschrieben. Damit ergibt sich z. B. für Sauerstoff $1s^2 2s^2 2p^4$, d. h., die K-Schale mit $n = 1$ und $l = 0$ (s-Niveau) ist mit zwei Elektronen aufgefüllt. Die L-Schale ($n = 2$) besitzt zwei Unterniveaus mit $l = 0$ (s-Niveau) und $l = 1$ (p-Niveau). Das s-Niveau ist mit zwei Elektronen aufgefüllt. Das p-Niveau enthält 4 Elektronen und kann noch zwei Elektronen aufnehmen. Es wird im Periodensystem von den nachfolgenden Elementen Fluor und Neon aufgefüllt. Damit hat das Neon eine vollbesetzte L-Schale mit der Elektronenkonfiguration $1s^2 2s^2 2p^6$. Das nächste Element Natrium muß mit der Auffüllung der nächsten Schale beginnen: $1s^2 2s^2 2p^4 3s^1$ (siehe hierzu auch [1.6] und [1.7]).

Der Bahndrehimpuls l und der Spindrehimpuls s sind Vektoren, die durch ihre Komponenten l und s bezüglich der Quantisierungsachse (z. B. die Richtung eines äußeren Magnetfeldes) beschrieben werden. Durch Wechselwirkung zwischen Bahndrehimpulsen und den Spindrehimpulsen kommt es zur vektoriellen Addition, die zum Gesamtdrehimpuls J führt. Es sind folgende Kopplungsarten möglich:

– *L-S-Kopplung* (auch RUSSEL-SAUNDERS-Kopplung):

Die Wechselwirkung der l_i und s_i untereinander ist größer als die Wechselwirkung zwischen l_i und s_i. Demzufolge addieren sich die l_i zum Gesamtbahndrehimpuls L und die s_i zum Gesamtspindrehimpuls S. L und S addieren sich dann zum Gesamtdrehimpuls J.

$$\mathbf{L} = \sum_i \mathbf{l}_i \qquad \mathbf{S} = \sum_i \mathbf{s}_i \qquad \mathbf{J} = \mathbf{L} + \mathbf{S}$$

Die L-S-Kopplung ist für die spektroskopische Termsymbolik von Bedeutung.

– *j-j-Kopplung:*

Die Wechselwirkung zwischen den l_i und s_i ist so groß, daß sie sich zum resultierenden Drehimpuls j_i addieren. Die j_i addieren sich zum Gesamtdrehimpuls J. Da bei der j-j-Kopplung kein L mehr definiert werden kann, ist eine Einteilung nach S, P, D und F-Termen (siehe unten) nicht mehr durchführbar.

In der Spektroskopie hat es sich eingebürgert, den Zustand eines Atoms durch eine spezielle Termsymbolik zu beschreiben. Die Grundlage hierfür sind die Hauptquantenzahl n, die Gesamtbahndrehimpulsquantenzahl L, die Gesamtspinquantenzahl S und die Gesamtdrehimpulsquantenzahl J. Energiezustände mit der Gesamtbahndrehimpulsquantenzahl $L = 0, 1, 2$ und 3 werden als S, P, D und F-Zustände bezeichnet. Bei der Aufstellung des Termsymbols ist zu beachten, daß für abgeschlossene Unterschalen der Gesamtdrehimpuls L und der Gesamtspin S (ebenso wie die zugehörigen magnetischen Momente) verschwinden. Sie liefern deshalb keinen Beitrag zum Gesamtdrehimpuls eines Atoms. Die allgemeine Bezeichnung des Energiezustandes lautet $n^{2S+1}L_J$. Dabei wird für L das entsprechende spektroskopische Symbol S, P, D, F einge-

setzt. Die Größe $2S + 1$ wird Multiplizität genannt. Sie gibt an, wieviel Unterzustände für eine Termfolge charakteristisch sind. Zum Termschema eines Atoms gelangt man durch Kombination aller möglichen L- und S-Werte. Das Termschema besteht aus verschiedenen Termsystemen, von denen jedes nur Zustände ein und derselben Multiplizität enthält (siehe auch [1.6], [1.7], [1.8]).

Der Grundzustand des Natriumatoms wird durch das Symbol $3^2S_{1/2}$ gekennzeichnet. Die Elektronenkonfiguration von Na lautet $1s^2\,2s^2\,2p^6\,3s^1$. Die K- und L-Schalen sind aufgefüllt und geben keinen Beitrag zu L und S. Die M-Schale hat im Grundzustand ein Elektron im s-Niveau. Für das s-Niveau gilt $l = 0$, und der Spin des einen Elektrons beträgt $s = 1/2$. Damit wird $\mathbf{J} = \mathbf{L} + \mathbf{S} = 1/2$. Die Multiplizität beträgt $2 \cdot 1/2 + 1 = 2$. Es sei noch das Beispiel aus Kapitel 10 erläutert (S. 232), in dem die Elektronenkonfiguration $2s^1\,2p^5$ aufgeführt ist. Zu ihr gehören vier mögliche Energiezustände. Das s-Niveau enthält ein Elektron mit dem Bahndrehimpuls $l = 0$ und dem Spin $s = \pm 1/2$. Das p-Niveau enthält fünf von maximal sechs Elektronen. Das hat zur Folge, daß vier Elektronen ihren Spin gegenseitig kompensieren und nur das fünfte Elektron mit $l = 1$ und $s = 1/2$ berücksichtigt werden muß. Nun bildet man alle möglichen L-, S- und J-Werte und kommt so zu den möglichen Energiezuständen:

$l = 0 \quad s = \pm\frac{1}{2}$	$l = 1 \quad s = \pm\frac{1}{2}$	
bilde $\mathbf{L} = \sum_i \mathbf{l}_i$	ergibt $L = 1$	
bilde $\mathbf{S} = \sum_i \mathbf{s}_i$	ergibt $S = 0$	$S = 1$
bilde $\mathbf{J} = \mathbf{L} + \mathbf{S}$	ergibt $J = 0$	$J = 1$ $J = 2$

(Zur vektoriellen Addition siehe Bild 1.3)
Für die Multiplizität ergeben sich zwei Werte:

$$2 \cdot 0 + 1 = 1 \qquad 2 \cdot 1 + 1 = 3$$

Wegen $L = 1$ handelt es sich um P-Zustände, und zwar einmal mit der Multiplizität 1 und einmal mit der Multiplizität 3. Zur Multiplizität 1 gehört ein J-Wert $J = 1$ und damit der Zustand 2^1P_1. Zur Multiplizität 3 gehören drei J-Werte $J = 0$, 1, 2 und damit die Zustände 2^3P_0, 2^3P_1, 2^3P_2 (siehe auch [1.6] bis [1.8]).

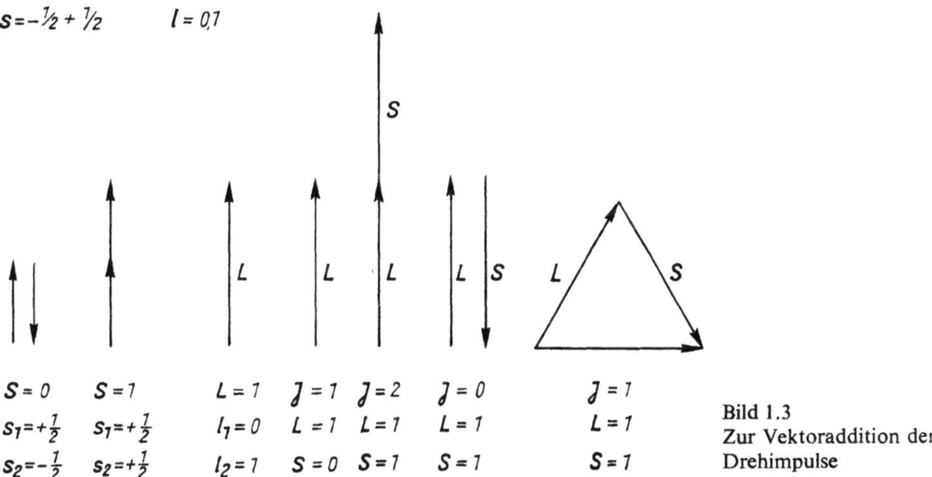

Bild 1.3
Zur Vektoraddition der
Drehimpulse

1.4.2. Übergang von den Elektronenzuständen im isolierten Atom zu den Elektronenzuständen im Festkörper – das Bändermodell

Für Elektronen im isolierten Atom existieren relativ scharfe Energiezustände, die in einem Energieniveauschema bzw. Termschema darstellbar sind. Treten N Atome zu einem Gitter zusammen, so treten sie untereinander in Wechselwirkung. Unter dem Einfluß dieser Wechselwirkung spalten die Energieniveaus der Atome N-fach auf. Auf diese Weise entstehen sogenannte Energiebänder, die aus einer quasi kontinuierlichen Folge von N-Energiezuständen bestehen (Bild 1.4). Die Aufspaltung ist um so stärker, je weiter außen die betrachteten Energieniveaus liegen. Die innen liegenden Niveaus werden von der Aufspaltung kaum oder überhaupt nicht betroffen, da sie durch die darüberliegenden Elektronenniveaus von der Wechselwirkung abgeschirmt werden. Die Bandbreite ist proportional der Bindungskraft der Atome untereinander und wächst mit abnehmendem Atomabstand (Bild 1.4). Die Aufspaltung der Energiezustände kann dabei so groß werden, daß sich benachbarte Energiebänder überlagern. Im Festkörper existieren demzufolge eine Reihe erlaubter Energiebereiche – die Energiebänder. Sie sind durch

Energiebereiche voneinander getrennt, die die Elektronen nicht einnehmen dürfen. Diese Bereiche werden *verbotene Bänder* oder auch *Gap* genannt. Eine für die Festkörperphysik sehr interessante Größe ist die **Zahl der Elektronenzustände je Energieintervall in einem bestimmten Band. Sie wird Energiezustandsdichte genannt**

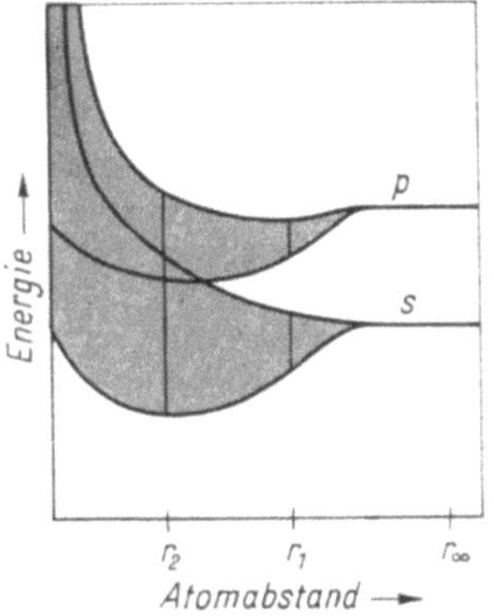

Bild 1.4. Schematische Darstellung der Aufspaltung scharfer Energiezustände isolierter Atome (r_∞) beim Zusammentritt zum Kristall. Mit abnehmendem Atomabstand r nimmt die Wechselwirkung und damit die Bandaufspaltung zu. Während bei r_1 noch voneinander isolierte Bänder vorliegen, kommt es bei r_2 zu Bandüberlappungen

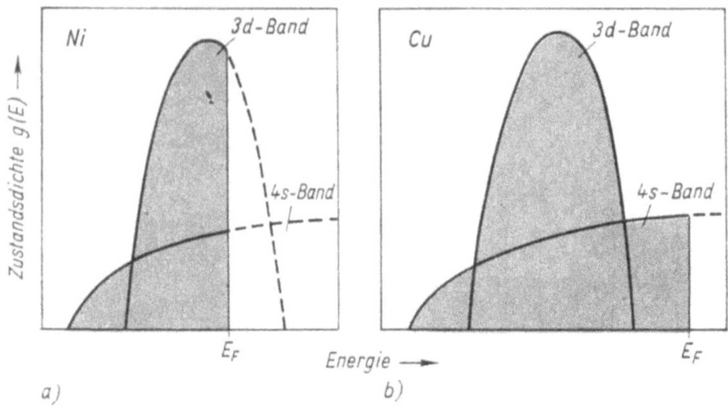

Bild 1.5. Schematisierte Zustandsdichteverteilung für Ni (*a*) und Cu (*b*). Beim Ni sind die sich überlappenden 3*d*- und 4*s*-Bänder nicht voll mit Elektronen besetzt. Beide besitzen ein gemeinsames FERMI-Niveau bei E_F. Beim Cu ist das 3*d*-Band vollständig aufgefüllt. Das FERMI-Niveau E_F liegt oberhalb des *d*-Bandes im 4*s*-Leitungsband

(Bild 1.5). Durch den Einsatz spektroskopischer Methoden, wie z. B. der

- Photoelektronen-Spektroskopie
- Röntgenspektroskopie
- AUGER-Elektronenspektroskopie

gelingt es, Zustandsdichteverteilungen zu messen (siehe Kapitel 9).

Die Auffüllung der Energiebänder mit Elektronen erfolgt von den energetisch tiefsten Zuständen her. Es gibt Bänder, in denen alle Zustände besetzt sind, und solche, die nur teilweise aufgefüllt sind. Die Energie, bis zu der ein teilweise besetztes Energieband aufgefüllt ist, heißt die FERMI-Energie oder auch FERMI-Grenze (Bild 1.5). Die FERMI-Grenze ist nur bei

$$T = 0 \text{ K}$$

ein scharf definierter Wert. Für

$$T > 0 \text{ K}$$

tritt eine geringe Verschmierung der FERMI-Energie als Folge der thermischen Energieschwankungen der Elektronen ein.

Die Besetzungsdichte der Elektronen an der FERMI-Grenze folgt einer sogenannten FERMI-Verteilung.

Literaturverzeichnis

[1.1] HORNBOGEN, E.: Z. Metallkunde 64 (1973), S. 867

[1.2] KLIMANEK, P.; H. OETTEL; B. SIMMEN; H. VÖHSE: Neue Hütte 19 (1974), S. 608–611

[1.3] KLUGE, G.; G. NEUGEBAUER: Grundlagen der Thermodynamik. Berlin: VEB Deutscher Verlag der Wissenschaften 1976

[1.4] SCHMALZRIED, H.; A. NAVROTSKY: Festkörperthermodynamik. Berlin: Akademie-Verlag 1978

[1.5] DANZER, K.; E. THAN; D. MOLCH: Analytik – Systematischer Überblick. Leipzig: Akadem. Verl. Ges. Geest & Portig K. G. 1976

[1.6] HÄNSEL, H.; W. NEUMANN: Physik – eine Darstellung der Grundlagen. Band V: Elektronenhülle der Atome. Berlin: VEB Deutscher Verlag der Wissenschaften 1975

[1.7] Lehrwerk Chemie: Struktur und Bindung – Atome und Moleküle. Leipzig: Deutscher Verlag für Grundstoffindustrie 1973

[1.8] FINKELNBURG, W.: Einführung in die Atomphysik. Berlin, Göttingen, Heidelberg: Springer-Verlag 1964

[1.9] KITTEL, C.: Einführung in die Festkörperphysik. Leipzig: Geest & Portig K. G. 1973

[1.10] WEISSMANTEL, CH.; C. HAMANN: Grundlagen der Festkörperphysik. Berlin: VEB Deutscher Verlag der Wissenschaften 1979

2 Thermodynamische Untersuchungsmethoden

Von GERT WOLF, Bergakademie Freiberg, Sektion Chemie

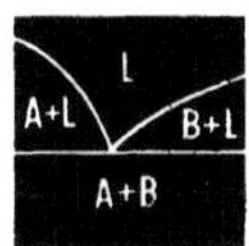

Gegenstand thermodynamischer Untersuchungsmethoden sind Zustandsgrößen und deren Veränderungen bei Stoffwandlungsprozessen. Es werden Zustandsgrößen untersucht, die Aufschluß über makroskopische, über physikalische und chemische, insbesondere mit dem energetischen Zustand verbundene Eigenschaften geben. Als Zustandsgrößen kommen die innere Energie u, die Enthalpie h, die Entropie s und die freie Enthalpie g in Betracht. Als das stoffliche System verändernde Vorgänge werden chemische, physikalisch-chemische und physikalische Stoffwandlungsprozesse behandelt. Außerdem wird von den thermodynamischen Eigenschaften der Werkstoffe insbesondere die Wärmekapazität als wesentlich für metallkundlich interessante Aussagen angesehen.
Die genannten Größen und ihre Veränderungen werden experimentell mit kalorimetrischen und durch Gleichgewichtsmessungen untersucht. Dabei werden meist keine besonderen Anforderungen an das Probenmaterial gestellt. Die Grundlagen für die dynamische und statische Kalorimetrie werden dargestellt. Experimentelle Details für Präzisionsmethoden werden nicht behandelt, da entsprechende Anordnungen sehr anspruchsvoll sind. Hinweise auf unterschiedliche Meßverfahren, auf orientierende Untersuchungen und auf den technologischen Einsatz der Kalorimetrie sind gegeben.
Die Grundlagen der Gleichgewichtsmethoden, der EMK- und Partialdruckmessungen, werden aus experimenteller und theoretischer Sicht vorgestellt. Bei den Partialdruckmessungen finden statische, dynamische und Effusionsmethoden Berücksichtigung.

2.1. Einleitung

Nahezu alle metallkundlich interessanten Erscheinungen, Prozesse und Vorgänge sind mit charakteristischen Veränderungen von thermodynamischen Zustandsgrößen verbunden. In der Metallhüttenkunde ist z. B. die Kenntnis von Zahlenwerten für die thermodynamische Zustandsgröße *freie Enthalpie* eine notwendige Voraussetzung für die Erarbeitung und Optimierung von Fertigungstechnologien. In der Metallkunde werden für die Entwicklung und Charakterisierung von Werkstoffen aus den thermodynamischen Zustandsgrößen bzw. ihren Veränderungen wichtige Rückschlüsse auf die Art ablaufender Prozesse, von beobachteten Erscheinungen sowie zur Aufklärung elementarer Vorgänge und Zusammenhänge erhalten. Selbst über den zeitlichen Ablauf von metallkundlich interessanten Vorgängen können thermodynamische Untersuchungen Aufschluß geben. So kann z. B. mit der technologischen Kalorimetrie die Gefügeausbildung in Abhängigkeit vom Erstarrungsverlauf für Gußstücke verfolgt werden.
In der Vielfalt metallkundlicher Erscheinungen und Prozesse, die durch thermodynamische Zustandsgrößen und deren Veränderungen charakterisiert werden, ist eine der Ursachen für die enorm gewachsene Bedeutung thermodynamischer

Untersuchungsmethoden für alle Bereiche der Metallkunde zu sehen. Dazu trägt auch die gestiegene Qualität und Quantität der erzielbaren Ergebnisse, letztlich als Folge wesentlich verbesserter und einfacher zugänglicher thermodynamischer Methoden, entscheidend bei.

Für metallische Systeme haben insbesondere die kalorimetrischen und die Gleichgewichtsmethoden einen vielseitig interessanten Informationsgehalt und werden deshalb umfassend genutzt. Diese Methoden und die damit erzielbaren Aussagen werden Gegenstand des vorliegenden Beitrages sein. Bei den kalorimetrischen Untersuchungsverfahren finden auch die Aufheizmethoden, d. h. die *Differentielle Thermoanalyse* (DTA) und die sogenannte *Scanning-Kalorimetrie*, Berücksichtigung. Auch die Möglichkeit zur Ableitung thermokinetischer Aussagen, d. h. die Möglichkeit zur Ableitung von Gesetzmäßigkeiten für den zeitlichen Ablauf der Stoffwandlungsprozesse aus kalorimetrischen Untersuchungen, wird erwähnt. Volumetrische Methoden, Dichtemessungen, Untersuchungen der thermischen Volumenausdehnung und der Kompressibilität sowie alle auf den Gesetzmäßigkeiten der irreversiblen Thermodynamik aufbauenden Verfahren, wie Wärmeleitfähigkeitsmessungen und Diffusionsuntersuchungen, werden ebenso wie Untersuchungen von Oberflächen- oder Grenzflächenvorgängen, wie elektrochemische oder Korrosionsuntersuchungen, nicht Gegenstand dieser Abhandlung sein. Weiterhin werden im folgenden keine Zusammenstellungen von Untersuchungsergebnissen für metallische Systeme oder für Spezialisten interessante experimentelle Details der behandelten Meßverfahren gegeben.

Im Abschnitt 2.2. werden, ausgehend von ausgewählten metallkundlichen Problemen, die thermodynamischen Zustandsgrößen und Gesetzmäßigkeiten aufgezeigt, deren Kenntnis zur Lösung der metallkundlichen Aufgabenstellung aufschlußreich erscheint. Die zur Untersuchung dieser Größen und Zusammenhänge notwendigen experimentellen Verfahren ergeben sich aus diesen Betrachtungen zwanglos. Die sehr unterschiedlichen Aufgabenstellungen metallkundlicher Untersuchungen werden unterteilt in chemische, physikalisch-chemische und physikalische Stoffwandlungsprozesse sowie in Probleme, die sich

aus den physikalischen Eigenschaften der untersuchten metallischen Systeme ergeben.

In den Abschnitten 2.3. und 2.4. werden die Grundlagen und der prinzipielle Aufbau der experimentellen Methoden zur Ermittlung der notwendigen thermodynamischen Zustandsgrößen und ihrer Veränderungen bei Stoffwandlungsprozessen beschrieben. Zunächst werden die kalorimetrischen Meßverfahren und dann im Abschnitt 2.4. die Gleichgewichtsmethoden behandelt. Dabei werden nur generell bedeutungsvolle Details und Variationsmöglichkeiten der behandelten Methoden zur Lösung unterschiedlicher Problemstellungen aufgezeigt. Zum Betreiben der genannten Methoden sind große Erfahrungen und erheblicher experimenteller Aufwand erforderlich. Die Beschreibung der Meßverfahren wird deshalb hier nur soweit ausführlich erfolgen, daß an der Nutzung Interessierte in die Lage versetzt werden, gemeinsam mit einem Spezialisten ein optimales Versuchsprogramm zu erarbeiten und die erzielten Resultate auszuwerten. Weiterführende Literaturhinweise werden gegeben.

2.2. Metallkundliche Probleme und die dafür interessanten thermodynamischen Untersuchungsmethoden

Im folgenden werden, ausgehend von dem zu lösenden metallkundlichen Problem, die dazu aussagekräftigen thermodynamischen Untersuchungsmethoden behandelt. Die gewählte Einteilung der Aufgabenstellungen in chemische, physikalisch-chemische und physikalische Stoffwandlungsprozesse sowie in Probleme, bei denen die physikalischen Eigenschaften der Metalle im Mittelpunkt des Interesses stehen, ist, wie jede Klassifizierung, mit bestimmten Unzulänglichkeiten behaftet. Sie wurde aber gewählt, da damit aus thermodynamisch-methodischer Sicht gleichartige Probleme zusammengefaßt werden.

Unter *chemischen Stoffwandlungsprozessen* werden dabei Reaktionen zwischen Daltoniden (Stoffe mit exakt stöchiometrischer Zusammensetzung) verstanden. Derartige Prozesse spielen

insbesondere in der Metallhüttenkunde bei der Gewinnung von Metallen eine erhebliche Rolle.
Physikalisch-chemische Stoffwandlungsprozesse fassen die in der Metallkunde häufig anzutreffenden Mischungs-, Bildungs- und Lösungsvorgänge für Berthollide (Stoffe, deren Zusammensetzung in Abhängigkeit von den Herstellungsbedingungen in weiten Grenzen schwankt) zusammen.
Unter dem Begriff *physikalische Stoffwandlungsprozesse* werden alle ohne vordergründig chemische Veränderungen ablaufenden, bevorzugt strukturellen Veränderungen (Phasenumwandlungen und Transformationen) und die dazu aussagekräftigen thermodynamischen Methoden behandelt.
Abschließend werden die Beiträge der Thermodynamik zur Untersuchung metallphysikalischer Eigenschaften (Phononenspektrum, Elektronenstruktur, magnetische Ordnungserscheinungen) Gegenstand der Ausführungen sein.

2.2.1. Chemische Stoffwandlungsprozesse der Metallkunde und thermodynamische Untersuchungsmethoden

Thermodynamische Untersuchungen chemischer Stoffwandlungsprozesse haben insbesondere in der *metallurgischen Thermochemie* erhebliche Bedeutung. Bei der Herstellung von Metallen laufen zahlreiche Prozesse und Nebenreaktionen ausschließlich zwischen Daltoniden ab. Die Erarbeitung und Optimierung entsprechender Fertigungstechnologien ist ohne eine Untersuchung der thermodynamischen Zustandsgröße *freie Enthalpie* (g, G) nicht durchführbar. Nimmt bei einem chemischen Stoffwandlungsprozeß unter isotherm-isobaren Bedingungen die freie Enthalpie ab ($\Delta g < 0$), erfolgt der Prozeßablauf in der betrachteten Richtung freiwillig. Die Reaktion ist in der gewählten Richtung thermodynamisch möglich. Ist $\Delta g > 0$, sind die entsprechenden Aussagen für die Gegenrichtung zutreffend. $\Delta g = 0$ bedeutet chemisches Gleichgewicht, keine Prozeßrichtung ist bevorzugt.
Bereits die Ermittlung des Vorzeichens von Δg erlaubt deshalb die Entscheidung, ob ein ausgewählter Stoffwandlungsprozeß unter den gegebenen Bedingungen zum gewünschten Endprodukt hin abläuft bzw. welche Veränderung der Zustandsvariablen Temperatur, Druck oder Zusammensetzung notwendig ist, um die betrachtete Reaktion thermodynamisch zu ermöglichen. Auch über erwünschte und unerwünschte Nebenreaktionen kann in dieser Weise entschieden werden. Für Prozesse, die erzwungen werden müssen ($\Delta g > 0$), z. B. die elektrochemische Metallgewinnung, kann der notwendige Arbeitsaufwand (z. B. das notwendige elektrische Potential) bestimmt werden. Auch die Lage des chemischen Gleichgewichtes und damit die Ausbeute eines Stoffwandlungsprozesses kann aus Δg berechnet werden. Ist außer Δg die beim Stoffwandlungsprozeß in Form von Wärme mit der Umgebung austauschbare Enthalpieänderung Δh bekannt, ist eine Optimierung der Energie- und Exergiebilanz für eine Fertigungstechnologie möglich.
Die Ermittlung von Δg oder ΔG (große Buchstaben werden für intensive, molare Zustandsgrößen verwendet) kann für isotherm-isobare Stoffwandlungsprozesse, ausgehend von der VAN'T HOFFschen *Reaktionsisotherme*:

$$\Delta_R G = \Delta_R G^0 + RT \ln \Pi(a_i^{\nu_i}) \qquad (2.1)$$

auf zwei Wegen erfolgen. Es wird dabei ausschließlich die molare freie Standardreaktionsenthalpie $\Delta_R G^0$ bestimmt. Zahlenwerte für $\Delta_R G$, d. h. für beliebige Aktivitäten der Reaktionsteilnehmer, werden mittels $\Delta_R G^0$ und Gl. (2.1) berechnet.

a) Ermittlung von $\Delta_R G^0$ mit der Standardreaktionsenthalpie und -entropie

Der erste Weg zur Ermittlung von $\Delta_R G^0$ basiert auf der kalorimetrisch meßbaren Standardreaktionsenthalpie $\Delta_R H^0$ und der Standardreaktionsentropie $\Delta_R S^0$. Die genannten Größen sind durch die GIBBS-HELMHOLTZsche *Gleichung*

$$\Delta_R G^0 = \Delta_R H^0 - T\Delta_R S^0 \qquad (2.2)$$

miteinander verknüpft. Die Standardgröße entspricht dem Zahlenwert der Zustandsgröße für den Fall, daß die Aktivität aller Reaktionsteilnehmer gleich eins ist. Unter einer Reaktionsgröße wird in der Thermodynamik die folgende Summe verstanden (s. Bild 2.1):

$$\Delta_R Z = \sum \nu_i Z_i \qquad (2.3)$$

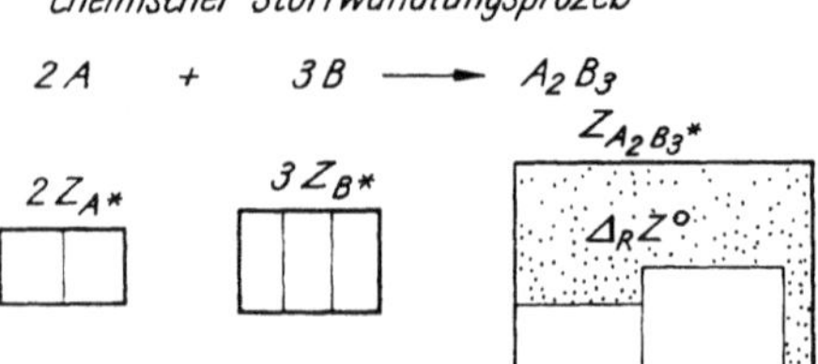

Bild 2.1. Schematische Darstellung der Veränderung einer Zustandsgröße Z bei einem chemischen Stoffwandlungsprozeß

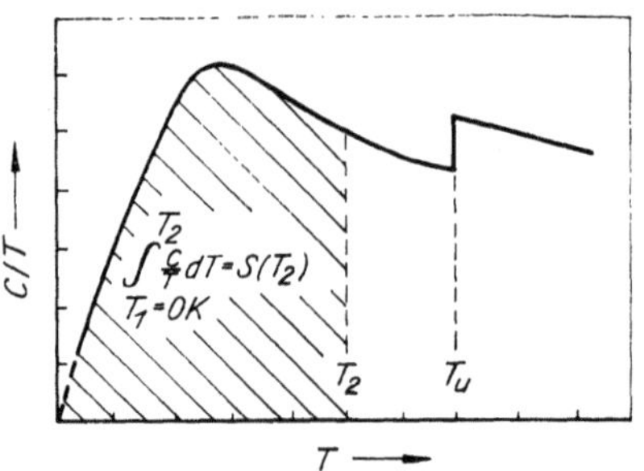

Bild 2.2. Zur Ermittlung der Entropie eines Stoffes aus der Temperaturabhängigkeit der Wärmekapazität

wobei die Stöchiometriezahlen der Ausgangsstoffe ν_j stets ein negatives Vorzeichen erhalten. Soll zunächst $\Delta_R G^0$ für $T = 298{,}15$ K und $p = 101{,}3$ kPa (Norm- oder Tabellierungsbedingungen; $p = 101{,}3$ kPa $= p_t$) bestimmt werden, müssen für diese Bedingungen auch die Standardenthalpie- und Standardentropiewerte aller Reaktionsteilnehmer bekannt sein. Da Absolutwerte der Enthalpie nicht bestimmbar sind, wurde für die Bildungsenthalpie der Elemente in der stabilsten Modifikation und bei Tabellierungsbedingungen der Zahlenwert Null festgelegt. Die Bildungsenthalpie für alle Verbindungen ist damit gleich der bei der Bildungsreaktion aus den Elementen bei $T = 298{,}15$ K und $p = p_t$ mit der Umgebung ausgetauschten Wärme und kann in einem Kalorimeter gemessen werden. Die Standardentropie für beliebige Stoffe kann ebenfalls experimentell ermittelt werden. Da für alle ideal kristallisierten reinen Stoffe

$$S_{b*}(T = 0 \text{ K}, p = p_t) = 0 \qquad (2.4)$$

gültig ist, erhält man mit

$$S_{b*}(T_2) = S_{b*}(T_1) + \int_{T_1}^{T_2} \frac{C}{T} \, dT \qquad (2.5)$$

über kalorimetrische Messungen der molaren Wärmekapazität C im Temperaturgebiet von $T_1 = 0$ K bis $T_2 = 298{,}15$ K die Standardentropie $S_{b*}^0(T_2) = S_{b*}(T_2)$ bei Tabellierungsbedingungen bzw. für eine beliebige Temperatur $T_i = T_2$ (Bild 2.2). Erfolgt im Integrationsbereich eine Phasenumwandlung bei $T = T_u(T_1 < T_u < T_2)$, erhält man die Entropie bei T_2 über Gl. (2.6):

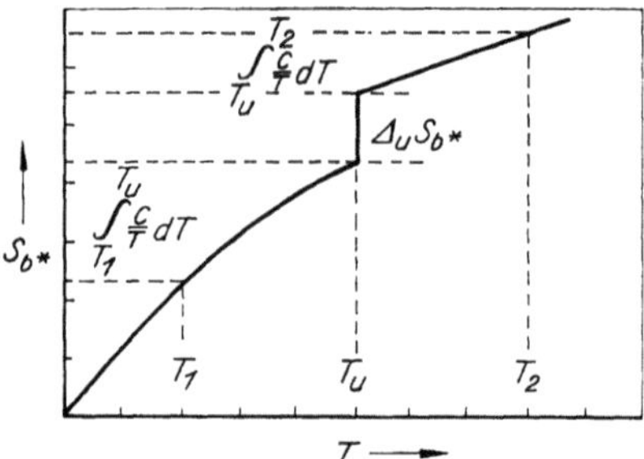

Bild 2.3. Temperaturabhängigkeit der Entropie für einen reinen Stoff b mit einer Phasenumwandlung bei T_U

$$S_{b*}(T_2) = S_{b*}(T_1) + \int_{T_1}^{T_u} \frac{C'}{T} \, dT + \Delta_u S_{b*} + \int_{T_u}^{T_2} \frac{C''}{T} \, dT. \qquad (2.6)$$

wobei $\Delta_u S_{b*}$ die Phasenumwandlungsentropie des reinen Stoffes b ist (Bild 2.3).

Für Tabellierungsbedingungen wurden für zahlreiche Stoffe die Bildungsenthalpie und die Entropie kalorimetrisch bestimmt. Entsprechende Zahlenwerte sind in Tabellenbüchern zusammengestellt [2.1], [2.2]. Damit ist die Berechnung der molaren freien Standardreaktionsenthalpie $\Delta_R G^0$ bei $T = 298{,}15$ K und $p = p_t$ mittels der Gln. (2.3) und (2.2) einfach möglich.

Sollen in eine Prozeßanalyse Berechnungen von $\Delta_R G^0$ für beliebig von $T = 298{,}15$ K abweichende Temperaturen T_i einbezogen werden, müssen für T_i auch $\Delta_R H^0$ und $\Delta_R S^0$ bekannt sein. Die

Ermittlung von $\Delta_R S^0(T_i)$ kann, wie bereits im Zusammenhang mit den Gln. (2.5) und (2.6) dargestellt, aus den $S_{b*}(T_i)$-Werten erfolgen. Voraussetzung ist, daß C im Temperaturgebiet von $T_1 = 0$ K bis $T_2 = T_i$ für alle Reaktionsteilnehmer bekannt ist. Die Kenntnis dieser Temperaturabhängigkeit ist auch Voraussetzung für die Ermittlung der Bildungsenthalpie $\Delta_B H_i^0(T_i)$ der Reaktionsteilnehmer bei T_i und damit der Reaktionsenthalpie $\Delta_R H^0(T_i)$. Für die Temperaturabhängigkeit der Bildungsenthalpie gilt:

$$\Delta_B H_b^0(T_2) = \Delta_B H_b^0(T_1) + \int_{T_1}^{T_2} \Delta_B C \, dT \qquad (2.7)$$

sowie das im Zusammenhang mit den Gln. (2.5) und (2.6) für Phasenumwandlungen im Integrationsbereich Gesagte (Bilder 2.4 und 2.5). Die Bildungsenthalpie für alle Elemente ist für alle von $T = 298{,}15$ K abweichenden Temperaturen

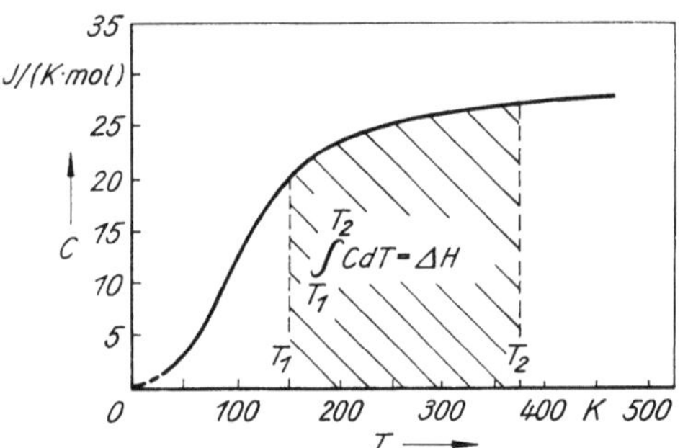

Bild 2.4. Zur Ermittlung der Enthalpieänderung eines Stoffes aus der Temperaturabhängigkeit der Wärmekapazität

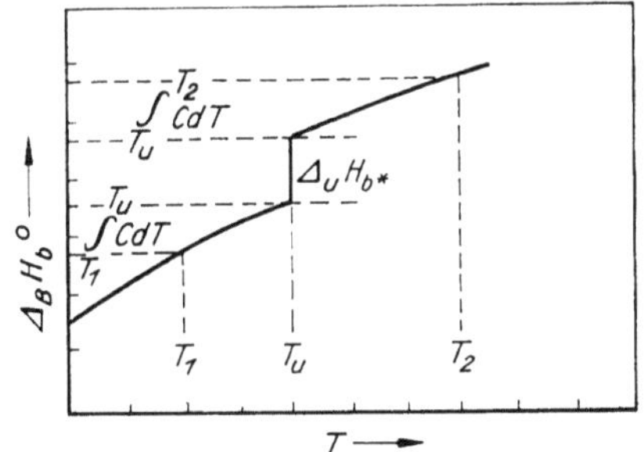

Bild 2.5. Temperaturabhängigkeit der Bildungsenthalpie $\Delta_B H_b^0$

verschieden von Null und durch den Zahlenwert des Integrals in Gl. (2.7) (wenn notwendig, unter Einbezug von Phasenumwandlungsenthalpien) gegeben. Hinweise zur graphischen Ermittlung der dem Zahlenwert des Integrals in Gl. (2.5) oder Gl. (2.6) entsprechenden Fläche bzw. für die direkte rechnerische Auswertung derartiger Integrale können der Literatur [2.3] entnommen werden.

Ist $\Delta_B H_b^0$ für einen am Stoffwandlungsprozeß beteiligten Stoff nicht auffindbar, sind folgende Möglichkeiten zur Ermittlung zu prüfen: $\Delta_B H_b^0$ oder die gesuchte Reaktionsenthalpie $\Delta_R H^0$ können direkt kalorimetrisch bestimmt werden. Voraussetzung dafür ist, daß die entsprechende Reaktion (Bildungsreaktion aus den Elementen oder der untersuchte Stoffwandlungsprozeß) in einem Kalorimeter durchführbar ist. Scheidet diese Möglichkeit aus, kann die Realisierung einer anderen Reaktion, bei der $\Delta_B H_b^0$ ebenfalls benötigt wird, für die aber $\Delta_R H^0$ bekannt oder meßbar ist, zur Ermittlung von $\Delta_B H_b^0$ benutzt werden (HESSscher Satz; s. Lehrbücher der Thermodynamik [2.4] bis [2.6]).

Untersuchungen der Druckabhängigkeit von $\Delta_R G^0$ sind nur dann von Interesse, wenn der betrachtete Stoffwandlungsprozeß mit einer erheblichen Volumenveränderung $\Delta_R V$ verbunden ist. Für die in der Metallkunde behandelten, meist kondensierten Systeme ist diese Bedingung jedoch nur erfüllt, wenn gasförmige Stoffe an der Reaktion beteiligt sind. Entsprechende Berechnungen erfolgen dann mittels der Gleichung

$$\Delta_R G^0(p_2) = \Delta_R G^0(p_t) + \int_{p_t}^{p_2} \Delta_R V \, dp \qquad (2.8)$$

Messungen von $\Delta_R V$ in Abhängigkeit von p sind Voraussetzung für entsprechende Untersuchungen.

Eine Zusammenfassung der dargestellten Möglichkeiten zur Ermittlung von $\Delta_R G^0$ führt zu der Feststellung, daß verschiedenartige kalorimetrische Messungen die Voraussetzung für thermodynamische Aussagen über chemische Stoffwandlungsprozesse schaffen. Neben der Messung der bei Bildungs- oder sonstigen Reaktionen im Kalorimeter ausgetauschten Wärme und damit der Bestimmung der Enthalpieänderung beim Stoffwandlungsprozeß (Reaktionskalorimetrie) sind kalorimetrische Messungen der molaren

Wärmekapazität C im Temperaturbereich von T nahe 0 K bis zu hohen Temperaturen die wichtigsten experimentellen Methoden für die metallurgische Thermochemie.

b) Ermittlung von $\Delta_R G^0$ durch Messungen der Gleichgewichtsaktivitäten

Eine zweite Möglichkeit zur Ermittlung von $\Delta_R G^0$ für einen chemischen Stoffwandlungsprozeß ist durch *Messungen der Gleichgewichtsaktivitäten* $a_{i,\,eq}$ der Reaktionsteilnehmer gegeben. Im Gleichgewichtszustand, wenn die Aktivitäten a_i aller Stoffe den Gleichgewichtsaktivitäten $a_{i,\,eq}$ entsprechen, ist die freie Reaktionsenthalpie $\Delta_R G$ in Gl. (2.1) gleich Null. Für die freie Standardreaktionsenthalpie $\Delta_R G^0$ gilt dann:

$$\Delta_R G^0 = -RT \ln \Pi(a_i^{\nu_i})_{eq} \tag{2.9}$$

wobei $\Pi(a_i^{\nu_i})_{eq}$ der Gleichgewichtskonstanten K entspricht:

$$\Delta_R G^0 = -RT \ln K \tag{2.10}$$

Die Messung der Gleichgewichtsaktivitäten bzw. der Gleichgewichtskonstanten bei einer beliebigen Temperatur T_i erlaubt die Berechnung von $\Delta_R G^0(T_i)$. Ist die Gleichgewichtskonstante K und damit $\Delta_R G^0$ in Abhängigkeit von der Temperatur bekannt, können auch die molare Standardreaktionsenthalpie $\Delta_R H^0$ und die molare Standardreaktionsentropie $\Delta_R S^0$ mit folgenden Gleichungen berechnet werden:

$$\left(\frac{\partial \ln K}{\partial T}\right)_p = \frac{\Delta_R H^0}{RT^2} \tag{2.11}$$

$$\left(\frac{\partial \Delta_R G^0}{\partial T}\right)_p = -\Delta_R S^0 \tag{2.12}$$

$\Delta_R S^0$ wird häufig auch aus $\Delta_R G^0$ und dem kalorimetrisch bestimmten $\Delta_R H^0$ über Gl. (2.2) ermittelt, da die kalorimetrische Methode zur Bestimmung von $\Delta_R S^0$ (siehe unter Pkt. a) wohl die genaueste, aber zugleich auch eine äußerst aufwendige, nur in wenigen Einrichtungen verfügbare experimentelle Methode ist.

Die Messung von Gleichgewichtsaktivitäten bzw. den Gleichgewichtskonstanten für eine Reaktion in Abhängigkeit von der Temperatur ist eine wichtige experimentelle Methode, um umfassende thermodynamische Aussagen über chemische Stoffwandlungsprozesse zu erhalten.

Bezüglich der Durchführung von Reaktionsausbeuteberechnungen [2.3] oder von Energie- und Exergiebilanzen [2.7] auf der Basis der in diesem Abschnitt behandelten thermodynamischen Untersuchungsmethoden muß auf spezielle Literatur verwiesen werden.

2.2.2. Physikalisch-chemische Stoffwandlungsprozesse der Metallkunde und thermodynamische Untersuchungsmethoden

Die Entwicklung, Herstellung und Untersuchung von Werkstoffen, deren Zusammensetzung und Eigenschaften im erheblichen Maß von den Herstellungsbedingungen abhängen, ist ein wichtiges Aufgabengebiet der Metallkunde. Interessante Informationen zum Verständnis der Eigenschaften dieser als Berthollide bezeichneten Stoffe (Legierungen und intermetallische Verbindungen) können aus den Veränderungen der thermodynamischen Zustandsgrößen beim Herstellungsprozeß

$$x\mathrm{A} + y\mathrm{B} \rightarrow \mathrm{A_x B_y} \tag{2.13}$$

(x und y in weiten Grenzen variabel) erhalten werden. Strukturelle Einflüsse können dabei leicht erfaßt werden, indem die Untersuchungen mit flüssigen bzw. festen Ausgangsstoffen oder/und Endstoffen durchgeführt werden. Der Herstellungsprozeß wird als Mischungsvorgang, bei der Entstehung intermetallischer Verbindungen als Bildungsreaktion bezeichnet. Die Kenntnis der Änderung der freien Enthalpie in Abhängigkeit von der Zusammensetzung und Temperatur für die Bildung metallischer Phasen aus den Komponenten erlaubt Aussagen über die Bildungsbedingungen spezieller Strukturen und letztlich zur Vorausberechnung von Zustandsdiagrammen [2.8], [2.9].

Die Mischungsenthalpie $\Delta_M H$ oder die Bildungsenthalpie $\Delta_B H$ einer metallischen Phase beinhaltet wichtige Informationen über die elektronischen und strukturellen Eigenschaften der gebildeten Phase [2.10], [2.11]. So weisen positive Zahlenwerte von $\Delta_M H$ u. a. auf die Auflösung kovalenter Bindungsanteile der Ausgangsstoffe und die Neigung zur Ausbildung einer Mischungslücke im entstandenen System hin. Negative Zahlenwerte von $\Delta_M H$ sind dagegen für die Ausbildung heteropolarer Bindungen und intermetallischer Phasen charakteristisch. Außerdem beeinflussen die Valenzelektronenkonzentrationen und Elektronegativitätsdifferenz den $\Delta_M H$-Wert. Entsteht die Mischphase in fester Form, werden zusätzlich strukturelle Aspekte wirksam. $\Delta_M H$ kann dann einen aus Atomradiendifferenzen der Komponenten herrührenden Verzerrungsanteil und außerdem einen Umwandlungsanteil als Folge erheblicher Strukturunterschiede zwischen der Mischphase und den Komponenten beinhalten [2.12]. Systematische Untersuchungen an homologen Reihen und die Darstellung von $\Delta_M H$ in Form der WAGNERschen ξ-Funktion

$$\xi = \Delta_M H / (x - x^2) \tag{2.14}$$

(x Konzentration einer Komponente in Atom-%) sind für elektronische und strukturelle Aussagen günstig [2.13]. Die genannten Ergebnisse werden in sinnvoller Weise durch Untersuchungen der Mischungsentropie $\Delta_M S$ und des Mischungsvolumens $\Delta_M V$ ergänzt und unterstützt.

Auch bei thermodynamischen Untersuchungen an Bertholliden wird meist nicht die Zustandsgröße der Mischphase Z, sondern die Änderung der Zustandsgröße beim physikalisch-chemischen Stoffwandlungsprozeß ΔZ erfaßt. Zahlenwerte für Mischungsgrößen können experimentell in gleicher Weise bestimmt werden, wie es im Abschnitt 2.2.1. für $\Delta_R Z$ beschrieben wurde. Berechnungen von $\Delta_M H$ und $\Delta_M S$ auf der Basis von Tabellenwerten sind jedoch nicht möglich, da aufgrund der variablen Zusammensetzung der Berthollide eine Tabellierung sehr aufwendig wäre. Zur Bestimmung von $\Delta_M G$ kann wieder $\Delta_M H$ kalorimetrisch gemessen werden, indem der Mischungsvorgang in einem Kalorimeter durchgeführt und die dabei ausgetauschte Wärme bestimmt wird. $\Delta_M S$ wird aus den Entropiewerten der Ausgangsstoffe (in Tabellenbüchern gegeben) und des Berthollides [s. Gl. (2.3)], die kalorimetrisch aus dem Temperaturverlauf von C erhalten werden [s. Gl. (2.5) bzw. Gl. (2.6)], bestimmt. Der für Reaktionsgrößen aufgezeigte zweite Weg zur Ermittlung von ΔZ aus Aktivitätsmessungen ist für physikalisch-chemische Stoffwandlungsvorgänge in modifizierter Form anwendbar. Bei den Messungen wird stets nur die Aktivität einer Komponente des Berthollides

erhalten. Die Aktivität der zweiten Komponente kann rechnerisch aus der Molenbruchabhängigkeit (x_A Molenbruch der Komponente A) der gemessenen Aktivität erhalten werden:

$$\ln a_B = -\frac{x_A}{x_B} \ln a_A + \int\limits_{x_A = 0}^{x_A} \ln a_A \, d\left(\frac{x_A}{x_B}\right) \tag{2.15}$$

Werden so die Aktivitäten beider Komponenten auch in Abhängigkeit von der Temperatur und dem Druck bestimmt, sind damit die partiellen molaren Mischungsgrößen der Komponenten $\Delta_M Z_i$ berechenbar:

$$\Delta_M G_b = RT \ln a_b \tag{2.16}$$

$$\Delta_M S_b = -R \ln a_b - RT(\partial \ln f x_b / \partial T)_{a_i, p} \tag{2.17}$$

$$\Delta_M H_b = -RT^2 (\partial \ln f x_b / \partial T)_{a_i, p} \tag{2.18}$$

$$\Delta_M V_b = -RT(\partial \ln f x_b / \partial p)_{a_i, T} \tag{2.19}$$

Daraus werden in einfacher Weise Zahlenwerte für $\Delta_M Z$ erhalten:

$$\Delta_M Z = x_A \Delta_M Z_A + x_B \Delta_M Z_B \tag{2.20}$$

Aus den Gln. (2.16) bis (2.20) ist der Verlauf von $\Delta_M G$, $\Delta_M S$ und $\Delta_M H$ in Abhängigkeit vom Molenbruch x für ideales Verhalten einer Mischphase leicht ablesbar. Ist der Koeffizient der Molenbruchaktivität $f x_i = 1$ (ideales Verhalten), wird $\Delta_M H = 0$, und $\Delta_M G$ sowie $\Delta_M S$ zeigen einen für alle idealen Mischphasen gültigen charakteristischen Verlauf (s. Bild 2.6).

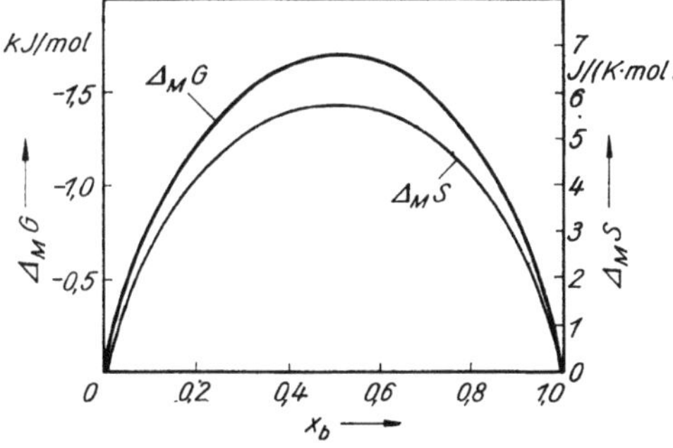

Bild 2.6. $\Delta_M G$ und $\Delta_M S$ in Abhängigkeit vom Molenbruch x_b bei idealem Verhalten ($\Delta_M H = 0$) der Mischphase ($\Delta_M G$ für $T = 298$ K). Zahlenwerte sind allgemein gültig bei idealem Verhalten

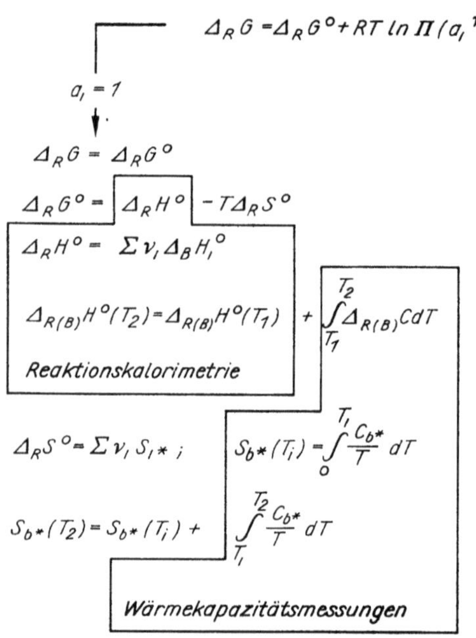

Bild 2.7. Schematische Darstellung der Grundlagen der thermodynamischen Untersuchungsmethoden für chemische Stoffwandlungsprozesse

Auch für die Untersuchung von Fertigungstechnologien für Berthollide und zur Aufklärung der Eigenschaften von Mischphasen und intermetallischen Verbindungen sind kalorimetrische Untersuchungen des Stoffwandlungsprozesses, Messungen der Temperaturabhängigkeit der Wärmekapazität und Messungen von Gleichgewichtsaktivitäten die bedeutendsten experimentellen Methoden der Thermodynamik (s. Bild 2.7).

2.2.3. Physikalische Stoffwandlungsprozesse der Metallkunde und thermodynamische Untersuchungsmethoden

Unter physikalischen Stoffwandlungsprozessen werden alle die Vorgänge zusammengefaßt, bei denen vordergründig keine chemischen, sondern vielmehr Veränderungen der Phasenzusammensetzung, der Struktur und der elektronischen Eigenschaften stattfinden. Das sind für metallische Systeme alle Arten von Phasenumwandlungen (Gitterstrukturänderung, Schmelzen, Verdampfen, Sublimieren) und Transformationen (Ordnungserscheinungen, allotrope Umklappprozesse, Erholung, Rekristallisation, Fehlstellenbildung, Ausheilen, Ausscheidungen). Veränderungen ausschließlich der elektronischen Eigenschaften (Supraleitung, magnetische Erscheinungen) werden im Abschnitt 2.2.4. erfaßt. Allen physikalischen Stoffwandlungsprozessen ist gemeinsam, daß sie bei einer bestimmten Temperatur T_U oder in einem schmalen Temperaturbereich ablaufen und mit markanten Veränderungen der thermodynamischen Zustandsgrößen verbunden sind. Bei *Phasenumwandlungen erster Ordnung* verändern sich die Entropie, Enthalpie und das Volumen unstetig (sprunghaft), während die Wärmekapazität, Kompressibilität und thermische Ausdehnung unstetig sind und gegen Unendlich gehen (s. Bild 2.8). Bei *Phasenumwandlungen zweiter Ordnung* zeigen nur die drei zuletzt genannten Größen eine Unstetigkeit im Temperaturverlauf. Durch Untersuchungen der Veränderungen der thermodynamischen Zustandsgrößen werden interessante Aussagen über die mit dem Stoffwandlungsprozeß verbundenen energetischen Veränderungen $\Delta_U H$ und die Änderung des Ordnungsgrades $\Delta_U S$ und damit über die Art des ablaufenden Prozesses erhalten.

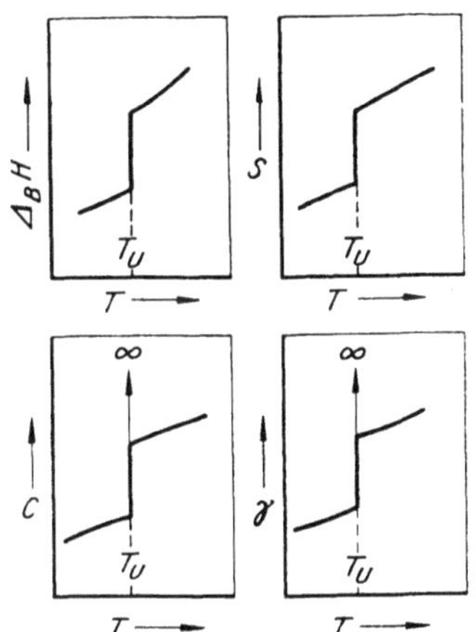

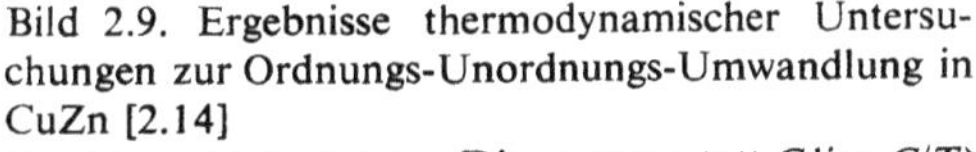

Bild 2.8. Verlauf der Zustandsgrößen $\Delta_B H$, S, C und γ (thermische Volumenausdehnung) bei einer Phasenumwandlung erster Ordnung

Bild 2.9. Ergebnisse thermodynamischer Untersuchungen zur Ordnungs-Unordnungs-Umwandlung in CuZn [2.14]
(Ergänzung zum unteren Diagramm: statt C lies C/T)
s BRAGG-WILLIAMscher Ordnungsparameter

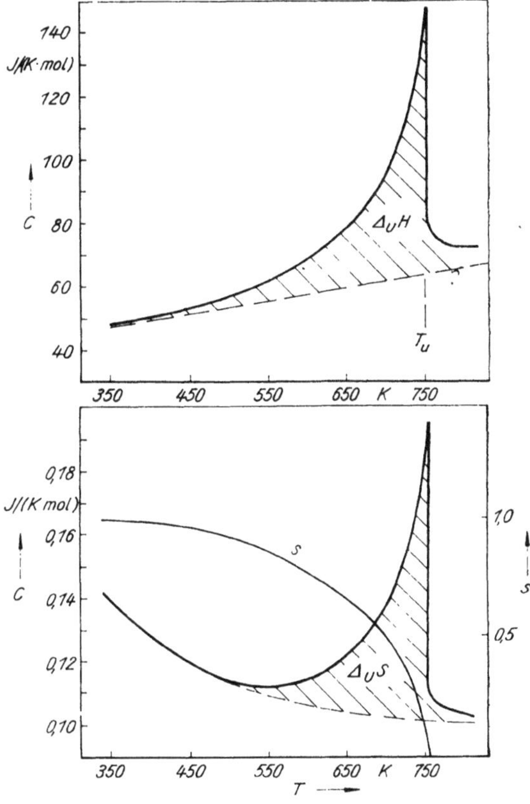

Meist werden für $T < T_U$ (teils auch für $T > T_U$) schon Veränderungen im Werkstoff durch Untersuchungen der thermodynamischen Zustandsgrößen angezeigt. Da derartige Erscheinungen in unmittelbarer Nähe der eigentlichen charakteristischen Temperatur T_U von erheblichem Interesse sind, werden thermodynamische Untersuchungen zur Aufklärung des Ablaufs physikalischer Stoffwandlungsprozesse (reversibel, irreversibel, Hystereseerscheinungen) umfassend genutzt. Die am häufigsten untersuchte Größe ist die Wärmekapazität. Sie zeigt für nahezu alle interessierenden Vorgänge einen anomalen Temperaturverlauf und kann deshalb zum Nachweis des Stoffwandlungsprozesses und vielfach auch zur Ermittlung von $\Delta_U H$ und $\Delta_U S$ benutzt werden. Ein Beispiel soll das prinzipielle Vorgehen verdeutlichen. Der Temperaturverlauf der Wärmekapazität für den Übergang Fernordnung-Un-.

ordnung in CuZn ist im Bild 2.9 gezeigt. Aus dem C-T-Verlauf kann die Enthalpieänderung $\Delta_U H$ ermittelt und mit dem theoretischen Wert

$$\Delta_U H \text{ (Ordnung)} = (R/2)\, T_U$$

verglichen werden. Außerdem ist aus der C/T-T-Darstellung $\Delta_U S$ und damit die Ordnungsänderung abschätzbar. Aus dem Temperaturverlauf von C, $\Delta_U H$ und $\Delta_U S$ kann schließlich die Temperaturabhängigkeit des Ordnungsparameters (s. Bild 2.9) erhalten werden.

Gegenstand experimenteller Untersuchungen ist oft die mit dem physikalischen Stoffwandlungsprozeß verbundene Enthalpieänderung $\Delta_u h$ (latente Wärme). $\Delta_u h$ ist proportional der energetischen Veränderung im betrachteten stofflichen System und erlaubt Rückschlüsse auf die Art des abgelaufenen Vorganges. Während z. B. für eine Martensitumwandlung bei tiefen Temperaturen

3*

nur einige Joule/mol beobachtet werden, beträgt $\Delta_u H$ bei der Sublimation von Metallen mit hoher Schmelztemperatur ($T_F > 1000$ K) mehr als 10^5 J/mol. Auch die Kinetik des Prozeßablaufs kann über den zeitlichen Verlauf der energetischen Prozeßleistung ($\mathrm{d}\Delta_u h/\mathrm{d}t$) verfolgt werden. Die meist mit dynamisch arbeitenden Kalorimetern (s. Abschn. 2.3.2.1.) oder Einwurfkalorimetern (s. Abschn. 2.3.3.) durchgeführten Messungen von $\Delta_u h$ werden vielfach durch erhebliche Verzögerungen oder Hemmungen des Prozeßablaufs erschwert.

Die Reversibilität von physikalischen Stoffwandlungen und das Auftreten von Hystereseerscheinungen wird durch Messungen mit steigender und fallender Temperatur aufgeklärt. Derartige Aufheiz- und Abkühlexperimente stellen die wichtigste Methode zur Aufstellung von *Schmelzdiagrammen* dar. In den entsprechenden *T-t*-Kurven wird der Erstarrungsbeginn t_1 und das -ende t_2 durch einen Knick im Kurvenverlauf ausgewiesen (s. Bild 2.10). Die Art des Erstarrungs- bzw. Aufschmelzvorganges und die Zahl im Gleichgewicht befindlicher Phasen lassen sich leicht aus dem Temperaturverlauf zwischen t_1 und t_2 ableiten. Eine Isotherme (Haltepunkt) weist auf ein nonvariantes, eine nur verzögerte Temperaturänderung auf ein monovariantes Gleichgewicht hin (s. Bild 2.11). Aus diesen Informationen für eine Zahl repräsentativer Zusammensetzungen wird das Schmelzdiagramm eines Systems erhalten.

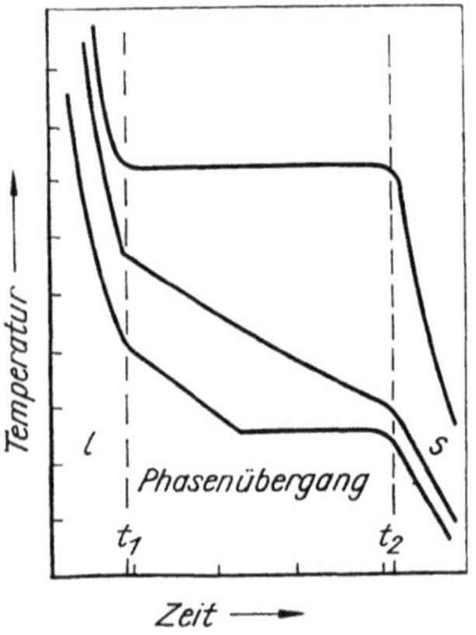

Bild 2.10. Temperatur-Zeit-Diagramme zur Aufklärung des Phasenüberganges fest-flüssig (*s – l*)

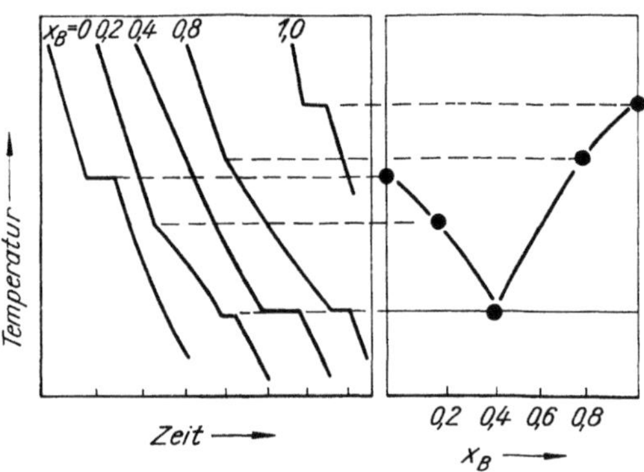

Bild 2.11. Zusammenhang zwischen Abkühlungskurven und Schmelzdiagramm eines binären Systems

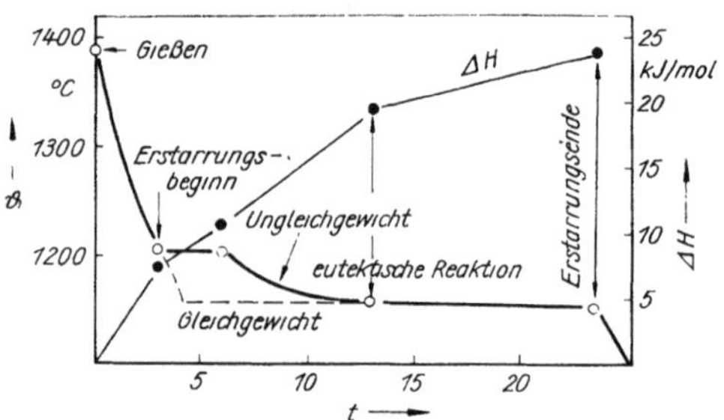

Bild 2.12. Abkühlungskurve und daraus bestimmte Enthalpiebilanzkurve für eine Gußstück

Die Untersuchung physikalischer Stoffwandlungsprozesse in Abhängigkeit von der Temperatur und der Zeit, wobei die Enthalpieänderung oder die Veränderung der Wärmekapazität als meßbares Signal für den Ablauf genutzt werden, hat auch in der Gießereitechnik Bedeutung erlangt [2.15]. Mit dieser Methode können am realen Gußstück selbst Feinheiten der Gefügeausbildung qualitativ und teils auch quantitativ nachgewiesen werden (s. Bild 2.12). Die dafür entwickelte sogenannte *technologische Kalorimetrie* könnte als Methode zur Qualitätsüberwachung bei wichtigen Gußvorgängen entscheidend Bedeutung erlangen und wird im Abschnitt 2.3. beschrieben. Thermokinetische Untersuchungen, bei denen die Ableitung kinetischer Gesetzmäßigkeiten des Stoffwandlungsprozesses Zielstellung ist, werden zunehmend mit Erfolg auch für metallische Systeme eingesetzt. Dazu sind Spezialkenntnisse aus theoretischer und experimenteller Sicht in erheblichem Umfang erforderlich. Es kann deshalb zu dieser Problematik nur auf die Literatur verwiesen werden [2.16], [2.17].

Zusammenfassend kann festgestellt werden, daß kalorimetrische Messungen der Umwandlungsenthalpie und der Wärmekapazität die wichtigsten thermodynamischen Untersuchungsmethoden für physikalische Stoffwandlungsprozesse sind. Dabei sind insbesondere Methoden, die Aufheiz- oder Abkühlprogramme und solche, die Zeitabhängigkeiten zu untersuchen gestatten, besonders von Interesse, da die meisten physikalischen Stoffwandlungsvorgänge durch Temperaturänderung ausgelöst werden.

2.2.4. Physikalische Eigenschaften metallischer Werkstoffe und thermodynamische Untersuchungsmethoden

Untersuchungen physikalischer Eigenschaften werden zur Charakterisierung metallischer Werkstoffe und zur Ableitung von Gesetzmäßigkeiten für den Werkstoffeinsatz und die Werkstoffentwicklung durchgeführt. Dabei stehen grundlegende Eigenschaften, wie das Phononenspektrum, die Elektronenstruktur und magnetische Erscheinungen im Vordergrund, da damit wichtige Beiträge zum Verständnis anderer Eigenschaften, wie der elektrischen Leitfähigkeit (Übergänge Metall-Isolator, -Halbleiter, -Supraleiter), der Wärmeleitung oder der elastischen Eigenschaften, erbracht werden.

Von den thermodynamischen Zustandsgrößen wird nahezu ausschließlich die *Temperaturabhängigkeit der Wärmekapazität* für entsprechende Untersuchungen genutzt. Insbesondere aus Messungen bei tiefen Temperaturen können Aussagen zur Art der Phononmoden (Oszillation, Rotation, Translation) bis hin zur Bestimmung charakteristischer Frequenzen erhalten werden. Auch die Zustandsdichte der Leitungselektronen an der FERMI-Grenze $N(E_F)$, der insbesondere für die Supraleiter wichtige Elektron-Phonon-Wechselwirkungsparameter λ_{E-P} und die Termaufspaltung in inneren und äußeren magnetischen und elektrischen Feldern (SCHOTTKY-Effekt) können ermittelt werden. Für den supraleitenden Zustand ist aus der Temperaturabhängigkeit von C die kritische Temperatur T_{Cr}, die Energielücke und die Stabilität des supraleitenden Zustandes, auch im Magnetfeld, bestimmbar. Für magnetische Erscheinungen ist die Aufklärung der Art der magnetischen Ordnung, wie Ferro- oder Antiferromagnetismus bis hin zu schwachen magnetischen Wechselwirkungen (KONDO-Effekt, Spinglasverhalten) und außerdem die Bestimmung von Wechselwirkungsparametern (des Austauschintegrals, der Zahl und Größe magnetischer Cluster und des Spins) möglich. Einzelheiten zur Ableitung dieser Aussagen aus den Wärmekapazitätsmessungen sind in [2.18], [2.19] und [2.23] gegeben. Die genannten Aussagen werden entweder aus Anomalien im Temperaturverlauf von C oder durch die Aufspaltung der $C(T)$-Funktion gewonnen. In den Bildern 2.13 bis 2.15 sind einige für physikalische Erscheinungen charakteristische Formen von Wärmekapazitätsanomalien gezeigt.

Bei der Aufspaltung der C-T-Abhängigkeit müssen für Metalle bei tiefen Temperaturen stets der

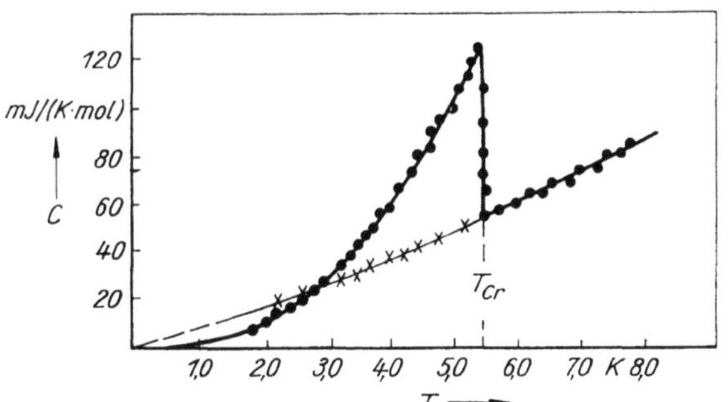

Bild 2.13. Anomalie in dem C-T-Diagramm beim Übergang vom supraleitenden in den normalleitenden Zustand bei der kritischen Temperatur T_{Cr} für Vanadium [2.20]

−·−·− Messungen ohne Feld
−×−×− Messungen im Magnetfeld

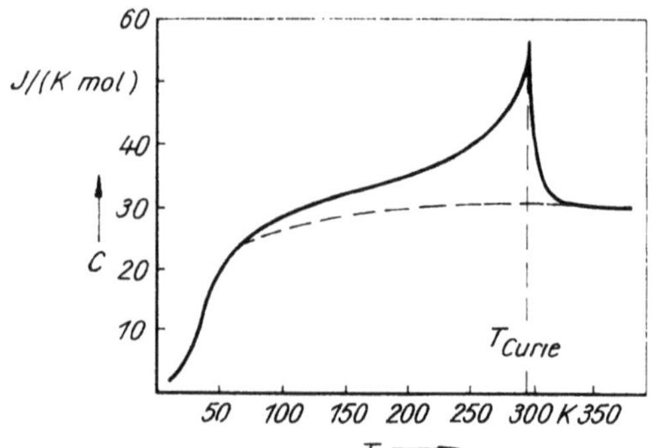

Bild 2.14. Anomalie im C-T-Diagramm beim Übergang Ferromagnetismus-Paramagnetismus in Gadolinium [2.21]

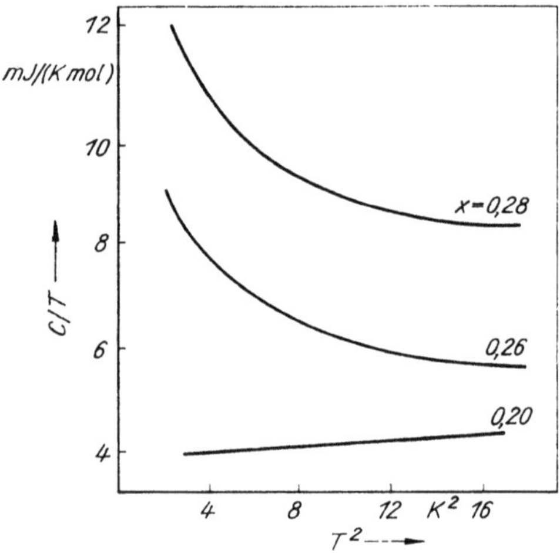

Bild 2.15. Anomalie im C-T-Diagramm infolge magnetischer Wechselwirkungen in $V_{1-x}Fe_x$ [2.22]. Für $x = 0,26$ und $x = 0,28$ weichen die Kurven vom theoretisch erwarteten Verlauf nach Gl. (2.25) ab.

Gitterbeitrag C_G und der Elektronenbeitrag C_E berücksichtigt werden:

$$C(T) = C_G(T) + C_E(T) \qquad (2.21)$$

Während für $C_E(T)$ nahezu uneingeschränkt $C_E = \gamma T$ (γ Elektronenwärmekoeffizient) gültig ist, kann $C_G(T)$ für viele Festkörper mit dem DEBYE-Modell für das Schwingungsspektrum (kontinuierliche Schwingungen bis zu einer

Grenzfrequenz ν_g bzw. der DEBYE-Temperatur $\Theta = h\nu_g/k$ angeregt) beschrieben werden:

$$C_G = 3R\left[12\left(\frac{T}{\Theta}\right)^3 \int_0^{\Theta/T} \frac{x^3\,dx}{e^x - 1} - \frac{3\Theta/T}{e\Theta/T - 1}\right] \qquad (2.22)$$

mit $x = k\nu/kT$.

Für tiefe Temperaturen ($T < \Theta/40$) vereinfacht sich diese Gleichung zu:

$$C_G = 233,7\,R\left(\frac{T}{\Theta}\right)^3 = \beta T^3 \qquad (2.23)$$

Für $C(T)$ wird damit für tiefe Temperaturen

$$C = \beta T^3 + \gamma T \qquad (2.24)$$

$$C/T = \beta T^2 + \gamma \qquad (2.25)$$

Gl. (2.25) zeigt, daß die Wärmekapazität bei tiefen Temperaturen dargestellt als C/T gegen T^2 (s. Bild 2.16) eine Gerade ergibt, deren Anstieg β und Ordinatenabschnitt γ entspricht. β liefert Informationen zum Phononenspektrum [s. Gl. (2.23)], und aus γ werden $N(E_F)$ und λ_{E-P} erhalten.

Ergibt C/T gegen T^2 keine Gerade, kommen dafür zwei Ursachen in Betracht. Das Phononenspektrum ist kompliziert und kann mit dem gewählten Modell nicht beschrieben werden, bzw. es tritt ein zusätzlicher Term (C_Z) in Gl. (2.21) auf. Dieser Zusatzbeitrag zu $C(T)$ kann durch einen SCHOTTKY-Effekt oder durch magnetische Erscheinungen gegeben sein. Aus der für drei voneinander unabhängige Beiträge zu $C(T)$ wesentlich schwieriger durchführbaren Analyse folgt $C_Z(T)$ und daraus schließlich die genannten Informationen, beispielsweise für einen SCHOTTKY-Effekt oder eine magnetische Ordnung. Eine solche Analyse kann nur von erfahrenen Spezialisten durchgeführt werden. An dieser Stelle deshalb nur ein Hinweis auf weiterführende Übersichtsartikel [2.18], [2.23].

Zusammenfassend kann festgestellt werden: Zur Untersuchung physikalischer Eigenschaften von Metallen kommen aus thermodynamischer Sicht insbesondere Wärmekapazitätsmessungen bei tiefen Temperaturen in Betracht. Wärmekapazitätsmessungen bei hohen Temperaturen werden häufig zur Aufklärung von Anomalien, Phasenumwandlungen oder Transformationen aus-

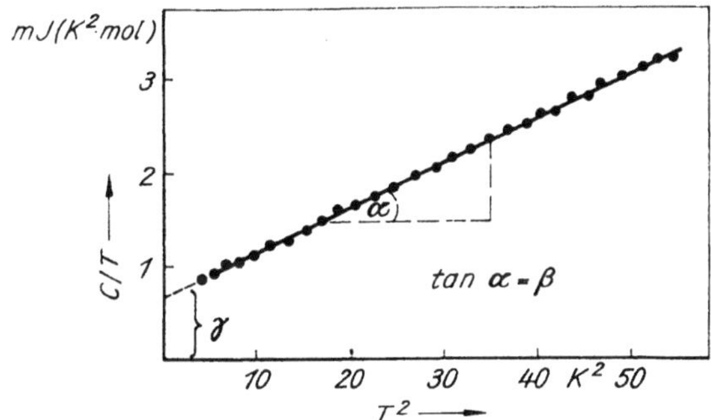

Bild 2.16. Linearität im C/T- gegen T^2-Diagramm am Beispiel des Kupfers (eigene Resultate)

geführt. Außerdem wird $C(T)$ bei hohen Temperaturen für thermodynamische Berechnungen (s. Abschn. 2.2.1. und 2.2.2.) benötigt. Festkörperphysikalische oder strukturelle Aussagen werden im begrenzten Umfang erhalten.

2.3. Kalorimetrische Untersuchungsmethoden

Für metallkundliche Untersuchungen werden unterschiedliche kalorimetrische Methoden eingesetzt. Wichtig für nahezu alle Arbeitsrichtungen sind Wärmekapazitätsmessungen, vielfach weit oberhalb oder unterhalb Raumtemperatur. Kalorimetrische Methoden bei $T \geqq 300$ K und $T < 300$ K unterscheiden sich bezüglich der experimentellen Gegebenheiten erheblich, da die Möglichkeiten und Materialien zur Erzeugung und Messung hoher bzw. tiefer Temperaturen [2.24], [2.25] sehr unterschiedlich sind.
Messungen zur Ermittlung der Enthalpieänderung Δh bei isobaren chemischen oder physikalisch-chemischen Stoffwandlungsprozessen in Form der in einem Kalorimeter ausgetauschten Wärme q werden fast ausschließlich bei oder oberhalb Raumtemperatur ausgeführt. Die Besonderheit dieser als Reaktions- bzw. Mischungskalorimetrie bezeichneten Methode ist darin zu sehen, daß in diesen Kalorimetern der Prozeß durch das Zusammenfügen von Stoffen eingeleitet werden muß. Im Gegensatz dazu wird bei den kalorimetrischen Untersuchungen, die die energetischen Veränderungen bei physikalischen Stoffwandlungsprozessen zum Ziel haben, der betrachtete

Vorgang thermisch aktiviert durch Temperaturänderung ausgelöst.
Im folgenden werden die allgemeingültigen Grundlagen, die möglichen Betriebsarten und die Auswerteverfahren der Kalorimetrie behandelt sowie einige spezielle kalorimetrische Techniken vorgestellt, die für die Bearbeitung metallkundlicher Probleme von Interesse sind.

2.3.1. Grundlagen der Kalorimetrie

Unter dem Begriff Kalorimetrie werden alle experimentellen Methoden zusammengefaßt, die auf der Basis der *kalorimetrischen Grundgleichung*

$$\mathrm{d}q = c\,\mathrm{d}T \qquad (2.26)$$

die Wärmekapazität c oder die als Folge einer Enthalpieänderung $\mathrm{d}h$ ausgetauschte Wärme $\mathrm{d}q$ zu messen gestatten. Nur für kleine Temperaturänderungen kann c als temperaturunabhängig betrachtet und Gl. (2.26) integriert werden:

$$q = c\,\Delta T \qquad (2.27)$$

Soll die im Meßsystem M des Kalorimeters (Bild 2.18) als Folge eines Stoffwandlungsprozesses ausgetauschte Wärme q_x ermittelt werden, muß die dadurch im Meßsystem erzeugte Temperaturänderung ΔT_x gemessen werden. In Gl. (2.27) stellt c dann die Summe der Wärmekapazität aller am Wärmeaustausch beteiligten Bestandteile des Meßsystems (Probenbehälter, Thermometer, Rührer usw.) c_M und der Wärmekapazität des darin enthaltenen stofflichen Systems c_x dar ($c = c_M + c_x$). c muß durch ein zusätzliches Experiment (Eichung, Kalibrierung,

Wasserwertbestimmung) mit bekannter, meist elektrisch erzeugter Wärme bestimmt werden:

$$c = c_M + c_x = q_E \, \Delta T_E^{-1} \qquad (2.28)$$

Für q_x folgt damit:

$$q_x = c \, \Delta T_x = (q_E \, \Delta T_E^{-1}) \, \Delta T_x \qquad (2.29)$$

Die Bestimmung einer unbekannten Wärmekapazität c_x erfolgt damit in der Weise, daß bei dem Kalibrierungsexperiment die Wärmekapazität c_M des leeren Meßsystems ($c_x = 0$) gemäß Gl. (2.28) zunächst ermittelt wird. Ein weiteres Experiment mit einer genau definierten Wärme q ergibt dann c bei gefülltem Meßsystem ($c_x \neq 0$) und bei Kenntnis von c_M auch c_x:

$$c_x = q \, \Delta T^{-1} - c_M \qquad (2.30)$$

Wichtig für die Ermittlung von c_x über c und c_M ist die Einhaltung der Bedingung $c_M \ll c_x$. Für beide kalorimetrischen Verfahren (q_x-, c_x-

Messung) ist zu gewährleisten, daß der Wärmeaustausch ausschließlich im Meßsystem erfolgt. Diese Forderung ist experimentell nur mit erheblichem Aufwand realisierbar. Meist kann ein Wärmefluß dq_F (Wärmeleck) zwischen Meßsystem und Umgebung nicht vollständig ausgeschlossen werden. Dadurch wird eine im Meßsystem ausgetauschte Wärme dq_x nur teilweise in Form einer Temperaturänderung dT_x wirksam, der Rest wird mit der Umgebung ausgetauscht:

$$dq_x = c \, dT_x + dq_F \qquad (2.31)$$

dq_F wird bei allen kalorimetrischen Untersuchungen quantitativ erfaßt und berücksichtigt. Der Flußterm dq_F kann meist mit dem NEWTONschen Abkühlungsgesetz beschrieben werden:

$$dq_x = c \, dT_x + K_q(T_U - T_M) \, dt \qquad (2.32)$$

K_q Wärmeaustauschkonstante
T_U Temperatur der Umgebung

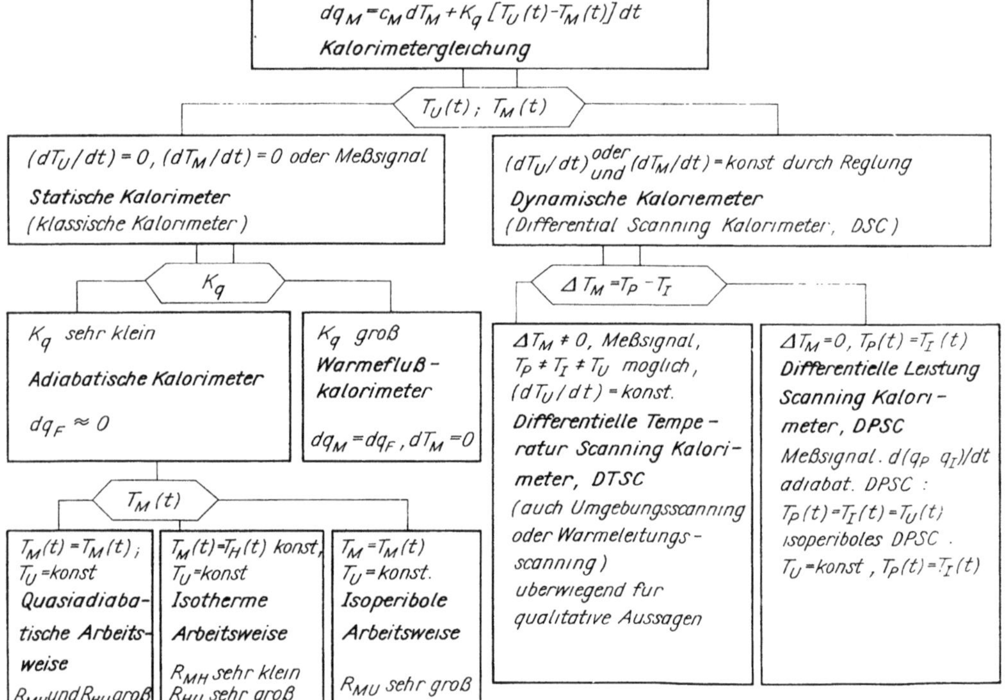

Bild 2.17. Mögliche Betriebsarten von Kalorimetern

Gl. (2.32) ist die *grundlegende Kalorimetergleichung* und kann für eine Klassifizierung der Kalorimeter bezüglich ihrer Arbeitsweise genutzt werden. Eine entsprechende schematische Übersicht wird im Bild 2.17 gegeben und durch die Bilder 2.18 bis 2.20 ergänzt, die den prinzipiellen Aufbau von Kalorimetern zeigen. In verschiedenen Kalorimetern ist zwischen dem Meßsystem, in dem sich das zu untersuchende stoffliche System befindet, und der Umgebung ein Hilfssystem angeordnet (Bild 2.19). Dieses Hilfs-

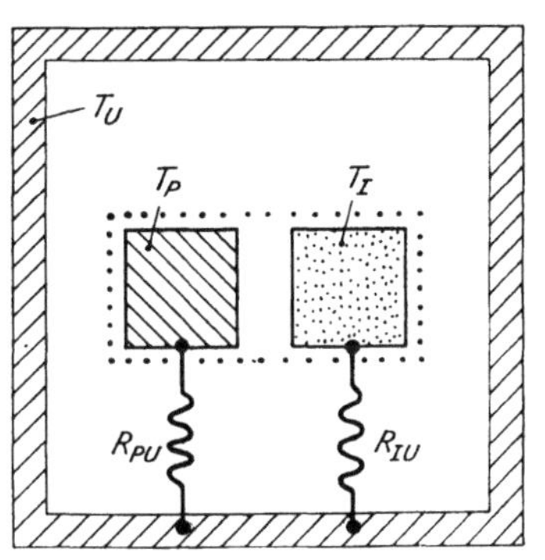

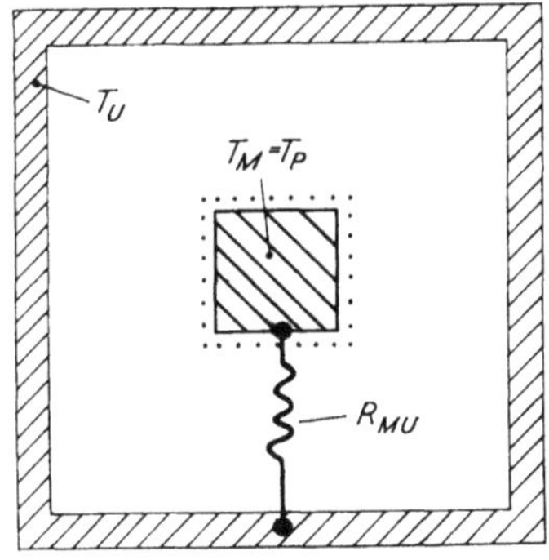

Bild 2.18. Aufbau eines einfachen Kalorimeters

R	Wärmewiderstand	I	Umgebung
T	Temperatur	2	Probensystem
		3	Meßsystem

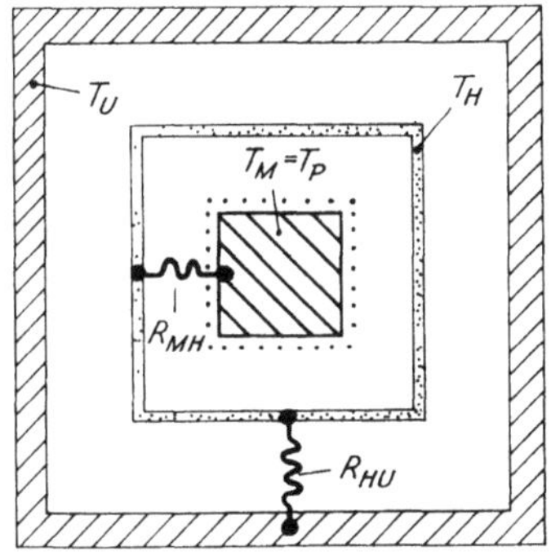

Bild 2.19. Aufbau eines Kalorimeters mit Hilfssystem

R	Wärmewiderstand	2	Probensystem
T	Temperatur	3	Meßsystem
I	Umgebung	4	Hilfssystem

Bild 2.20. Aufbau eines Zwillingskalorimeters

R	Wärmewiderstand	2	Probensystem
T	Temperatur	3	Meßsystem
I	Umgebung	4	Inertsystem

system ermöglicht die Steuerung des Wärmeflusses im Kalorimeter oder dient zur Umformung der gesuchten Größe q in eine leicht nachweisbare (Masse o. ä.). Zur Verminderung des experimentellen Aufwandes bzw. zur Erhöhung der Meßgenauigkeit wird insbesondere in dynamischen Kalorimetern häufig eine Zwillingsanordnung verwendet (Bild 2.20). Während sich in dem einen Teil das Probensystem befindet, enthält das andere ein Vergleichs- oder besser Inertsystem (System, das in dem für das Probensystem interessanten Temperaturgebiet keinen Effekt aufweist, aber gut bekannte, reproduzierbare Eigenschaften hat). Da bei Zwillingsanordnungen stets das Differenzsignal zwischen beiden Teilsystemen ausgewertet wird, ist der Einfluß äußerer Störungen auf die Meßgenauigkeit wesentlich herabgesetzt.

Bestimmend für die Qualität kalorimetrischer Untersuchungen ist die verwendete Temperaturmeßtechnik. Abhängig von der Arbeitstemperatur und den Genauigkeitsanforderungen werden in der Kalorimetrie alle aus der Literatur [2.25] bekannten Thermometerarten eingesetzt. Die Zufuhr einer Wärme zum Meßsystem erfolgt fast ausschließlich elektrisch durch die Widerstandsheizung (JOULEsche Wärme). Die Absorption kann mit Peltier-Elementen erfolgen. Zur Aufzeichnung des Temperatur-Zeit-Verhaltens des Meßsystems verfügen kalorimetrische Anordnungen meist über analoge und zusätzlich digitale Datenausgänge.

Der Aufbau zuverlässiger, empfindlicher Kalorimeter erfordert viel Erfahrung und Kenntnisse der Meßtechnik und sollte deshalb Spezialisten vorbehalten bleiben. Im Gegensatz dazu können aber Einrichtungen für orientierende Messungen mit niedrigen Genauigkeitsansprüchen ($< \pm 10\%$) und nicht extremen Temperaturen mit einfachen Mitteln aufgebaut werden [2.26], [2.3]. Für nahezu alle Meßaufgaben werden kommerziell Geräte gefertigt. Eine Übersicht über verfügbare Geräte ist in [2.27] gegeben.

2.3.2.   Betriebsarten von Kalorimetern

2.3.2.1.   Dynamische Kalorimeter

In dynamischen Kalorimetern (s. Bild 2.17) werden entweder die Umgebung, das Meßsystem oder beide mit einer frei wählbaren, konstanten Geschwindigkeit (10^{-2} bis 10^2 K/min) aufgeheizt oder abgekühlt. Sie werden deshalb bevorzugt zur Untersuchung von Stoffwandlungsprozessen eingesetzt, die durch Temperaturänderung startbar sind. Durch die mögliche hohe Temperaturänderungsgeschwindigkeit sind nur kleine Probenmassen (1 g $> m >$ 1 µg) untersuchbar.

Differentielle Thermoanalyse (DTA) [2.16]

Es ist die einfachste Form eines dynamischen Kalorimeters, bei der ausschließlich eine programmgesteuerte Änderung der Umgebungstemperatur erfolgt. Das Meßsystem ist ein Zwillingssystem mit einem Differentialthermoelement zur Messung der Temperaturdifferenz ΔT_{PI} zwischen dem Proben- und dem Inertsystem ohne eigene Heizmöglichkeit. Die Temperatur des Meßsystems ($T_{\mathrm{P}} = T_{\mathrm{I}}$) folgt verzögert der Umgebungstemperatur T_{U}. Eine Enthalpieänderung Δh als Folge eines Stoffwandlungsprozesses und damit ein Wärmeaustausch im Probensystem oder eine Wärmekapazitätsdifferenz Δc_{PI} führt zu $T_{\mathrm{P}} \neq T_{\mathrm{I}}$. $\Delta T_{\mathrm{PI}} = f(t)$ bzw. $\Delta T_{\mathrm{PI}} = f(T_{\mathrm{U}})$ wird beobachtet und registriert. Es ist das Ergebnis einer DTA-Messung. Eine quantitative Auswertung einer DTA-Untersuchung ist sehr aufwendig, da zahlreiche Proben- und konstruktive Parameter berücksichtigt werden müssen. Große Empfindlichkeit wird in DTA-Geräten durch einen großen, hohe Temperaturauflösung dagegen durch einen kleinen Wärmewiderstand R_{PI} erzielt. DTA-Untersuchungen werden bevorzugt zum Auffinden des Temperaturgebietes und für quantitative Informationen über den Ablauf stofflicher Veränderungen im Bereich 100 K $< T <$ 2 700 K eingesetzt [2.16].

Differentielle Temperatur Scanning Kalorimeter (DTSC) [2.28]

Es sind dynamische Kalorimeter, bei denen auch eine programmierte Temperaturänderung der Umgebung durchgeführt und $\Delta T_{\mathrm{PI}} = f(t)$ bzw. $f(T_{\mathrm{U}})$ als Meßsignal erhalten wird. In diesen Kalorimetern sind jedoch die Wärmewiderstände R_{PU} und R_{IU} derart gestaltet, daß konstruktive Anordnungseffekte weitgehend ohne Einfluß auf das Meßergebnis sind. Dadurch wird eine quantitative Auswertung durch Eichung des Meßsystems mit einem exakt bekannten und reproduzierbaren thermischen Effekt erleichtert. DTSC-Apparaturen sind experimentell wesentlich aufwendiger als DTA-Geräte und werden bevorzugt zur Untersuchung des Ablaufes physikalischer, seltener physikalisch-chemischer Stoffwandlungsprozesse, der damit verbundenen Enthalpieänderung Δh und Kinetik sowie für Wärmekapazitätsmessungen $c(T)$ eingesetzt. DTA und DTSC kann auch als dynamische Wärmeleitungskalorimetrie bezeichnet werden.

Differentielle Leistungs- (Power-) Scanning-Kalorimeter (DPSC) [2.28]

Es sind die am höchsten entwickelten und zugleich auch leistungsfähigsten dynamischen Kalorimeter. Mit konstanter Geschwindigkeit wird dabei entweder das Meßsystem bei $T_{\mathrm{U}}(t) =$ konst. (isoperiboles dynamisches Kalorimeter) oder das gesamte Kalorimeter $T_{\mathrm{P}}(t) = T_{\mathrm{I}}(t) = T_{\mathrm{U}}(t)$ (adiabatisches dynamisches Kalorimeter) aufgeheizt. Mittels hohem elektronischem Aufwand wird in allen diesen Kalorimetern in jedem Zeitmoment Temperaturgleichheit zwischen T_{P} und T_{I} ($\Delta T_{\mathrm{PI}}(t) = 0$) erzeugt und die zur Realisierung dieser Bedingung im Probensystem im Vergleich zum Inertsystem mehr oder weniger notwendige Leistung als Meßsignal registriert. Das Meßsignal $\mathrm{d}(q_{\mathrm{P}} - q_{\mathrm{I}})/\mathrm{d}T$ ist direkt proportional zu

Δc_{PI} [s. Gl. (2.26)] bzw. ergibt integriert über T unmittelbar Δh des Stoffwandlungsprozesses im Probensystem. Damit sind mit der DPSC-Methode quantitative, auch thermokinetische Aussagen über physikalische und bedingt auch physikalisch-chemische Prozesse sowie Wärmekapazitäten $c_{\mathrm{p}}(T)$ zu erhalten. Im Unterschied zu den vorher beschriebenen dynamischen Methoden sind die Ergebnisse ohne Eichaufwand unmittelbar aus den Meßkurven ableitbar (keine Grundliniendrift oder Veränderung von Eichkonstanten in Abhängigkeit von T usw.). Typische Ergebniskurven sind im Bild 2.21 gezeigt. Mit DPSC-Methoden können im Temperaturbereich von 100 bis 1000 K mit nur geringem Zeitaufwand Untersuchungen mit ansprechender Genauigkeit (besser 5 %) durchgeführt werden.

$t = t_{\mathrm{j}}$ läuft die Haupt- oder Meßperiode. Die stets notwendige weitere Beobachtung von $T_{\mathrm{M}}(t)$ bei $t > t_{\mathrm{j}}$ stellt die Nachperiode dar. Aus $T_{\mathrm{M}}(t)$ wird bei allen statischen Kalorimetern das Meßergebnis q_{x} oder ΔT_{x} abgeleitet.

Wärmeflußkalorimeter

Das charakteristische $T_{\mathrm{M}}(t)$-Verhalten eines Wärmeflußkalorimeters ist im Bild 2.22 gezeigt. Ein bei t_{i} gestarteter Wärmeaustausch erzeugt zunächst eine Temperaturdifferenz ΔT_{MU}, die aber durch den leicht möglichen Wärmefluß zwischen Meßsystem und Umgebung (R_{MU} klein, K_{q} groß) rasch wieder abgebaut wird. T_{M} erreicht nach Abschluß des Wärmeaustausches wieder T_{U}. $\mathrm{d}T_{\mathrm{x}}$ in Gl. (2.32) ist nach dem Experiment Null und q_{x} durch Integration des Flußterms

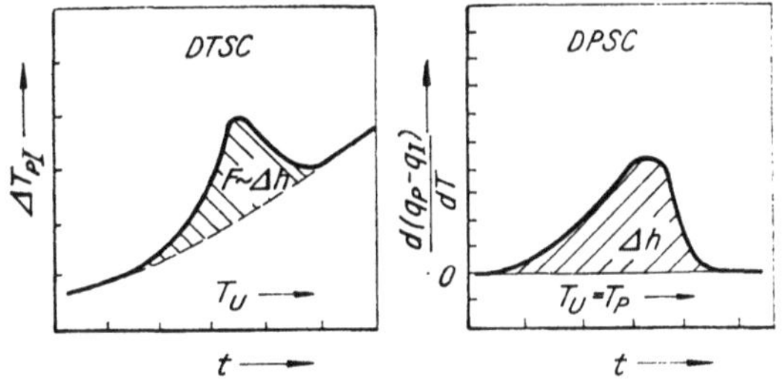

Bild 2.21. Vergleich einer DTSC- mit einer DPSC-Ergebniskurve

2.3.2.2. Statische Kalorimeter

In statischen Kalorimetern (s. Bild 2.17) werden Untersuchungen nur bei einer ausgewählten Temperatur T_{i} durchgeführt, d. h., es wird als Resultat q_{x} bzw. Δh oder c_{x} nur für $T_{\mathrm{i}} = T_{\mathrm{U}}$ erhalten. Bei allen statischen Kalorimetern wird $T_{\mathrm{U}}(t) = $ konst. durch Anwendung eines Thermostaten oder Ofens hoher Wärmekapazität mit exakter Temperaturregelung als Umgebung erfüllt. Stoffwandlungsprozesse werden entweder durch Zusammenfügen von im Meßsystem räumlich getrennt thermostatierten Stoffen (q_{x}-Messung) oder durch Zufuhr JOULEscher Wärme (c_{x}-Messung) gestartet. Zu Beginn einer Untersuchung ist $T_{\mathrm{M}}(t) = T_{\mathrm{U}}(t) = $ konst. (s. Bilder 2.22 bis 2.24). Dieser Zeitraum ($t_0 < t < t_1$), in dem sich das Meßsystem isotherm und adiabatisch verhält, wird als Vorperiode bezeichnet. Mit der Einleitung der Zustandsänderung bei t_1 bis zum Abschluß des Wärmeaustausches im Meßsystem

$K_{\mathrm{q}}(\Delta T_{\mathrm{MU}})\,\mathrm{d}t$ erhalten. Eine Kalibrierung bzw. eine Bestimmung von K_{q} ist elektrisch mit q_{E} durchführbar. Bestimmungen der Wärmekapazität c_{x} sind mit Wärmeflußkalorimetern ebenfalls möglich, da K_{q} von c_{x} abhängt. Wärmeflußkalorimeter sind für alle Arten von Stoffwandlungsprozessen einsetzbar und werden insbesondere

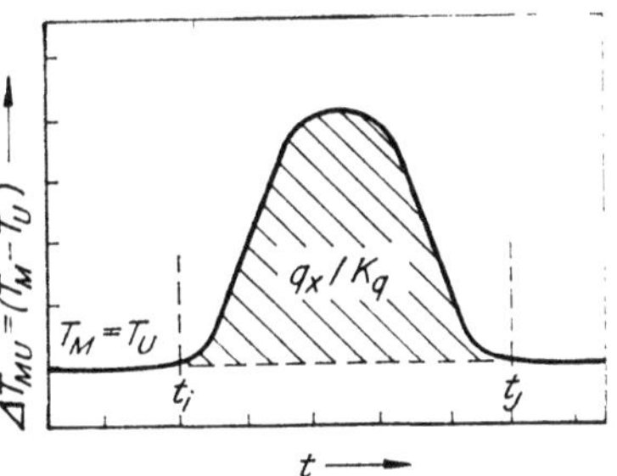

Bild 2.22. Temperatur-Zeit-Verhalten in einem Wärmeflußkalorimeter

im Temperaturgebiet von 100 bis 2000 K für langsam ablaufende Vorgänge und entsprechende thermokinetische Untersuchungen eingesetzt. Vielfach begegnet man der Zwillingsbauweise. Der Probenraum hat meist ein Volumen zwischen 1 und 100 cm³.

Adiabatische Kalorimeter

Charakteristisch für alle diese Kalorimeter ist eine möglichst ideale Wärmeisolation zwischen Meßsystem und Umgebung, wodurch eine Minimierung des Flußterms in Gl. (2.23) erreicht wird. Experimentell wird diese Bedingung unterschiedlich realisiert.
Eine exakt adiabatische Arbeitsweise kann nur durch $\Delta T_{\mathrm{MU}} = 0$ realisiert werden [s. Gl. (2.32)].

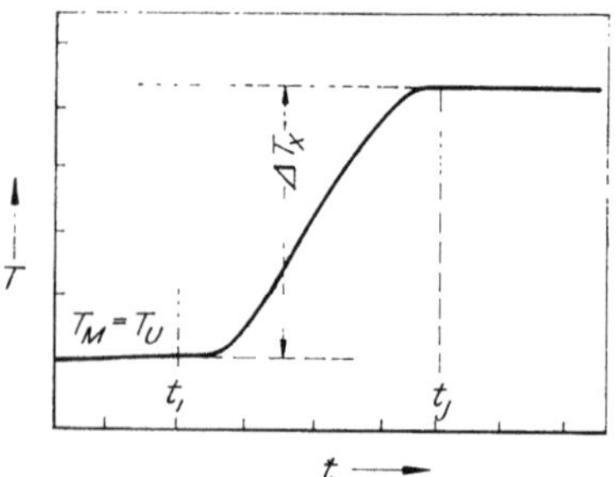

Bild 2.23. Temperatur-Zeit-(T_{M}-t-)Verhalten eines adiabatischen Kalorimeters

Die Einhaltung dieser Bedingung ist besonders in der Meßperiode, während der Zeit der raschen Veränderung von T_{M}, mit einer ansonsten notwendigen, thermisch trägen Umgebung nicht realisierbar. Nur durch ein Hilfssystem geringer Wärmekapazität (Bild 2.19), das über große Wärmewiderstände R_{MH} und R_{HU} zwischen das Meßsystem und die Umgebung geschaltet ist, kann $\Delta T_{\mathrm{MH}} = 0$ in jedem Zeitmoment gewährleistet werden. Da der Wärmefluß zwischen Meßsystem und Hilfssystem damit Null ist, wird eine im Meßsystem ausgetauschte Wärme vollständig in Form einer Temperaturänderung wirksam und damit q_x oder c_x leicht berechenbar. ΔT_x ist leicht aus $T_{\mathrm{M}}(t)$ ableitbar (Bild 2.23). Eine derartige quasiadiabatische Arbeitsweise eines Kalorimeters erfordert erheblichen elektronischen Aufwand

zur Steuerung des Hilfssystems, ermöglicht aber in einfacher Weise die Auswertung des Meßergebnisses. Für langsam ablaufende Vorgänge (die Zustandsänderung erfordert mehrere Minuten) und für c-Messungen werden derartige Kalorimeter mit Erfolg im Temperaturgebiet von extrem niedrigen Temperaturen ($T < 1$ K) bis etwa 1 700 K (dann Wärmeaustausch durch Strahlung zu groß) eingesetzt.
Eine adiabatische Arbeitsweise kann auch erreicht werden, indem jede Veränderung von T_{M} verhindert wird und damit $T_{\mathrm{M}} = T_{\mathrm{U}}$ stets gewährleistet ist. Dazu wird über einen möglichst kleinen Wärmewiderstand ein Hilfssystem an das Meßsystem angekoppelt, das den bei t_i im Meßsystem beginnenden Wärmeaustausch ständig kompensiert und dadurch die isotherme Arbeitsweise (Isotherme Kalorimeter) ermöglicht. Die Kompensation des Wärmeaustausches erfolgt entweder elektrisch (JOULEsche Wärme oder PELTIER-Kühlung) oder durch eine Phasenumwandlung mit bekannter Umwandlungswärme. Bei elektrischer Kompensation ist T_{M} frei wählbar und der Wärmeaustausch wird durch die elektrische Kompensationsleistung erfaßt. Bei der Anwendung einer Phasenumwandlung ist $T_{\mathrm{M}} = T_{\mathrm{Umw}}$ unumgänglich. Die thermische Leistung im Meßsystem ist durch die umgewandelte Menge gegeben. Als Umwandlung sind Schmelzvorgänge (z. B. Eis-Wasser im Eiskalorimeter) oder Verdampfungsvorgänge (z. B. N_2 flüssiggasförmig [2.29]) geeignet.

Isotherme Kalorimeter

bevorzugt mit einer Phasenumwandlung im Hilfssystem, werden als Eigenbaukalorimeter zur Untersuchung schneller thermischer Prozesse, auch im Zusammenwirken mit der später (Abschn. 2.3.3.) erwähnten Einwurfmethode, genutzt.
Die hinsichtlich ihres Aufbaues einfachsten adiabatischen Kalorimeter sind die, in denen keine Hilfs- oder Steuereinrichtungen vorhanden sind, wo ein geringer Wärmeaustausch mit der Umgebung in Form einer Korrektur von ΔT_x berücksichtigt wird. Ein möglichst großer Wärmewiderstand zwischen dem Meßsystem und der Umgebung ergibt den im Bild 2.24 gezeigten typischen $T_{\mathrm{M}}(t)$-Verlauf. Als Folge des bei t_i

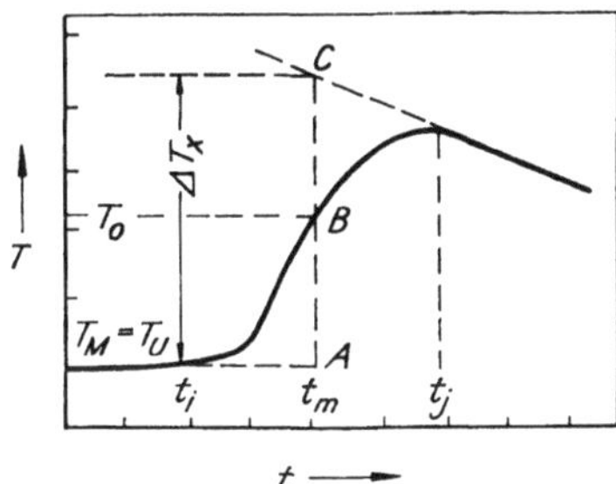

Bild 2.24. Temperatur-Zeit-$(T_M\text{-}t\text{-})$Verhalten eines isoperibolen Kalorimeters

im Meßsystem beginnenden Wärmeaustausches dq_x wird $\Delta T_{MU} = 0$. Ein Wärmefluß dq_F zwischen Meßsystem und Umgebung ist die Folge. Die weitere Temperaturänderung des Meßsystems dT_M/dt wird durch das Verhältnis $(dq_x/dt)\,(dq_F/dt)^{-1}$ bestimmt. Nach Abschluß des Wärmeaustausches nähert sich T_M sehr langsam wieder T_U. Die Umgebungstemperatur ist während der gesamten Messung konstant, weshalb diese Arbeitsweise auch als *isoperibol* bezeichnet wird. Der experimentelle Aufwand ist bei diesem Verfahren relativ klein, dafür aber die Ermittlung des korrigierten ΔT_x-Wertes aufwendig. Die Berücksichtigung der während der Meßperiode durch Fluß in die Umgebung im Meßsystem nicht in Form von dT_x wirksam gewordenen Wärme kann für kurze Meßperioden ($t_j - t_i < 15\ \text{min}$), wie im Bild 2.24 gezeigt, erfolgen. Die Vor- und Nachperiode werden in die Meßperiode extrapoliert und der Zeitpunkt t_m derartig festgelegt, daß die Strecke AB genau 63% von AC ausmacht. ΔT_x und T_0 (mittlere T der untersuchten Zustandsänderung) ergeben sich wie im Bild 2.24 gezeigt. Für länger andauernde Vorgänge müssen komplizierte Auswerteverfahren eingesetzt werden [2.27]. Isoperibol arbeitende Kalorimeter sind für hohe Temperaturen ($T > 1400\ \text{K}$) ungeeignet, werden aber mit Erfolg nahe Raumtemperatur für chemische und physikalisch-chemische Stoffwandlungsprozesse (auch für sehr schnell, spontan ablaufende) und bei tiefen Temperaturen ($T < 300\ \text{K}$) für Wärmekapazitätsmessungen eingesetzt. Sie sind wie alle statischen adiabatischen Kalorimeter meist Monosysteme und arbeiten mit Probenmassen von einigen Gramm.

2.3.3. Spezielle kalorimetrische Untersuchungsverfahren

Die kalorimetrischen Untersuchungsmethoden und die metallkundlichen Aufgabenstellungen haben sich in den vergangenen 100 Jahren ständig wechselseitig stark beeinflußt. So waren metallkundliche Probleme vielfach der Anlaß für die Entwicklung kalorimetrischer Untersuchungsverfahren, und umgekehrt waren Ergebnisse der Kalorimetrie richtungsweisend für die Metallkunde und Metallurgie. So wurden auch erste Experimente zur Untersuchung physikalisch-chemischer Stoffwandlungsprozesse (Mischungsenthalpien) bei hohen Temperaturen 1848 durch PEARSON an Metallen ausgeführt. Insbesondere auch chemische Stoffwandlungsprozesse sind bei hohen Temperaturen für die Kalorimetrie problematisch, da die räumlich getrennte Temperierung der Ausgangsstoffe in der Vorperiode und das Starten der quantitativen Vermischung oder Reaktion im Meßsystem zu Beginn der Meßperiode möglich sein muß. Hinzu kommt, daß meist nur sehr kleine ΔT_x bei relativ hohen Temperaturen gemessen werden müssen und zahlreiche unerwünschte Nebeneffekte sich im Meßsystem (Reaktionen mit Behältermaterial oder Verunreinigungen, Verdampfungsverluste, Homogenitätsprobleme usw.) störend bemerkbar machen. Trotzdem wurden für alle statischen und dynamischen Kalorimetertypen unterschiedliche Vorrichtungen zum Zusammenfügen der am Stoffwandlungsprozeß beteiligten Ausgangsstoffe nach getrennter Thermostatierung im Meßsystem entwickelt [2.32]. Einzelheiten der Konstruktion derartiger Kalorimeter, die bis 1700 K, selten auch bis 3000 K benutzt werden, können entsprechenden Übersichtsartikeln [2.30], [2.31], [2.32] entnommen werden. Einige spezielle Verfahren, die entwickelt wurden, um die mit dem direkten Mischen bei hohen Temperaturen verbundenen Schwierigkeiten zu umgehen, werden nachfolgend vorgestellt.
Nach dem KUBASCHEWSKI-*Verfahren* [2.33], [2.34], [2.35] werden die Ausgangsstoffe verpreßt und dann in einem adiabatischen Kalorimeter langsam erwärmt und entgast. Beginnend von einer Temperatur T_i (kurz unterhalb der Reaktionstemperatur T_R) werden die verpreßten Ausgangsstoffe mit großer Aufheizgeschwindig-

keit rasch auf $T_j > T_R$ erhitzt und dabei der Wärmeaustausch q_x im Meßsystem bestimmt. Anschließend wird das Reaktionsprodukt auf T_i abgekühlt und mit dem gleichen Meßprogramm kalorimetrisch untersucht (Bestimmung von $q_{Kal.}$). Aus der Differenz der ausgetauschten Wärmen q_x und $q_{Kal.}$ wird die Enthalpieänderung bei dem untersuchten Stoffwandlungsprozeß (chemische Reaktion, Bildungs-, Mischungs- oder Lösevorgang) erhalten. Ähnliche Methoden werden auch in der dynamischen Kalorimetrie zur Untersuchung chemischer und physikalisch-chemischer Stoffwandlungsprozesse eingesetzt.

Die Enthalpieänderung bei Hochtemperaturprozessen kann durch Raumtemperaturverfahren simuliert werden. Dazu wird der interessierende Vorgang, z. B. die Bildungsreaktion einer intermetallischen Phase,

$$3\,A + B \rightarrow A_3B + \Delta h_x$$

durch Anwendung des HESSschen Wärmesummensatzes [2.3], [2.4] durch bei Raumtemperatur ausführbare Verbrennungs- oder Lösevorgänge der Ausgangsstoffe und des Endstoffes, z. B. Auflösung im Lösungsmittel LM,

$$(3\,A + B) + LM \rightarrow (3\,A + B)_{in\ LM} + \Delta h_1$$

$$A_3B + LM \rightarrow (3\,A + B)_{in\ LM} + \Delta h_2$$

ersetzt. Die gesuchte Enthalpiedifferenz ist dann für Raumtemperatur wie folgt gegeben:

$$\Delta h_x = \Delta h_1 - \Delta h_2$$

Die Berechnung von Δh_x für jede andere Temperatur muß dann gemäß Gl. (2.7) erfolgen. In entsprechender Weise sind Verbrennungsreaktionen nutzbar. Die Verbrennungsreaktion der Ausgangs- und Endstoffe zu Oxiden wird mit reinem Sauerstoff ($p_{O_2} \approx 3$ MPa) in einer *kalorimetrischen Bombe* als Meßsystem [2.30], [2.32] elektrisch gezündet. Die Untersuchungen erfolgen meist in einem isoperipol arbeitenden Kalorimeter. Da die Stöchiometrie der gebildeten Oxide vielfach fraglich ist, werden auch Fluorierungen [2.36] mit Erfolg anstelle der Oxydation angewandt. Da es sich aber bei beiden Verfahren um chemische Reaktionen handelt, wird Δh_1 und auch Δh_2 groß im Vergleich zu Δh_x. Die daraus resultierende sehr geringe Genauigkeit für Δh_x hat eine bevorzugte *Nutzung der Lösevorgänge* zur Folge. Bereits 1898 wurde der Lösevorgang

als Ersatzreaktion für metallkundlich interessante Prozesse durch HERSCHKOWITSCH genutzt. Als Lösungsmittel wurden zunächst Säuren, später Metalle [2.30], [2.31] eingesetzt. Vorteile bei der Verwendung von Metallen sind insbesondere in der Ausbildung eines definierten Endzustandes, in der Vermeidung von Gasentwicklung beim kalorimetrischen Experiment und in zu Δh_x vergleichbaren Δh_1 und Δh_2 zu sehen. Die Arbeitstemperatur liegt oberhalb der Schmelztemperatur des als Lösungsmittel verwendeten Metalls, um einen raschen Lösevorgang zu gewährleisten. Das als Lösungsmittel verwendete Metall soll einen kleinen Dampfdruck, hohe Oxydationsbeständigkeit und gut reproduzierbare thermodynamische Eigenschaften haben. Bis 800 K wird Zinn, bis 1100 K Aluminium, bei 1500 K Kupfer und bis 1900 K Nickel benutzt. In ähnlicher Weise wie Lösungsvorgänge können auch Ausscheidungsvorgänge zur Ermittlung z. B. von Bildungsenthalpien herangezogen werden. Die unterschiedliche Löslichkeit der Komponenten und des Endproduktes im als Lösungsmittel verwendeten Metall wird dabei zur Simulation des eigentlich interessierenden Prozesses ausgenutzt [2.32], [2.37].

Ein für chemische Stoffwandlungsprozesse, insbesondere aber für physikalische und Wärmekapazitätsmessungen entwickeltes kalorimetrisches Verfahren ist die *Einwurf- oder drop-Kalorimetrie* [2.32], [2.38], [2.39]. Die zu untersuchende Probe wird räumlich getrennt vom Kalorimeter auf die Temperatur T_i erhitzt und dann rasch isotherm in das nahe Raumtemperatur bei T_K befindliche Kalorimeter überführt (eingeworfen). Durch den nun im Kalorimeter stattfindenden Wärmeaustausch ändert sich die Temperatur des Meßsystems von T_K bis T_x. Ist die Wärmekapazität des Meßsystems bekannt, läßt sich der für $\Delta T = T_x - T_K$ notwendige Wärmeaustausch leicht berechnen [s. Gl. (2.27)]. q_x entspricht der Enthalpieänderung der Probe beim Übergang von T_i nach T_x. Wird T_i variiert, kann schließlich die Temperaturabhängigkeit der Enthalpie und aus deren Anstieg auch die der Wärmekapazität der untersuchten Probe ermittelt werden [2.41]. Im untersuchten Temperaturgebiet auftretende Phasenumwandlungsenthalpien werden mit erfaßt und damit auch bestimmbar. Als Kalorimeter werden beim drop-Verfahren mit

Erfolg isotherm arbeitende eingesetzt. Da das Kalorimeter nahe Raumtemperatur genutzt wird, sind mit diesem Verfahren Untersuchungen bis zu sehr hohen Probentemperaturen ($T_{max} \approx$ 2 500 K) mit ansprechender Genauigkeit (3 bis 5%) durchführbar. Die wesentliche Schwierigkeit des drop-Verfahrens ist in der notwendigen isothermen Überführung der Probe zu sehen. Nachteilig ist außerdem der hohe Zeitaufwand, der zur Untersuchung eines größeren Temperaturgebietes benötigt wird.

Mit dem *Abkühlverfahren nach* OELSEN [2.40] können durch höheren experimentellen Aufwand einige Nachteile des drop-Verfahrens weitgehend vermieden werden. Die erhitzte Probe kommt dabei in eine Kammer des Meßsystems, die über einen großen Wärmewiderstand mit dem übrigen Meßsystem verbunden ist. Bereits nach kurzer Zeit stellt sich ein kleiner, konstanter Wärmefluß zwischen beiden Teilen ein. In jedem Zeitmoment ist dann dT_M/dt des Meßsystems proportional zu dT_p/dt der Probe, wobei das Verhältnis der Wärmekapazitäten c_p/c_M den Proportionalitätsfaktor darstellt. Mit dem Verfahren nach OELSEN können in einem Experiment $c(T)$ und $\Delta h(T)$ bestimmt werden. Beide Einwurfverfahren werden bevorzugt für die Untersuchung von physikalischen Stoffwandlungsvorgängen und von Wärmekapazitäten bei $T > 1000$ K eingesetzt. Für tiefere Temperaturen finden verstärkt kommerzielle dynamische Kalorimeter (DSC) Anwendung.

Für *Wärmekapazitätsmessungen* mit hohen Genauigkeitsansprüchen bei extrem hohen bzw. bei tiefen Temperaturen werden ausschließlich Eigenbaukalorimeter benutzt. Meist sind das statische (adiabatische) Kalorimeter mit einem Hilfssystem zur Temperatur- und Wärmeflußsteuerung, die mit einem Impulsheizverfahren arbeiten. Seltener werden dynamische Kalorimeter mit kontinuierlichen Heizverfahren (insbesondere für hohe Temperaturauflösung von Interesse) aufgebaut. Beim Impulsheizverfahren wird die Probe im Meßsystem auf die gewünschte Temperatur erhitzt oder abgekühlt und nach Beobachtung einer Vorperiode durch einen Heizimpuls (Dauer: Bruchteile von Sekunden bis einige Minuten) q erwärmt. Nach Ablauf der Nachperiode wird ΔT aus $T_M(t)$ (s. Bild 2.24) und mit der Gl. (2.30) c_x erhalten. ΔT muß dabei (ins-

besondere bei Tieftemperaturmessungen) sehr klein sein ($\Delta T < 10^{-1}$ K), um Fehler durch $c_x(T)$ zu vermeiden. Dieses Meßverfahren wird im Temperaturgebiet von 10^{-2} bis $4 \cdot 10^3$ K für Wärmekapazitätsmessungen an Proben von wenigen Milligramm bis zu einigen Hundertgramm Masse eingesetzt.

Wärmekapazitätsmessungen zählen zu den schwierigsten kalorimetrischen Untersuchungsverfahren, da dabei meist unter extremen Bedingungen eine genaue Messung sehr kleiner ΔT-Werte und eine sehr präzise Temperatursteuerung im Kalorimeter erfolgen müssen. Sehr vielfältig sind die entwickelten Kalorimeteranordnungen, so daß hier nur Literaturhinweise auf bewährte Anordnungen, die unterschiedlichen Ansprüchen genügen, gegeben werden:

- normale Probenmasse und extrem hohe Temperatur ($T > 3000$ K) [2.42]; hohe Temperatur ($T > 1000$ K) [2.31], [2.38], [2.43], [2.44], [2.45]; niedrige Temperatur ($T < 300$ K) [2.46]; sehr niedrige Temperatur ($T < 30$ K) [2.47] bzw. extrem niedrige Temperatur ($T < 1$ K) [2.48]
- für extrem kleine Probenmengen [2.50]
- für hohe Drücke ($p \leqq 100$ kbar $\triangleq 10^4$ MPa) [2.51]
- dynamisches Kalorimeter mit kontinuierlicher Heiztechnik für $T < 300$ K [2.52]
- Präzisionsmessungen bei $T < 1000$ K [2.31], [2.43], [2.49]

Ein aus der Sicht der Präzisionskalorimetrie recht grobes Verfahren, die *technologische Kalorimetrie* [2.15], wurde entwickelt, um in der Metallurgie, insbesondere in der Gießereitechnik, am realen Objekt interessante und wichtige Aussagen über die Qualität des Endproduktes, zur Steuerung und Gestaltung des Gieß- und Abkühlvorganges und zur Ermittlung orientierender thermischer Angaben zu gewinnen. Dabei wird das Abkühlverhalten (T-t-Kurve) eines Gußstückes in einer möglichst reproduzierbar gestalteten Gußform (Meßsystem) mit Thermoelementen als Temperaturfühler registriert. Der Wärmefluß (statische Wärmeflußkalorimetrie) vom Meßsystem in den umgebenden Raum und damit die Abkühlzeit ist proportional dem Quadrat der in der Form ausgetauschten Wärme und außerdem gleich dem Modul (Gußstückvolumen/abkühlende Oberfläche) zum Quadrat multipliziert mit einem für die gewählte Gußform charakteristischen Koeffizienten. Damit können durch die Nutzung der technologischen Kalorimetrie wichtige Informationen über die in den verschiedenen Phasen des Erstarrungs- oder Abkühlungsprozesses ausgetauschte Wärme, über die Kinetik der Prozesse und damit über die Gefügeausbildung im Gußstück erhalten werden [2.15]. Eine modifizierte Art der technologischen Kalorimetrie besteht darin, daß Gußstücke möglichst ohne Dampfphasenbildung in großen, wassergefüllten Holzbottichen abgekühlt werden und aus der Temperaturänderung des Wassers die abgegebene Wärme und die Wärmekapazität des Gußstückes abgeschätzt werden. Es erscheint bemerkenswert, daß erfahrene Experimentatoren mit diesen einfachen Mitteln zuverlässige und für die technologische Gestaltung der Gußstückproduktion wichtige Aussagen erzielen [2.15].

2.4. Gleichgewichtsmethoden zur Untersuchung von Metallen und Legierungen

Wie im Abschnitt 2.2.1. gezeigt, ist die Aktivität einer Komponente in einer Mischphase Gegenstand der Gleichgewichtsuntersuchungen. Ziel dieser Art von Messungen ist die Berechnung von $\Delta_R G^0$ und damit von Gleichgewichtskonstanten [s. Gl. (2.9) und Gl. (2.10)] aus den Aktivitäten bzw. aus deren Temperaturabhängigkeit, letztlich die Berechnung von $\Delta_R H^0$ [s. Gl. (2.11)] und $\Delta_R S^0$ [s. Gl. (2.12)].

Die Aktivität einer Komponente in einer Mischphase ist in unterschiedlicher Weise der Messung zugänglich. Kann die reversible, isotherme Überführung einer Komponente aus oder in eine Mischphase ohne Änderung der Zusammensetzung in einer galvanischen Zelle erfolgen, stellt sich die Änderung der freien Enthalpie für diesen Vorgang in Form einer *elektromotorischen Kraft* E (EMK) dar. Der reine Stoff und die Mischphase stellen die Elektroden einer mit einem ionenleitenden Elektrolyten gefüllten galvanischen Zelle dar. Die Elektroden können in fester oder flüssiger Form zur Anwendung kommen. Die Aktivität der überführten Komponente A

der Mischphase $A_x B_y$ wird dann gemäß der Gleichung

$$\ln a_A = -zFE/RT$$

z Ladung der überführten Ionen
F FARADAY-Zahl

erhalten.

Ist eine galvanische Zelle nicht herstellbar, kann a_A durch die Bestimmung des *Partialdruckes* der Komponente A über der Mischphase p_A relativ zum Dampfdruck der reinen Komponente p_{A*} bei der gleichen Temperatur ermittelt werden:

$$a_A = p_A/p_{A*}$$

Zahlreiche unterschiedliche Methoden für Partialdruckmessung über festen und flüssigen Mischphasen wurden entwickelt. Übersichtsarbeiten zu den Gleichgewichtsmethoden, die auch Einzelheiten zu Resultaten von Messungen an vielen Systemen enthalten, liegen für metallische Mischphasen vor [2.31], [2.30], [2.1].

2.4.1. Messungen von elektromotorischen Kräften

Für die Überführung von A aus dem reinen Stoff A in die Mischphase $A_x B_y$ muß der reine Stoff unedler sein als die Mischphase und damit die Katode der galvanischen Zelle bilden. Die Mischphase wird zur Anode. Als Elektrolyt werden Salzschmelzen oder Festelektrolyte verwendet. Besonders geeignet ist eine eutektische Mischung aus KCl und LiCl, der maximal 0,5 % Chlorid vom elektropositiveren Element zugesetzt werden. Sind derartige Salzelektrolyte O_2- und H_2O-frei, können sie bis 1 400 K benutzt werden. Als Festelektrolyt werden bevorzugt Mischoxide (z. B. ZrO_2-CaO) oder bestimmte Gläser verwendet. Wichtig ist die Prüfung des Festelektrolyten auf Gasundurchlässigkeit (kein Transport über Poren oder Korngrenzen). Voraussetzung für beide Elektrolytarten ist, daß der Ladungsträgertransport ausschließlich durch Ionen erfolgt (Beitrag der Elektronenleitung kleiner 5 %). Bei Festelektrolyten schränkt der elektrische Widerstand ($R < 10^5\ \Omega$) die Anwendbarkeit hinsichtlich T nach unten und der Schmelzpunkt nach oben hin ein.

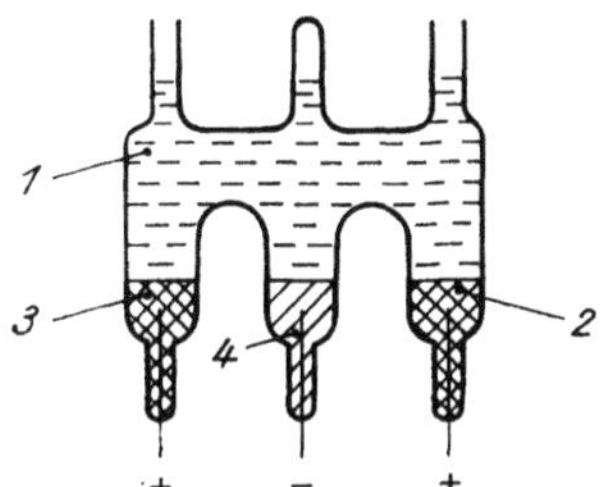

Bild 2.25. Aufbau einer Zelle für EMK-Messungen mit einer Salzschmelze als Elektrolyt

1 Elektrolyt (Salzschmelze)
2 Mischphase 1
3 Mischphase 2
4 Metall (rein)
+ Anode
− Katode

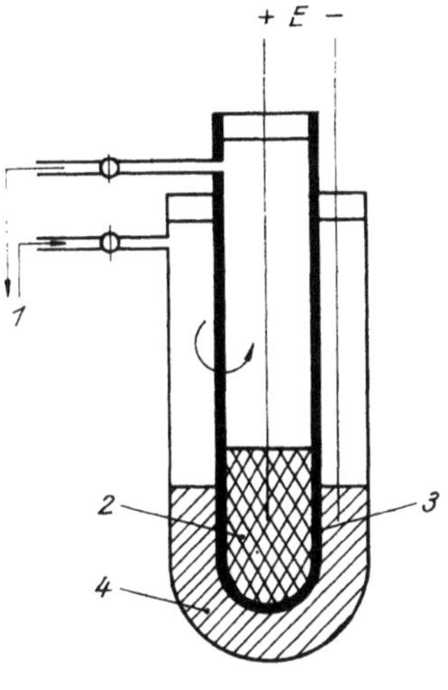

Bild 2.26. Aufbau einer Zelle für EMK-Messungen mit einem Festelektrolyt

1 Spülgas
2 Mischphase
  (Na-Amalgam)
3 Festelektrolyt (Na-Glas)
4 Metall (Na)
+ Anode (Fe-Draht)
− Katode (Fe-Draht)

Der prinzipielle Aufbau einer Zelle mit einer Salzschmelze bzw. mit einem Festkörper als Elektrolyt wird im Bild 2.25 bzw. Bild 2.26 gezeigt. Trotz der meist hohen Temperaturen dauert die Gleichgewichtseinstellung in der Zelle oft Tage.
Werden die Bedingungen

− die Zellenreaktion verläuft reversibel und isotherm

− keine Polarisationserscheinungen in der Zelle
− ausschließlich Ionenleitung im Elektrolyt
− die Diffusionsgeschwindigkeit ist genügend groß, um Konzentrations- und Zusammensetzungsänderungen in der Zelle auszuschließen

realisiert, führen EMK-Messungen zu genaueren Resultaten als Dampfdruckmessungen. Die erhaltenen Werte können als zuverlässige Quelle für $\Delta_R G^0$ und etwas eingeschränkt auch für $\Delta_R H^0$ und $\Delta_R S^0$ betrachtet werden. Zellen mit oxidischen Festelektrolyten sind ausgezeichnet zur Bestimmung kleiner O_2-Gehalte (1 ppm O_2) in Schmelzen oder der Gasatmosphäre geeignet [2.31].

2.4.2. Partialdruckmessungen über Mischphasen

Zur Ermittlung von thermodynamischen Größen aus Aktivitäten sind unterschiedliche Verfahren zur Partialdruckmessung über Metallen und Legierungen entwickelt worden. Neben statischen und dynamischen Methoden haben insbesondere die Effusionsmethoden weite Verbreitung gefunden. Da die Reproduzierbarkeit und Genauigkeit der Resultate in der Vergangenheit nicht immer befriedigend war, wurden insbesondere in den letzten Jahren erhebliche methodische Verbesserungen erarbeitet.
Bei den *statischen Methoden* ist die Art der Ermittlung des Dampfdruckes für die gewählte Temperatur unterschiedlich. Neben direkten manometrischen Methoden und solchen, bei denen ein Isoteniskop zwischen den Probenraum und das Manometer geschaltet ist, sind verschiedene indirekte und relative Methoden entwickelt worden. So können Partialdrücke (10^{-7} Pa $< p_i$ $< 10^4$ Pa) in der Gasphase oberhalb ihrer Mischphase indirekt durch Untersuchung der Absorption einer bestimmten Resonanzlinie im Emissionsspektrum des zu untersuchenden Elements bestimmt werden. Mit diesem optischen Verfahren ist es möglich, den Partialdruck verschiedener Komponenten der Mischphase unabhängig voneinander zu bestimmen. Auch Aufklärung über das Assoziationsverhalten in der Gasphase ist zu erhalten. Bei der Taupunktmethode wird der

4   Untersuchungsverfahren

Partialdruck p_A einer Komponente A über der Mischphase bei der Temperatur T_I durch Vergleich mit dem Dampfdruck des reinen Stoffes A erhalten. Der Versuchsaufbau ist im Bild 2.27 dargestellt. Tritt beim Erniedrigen der Temperatur T_{II} im Versuchsrohr gegenüber der Probe Kondensation des reinen Stoffes ein, ist der zu T_{II} zugehörige Dampfdruck des reinen Stoffes A $p_{A*}(T_{II})$ gleich dem Partialdruck $p_A(T_I)$ über der Mischphase:

$$p_{A*}(T_{II}) = p_A(T_I)$$

Die Taupunktmethode ist für Partialdrücke von 1 bis 10^4 Pa einsetzbar, wenn p_A wesentlich größer ist als alle anderen am Gleichgewicht beteiligten Partialdrücke.

Dynamische Verfahren zur Dampfdruckmessung arbeiten nach der Mitführungsmethode (Bild 2.28). Über die zu untersuchende Probe wird bei konstanter Temperatur ein Gasstrom konstanter Geschwindigkeit geleitet. An einer gekühlten Stelle bildet sich ein Kondensat aus den aus der Dampfphase über der Probe mitgeführten Elementen. Aus der Analyse des Kondensats werden die pro Volumeneinheit Trägergas mitgeführte Molzahl der zu untersuchenden Komponenten und daraus die interessierenden Partialdrücke erhalten. Die Berechnung von p_i aus der Flußrate ist jedoch nicht unproblematisch [2.30]. Auch muß das Assoziationsverhalten im Dampfraum bekannt sein. Die Partialdrücke (10^{-2} Pa $> p_i < 10^4$ Pa) aller im Gleichgewicht befindlichen Komponenten sind bestimmbar. Gewährleistet muß sein, daß bei der gewählten Strömungsgeschwindigkeit eine Sättigung des Trägergasstromes erfolgt und die Diffusionsgeschwindigkeit im Festkörper nicht zu Inhomogenitäten in der Probe führt.

Wird eine *Effusionsmethode* für Dampfdruckmessungen benutzt, ist die Verdampfungsgeschwindigkeit der eigentliche Gegenstand der Untersuchung. Die Probe wird in einem Behälter (der KNUDSEN-Zelle) im Vakuum auf die gewünschte Temperatur erhitzt und die Effusionsgeschwindigkeit der Moleküle durch eine kleine kreisrunde Öffnung im Deckel oder in der Wand bestimmt. Abmessungen für eine optimale KNUDSEN-Zelle sind in [2.31] zu finden. Die Bestimmung der Effusionsgeschwindigkeit und damit der Dampf- oder Partialdrücke erfolgt durch

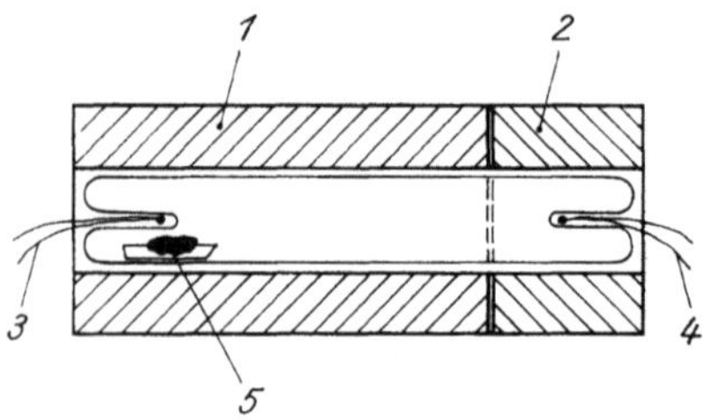

Bild 2.27. Taupunktmethode für Partialdruckmessungen

1 Ofen I	*4* Temperaturmessung II
2 Ofen II	*5* Probe
3 Temperaturmessung I	

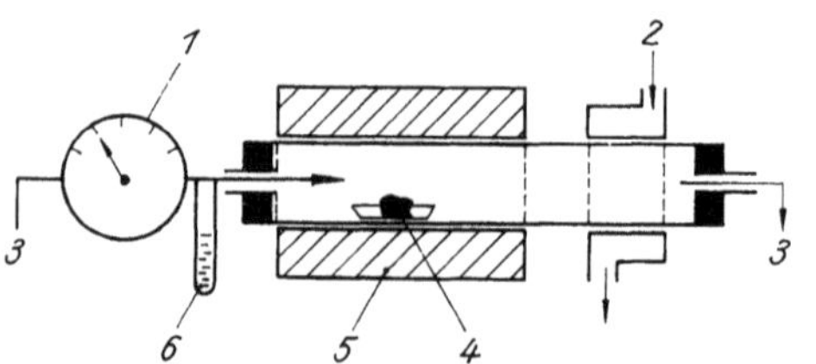

Bild 2.28. Mitführungsmethode für Partialdruckmessungen

1 Gasmengenmesser	*4* Probe
2 Kühlwasser	*5* Ofen
3 Trägergas	*6* Strömungsmesser

- Messung des Gewichtsverlustes der Zelle
- Kondensation und analytische Untersuchung des gesamten oder eines bekannten Bruchteils des Effusats (empfindliche Untersuchung mit radioaktiven Methoden möglich)
- Messung des Impulses des effundierenden Molekularstrahles (Torsionsmethode)
- Verwendung spezieller Detektoren (Massenspektrometer)

Mit speziellen Detektoren ist die Messung sehr kleiner Partialdrücke, auch von verschiedenen Komponenten einer Mischphase, in einem Experiment möglich. Der notwendige experimentelle Aufwand ist jedoch sehr hoch. Hinzu kommt, daß erst in den letzten 10 Jahren die methodische Erarbeitung abgeschlossen wurde und damit zuverlässige Ergebnisse möglich sind.

Literaturverzeichnis

[2.1] KUBASCHEWSKI, O.; E. L. EVANS: Metallurgische Thermochemie. Berlin: VEB Verlag Technik 1959

[2.2] KUBASCHEWSKI, O.; J. A. CATTERALL: Thermochemical Data of alloys. London/New York: Pergamon Press 1956

[2.3] WOLF, G.; W. SCHNEIDER: Chemische Thermodynamik. Arbeitsbuch (AB 4), Lehrwerk Chemie. Leipzig: VEB Deutscher Verlag für Grundstoffindustrie 1982

[2.4] KORTÜM, G.: Einführung in die Chemische Thermodynamik. Weinheim: Verlag Chemie GmbH 1963

[2.5] FROHBERG, G. M.: Thermodynamik für Metallurgen und Werkstofftechniker. Leipzig: VEB Deutscher Verlag für Grundstoffindustrie 1981

[2.6] BITTRICH, H. J.: Leitfaden der chemischen Thermodynamik. Berlin: VEB Deutscher Verlag der Wissenschaften 1971

[2.7] RANT, Z.: Chem. Ing. Techn. 41 (1969), S. 891
SCHIRMER, W.: Chem. Technik 23 (1971), S. 385

[2.8] SCHULZE, G. E. R.: Metallphysik. Berlin: Akademie Verlag 1967

[2.9] KAUFMANN, L.; H. BERNSTEIN: Computer Calculations of Phase Diagrams. New York: Academie 1970

[2.10] KUBASCHEWSKI, O.: Ztschr. f. Elektrochemie 59 (1955), S. 840; J. Chem. Thermodyn. 1 (1973), S. 317; physica B + C 103 (1981), S. 101

[2.11] MIEDEMA, A. R.: J. Less-Common Met. 41 (1975), S. 283 und 46 (1976), S. 67
KROLAS, K.: Phys. Lett. A 85 A (1981), S. 107
DE BOER, F. R.; R. BOOM; A. R. MIEDEMA: Physica 113 (1982), S. 18

[2.12] PREDEL, B.; D. W. STEIN: Z. Naturforsch. 26a (1971), S. 722
PREDEL, B.; H. RUGE: Z. Metallkunde 63 (1972), S. 59

[2.13] WITTIG, F. E.: Z. Elektrochem. 63 (1959), S. 327
WITTIG, F. E.; F. HUBER: Z. phys. Chem. NF 18 (1958), S. 33
WITTIG, F. E.; N. SAES; W. WALDHERR: Rev. Chim. minerale 9 (1972), S. 71

[2.14] MOSER, H.: Phys. Z. 37 (1936), S. 737
SYKES, C.; H. WILKINSON: J. Inst. Metals 61 (1937), S. 223

[2.15] WLODAWER, R.: Gießereipraxis 5 (1972), S. 71 und 6 (1972), S. 89

[2.16] SCHULZE, D.: Differentialthermoanalyse. Berlin: VEB Deutscher Vlg. d. Wissenschaften 1971

HEIDE, K.: Dynamische thermische Analysenmethoden. Leipzig: VEB Deutscher Verlag für Grundstoffindustrie 1979
MURPHY, C. B.: Thermal analysis. Anal. Chem. 44 (1972), S. 513

[2.17] BALARIN, M.: Zur quantitativen kinetischen Analyse nicht isothermer und isothermer Reaktionen. Sitzungsberichte der AdW der DDR (Mathematik, Naturwissenschaften, Technik) 3/N 1981, S. 29–46. Berlin: Akademie Verlag 1981

[2.18] GOPAL, E. S. R.: Specific heats at low temperatures. London: Hey wood Books 1966

[2.19] WESTRUM, E. F.: J. chem. Educat. 39 (1962), S. 454

[2.20] CORAK, W. S.; B. B. GOODMANN; C. B. SATTERTHWAITE; A. WEXTER: Phys. Rev. 102 (1956), S. 656

[2.21] GRIFFEL, M.; R. E. SKOCHDOPOLE; F. H. SPEDDING: J. Chem. Phys. 25 (1956), S. 75

[2.22] SCHRÖDER, K.: J. Appl. Phys. 32 (1961), S. 880

[2.23] PHILLIPS, N. E.: Crit. Rev. Solid State Sci 2 (1971) 4, S. 467

[2.24] LAPORTE, H.: Messung, Erzeugung und Konstanthaltung hoher bis tiefer Temperaturen. Leipzig: VEB Fachbuchverlag 1961

[2.25] HENNING, F.; H. MOSER: Temperaturmessung. Leipzig: Johann Ambrosius Barth 1977

[2.26] ULLMANNS Enzyklopädie der technischen Chemie, Bd. 5: Analysen- und Meßverfahren. Weinheim: Verlag Chemie 1980

[2.27] HEMMINGER, W.; G. HÖHNE: Grundlagen der Kalorimetrie. Berlin: Akademie Vlg. 1980

[2.28] McNAUGHTON, J. L.; C. T. MORTIMER: Differential Scanning Calorimetry, JRS. Physical Chemistry Series 2 (1975) Vol. 10. London: Butterworths

[2.29] TONG, H. C.; C. M. WAYMAN: Met Trans. 5 (1974), S. 1945

[2.30] KUBASCHEWSKI, O.: Physica 103 B (1981), S. 101

[2.31] KOMAREK, K. L.: Z. Metallkunde 64 (1973), S. 325 u. 406

[2.32] PREDEL, B.; I. ARPSHOFEN: Thermochimica Acta 22 (1978), S. 211

[2.33] KUBASCHEWSKI, O.; H. VILLA: Z. Elektrochem. 53 (1949), S. 32

[2.34] ELFORD, L.; F. MÜLLER; O. KUBASCHEWSKI: Ber. Bunsenges. Physik Chem. 73 (1969), S. 601

[2.35] DENCH, W.: Trans. Farad. Soc. 59 (1963), S. 1279

[2.36] GROSS, P.; C. HAYMANN; J. T. BINGHAM: Trans. Farad. Soc. 62 (1966), S. 2388

[2.37] Martosudirdo, S.; J. N. Pratt: Thermochimica Acta 10 (1974), S. 23

[2.38] Westrum, E. F.: Advances in High Temperature Chemistry. S. 239. Edited by Leroy Eyring. New York/London: Academic Press 1967

[2.39] Wilhoit, R. C.: J. Chem. Education 44 (1967) A 629, A 571, A 685, A 853

[2.40] Oelsen, W.; K. H. Rieskamp; O. Oelsen: Arch. Eisenhüttenwes. 26 (1955), S. 253

[2.41] Douglas, T. B.; E. G. King: In: Experimental Thermodynamik, Vol. I: Calorimetry of Nonreacting Systems. London: Butterworths 1968

[2.42] Dikhter, I. Ya.; S. V. Lebedev: High Temp.-High Press 2 (1970), S. 55

[2.43] Braun, J. M.; R. Kohlhaas; O. Vollmer: Z. angew. Physik 25 (1968), S. 365

[2.44] Chekkovskoi, V. Ya.; A. E. Scheindlin; B. Ya. Berezin: High Temp.-High Press 2 (1970), S. 301

[2.45] Cezairliyan, A.; M. A. Morse; H. A. Berman; C. W. Beckett: J. Res. Nat. Bur. Stand. (US) 74 A (1970), S. 65

[2.46] Martin, D. L.: Can. J. Phys. 40 (1962), S. 1166
Tatsumi, M.; T. Matsuo; H. Suga; S. Seki: Bull. Chem. Soc (Japan) 48 (1975), S. 3060

[2.47] Siegel, K. D.; G. Wolf; K. Bohmhammel; H. G. Schmidt: Exper. Techn. d. Physik 25 (1977), S. 299 und 28 (1980), S. 275

[2.48] Arai, N.; M. Sorai; H. Suga; S. Seki: Bull. Chem. Soc. (Japan) 50 (1977), S. 1702

[2.49] West, E. D.; D. C. Ginnings: J. Res. Nat. Bur. Stand. 60 (1958), S. 309
Martin, D. L.; R. L. Snowdon: Can. J. Phys. 44 (1966), S. 1449

[2.50] Schwall, R. E.; R. E. Howard; G. R. Steward: Rev. Sci. Instrum. 46 (1975), S. 1054
Räde, H. S.: Feinwerk und Meßtechnik 83 (1975), S. 230

[2.51] Itskevich, E. S.; V. F. Kreidenov; V. S. Syzranov: Cryogenics 5 (1978), S. 281
Loriers-Susse, C.; J. P. Bastide; G. Bäckström: Rev. Sci. Instrum. 44 (1973), S. 1344

[2.52] Lagnier, R.; J. Pierre; M. J. Mortimer: Cryogenics 6 (1977), S. 349

3 Quantitative Metallographie

Von BURCKHARD SIMMEN, VEB Plastmaschinenwerk Schwerin

 Die quantitative Metallographie hat das Ziel, den räumlichen Gefügeaufbau von Metallen und Legierungen zahlenmäßig durch exakt definierte, für die verschiedensten Gebrauchs- und Verarbeitungseigenschaften signifikante oder in charakteristischem Zusammenhang mit technologischen Parametern stehende Gefügekenngrößen zu charakterisieren.
Sie wird als Routineverfahren in der Qualitätskontrolle vor allem der metallerzeugenden, in zunehmendem Maße aber auch der metallverarbeitenden Industrie eingesetzt und ist methodisches Hilfsmittel bei der Werkstoffentwicklung, der Entwicklung und Optimierung von Technologien zur Stoffeigenschaftsänderung sowie bei der Durchführung von Schadensfallanalysen.
Die Untersuchungen werden vorwiegend unter Einsatz von Auflichtmikroskopen an sorgfältig präparierten Anschliffen opaker vielkristalliner Festkörper durchgeführt. Bei der Verwendung von Lichtmikroskopen sind bedingt durch das begrenzte Auflösungsvermögen nur Gefügebestandteile $\geq 1\ \mu$m einer quantitativen Analyse zugängig.
Probenformen und -abmessungen sind in weiten Grenzen der jeweiligen Problemstellung anpaßbar. Die Größe der tatsächlich ausgemessenen Objektfläche bewegt sich je nach angewendeter Mikroskopvergrößerung (50- bis 1000fach) und Anzahl der ausgemessenen Gesichtsfelder in der Größenordnung 0,1 bis 100 mm². Die erzielte Genauigkeit ist in erster Linie ein statistisches Problem und wird deswegen im wesentlichen durch die Anzahl der ausgemessenen Gesichtsfelder bestimmt. Der Zeitaufwand für die Bestimmung quantitativer Gefügeparameter bewegt sich je nach Aufgabenstellung und je nachdem, ob manuell, mit mechanischen Hilfsmitteln oder unter Einsatz automatischer Gefügeanalysatoren gearbeitet wird, zwischen wenigen Minuten und einigen Stunden.
Der technische und finanzielle Aufwand für die quantitative Gefügeanalyse ist beim manuellen Arbeiten sowie beim Arbeiten mit elektromechanischen Hilfsmitteln gering, erreicht beim Einsatz von automatischen Gefügeanalysatoren aber ähnliche Größenanordnungen wie z. B. bei der Elektronenmikroskopie oder der Elektronenstrahl-Mikroanalyse. Ähnlich verhält es sich bei der erforderlichen Qualifizierung des Meß- und Betreuungspersonals.

3.1. Gegenstand der quantitativen Metallographie

Die Metallographie ist eine Methode zur qualitativen und quantitativen Untersuchung des Gefüges von Metallen und Legierungen. Zur Durchführung metallographischer Untersuchungen werden speziell präparierte Proben, die metallographischen Schliffe, benötigt. Ihre mikroskopische Untersuchung erfolgt mit Hilfe von Auflichtmikroskopen. Zur Methodik der Schliffpräparation, die im Rahmen der vorliegenden Ausführungen nicht behandelt werden kann, sei auf [3.1] bis [3.3] verwiesen.

Während die qualitative Untersuchung des Gefüges in der verbalen Beschreibung vor allem der Art, Form, Größe und gegenseitigen Anordnung der auftretenden Phasen und Gefügebestandteile besteht, sind bei der quantitativen Gefügeuntersuchung zwei verschiedene Richtungen zu unterscheiden:

- Die eine verfolgt das Ziel, bestimmte mechanische oder physikalische Eigenschaften bzw. die chemische Zusammensetzung einzelner Phasen bzw. Gefügebestandteile quantitativ zu erfassen. Hier werden z. B. solche Methoden wie die Mikrohärtemessung [3.4] oder die Elektronenstrahl-Mikroanalyse (s. Kapitel 7) eingesetzt.
- Die zweite hat das Ziel, durch numerische Erfassung der Elemente des mikroskopischen Bildes die räumliche Beschaffenheit des Gefügeaufbaus zahlenmäßig zu charakterisieren [3.5]. Sie wird allgemein als *quantitative Metallographie* bezeichnet und ist Gegenstand dieses Kapitels.

Die Grundoperationen der quantitativen Metallographie sind das Zählen, Messen und Klassifizieren der Bildelemente. Das Ergebnis sind z. B. Zahlenwerte für die Korngröße eines Metalls oder für den Volumenanteil, mit dem verschiedene Phasen am Aufbau einer Legierung beteiligt sind.

Zu beachten ist in o. g. Definition der ausdrückliche Hinweis darauf, daß die quantitative Metallographie den *räumlichen* Aufbau des Gefüges beschreiben will. Deshalb ist die von SALTYKOV [3.6] gewählte Bezeichnung *stereometrische Metallographie* eindeutiger und exakter. In diesem Begriff ist die räumliche Ausdehnung der Gefügeelemente offenkundig eingeschlossen, während eine quantitative Beschreibung auch auf das in der Ebene, also der Schlifffläche, sichtbare Gefügebild beschränkt bleiben kann. Ob solche weit verbreiteten quantitativen Gefügekenngrößen wie *Korngröße* oder *Phasenanteil* sich auf die Schliffebene beschränken oder für das Volumen gelten, wird oft nicht deutlich zum Ausdruck gebracht, so daß Überbewertungen oder Fehlinterpretationen die Folge sein können. Anzustreben ist in jedem Fall die Bestimmung stereometrischer, d. h. für den räumlichen Gefügeaufbau geltender Kenngrößen. Nur sie sind geeignet, physikalisch begründete und mathematisch formulierbare Zusammenhänge z. B. zwischen Gefügeaufbau und Eigenschaften oder technologischen Faktoren und Gefügeaufbau der metallischen Werkstoffe aufzustellen oder den Übergang von der Berechnung der Festigkeits- und anderer Werte der Einkristalle zur Berechnung der entsprechenden Werte des Vielkristalls zu vollziehen [3.6].

Die Überführung der am zweidimensionalen Schnitt (Schliffebene) durch das Volumen gewonnenen Daten in Größen, die den räumlichen Gefügeaufbau charakterisieren, erfolgt mit Hilfe der *Stereologie*, die sich spezieller mathematischer Methoden, besonders der Statistik und der geometrischen Wahrscheinlichkeit, bedient. Da das vorliegende Buch ein Hilfsmittel für den Praktiker sein soll und die Ableitung stereologischer Zusammenhänge ausführlich z. B. in [3.6] und [3.7] erfolgt, wird hierauf nicht näher eingegangen. Zwischen der nur beschreibenden qualitativen und der quantitativen bzw. stereometrischen Metallographie stehen die halbquantitativen Verfahren der Gefügecharakterisierung. Hier ist das Arbeiten mit staatlich oder auch werksintern standardisierten Gefügerichtreihen einzuordnen.

Ein wichtiges Anwendungsgebiet der halbquantitativen und der quantitativen metallographischen Untersuchungsverfahren ist die Qualitätskontrolle, vor allem in der metallerzeugenden, in zunehmendem Maße aber auch in der metallverarbeitenden Industrie (z. B. Kontrolle von Wärmebehandlungsergebnissen). Die quantitative bzw. stereometrische Metallographie stellt weiterhin ein wichtiges Hilfsmittel bei der Werkstoffentwicklung, bei der Entwicklung und Optimierung von Technologien der Verfahren zur Stoffeigenschaftsänderung sowie bei der Durchführung von Schadensfallanalysen dar.

Die Arbeitsverfahren der quantitativen bzw. stereometrischen Metallographie sind nicht auf die metallischen Werkstoffe beschränkt, sondern ebenso bei keramischen Werkstoffen (Keramographie), in der Mineralogie oder Geologie und z. T. auch bei Plasten (Plastographie) anwendbar. Sie können kurz gesagt überall dort eingesetzt werden, wo Anschliffe opaker Materialien untersucht werden sollen. Bei der Untersuchung von Dünnschliffen im Durchlicht haben die nachfolgend getroffenen Aussagen bezüglich der Operationen zur Meßwertgewinnung ebenfalls Gültigkeit, hinsichtlich der mathematischen bzw. stereologischen Weiterverarbeitung treten jedoch Abweichungen ein (siehe z. B. [3.7], [3.8]). Gleiches gilt, wenn die Abbildung des Gefüges nicht durch ein Lichtmikroskop, sondern z. B. durch ein Rasterelektronen-Mikroskop (s. Kapitel 7) oder ein Durchstrahlungs-Elektronenmikroskop (s. Kapitel 6) erfolgt. In diesem Zusammenhang sei darauf hingewiesen, daß elektronenmikroskopische Untersuchungen für die quantitative Gefügeanalyse eingesetzt werden müssen, wenn die räumliche Ausdehnung der interessierenden Gefügebestandteile kleiner etwa 1 μm wird. Infolge des begrenzten Auflösungsvermögens des Lichtmikroskops treten in diesem Größenbereich zunächst systematische Fehler im Sinne z. B. zu geringer Werte für die Phasenanteile oder zu hoher Werte für die Teilchengröße auf [3.9]; werden die Gefügebestandteile kleiner etwa 0,3 μm, werden sie vom Lichtmikroskop gar nicht mehr abgebildet. Von den verschiedenen elektronenmikroskopischen Arbeitsverfahren gestattet die Rasterelektronen-Mikroskopie, z. B. Mikroteilchen bis herab zu etwa 10 nm, die Extraktionsabdrucktechnik ebenfalls bis zu etwa 10 nm und die Durchstrahlungs-Elektronenmikroskopie u. U. auch Teilchen kleiner 10 nm zu erfassen. Die Genauigkeit der bestimmten Gefügeparameter ist um so höher, je mehr Mikroteilchen des interessierenden Gefügebestandteils ausgemessen bzw. ausgezählt wurden. Um ausreichend viele Mikroteilchen zu erfassen, ist deshalb stets die Auswertung einer Vielzahl von Gesichtsfeldern nötig, die zur Vermeidung systematischer Fehler im allgemeinen regellos über das Gesichtsfeld verteilt sein sollen. Da ein Gesichtsfeld um so weniger Mikroteilchen enthält, je höher die Vergrößerung ist, müssen zur Erzielung vergleichbarer Genauigkeiten um so mehr Gesichtsfelder ausgewertet werden, je höher die Vergrößerung gewählt wurde. Das heißt, daß bei den mit sehr hohen Vergrößerungen arbeitenden elektronenmikroskopischen Verfahren ein sehr hoher Aufwand getrieben werden muß, um statistisch gesicherte Ergebnisse zu erhalten, der nur in Ausnahmefällen gerechtfertigt ist. Konkrete Hinweise zur Problematik Aufwand/Genauigkeit/Wahl der Vergrößerung werden im Zusammenhang mit der Erläuterung der verschiedenen Arbeitsverfahren der quantitativen Metallographie gegeben (s. Abschnitt 3.4.).

3.2. Systematisierung des Gefügeaufbaus nach geometrischen Gesichtspunkten

Das Gefüge der metallischen Werkstoffe tritt in den vielfältigsten Erscheinungsformen auf. Für quantitative metallographische Untersuchungen ist es zweckmäßig, diese unübersehbare Mannigfaltigkeit auf wenige *geometrische* Grundtypen zu reduzieren, da für jeden Grundtyp, unabhängig von der speziellen Gefügeausbildung und der Art der auftretenden Gefügebestandteile, ganz charakteristische Gefügeparameter definiert werden können und zu ihrer Bestimmung stets die gleichen Meß- und Auswerteprinzipien zur Anwendung kommen. SALTYKOV [3.6] führte folgende geometrische Grundtypen des Gefüges ein:

a) Einphasig-polyedrische Gefüge (Bild 3.1)

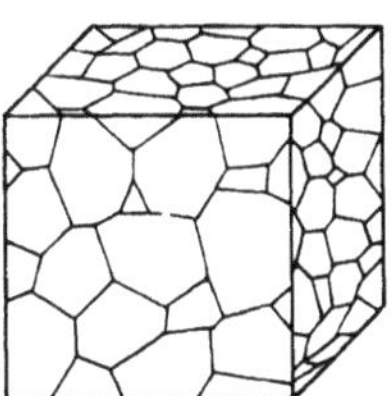

Bild 3.1. Einphasig-polyedrisches Gefüge; schematische räumliche Darstellung [3.6]

Sie bestehen im wesentlichen (ausgenommen nichtmetallische Einschlüsse, Poren usw.) aus annähernd gleichachsigen Kristalliten einundderselben Phase. Es treten unter Beachtung o. g. Ausnahmen nur Grenzflächen zwischen gleichartigen Gefügebestandteilen auf.
Beispiele: reine Metalle (s. Bild 3.6a); einphasige Legierungen (Mischkristalle), z. B. α-Messing, Cu-Ni-Legierungen, austenitischer Stahl.

b) Mehrphasig-polyedrische Gefüge (Bild 3.2)

Sie bestehen im wesentlichen aus annähernd gleichachsigen Kristallen zweier oder mehrerer Phasen bzw. Gefügebestandteilen. Es können

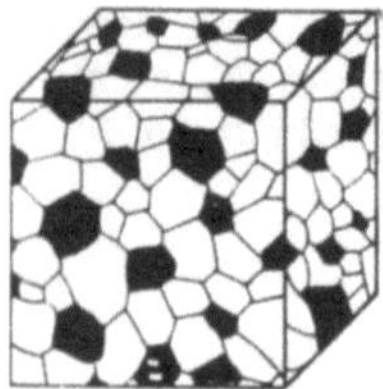

Bild 3.2. Mehrphasig-polyedrisches Gefüge; schematische räumliche Darstellung [3.6]

Grenzflächen zwischen gleichartigen und ungleichartigen Gefügebestandteilen auftreten.
Beispiele: ferritisch-perlitische Gefüge bei Stählen (s. Bild 3.6b); Messing mit Gefüge aus α- und β-Mischkristallen; ferritisch-austenitischer Stahl.

c) Netzartige Gefüge (Bild 3.3)

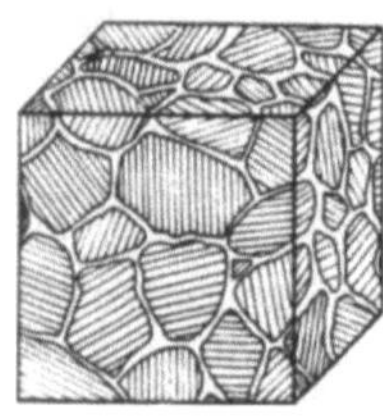

Bild 3.3. Netzartiges Gefüge; schematische räumliche Darstellung [3.6]

Eine Phase bildet eine mehr oder weniger vollständig geschlossene Hülle um die Kristallite einer zweiten Phase bzw. eines zweiten Gefügebestandteils. Im Grenzfall des völlig geschlossenen Netzwerkes treten nur Grenzflächen zwischen ungleichartigen Gefügebestandteilen auf.
Beispiele: Sekundärzementitnetz in Stahl (s. Bild 3.6c); ternäres Phosphideutektikum in Grauguß; δ-Ferrit in austenitischem Stahl.

d) Matrixgefüge (Bild 3.4)

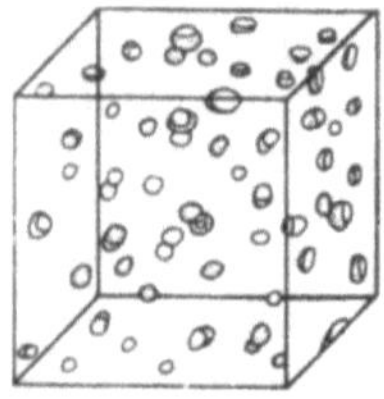

Bild 3.4. Matrixgefüge; schematische räumliche Darstellung [3.6]

Eine Phase bildet die Grundmasse (Matrix) des Gefüges, in die Partikeln einer oder mehrerer weiterer, der sogenannten dispersen Phasen mehr oder weniger fein verteilt eingelagert sind.

Beispiele: Gefüge, die als Ergebnis von Ausscheidungsvorgängen entstehen, z. B. in Al-Cu- oder Cu-Cr-Legierungen (s. Bild 3.6d); Weichglühgefüge von Stahl; eutektische und eutektoide Gefüge; Karbidausscheidungen in hochlegierten Stählen.

e) Orientierte Gefüge (Bild 3.5)

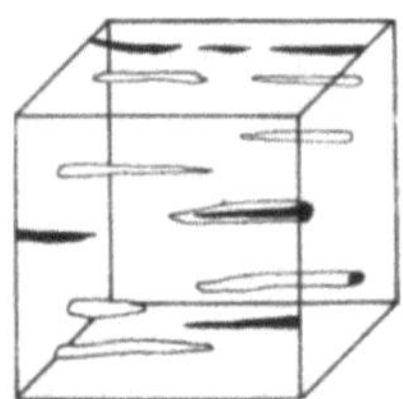

Bild 3.5. Orientiertes Gefüge; schematische räumliche Darstellung [3.6]

Es tritt eine räumliche Ausrichtung einer oder mehrerer Phasen auf.
Beispiele: gestreckte Körner in gewalzten oder gezogenen Metallen und Legierungen (s. Bilder 3.6e und f); Transkristallite in einem Gußblock.

Bild 3.6 zeigt Realbeispiele für die verschiedenen geometrischen Gefügegrundtypen. Daraus geht hervor, daß diese Grundtypen Grenzfälle darstellen, die in den realen Gefügen häufig kombiniert vorliegen. Durch Wahl einer geeigneten Probenpräparation (z. B. Untersuchung am geätzten oder ungeätzten Schliff) oder geeigneter Abbildungsbedingungen (z. B. Wahl der Mikroskopvergrößerung) kann man in vielen Fällen auch bei komplizierten Gefügen Gefügeabbildungen erhalten, die weitestgehend denen der Grundtypen entsprechen.
Hierzu zwei Beispiele:

Beispiel I: Bild 3.7 zeigt ein ferritisch-perlitisches Gefüge bei unterschiedlichen Vergrößerungen. Bei geringen Vergrößerungen (*a*) ist das Gefügebild eindeutig in den Grundtyp *mehrphasig-polyedrisches Gefüge* einzuordnen, und diese Vergrößerung ist geeignet, um z. B. die Ferrit- und die Perlitkorngröße zu bestimmen. Wenn es dagegen darum geht, z. B. den Lamellenabstand im Perlit zu untersuchen, ist die höhere Vergrößerung anzuwenden, und die perlitischen Bereiche sind wie ein Matrixgefüge zu behandeln.

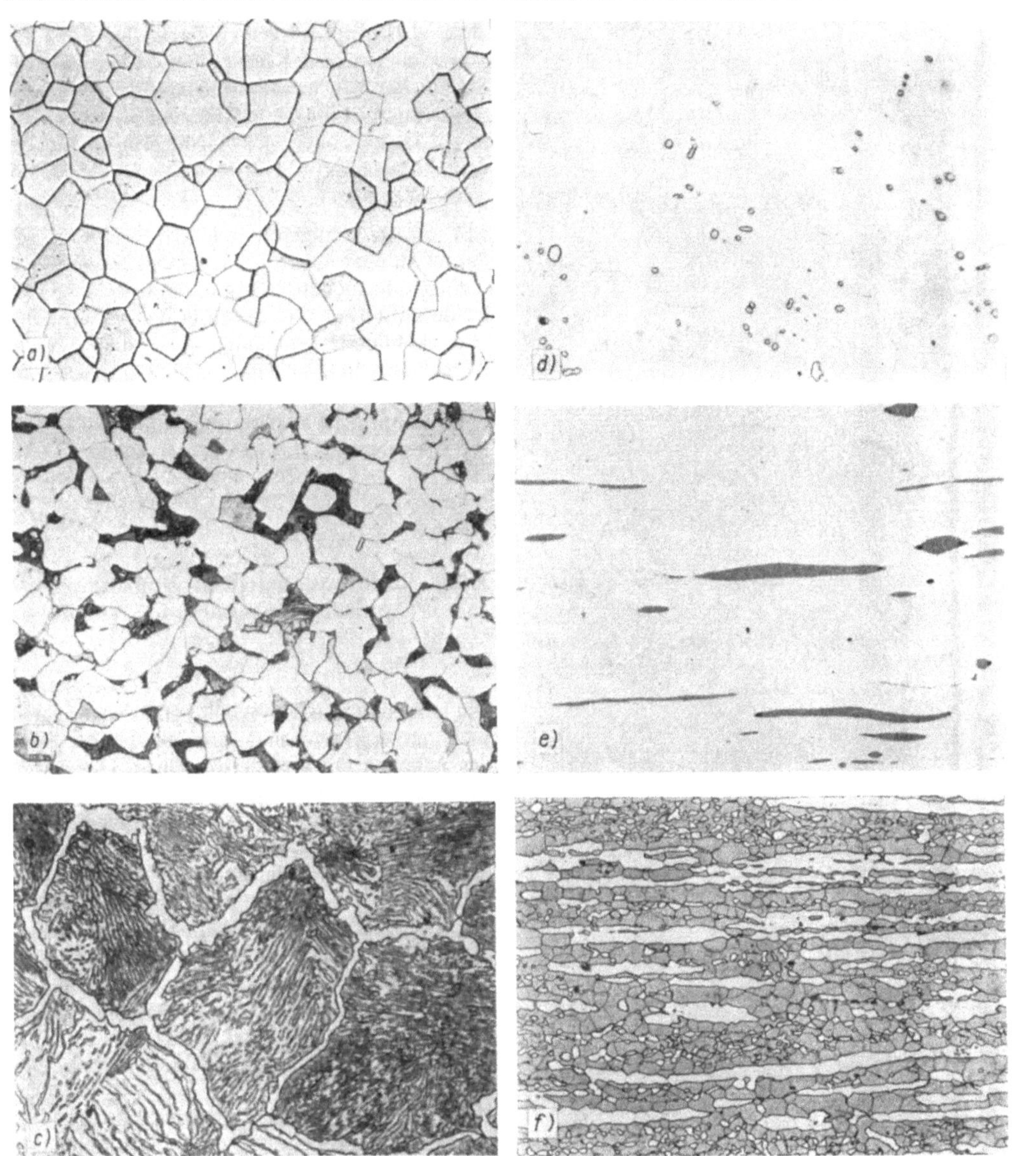

Bild 3.6. Beispiele für die verschiedenen geometrischen Gefügegrundtypen

a) Titan (200 : 1); *b*) ferritisch-perlitisches Gefüge eines Stahles mit etwa 0,2 % Kohlenstoff (400 : 1); *c*) Perlit mit Sekundärzementitnetz in einem übereutektoiden Kohlenstoffstahl (500 : 1); *d*) Cr-Ausscheidungen in der α-Mischkristallmatrix einer Cu-Cr-Legierung mit 0,76 % Cr (500 : 1); *e*) nichtmetallische Einschlüsse in Automatenstahl: langgestreckte Mn-Sulfide mit Oxid- bzw. Silikatschwänzchen (250 : 1); *f*) ferritisch-austenitisches Gefüge des Stahls X 5 CrNiTi 26.6 (250 : 1)

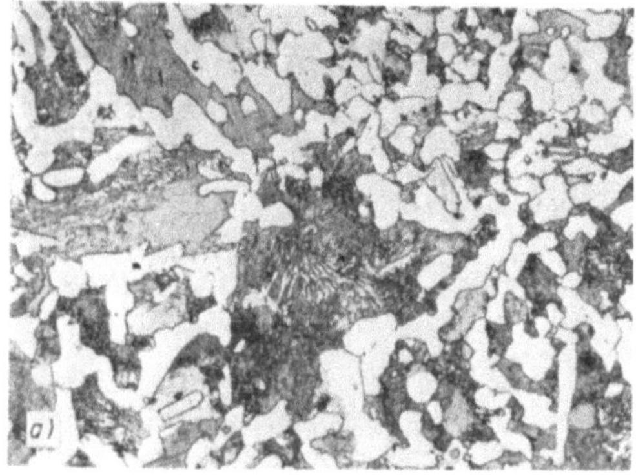

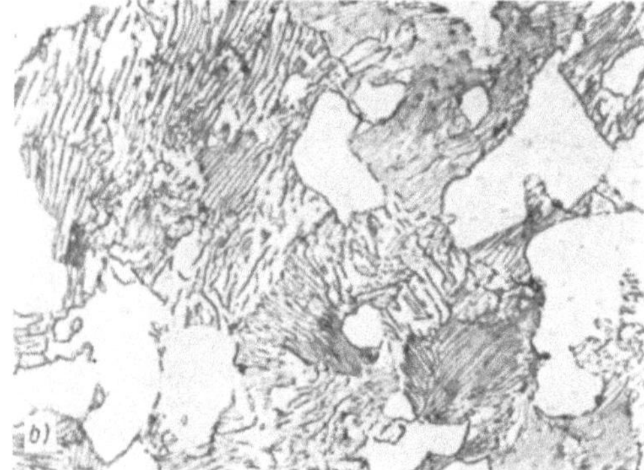

Bild 3.7. Ferritisch-perlitisches Gefüge eines unter-
eutektoiden Kohlenstoffstahls bei unterschiedlichen
Vergrößerungen

a) 250 : 1
b) 800 : 1

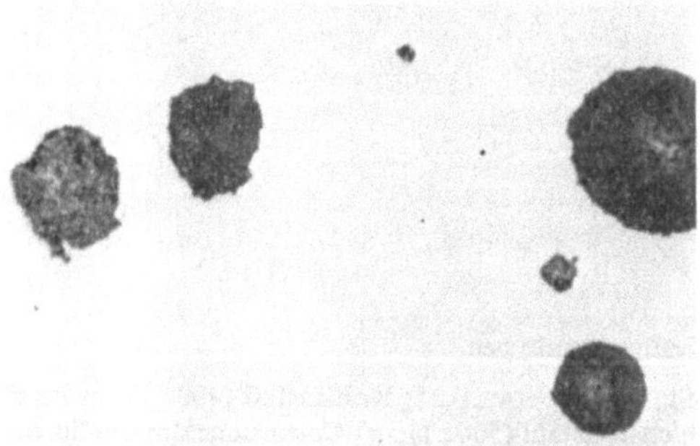

Bild 3.8. Gußeisen mit Kugelgraphit (500 : 1), unge-
ätzt

Beispiel II: Bild 3.8 zeigt eine Gefügeaufnahme von Gußeisen mit Kugelgraphit. Der ungeätzte Schliff kann wie ein Matrixgefüge behandelt werden und ist für die Bestimmung z. B. der mittleren Größe oder der Größenverteilung der Graphitkugeln sowie ihres mittleren Abstandes sehr gut geeignet.

Mit diesen wenigen einfachen Beispielen soll darauf hingewiesen werden, daß quantitative Gefügeuntersuchungen um so schneller und exakter durchführbar sind, je besser die Präparations- und Abbildungsbedingungen an die jeweilige Aufgabenstellung angepaßt sind. Für den erfolgreichen Einsatz automatischer Gefügeanalysatoren sind optimale Präparations- und Abbildungsbedingungen unbedingte Voraussetzung.

3.3.   Halbquantitative metallographische Untersuchungsverfahren

Die halbquantitativen metallographischen Untersuchungsverfahren sind gekennzeichnet durch das Arbeiten mit Gefügerichtreihen. Dabei werden zufällig ausgewählte Gesichtsfelder der zu bewertenden Probe mit den Bildern einer Richtreihe verglichen. Die Richtreihe ist aus einer Serie von meist schematischen Gefügebildern aufgebaut, wobei sich von Bild zu Bild ein bestimmtes Gefügecharakteristikum, z. B. die Korngröße, die Karbidmenge und -verteilung in einem Stahl oder die Graphitausbildung im Grauguß, stufenweise ändert. Das zu bewertende Gefüge wird durch die Zahl charakterisiert, die dem ihm am nächsten kommenden Bild der Richtreihe entspricht.

Die Vorteile des halbquantitativen Richtreihenvergleiches gegenüber den quantitativen metallographischen Untersuchungsmethoden bestehen in seiner einfachen Durchführbarkeit und im relativ geringen Zeit- und Arbeitsaufwand. Die letztere Aussage sollte jedoch stets am konkreten Fall überprüft werden, da z. B. die Volumenanteilbestimmung nach der Punktzählmethode (s. Abschnitt 3.4.2.) oder die Korngrößenbestimmung mit Hilfe der Linearanalyse (s. Abschnitt 3.4.3.) u. U. bei nur geringfügig höherem Aufwand wesentlich genauere und aussagekräftigere Ergebnisse liefern.

Die wesentlichen Nachteile des Richtreihenvergleichs bestehen

- in einer starken Subjektivität des Ergebnisses
- in seiner geringen Genauigkeit und Reproduzierbarkeit und
- darin, daß die Bewertung stufenförmig erfolgt, das Gefüge sich aber in Abhängigkeit von den Herstellungs- und Verarbeitungsbedingungen der Werkstoffe kontinuierlich ändert [3.6].

Trotz dieser Nachteile wird der Richtreihenvergleich seine praktische Bedeutung in den nächsten Jahren besonders dort nicht verlieren, wo es um die Bewertung der Form und gegenseitigen Anordnung der Gefügebestandteile sowie der Homogenität des Gefüges geht, da dem rationellen Einsatz der besonders in den letzten 20 Jahren entwickelten, völlig neue Möglichkeiten erschließenden automatischen Gefügeanalysatoren in vielen Produktionsbetrieben gegenwärtig noch Grenzen gesetzt sind (s. a. Abschnitt 3.6.).
Hilfsmittel zur Erleichterung des Richtreihenvergleichs sind z. B. der an verschiedene Auflichtmikroskope ansetzbare Richtreihenansatz des VEB Carl Zeiss Jena oder sogenannte Korngrößen-Vergleichsokulare [3.11], [3.12].

3.4. Grundlegende Arbeitsverfahren

3.4.1. Flächenanalyse

3.4.1.1. Bestimmbare Gefügekenngrößen und Arbeitsprinzip

Die Flächenanalyse gestattet die Bestimmung

- des Volumenanteils V_α, V_β ... mit dem die einzelnen Phasen α, β ... am Gefügeaufbau beteiligt sind
- der mittleren Schnittfläche $\bar{A}_\alpha$, $\bar{A}_\beta$ ... der Partikeln der verschiedenen Phasen
- der Größenverteilung der Mikroteilchen der verschiedenen Phasen α, β ...

Bei der Flächenanalyse (Bild 3.9) werden die Schnittflächen der Mikroteilchen der interessie-

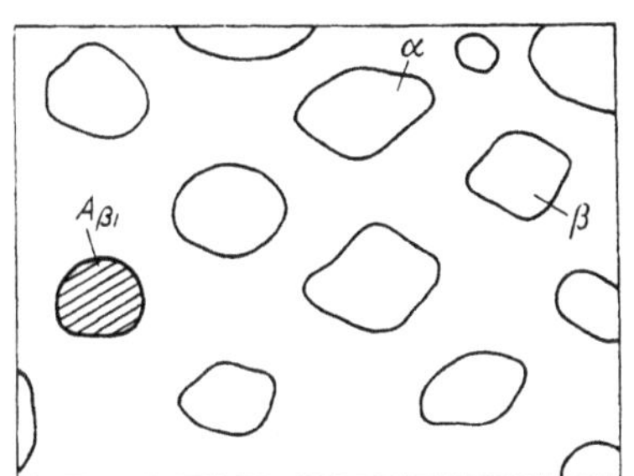

Bild 3.9. Prinzip der Flächenanalyse

renden Phasen innerhalb einer vorgegebenen Meßfläche A gezählt und ausgemessen, z. B. durch Planimetrieren oder Ausschneiden und Wägen. Die Meßgrößen sind also:

- Größe der in der Meßfläche sichtbaren Schnittflächen $A_{\alpha i}$, $A_{\beta i}$ ... der Mikroteilchen
- Anzahl m_α, m_β ... der in der Meßfläche liegenden Mikroteilchen der verschiedenen Phasen

Daraus werden die oben genannten Gefügeparameter wie folgt berechnet:

Volumenanteil V_β:

$$V_\beta = \frac{\sum\limits_{i=1}^{m_\beta} A_{\beta i}}{A} \, 100 \quad [\%] \qquad (3.1)$$

$\sum\limits_{i=1}^{m_\beta} A_{\beta i}$ Summe der Flächeninhalte der Schnittflächen der β-Phase innerhalb der Meßfläche in μm^2

A Flächeninhalt der Meßfläche in μm^2

Bei zweiphasigen Gefügen, wie z. B. im Bild 3.9, gilt:

$$V_\alpha = 100 - V_\beta \qquad (3.2)$$

Mittlere Schnittfläche:

$$\bar{A}_\beta = \frac{\sum\limits_{i=1}^{m_\beta} A_{\beta i}}{m_\beta} \quad [\mu m^2] \qquad (3.3)$$

m_β Anzahl der in der Meßfläche liegenden β-Teilchen

Für die Bestimmung der Größenverteilung der Schnittflächen der Mikroteilchen ist es erforderlich, verschiedene Größenklassen vorzugeben und jede der ausgemessenen Schnittflächen in die ihr entsprechende Größenklasse einzuordnen. Auf die Wahl der Klassengrenzen, die Darstellungsmöglichkeiten der Größenverteilungen usw. wird in Abschnitt 3.5. eingegangen. Betreffs der Umrechnung der Größenverteilung der Schnittflächen (Kenngröße der Schliffebene) in die Größenverteilung der Mikroteilchen selbst (Kenngröße des Volumens) sei auf [3.6] bis [3.8] verwiesen.

Aus Gl. (3.1) geht hervor, daß hier eine am zweidimensionalen Schnitt gemessene Kenngröße

$$\left(\text{Flächenanteil} \ \frac{\sum\limits_{i=1}^{m_\beta} A_{\beta i}}{A} \right) \ \text{identisch ist mit dem}$$

für den räumlichen Gefügeaufbau gültigen Volumenanteil V_β, bei dem es sich also um eine stereometrische Gefügekenngröße handelt (Prinzip von DELESSE, ref. in [3.6]).
Die mittlere Schnittfläche $\bar{A}_\beta$ [Gl. (3.3)] ist dagegen eine Kenngröße der Schliffebene und steht in keiner eindeutigen Beziehung zur tatsächlichen mittleren räumlichen Größe der Mikroteilchen, ausgenommen in einigen Fällen exakt definierter Teilchenform und -größenverteilung, die in der metallographischen Praxis jedoch kaum auftreten.

3.4.1.2. Bestimmung der mittleren Kornfläche für den Sonderfall einphasig-polyedrischer Gefüge

Für diesen geometrischen Gefügetyp ist die Bestimmung einer mittleren Kornfläche $\bar{A}$ (mittlerer Flächeninhalt der Schnittflächen der Körner mit der Schliffebene) durch Auszählen der innerhalb einer vorgegebenen Meßfläche liegenden Körner möglich [Bild 3.10, Gl. (3.4)].

$$\bar{A} = \frac{A}{u + 0{,}5v + 0{,}25w} \quad [\mu\text{m}^2] \tag{3.4}$$

 u Anzahl der Körner, die völlig innerhalb der Meßfläche liegen

 v Anzahl der Körner, die von den Begrenzungslinien der Meßfläche geschnitten werden

 w Anzahl der Eckkörner (bei quadratischer und rechteckiger Meßfläche immer $w = 4$)

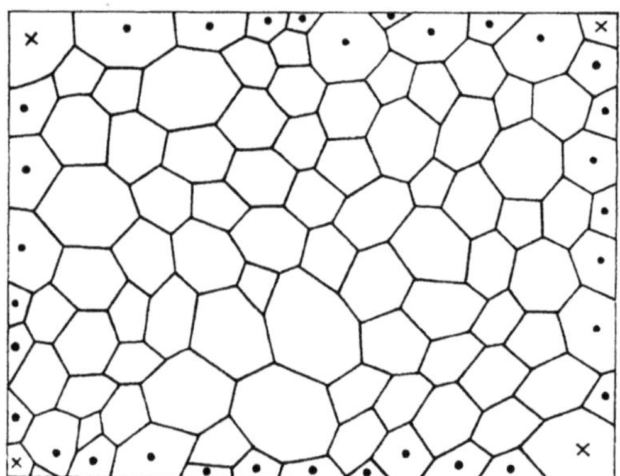

Bild 3.10. Prinzip der Bestimmung der mittleren Kornfläche bei einphasig-polyedrischen Gefügen

× Eckkörner (w)
● Korner, die von den Begrenzungslinien der Meßfläche geschnitten werden (v)

3.4.1.3. Hinweise zur Durchführung der Flächenanalyse – Einschätzung des Verfahrens

Die genauesten Ergebnisse erhält man, wenn die Flächenmessung durch Planimetrieren auf photographischen Abzügen oder auf an der Mattscheibe des Mikroskops auf Transparentpapier durchgezeichneten Bildern des Gefüges erfolgt. Die Vergrößerung ist dabei so zu wählen, daß 10 bis 20 Schnittflächen des interessierenden Gefügebestandteils innerhalb des Gesichtsfeldes liegen.
Um einen repräsentativen Mittelwert zu erhalten, der die Gesamtfläche des Schliffes charakterisiert, müssen mehrere Gesichtsfelder (etwa 10 bis 20), die gleichmäßig über die Schliffebene verteilt sind, ausgemessen werden. In den meisten Fällen, d. h., wenn das Gefüge nicht extrem inhomogen ist, wird eine den praktischen Anforderungen genügende Genauigkeit erreicht, wenn 200 bis 250 Mikroteilchen ausgemessen bzw. ausgezählt werden. Die Flächenanalyse ist also ein sehr zeitaufwendiges Verfahren. Der Informationsgehalt der Flächenanalyse ist gering, da nur sehr wenige Gefügekenngrößen bestimmt werden können. Aussagen über die Form der Mikroteilchen (wichtig bei orientierten Gefügen) sind nicht möglich. Aus diesen Gründen kommt die Flächenanalyse für Serien- und Reihenuntersu-

chungen nicht in Betracht, sofern nicht Geräte zur automatischen Bildanalyse (s. Abschnitt 3.6.) eingesetzt werden können.

3.4.2. Punktzählung

Die Punktzählung dient der Bestimmung von Volumenanteilen von Gefügebestandteilen bzw. Phasen.

Dem zu untersuchenden Gefüge wird ein Punktraster überlagert, und es werden die in den Schnittflächen der Mikroteilchen der interessierenden Phase liegenden Punkte ausgezählt (Bild 3.11). Der Volumenanteil berechnet sich zu

$$V_\beta = \frac{p_\beta}{p} 100 \quad [\%] \tag{3.5}$$

p_β Anzahl der Rasterpunkte, die innerhalb der Schnittflächen der β-Phase liegen

p Gesamtzahl der Rasterpunkte

Das Verhältnis Trefferzahl zu Gesamtpunktzahl ist also identisch mit der stereometrischen Kenngröße *Volumenanteil* der untersuchten Phase (nach GLAGOLEV, ref. in [3.6]). Obwohl das Verfahren wesentlich einfacher durchführbar ist als die Flächenanalyse, steht es diesem Verfahren hinsichtlich der Exaktheit des bestimmten Volumenanteils in keiner Weise nach. Die Genauigkeit der Bestimmung ist lediglich abhängig von

der Gesamtzahl p der ausgezählten Punkte. Die für eine bestimmte Genauigkeit erforderliche Gesamtpunktzahl läßt sich nach folgender Gleichung berechnen [3.6]:

$$p = t^2 \frac{V_\beta(100 - V_\beta)}{\varepsilon^2} \tag{3.6}$$

t normierte Abweichung
ε absoluter Fehler der Bestimmung

Bei Anwendung von Gl. (3.6) ist für ε der absolute Fehler, der bei der Bestimmung erreicht werden soll, und für V_β ein abgeschätzter Wert, der nach Auszählung einiger Gesichtsfelder durch einen mit den dann vorliegenden Zahlen für p und p_β berechneten Wert präzisiert werden kann, einzusetzen.

Geht es darum, für eine durchgeführte Bestimmung den absoluten Fehler zu bestimmen, ist Gl. (3.6) entsprechend umzustellen:

$$\varepsilon = t \sqrt{\frac{V_\beta(100 - V_\beta)}{p}} \tag{3.7}$$

Der Wert für die normierte Abweichung t ergibt sich aus der für das Untersuchungsergebnis geforderten Wahrscheinlichkeit bzw. Sicherheit P. Er kann aus Tabelle 3.1 entnommen werden und ist in Abhängigkeit vom jeweiligen Zweck bzw. Ziel der Untersuchung festzulegen. Eine Sicherheit P von 0,5 bzw. 50 % sagt z. B. aus, daß der entsprechend Gl. (3.7) berechnete Fehler mit einer 50 %igen Wahrscheinlichkeit nicht überschritten wird [3.6].

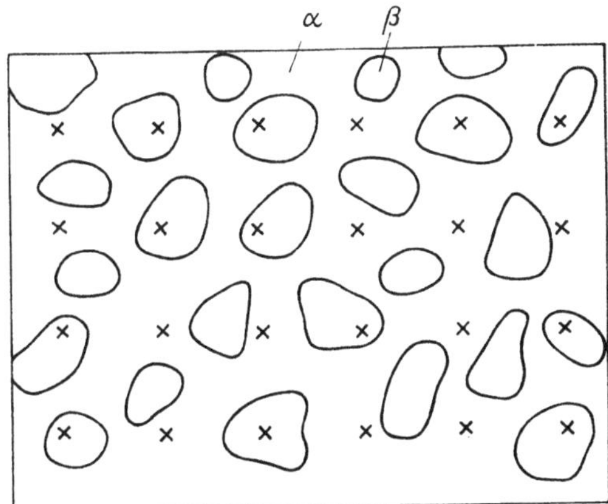

Bild 3.11. Prinzip der Punktzählung
× überlagertes Punktraster

P	t
0,50	0,6745
0,60	0,8416
0,80	1,2816
0,90	1,6449
0,95	1,9600
0,98	2,3263
0,99	2,5758

Tabelle 3.1. Zusammenhang zwischen normierter Abweichung t und statistischer Sicherheit P des Untersuchungsergebnisses

Für die praktische Durchführung der Punktzählung seien folgende Hinweise gegeben:

Die Vergrößerung ist so zu wählen, daß die interessierenden Gefügebestandteile so groß erscheinen, daß mit hoher Sicherheit entschieden werden kann, ob ein Treffer vorliegt oder nicht.

Der Abstand der Rasterpunkte soll so groß sein, daß nicht mehr als ein Treffer auf eine Schnittfläche der zu untersuchenden Mikroteilchen fällt.

Nach SALTYKOV [3.6] wird bei Volumenanteilen $\leqq 0,1\%$ der Zählaufwand so hoch, daß die Anwendung der Punktzählmethode nicht mehr vertretbar ist.

Die optische Industrie liefert für die Punktzählung eine Reihe einfacher Hilfsmittel (s. Abschnitt 3.6.). Auch mit einem aufgezeichneten Raster versehene transparente Folien, die auf die Mattscheibe des Mikroskops aufgelegt werden, leisten gute Dienste.

3.4.3. Linearanalyse

3.4.3.1. Meßprinzip und Anwendung bei einphasig-polyedrischen Gefügen

Die Linearanalyse geht auf ROSIVAL zurück. Ihr Prinzip besteht darin, daß dem Bild des zu untersuchenden Gefüges eine Schar von Meßgeraden überlagert wird (s. Bild 3.12) und

– die Sehnenlängen l_α, die die Schnittflächen der Körner auf den Meßgeraden abschneiden, ausgemessen und im Fall der Aufnahme von Sehnenlängenverteilungen in ein vorgegebenes System von Größenklassen eingeordnet werden
– die Anzahl der Schnittpunkte der Meßgeraden mit den Korngrenzen ($N_{\alpha\alpha}$) gezählt werden
– die Gesamtlänge L der Meßgeraden festgehalten wird.

Aus diesen Meßgrößen lassen sich bei einphasig-polyedrischen Gefügen folgende Gefügeparameter berechnen:

Mittlere lineare Korngröße $\bar{D}_\alpha$:

$$\bar{D}_\alpha = \frac{L}{N_{\alpha\alpha}M} \quad [\mu m] \tag{3.8}$$

L Gesamtlänge der Meßgeraden in μm
$N_{\alpha\alpha}$ Anzahl der Schnittpunkte der Korngrenzen mit den Meßgeraden
M Mikroskopvergrößerung

Spezifische Korngrenzenfläche $S_{\alpha\alpha}$:

$$S_{\alpha\alpha} = \frac{4N_{\alpha\alpha}M}{L} \quad [mm^2/mm^3] \tag{3.9}$$

Beachte: Zur Berechnung von $S_{\alpha\alpha}$ ist L in mm einzusetzen!

Die mittlere lineare Korngröße ist die mittlere Sehnenlänge, die die Schnittflächen der Körner mit den Meßgeraden bilden. Sie ist also eine Kenngröße des zweidimensionalen Schnitts und steht in keiner eindeutigen Beziehung zur räumlichen Korngröße, z. B. dem *Durchmesser* des Kornes als räumliches Gebilde.

Die spezifische Korngrenzenfläche $S_{\alpha\alpha}$, deren Berechnung u. a. SMITH und GUTTMANN durchführten [3.10], ist definiert als die Oberfläche in mm² der sich in einem mm³ Probenvolumen befindenden Körner. Im Gegensatz zur mittleren linearen Korngröße handelt es sich hierbei um eine exakte und allgemeingültig definierte Kenngröße des räumlichen Gefügeaufbaus, also um eine stereometrische Kenngröße. Da die Korngrenzenflächen als Orte erhöhter Fehlstellenkonzentration von bedeutendem Einfluß auf Diffusions- und Ausscheidungsprozesse, auf Ver- und Entfestigungsvorgänge sowie auf Korrosionsvorgänge in festen Körpern sind, ist die spezifische Korngrenzenfläche ein physikalisch begründetes Korngrößenmaß, so daß in der

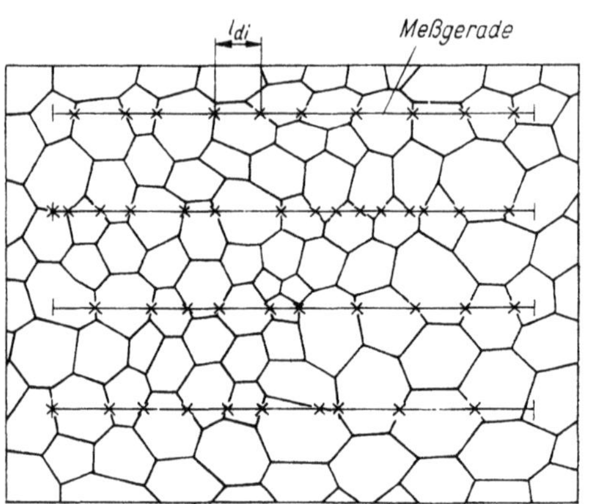

Bild 3.12. Prinzip der Linearanalyse bei einphasig-polyedrischen Gefügen

× Schnittpunkte der Meßgeraden mit den Korngrenzen

metallographischen Praxis viel mehr von der spezifischen Korngrenzenfläche und viel weniger von der mittleren linearen Korngröße Gebrauch gemacht werden sollte.

Zwischen beiden Gefügekenngrößen besteht die Beziehung

$$S_{\alpha\alpha} = \frac{4}{\bar{D}_\alpha}$$

3.4.3.2. Anwendung bei Matrixgefügen

Meßgrößen sind in diesem Fall (s. Bild 3.13)

- die Sehnenlängen l_α, l_β, ..., die die Schnittflächen der Mikroteilchen der verschiedenen Phasen auf den Meßgeraden abschneiden (bei Aufnahmen von Teilchengrößenverteilungen Einordnung in ein vorgegebenes System von Größenklassen)
- die Anzahl $N_{\alpha\beta}$, $N_{\alpha\gamma}$, ... der Schnittpunkte der Meßgeraden mit den Phasengrenzen α/β, α/γ, ...
- die Gesamtlänge L aller Meßgeraden

Daraus lassen sich folgende Gefügeparameter berechnen:

Volumenanteil V_β der eingelagerten β-Phase:

$$V_\beta = \frac{L_\beta}{L} 100 \quad [\%] \tag{3.10}$$

$$L_\beta = \sum_{i=1}^{m_\beta} l_{\beta i} \quad [\mu m] \tag{3.11}$$

L_β Summe aller Sehnenlängen in der β-Phase
m_β Anzahl der Sehnen in der β-Phase

Mittlere lineare Teilchengröße $\bar{D}_\beta$ der β-Phase:

$$\bar{D}_\beta = \frac{L_\beta}{\frac{1}{2} N_{\alpha\beta} M} = \frac{2L_\beta}{N_{\alpha\beta} M} \quad [\mu m] \tag{3.12}$$

Stellt man Gl. (3.10) nach L_β um und setzt in Gl. (3.12) ein, erhält man:

$$\bar{D}_\beta = \frac{2 \dfrac{V_\beta}{100} L}{N_{\alpha\beta} M} \quad [\mu m] \tag{3.12a}$$

Mittlerer Teilchenabstand L_{f_α} (entspricht der sog. mittleren freien Weglänge in der Matrix):

$$L_{f_\alpha} = \frac{L_\alpha}{\frac{1}{2} N_{\alpha\beta} M} = \frac{2L_\alpha}{N_{\alpha\beta} M} \quad [\mu m] \tag{3.13}$$

bzw.

$$L_{f_\alpha} = \frac{2 \dfrac{V_\alpha}{100} L}{N_{\alpha\beta} M} \tag{3.13a}$$

Da in zweiphasigen Gefügen $V_\alpha = 100 - V_\beta$, kann man auch schreiben:

$$L_{f_\alpha} = \frac{2 \left(1 - \dfrac{V_\beta}{100}\right) L}{N_{\alpha\beta} M} \tag{3.13b}$$

Spezifische Phasengrenzfläche:

$$S_{\alpha\beta} = \frac{2 N_{\alpha\beta} M}{L} \quad [mm^2/mm^3] \tag{3.14}$$

Relative spezifische Phasengrenzfläche:

$$S_{\alpha\beta}^{rel} = \frac{S_{\alpha\beta}}{\dfrac{V_\beta}{100}} = \frac{2 N_{\alpha\beta} M \cdot 100}{V_\beta L}$$

$$S_{\alpha\beta}^{rel} = \frac{2 N_{\alpha\beta} M \cdot 100}{L_\beta} \quad [mm^2/mm^3] \tag{3.15}$$

Zu den einzelnen Gefügeparametern seien folgende Hinweise gegeben:

Wie bei der Flächenanalyse und der Punktzählung erhält man als stereometrische Gefügekenngröße wiederum den Volumenanteil von Phasen. Er ist hier identisch mit dem Linienlängenanteil in der interessierenden Phase (nach ROSIVAL).

Die mittlere lineare Teilchengröße $\bar{D}_\beta$ sowie der mittlere Teilchenabstand (mittlere freie Weglänge) L_{f_α} stellen mittlere Sehnenlängen durch die jeweilige Phase dar, sind also genau wie die mittlere lineare Korngröße Kenngrößen des zweidimensionalen Schnitts und stehen in keiner eindeutigen Beziehung zur räumlichen Teilchengröße bzw. zum räumlichen Teilchenabstand.

Die spezifische Phasengrenzfläche $S_{\alpha\beta}$ ist analog der spezifischen Korngrenzenfläche definiert, d.h., es handelt sich um die Grenzfläche in mm^2 zwischen den Mikroteilchen der α- und der β-Phase in einem mm^3 Probenvolumen. Diese stereometrische Kenngröße besitzt gegenüber der mittleren linearen Teilchengröße die gleichen

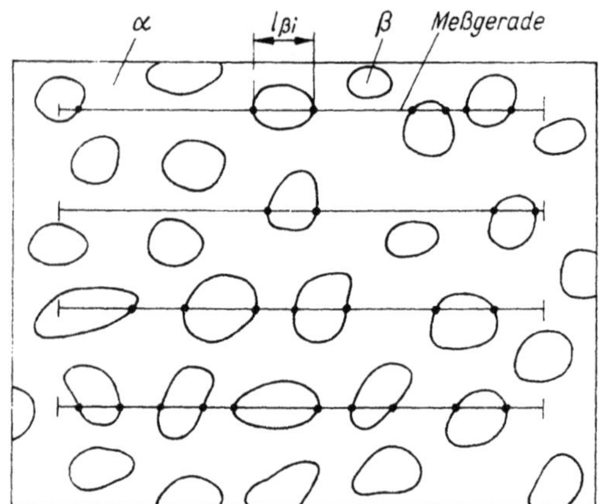

Bild 3.13. Prinzip der Linearanalyse bei Matrixgefügen
● Schnittpunkte der Meßgeraden mit den Phasengrenzen

Vorteile wie die spezifische Korngrenzenfläche gegenüber der mittleren linearen Korngröße (s. Abschnitt 3.4.3.1.).
Die relative spezifische Phasengrenzfläche ist nicht auf die Volumeneinheit der Probe, sondern auf den Volumenanteil der dispersen Phase bezogen und ist somit ein Maß für die Dispersität, d. h. die Feinheit der Verteilung der dispersen Phase in der Matrix: Je größer der Wert für die relative spezifische Phasengrenzfläche, desto feindisperser ist das Gefüge.

3.4.3.3. Anwendung bei mehrphasig-polyedrischen Gefügen

Hier sind sowohl die für die Anwendung bei einphasig-polyedrischen Gefügen (Abschnitt 3.4.3.1.) als auch die für die Anwendung bei Matrixgefügen genannten Meßgrößen zu bestimmen, und es können folgende Gefügeparameter berechnet werden (s. auch Bild 3.14):

Volumenanteil der β-Phase:

$$V_\beta = \frac{L_\beta}{L} 100 \quad [\%] \tag{3.10}$$

Mittlere lineare Korngröße der α-Phase:

$$\bar{D}_\alpha = \frac{\dfrac{V_\alpha}{100} L}{(N_{\alpha\alpha} + \tfrac{1}{2}N_{\alpha\beta}) M} \quad [\mu m] \tag{3.16}$$

Mittlere lineare Teilchengröße der β-Phase:

$$\bar{D}_\beta = \frac{2 \dfrac{V_\beta}{100} L}{N_{\alpha\beta} M} \quad [\mu m] \tag{3.12a}$$

Spezifische Korngrenzenfläche der α-Phase:

$$S_\alpha = \frac{(4N_{\alpha\alpha} + 2N_{\alpha\beta}) M}{L} \quad [mm^2/mm^3] \tag{3.17}$$

Spezifische Phasengrenzfläche zwischen α- und β-Phase:

$$S_{\alpha\beta} = \frac{2N_{\alpha\beta}M}{L} \quad [mm^2/mm^3] \tag{3.14}$$

Relative spezifische Phasengrenzfläche:

$$S_{\alpha\beta}^{rel} = \frac{2N_{\alpha\beta}M}{V_\beta L} 100 \tag{3.15}$$

Hinsichtlich Definition und Aussagekraft dieser Parameter gelten die Ausführungen der Abschnitte 3.4.3.1. und 3.4.3.2.

3.4.3.4. Anwendung bei orientierten Gefügen

Bild 3.15 stellt den speziellen Fall eines orientierten Matrixgefüges dar, bei dem eine sogenannte linienhafte Orientierung auftritt. Die linienhafte Orientierung ist nach SALTYKOV [3.6] dadurch gekennzeichnet, daß der überwiegende

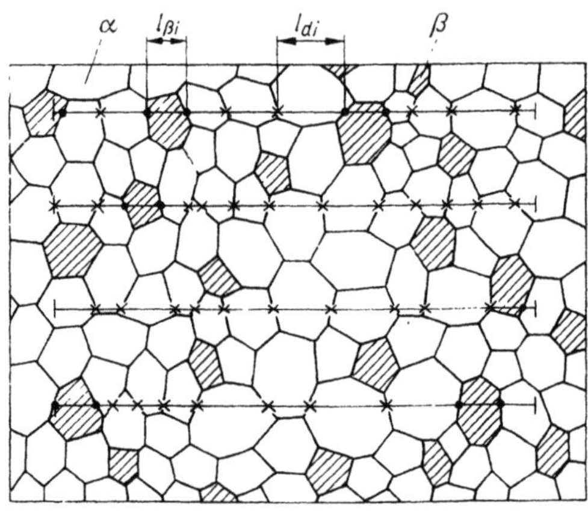

Bild 3.14. Prinzip der Linearanalyse bei mehrphasig-polyedrischen Gefügen
× Schnittpunkte der Meßgeraden mit den Korngrenzen αα
● Schnittpunkte der Meßgeraden mit den Phasengrenzen α/β

Teil der Korn- bzw. Phasengrenzflächen parallel einer Orientierungslinie (Orientierungsachse) liegt. Derartige linienhaft orientierte Gefüge treten z. B. in gezogenem Draht oder gewalztem Stabstahl auf, und die Orientierungsachse ist hierbei die Verformungsrichtung, also die Draht- bzw. Stabachse.

Einen anderen Grenzfall stellen flächenhaft orientierte Gefüge dar. Hier ist der überwiegende Teil der Korn- bzw. Phasengrenzflächen parallel einer Orientierungsebene, z. B. der Walzebene in gewalzten Blechen, ausgerichtet [3.6].

Die nachfolgend angegebenen Gleichungen gelten nur für den Grenzfall linienhaft orientierter Gefüge. Betreffs der Ableitung der Gleichungen und der Berechnung der Gefügeparameter für flächenhaft orientierte Gefüge sei auf SALTYKOV [3.6] verwiesen.

Die Untersuchung linienhaft orientierter Gefüge erfolgt grundsätzlich am Längsschliff (die Schliffebene liegt parallel der Orientierungsachse). Es sind zwei Scharen von Meßgeraden derart über das Gefügebild zu legen, daß die eine Schar der Meßgeraden parallel und die zweite Schar senkrecht zur Orientierungsachse liegt (Bild 3.15). Eine Charakterisierung der Mikroteilchen ist möglich durch die mittlere lineare Teilchengröße senkrecht ($\bar{D}_{\beta\perp}$) und parallel ($\bar{D}_{\beta\|}$) zur Orientierungsachse:

$$\bar{D}_{\beta\perp} = \frac{2\left(\dfrac{V_\beta}{100}L\right)_\perp}{N_{\alpha\beta\perp}} \quad [\mu\text{m}] \qquad (3.18)$$

$$\bar{D}_{\beta\|} = \frac{2\left(\dfrac{V_\beta}{100}L\right)_\|}{N_{\alpha\beta\|}} \quad [\mu\text{m}] \qquad (3.19)$$

Hierbei handelt es sich wieder um typische Kenngrößen des zweidimensionalen Schnitts, die in keiner eindeutigen Beziehung zur räumlichen Teilchengröße stehen.

Die spezifische Phasengrenzfläche, die demgegenüber wieder eine stereometrische Kenngröße darstellt, berechnet sich nach SALTYKOV [3.6] zu

$$S_{\alpha\beta\,\text{lin}} = \frac{1{,}571 N_{\alpha\beta\perp}}{L_\perp} + \frac{0{,}429 N_{\alpha\beta\perp}}{L_\|} \qquad (3.20)$$

Weiterhin ist die Berechnung eines Orientierungsgrades α_{lin} möglich, der als das Verhältnis zwi-

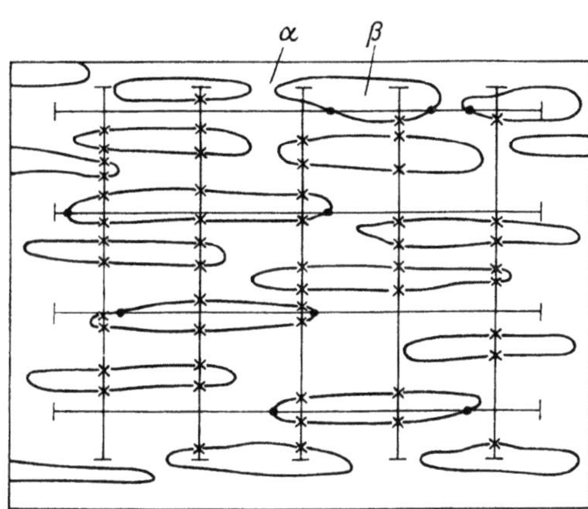

Bild 3.15. Prinzip der Linearanalyse bei orientierten Gefügen

× Schnittpunkte der senkrecht zur Vorzugsrichtung liegenden Meßgeraden mit den Phasengrenzen
● Schnittpunkte der parallel zur Vorzugsrichtung liegenden Meßgeraden mit den Phasengrenzen

schen dem orientierten Anteil und der gesamten spezifischen Phasengrenzfläche definiert ist:

$$\alpha_{\text{lin}} = \frac{\dfrac{N_{\alpha\beta\perp}}{L_\perp} - \dfrac{N_{\alpha\beta\|}}{L_\|}}{\dfrac{N_{\alpha\beta\perp}}{L_\perp} + 0{,}273\,\dfrac{N_{\alpha\beta\|}}{L_\|}} \qquad (3.21)$$

Dieser Orientierungsgrad bewegt sich zwischen den Grenzwerten 0 (vollständig isometrisches Gefüge) und 1 (vollständig linienhafte Orientierung) und liegt um so näher am Wert 1, je stärker ausgeprägt die Orientierung ist.

Die Bestimmung der übrigen Gefügeparameter erfolgt wie bei den Matrixgefügen (Abschnitt 3.4.3.2.).

Bei einphasig- bzw. mehrphasig-polyedrischen orientierten Gefügen ist die hier beschriebene Verfahrensweise analog anzuwenden.

3.4.3.5. Hinweise zur Durchführung der Linearanalyse

In der metallographischen Praxis werden dem zu untersuchenden Gefüge in der Regel parallele Meßgeraden gleicher Länge überlagert. Die Vergrößerung ist so hoch zu wählen, daß bei einphasig-polyedrischen Gefügen etwa 20 Körner auf der Länge einer Meßlinie liegen (Meßlinienlänge entspricht etwa Gesichtsfelddurchmesser) und daß bei Matrixgefügen mit hoher Sicherheit entschieden werden kann, ob ein Schnitt zwischen Meßlinie und Mikroteilchen stattgefunden hat und die Sehnenlänge noch sicher ausgemessen werden kann. Der Abstand der Meßlinie soll etwa dem Durchmesser der größten im Schliffbild vorhandenen Schnittfläche durch den interessierenden Gefügebestandteil entsprechen, um Doppelzählungen weitestgehend zu vermeiden.

Bei der Durchführung von Volumenanteilbestimmungen kann der absolute Fehler ε der Messung nach der Gleichung

$$\varepsilon = Kt \sqrt{\frac{V_\beta(100 - V_\beta)}{m_\beta}} \qquad (3.22)$$

berechnet werden [3.6].

Die normierte Abweichung t ist bereits aus Gl. (3.7) bekannt (s. a. Tabelle 3.1).

Der Koeffizient K ist nach SALTYKOV [3.6] abhängig davon, ob das Gefüge in der Schliffebene isotrop erscheint (das Meßergebnis ist unabhängig von der Richtung der Meßgeraden) oder ob Streckungen der Gefügebestandteile parallel einer Vorzugsrichtung vorliegen (orientierte Gefüge):

- bei isotrop erscheinenden $K = 0,65$
  Gefügen
- bei gestreckten Gefügebestandteilen
  Meßlinien $\perp$ zur Streckungs- $K = 0,34$
  richtung
  Meßlinien $\parallel$ zur Streckungs- $K = 0,85$
  richtung

Bei gestreckten Gefügebestandteilen ist es also zweckmäßiger, die Meßlinien senkrecht zur Streckungsrichtung zu legen, da dann mit einer geringeren Anzahl von Messungen ein bestimmter absoluter Fehler erreicht wird, als wenn die Meßlinien parallel zur Streckungsrichtung liegen. Soll im voraus abgeschätzt werden, wie groß die Anzahl der auszumessenden Sehnen zur Erreichung eines vorgegebenen absoluten Fehlers sein muß, ist Gl. (3.22) nach m_β umzustellen. Für die praktische Arbeit mit Gl. (3.22) gelten die Ausführungen von Abschnitt 3.4.2. sinngemäß.

Der relative Fehler einer Bestimmung der mittleren linearen Korn- bzw. Teilchengröße kann nach der Gleichung

$$\Delta \bar{D}_\beta = \sqrt{\frac{\sum_{i=1}^{q} (D_{\beta i} - \bar{D}_\beta)^2}{q(q - 1)}} \qquad (3.23)$$

berechnet werden [3.13].

Dabei setzt man für $D_{\beta i}$ zweckmäßigerweise den aus der Messung von z. B. 50 Mikroteilchen nach Gl. (3.7) oder Gl. (3.12) berechneten Wert ein; q ist dann die Anzahl der Messungen von je 50 Mikroteilchen und $\bar{D}_\beta$ ist der Mittelwert aus q Messungen. Nach EXNER [3.13] müssen etwa 50 Körner ausgezählt werden, um einen relativen Fehler von etwa 20% zu erhalten und damit in den Genauigkeitsbereich, der beim Richtreihenvergleich günstigstenfalls erreicht wird, zu gelangen. Zählt man etwa 200 Körner aus, liegt der relative Fehler bei etwa 10% des Meßwertes.

Um bei der Aufnahme einer Korngrößenverteilung eine wissenschaftlichen Anforderungen gerecht werdende Genauigkeit zu erhalten, sind nach EXNER mindestens 500, besser jedoch 1000 bis 2000 Körner auszumessen. Hieraus wird klar, daß für die Durchführung von Verteilungsanalysen ein sehr hoher Zeitaufwand erforderlich wird, während für die Bestimmung einer mittleren linearen Korngröße nur wenige Minuten erforderlich sind. Für die Durchführung der Linearanalyse werden eine Reihe kommerzieller Geräte, wie mechanische Integrationstische oder automatisch arbeitende Gefügeanalysatoren, angeboten (s. Abschnitt 3.6.).

Stehen sie nicht zur Verfügung, ist die rationellste Arbeitsweise das Auflegen von transparenten Folien mit aufgezeichneten Meßgeraden auf die Mattscheibe des Mikroskops zur Schnittpunktzählung und der Einsatz eines Okularmikrometers zur Sehnenlängenmessung. Uneffektiv ist die leider noch häufig anzutreffende Durchführung der Linearanalyse an Gefügeaufnahmen, da entweder der Aufwand sehr hoch ist (mindestens 3 bis 5 Aufnahmen müssen je Schliff angefertigt werden, um einen relativen Fehler von etwa 10% zu erhalten) oder das Ergebnis in keiner Weise repräsentativ für die Probe ist (bei Auswertung von nur einer Aufnahme).

Insgesamt ist einzuschätzen, daß es sich bei der Linearanalyse um ein rationelles Verfahren handelt, mit dem eine Vielzahl von Gefügeparametern bestimmt werden kann.

3.4.4. Zusammenfassende Betrachtung der Verfahren Flächenanalyse, Punktzählung und Linearanalyse

Tabelle 3.2 gibt einen Überblick über die voranstehend behandelten Arbeitsverfahren der quantitativen Metallographie. Zur Ergänzung bzw. Erläuterung der Tabelle seien folgende Hinweise gegeben:

- Die für eine bestimmte Untersuchung erforderliche Zeit wird von vielen Faktoren beeinflußt, so daß die angegebenen Werte nur als grobe Richtwerte zu betrachten sind und vor allem die Relationen zwischen den Zeitangaben für die verschiedenen Verfahren bei der Verfahrensauswahl beachtet werden sollten.

- Die für die Volumenanteilbestimmung durch Punktzählung bzw. Linearanalyse und für die Bestimmung der mittleren linearen Korn- bzw. Teilchengröße angegebenen Zeiten können durch Einsatz einfacher mechanischer Geräte, wie z. B. des Eltinorzählgeräts oder weiterentwickelter Varianten (s. Abschnitt 3.6.), auf etwa 30 bis 50 % reduziert werden.

- Eine in der Praxis bewährte zeitsparende Verfahrensweise bei Matrixgefügen oder mehrphasig-polyedrischen Gefügen ist auch, die Volumenanteilbestimmung durch Punktzählung und die Bestimmung der mittleren

Tabelle 3.2. *Übersicht zu den grundlegenden Arbeitsverfahren der quantitativen Metallographie*

	Flächenanalyse	Punktzählung	Linearanalyse
Bestimmbare Gefügeparameter	Volumenanteil Mittlere Kornfläche Größenverteilungen	Volumenanteil	Volumenanteil Mittlere lineare Korn- bzw. Teilchengröße Mittlerer linearer Teilchenabstand Spezifische Korn- bzw. Phasengrenzfläche Relative spezifische Phasengrenzfläche Orientierungsgrad
Zeitaufwand für Volumenanteilbestimmung bei manueller Ausmessung bzw. Zählung von ≈ 500 Mikroteilchen	≈ 90 bis 120 min	≈ 10 bis 20 min	≈ 30 bis 60 min
Zeitaufwand für Bestimmung der mittleren linearen Korn- bzw. Teilchengröße (manuelle Arbeitsweise; Zählung von ≈ 500 Mikroteilchen)	–	–	≈ 10 bis 15 min
Zeitaufwand für Bestimmung der Größenverteilung der Schnittflächen bzw. Sehnenlängen (Ausmessung von ≈ 500 Mikroteilchen)	≈ 120 bis 150 min	–	≈ 60 bis 90 min
Einfache Möglichkeiten zur Mechanisierung sind gegeben	nein	ja	ja

linearen Korn- bzw. Teilchengröße mittels der Linearanalyse vorzunehmen.

Als wesentliche Vorteile der Linearanalyse seien nochmals genannt:

- Die rationelle Bestimmung einer Vielzahl von Gefügeparametern ist möglich.
- Neben dem Volumenanteil ist die einfache Bestimmung der Korngrenzen- bzw. Phasengrenzfläche als weitere stereometrische Gefügekenngrößen möglich.

3.5. Hinweise zur Aufnahme und Darstellung von Größenverteilungen

Wie aus Abschnitt 3.4. hervorgeht, sind Meßgrößen (für die die Aufnahme und Darstellung von Größenverteilungen in Frage kommen) z. B. Schnittflächen der interessierenden Gefügebestandteile oder Sehnenlängen, die die Schnittflächen der Mikroteilchen mit den über das Gefügebild gelegten Meßgeraden bilden. Die Größenverteilungen dieser Schnittgrößen sind Grundlage für die Berechnung der räumlichen Größenverteilung der Mikroteilchen oder für solche stereometrischen Kenngrößen wie z. B. die mittlere (räumliche) Korn- oder Teilchengröße. Betreffs dieser Umrechnungsverfahren sei auf [3.6] bis [3.8] sowie [3.14] bis [3.16] verwiesen.

Bevor mit der Aufnahme einer Größenverteilung begonnen werden kann, ist die Vorgabe der verschiedenen Größenklassen erforderlich. Für die systematische Stufung der Größenklassen kommen praktisch die beiden folgenden Varianten in Betracht:

Lineare Klassenteilung

Hier sind die Klassengrenzen entsprechend einer arithmetischen Reihe mit der Differenz Δ abgestuft:

$$\Delta, 2\Delta, 3\Delta, ..., K\Delta$$

Wenn z. B. $\Delta = 4$ und $K = 15$, ergibt sich die Reihe 4, 8, 12, ... 60. Daraus ergeben sich die Größenklassen entsprechend Tabelle 3.3.

Logarithmische Klassenteilung

Die Klassengrenzen werden entsprechend einer geometrischen Reihe mit dem Modul α festgelegt:

$$a, \alpha a, \alpha^2 a, \alpha^3 a, ..., \alpha^K a$$

Mit dem Modul $\alpha = \sqrt{2}$, der untersten Klassengrenze $a = 4$ und den Exponenten $K = 0$ bis 9 ergeben sich die Größenklassen entsprechend Tabelle 3.4.

Die Klassenbreite Δ bzw. der Modul α sollen in der Regel so gewählt werden, daß sich die zu klassierenden Schnittgrößen in 10 bis 15 Größenklassen einordnen lassen. Geringere Klassenzahlen schmälern die Genauigkeit der Verteilungskurven, und höhere Klassenzahlen führen zu unnötig hohem Aufwand bei der Aufnahme der Größenverteilung [3.14].

Praktische Erfahrungen zeigen, daß in der Metallographie, Keramographie, Petrographie usw. die logarithmische Klassenteilung gegenüber der arithmetischen Klassenteilung verschiedene Vorteile aufweist und daß in sehr vielen Fällen

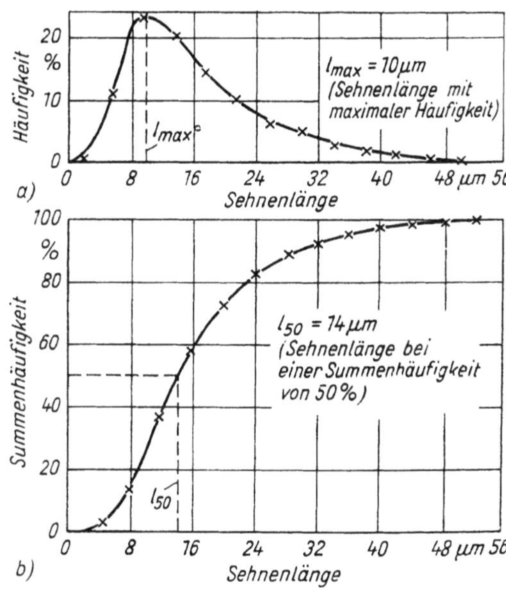

Bild 3.16. Beispiel einer Größenverteilung bei linearer Klassenteilung

a) Histogrammdarstellung
b) Summenhäufigkeitskurve

Tabelle 3.3. Beispiel einer Größenverteilung bei linearer Klassenteilung

Klassen-Nr.	1	2	3	4	5	6	7	8	9	10	11	12	13	14	15	
Klassen-grenzen	0 bis ≤ 4	>4 bis ≤ 8	>8 bis ≤ 12	>12 bis ≤ 16	>16 bis ≤ 20	>20 bis ≤ 24	>24 bis ≤ 28	>28 bis ≤ 32	>32 bis ≤ 36	>36 bis ≤ 40	>40 bis ≤ 44	>44 bis ≤ 48	>48 bis ≤ 52	>52 bis ≤ 56	>56 bis ≤ 60	
Anzahl der ausgemessenen Sehnenlängen	10	190	360	320	220	150	90	75	40	30	20	10	5	–	–	$\sum = 1520$
Häufigkeit [%]	0,7	12,5	23,7	21,1	14,5	9,9	5,9	4,8	2,6	2,0	1,3	0,7	0,3			$\sum = 100\%$

Tabelle 3.4. Beispiel einer Größenverteilung bei logarithmischer Klassenteilung

Klassen-Nr.	1	2	3	4	5	6	7	8	9	10	
Klassengrenzen	0 bis ≤ 4	>4 bis $\leq 5,7$	>5,7 bis ≤ 8	>8 bis $\leq 11,3$	>11,3 bis ≤ 16	>16 bis $\leq 22,6$	>22,6 bis ≤ 32	>32 bis $\leq 45,2$	>45,2 bis ≤ 64	>64 bis ≤ 90	
Anzahl der ausgemessenen Sehnenlängen	10	40	130	290	390	330	200	105	20	5	$\sum = 1520$
Häufigkeit [%]	0,7	2,7	8,6	19,1	25,6	21,7	13,2	6,9	1,3	0,2	$\sum = 100\%$

beim Ausmessen von Schnittflächen der Modul α = 2 bzw. beim Ausmessen von Sehnenlängen der Modul $\alpha = \sqrt{2}$ am zweckmäßigsten ist. Die unterste Klassengrenze a ist dem jeweiligen Gefüge anzupassen [3.14].

Für die Darstellung der Größenverteilungen sind folgende Varianten gebräuchlich [3.14]:

a) Histogrammdarstellung:

Es wird die Anzahl der Schnittgrößen in % über der Klassenmitte aufgetragen. Die Klassenmitte ergibt sich bei der linearen Klassenteilung als arithmetisches und bei der logarithmischen als geometrisches Mittel der Klassengrenzen. Mit den Werten der Tabellen 3.3 und 3.4 er-

b) Summenhäufigkeitskurven:

Hierbei werden auf der Ordinate die Summe aller Schnittgrößen, deren Abmessungen unterhalb der jeweiligen oberen Klassengrenze liegen, und auf der Abszisse die obere Klassengrenze aufgetragen. Mit den Werten der Tabellen 3.3 und 3.4 ergeben sich die in den Bildern 3.16b und 3.17b dargestellten Summenhäufigkeitskurven. Kennzeichnende Größe der Verteilung ist hier der der Summenhäufigkeit von 50% zugeordnete Abszissenwert l_{50}, der auch als Medianwert bezeichnet wird. Die Summenhäufigkeitsdarstellung ist besonders dann der Histogrammdarstellung vorzuziehen, wenn es um den quantitativen Vergleich der Größenverteilung verschiedener Kollektive von Gefügeelementen geht.

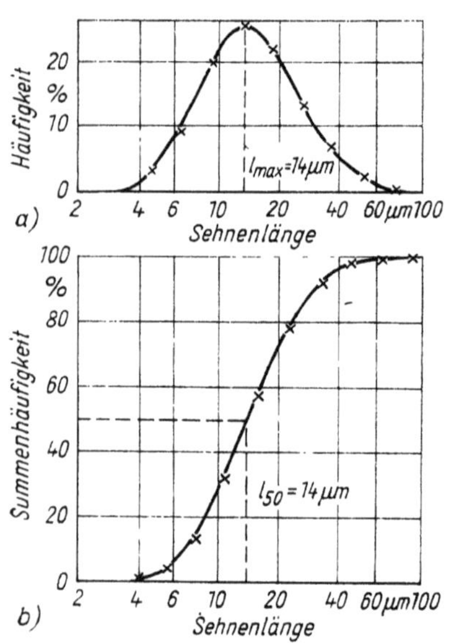

Bild 3.17. Beispiel einer Größenverteilung bei logarithmischer Klassenteilung

a) Histogrammdarstellung
b) Summenhäufigkeitskurve

geben sich die in den Bildern 3.16a und 3.17a dargestellten Verteilungskurven. Als kennzeichnende Größen der Verteilung werden meist die Klasse mit der größten Häufigkeit bzw. die Koordinaten des Maximums der Kurve angegeben.

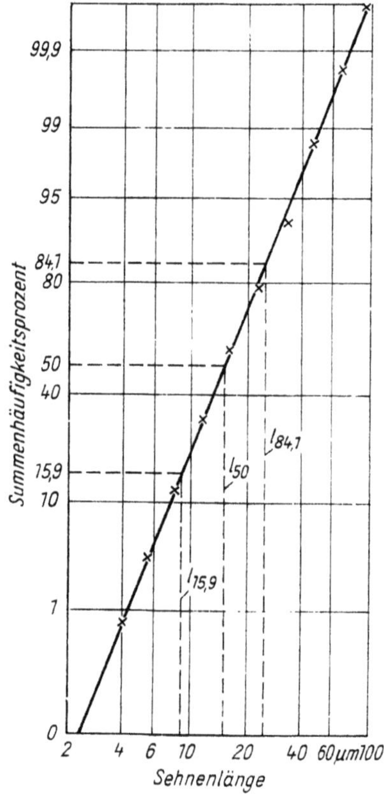

Bild 3.18. Darstellung einer Summenhäufigkeitskurve im logarithmischen Normalverteilungsnetz

c) Darstellung im logarithmischen Normalverteilungsnetz:

Häufig interessierende Größenverteilungen in der Metallographie, wie z. B. die Korngrößenverteilung von Metallen, die Größenverteilung von Karbidausscheidungen in Stählen oder die Porengrößenverteilung in Sinterwerkstoffen, gehorchen sehr oft einer sogenannten logarithmischen Normalverteilung. Derartige Verteilungen liefern bei der Darstellung der Summenhäufigkeit im logarithmischen Normalverteilungsnetz eine Gerade (s. Bild 3.18). Im logarithmischen Normalverteilungsnetz ist die Ordinate nach dem GAUSSschen Fehlerintegral und die Abszisse logarithmisch geteilt. Jede logarithmische Normalverteilung wird durch den Medianwert l_{50} und die Verteilungsbreite $\sigma = \ln (l_{50}/l_{15,9}) = \ln (l_{84,1}/l_{50})$ eindeutig gekennzeichnet.

3.6. Hilfsmittel und Geräte für die quantitative Metallographie

3.6.1. Mikroskopzubehör und elektromechanische Integriervorrichtungen

An handelsüblichem Mikroskopzubehör kommen für das Ausmessen von Sehnenlängen die bekannten Okularmikrometer (Bild 3.19) sowie für die Punktzählung und bedingt auch für die Flä-

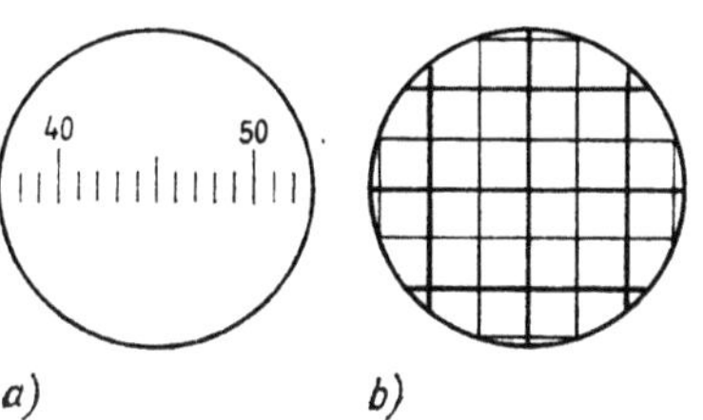

Bild 3.19. Mikroskopzubehör [3.11]
a) Okularmikrometer (im Bildausschnitt)
b) Okularnetzplatte (im Bildausschnitt)

chenmessung Okularnetzplatten der in Bild 3.19 gezeigten Art in Frage.

Eine wesentliche Rationalisierung der Punktzählung und der Linearanalyse wird durch den Einsatz elektromechanischer Integriervorrichtungen erreicht. Ein Beispiel für diese Gerätegruppe ist das Eltinorzählgerät des VEB ROW Rathenow. Es besteht aus einem Schlitten mit Strichkreuzplattenführer, der an den Okularstutzen des Mikroskops angesetzt wird, und einem Grundgerät, in dem mehrere elektromechanische Zählwerke und zugeordnet zu jedem Zählwerk je ein Handtaster zur Auslösung einer Schrittbewegung des Strichkreuzplattenführers untergebracht sind. Jeder Tastendruck löst einen Schritt der Strichkreuzplatte aus und wird gleichzeitig in dem zugeordneten Zählwerk registriert. Am Strichkreuzplattenführer können verschiedene Schrittgrößen für die Bewegung der Strich-

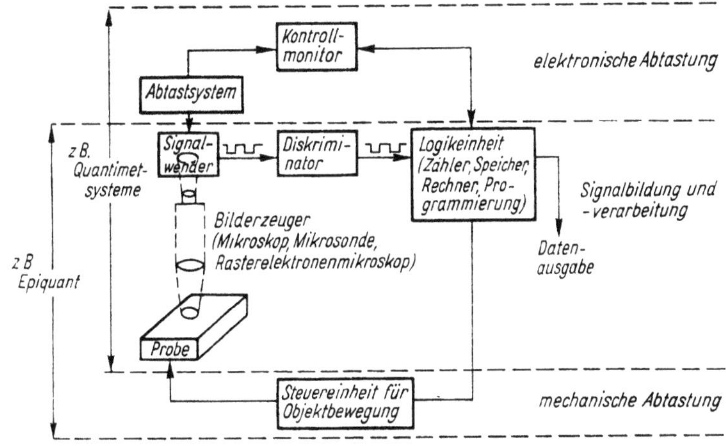

Bild 3.20. Verallgemeinertes und vereinfachtes Blockschaltbild automatischer Gefügeanalysatoren [3.6]

kreuzplatte eingestellt werden. Außerdem ist eine Verschiebung der Strichkreuzplatte senkrecht zur Richtung der Schrittbewegung möglich, so daß mehrere Schrittreihen parallel nebeneinander in ein Gesichtsfeld gelegt werden können.

Bei der Anwendung des Eltinorgerätes für die Punktzählung werden Schrittgrößen und Abstände der Schrittreihen entsprechend den Hinweisen in Abschnitt 3.4.2. eingestellt. Je nachdem, in welchen Gefügebestandteil der Strichkreuzmittelpunkt fällt, wird zum Auslösen des nächsten Schrittes der diesem Bestandteil zugeordnete Handtaster betätigt und dadurch gleichzeitig ein *Punkt* im entsprechenden Zählwerk gezählt.

Auf diese Weise erhält man die Anzahl der *Rasterpunkte* (Treffer) in den verschiedenen Phasen, woraus entsprechend den Ausführungen des Abschnitts 3.4.2. der Volumenanteil der Phasen berechnet werden kann.

Bei Durchführung der Linearanalyse mit dem Eltinorgerät werden die Meßgeraden praktisch durch die einzelnen Schrittreihen gebildet. Nach jedem Schritt, bei dem eine Korngrenze überschritten wurde, wird der der Korngrenzenzählung zugeordnete Taster betätigt und so die Anzahl der überschrittenen Korngrenzen gezählt. Wurde bei einem Schritt keine Korngrenze überschritten, d. h., zum Durchlaufen eines Kornes sind mehrere Schritte erforderlich, wird der nächstfolgende Schritt durch einen zweiten Taster ausgelöst, so daß diese Schritte gesondert gezählt werden. Die Summe beider Zählerinhalte, multipliziert mit der Schrittgröße, ergibt die Gesamtlänge der Meßlinie.

Es ist leicht einzusehen, daß die Arbeitsgeschwindigkeit speziell bei der Korngrößenbestimmung durch die Handtastung der Schrittbewegung begrenzt wird. Bei verschiedenen Weiterentwicklungen des Eltinorgerätes wird deshalb der Strichkreuzplattenführer mit einem Steuer- und Registriergerät verbunden, bei dem die Schrittbewegung durch einmaliges Drücken eines regelbaren automatischen Taktgebers ausgelöst wird und der Beobachter nur noch die Taste zur Registrierung der überschrittenen Korngrenzen betätigen muß. Wird das Steuergerät zusätzlich mit weiteren Zählwerken und einem bistabilen Multivibrator ausgerüstet, erhält man eine Einrichtung, die sehr gut für die linearanalytische Untersu-

chung zweiphasig-polyedrischer Gefüge geeignet ist und auf rationelle Weise die Bestimmung aller in Abschnitt 3.4.3.3. angeführten Gefügeparameter gestattet [3.17]. Mit weiterentwickelten Eltinorgeräten der genannten Art können z. B. Korngrößenbestimmungen von Metallen bei einer Erfassung von 600 bis 700 Körnern in etwa 10 min durchgeführt werden. Für die Bestimmung der Ferritkorngröße, der Größe der Perlitbereiche und des Perlitanteils in einem ferritisch-perlitischen Stahl wurden, ebenfalls bei Erfassung von etwa 600 Körnern, etwa 30 bis 40 min benötigt [3.17].

3.6.2.   Automatische Bildanalysatoren

Völlig neue Möglichkeiten wurden der quantitativen Metallographie mit der Entwicklung automatischer Gefüge- oder Bildanalysatoren eröffnet, deren Anwendung keinesfalls auf die Metallographie beschränkt ist, sondern die glei-

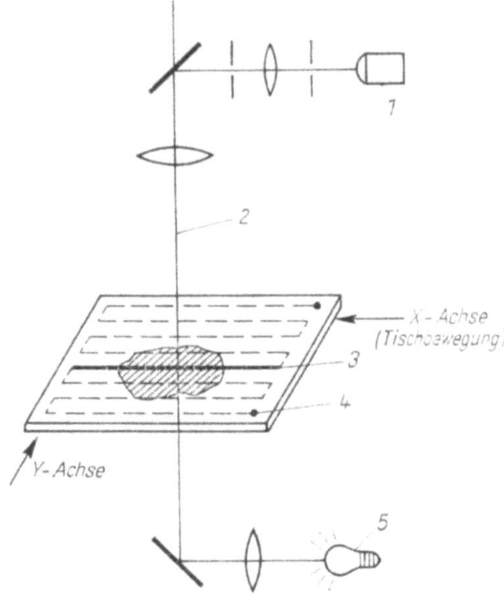

Bild 3.21. Prinzip der Abtastung in der Objektebene [3.22]

1 Halbleiterdetektor   *4* Flachenabtastung
2 optische Achse   *5* Lichtquelle
3 Linienabtastung

chermaßen in der Biologie, Medizin, Petrographie, Plastographie oder auch für spezielle Probleme der Land- und Forstwirtschaft zunehmende Bedeutung gewinnen. Es existieren verschiedene Gerätesysteme, die sich in der Art der Meßwertgewinnung, dem Grad der Einbeziehung der elektronischen Rechentechnik sowie im Automatisierungsgrad unterscheiden.

Bild 3.20 zeigt ein verallgemeinertes, vereinfachtes Blockdiagramm automatischer Bildanalysatoren. Gemeinsames Grundprinzip der verschiedenen Gerätesysteme zur automatischen Gefüge- bzw. Bildanalyse ist, daß die verschiedenartigen Bildelemente auf der Basis von Helligkeitsunterschieden oder, exakter gesagt, anhand ihrer Grauwerte einer getrennten meßtechnischen Erfassung zugängig gemacht werden. Dazu wird das Bild bzw. die Objektebene mit Hilfe eines Abtastelements entweder auf mechanischem oder auf elektronischem Wege abgetastet. Bei der mechanischen Abtastung wird das Objekt durch Bewegung des Mikroskoptisches, z. B. entsprechend der in Bild 3.21 gezeigten Art, an einer Meßblende (entspricht dem Abtastelement) vorbeibewegt. Die elektronische Abtastung basiert auf dem Fernsehprinzip: Ein Elektronenstrahl tastet das auf die Katode der Fernsehaufnahmeröhre projizierte Bild zeilenförmig ab.

Gleichzeitig mit der Abtastung werden Punkt für Punkt die optischen Signale in elektrische Signale umgewandelt, d. h., die unterschiedlichen Grauwerte werden in elektrische Signale mit unterschiedlichen Amplituden transformiert. Als Signalwandler kommen z. B. Sekundärelektronenvervielfacher (mechanische Abtastung) oder Fernsehaufnahmeröhren in Frage. Ein Impulshöhendiskriminator trennt anhand der Amplituden die von den verschiedenen Bildelementen stammenden Signale, die im weiteren digitalisiert und den entsprechenden Signalen zur Registrierung bzw. einem Computer zur Weiterverarbeitung zugeführt werden. Der hier kurz umrissene Meßvorgang gestaltet sich im konkreten Fall des automatischen Linearanalysators Epiquant des VEB Carl Zeiss Jena, der nach dem Prinzip der mechanischen Abtastung in der Objektebene (Bild 3.21) arbeitet, wie folgt (Bild 3.22): Im dargestellten Fall befindet sich die Meßblende zuerst in einem hellen Korn, d. h., es entsteht ein elektrisches Analogsignal mit

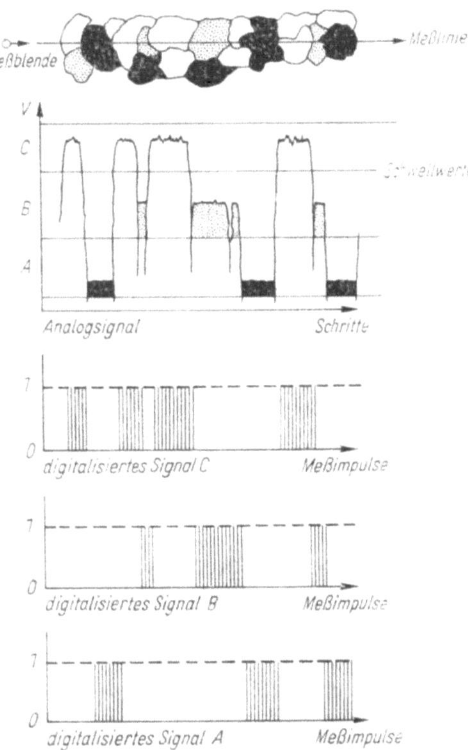

Bild 3.22. Meßprinzip des Epiquant [3.18]

hoher Amplitude. Danach folgt ein Korn eines sehr dunkel angeätzten Gefügebestandteils, und das entstehende Signal erreicht nur eine geringe Amplitude. Signale mittlerer Amplitude liefert die punktiert gezeichnete Phase. Nach Bestimmung der Impulshöhen (Amplituden) der verschiedenen Signale mit Hilfe von Drehpotentiometern werden mit den gleichen Potentiometern Schwellwerte vorgegeben, anhand derer ein Impulshöhendiskriminator die getrennte Speicherung der von den verschiedenen Phasen gelieferten Impulse bewirkt. Bei Verhältnissen entsprechend Bild 3.22 wird zunächst der dem durch die vorgegebenen Schwellwerte eingegrenzte Impulshöhenbereich C zugeordnete Kanal C geöffnet, so daß die Impulse eines Taktgenerators, die auch die Schrittbewegung des Objekttisches auslösen, hier gespeichert werden. Durch die Überlagerung der Impulse des Taktgenerators werden praktisch die Signale digitalisiert, d. h., die Signalbreiten, die im vorliegenden Fall den Sehnenlängen entsprechen, die die Meßlinie mit den dargestellten Körnern bildet, werden zahlenmäßig angebbar.

Nach Erreichen des dunklen Kornes wird durch die Auswahllogik der dem Impulshöhenbereich *A* zugeordnete Kanal *A* geöffnet, so daß die Meßimpulse jetzt hier gespeichert werden. Dieser Vorgang wiederholt sich bei jedem Übergang der Meßblende von einer Phase in eine andere [3.18].

Bei der Abtastung des Bildes können je nach Leistungsfähigkeit des zur Logikeinheit (s. Bild 3.20) gehörenden Rechners unterschiedliche Mengen von Bildpunkten gespeichert werden, und jeder Bildpunkt wird nach einem von der jeweiligen Meßaufgabe bestimmten Algorithmus zu den benachbarten Bildpunkten in Beziehung gesetzt. Das soll nachfolgend in vereinfachter Form anhand des Beispiels des Konturfolgeverfahrens etwas näher erläutert werden. Dazu sind zunächst einige Begriffsbestimmungen und Definitionen erforderlich [3.23]:

- Die Gesamtheit der Bildpunkte wird in zwei Klassen untergliedert, in Objektpunkte und in Untergrundpunkte. Entscheidungskriterium für die Zuordnung eines Bildpunktes zu einer dieser beiden Klassen ist sein Grauwert.

- Unter Randpunkten eines lokalen Objekts (Bildelements) werden alle die Objektpunkte verstanden, in deren strenger Nachbarschaft sich Untergrundpunkte befinden. Zur Definition der strengen Nachbarschaft sei auf Bild 3.23a verwiesen. Es zeigt einen Bildpunkt (schwarz) mit allen zu ihm streng benachbarten Bildpunkten.

- Jedem Randpunkt wird ein Richtungsvektor entsprechend dem FREEMANschen Richtungskode zugeordnet (s. Bild 3.23b). Für die Abtastung wird festgelegt, daß bei Drehung des Richtungsvektors eines Randpunktes *r* in mathematisch positivem Drehsinn der erste nach Untergrundpunkten auftretende Objektpunkt, der mit *r* verbunden ist, als nächster Randpunkt gezählt wird. Die Richtungen 0, 2, 4, 6 werden als Hauptrichtungen, die Richtungen 1, 3, 5, 7 als Nebenrichtungen bezeichnet.

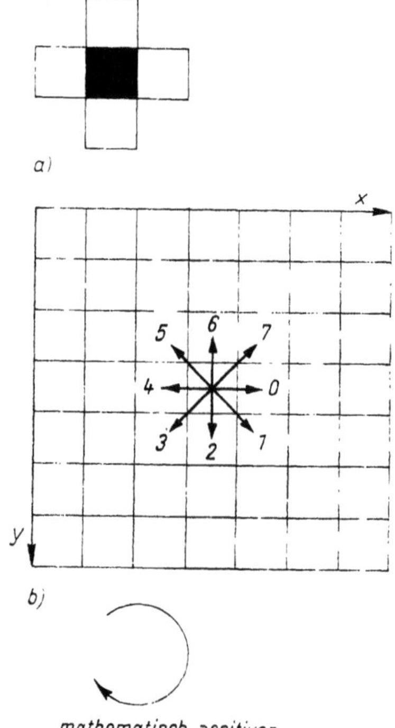

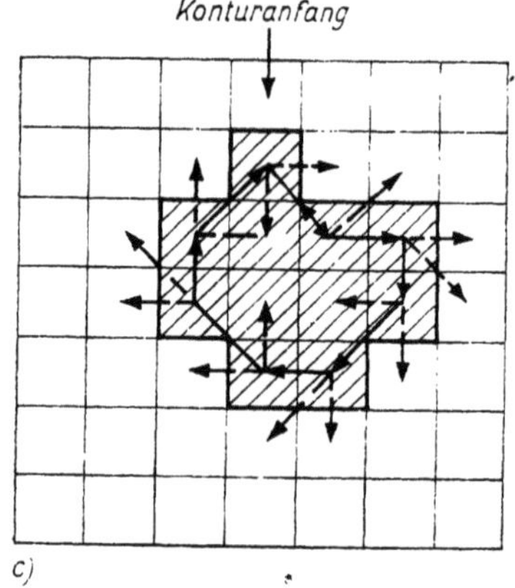

Bild 3.23. Erläuterungen zum Konturfolgeverfahren

a) Bildpunkt (schwarz) mit allen zu seiner strengen Nachbarschaft gehörigen Punkten [3.23]

b) Definition des FREEMANschen Richtungskodes [3.23]

c) schematisches Beispiel für die Kontursuche [3.23]

– Als Anfangspunkt der Kontur wird derjenige Randpunkt gewählt, der bei minimaler y-Koordinate eine minimale x-Koordinate aufweist [3.23].

Die Kontursuche gestaltet sich nun entsprechend Bild 3.23c: Die Suche beginnt in Richtung 0 des Anfangspunktes der Kontur. Zunächst werden nur die Hauptrichtungen 0, 2, 4, 6 geprüft, und zwar so lange, bis der Endpunkt des Richtungsvektors auf einen Objektpunkt fällt. Das ist im Beispiel bereits in Richtung 2 der Fall, d. h., in dieser Richtung liegt der nächste, dem Konturanfangspunkt streng benachbarte Objektpunkt, der jedoch nicht der nächste Konturpunkt sein muß. Um dies zu entscheiden, wird als nächstes die vorhergehende Nebenrichtung, in unserem Fall also die Richtung 1, geprüft. Da hier ebenfalls ein Objektpunkt liegt, muß dieser der nächste Konturpunkt sein. Konturanfangspunkt und Konturpunkt 2 berühren sich in diesem Fall nur an einer Ecke, sind aber beide einem dazwischenliegenden Objektpunkt streng benachbart, wodurch entschieden ist, daß beide Konturpunkte zum gleichen Objekt gehören.

Konturpunkt 2 wird in unserem Fall also in Richtung 1, einer Nebenrichtung, gefunden. Um die erste Suchrichtung für Konturpunkt 2 festzulegen, wird Suchvektor 1 um 180°, also auf Richtung 5 zurückgedreht, da in dieser Richtung der vorhergehende Konturpunkt 1 liegt. Der nächste Konturpunkt könnte also frühestens in Hauptrichtung 6 liegen. Diese Position wurde jedoch bereits beim vorhergehenden Zyklus abgefragt, so daß die neue Suche erst in Richtung 0 zu beginnen braucht [3.23].

Aus diesem Sachverhalt lassen sich folgende Verallgemeinerungen ableiten:

– Wurde ein Konturpunkt in einer Nebenrichtung gefunden, so beginnt die Suche des nächsten in der vorhergehenden Hauptrichtung.
– Wurde der neue Konturpunkt in einer Hauptrichtung gefunden, wird die Suche in der gleichen Richtung fortgesetzt, da die vorhergehende Hauptrichtung schon geprüft wurde.
– Wird in einer Hauptrichtung kein Objektpunkt gefunden, so erübrigt sich der Test in der vorhergehenden Nebenrichtung. Befände sich in dieser Richtung ein Objektpunkt, so berührte er den gegenwärtigen Konturpunkt nur

an einer Ecke, ohne daß über einen dazwischenliegenden Objektpunkt eine Objektverbindung möglich wäre.

Im Beispiel tritt dieser Fall am dritten Konturpunkt ein. Da weder in Richtung 0 noch in Richtung 6 ein Objektpunkt liegt, kann in Richtung 7 nicht der nächste Konturpunkt liegen, und die Suche wird in Richtung 2 fortgesetzt [3.23]. Die Suche wird abgebrochen, wenn der neu ermittelte Konturpunkt mit den Koordinaten des Anfangspunktes übereinstimmt, da dann die Kontur geschlossen ist.

Bei den am weitesten entwickelten Gerätesystemen wird als Abtastelement nicht mehr nur ein Einzelpunkt benutzt, sondern es besteht die Möglichkeit, wahlweise auch aus mehreren Punkten gebildete geometrische Figuren, z. B. ein regelmäßiges Sechseck der in Bild 3.24 gezeigten Art, einzusetzen. In diesem Fall werden bei der Abtastung praktisch der Mittelpunkt und die sechs Eckpunkte gleichzeitig in einem Speicher übernommen und hier nach einem bestimmten Algorithmus untereinander in Verbindung gebracht. Derartige zweidimensionale Abtastelemente erlauben, bestimmte geometrische Operationen an den Bildelementen durchzuführen,

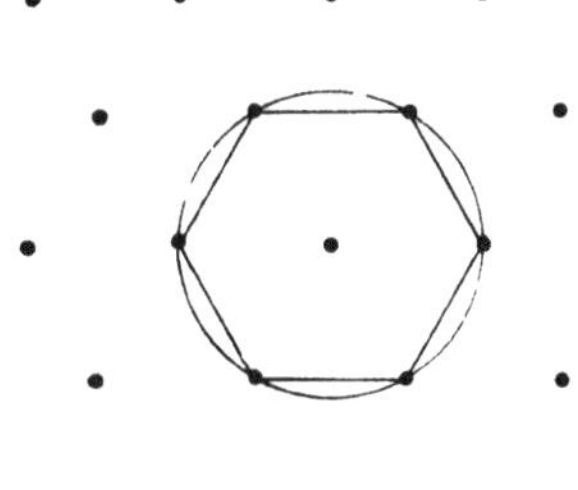

Bild 3.24. Regelmäßiges Sechseck als Abtastelement [3.21]

sie dadurch definiert zu verändern und an diesen transformierten Bildelementen erst die eigentliche Messung durchzuführen. Solche geometrischen Operationen sind z. B. die *Erosion* und die *Dilatation* [3.21]. Die Wirkung ihrer nacheinanderfolgenden Anwendung zeigt in einem schematischen Beispiel Bild 3.25: Alle Bildelemente, die aufgrund ihrer Größe nicht das gesamte Sechseck aufnehmen können, werden entsprechend Bild 3.25 von der Messung ausgeschlossen. Diese Verfahrensweise ermöglicht z. B. bei Porengrößen-Verteilungsuntersuchungen die Trennung zusammenhängender Poren und den Ausschluß von Rissen, Kratzern oder Korngrenzen von der Messung, obwohl diese den gleichen Grauwert wie die Poren besitzen.

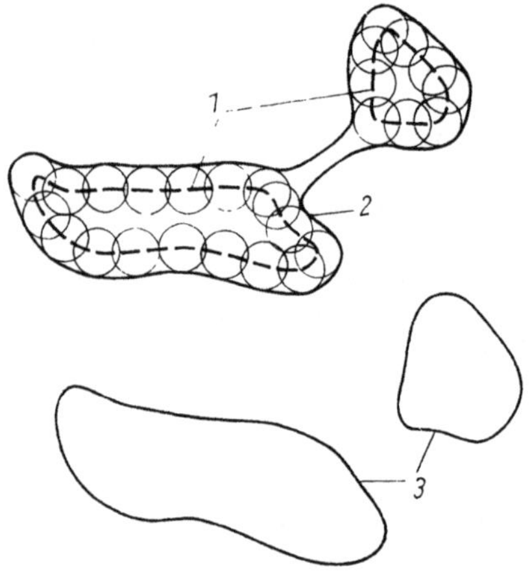

Bild 3.25. Demonstration (schematisch) der geometrischen Operation *Erosion* und *Dilatation* (anstelle des Sechsecks als Abtastelement wurde ein Kreis gezeichnet)

1 Kontur nach Erosion
2 Kontur des Bildelements
3 Kontur nach Erosion und anschließender Dilatation

Die vorangegangenen Ausführungen lassen erkennen, daß seitens der elektronischen Bildverarbeitung nahezu unbegrenzte Möglichkeiten bestehen, so daß die Grenzen der automatischen Gefügeanalyse gegenwärtig hauptsächlich durch verschiedene Probleme der Probenpräparation gesetzt werden. Wie bereits betont, erfolgt die Merkmalstrennung aufgrund der verschiedenen Grauwerte der einzelnen Gefügebestandteile, d. h., die metallographischen Schliffe sind so zu präparieren, daß zwischen den einzelnen Phasen ein ausreichender Kontrast entsteht, daß die Grau- bzw. Farbwerte innerhalb eines Mikroteilchens sowie zwischen verschiedenen Mikroteilchen der gleichen Art nur geringfügig schwanken, daß durch die Präparation die Abmessungen der Mikroteilchen, z. B. durch extrem breite Anätzung der Phasengrenzen, nicht verändert

werden. Weiterhin sollen die Schliffe ein möglichst geringes Relief aufweisen, das Verschmieren weicher oder das Herausreißen spröder Gefügebestandteile muß vermieden werden. Kratzer stören ebenfalls, da sie aufgrund ihres Grauwertes in der Regel z. B. nicht von Korngrenzen unterschieden werden können. Den Anforderungen an die Kontrasterzeugung werden herkömmliche Ätzverfahren oft nicht gerecht, so daß z. B. das potentiostatische Ätzen [3.24], [3.25] oder auch physikalische Kontrastierungsverfahren, wie z. B. die Erzeugung von Interferenzaufdampfschichten [3.26], immer mehr an Bedeutung gewinnen.

Die hier angerissenen Präparationsprobleme waren u. a. Anlaß dafür, daß bei verschiedenen Bild- bzw. Gefügeanalysatoren die Möglichkeit einer halbautomatischen Arbeitsweise [3.18] oder die Möglichkeit einer Korrespondenz Beobachter – Bildanalysator über den Monitor geschaffen wurde [3.27]. Hierbei erfolgen der Abtastvorgang und die Meßwertverarbeitung automatisch, während z. B. die Aufgaben des Impulshöhendiskriminators durch den Beobachter übernommen werden.

Betreffs des speziellen Aufbaus automatischer Gefügeanalysatoren verschiedener Hersteller und deren Meßmöglichkeiten sei auf [3.6] und [3.18] bis [3.22] verwiesen.

Zusammenfassend werden die wesentlichsten Meßmöglichkeiten moderner automatischer Gefügeanalysatoren nochmals kurz genannt:

– Bestimmung von Volumenanteilen
– Bestimmung aller Größen, die mit der klassischen Linearanalyse gewonnen werden können (s. Abschnitt 3.4.3.)
– Bestimmung des Umfangs einzelner Gefügeelemente
– Bestimmung des größten und kleinsten Durchmessers parallel und senkrecht zur Abtastrichtung
– Bestimmung der Anzahl der Mikroteilchen einer Art je Flächeneinheit
– Aufnahme von Größenverteilungen nach Fläche, Sehnenlänge, Umfang u. a.
– getrennte Erfassung unterschiedlich geformter Mikroteilchen einundderselben Art auf der Grundlage solcher Formfaktoren wie Fläche/(Umfang)^2.

– Bestimmung der Krümmungsradien der Kontur der Mikroteilchen

Der Zeitaufwand für die Bestimmung der verschiedenen Gefügeparameter reduziert sich je nach Meßproblem und Vergleichsbasis auf Größenordnungen von 10 bis 50 % der in Tabelle 3.2 angegebenen Zeiten.

3.7. Anwendungsbeispiele für quantitative metallographische Untersuchungen

Bei der Erzeugung von Temperguß bestehen Beziehungen zwischen dem Gefüge des Temperrohgusses und dem Gefüge im getemperten Zustand sowie zwischen der Gefügeausbildung des Temperrohgusses und der notwendigen Dauer einer Graphitisierungsglühung einerseits und der Gefügeausbildung im getemperten Zustand und z. B. dem Elastizitätsmodul des Tempergusses andererseits. Zur näheren Untersuchung dieser Zusammenhänge wurden am Temperrohguß u. a. die spezifische Phasengrenzfläche des Zementits und an Proben im getemperten Zustand die Temperkohle-Knotenzahl je Flächeneinheit des Schliffs sowie die relative spezifische Phasengrenzfläche der Temperkohle bestimmt. Einige Ergebnisse und Zusammenhänge demonstrieren die folgenden Bilder:

Bild 3.26 zeigt verschiedene Gefügeausbildungen von Temperrohguß und die daraus durch Graphitisierungsglühung hervorgegangenen getem-

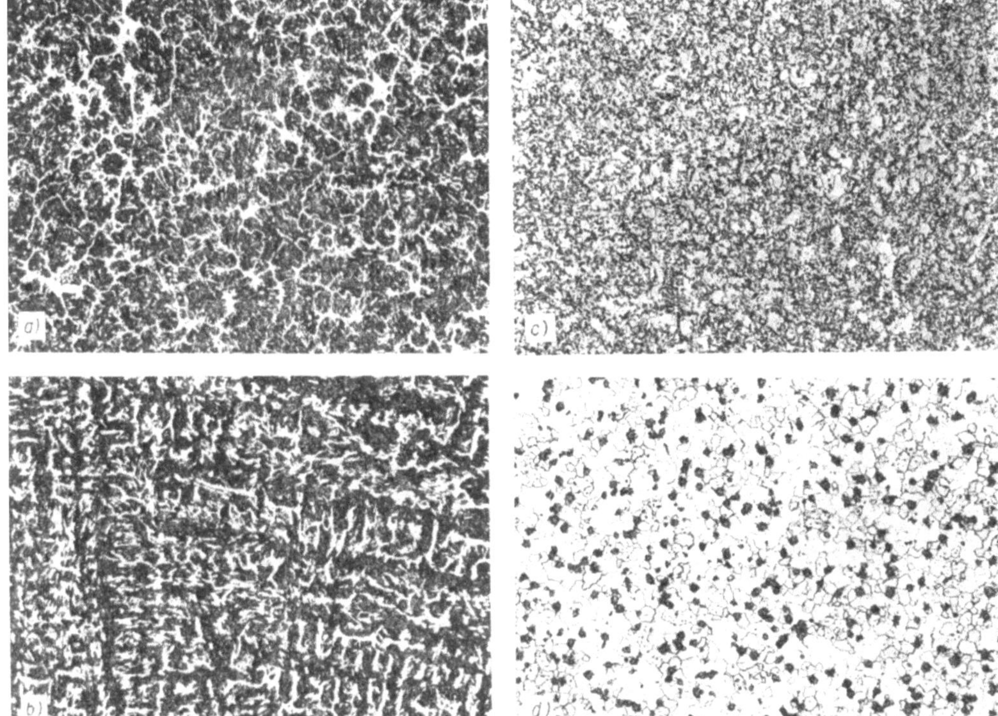

Bild 3.26. Verschiedene Gefügeausbildungen von Temperguß (100 : 1)

a) Temperrohguß (in Kokille vergossen)
b) Temperrohguß (in Sandform vergossen)

c) getemperter Zustand des Gefüges von Bild 3.26a
d) getemperter Zustand des Gefüges von Bild 3.26b

perten Zustände. Die hieraus ersichtlichen rein qualitativen Zusammenhänge werden durch die Bilder 3.27 und 3.28 zahlenmäßig belegt. Die feinere Gefügeausbildung des Kokillengusses gegenüber dem Sandguß kommt in der höheren spezifischen Phasengrenzfläche des Zementits in Bild 3.27 deutlich zum Ausdruck, und Bild 3.28 zeigt, daß die Anzahl der bei der Graphitisierungsglühung gebildeten Temperkohle-Knoten mit zunehmender spezifischer Phasengrenzfläche des Zementits anwächst. Aus Bild 3.29 kann entnommen werden, welche Glühzeiten bei verschiedenen Zementitausbildungen des Temperrohgusses für die Graphitisierung erforderlich sind.

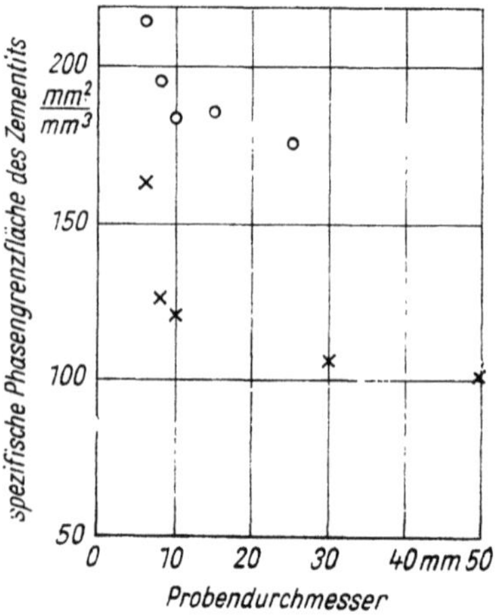

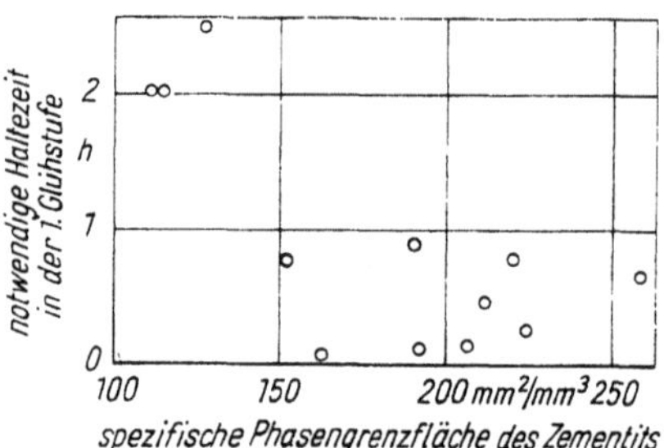

Bild 3.29. Zusammenhang zwischen Zementitausbildung und erforderlicher Graphitisierungsglühzeit bei Temperguß

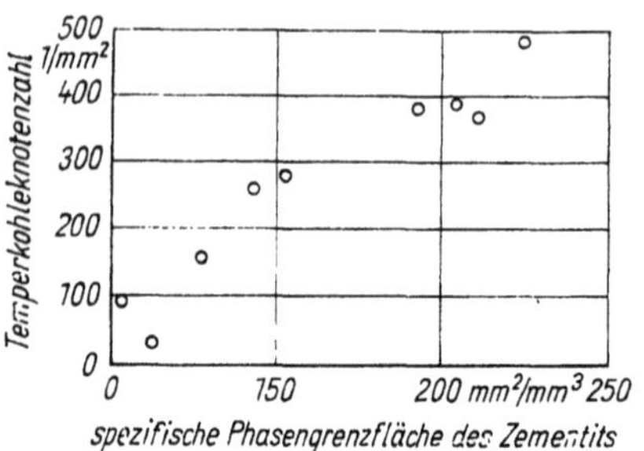

Bild 3.27. Zusammenhang zwischen der spezifischen Phasengrenzfläche des Zementits und der Erstarrungsgeschwindigkeit (Veränderung der Erstarrungsgeschwindigkeit durch unterschiedliche Formstoffe und Gußkörperabmessungen)

○ Kokillenguß
× Sandguß

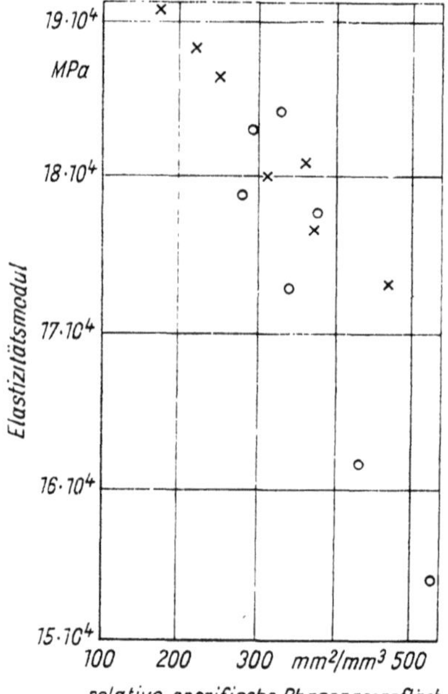

Bild 3.30. Zusammenhang zwischen Temperkohleausbildung und *E*-Modul bei Temperguß

× Temperkohle 1,77 bis 1,82 %
○ Temperkohle 2,38 bis 2,43 %

Bild 3.28. Zusammenhang zwischen der Zementitbildung im gegossenen (charakterisiert durch die spezifische Phasengrenzfläche des Zementits) und der Temperkohleausbildung im geglühten Zustand (charakterisiert durch die Anzahl Temperkohleknoten je Flächeneinheit) bei Temperguß

Es ist also ein Beispiel für die Anwendung der quantitativen Metallographie bei der Optimierung technologischer Parameter. Bild 3.30 zeigt ein Beispiel für den Zusammenhang Gefügeparameter – Werkstoffeigenschaft: Der Elastizitätsmodul des Tempergusses wird um so geringer, je größer die relative spezifische Phasengrenzfläche der Temperkohle ist [3.28].

Literaturverzeichnis

[3.1] SCHATT, W. (Hrsg.): Einführung in die Werkstoffwissenschaft, 4. Aufl. Leipzig: VEB Deutscher Verlag für Grundstoffindustrie 1981

[3.2] BLUMENAUER, H. (Hrsg.): Werkstoffprüfung, 2. Aufl. Leipzig: VEB Deutscher Verlag für Grundstoffindustrie 1979

[3.3] ZIMMERMANN, R.; K. GÜNTHER: Metallurgie und Werkstofftechnik – Ein Wissensspeicher. Leipzig: VEB Deutscher Verlag für Grundstoffindustrie 1977

[3.4] SCHUMANN, H.: Metallographie, 10. Aufl. Leipzig: VEB Deutscher Verlag für Grundstoffindustrie 1980

[3.5] FISCHMEISTER, H. F.: Verfahren und Apparate der quantitativen Metallographie. Praktische Metallographie 2 (1965) 6, S. 251

[3.6] SALTYKOV, S. A.: Stereometrische Metallographie. Leipzig: VEB Deutscher Verlag für Grundstoffindustrie 1974

[3.7] RHINES, F. N.; R. T. DE HOFF: Quantitative Microscopy. New York: Mc Graw Hill Book Comp. 1968

[3.8] WEIBEL, E. R.; H. ELIAS: Quantitative Methoden in der Morphologie. Berlin, Heidelberg, New York: Springer-Verlag 1967

[3.9] EXNER, H. E.; F. FISCHMEISTER: Praktische Metallographie 3 (1966) 1, S. 8–27

[3.10] SMITH, C. S.; L. GUTTMANN: Journal Metals 4 (1952) 2, S. 150

[3.11] OETTEL, W. O.: Grundlagen der Metallmikroskopie. Leipzig: Akademische Verlagsgesellschaft Geest u. Portig K. G. 1959

[3.12] BEYER, H.: Handbuch der Mikroskopie. Berlin: VEB Verlag Technik 1973

[3.13] EXNER, H. E.: Die Leistungsfähigkeit der quantitativen Gefügeanalyse in der Qualitätskontrolle. Praktische Metallographie 6 (1969) S. 639–658

[3.14] EXNER, H. E.: Analyse der Größenverteilung von Körnern, Poren und Pulverteilchen. Z. Metallkunde 57 (1966) 10, S. 755–763

[3.15] EXNER, H. E.: Die mikroskopische Bestimmung von räumlichen Korngrößenverteilungen in undurchsichtigen Stoffen. Praktische Metallographie 3 (1966) S. 334–341

[3.16] EXNER, H. E.: Modellversuche zu den Umrechnungsverfahren von linearen und ebenen in räumliche Größenverteilungen. Metall 21 (1967) 5, S. 431–438

[3.17] RICHLING, W.; B. SIMMEN; S. HENSCHEL; H. JESSE: Laborbericht über Prinzip und Einsatz der weiterentwickelten Eltinorvariante »Eltiquant«. Bergakademie Freiberg, Sektion Metallurgie und Werkstofftechnik, 1974

[3.18] Quantitative Mikroskopie – EPIQUANT. Sonderheft des VEB Carl Zeiss JENA

[3.19] FISCHER, C.: The New Quantimet 720. the microscope 19 (1971) 1, S. 1–20

[3.20] GIBBARD, D. W.; D. J. SMITH; A. WELLS: Area Sizing and Pattern Recognition on the Quantimet 720. the microscope 20 (1972) 1, S. 37–50

[3.21] MÜLLER, W.; J. SERRA: Leitz-Textur-Analyse-System-Technische Realisation und theoretische Grundlagen. Leitz-Mitteilungen f. Wissenschaft und Technik, Suppl. I, 4. Juni 1973

[3.22] Kontron-Prospekt »Phasenintegrator Digiscan«, Kontron GmbH. München

[3.23] Autorenkollektiv: Automatische Bildbearbeitung in Medizin und Biologie. Dresden: Verlag Theodor Steinkopff 1975

[3.24] NAUMANN, F. K.: Elektrolytisches Ätzen bei konstantem Potential. Praktische Metallographie 3 (1966), 261

[3.25] FREUND, H.: Handbuch der Mikroskopie in der Technik, Band III, Teil 1 und 2. Frankfurt/M.: Umschau-Verlag 1969

[3.26] PEPPERHOFF, W.: Archiv Eisenhüttenwesen 32 (1961), S. 269–273

[3.27] Prospekt »Operator/Image Interaction with the Quantimet 720«. IMANCO, Cambridge Instruments

[3.28] LIESENBERG, O.; J. JAHN; B. SIMMEN: Beitrag zur quantitativen Gefügebeurteilung von Temperguß. Vortrag, II. Konferenz »Struktur- und Gefügeanalyse«, Bergakademie Freiberg 12. bis 14. November 1975

4 Röntgenfeinstrukturanalyse

Von BERND KÄMPFE, Technische Hochschule Karl-Marx-Stadt,
Sektion Chemie und Werkstofftechnik, und HANS-JÖRG HUNGER,
VEB Bergbau- und Hüttenkombinat »ALBERT FUNK«, Freiberg

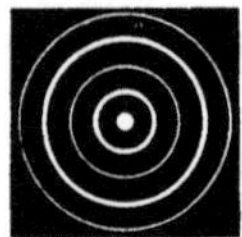 Als Röntgenfeinstrukturanalyse wird die Untersuchung der Beugungs-
phänomene von Röntgenstrahlung an Objekten mit kristallinem oder teil-
kristallinem Aufbau bezeichnet. Die methodisch und gerätetechnisch weit
aufgefächerten Verfahrensvarianten werden zur Strukturaufklärung, zur
qualitativen und quantitativen Phasenanalyse einschließlich Schichtdicken-
bestimmung, zur Ermittlung von Texturen und Korngrößen, zur Untersuchung der Art, Anzahl und Verteilung von Strukturbaufehlern und zum Nachweis von
Spannungen eingesetzt. Es sind alle Festkörper – sowohl als Kompaktproben als auch
in Pulverform – untersuchbar, wobei nicht jede Verfahrensvariante den Einsatz jeder
Probenart und -form zuläßt. Mit Hilfe spezieller Aufnahmetechniken lassen sich auch
Nahordnungen in Schmelzen ermitteln. Bei Röntgenfeinstrukturuntersuchungen stammt die
Information aus Probentiefen bis zu mehreren 10 µm für anorganische Proben; in Plast-
werkstoffen vergrößern sich die Informationstiefen bis zum Einhundertfachen. Außen-
bezirke tragen wesentlich stärker zum Meßsignal bei als weiter innen liegende Probenbereiche. Die untersuchte Probenfläche ist 1 bis 10 mm² groß. In Sonderfällen können
bis 10^{-2} mm kleine lokale Bereiche untersucht werden. Die Genauigkeit röntgenfein-
strukturanalytischer Untersuchungen und die Anforderungen an die Probenentnahme
werden so stark von den einzelnen Verfahrensvarianten geprägt, daß keine globale Aussage möglich ist. Entsprechend detaillierte Angaben sind bei den einzelnen Gliederungs-
punkten dieses Kapitels zu finden. Die Meßzeiten liegen zwischen weniger als einer Stunde
(qualitative Phasenanalyse) und mehreren Tagen (Spannungsermittlung, Realstrukturanalyse). Während der Meßzeit ist keine ständige Überwachung der Anlage erforderlich,
so daß Auswerteaufgaben weitgehend parallel erledigt werden können und den Zeitaufwand für die Bearbeitung einer Analysenreihe nicht wesentlich erhöhen. Der beginnende
Einsatz von Hochleistungs-Röntgenanlagen mit Drehanoden und ortsempfindlichen Detektoren führt zu Verkürzungen bis auf 1 % des bisher erforderlichen Meßzeitaufwandes.
Unter diesen Umständen ist allerdings auch eine weitgehende Automatisierung der
Meßwertaufbereitung und -auswertung erforderlich. Diese zeichnet sich bereits für serien-
mäßige Phasenanalysen, Gitterparameterbestimmungen und Probleme der Realstrukturanalyse ab. Als Routineverfahren – auch zur stichprobenweisen Produktionskontrolle –
wird besonders die röntgenographische Phasenanalyse eingesetzt. Hier reicht die Palette
untersuchter Strukturen von den metallischen Werkstoffen über Halbleiter, mineralische
Rohstoffe und Plaste bis zu kristallinen Bildungen des menschlichen Körpers, wie Harn-
und Nierensteine. In großem Umfang dient die Röntgenfeinstrukturanalyse der Werkstofforschung und -entwicklung. Ebenso ist sie eine wichtige Methode für die Beurteilung
von Schadensfällen.

4.1. Grundlagen

Das primäre Anliegen der Röntgenfeinstrukturanalyse war es, aus Beugungserscheinungen von Röntgenstrahlen an kristallinen Festkörpern deren Struktur aufzuklären, d. h. Größe der Elementarzelle und Anordnung der Atome in der Elementarzelle zu bestimmen. Heute tritt die Charakterisierung der Struktur technischer Werkstoffe durch Röntgenbeugungsverfahren stärker in den Vordergrund. Dabei können drei Komplexe abgegrenzt werden:

a) *Phasenanalyse:* Bestimmung von Art und Menge der im Werkstoff vorliegenden kristallinen Phasen

b) *Gefügeanalyse:* Bestimmung von Größe, Größenverteilung und Anordnung der Einzelkristallite des vielkristallinen Gefügeverbands

c) *Realstrukturanalyse:* Kennzeichnung von Art, Anzahl und Verteilung von Gitterfehlern im Kristallit

Vor allem diese drei Problemkreise haben die Röntgenfeinstrukturanalyse zu einem wichtigen Hilfsmittel für Metallkundler und Werkstofftechniker werden lassen. Zusammenfassende deutschsprachige Darstellungen des methodisch und gerätetechnisch weit entwickelten und spezialisierten Untersuchungsverfahrens finden sich in den Literaturstellen [4.1] bis [4.5].

4.1.1. Kenngrößen der Röntgenstrahlung

4.1.1.1. Merkmale der Röntgenstrahlung

Bei der Röntgenstrahlung handelt es sich um elektromagnetische Wellen.
Wie jede Wellenerscheinung, wird sie durch ihre Amplitude und Wellenlänge (bzw. Frequenz) charakterisiert.
Beim Durchgang von Röntgenstrahlung durch einen Kristall kommt es aufgrund der periodischen Anordnung seiner Atome zu Beugungs- und Interferenzerscheinungen. Die Auswertung dieser Beugungserscheinungen ist der Gegenstand der Röntgenfeinstrukturanalyse. Aber nicht nur beim Durchgang von Röntgenstrahlung

durch Kristalle werden Beugungsphänomene beobachtet, sondern auch beim Durchgang von Teilchen, wie z. B. Elektronen, Protonen und Neutronen. Man spricht in diesem Falle von Elektronen-, Protonen- bzw. Neutroneninterferenzen. Die Erklärung dieser von Teilchen hervorgerufenen Beugungserscheinungen gelingt in relativ einfacher Weise, indem man nach DE BROGLIE dem Teilchen der Masse m und des Impulses p eine Wellenlänge λ zuordnet, gemäß der Beziehung

$$\lambda = \frac{h}{p} = \frac{h}{mv}$$

Man schreibt dem Teilchen gewisse Welleneigenschaften zu, mit deren Hilfe bestimmte Wechselwirkungsphänomene erklärt werden können.
Andererseits gibt es bei der Wechselwirkung von Röntgenstrahlung mit Materie Erscheinungen, wie z. B. der Photo- oder der Comptoneffekt, die man dadurch erklären kann, daß man die Röntgenstrahlung als Strom von Photonen oder Röntgenquanten auffaßt, die diskreter Natur sind (Teilchencharakter haben) und von denen jedes einzelne die Energie $E = h\nu$ besitzt. Dieser Dualismus in der Beschreibungsweise der Materie gilt nicht nur für die hier aufgeführten Fälle, sondern ganz allgemein.
Insbesondere wird zur Erklärung von Beugungsphänomenen mit Neutronen und Elektronen, wie sie im Kapitel 5 und 6 behandelt werden, auf die Welleneigenschaften dieser Teilchen zurückgegriffen. Viele der in diesem Kapitel behandelten Grundlagen der Röntgenbeugung, wie z. B. BRAGGsche Reflexion und reziprokes Gitter, sind auch auf Elektronen- und Neutronenbeugung anwendbar.

4.1.1.2. Aufbau und Spektrum einer Röntgenröhre

Von einer Wolfram-Glühkatode werden Elektronen emittiert, die durch Anlegen einer negativen Hochspannung an die Katode (bei Röntgenfeinstruktur-Untersuchungen -20 bis $-60\,\mathrm{kV}$) im elektrischen Feld beschleunigt werden. Damit die freie Weglänge der Elektronen hinreichend groß ist, wird die Röntgenröhre auf einen Druck von $1,3 \cdot 10^{-3}\,\mathrm{Pa}$ evakuiert. Beim Aufprall der Elektronen auf die Anode (Erdpotential) kann die kinetische Energie der Elektronen durch Wechselwirkung mit den Atomen des Anodenmaterials in Röntgenstrahlung umgesetzt werden. Die Vorgänge, die zur Strahlungsentstehung führen, sollen hier nicht weiter erläutert werden, da sie im Kapitel 7. ausführlich dargelegt sind. An dieser Stelle sei als Ergebnis vorweggenommen, daß sich in Röntgenröhren prinzipiell nur polychromatische Strahlung erzeugen läßt. Das Strahlungsspektrum einer Röntgenröhre ist in Bild 4.1 dargestellt.

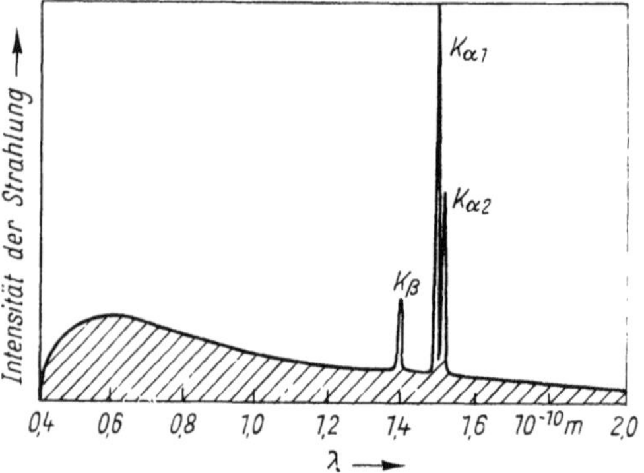

Bild 4.1. Spektrum einer technischen Röntgenröhre

Die Strahlung der Wellenlängen $\lambda_{K\alpha_1}$, $\lambda_{K\alpha_2}$ und $\lambda_{K\beta}$ bezeichnet man als charakteristische Strahlung, da deren Wellenlänge nach dem Gesetz von MOSELEY [s. Gl. (7.2)] in charakteristischer Weise von der Ordnungszahl des Anodenmaterials abhängt. Die in Bild 4.1 schraffiert dargestellte Strahlungskomponente bezeichnet man als kontinuierliches Spektrum (zur Entstehung der Bremsstrahlung siehe 7.1.1.1.).

4.1.1.3. Strahlungsauswahl und Strahlungsdetektoren

Die Aufnahme von Röntgenbeugungsdiagrammen kann mit polychromatischer oder monochromatischer Strahlung erfolgen. Mit polychromatischer Strahlung wird nur bei LAUE-Aufnahmen gearbeitet. Um ein breites Strahlungsspektrum zu erzeugen, wird die Röhrenspannung möglichst hoch, normalerweise bei $U = 50$ bis 60 kV gewählt.

Nach dem DUANE-HUNT-Gesetz λ_{min} [nm] $= 1,24/U$ [kV] wird dann die minimale Wellenlänge λ_{min} des erzeugten Strahlungsspektrums klein. Um hohe Intensitäten und damit geringe Aufnahmezeiten zu erreichen, wählt man Röntgenröhren mit hoher thermischer Belastbarkeit der Anode. Man muß berücksichtigen, daß in allen Röntgenröhren über 99 % der kinetischen Energie, die die von der Katode emittierten Elektronen besitzen, in der Anode in Wärme umgewandelt wird. Weniger als 1 % läßt sich als Röntgenstrahlung nutzen.

Es bieten sich Röhren mit Wolfram-, Molybdän- oder eventuell auch Kupferanoden an.

Bei den meisten Aufnahmetechniken findet monochromatische Strahlung Verwendung. Von dem Röhrenspektrum verwendet man intensitätsstarke charakteristische Strahlung als Nutzstrahlung, im allgemeinen kommt nur die K_α-Strahlung in Betracht. Die Wellenlänge der charakteristischen Strahlung wird vom Anodenmaterial der Röntgenröhre bestimmt.

Element	$\lambda_{K\alpha}$ [10^{-10} m]	$\lambda_{K\beta}$ [10^{-10} m]
Ag	0,5609	0,4970
Mo	0,7107	0,6323
Cu	1,5418	1,3922
Ni	1,6591	1,5001
Co	1,7902	1,6207
Fe	1,9373	1,7565
Cr	2,2909	2,0848

Da in der Röntgenröhre prinzipiell nur polychromatische Strahlung entsteht, sind Verfahren zur Abtrennung der unerwünschten Strahlungsanteile entwickelt worden. Sie beruhen auf dem Einsatz von Absorptionsfiltern, Kristallmonochromatoren oder energiedispersen Detektoren [4.1], [4.2], [4.4].

Je kurzwelliger die Strahlung wird, desto tiefer dringt sie in die Probe ein. Will man bevorzugt oberflächennahe Strukturen untersuchen, ist eine langwelligere Strahlung zweckmäßig. Steigende Wellenlänge verringert auch die Anzahl der Röntgeninterferenzen. Im allgemeinen ist es günstiger, die Anzahl der Interferenzen klein zu halten.

Der entscheidende Gesichtspunkt bei der Strahlungswahl ist aber die Vermeidung von Fluoreszenzstrahlung. Der Fluoreszenzeffekt führt zu einer erheblichen Verstärkung der Streustrahlung und schlecht auswertbaren Interferenzen. Fluoreszenzstrahlung entsteht in starkem Umfang dann, wenn im periodischen System der Elemente die Ordnungszahl des Anodenmaterials nur wenig größer ist als die der Probe. Zur Vermeidung von Fluoreszenzstrahlung wird man deshalb eine solche Röntgenröhre wählen, deren Anodenmaterial eine Ordnungszahl besitzt, die kleiner, gleich oder sehr viel größer als die der Probe ist.

Da die Röntgenstrahlen nicht unmittelbar durch die menschlichen Sinnesorgane wahrgenommen werden können, müssen die Röntgenquanten in geeignete Signale umgewandelt werden. Diese Aufgabe erfüllen die Strahlungsdetektoren durch Ausnutzung bestimmter Wechselwirkungen zwischen Röntgenstrahlung und Materie (s. Tabelle 4.1).

Tabelle 4.1. Detektoren für die Röntgenstrahlung

Detektor	Bemerkung
Leuchtschirm	Nur als Justierhilfe verwendbar
Szintillationszähler	Quantenausbeute nahezu 100%; geeignet für Wellenlängen $\lambda \leq 0{,}15$ nm; energiedispers
Röntgenfilm	Lange Aufnahmezeiten (Stunden); zeitaufwendige Auswertung; liefert gleichzeitigen Überblick über die radiale und azimutale Intensitätsverteilung
Ionisationskammer	Ungeeignet für Röntgenfeinstruktur-Untersuchungen
Auslösezählrohr	Geeignet für anspruchslose Routinemessungen; 50% Quantenausbeute
Proportionalzählrohr	Quantenausbeute 60 bis 80%
Durchflußzähler	Verwendung für größere Wellenlängen
Halbleiterdetektoren	Energiedispers; Kühlung mit flüssigem Stickstoff notwendig; Quantenausbeute nahe 100%

6*

4.1.2. Überblick über die Beugungsanalyse

4.1.2.1. Beugung am Kristallgitter

Die Ursache der Beugung von Röntgen-, Neutronen- und Elektronenstrahlung am Kristallgitter liegt in der elastischen, d. h. ohne Energieverlust stattfindenden Streuung der einfallenden Strahlung an den Ionen oder Atomen des Kristallgitters. Je nach Art der einfallenden Strahlung ist die Wechselwirkung von Strahlung und Gitterbaustein, die letztlich zur Beugung führt, anderer Natur.

Die elastische Streuung erfolgt für

- Röntgenstrahlung an den Elektronenhüllen der Gitterbausteine als Folge der Wechselwirkung des elektromagnetischen Strahlungsfeldes mit dem negativ geladenen Elektron
- Elektronen im Potential der Atomkerne des Gitters als Folge der COULOMB-Wechselwirkung des negativ geladenen Elektrons mit dem positiv geladenen Atomkern
- Neutronen am Atomkern infolge Wechselwirkung mit den Kernkräften bzw. an der Elektronenhülle infolge Wechselwirkung des magnetischen Moments des Neutrons mit dem magnetischen Moment der Elektronenhülle (falls dieses im zeitlichen Mittel, d. h. während der Wechselwirkungszeit nicht verschwindet)

Aufgrund der periodischen Anordnung der Gitterbausteine stellen sich in bestimmten Richtungen des Kristalls Phasendifferenzen ein, die ein Vielfaches der Wellenlänge betragen. Das führt zu einer Verstärkung der Intensität in diesen Richtungen, während in anderen Richtungen die Intensität ausgelöscht wird. Dieser Vorgang wird als Beugung bezeichnet.

Beim Eindringen der Elektronen-, Röntgen- bzw. Neutronenstrahlung in den Festkörper erfolgt nicht nur eine elastische Streuung, sondern auch eine inelastische. Diese ist mit einem Energieverlust der einfallenden Strahlung verbunden und liefert keinen Beitrag zur Beugung. Die Stärke der inelastischen Wechselwirkungsprozesse ist verantwortlich für das Eindringungsvermögen der Strahlung in die Materie.

Aufgrund der äußerst starken inelastischen Streuung der Elektronen gestatten diese im Falle der

Beugungsanalyse in der Regel nur Aussagen über Schichten von weniger als 1 µm Dicke. Das Eindringungsvermögen der Röntgenstrahlung kann mit einigen 10 µm angenommen werden, während Neutronenstrahlung für Beugungsexperimente einige Zentimeter in die Probe eindringt.

Folglich wird durch die strukturanalytische Aufgabe die Auswahl der Sonde weitgehend mitbestimmt. Untersuchungen dünner Schichten und kleiner Bereiche, wie Ausscheidungen oder Einschlüsse, erfordern den Einsatz der wenig in die Probe eindringenden und leicht zu bündelnden Elektronenstrahlung. Neutronenstrahlung ist erforderlich, wenn zur Gewinnung eines Mittelwertes große Probenvolumina in die Messung einbezogen werden müssen oder Streuzentren nahezu gleicher Ordnungszahl unterschieden werden sollen. In allen anderen Fällen wird man die Röntgenstrahlung bevorzugen. Sie ist gegenüber dem Einsatz von Neutronen wesentlich kostengünstiger und stellt gegenüber der Elektronenmikroskopie keine so hohen Anforderungen an die Probenpräparation wie diese.

4.1.2.2. Kennzeichnung von Netzebenen im Kristallgitter – Millersche Indizes

Kristallflächen bzw. Netzebenen im Kristallgitter werden durch die sogenannten MILLERschen Indizes gekennzeichnet (s. a. [4.6]). Da die Röntgenstrahlen, wie im folgenden noch gezeigt wird, an den Netzebenen der Kristalle gebeugt werden, ist die Kenntnis der Bezeichnungsweise von Netzebenen und deren Bedeutung notwendige Voraussetzung für die Durchführung von Röntgenfeinstrukturanalysen. Deshalb soll einleitend die Bedeutung der MILLERschen Indizes kurz erläutert werden.

Im Bild 4.2 ist eine Netzebene in einem orthogonalen Kristallsystem dargestellt, die die kristallographischen Achsen im Abstand *ma*, *nb* und *pc* schneidet. Die Lage der Netzebene zu den kristallographischen Achsen wird durch die Richtungskosinus der Netzebenennormalen charakterisiert, die sich wie folgt ergeben:

$$\cos\alpha = \frac{d}{ma}; \qquad \cos\beta = \frac{d}{nb}; \qquad \cos\gamma = \frac{d}{pc}$$

Man sieht, daß die Richtungskosinus proportional den reziproken Achsenabschnitten sind und

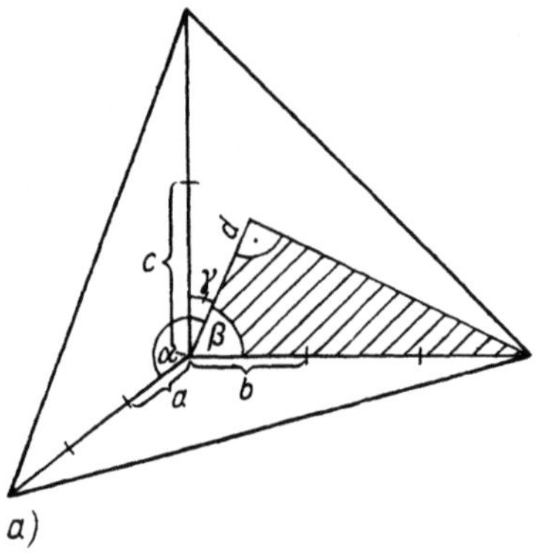

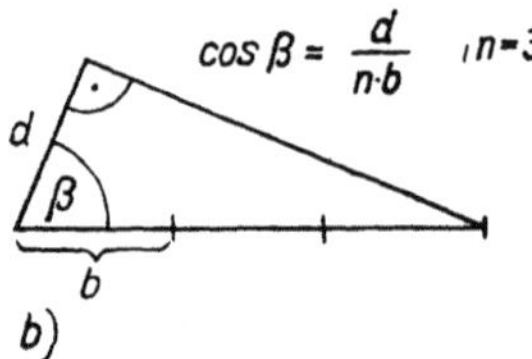

Bild 4.2. *a)* Darstellung einer Netzebene im Kristallgitter; eingezeichnet sind die Gitterkonstanten *a*, *b* und *c* sowie die Winkel α, β und γ der Netzebenennormalenrichtung bezüglich der drei kristallographischen Achsen
b) Berechnung des Netzebenenabstandes *d*

setzt

$$\frac{1}{m} : \frac{1}{n} : \frac{1}{p} = h : k : l$$

Die *h*, *k*, *l* werden als MILLERsche Indizes bezeichnet und stets durch ganze Zahlen ausgedrückt. Es gilt folgende Definition:

Die Millerschen Indizes entsprechen den ganzzahligen teilerfremden reziproken Achsenabschnitten.

Schneidet eine Netzebene die kristallographischen Achsen bei 3*a*, 3*b* und 2*c*, d. h., *m* = 3, *n* = 3 und *p* = 2, so lauten die MILLERschen Indizes (223):

$$\left(\frac{1}{3}\ \frac{1}{3}\ \frac{1}{2}\right) \Rightarrow \left(\frac{6}{3}\ \frac{6}{3}\ \frac{6}{2}\right) \Rightarrow (2\ 2\ 3)$$

Eine Netzebene, die nur die *a*-Achse schneidet, d. h., *m* = 1, *n* = ∞ und *p* = ∞, bekommt die MILLERschen Indizes (100). Schneidet eine Netzebene eine der kristallographischen Achsen im

Negativen, so wird das Vorzeichen über den Index angegeben, z. B. ($\bar{1}$02).

·Da die Millerschen Indizes stets teilerfremd sind, gibt es keine Ebene, die die Millerschen Indizes (222) besitzt. Die richtige Bezeichnung lautet (111).

Die Einführung der Millerschen Indizes bedeutet, daß eine Schar paralleler Netzebenen durch ein einziges Indextripel und damit durch den Prototyp dieser Gitterebenen charakterisiert wird. Für diesen Prototyp gilt: $h = 1/m$, $k = 1/n$ und $l = 1/p$. Der Abstand zweier paralleler Netzebenen d_{hkl} ist gleich dem Abstand des Prototyps dieser Ebenen vom Ursprung des kristallographischen Achsensystems. Er läßt sich nach den Regeln der sphärischen Trigonometrie aus der Quadratsumme der Richtungskosinus berechnen:

$$\cos^2 \alpha + \cos^2 \beta + \cos^2 \gamma$$

$$= d_{hkl}^2 \left(\frac{h^2}{a^2} + \frac{k^2}{b^2} + \frac{l^2}{c^2} \right) = 1 \qquad (4.1)$$

$$\frac{1}{d^2} = \frac{h^2}{a^2} + \frac{k^2}{b^2} + \frac{l^2}{c^2}$$

Gl. (4.1) gibt den Zusammenhang zwischen Millerschen Indizes und dem Netzebenenabstand für orthogonale Gitter an.

4.1.2.3. Braggsche Reflexion

Zur Erklärung des Beugungsvorganges wird das von Bragg vorgeschlagene Modell benutzt. Bragg ging davon aus, daß man den Beugungsvorgang als eine Reflexion der Röntgenstrahlung an Netzebenen ansehen kann. Netzebenen sind mit Atomen besetzte parallele Ebenen des Kristallgitters, die untereinander gleichgroßen Abstand besitzen und die das Kristallgitter in verschiedenen Richtungen zu durchziehen vermögen. Die an den parallelen Ebenen einer Netzebenenschar reflektierten Teilwellen interferieren, da sie konstante Phasendifferenzen (ΔG) aufweisen (Bild 4.3).

Eine konstruktive Interferenz tritt dann auf, wenn die Phasendifferenz zwischen zwei Teilwellen, die an benachbarten und parallelen Netzebenen reflektiert werden, ein ganzzahliges Vielfaches (n) der Wellenlänge (λ) der Röntgenstrah-

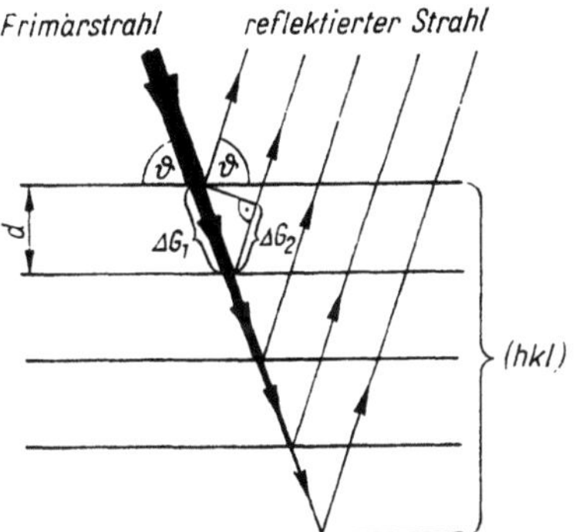

Bild 4.3. Braggsche Reflexion an Kristallgitterebenen

lung wird. Aus Bild 4.3 geht hervor, daß die gesamte Phasendifferenz (ΔG) aus zwei Summanden besteht.

$$\Delta G = \Delta G_1 + \Delta G_2 \qquad (4.2)$$

Wir finden mit Hilfe von Bild 4.3

$$\Delta G_1 = \frac{d}{\sin \vartheta} \qquad (4.2\,a)$$

$$\Delta G_2 = \Delta G_1 \cos (180^\circ - 2\vartheta) \qquad (4.2\,b)$$

Wir substituieren ΔG_1 und ΔG_2 in Gl. (4.2) durch Gl. (4.2a und b) und formen den Ausdruck um:

$$\Delta G = \frac{d}{\sin \vartheta} [1 + \cos (180^\circ - 2\vartheta)] \qquad (4.3\,a)$$

$$\Delta G = \frac{d}{\sin \vartheta} (1 - \cos 2\vartheta) \qquad (4.3\,b)$$

$$\Delta G = \frac{d}{\sin \vartheta} (1 - \cos^2 \vartheta + \sin^2 \vartheta) \qquad (4.3\,c)$$

$$\Delta G = 2d \sin \vartheta \qquad (4.3\,d)$$

Unter Berücksichtigung der Interferenzbedingung

$$\Delta G = n\lambda \qquad (4.4)$$

erhalten wir die Braggsche Gleichung in ihrer endgültigen Form:

$$2d \sin \vartheta = n\lambda \qquad (4.5\,a)$$

Die Braggsche Gleichung ist eine Fundamentalgleichung der Röntgenfeinstrukturanalyse. Es soll deshalb auf die Braggsche Reflexion etwas näher eingegangen werden:

Damit die BRAGGsche Reflexion stattfinden kann, müssen im Kristall hinreichend große kohärente Bereiche vorhanden sein. Unter kohärenten Bereichen versteht man solche Bezirke, in denen die Atome streng periodisch angeordnet sind. Stärkere Störungen der Periodizität des Kristalls, z. B. Kleinwinkelkorngrenzen, heben die Kohärenz auf. Ausgeprägte Beugungserscheinungen kann man erst an Kristallen mit Kohärenzlängen größer als 10 nm beobachten.

Die BRAGGsche Gleichung interpretiert den Beugungsvorgang nur von der Geometrie her, Aussagen über die Energieströmung der Röntgenstrahlung im Kristall werden nicht gemacht.

Im Gegensatz zur optischen Reflexion tritt die BRAGGsche Reflexion nur ein, wenn Gl. (4.5a) erfüllt ist. Deshalb spricht man auch von einer selektiven Reflexion. Das bedeutet, daß monochromatische Strahlung der Wellenlänge (λ) nur dann unter dem bestimmten Winkel ϑ reflektiert wird, wenn Netzebenenabstände der Größe $d = (n\lambda)/2 \sin \vartheta$ im Kristall vorhanden sind, bzw. aus einem polychromatischen Strahlenbündel werden unter einem bestimmten Winkel (ϑ) nur ganz bestimmte Wellenlängen (λ) reflektiert. (Diese Konsequenz aus der BRAGGschen Gleichung wird beim Einsatz von Kristallmonochromatoren genutzt.) Optische Reflexionen finden an Oberflächen statt. Aus Bild 4.3 geht hervor, daß bei der BRAGGschen Reflexion hingegen ein Kristallvolumen in den Reflexionsvorgang einbezogen ist. Man spricht deshalb von einer Tiefenreflexion. Die Dicke der reflektierenden Schicht hängt sowohl von dem untersuchten Kristallmaterial als auch – wie in Abschnitt 4.1.2.1. erläutert – von Art und Wellenlänge der verwendeten Strahlung ab.

4.1.2.4. Reziprokes Gitter

Bis jetzt kann aus der BRAGGschen Gleichung nur die Größe von Netzebenenabständen ermittelt werden. Eine Bestimmung der Lage der reflektierenden Netzebenen im Kristall und ihrer Winkel zueinander gelingt noch nicht. Um *Betrag* des Netzebenenabstandes und *Richtung* der Netzebenennormalen kennzeichnen zu können, wird jeder Netzebenenschar (hkl) eines Kristalls ein Vektor $\mathbf{h}_{(hkl)}$ zugeordnet, der folgende Eigenschaften aufweist:

– Der Betrag dieses Vektors $\mathbf{h}$ entspricht dem Reziprokwert des Netzebenenabstandes (d), oder einem Vielfachen (n) dieses Reziprokwertes $(1/d_\mathrm{n})$.

– Der Vektor $\mathbf{h}$ steht senkrecht auf den zugeordneten Netzebenen.

Die Zweckmäßigkeit dieses Verfahrens beweist sich darin, daß man mit Hilfe von $\mathbf{h}$ die BRAGGsche Gleichung [Gl. (4.5a)] in einer einfachen Vektorform darstellen kann:

$$\mathbf{s} - \mathbf{s}_0 = \mathbf{h}\lambda \qquad (4.6)$$

Bild 4.4 veranschaulicht die Gl. (4.6). $\mathbf{s}$ und $\mathbf{s}_0$ sind die Einheitsvektoren in Richtung des Primärstrahles und des reflektierten Strahles. Aus dem Bild ist zu erkennen, daß $\mathbf{h}$ senkrecht zu den reflektierenden Netzebenen verläuft. Wenn man berücksichtigt, daß $|\mathbf{s}| = |\mathbf{s}_0| = 1$ ist, so kann aus Bild 4.4 Gl. (4.7) abgeleitet werden:

$$\lambda|\mathbf{h}| = 2 \sin \vartheta = \frac{n\lambda}{d} \qquad (4.7\,\mathrm{a})$$

$$|\mathbf{h}| = \frac{n}{d} = \frac{1}{d_\mathrm{n}} \qquad (4.7\,\mathrm{b})$$

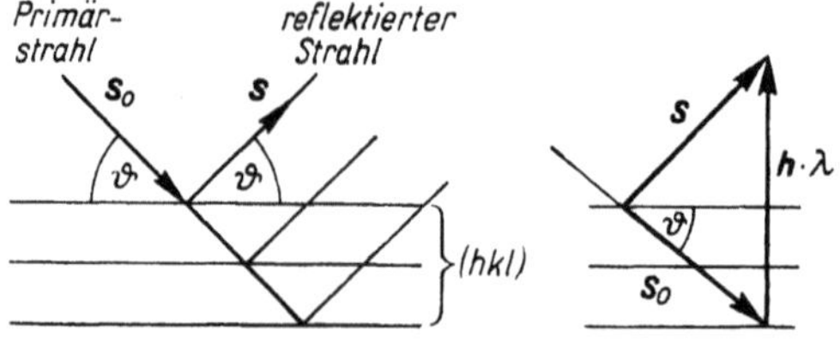

Bild 4.4. BRAGGsche Gleichung in Vektorform
a) Einführung von Einheitsvektoren für den Strahlengang
b) Zuordnung des Vektors $\mathbf{h}$

Aus Gl. (4.6) lassen sich nun von den reflektierenden Kristallgitterebenen sowohl der Netzebenenabstand als auch die Lage bestimmen. Die Lage der reflektierenden Netzebenenschar kann durch den Winkel dargestellt werden, den diese mit äußeren Flächen des Kristalls oder mit anderen Netzebenenscharen einschließt. Die erste Angabe wird als Orientierungsbestimmung bezeichnet, die zweite Angabe benötigt man zur Aufklärung der Kristallstruktur.

Man ordnet nun allen möglichen Netzebenenscharen (hkl) eines Kristalls derartige Vektoren

$\mathbf{h}_i$ zu, wählt für alle $\mathbf{h}_i$ einen gemeinsamen Ursprung und betrachtet nur die Endpunkte dieser Vektoren. Damit ist das reziproke Gitter des Kristalls aufgestellt, d. h., die Netzebenenscharen des Kristalls werden als definierte Punkte abgebildet.

Um mit den $\mathbf{h}_i$ operieren zu können, werden sie zweckmäßig in drei nicht komplanare Komponenten zerlegt. Da die Lage und der Abstand der Netzebenenscharen von den Einheitsvektoren der Elementarzelle des Kristalls $\mathbf{a}_1, \mathbf{a}_2, \mathbf{a}_3$ abhängen, müssen sich auch von $\mathbf{a}_1, \mathbf{a}_2, \mathbf{a}_3$ abhängige Einheitsvektoren $\mathbf{b}_1, \mathbf{b}_2, \mathbf{b}_3$ der drei Komponenten von $\mathbf{h}$ darstellen lassen. Man findet

$$\mathbf{b}_1 = \frac{\mathbf{a}_2 \times \mathbf{a}_3}{\mathbf{a}_1 \cdot \mathbf{a}_2 \times \mathbf{a}_3} = \frac{\mathbf{a}_2 \times \mathbf{a}_3}{V_{\mathrm{EZ}}}$$

oder in allgemeiner Form

$$\mathbf{b}_i = \frac{\mathbf{a}_j \times \mathbf{a}_k}{\mathbf{a}_1 \cdot \mathbf{a}_2 \times \mathbf{a}_3} \; ; \qquad \mathbf{a}_i = \frac{\mathbf{b}_j \times \mathbf{b}_k}{\mathbf{b}_1 \cdot \mathbf{b}_2 \times \mathbf{b}_3} \qquad (4.8)$$

$$\mathbf{a}_i \cdot \mathbf{b}_k = 0 \quad \text{für} \quad i \neq k; \quad \mathbf{a}_i \cdot \mathbf{b}_k = 1 \quad \text{für} \quad i = k$$

Dabei entspricht V_{EZ} dem Volumen der Elementarzelle; die Indizes i, j und k nehmen alternierend die Werte 1, 2 und 3 an.
Nun folgt

$$\mathbf{h} = h\mathbf{b}_1 + k\mathbf{b}_2 + l\mathbf{b}_3 \qquad (4.9)$$

wobei sich die ganzzahligen Proportionalitätsfaktoren (h, k, l) als MILLERsche Indizes erweisen. Die MILLERschen Indizes einer Netzebene sind ganzzahlige Vielfache von den Kehrwerten der Achsenabschnitte dieser Netzebene in einem Koordinatensystem, das von den Kristallgitterachsen aufgespannt wird. Eine ausführliche Darstellung findet sich in [4.1], [4.3], [4.4].
Außer von den MILLERschen Indizes (hkl) wird in der Röntgenfeinstrukturanalyse gerne von den sogenannten LAUE-Indizes $(h_1h_2h_3)$ Gebrauch gemacht. Diese stehen mit den MILLERschen Indizes in folgendem Zusammenhang:

$$h_1 = nh; \qquad h_2 = nk; \qquad h_3 = nl$$

n ist, wie schon erwähnt, eine ganze Zahl und verkörpert die Interferenzordnung. So entsprechen die Reflexe mit den LAUE-Indizes (200) und (300) den Interferenzen 2. und 3. Ordnung an der Netzebene mit den MILLERschen Indizes $(hkl) = (100)$.

Bei der Auswertung von Beugungsaufnahmen möchte man sich entscheiden, ob man mit LAUE-Indizes oder mit MILLERschen Indizes arbeiten will. Bei Verwendung von LAUE-Indizes lautet die BRAGGsche Gleichung:

$$2d \sin \vartheta = \lambda \qquad (4.5\,\mathrm{b})$$

Ein Vergleich mit Gl. (4.5a) zeigt, daß man zwischen $d_{h_1h_2h_3}$ und d_{hkl} unterscheiden muß:

$$d_{hkl} = n d_{h_1h_2h_3}$$

Der Vorteil bei Verwendung von LAUE-Indizes besteht darin, daß die Interferenzordnung nicht getrennt durch die ganze Rechnung mitgeschleppt werden muß. Der Übergang zu den MILLERschen Indizes ist nur dann nötig, wenn man strukturelle Aussagen bezüglich der Gittersymmetrie erhalten will.
Ein Beispiel soll die bisher gewonnenen Erkenntnisse festigen: Bild 4.5a stellt die Sicht auf ein kubisch primitives Kristallgitter dar, dessen Gitterkonstante $a = |\mathbf{a}_1| = |\mathbf{a}_2| = |\mathbf{a}_3| = 0{,}5\,\mathrm{nm}$ beträgt. Man blickt auf eine (001)-Netzebene, alle anderen Netzebenen der Netzebenenschar (001) liegen dann parallel zur Zeichenebene. Damit man besser mit Vektoren rechnen kann, werden die orthogonalen Einheitsvektoren $\mathbf{i}$, $\mathbf{j}$ und $\mathbf{k}$ eingeführt. Es gilt dann:

$$\mathbf{a}_1 = 0{,}5\,\mathrm{nm} \cdot \mathbf{i}$$
$$\mathbf{a}_2 = 0{,}5\,\mathrm{nm} \cdot \mathbf{j}$$
$$\mathbf{a}_3 = 0{,}5\,\mathrm{nm} \cdot \mathbf{k}$$

Zuerst wird das reziproke Gitter aufgestellt. Man findet:

$$\mathbf{b}_1 = \frac{(0{,}5\,\mathrm{nm} \cdot \mathbf{j}) \times (0{,}5\,\mathrm{nm} \cdot \mathbf{k})}{0{,}125\,\mathrm{nm}^3} = 2\,\mathrm{nm}^{-1} \cdot \mathbf{i} \quad (4.10\mathrm{a})$$

$$\mathbf{b}_2 = 2\,\mathrm{nm}^{-1} \cdot \mathbf{j} \qquad (4.10\mathrm{b})$$

$$\mathbf{b}_3 = 2\,\mathrm{nm}^{-1} \cdot \mathbf{k} \qquad (4.10\mathrm{c})$$

Beim Vergleich der Vektoren $\mathbf{a}_i$ und $\mathbf{b}_i$ erkennen wir, daß die Einheitsvektoren des Kristallgitters und des reziproken Gitters im kubischen System parallel verlaufen.
Im Bild 4.5b ist nun ein Blick auf das reziproke Gitter dargestellt; jeder Gitterpunkt verkörpert eine Netzebenenschar (hkl). Um diesen Sachverhalt noch einmal zu verdeutlichen, sind in den Bildern 4.5c, e, g, i einzelne Netzebenenscharen

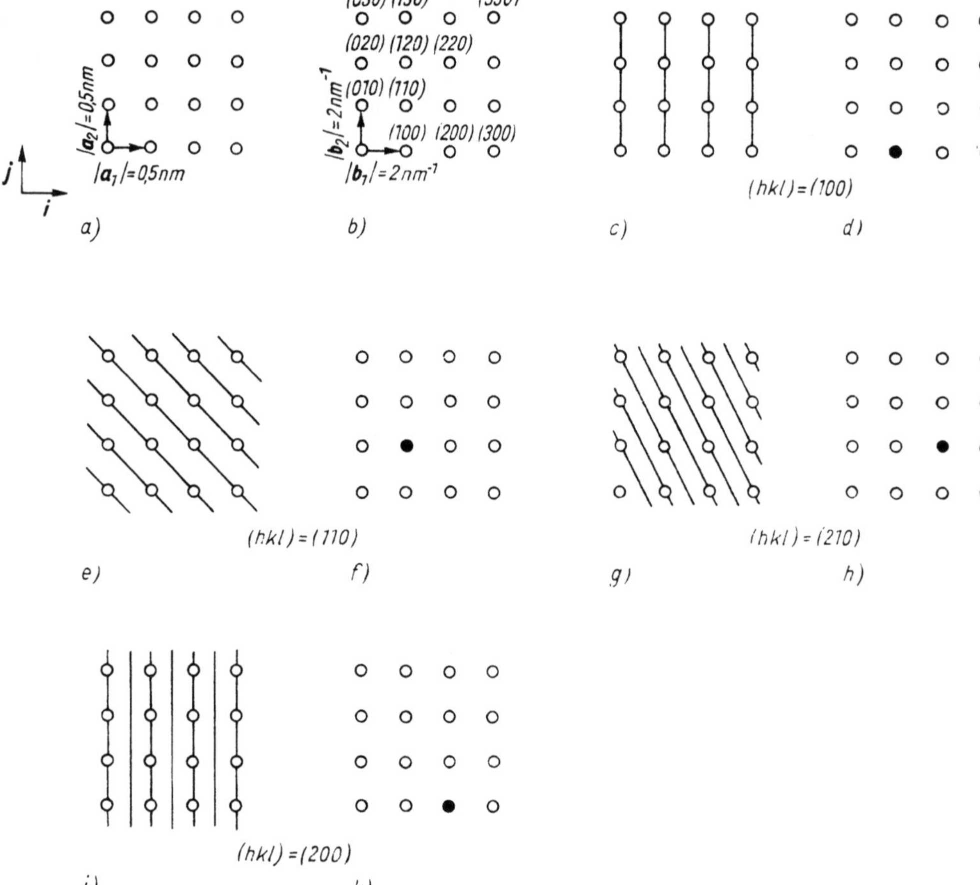

Bild 4.5. Zusammenhänge zwischen Raumgitter und reziprokem Gitter

a) Blick auf die (001)-Netzebene eines Raumgitters
b) Blick auf das reziproke Gitter
c) (100)-Netzebenen im Raumgitter
d) (100)-Netzebenen im reziproken Gitter
e) (110)-Netzebenen im Raumgitter
f) (110)-Netzebenen im reziproken Gitter
g) (210)-Netzebenen im Raumgitter
h) (210)-Netzebenen im reziproken Gitter
i) (200)-Netzebenen im Raumgitter
k) (200)-Netzebenen im reziproken Gitter

im Kristallgitter durch ihre Schnittgeraden mit der Zeichenebene hervorgehoben; in den Bildern 4.5d, f, h, k sind die zugehörenden Punkte des reziproken Gitters schwarz dargestellt.

4.1.2.5. Ewaldsche Konstruktion

Es sollen alle Interferenzmöglichkeiten festgestellt werden, die sich für einen Kristall ergeben, auf den ein monochromatischer paralleler Röntgenstrahl auftrifft. Dazu schreibt man die Vektorgleichung (4.6) um und interpretiert sie geometrisch:

$$\frac{\mathbf{s} - \mathbf{s_0}}{\lambda} = \mathbf{h} \tag{4.11}$$

Die Einfallsrichtung des Primärstrahls ist durch

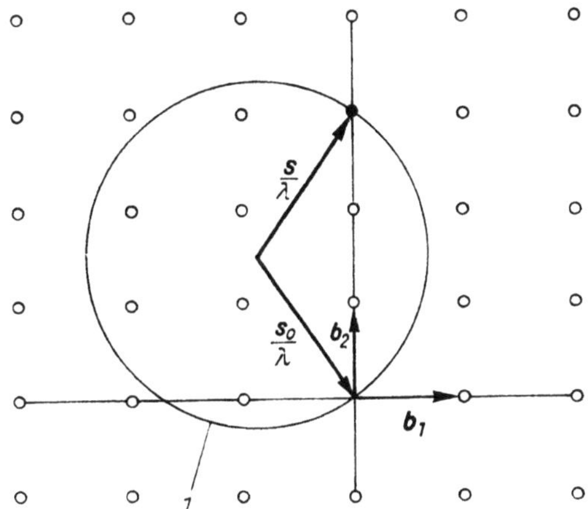

Bild 4.6. EWALDsche Konstruktion

1 EWALDsche Ausbreitungskugel
○ Punkte des reziproken Gitters, die Netzebenen repräsentieren, an denen keine Interferenz auftritt
● Punkt des reziproken Gitters, der Netzebenen repräsentiert, an dem Interferenz auftritt

den Vektor s_0/λ fest vorgegeben. Er hat z. B. die in Bild 4.6 konstante Lage. Der Betrag des Vektors ist durch den Wert $1/\lambda$ festgelegt.

Aus Bild 4.4 geht hervor, daß die beiden Vektoren s und s_0 einen gemeinsamen Ursprung haben und der von ihnen eingeschlossene Winkel 2ϑ beträgt. Läßt man vorerst alle BRAGGschen Beugungswinkel zwischen $0° \leq \vartheta \leq 90°$ zu, so muß man um den gemeinsamen Ursprung beider Vektoren einen Kreis mit $R = |s/\lambda|$ schlagen. Man erhält als geometrischen Ort aller möglichen Endpunkte des Vektors s/λ den in Bild 4.6 gekennzeichneten Kreis. Überträgt man das Problem in den Raum, so entsteht aus dem Kreis die Oberfläche der EWALDschen Ausbreitungskugel als geometrischer Ort aller möglichen Endpunkte des Vektors s/λ.

Der geometrische Ort aller für einen Kristall möglichen Vektoren h wird durch das reziproke Gitter dargestellt. Dabei zeigt h vom Ursprung des reziproken Gitters (Punkt 000) zu dem jeweiligen reziproken Gitterpunkt. Man legt nun den Ursprung des reziproken Gitters an den Punkt der EWALDschen Ausbreitungskugel, an dem der Vektor s_0/λ die Oberfläche der Kugel berührt. Wie man sich leicht überzeugen kann, ist die Beugungsbedingung Gl. (4.11) dann erfüllt,

wenn ein reziproker Gitterpunkt auf der EWALD-Kugel zu liegen kommt.

Damit ist die EWALDsche Konstruktion für einen feststehenden Einkristall, an dem ein paralleler monochromatischer Röntgenstrahl gebeugt werden soll, aufgestellt. Die EWALDsche Konstruktion sagt aus, daß eine Interferenz nur dann auftreten kann, wenn die Vektorgleichung (4.11) erfüllt ist bzw. ein Vektor h auf der EWALDschen Ausbreitungskugel endet, d. h.:

Für die Reflexion von Röntgenstrahlen an einer Netzebenenschar (hkl) ist die Lage des zuordenbaren reziproken Gitterpunktes (hkl) auf der Oberfläche des Ewaldschen Ausbreitungskugel eine notwendige Voraussetzung.

Aus der EWALDschen Konstruktion kann man noch mehr entnehmen: Der Vektor s gibt die Richtung des reflektierten Röntgenstrahls an, s und s_0 schließen den doppelten Beugungswinkel (2ϑ) ein, und schließlich wird durch den Vektor h Indizierung, Lage und Größe des Abstandes der reflektierenden Netzebenenschar (*hkl*) im Kristall charakterisiert.

4.1.2.6. Bemerkungen zu Einkristalluntersuchungen

Nach den bisherigen Ausführungen kann eine Interferenz nur dann auftreten, wenn ein Punkt des reziproken Gitters auf der EWALDschen Ausbreitungskugel liegt. Bild 4.6 deutet bereits an, daß die Wahrscheinlichkeit dafür sehr gering ist, wenn mit monochromatischer paralleler Strahlung und einem feststehenden Einkristall experimentiert wird. Das liegt daran, daß die beiden Elemente der EWALD-Konstruktion, die EWALDsche Ausbreitungskugel und das reziproke Gitter starr im Raum angeordnet sind und keine Freiheitsgrade besitzen.

Eine Vorgabe verschiedenartiger Primärstrahlvektoren s_0/λ – durch Arbeiten entweder mit polychromatischer Strahlung ($1/\lambda$ variabel) oder divergenter Strahlung (Richtung s_0 variabel) – läßt die Oberfläche der EWALDschen Ausbreitungskugel zu einem räumlichen Gebilde entarten, in welchem Punkte des reziproken Gitters wesentlich häufiger zu finden sind als auf einer Kugeloberfläche. Hingegen kommt eine Drehung der Probe während der Aufnahme einer Drehung

Tabelle 4.2. Untersuchungsverfahren für Einkristalle

Variables Element	Genutzte Strahlung	Bemerkungen zum Untersuchungsobjekt	Verfahren	Anwendungsbereiche
–	mono-chromatisch, parallel	Einkristall, feststehend oder translatorisch bewegt	Röntgen-topographie	Bestimmung von Kristallbaufehlern
Wellen-länge	poly-chromatisch, parallel	Einkristall oder ein-kristalline Bereiche (Mindestdurchmesser 100 μm), feststehend	LAUE-Verfahren	Bestimmung von Kristall-symmetrie, Orientierung und Kristallbaufehlern
Strahlungs-richtung	mono-chromatisch, divergent	einkristalline Bereiche (Durchmesser 5 bis 100 μm), feststehend	KOSSEL-Technik und Weit-winkeltechnik	Bestimmung von Gitter-parametern, Kristall-symmetrie, Kristallbau-fehlern in mikroskopischen Bereichen
Lage des Kristalls	mono-chromatisch, parallel	meist stabförmiger Ein-kristall, Durchmesser ≈ 1 mm, Einkristall rotierend, rotierend und translatorisch bewegt, präzessierend	Drehkristall-verfahren, WEISSENBERG-Verfahren, Präzessions-verfahren, Einkristall-goniometer-Verfahren	Bestimmung von Gitter-parametern, Orientierung und Kristallbaufehlern

des reziproken Gitters in der EWALDschen Kon-struktion gleich. Die Punkte des reziproken Gitters entarten dann zu Kreislinien, und ein Schnitt mit der EWALDschen Kugel wird möglich, d. h., es findet Reflexion statt.

Erst wenn die Untersuchungstechnik so gestaltet wird, daß ein Element der EWALDschen Kon-struktion variabel wird, läßt sich eine Vielzahl von Interferenzen erzeugen. In Tabelle 4.2 sind die wichtigsten Untersuchungsverfahren für Ein-kristalle aus dieser Sicht aufgeführt. Eine um-fassende Darstellung der Einkristallverfahren wird in [4.4] gegeben.

4.1.2.7.   Polkugelmodell

Es steht nun die Aufgabe, auch für die Vielkristall-interferenzen ein Modell zu entwickeln. Mit die-sem Modell muß man zwei Fragen beantworten können:

– Wie ist die Geometrie der Interferenzen am Vielkristall?

– Welche Kristallite des gesamten Polykristalls tragen zum Reflex bei?

Als Ausgangspunkt der Überlegungen wählt man die BRAGGsche Gleichung in Vektorform [Gl. (4.11)].

Der Überschaubarkeit wegen wird nur ein be-stimmter Vektor $s_{(hkl)}$ betrachtet, dafür aber von allen Kristalliten der Probe. Da jeder Kristallit eine andere Orientierung besitzt, wer-den auch die zugehörigen Vektoren $s_{(hkl)}$ die unterschiedlichsten Richtungen aufweisen. Zwei Gemeinsamkeiten kann man erwarten:

– Die Länge aller betrachteten Vektoren $s_{(hkl)}$ ist gleich.

– Alle Vektoren haben einen gemeinsamen Ur-sprung.

Es sei nun ein idealer Vielkristall angenommen, in dem die Kristallite statistisch verteilt sind. Es wird weiterhin vorausgesetzt, daß in dem vom Primärstrahl angeregten Probenvolumen genü-gend Kristallite vorhanden sind, also kein Grob-korn vorliegt. Dann umschreibt die Gesamtheit

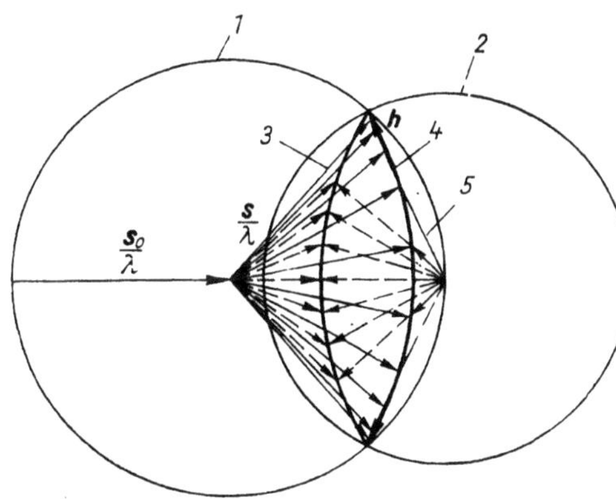

Bild 4.7. Polkugelmodell; dargestellt ist die Reflexion der Netzebene (*hkl*) als Ergebnis des Schnitts zwischen Polkugel und Ewald-Kugel. Betrachtet man mehrere Netzebenen ($h_1k_1l_1$), so gehört zu jeder von ihnen eine Polkugel mit dem Radius (h_i). Alle Polkugeln haben den gleichen Ursprung. Nur diejenigen Netzebenen gelangen in Reflexionsstellung, deren Polkugel sich mit der Ewald-Kugel schneidet.

aller betrachteten Vektoren $s_{(hkl)}$ eine Kugel. Wurde in der Ewaldschen Konstruktion die Lage einer Netzebenenart für einen Einkristall durch einen Punkt charakterisiert, so muß beim idealen Polykristall diese Netzebene als Kugeloberfläche dargestellt werden. Die entstandene Kugel wird als Polkugel bezeichnet. Die Oberfläche der Polkugel ist beim idealen Vielkristall gleichmäßig dicht mit Punkten belegt.

Um zur Ewaldschen Konstruktion zu gelangen, legt man im Gegensatz zu den Einkristallverfahren nicht das reziproke Gitter an die Ewald-Kugel, sondern den Ursprung der Polkugel (Bild 4.7). Ewald-Kugel und Polkugel schneiden sich in einem Kreis, dem Reflexionskreis. Verbindet man diesen Reflexionskreis mit den Mittelpunkten der Ewald-Kugel und der Polkugel, dann ergeben sich zwei wichtige Sachverhalte:

– Die Verbindungslinien zwischen dem Ursprung der Ewald-Kugel und dem Reflexionskreis geben die Summe der reflektierten Strahlen an. Die an einer Netzebenenart (*hkl*) reflektierten Strahlen umschreiben einen Kegelmantel. Die Achse des Strahlenkegels ist der

Primärstrahl, und der Kegelöffnungswinkel beträgt 4ϑ.

– Die Verbindungslinien zwischen dem Ursprung der Polkugel und dem Reflexionskreis sind die Normalen der *reflexionsfähigen* Netzebenen einer Netzebenenart (*hkl*). Sie umschreiben gleichfalls einen Kegelmantel. Achse des Kegels ist der Primärstrahl, der halbe Kegelöffnungswinkel beträgt $90° - \vartheta$.

Unter Zuhilfenahme von Bild 4.8 sieht man, daß der Winkel zwischen Primärstrahl und reflektierender Netzebene immer ϑ betragen muß. Damit ist gleichzeitig der Zusammenhang zwischen dem Polkugelmodell und der Braggschen Gleichung hergestellt.

Will man das Modell auf die Gesamtzahl der Netzebenenarten ($h_1k_1l_1$) bis ($h_nk_nl_n$) ausdehnen, so muß für jede Netzebenenart ($h_ik_il_i$) eine Kugel mit dem Radius $|\mathbf{h}_i|$ konstruiert werden. Es entsteht ein System von zentrischen Polkugeln, die als Schnittlinien mit der Ewald-Kugel zu einem System zentrischer Kreisringe führen. Jeder Kreisring läßt sich so interpretieren, wie das bereits beschrieben wurde.

Eine wichtige Erkenntnis aus dem Polkugelmodell muß hervorgehoben werden: Die Gesamtzahl der Lageverteilungen von Netzebenen einer Netzebenenart eines Polykristalls kann mit Hilfe der Endpunkte der zuordenbaren Vektoren des reziproken Gitters als Polkugel beschrieben werden. Von dieser Gesamtzahl ist bei einer

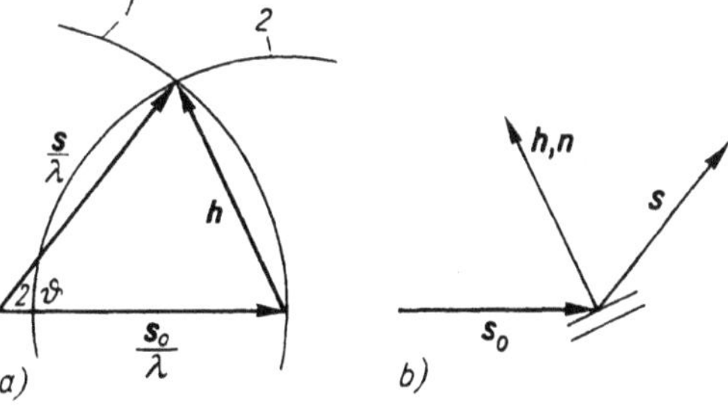

Bild 4.8. Zusammenhang zwischen Polkugel und Braggscher Gleichung

a) Schnitt durch das Polkugelmodell
b) Darstellung der Aufnahmegeometrie

1 Ewald-Kugel
2 Polkugel

Röntgenbeugungsuntersuchung mit feststehender Probe und monochromatischer Strahlung nur eine begrenzte Anzahl von Netzebenen *sichtbar zu machen*. Dieser Teil wird charakterisiert durch einen Kreisring auf der Polkugel.

4.2.   Durchführung von Vielkristalluntersuchungen

4.2.1.   Einteilung der Interferenzen

Die meisten technischen Werkstoffe liegen als Vielkristalle vor. In Analogie zum Einkristall interessiert auch beim Polykristall der Aufbau der einzelnen Kristallite. Bei technischen Werkstoffen treten jedoch Fragen der Realstruktur, wie Punktdefekte, Versetzungsdichte und Spannungszustände, in den Vordergrund. Bekanntlich werden durch Kristallgitterfehler die Eigenschaften der Werkstoffe in weiten Bereichen verändert. Die zweite wichtige Einflußgröße auf die Eigenschaften polykristalliner Werkstoffe ist das Gefüge.

Es soll nun untersucht werden, welche Informationen man über den Polykristall erhalten kann, wenn man Röntgenstrahlung oder andere energiereiche Strahlung an einer vielkristallinen Probe beugt.

Gemäß der BRAGGschen Gleichung (4.5) entstehen an den unterschiedlichen Netzebenenarten $(h_n k_n l_n)$ Reflexe bestimmter Intensität (I_n) unter den entsprechenden Glanzwinkeln ϑ_n $(n = 1, 2, ...)$. Die Funktion

$$I_n = f(\vartheta_n) \tag{4.12}$$

soll im weiteren als *radiale Intensitätsverteilung* bezeichnet werden. Sie ermöglicht die Identifizierung der im Gefüge vorhandenen Phasen. Mit Hilfe des Polkugelmodells hat man die Geometrie aller an einer Netzebenenart des (vorerst idealen) Polykristalls abgebeugten Strahlen (s) erfaßt. Infolge der Orientierungsvielfalt der einzelnen Kristallite umschreiben die abgebeugten Strahlen einen Kegelmantel. Die dem Kegel zuzuordnende Achse ist durch den Primärstrahl (s_0) gegeben, die Kegelspitze fällt mit dem durch den Primärstrahl angeregten Probenbereich zu-

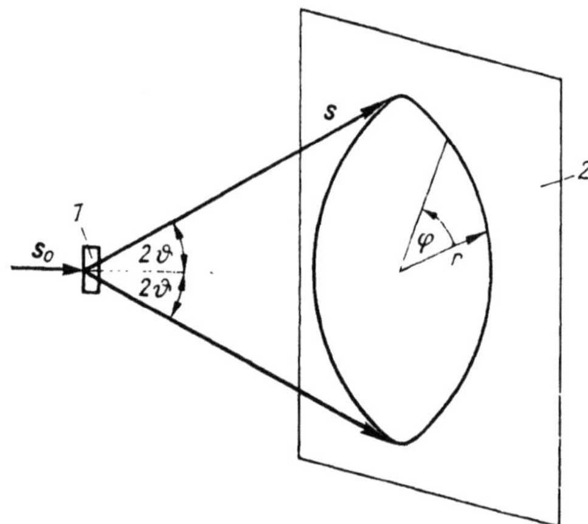

Bild 4.9. Azimutale Intensitätsverteilung

sammen, und der Kegelöffnungswinkel entspricht dem vierfachen Glanzwinkel (4ϑ). Wird dieser Strahlenkegel auf einem Planfilm registriert, der senkrecht zum Primärstrahl angeordnet ist, so wird ein Interferenzring abgebildet (Bild 4.9). Die Intensität entlang dem Interferenzring

$$I = I_{(\varphi,\, r=\text{konstant})} = I_{(\varphi)} \tag{4.13}$$

φ; r Polarkoordinaten

soll als *azimutale Intensitätsverteilung* bezeichnet werden. Die azimutale Intensitätsverteilung liefert Hinweise auf Korngröße und Korngrößenverteilung, Texturen und Orientierungsbeziehungen einzelner Phasen zueinander.

Die azimutale und die radiale Intensitätsverteilung sind Funktionen, die vom Gefüge des Vielkristalls bestimmt werden. Von der Realstruktur der Kristallite werden sie im allgemeinen nicht beeinflußt.

Will man Aussagen über den Realbau der einzelnen Kristallite erhalten, so muß auch die Feinstruktur der Reflexe in die Überlegungen einbezogen werden. Eine genauere Betrachtung eines Reflexes zeigt, daß dessen Intensität nicht nur auf einen bestimmten Winkel ϑ_0 beschränkt ist, sondern in einem Winkelbereich $\vartheta_0 + \Delta\vartheta$ $(\Delta\vartheta \ll \vartheta_0)$ auftritt.

Man berücksichtigt diesen Sachverhalt durch Einführung einer *Intensitätsverteilungsfunktion des Reflexes:*

$$I_{(\vartheta\,\pm\,|\,\Delta\vartheta\,|)} = f(\vartheta \pm |\Delta\vartheta|) \qquad (4.14)$$

$$0 \leqq |\Delta\vartheta| \ll \vartheta$$

Die Lage des Maximums dieser Funktion wird zur Präzisionsgitterkonstanten-Bestimmung benötigt. Da die Größe der Gitterkonstante durch Punktdefekte, wie z. B. Substitutionsatome oder Leerstellen, beeinflußt werden kann, erhält man eine Möglichkeit, Punktdefekte in den Kristalliten nachzuweisen. Ändert sich die Lage des Maximums bei unterschiedlichen Einstrahlrichtungen des Primärstrahles auf die Probe, so können elastische Spannungen bestimmt werden. Auch das Profil der Intensitätsverteilungsfunktion eines Reflexes ist eine entscheidende Kenngröße. Seine Kenntnis eröffnet die Möglichkeit, Versetzungsdichten zu bestimmen. Starke Verkleinerung der kohärenten Bereiche in den Kristalliten und Mischkristallinhomogenitäten verbreitern das Profil der Reflexe ebenfalls. Mit der Integralintensität (I_{gesamt}), die das Integral der Intensitätsverteilungsfunktion eines Reflexes ist,

$$I_{\text{gesamt}} = \int\limits_{\Delta\,-\,\Delta\vartheta}^{\vartheta\,+\,\Delta\vartheta} I_{(\vartheta\,\pm\,|\,\Delta\vartheta\,|)}\, \mathrm{d}\vartheta \qquad (4.15)$$

erhält man schließlich noch eine Meßgröße zur Kennzeichnung des Gefüges. Wir benötigen die Integralintensität für die Durchführung quantitativer Phasenanalysen.

4.2.2. Überblick über die Aufnahmetechnik

Nachfolgend soll ein Überblick über die gebräuchlichsten Röntgenbeugungsverfahren an Polykristallen gegeben werden (s. Tabelle 4.3). Nach der Art der Registrierung von gebeugten Röntgenstrahlen kann man Filmverfahren und Zählrohrverfahren unterscheiden. Sind keine einschränkenden Bedingungen vorhanden, die sich aus dem zur Verfügung stehenden Probenmaterial und der Art der geforderten Informationen über die Probe ergeben können, so wird dem Diffraktometerverfahren mit Zählrohr der Vorzug gegeben. Der Grund ist in der einfacheren Auswertbarkeit von Aufnahmen mit dem Zählrohrdiffraktometer zu suchen. Bei dieser Methode werden abgebeugte Intensität und zugehöriger Beugungswinkel gleichzeitig registriert und stehen unmittelbar

nach der Aufnahme zur Verfügung. Prinzipiell lassen sich mit Filmaufnahmen Ergebnisse von gleicher Genauigkeit erzielen. Nach dem Entwickeln und Fixieren der Filme müssen die Beugungswinkel der Interferenzen ausgemessen werden. Will man die Werte mit gleicher Genauigkeit wie beim Diffraktometerverfahren bestimmen, so sind etwa zehn Messungen für die Mittelwertbildung erforderlich. Benötigt man das Intensitätsprofil eines Reflexes, so muß der Film photometriert werden. Dann wird der Unterschied zwischen Auswerteaufwand für Diffraktometer- und Filmaufnahmen besonders groß.

In Tabelle 4.3 sind die wichtigsten Aufnahmeverfahren gegenübergestellt. Man erkennt, daß keinem Verfahren von vornherein der Vorzug

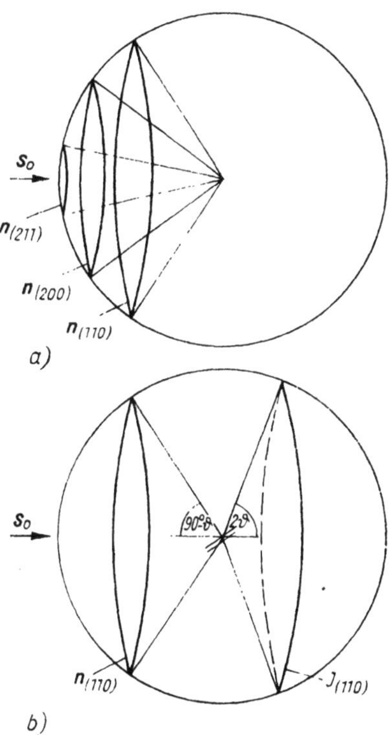

Bild 4.10. Reflexion von CrKα-Strahlung an polykristallinem α-Eisen

a) Lage der reflektierenden Netzebenen
b) reflektierende (110)-Netzebenen und entstehendes Reflexionsbild

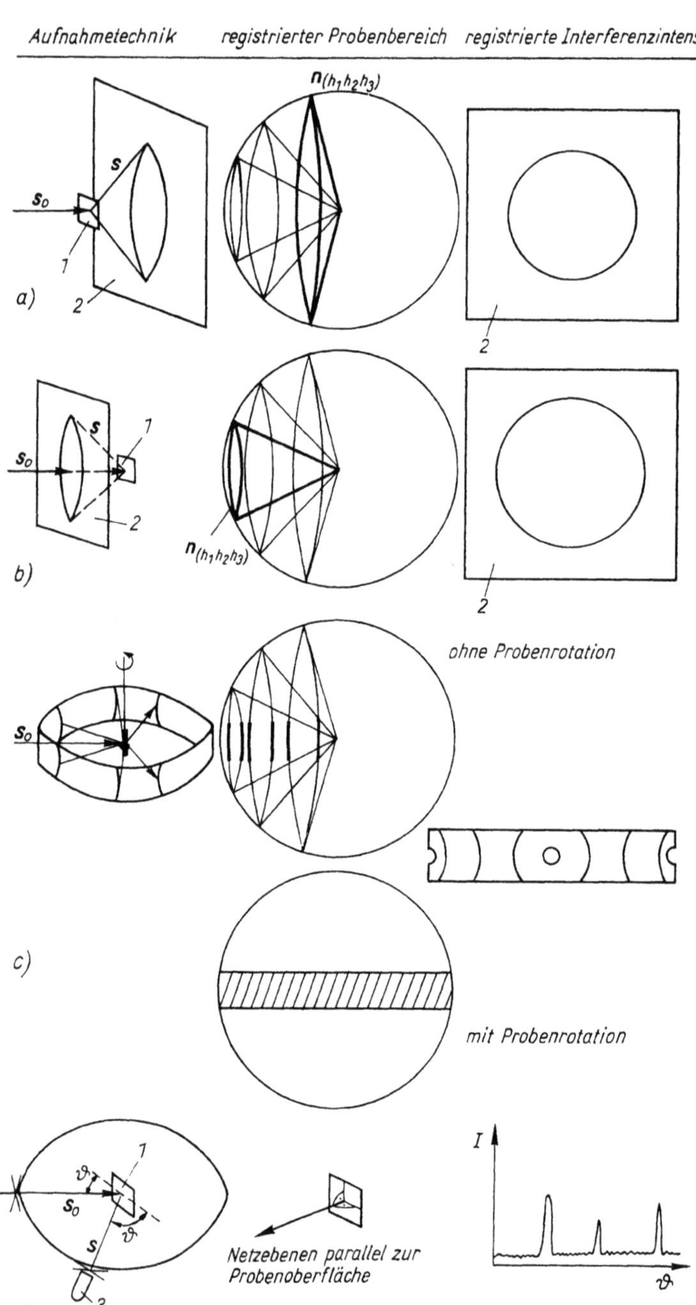

Bild 4.11. Schematische Darstellung von Aufnahmevarianten für Polykristalle

a) und b) dargestellt ist der registrierte Probenbereich für eine bestimmte Netzebene (*hkl*) (siehe auch Bild 4.7)

c) bei feststehendem Präparat gelangt nur der stark gezeichnete Bereich zur Abbildung auf den Film. Rotiert die Probe, so rotiert auch die Polkugel der Netzebene (*hkl*). Auf diese Weise gelangt der schraffierte Bereich der Polkugel zur Abbildung

gegeben werden kann, da die Anforderungen an die Proben bei den einzelnen Varianten sehr unterschiedlich sind. Welche Kristallite von der gesamten Probe zur Entstehung des Reflexes beitragen, soll mit Hilfe der Bilder 4.10 und 4.11 dargestellt werden. Bild 4.10a zeigt anhand des Polkugelmodells für α-Eisen mit CrK$_\alpha$-Strahlung, welche Probenbereiche theoretisch bei feststehender Probe zur Reflexion beitragen können. Die Lagen der Normalen der reflektierenden (110)-, (200)- und (211)-Netzebenen sind gemeinsam in einer Polkugel dargestellt. Der geometrische Zusammenhang zwischen den Normalen der reflektierenden (110)-Netzebenen und dem Beugungskegel kann aus Bild 4.10b entnommen werden. Bild 4.11 zeigt für die einzelnen Verfahren schematisch die Meßanordnung und das Aussehen des Film- bzw. Diffraktometerdiagrammes. Die in den Diagrammen abgebildeten Probenbereiche sind in den Polkugeln hervorgehoben. Man gewinnt aus Bild 4.11 zwei wichtige Erkenntnisse:

– Azimutale und radiale Intensitätsverteilung lassen sich zusammen mit einem einzigen Verfahren *nicht vollständig* erfassen.

– Beim Diffraktometerverfahren trägt nur ein sehr kleiner Teil aller möglichen Kristallitlagen zum Meßwert bei. Will man aus dem Ergebnis quantitative Aussagen ableiten, so ist eine gleichmäßige Orientierungsverteilung hinreichend vieler Kristallite über die gesamte Polkugel notwendige Voraussetzung.

Auf die spezielle Aufnahmetechnik bei den Filmverfahren soll an dieser Stelle nicht eingegangen werden, da hier ein breiter Überblick in der Literatur vorhanden ist ([4.1] bis [4.5]).
Der Aufbau des Diffraktometermeßplatzes bedarf einer eingehenderen Erläuterung, zumal der überwiegende Teil von Röntgenbeugungsuntersuchungen mit dem Diffraktometer durchgeführt wird.
Beim Diffraktometerverfahren verwendet man als Strahlungsdetektoren Auslöse- bzw. Proportionalzählrohre oder Szintillationszähler. Die Strahlengeometrie entspricht dem Fokussierungsprinzip nach BRAGG-BRENTANO. Bild 4.12 zeigt

Tabelle 4.3. Aufnahmeverfahren für Vielkristalle

Verfahren	Aufgenommene Intensitätsverteilung	Anforderungen an die Probe
Planfilm-Durchstrahl-Verfahren	azimutale Intensitätsverteilung	Kompakte Probe; Produkt $\mu \cdot d$ klein, d. h. bevorzugt für Metallfolien und Plastproben
Planfilm-Rückstrahl-Verfahren	azimutale Intensitätsverteilung	Kompakte Probe; keine besonderen Anforderungen an die Probengeometrie. Untersuchung großer Proben ist möglich
DEBYE-SCHERRER-Verfahren	normale DEBYE-SCHERRER-Kammer: radiale Intensitätsverteilung; Drehkristallkammer: radiale Intensitätsverteilung und ein Teil der azimutalen Intensitätsverteilung	Pulver (geringste Probemengen; einige μg reichen oft aus) oder Kompaktproben (Stäbchen oder Drähte bis 1 mm Durchmesser)
Zählrohrdiffraktometer-Verfahren	radiale Intensitätsverteilung; Intensitätsverteilung des Reflexes	Kompakte Proben: Zu bestrahlende Probenfläche muß eben sein (möglichst geschliffen oder poliert); optimale Größe der Ebene 30×35 mm^2; Mindestfläche $\approx 5 \times 10$ mm^2 Pulver: optimale Menge $\approx 0,5$ g; Mindestmenge einige mg

schematisch die Strahlengänge und die Anordnung von Röhrenfokus, Präparat und Strahlendetektor in der Äquatorebene. Zur Eingrenzung des Primärstrahles dienen die Horizontal- und die Vertikaldivergenzblende. Das Hauptmerkmal des konstruktiven Aufbaus besteht darin, daß die Probe im Zentrum eines Meßkreises angeordnet ist und der Detektor auf diesem Meßkreis die gebeugte Röntgenstrahlung abtastet.

Im Gegensatz zu den Filmverfahren werden die Reflexe nicht gleichzeitig, sondern nacheinander registriert. Während des Abtastvorganges dreht sich die Probe mit der halben Winkelgeschwindigkeit des Detektors mit. Dadurch wird erreicht, daß die Probennormale mit dem Primärstrahl und mit dem reflektierten Strahl immer den gleichen Winkel ($90° - \vartheta$) einschließt. Es kommen die Netzebenen der Probe zur Reflexion, die parallel zur Probenoberfläche verlaufen. Dieser Sachverhalt konnte schon aus Bild 4.11d entnommen werden. Ein Merkmal des BRAGG-BRENTANO-Fokussierungsprinzipes ist, daß Röhrenfokus und Detektorblende Punkte eines Fokussierungskreises sind, dessen Radius (r_f) durch die Beziehung

$$r_f = \frac{R}{2 \sin \vartheta} \qquad (4.16)$$

R Meßkreisradius

gegeben ist. Die Probenoberfläche tangiert diesen Fokussierungskreis (vgl. Bild 4.12). Die Anwendung dieser Fokussierungsbedingung bringt einen großen Vorteil: Es muß kein paralleler Strahl auf die Probe einfallen. Bild 4.12 zeigt, daß auch bei einer Divergenz des Primärstrahls alle gebeugten Strahlen in den Detektor gelangen, da der reflektierte Strahl konvergiert. Dadurch wird eine große Probenfläche ausgeleuchtet, und das Meßergebnis

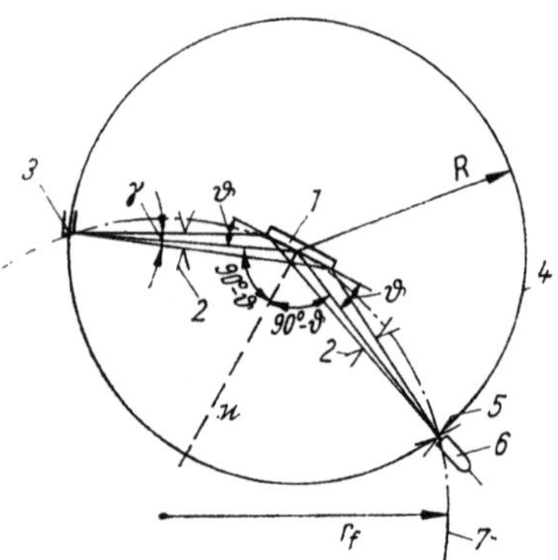

Bild 4.12. Strahlengang nach BRAGG-BRENTANO beim Zählrohr-Diffraktometer

1 Probe	*5* Zählrohrblende
2 Divergenzblenden	*6* Zählrohr
3 Röhrenfokus	*7* Fokussierungskreis
4 Meßkreis	

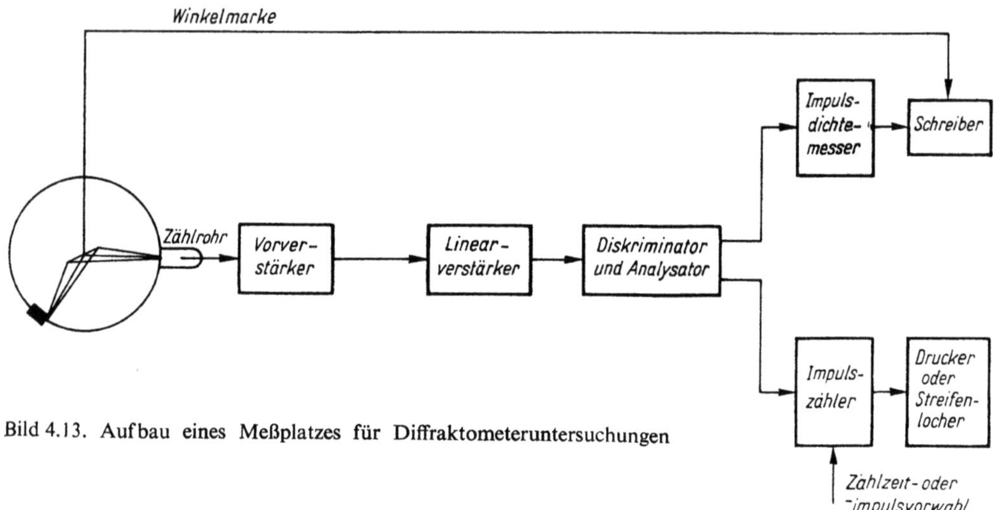

Bild 4.13. Aufbau eines Meßplatzes für Diffraktometeruntersuchungen

wird von zufälligen Schwankungen im Gefügeaufbau der Probe weitgehend unabhängig. Der gesamte Meßplatz, der für Diffraktometeruntersuchungen benötigt wird, ist im Bild 4.13 schematisch dargestellt. Aus Bild 4.13 ist ersichtlich, daß nach der Umwandlung der Röntgenquanten in elektronische Impulse zwei Meßvarianten zur Verfügung stehen:

a) Messung der Impulsdichte (Impulsdichtemesser) und Registrierung der Impulsdichte als Funktion des Beugungswinkels (Schreiber)

Kontinuierliche Bewegung von Strahlendetektor und Präparat mit konstanter Umlaufgeschwindigkeit: Die Diffraktometer besitzen Getriebe, die wahlweise Winkelgeschwindigkeiten zwischen etwa 2°/min und (1/30)°/min gestatten.

b) Auszählen der Impulse in einer vorgegebenen Meßzeit bzw. Bestimmung der Zeit bis zum Erreichen einer bestimmten Impulszahl (Impulszähler) und Anzeige des Ergebnisses (Meßwertdrucker oder Lochstreifenstanzer)

Diskontinuierliche Bewegung von Strahlendetektor und Präparat: Bei stehendem Detektor werden zunächst die Impulse gezählt. Anschließend wird automatisch um einen Winkelschritt $\Delta\vartheta$ weiterbewegt. Dann beginnt der Zyklus wieder.

Tabelle 4.4. Verwendung des Zählrohrdiffraktometer-Meßplatzes

Betriebsart des Diffraktometers	Variante des Strahlenmeßplatzes	Gemessene Intensitätsverteilung	Anwendungsgebiet
Kontinuierlich große Winkelgeschwindigkeit ω ($\omega \geq 1° \text{ min}^{-1}$)	Impulsdichtemesser und Schreiber	radiale Intensitätsverteilung	Übersichtsdiagramm
Kontinuierlich mittlere Winkelgeschwindigkeit ω ($1° \text{ min}^{-1} \geq \omega \geq 0{,}25° \text{ min}^{-1}$)	Impulsdichtemesser und Schreiber	radiale Intensitätsverteilung	qualitative Phasenanalyse
Kontinuierlich kleine Winkelgeschwindigkeit ω ($\omega \leq 0{,}25° \text{ min}^{-1}$)	Impulsdichtemesser und Schreiber	Intensitätsverteilungsfunktion eines Reflexes	bei ausreichender Intensität des Reflexes: Präzisionsgitterkonstante, Spannungsmessung, Versetzungsdichtebestimmung, Teilchengrößenbestimmung, (quantitative Phasenanalyse) (Schichtdickenmessung)
	Impulszähler und Ergebnisdrucker oder Lochstreifenstanzer	Integralintensität	quantitative Phasenanalyse Schichtdickenmessung
Diskontinuierlich (mit Schrittschaltwerk)	Impulszähler und Lochstreifenstanzer oder Ergebnisdrucker	radiale Intensitätsverteilung	qualitative Phasenanalyse mit Computer
		Intensitätsverteilungsfunktion eines Reflexes	bevorzugt bei geringen Reflexintensitäten oder bei Vorhandensein eines Computerprogramms: Präzisionsgitterkonstante, Spannungsmessung, Versetzungsdichtebestimmung, Teilchengrößenbestimmung

Welche Meßvariante bei den einzelnen Aufgaben zur Anwendung kommen sollte, ist in Tabelle 4.4 dargestellt.

In der Vergangenheit wurde der kontinuierlichen Methode (*a*) der Vorzug gegeben. Der erhöhte Aufwand bei dem diskontinuierlichen Verfahren war nur dann zu rechtfertigen, wenn Reflexe geringer Intensität zu vermessen oder wenn für die weitere Auswertung Meßpunkte erforderlich waren. Gegenwärtig ist ein verstärkter Einsatz der diskontinuierlichen Methode (*b*) zu beobachten, besonders wenn die Intensitätsverteilung eines Reflexes zu messen ist. Die Ursache ist in der jetzt vorhandenen Möglichkeit zu suchen, die Meßwerte sofort computergerecht auszugeben. Damit kann die Nachbereitung der Ergebnisse weitgehend automatisiert werden. Für mehrere Auswerteprobleme der Phasenanalyse, Gitterkonstantenbestimmung und Realstrukturanalyse hat sich der Einsatz von Computer-Programmen bereits bewährt. Darüber hinaus gelangen verstärkt computergesteuerte Goniometer zum Einsatz.

4.3. Auswertung der Röntgeninterferenzen

4.3.1. Struktur- und Phasenanalyse

4.3.1.1. Widerspiegelung der Struktur in der radialen Intensitätsverteilung

Nach den bisherigen Ausführungen in Abschnitt 4.1.2. ist zu erwarten, daß jede Netzebenenart (*hkl*) eines idealen Vielkristalls beliebigen Kristallgitters mit einem Netzebenenabstand $d > n\lambda/2$ gemäß der BRAGGschen Gleichung [Gl. (4.5)] einen Beitrag zur radialen Intensitätsverteilung liefert.

Experimentell findet man diese Annahme nur für primitive Kristallgitter bestätigt. In allen nicht primitiven Gittern fehlen die Reflexe bestimmter Netzebenenarten (*hkl*). Bei der Untersuchung von Kristallgittern unterschiedlicher Stoffe, aber gleichen Strukturtyps entstehen zwar auch radiale Intensitätsverteilungen gleichen Typs, aber die Intensitäten der Reflexe können

sich von Stoff zu Stoff stark unterscheiden. Diese Intensitätsunterschiede bestehen auch dann, wenn man Elemente gleicher Struktur und ähnlicher Gitterparameter, wie etwa Gold, Silber und Aluminium, untersucht. Da die Reflexe dieser Substanzen unter nahezu gleichen BRAGGschen Winkeln erscheinen, müssen außer der Aufnahmegeometrie des Untersuchungsverfahrens und der Winkelabhängigkeit der Streuintensität [4.1] auch strukturelle Faktoren für die Intensitätsunterschiede verantwortlich sein.

Das bisherige Beugungsmodell vermag weder das Fehlen bestimmter Reflexe zu erklären, noch gestattet es Aussagen über die zu erwartenden Intensitäten. Das liegt daran, daß bisher schlechthin von spiegelnden Netzebenen gesprochen wurde. Zu einer qualifizierteren Aussage kann man erst dann gelangen, wenn Art und Anordnung der Atome oder Ionen auf den Netzebenen berücksichtigt, also Position und Qualität der eigentlichen Streuzentren in die Berechnungen einbezogen werden. Das gestattet die Strukturamplitude. Sie ist ein Maß für das Streuvermögen der gesamten Elementarzelle, d. h. jener kleinsten Einheit, die bereits alle Merkmale des Kristalls aufweist. Die Strukturamplitude gibt an, wievielmal stärker die Röntgenstrahlung an einer Netzebene (*hkl*) der Elementarzelle gestreut wird als an einem einzelnen Elektron. Dem Quadrat der Strukturamplitude – dem Strukturfaktor – ist die Intensität des Reflexes direkt proportional. Man findet für die Strukturamplitude F:

$$\begin{aligned}
F &= \sum_j f_j\, \mathrm{e}^{2\pi i(hu_j + kv_j + lw_j)n} \\
&= \sum_j f_j \mathrm{e}^{2\pi i(h_1 u_j + h_2 v_j + h_3 w_j)}
\end{aligned} \qquad (4.17)$$

In Gl. (4.17) sind u_j, v_j, w_j die Koordinaten des j-ten Atoms in der Elementarzelle und f_j dessen Atomformfaktor. f_j ist das Verhältnis der atomaren Streuamplitude zu der des Einzelelektrons und eine Funktion des Quotienten

$$\varkappa = \frac{\sin \vartheta}{\lambda} \qquad (4.18)$$

Der Atomformfaktor steigt mit fallenden $\varkappa$-Werten und nähert sich bei sehr kleinen $\varkappa$ der Ordnungszahl des streuenden Atoms. Letzteres zeigt, wie die Art der Streuzentren die Reflexintensität beeinflußt: Mit den f_j wird auch die

Strukturamplitude F gemäß Gl. (4.17) und die Reflexintensität $I \sim F^2$ ordnungszahlabhängig.

Nun ist noch zu klären, warum die Anordnung der Atome auf den Netzebenen die Art der auftretenden Reflexe in der radialen Intensitätsverteilung bestimmt. Wir betrachten vorerst eine primitive Elementarzelle. Sie besitzt nur ein Atom, dem wir die Koordinaten $u = v = w = 0$ und einen Atomformfaktor f_1 zuordnen können. Setzt man diese Daten in Gl. (4.17) ein, so wird der Exponent gleich Null, unabhängig davon, welche Werte h, k und l annehmen. Wir erhalten für alle Netzebenenarten $F = f_1$ und finden die Beobachtung bestätigt, daß in primitiven Kristallgittern alle Netzebenenarten Reflexe erzeugen.

Die Elementarzelle eines kubisch raumzentrierten Gitters enthält zwei Atome mit den Koordinaten $u_1 = v_1 = w_1 = 0$ und $u_2 = v_2 = w_2 = 1/2$. Liegt ein Elementgitter (z. B. α-Fe) oder ein Mischkristall (z. B. Mo_xW_{1-x}) mit statistischer Verteilung der Elemente auf die beiden Gitterplätze vor, dann kann man wegen $f_1 = f_2 = f_j$ ($f_j = f_{Fe}$ bzw. $f_j = xf_{Mo} + (1 - x)f_w$) den Atom-

formfaktor als Konstante betrachten, und Gl. (4.17) nimmt den Ausdruck

$$F = f_j(1 + e^{2\pi i(1/2)(h_1 + h_2 + h_3)}) \qquad (4.19\,a)$$

bzw.

$$F = f_j(1 + e^{m\pi i}) \qquad (4.19\,b)$$

$$m = h_1 + h_2 + h_3$$

an. Für geradzahlige m wird der Exponentialausdruck in Gl. (4.19 b) $+ 1$; ungeradzahlige m führen zu -1. Demzufolge gilt:

$$F = 2f_j \quad \text{für} \quad h_1 + h_2 + h_3 = \text{gerade Zahl}$$

und $\qquad\qquad\qquad\qquad\qquad (4.20\,a)$

$$F = 0 \quad \text{für} \quad h_1 + h_2 + h_3 = \text{ungerade Zahl}$$

$$(4.20\,b)$$

Gl. (4.20 b) liefert den Beweis dafür, daß in zentrierten Gittern nicht alle denkbaren Reflexe auftreten. Dieser Sachverhalt wird als Auslöschung bezeichnet. Entsprechend Gl. (4.20) entsteht an kubisch raumzentrierten Gittern kein (100)-Reflex, hingegen aber ein (200)-Reflex (s. Tabelle 4.6). Welche Reflexe an einem belie-

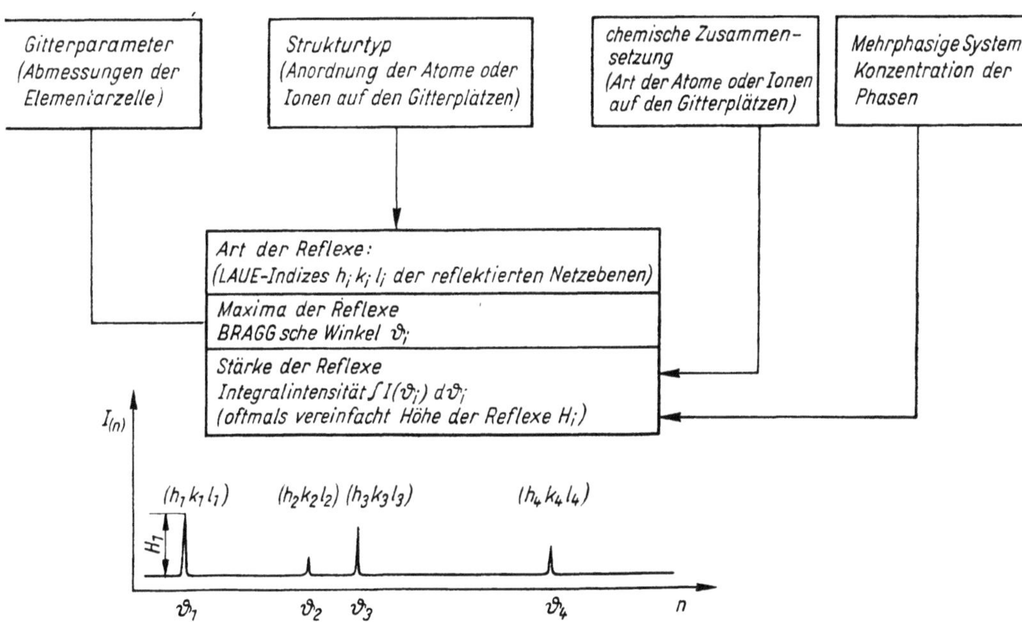

Bild 4.14. Beziehungen zwischen strukturellen Kenngrößen und der radialen Intensitätsverteilung I_n

7*

bigen Kristallgitter erzeugt werden, hängt nach Gl. (4.17) von den Werten für die u_j, v_j und w_j ab. Damit wird die Art der Reflexe in der radialen Intensitätsverteilung von den Positionen der Atome oder Ionen in der Elementarzelle, d. h. vom Strukturtyp des Kristallgitters bestimmt. Auf diese Weise wird verständlich, daß Substanzen mit gleichem Strukturtyp auch vom Typ her gleiche radiale Intensitätsverteilungen zeigen. Der Strukturtyp stellt für kompliziertere Kristallgitter, an deren Aufbau unterschiedliche Atom- oder Ionenarten beteiligt sind, oft ein idealisiertes Modell dar, dem gegenüber praktisch mehr oder minder große Abweichungen zu verzeichnen sind. Diese widerspiegeln sich in der radialen Intensitätsverteilung als Intensitätsveränderungen, Ausbleiben von Reflexen oder Auftreten zusätzlicher Reflexe. Eine diesbezügliche Auswertung der radialen Intensitätsverteilung kann zur Erkennung von Strukturdefekten beitragen [4.7].

Die eigentlich nicht zu erwartenden Reflexe werden als Überstrukturreflexe bezeichnet. Sie ermöglichen das Studium von Ordnungsvorgängen in Legierungen [4.1], [4.2]. Weil bei der Neutronenbeugung dafür bessere Voraussetzungen gegeben sind, wird darauf in Abschnitt 5.3.1. ausführlich eingegangen.

In Bild 4.14 sind noch einmal die Verknüpfungen zwischen strukturellen Parametern und den Kenngrößen der radialen Intensitätsverteilung zusammengefaßt. Die Problematik eines Mehrphasensystems wurde bereits mit einbezogen. Prinzipiell erzeugt jede Phase ihr eigenes Beugungsbild, und das gesamte Interferenzdiagramm kann als eine Superposition mehrerer radialer Intensitätsverteilungen aufgefaßt werden. Die Proportionalität zwischen Volumenanteil der einzelnen Phasen und der Intensität ihrer Reflexe ermöglicht eine quantitative Phasenanalyse.

4.3.1.2.   Gitterparameterbestimmung

Prinzip

Von der radialen Intensitätsverteilung $I_{(n)}$ sollen vorerst nur die Maxima interessieren. Es wurde bereits geklärt, daß diese Maxima unter den BRAGG-Winkeln ϑ_n ($n = 1, 2, 3 \ldots$) auftreten. Mit Hilfe der BRAGGschen Gleichung kann man aus den Winkeln ϑ_n die Netzebenenabstände d

bestimmen, die mit den Gitterparametern gesetzmäßig verbunden sind. Tabelle 4.5 zeigt die Beziehungen zwischen Gitterparametern und Netzebenenabständen. Aus Tabelle 4.5 ist zu erkennen, daß zur Gitterparameterbestimmung außer den Abständen auch noch die LAUE-Indizes ($h_1 h_2 h_3$) den Netzebenen zugeordnet werden müssen. Diese Aufgabe wird als Indizierung bezeichnet. Von den LAUE-Indizes ist bekannt, daß sie nur ganzzahlig sein können. Diese Kenntnis ermöglicht prinzipiell eine Indizierung von Interferenzen einer vielkristallinen unbekannten Substanz. Während kubische Substanzen leicht zu indizieren sind, wird die Indizierung zum triklinen Kristallsystem hin immer komplizierter.

Die Gründe dafür sind, daß vom kubischen zum triklinen System die Zahl der unbekannten Gitterparameter zunimmt und dadurch die Beziehungen zwischen Netzebenenabstand, Gitterparametern und LAUE-Indizes durch immer umfangreichere Ausdrücke beschrieben werden müssen. Deshalb ist eine Gitterparameterbestimmung aus Vielkristallinterferenzen ohne Vorkenntnis der angenäherten Gitterparameter z. Z. mit Sicherheit nur bis zum rhombischen Kristallsystem möglich. Während zur Berechnung von drei unbekannten Gitterparametern bereits umfangreiche analytische Operationen notwendig sind, kann eine Ermittlung von Gitterkonstanten tetragonaler, hexagonaler und kubischer Kristalle auf einfache Art erfolgen. Allerdings ist für die Indizierung der Interferenzdiagramme von hexagonalen und tetragonalen Substanzen eine genaue Bestimmung der Interferenzlinienmaxima (mit einem Fehler von weniger als 0,1°) Voraussetzung.

Bestimmung der Gitterkonstante kubischer Vielkristalle

In der BRAGGschen Gleichung $2d \sin \vartheta = n\lambda$ ersetzt man $d/n = d_{(h_1 h_2 h_3)}$ durch den in Tabelle 4.5 für das kubische Kristallsystem angegebenen Ausdruck

$$d_{(h_1 h_2 h_3)} = \frac{d}{n} = \frac{a}{\sqrt{h_1^2 + h_2^2 + h_3^2}} \qquad (4.21)$$

und erhält nach Umstellung der Gleichung

$$\sin \vartheta = \frac{\lambda}{2} \sqrt{h_1^2 + h_2^2 + h_3^2} \, \frac{1}{a} \qquad (4.22)$$

Tabelle 4.5. Zusammenhang zwischen Netzebenenabstand (d) und Gitterparametern (Achsenabschnitte a, b, c, Achsenwinkel α, β, γ) für die einzelnen Kristallsysteme

Kristallsystem	$d_{(hkl)} = nd_{(h_1h_2h_3)}$
Kubisch	$a/\sqrt{h^2 + k^2 + l^2}$
Tetragonal	$a\left/\sqrt{h^2 + k^2 + \left(\dfrac{a}{c}\right)^2 l^2}\right.$
Hexagonal	$a\left/\sqrt{\dfrac{4}{3}(h^2 + hk + k^2) + \left(\dfrac{a}{c}\right)^2 l^2}\right.$
Rhomboedrisch	$\dfrac{a\sqrt{1 - 3\cos^2\alpha + 2\cos^3\alpha}}{(h^2 + k^2 + l^2)\sin^2\alpha - 2(hk + kl + lh)\cos\alpha - \cos^2\alpha}$
Rhombisch	$1\left/\sqrt{\left(\dfrac{h}{a}\right)^2 + \left(\dfrac{k}{b}\right)^2 + \left(\dfrac{l}{c}\right)^2}\right.$
Monoklin	$\sin\beta\left/\sqrt{\left(\dfrac{h}{a}\right)^2 + \left(\dfrac{k}{b}\right)^2\sin^2\beta + \left(\dfrac{l}{c}\right)^2 - \dfrac{2lh}{ca}\cos\beta}\right.$
Triklin	$\sqrt{\dfrac{1 - \cos^2\alpha - \cos^2\beta - \cos^2\gamma + 2\cos\alpha\cos\beta\cos\gamma}{\left(\dfrac{h}{a}\right)^2\sin^2\alpha + \left(\dfrac{k}{b}\right)^2\sin^2\beta + \left(\dfrac{l}{c}\right)^2\sin^2\gamma - A - B - C}}$ $A = \dfrac{2kl}{bc}(\cos\alpha - \cos\beta\cos\gamma)$ $B = \dfrac{2lh}{ca}(\cos\beta - \cos\gamma\cos\alpha)$ $C = \dfrac{2hk}{ab}(\cos\gamma - \cos\alpha\cos\beta)$

Erläuterung: Um zu dem Netzebenenabstand $d_{(h_1h_2h_3)}$ zu gelangen, ersetze man in obigen Formeln die MILLERschen Indizes (*hkl*) durch die LAUE-Indizes ($h_1h_2h_3$).

Gl. (4.22) wird logarithmiert; es entsteht somit:

$$\lg\sin\vartheta = \lg\left(\frac{\lambda}{2}\right) + \lg\left[\sqrt{h_1^2 + h_2^2 + h_3^2}\right] - \lg a \tag{4.23}$$

Jetzt soll gezeigt werden, wie sich diese logarithmierte Form der BRAGGschen Gleichung zur Indizierung der Reflexe und zur Gitterkonstantenbestimmung nutzen läßt:

Alle sinnvollen Lösungen von Gl. (4.23) ergeben sich daraus, daß man aus den experimentell ermittelten BRAGGschen Winkeln die linke Seite von Gl. (4.23) bestimmt. Alle möglichen Aus-

drücke des Terms $Q = \lg(\lambda/2) + \lg[(h_1^2 + h_2^2 + h_3^2)^{\frac{1}{2}}]$ können berechnet werden. Beginnend mit dem Zahlentripel (100) werden für steigende ($h_1h_2h_3$) die Quadratsummen gebildet, und unter Berücksichtigung der zum Experiment benutzten Wellenlänge λ werden die Q-Werte ermittelt. Wenn man nun einem $\lg\sin\vartheta$-Wert den richtigen Q-Wert zuordnet, dann muß die Differenz $\lg\sin\vartheta - Q$ dem $\lg a$-Wert entsprechen. Wenn man allen $\lg\sin\vartheta$-Werten die richtigen Q-Werte zuordnet, dann muß die Differenz immer $\lg a$ betragen, also konstant sein. Nutzt man diese Erkenntnis zur Indizierung und Gitterkonstantenbestimmung, so erfolgt zweckmäßig eine graphische Lösung mit Hilfe der Schiebestreifenmethode. Auf einem Papierstreifen werden die ermittelten lg sin ϑ-Werte abgetragen. Auf einem zweiten Streifen werden in gleichem Maßstab die Q-Werte aufgetragen. Beide Streifen werden nun so lange gegeneinander verschoben, bis sämtlichen Reflexen ein Q-Wert zugeordnet ist (Bild 4.15).

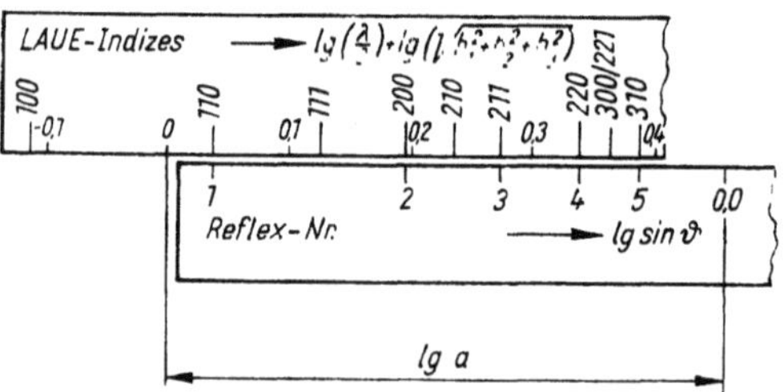

Bild 4.15. Schiebestreifenmethode für kubische Vielkristalle

Nun lassen sich für jeden Reflex die zugehörenden LAUE-Indizes ablesen. Die Differenz der Nullpunkte beider Streifen entspricht dem lg a-Wert.
Bild 4.15 stellt ein Beispiel für die Indizierung und Gitterkonstantenbestimmung einer kubischraumzentrierten Substanz dar. Man findet bestä-

Tabelle 4 6. Mögliche Indizierung für kubische Elementgitter

$\sum h_i^2$	$h_1 h_2 h_3$	primitiv	raumzentriert	flächenzentriert	Diamanttyp
1	100	+	−	−	−
2	110	+	+	−	−
3	111	+	−	+	+
4	200	+	+	+	−
5	210	+	−	−	−
6	211	+	+	−	−
8	220	+	+	+	+
9	300/221	+	−	−	−
10	310	+	+	−	−
11	311	+	−	+	+
12	222	+	+	+	−
13	320	+	−	−	−
14	321	+	+	−	−
16	400	+	+	+	+

tigt, daß nicht alle Reflexe $(h_1 h_2 h_3)$ auftreten. In Tabelle 4.6 sind einige mögliche Reflexe für die wichtigsten kubischen Elementgitter aufgeführt.

Bestimmung der Gitterparameter nichtkubischer Vielkristalle

Die Indizierung der Interferenzdiagramme tetragonaler, hexonaler und rhomboedrischer Vielkristalle kann ebenfalls mit Hilfe der Schiebestreifenmethode erfolgen. Allerdings werden die Verhältnisse gegenüber kubischen Substanzen komplizierter. Der Netzebenenabstand d im kubischen Gitter weist folgende Abhängigkeit auf:

$$d = \mathrm{f}(a, h_1, h_2, h_3) \qquad (4.24)$$

Bei vorgegebenen Parametern $(h_1 h_2 h_3)$ war es für kubische Gitter möglich, die *eine* unbekannte Größe (a) geometrisch durch *lineare* Bewegung des Schiebestreifens entlang einer Geraden mit vorgegebenen Markierungen (diskrete Werte von $\lg \sqrt{h_1^2 + h_2^2 + h_3^2}$) zu bestimmen. Hexagonale, tetragonale und rhomboedrische Gitter werden durch zwei Gitterkonstanten charakterisiert; daher gilt jetzt:

$$d = \mathrm{f}(a, c, h_1 h_2 h_3) \qquad (4.25\,\mathrm{a})$$

bzw.

$$d = \mathrm{f}(a, x, h_1 h_2 h_3) \qquad (4.25\,\mathrm{b})$$

Speziell für hexagonale Gitter gilt:

$$d_{h_1 h_2 h_3} = \frac{d_{\mathrm{hex}}}{n} = \frac{a}{\sqrt{\frac{4}{3}(h_1^2 + h_1 h_2 + h_2^2) + \left(\frac{a}{c}\right)^2 h_3^2}} \qquad (4.26)$$

Durch Verknüpfen mit der BRAGGschen Gleichung und Quadrieren erhält man:

$$\frac{a^2}{\frac{4}{3}(h_1^2 + h_1 h_2 + h_2^2) + \left(\frac{a}{c}\right)^2 h_3^2} = \frac{1}{\sin^2 \vartheta}\frac{\lambda^2}{4} \qquad (4.27)$$

Setzt man

$$\frac{4}{3}(h_1^2 + h_1 h_2 + h_2^2) + \left(\frac{a}{c}\right)^2 h_3^2 = Q$$

und logarithmiert Gl. (4.27), so folgt daraus:

$$\lg a^2 = \lg Q - \lg \sin^2 \vartheta + \lg \frac{\lambda^2}{4} \qquad (4.28)$$

Jetzt treten *zwei* unbekannte Größen auf (a, a/c), deren geometrische Bestimmung durch Verschiebung des Schiebestreifens in einem System mit zwei Koordinaten, d. h. in der *Ebene*, möglich ist. Zur Indizierung hexagonaler und tetragonaler Kristalle finden die HULL-DAVEY-Kurven [4.11] Verwendung (Bild 4.16). Als Koordinaten werden $\lg Q$ und a/c gewählt. Für vorgegebene Werte h_1, h_2, h_3 hängt $\lg Q$ nur noch vom Wert a/c ab. Der Verlauf der Funktion $\lg Q \, (h_1 h_2 h_3) = \mathrm{f}(a/c)$ für hexagonale Substanzen ist schematisch im Bild 4.16 angegeben. Zur Indizierung der Reflexe werden zuerst die gefundenen $\lg \sin^2 \vartheta$-Werte auf einem Schiebestreifen abgetragen. Durch *systematisches Verschieben* des Schiebe-

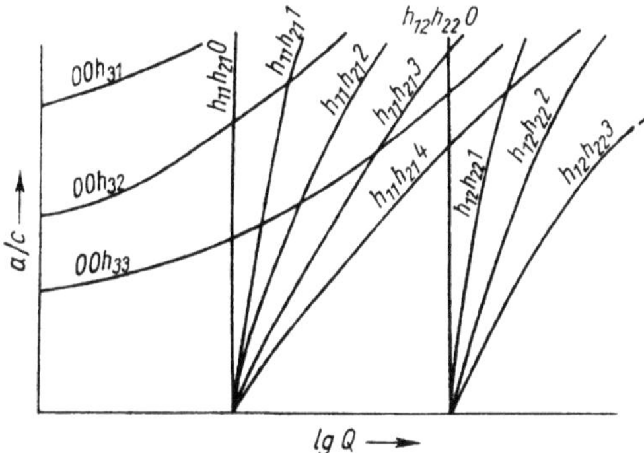

Bild 4.16. Schematische Darstellung der HULL-DAVEY-Kurven

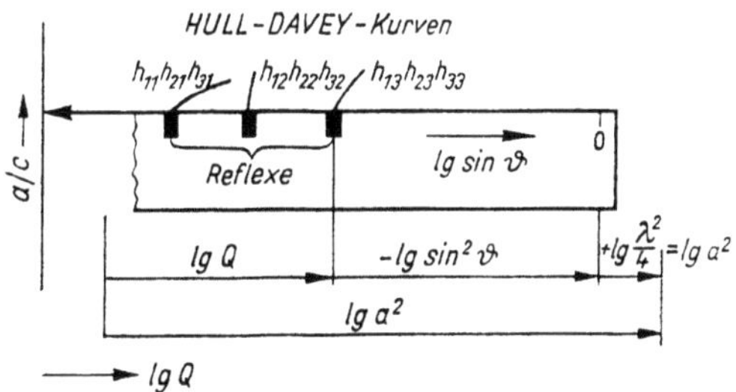

Bild 4.17. Schiebestreifenmethode für hexagonale und tetragonale Vielkristalle

streifens auf den HULL-DAVEY-Kurven in vertikaler und horizontaler Richtung wird erreicht, daß jeder $\lg \sin^2 \vartheta$-Wert einen Kurvenast schneidet. Jetzt kann die Indizierung erfolgen.
Aus Bild 4.17 geht hervor, wie nach der Indizierung aus den HULL-DAVEY-Kurven das Verhältnis a/c abgelesen wird und aus der Differenz der Nullpunkte von $\lg Q$ und $\lg \sin^2 \vartheta$ nach Gl. (4.29)

$$\lg Q - \lg \sin^2 \vartheta = \lg a^2 - \lg \frac{\lambda}{4} \qquad (4.29)$$

der Gitterparameter a bestimmt wird.
Die graphisch ermittelten Gitterparameter genügen im allgemeinen den Genauigkeitsanforderungen nicht. Darum erfolgt meist noch eine analytische Bestimmung. Sie soll am Beispiel des hexagonalen Systems erläutert werden.
In der Gl. (4.30)

$$\sin^2 \vartheta = \frac{\lambda^2}{4a^2} \left[\frac{4}{3} (h_1^2 + h_1 h_2 + h_2^2) + \left(\frac{a}{c} \right)^2 h_3^2 \right]$$

$$\qquad (4.30)$$

treten zwei Unbekannte auf, zu deren Bestimmung man ein System von zwei Gleichungen mit den Werten (ϑ_1, h_1, h_2, h_3) und (ϑ_2, h_1', h_2', h_3') benötigt. Für die Berechnung benutzt man Interferenzen des Rückstrahlbereiches (ϑ_1, $\vartheta_2 > 45°$), da mit steigendem Glanzwinkel die Genauigkeit der Gitterkonstantenbestimmung zunimmt. Besonders einfach wird die Lösung des Gleichungssystems dann, wenn eine Interferenz ($h_1 h_2 0$) zur Verfügung steht. Für diesen Sonderfall läßt sich der Gitterparameter a sofort explizit nach Gl. (4.31) ermitteln, die einen Sonderfall von Gl. (4.30) darstellt:

$$a = \frac{\lambda}{\sin \vartheta} \left(\frac{h_1^2 + h_1 h_2 + h_2^2}{3} \right)^{1/2} \qquad (4.31)$$

Gitterparameter rhombischer, monokliner und trikliner Vielkristalle sind nur durch aufwendige Rechenverfahren zu bestimmen [4.1], [4.4]. Zuerst werden aus den gemessenen BRAGG-Winkeln ϑ_i über Gl. (4.7) die Beträge der zuordenbaren Vektoren des reziproken Gitters $|\mathbf{h}_i|$ bzw. deren Quadrate $|\mathbf{h}_i|^2$ ermittelt. Des weiteren geht man davon aus, daß gemäß Gl. (4.9) durch Linearkombinationen

$$\mathbf{h}_1 + \mathbf{h}_2 = \mathbf{h}_3 \qquad (4.32\mathrm{a})$$

$$\mathbf{h}_1 - \mathbf{h}_2 = \mathbf{h}_4 \qquad (4.32\mathrm{b})$$

aus bereits bekannten Vektoren des reziproken Gitters (h_1, h_2) weitere herleitbar sind, und testet, welche der nun insgesamt vorliegenden Vektoren die Einheitsvektoren (b_1, b_2, b_3) sein können. Sind letztere gefunden, so lassen sich nach Gl. (4.8) die Parameter des Raumgitters berechnen. Für die praktische Durchführung benötigt man reflexreiche Diagramme mit mindestens 20 Interferenzen. Nicht in jedem Fall ist ein Erfolg sicher. Schwierigkeiten entstehen, weil aus Vielkristallaufnahmen nur die Abstände der Netzebenen, nicht aber deren gegenseitige Orientierungen entnommen werden können. Daher hat man als Ausgangsgrößen für Gl. (4.32) auch nur Beträge und keine Richtungen der Vektoren des reziproken Gitters zur Verfügung. Für entsprechende Einkristalluntersuchungen besteht diese Einschränkung nicht, daher sind sie zur Bestimmung von Gitterparametern in niedrigsymmetrischen Kristallsystemen vorzuziehen.

Einfacher liegen die Verhältnisse, wenn die Indizierung der Reflexe von vornherein bekannt ist. Praktisch tritt dieser Fall häufig auf, wenn man durch Mischkristallbildung oder andere Realstruktureffekte verursachte Gitterkonstantenänderungen von an und für sich bekannten Strukturen untersuchen will. Zur Lösung dieser Aufgabe benötigt man eigentlich nur so viele Reflexe, wie unbekannte Gitterparameter auftreten. (Diese Problematik ergab sich schon im Zusammenhang mit Gl. (4.30) für hexagonale Gitter.) Zur Erzielung höherer Genauigkeiten bezieht man viele Reflexe unter möglichst großen BRAGGschen Winkeln in die Auswertung ein und minimiert den Fehler nach der Methode der kleinsten Quadrate [4.4]. Ein auf anderer Basis beruhendes Verfahren zur Präzisionsgitterkonstanten-Bestimmung für kubische Substanzen wird in Abschnitt 4.3.3.2. beschrieben.

4.3.1.3.   Qualitative Phasenanalyse

Nach den Ausführungen in Abschnitt 4.3.1.1. erzeugt jede vielkristalline Substanz eine entsprechend ihrer Struktur spezifische radiale Intensitätsverteilung bei Wechselwirkung mit paralleler und weitgehend monochromatischer Röntgenstrahlung.

Anhand der auftretenden BRAGGschen Winkel ϑ_i und der Stärke der Reflexe ließe sich demnach schon eine Substanz identifizieren. Um zu einer allgemeinen Aussage zu gelangen, normiert man diese Angaben. Durch Umrechnung der BRAGG-Winkel ϑ_i in die Netzebenenabstände d_i der reflektierenden Netzebenen wird man unabhängig von der Wellenlänge der zur Bestimmung der radialen Intensitätsverteilung verwendeten Strahlung. Eine Angabe der relativen Intensität der Reflexe, bezogen auf die Intensität des stärksten Reflexes, schafft weitgehende Unabhängigkeit von den Bedingungen bei der Aufnahme des Interferenzdiagrammes.

Zur Identifizierung einer Substanz mittels ihrer radialen Intensitätsverteilung bedarf es nun des Vergleiches mit einem Standardwerk, in dem die d-Werte der reflektierenden Netzebenen und die relativen Intensitäten der Reflexe möglichst vieler Substanzen erfaßt sind. Ein solches Standardwerk ist die *ASTM-Kartei* [4.10]. Hier sind die genannten Angaben für weit über 30000 Substanzen gesammelt. Damit die Kartei ständig erweitert und korrigiert werden kann, sind die Beugungsdaten für jede Substanz auf einer Karteikarte aufgeführt. Bild 4.18 zeigt eine solche Karteikarte. Auf dem Kartenkopf findet man links oben die d-Werte der drei stärksten Reflexe und darunter die relativen prozentualen Intensitäten. Das vierte Feld gibt den größten für das Material gemessenen Netzebenenabstand mit zugehöriger Intensität an. Auf der rechten Seite schließen sich chemische Formel, chemischer Verbindungsname und eventuelle Bezeichnung des Minerals oder organische Strukturformel an. Darunter sind die d-Werte, die relativen Intensitäten und die dazugehörigen LAUE-Indizes ($h_1 h_2 h_3$) angegeben. Auf der linken Seite folgen Felder mit Angaben über die experimentellen Aufnahmebedingungen, kristallographischen Daten, physikalischen Daten und Herkunft, Reinheit sowie Präparation der Probe.

Zuerst soll angenommen werden, daß die Elemente oder chemischen Radikale bekannt sind, die in der zu bestimmenden Phase enthalten sein können. Dieser Fall tritt sehr oft in der Praxis auf. Zum Beispiel kann bei der röntgenographischen Bestimmung von Karbiden in Stählen bereits aus der Stahlmarke entnommen werden, welche Elemente außer Kohlenstoff und Eisen noch in den Karbiden vorhanden sein können. Dann werden im alphabetischen Teil des Index-

d 4-0802	2.265	1.962	1.1826	2.265	PT	★
I/I_1 4-0802	100	53	33	100	Platinum	

Rad. Cu λ1.5405 Filter Ni		
Dia. Cut off Coll.		
I/I, G-M SPECTROMETER d corr.abs.?		
Ref. SWANSON AND TATGE,JC FEL. REPOPTS,NBS 1950		

d A	I I	$h_1 h_2 h_3$	dA	I/I_1	$h_1 h_2 h_3$
2.265	100	111			
1.962	53	200			
1.387	31	220			
1.1826	33	311			
1.1325	12	222			
0.9808	6	400			
0.9000	22	331			
0.8773	20	420			
0.8008	29	422			

Sys. CUBIC (F.C.)   S.G. O_H^6 –FM3M
a_0 2.9231 b_0 c_0 A   C
α β γ Z 4
Ref. IBID.

$\varepsilon \alpha$ $n\omega\beta$ $\varepsilon \gamma$ Sign
2V D_x 21.472mp   Color
Ref. IBID.

SAMPLE ESTIMATED BY NBS CHEM. LAB. TO BE
GREATER THAN 99.99% PURE.
AT 26°C
TC REPLACE 1-1190, 1-1194, 1-1311

Bild 4.18. ASTM-Karte für Platin

bandes der ASTM-Kartei alle entsprechenden Verbindungen gesucht und die Angaben auf den zugehörenden ASTM-Karten mit den ermittelten Werten verglichen. Lassen sich alle Reflexe der Probe identifizieren, so wurde die Substanz mit Sicherheit richtig bestimmt.

Ist die zu untersuchende Substanz völlig unbekannt, so ermittelt man aus dem Indexband der ASTM-Kartei die HANAWALT-Gruppe, der die Substanz angehört. Die HANAWALT-Gruppen sind eine Einteilung der ASTM-Karten nach den d-Werten, die an dem jeweils stärksten Reflex einer Substanz beobachtet werden. Innerhalb der HANAWALT-Gruppen sind die ASTM-Karten nach den Netzebenenabständen der zweitstärksten Reflexe geordnet. Dadurch lassen sich mit geringem Aufwand die Karten finden, deren Angaben über den zweit- und drittstärksten Reflex mit den experimentell ermittelten Werten etwa übereinstimmen. Lassen sich alle weiteren Reflexe ebenfalls mit Hilfe einer dieser ASTM-Karten identifizieren, so wurde die Substanz mit Sicherheit richtig bestimmt.

Besteht eine Substanz aus mehreren kristallinen Phasen, so sind alle Phasen im Prinzip bestimmbar, da jede Phase ihr eigenes Interferenzdiagramm erzeugt, d. h., zur Auswertung liegt eine Superposition von mehreren radialen Intensitätsverteilungen I_n einzelner Phasen vor. Die Analyse wird aber erschwert, da von vornherein nicht bekannt ist, ob der nächststärkste Reflex des Interferenzdiagramms noch der ersten Phase als zweitstärkster Reflex oder bereits einer anderen Phase als stärkster Reflex zuzuordnen ist usw. Außerdem können Koinzidenzen (Überlagerungen von Reflexen) unterschiedlicher Phasen zur Bestimmung scheinbar falscher Intensitätsverhältnisse führen.

Im Gegensatz zu chemisch-analytischen Verfahren werden mit Hilfe der röntgenographischen Substanzanalyse nicht chemische Elemente oder Elementgruppen, sondern Phasen bestimmt. Es lassen sich damit auch Phasen unterscheiden, die chemisch gleiche oder ähnliche Zusammensetzungen haben und nur eine andere Kristallstruktur aufweisen. Zum Beispiel ist der chemische Nachweis von Restaustenit in einem martensitischen Stahl nicht möglich. Auch eine chemische Analyse der Rostzusammensetzung führt zu unbefriedigenden Ergebnissen, da die beiden Hauptkomponenten des Rostes (Goethit und Lepidokrokit) die gleiche chemische Zusammensetzung (FeOOH) aufweisen. In beiden Fällen läßt sich jedoch mit Erfolg eine röntgenographische Phasenanalyse durchführen, da die einzelnen Phasen trotz gleicher chemischer Zusammensetzung unterschiedliche Strukturen besitzen, die zu unterschiedlichen radialen Intensitätsverteilungen führen. Ein Vorteil der qualitativen röntgenographischen Phasenanalyse besteht darin, daß bei Anwendung des DEBYE-SCHERRER-Verfahrens Mikroanalysen mit einigen μg Substanz möglich sind.

Nicht unerwähnt bleiben darf, daß die Spezifik der Auswertung einen hohen Automatisierungsgrad der Analysen ermöglicht. Durch Einsatz von Computern werden bereits vollautomatische röntgenographische Analysen verwirklicht.

Natürlich sind der Identifizierung von Substanzen nach dem Verfahren mit der ASTM-Kartei auch Grenzen gesetzt. Prinzipiell lassen sich nur Substanzen finden, die in die ASTM-Kartei aufgenommen sind. Außerdem sind einige Angaben in der ASTM-Kartei sehr alt und deshalb überprüfungsbedürftig.

Ist eine Probe nicht einphasig, so gelingt eine Bestimmung von Zweiphasensystemen noch mit hoher Wahrscheinlichkeit. Bereits eine dritte Phase schränkt die Erfolgsaussichten stark ein, und Proben, die noch mehr Phasen enthalten, lassen sich im allgemeinen nicht mehr identifizieren. In günstigen Fällen läßt sich eine Phase noch nachweisen, die zu 1 % in der Probe enthalten ist, in ungünstigen Fällen kann der Anteil von 50 % einer Phase nicht zu deren Identifizierung ausreichen. Von Nachteil für die röntgenographische Phasenanalyse erweisen sich die Unsicherheiten, die bei der Bestimmung der Intensitätsverhältnisse der Reflexe auftreten können. Bei Untersuchung von Kompaktproben erreicht man oftmals nicht die für konstante Intensitätsverhältnisse notwendige statistische Orientierungsverteilung und optimale Teilchengröße der Kristallite. Änderungen der Intensitätsverhältnisse durch Verwendung anderer Strahlungen und Aufnahmetechniken, als in den ASTM-Karten angegeben sind, lassen sich evtl. berücksichtigen. Die oft erheblichen Einflüsse, die durch Störungen des Kristallgitters entstehen können, lassen sich hingegen nicht erfassen.

4.3.1.4. Quantitative Phasenanalyse

Schon aus den Abschnitten 4.3.1.1. und 4.3.1.3. ging hervor, daß ein charakteristisches Merkmal jeder kristallinen Substanz die Intensitäten ihrer Reflexe sind. Es soll nun die Intensität eines Reflexes etwas detaillierter betrachtet werden. Dabei wird vorerst von einer einphasigen Substanz ausgegangen. Hier läßt sich die reflektierte Intensität I in drei Faktoren zerlegen:

$$I = K_0 RA \qquad (4.33)$$

K_0 ist eine Apparatekonstante, die von den Parametern der Röntgenröhre abhängt und deren Größe durch Intensität und Querschnitt des Primärstrahlbündels sowie Wellenlänge der Strahlung gegeben ist. Für das gesamte Interferenzdiagramm kann K_0 = konstant gesetzt werden.

Der Faktor R faßt alle Einflüsse zusammen, die sich aus dem Reflexionsvermögen der Netzebene (hkl) und der Geometrie des Aufnahmeverfahrens auf die Intensität des Reflexes ergeben. R läßt sich durch einen umfangreichen winkelabhängigen Ausdruck beschreiben, dessen kritische Größe der Strukturfaktor [Gl. (4.17)] ist. Wird letzterer bestimmbar, so läßt sich auch R hinreichend genau berechnen. Diese Voraussetzung ist für metallische Werkstoffe mit ihren vergleichsweise einfachen Strukturen oft gegeben.

Der Absorptionsfaktor A ist ein Maß für die Dicke der Probenschicht, aus der noch abgebeugte Strahlungsintensität merklich zum Reflex beiträgt. Der Wert von A beeinflußt daher die Größe des mit Röntgenstrahlung untersuchten Probenvolumens. A ist eine Funktion des linearen Schwächungskoeffizienten μ. Für das bei quantitativen Analysen übliche Diffraktometerverfahren, auf das wir uns in den weiteren Ausführungen auch beziehen werden, gilt:

$$A = \frac{1}{2\mu} \qquad (4.34)$$

In einem Mehrphasensystem sinkt die Intensität des oben betrachteten Reflexes I_k um einen Faktor v_k, der dem Volumenanteil V_k der reflektierenden Phase k am Gesamtvolumen V entspricht:

$$I_k = K_k R_k A_k v_k \qquad (4.35)$$

$$v_k = \frac{V_k}{V} \qquad (4.35\,a)$$

Bei Berücksichtigung von Gl. (4.34) erhält man für ein Zweiphasensystem:

$$I_1 = K_0 R_1 \frac{1}{2\mu_1} v_1 \qquad (4.36\,a)$$

$$I_2 = K_0 R_2 \frac{1}{2\mu_2} v_2 \qquad (4.36\,b)$$

$$v_1 + v_2 = 1 \qquad (4.36\,c)$$

Aus Gl. (4.36) erkennen wir das Prinzip der quantitativen röntgenographischen Phasenanalyse. Um die Phasenanteile v_k zu ermitteln, müssen die unbekannten Größen I_k, R_k, μ_k und K_0 bestimmt werden. Die Werte für I_k erhält man aus dem Experiment. K_0 kann durch Quotientenbildung – z. B. aus Gln. (4.36a) und (4.36b) – eliminiert werden. Die dabei entstehenden Quotienten R_1/R_2 und μ_2/μ_1 müssen berechnet, gemessen oder eliminiert werden, um v_1 und v_2 bestimmen zu können. In Abhängigkeit der dazu benutzten Variante existieren drei Analysenmethoden:

– Verfahren mit äußerem Standard
– Verfahren mit innerem Standard
– Verfahren ohne Standard

Das Verfahren mit äußerem Standard beruht auf dem Vergleich der Interferenzlinienintensität I_k der Phase k einer n-phasigen Probe mit der Interferenzlinienintensität I_s eines Standards aus einer reinen Substanz. Bildet man aus den gemessenen Intensitäten den Quotienten I_k/I_s, so ergibt sich aus Gln. (4.33) und (4.35) unter Berücksichtigung von Gl. (4.34):

$$\frac{I_k}{I_s} = \frac{R_k}{R_s} \frac{\mu_s}{\mu_k} v_k \qquad (4.37)$$

Normalerweise kann man μ_k dem Schwächungskoeffizienten der Probe μ_p gleichsetzen. Zweckmäßig wird man als Standard die reine Phase k wählen, so daß R_s und R_k gleiche Werte annehmen. Dann ergibt sich:

$$\frac{I_k}{I_s} = \frac{\mu_s}{\mu_p} v_k \qquad (4.38)$$

Gl. (4.38) zeigt, daß bei Anwendung des Verfahrens mit äußerem Standard außer den Intensitäten auch die Schwächungskoeffizienten gemessen werden müssen. Dafür ist keine Berechnung der R-Werte erforderlich.

Das Verfahren mit innerem Standard beruht auf dem Vergleich der Interferenzlinienintensität I_k der Phase k einer Mischung mit der Interferenzlinienintensität I_s einer der Mischung beigefügten Standardsubstanz S.

Aus Gln. (4.33) und (4.35) erhält man dann

$$\frac{I_k}{I_s} = \frac{R_k}{R_s} \frac{\mu_s}{\mu_k} \frac{v_k}{v_s} \qquad (4.39)$$

Da Standard S und Phase k in *einer* Probenmischung vorliegen, kann man normalerweise die Schwächungskoeffizienten gleichsetzen:

$$\mu_s = \mu_k = \mu_p \qquad (4.40)$$

und Gl. (4.39) vereinfacht sich zu

$$\frac{I_k}{I_s} = \frac{R_k}{R_s} \frac{1}{v_s} v_k \qquad (4.41)$$

Da eine definierte Menge Standardsubstanz zugegeben wird, ist der Wert für v_s bekannt. Das Verhältnis R_k/R_s läßt sich in günstigen Fällen berechnen. Meist wird es jedoch experimentell aus Messungen der Intensitäten von Eichproben ermittelt.

Beim Verfahren ohne Standard erfolgt die Phasenbestimmung direkt aus den Intensitäten je einer Interferenz der einzelnen Phasen.

Nach Gl. (4.42)

$$\frac{I_k}{I_{k+1}} = \frac{R_k}{R_{k+1}} \frac{v_k}{v_{k+1}} \qquad (4.42\,a)$$

$$\sum_{n=1}^{n} v_k = 1 \qquad (4.42\,b)$$

müssen die Verhältnisse R_k/R_{k-1} zusätzlich bestimmt werden. Das geschieht in den meisten Fällen durch Berechnung.

Bei der Auswahl einer der oben dargelegten Verfahrensvarianten läßt man sich von folgenden Gesichtspunkten leiten: Das mit dem geringsten experimentellen Aufwand verbundene Verfahren ohne Standard wird bevorzugt, wenn die Probe nur aus zwei bis drei Phasen besteht. Sie kann dabei auch in kompakter Form untersucht werden. Große Bedeutung besitzt das Verfahren für die Bestimmung des Austenit- und Martensitgehaltes (bzw. Ferritgehaltes) in Stählen. Deshalb sind in Tabelle 4.7 die R-Werte von Reflexen ($h_1h_2h_3$) des kubisch-flächenzentrierten und des kubisch-raumzentrierten Eisens für verschiedene Wellenlängen der Röntgenstrahlung angegeben. Bei der Untersuchung von Substanzen, die aus mehr als drei Hauptphasen bestehen, wird auf alle Fälle ein Verfahren mit Standard benutzt. Das Verfahren mit innerem Standard setzt pulverförmige Proben voraus. Außerdem muß eine geeignete Standardsubstanz gefunden werden, deren Reflexe nicht mit Probenreflexen koinzidieren. Geeignet ist die Methode für Serienanalysen, da man im allgemeinen Eichkurven zur Durchführung dieser Methode aufstellen muß. Die Variante mit äußerem Standard ist experimentell aufwendiger, da zusätzlich die linearen Schwächungskoeffizienten ermittelt werden müssen. Dafür entfällt das Aufstellen von Eichkurven. Unabhängig von der verwendeten Variante sollte das Diffraktometerverfahren benutzt werden, da eine quantitative Phasenanalyse aus Filmaufnahmen zu aufwendig und zu ungenau ist.

Um die Sicherheit der Ergebnisse zu erhöhen, wird die Intensität von mindestens zwei Reflexen je Phase bestimmt und daraus wenigstens zweimal die Konzentration der einzelnen Phasen berechnet. Als Meßgröße für die Reflexintensität sollte man die bereits in Abschnitt 4.2.1. durch Gl. (4.15) definierte Integralintensität wählen.

Das Operieren mit der einfacher zu bestimmenden Reflexhöhe führt zu ungenaueren Ergebnissen. Unabhängig vom Intensitätsmaß muß beachtet werden, daß von der experimentell bestimmten Gesamtintensität der Streuuntergrund der radialen Intensitätsverteilung abgezogen werden muß, um die Reflexintensität zu erhalten. Unter den quantitativen Analysenverfahren besitzt die röntgenographische Methode eine Sonderstellung, da mit ihr auch die Mengenanteile allotroper oder polymorpher Modifikationen erfaßt werden können.

Normalerweise ist die röntgenographische quantitative Phasenanalyse gut anwendbar, wenn von einer Probe bis zu drei Phasen bestimmt werden sollen und die zu bestimmenden Phasen den überwiegenden Anteil der Probe ausmachen. Die Phasen sind in günstigen Fällen bis zu Konzentrationen von 1% quantitativ erfaßbar. Mit steigendem Anteil einer Phase fällt der relative Fehler der quantitativen Bestimmung; er unterschreitet aber kaum $\pm 3\%$. Von großem Einfluß auf den Fehler ist die Genauigkeit der Intensitätsmessung. Schmale, koinzidenzfreie Reflexe, die sich gut vom Streuuntergrund abheben, sind Voraussetzung für minimale Fehler. Mit steigender Zahl der Phasen in einer Probe steigt aber auch die Zahl der Interferenzlinien und damit die Wahrscheinlichkeit, daß Koinzidenzen auftreten. Des weiteren wird die Relation Integralintensität der Reflexe zu Intensität der Unter-

Tabelle 4.7. R-Werte für Stahl[1])

Strahlung	MoK_α		CoK_α		FeK_α		CrK_α	
R-Wert [10^{-48} cm^{-6}] $h_1h_2h_3$	Ferrit (Martensit)	Austenit	Ferrit (Martensit)	Austenit	Ferrit (Martensit)	Austenit	Ferrit (Martensit)	Austenit
110	1 766		140		140		105	
111		1 294		104		104		77,2
200	290	624	19,6	46,5	21,5	46,8	23,4	36,6
211	558		44,2		62,6		237	
220	160	388	22,2	27,2	52,2	33,6		57,1
310	202		122					
311		428		42,3		71,8		
222	45,2	120		14,4		29		

[1]) Nach G. Faninger u. U. Hartmann: Härtereitechnische Mitteilungen 27 (1972), S. 233–244

grundstreuung ungünstig verkleinert. Falsche Intensitätswerte kann man auch dann erhalten, wenn der Streuuntergrund durch eine große Zahl schwacher Reflexe angehoben ist. Derartige Reflexe entstehen durch in geringer Konzentration vorhandene zusätzliche Phasen und werden z. B. bei der Restaustenitbestimmung in Stählen oft durch Karbide verursacht. Auch stark verbreitete Reflexe können zu einer falschen Festlegung des Streuuntergrundes oder zu Koinzidenzen der Interferenzlinien führen. Diese Verbreiterung ist eine Folge starker Defekte des Kristallgitters, wie sie z. B. bei Verformung von metallischen Werkstoffen entstehen. Erhebliche Fehler bei der quantitativen röntgenographischen Phasenanalyse können entstehen, wenn die Probe vom Modell des idealen Vielkristalls (gleiche Häufigkeit der Kristallitorientierungen in alle Raumrichtungen, Größe der Subkristallite von 1 bis 10 μm) abweicht. Bei pulverförmigen Proben kann man Fehler dieser Art durch eine geeignete Präparation (Mahlen des Pulvers, Vermeidung von Schüttexturen beim Aufbringen der Probe auf den Probenhalter) meist umgehen. Kritischer ist die Untersuchung von kompakten Proben, weil hier die Veränderung des Probengefüges nicht erwünscht oder mit ungerechtfertigtem Aufwand verbunden sein kann. In diesem Fall muß der Auswerteaufwand vergrößert werden. Um beispielsweise Textureinflüsse zu eliminieren, muß eine größere Anzahl Reflexe gemessen und gegebenenfalls auch mit unterschiedlicher Wichtung in die Berechnung der Phasenanteile einbezogen werden [4.9].

Besonders weit entwickelt ist die quantitative Restaustenitbestimmung, die z. T. bereits vollautomatisch durchgeführt wird. Einen umfassenden Überblick über die Problematik der quantitativen röntgenographischen Phasenanalyse findet man in [4.8].

Als ein Sonderfall der quantitativen röntgenographischen Phasenanalyse kann die Schichtdickenmessung angesehen werden. Sie läßt sich für Ein- und Mehrfachschichtlagen in einem Dickenintervall von 1 bis mehreren 10 μm anwenden [4.1]. Ausbildung von Stengelkristalliten und Texturen in der Schicht zwingen meist zu erhöhtem experimentellem und auswertetechnischem Aufwand, wenn Fehler von ± 1 μm nicht überschritten werden sollen.

4.3.2. Gefügeanalyse

4.3.2.1. Zusammenhänge zwischen Gefüge und Debye-Scherrer-Ring des Vielkristalls

Aus dem Polkugelmodell (s. Abschnitt 4.1.2.6.) und der Einteilung der Interferenzbilder (s. Abschnitt 4.2.1.) ließ sich ableiten, daß die azimutale Intensitätsverteilung als Sichtbarmachung eines Kreisrings der Polkugel verstanden werden kann. Es wurde bei den bisherigen Betrachtungen vom idealen Vielkristall mit einer unendlichen Zahl und vollkommen statistischer Verteilung der Kristallite ausgegangen, der die Polkugel vollständig und gleichmäßig dicht mit Flächenpolen belegt. Unter diesen Umständen kann man für die azimutale Intensitätsverteilung einen geschlossenen Interferenzkegel voraussagen. Dieser läßt sich als DEBYE-SCHERRER-Ring auf einem senkrecht zum Primärstrahl stehenden Planfilm abbilden. Jeder einzelne reflexionsfähige Kristallit trägt einen Punkt zu diesem Kreisring bei. Demzufolge sollte von dem Interferenzring bestenfalls ein Punkt übrigbleiben, wenn die Probe ein Einkristall ist.[1]

Zwischen den beiden Extrema Einkristall und idealer Vielkristall müssen sich die realen Gefüge bewegen. Sie lassen sich dadurch einstellen, daß man in einer vielkristallinen Probe die Zahl der Kristallite je Volumeneinheit und ihre Orientierung variiert. Praktisch werden diese beiden Parameter durch die Korngröße und die Textur erfaßt.

Entsprechend wird auch die azimutale Intensitätsverteilung von den beiden Parametern Korngröße und Textur bestimmt. Mit fallender Korngröße steigt die Zahl der Punkte auf dem DEBYE-SCHERRER-Ring, der sich ab Korngrößen kleiner als 10 μm schließt. Infolge von Probentexturen sind vom DEBYE-SCHERRER-Ring nur bestimmte

---

[1] Mehrere Punkte können praktisch entstehen, weil es in hochsymmetrischen Kristallgittern unterschiedliche Netzebenenarten mit gleichem Netzebenenabstand gibt. Man erhält sie durch zyklisches Vertauschen von MILLERschen Indizes. Beispielsweise sind im kubischen Kristallsystem die Netzebenenarten (100), (010), (001), ($\bar{1}$00), (0$\bar{1}$0), (00$\bar{1}$) gleichwertig und als {100} zusammengefaßt.

Bereiche mit Intensität belegt, die mit zunehmender Texturschärfe immer kleiner werden. In Bild 4.19 sind die Zusammenhänge als Übersicht dargestellt. Der *sichtbare* Gefügeanteil ist durch einen Kreisring in der Polfigur gekennzeichnet.

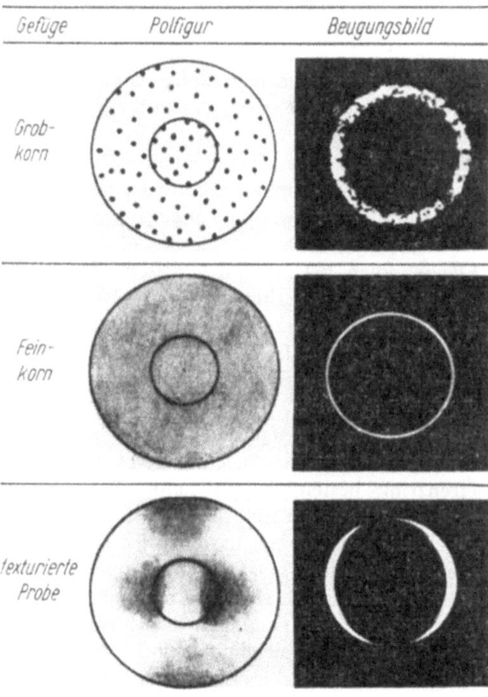

Bild 4.19. Widerspiegelung des Gefüges von α-Eisen im Beugungsbild

4.3.2.2. Anwendungsmöglichkeiten

Nach den vorangegangenen Ausführungen müssen sich aus der azimutalen Intensitätsverteilung Rückschlüsse auf Korngröße und Textur ziehen lassen. So können z. B. Rekristallisationsvorgänge gut verfolgt werden. Zur Korngrößenbestimmung aus der azimutalen Intensitätsverteilung benötigt man einen in Punkte aufgelösten DEBYE-SCHERRER-Ring. Die Zahl der Interferenzpunkte steigt mit der Anzahl der Kristallite im bestrahlten Probenvolumen; also muß die Punktzahl umgekehrt proportional der Korngröße sein.

Zur Eliminierung des Proportionalitätsfaktors gibt es mehrere Varianten [4.1]. Einerseits kann man von Testproben, deren Korngröße metallographisch bestimmt wurde, Eichaufnahmen anfertigen und diese mit dem Interferenzbild der eigentlichen Probe vergleichen. Andererseits gewinnt man von einundderselben Probe zwei Aufnahmen mit unterschiedlicher Zahl von Interferenzpunkten, wenn man zwei verschiedene Belichtungszeiten wählt. (Bei der längeren Belichtungszeit erscheinen auch Reflexe von Kristalliten aus größerer Probentiefe.) Aus der Differenz der Punktzahlen beider Interferenzringe läßt sich die Korngröße berechnen.

Die Texturuntersuchung mit Röntgenstrahlen ist einigen Einschränkungen unterworfen. Um eine gesicherte Aussage über die Textur zu erhalten, wäre die Einbeziehung eines größeren Probenvolumens in den Meßvorgang wünschenswert. Dem steht die geringe Eindringtiefe der Röntgenstrahlung entgegen. Universeller anwendbar ist die auf dem gleichen Meßprinzip beruhende Neutronenbeugung; deshalb ist die Texturmessung im Abschnitt 5.5. detaillierter ausgeführt. In einigen Fällen erweist sich die geringe Eindringtiefe der Röntgenstrahlung auch als Vorteil. So sind Texturveränderungen über den Probenquerschnitt und Oberflächentexturen röntgenographisch besser zu erfassen.

Das Problem der Texturuntersuchung besteht darin, einen möglichst großen Bereich der Polkugeloberfläche abzubilden. Bei röntgenographischer Untersuchung von drahtförmigen Proben läßt sich deren Drahttextur mit dem Drehkristallverfahren aufnehmen. Dabei dringt der primäre Röntgenstrahl unter einem Winkel von 90° zur Drahtachse in die Probe ein. Auf einem zylindrisch um die Drahtachse angeordneten Film wird der überwiegende Teil des Interferenzkegelsystems registriert. Wegen der Rotationssymmetrie von Drahttexturen kann die Probe während der Aufnahme um ihre Längsachse gedreht werden. Während bei untexturierten Proben durchgehende Interferenzlinien – die Schnittfiguren zwischen Interferenzkegeln und Filmzylinder – zu beobachten sind, lokalisiert sich die Intensität mit zunehmender Texturschärfe immer mehr auf Einzelbereiche. Diese haben auch für unterschiedliche Reflexe gleichen Abstand zum Filmäquator und können (ähnlich wie bei Drehkristallaufnahmen von Einkristallen) zu Schicht-linien verbunden werden. Aus Lage und Belegung der Schichtlinien mit Intensität läßt sich der Texturtyp bestimmen [4.5]. Abnehmende Textur-schärfe widerspiegelt sich in einer Verbreiterung der Schichtlinien.

Bild 4.19 zeigt, daß der Reflexionskreis nur einen kleinen Ausschnitt der Polkugeloberfläche dar-stellt. Deshalb kann man bei der Untersuchung von Blechtexturen aus einer Aufnahme im all-gemeinen keine befriedigende Aussage über die Textur treffen. Um andere Bereiche der Polkugel zu erfassen, müßte diese verdreht werden. In der Praxis kommt dem eine Verkippung der Probe gleich. Man kann beispielsweise zur Er-fassung der Blechtextur Planfilmaufnahmen bei unterschiedlichen Winkeln zwischen Ober-flächennormale der Probe und Primärstrahl an-fertigen (bei einer Aufnahme mit ungekippter Probe beträgt dieser Winkel 0°). Ein derartiges Verfahren ist aber sehr zeitaufwendig und ge-stattet ohnehin nur eine qualitative Bestimmung der Textur. Eine bessere Quantifizierung der Texturschärfe läßt sich mit dem Zählrohrdiffrak-tometer (vgl. Abschnitt 4.2.2.) erreichen, doch sind hier die Kippmöglichkeiten für die Probe im allgemeinen stark begrenzt. Einen Ausweg bie-tet der Einsatz eines Zählrohrtexturgoniometers. Bei diesem Gerät bleibt im Gegensatz zum kon-ventionellen Zählrohrdiffraktometer während einer Untersuchung die Stellung des Detektors unverändert, da nur die Polkugel einer einzigen

Netzebenenart (*hkl*) abgetastet werden soll. Zur Erfassung möglichst vieler Positionen führt die Probe während der Aufnahme kombinierte Kipp- und Drehbewegungen aus. Welche Bereiche dabei von der Polkugeloberfläche abgefahren werden, zeigt Bild 4.20 für das Texturgoniometer nach SCHULZ in der stereographischen Projektion [4.12]. Dieses Gerät ist zur Untersuchung von Kompaktproben gut geeignet.

Eine umfassende Darstellung der Texturproble-matik einschließlich der Bestimmungsverfahren findet man in [4.5].

4.3.3.   Realstrukturuntersuchungen

4.3.3.1.   Einflüsse der Realstruktur des Vielkristalls auf eine Interferenzlinie

Für die bisherigen Betrachtungen wurde eine weitgehend ideale Struktur der einzelnen Kri-stallite vorausgesetzt. Die Realstruktur eines Kristalls oder Kristallites kann man auch als eine Abweichung von der ideal zu erwartenden Struktur verstehen, die sich natürlich auch in den Interferenzen niederschlagen muß. Allerdings darf diese Abweichung differentiell kleine Be-träge nicht übersteigen. Es wird deshalb das totale Differential der BRAGGschen Gleichung gebildet, das den fundamentalen Zusammenhang zwischen Struktur und Interferenz vermittelt, und man erhält:

$$2 \sin \vartheta \, \delta d + 2d \cos \vartheta \, \delta \vartheta - \lambda \delta n - n \delta \lambda = 0 \quad (4.43)$$

Man geht nun zur Differenzenschreibweise über

$$2 \sin \vartheta \, \Delta d + 2d \cos \vartheta \, \Delta \vartheta - \lambda \, \Delta n - n \, \Delta \lambda = 0$$

$$(4.44)$$

um herauszufinden, welche Auswirkung eine geringe Änderung Δ der in der BRAGGschen Glei-chung verankerten Größen auf den Reflex hat. Dabei kann man den Term $n \, \Delta \lambda$ von vornherein vernachlässigen, da die von einer Röntgenröhre emittierte charakteristische Strahlung unabhängig von der Realstruktur der untersuchten Probe ist. In diesem Zusammenhang ist jedoch der Hinweis angebracht, daß bei Präzisionsgitterkonstanten-Bestimmungen stets die Quelle angegeben werden sollte, aus der der Zahlenwert für die Wellenlänge

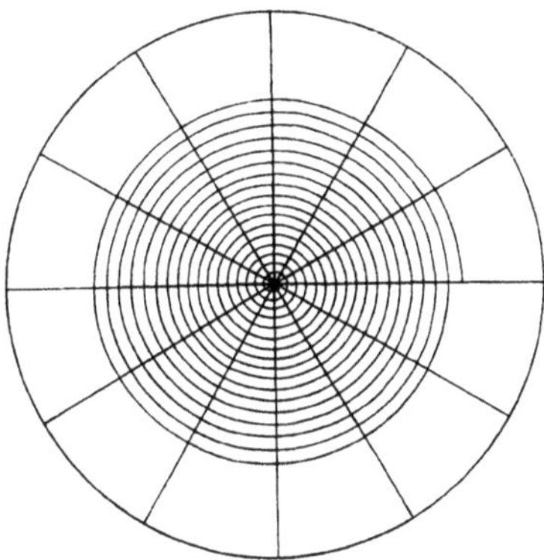

Bild 4.20. Stereographische Projektion der mit dem Texturgoniometer nach SCHULZ erfaßten Kristallit-lagen

entnommen wurde. In älterer Literatur findet man die Angabe der Wellenlängen nicht in Å bzw. 10^{-10} m, sondern in kX. Beide Maßeinheiten weichen geringfügig voneinander ab (1 Å $\approx$ 1,002 kX).

Aus Gl. (4.44) folgt, daß durch den Einfluß von Realstrukturerscheinungen auch bei Abweichung vom BRAGG-Winkel ϑ um den Winkel $\Delta\vartheta$ Intensität reflektiert werden kann. Stellt man Gl. (4.44) nach $\Delta\vartheta$ um, dann ergibt sich unter Berücksichtigung von $\Delta\lambda = 0$:

$$\Delta\vartheta = -\frac{\tan\vartheta}{d}\Delta d + \frac{\lambda}{2d\cos\vartheta}\Delta n \qquad (4.45)$$

Wie Gl. (4.45) zeigt, läßt sich außerhalb des BRAGG-Winkels reflektierte Intensität auf den Einfluß von zwei Termen zurückführen, die der Reihe nach untersucht werden sollen:

Term 1: Der Ausdruck

$$\Delta\vartheta_{\mathrm{v}} = -\tan\vartheta\,\frac{\Delta d}{d} \qquad (4.45\,\mathrm{a})$$

zeigt, daß Änderungen des Netzebenenabstandes Δd in den Kristalliten zu Glanzwinkelabweichungen $\Delta\vartheta$ führen. Netzebenenabstandsänderungen können auf 2 Ursachen zurückgeführt werden:

– *Mischkristallbildung;* der Einbau von Fremdatomen in das Kristallgitter führt zu dessen Aufweitung oder Kontraktion
– *Auftreten von Spannungen;* sie setzen sich bis in atomare Bereiche fort und führen nach dem HOOKEschen Gesetz

$$\frac{\sigma}{E} = \varepsilon = \frac{\Delta l}{l} = \frac{\Delta d}{d} \qquad (4.46)$$

zu einer Längenänderung Δl bzw. Netzebenenabstandsänderung Δd.

Wäre die Netzebenenabstandsänderung Δd in allen Kristallitbereichen der Probe konstant, so würde sich nur die Lage des Reflexes ändern. Schwankt Δd hingegen um einen Mittelwert $\overline{\Delta d}$ (wobei auch $\overline{\Delta d} = 0$ möglich ist!), so werden die Reflexe zusätzlich verbreitert. Demzufolge lassen sich aus der Verbreiterung der Interferenzlinien Aussagen über inhomogene, nur in mikroskopischen Probenbereichen konstante Eigenspannungen (Eigenspannungen höherer Art)

treffen. Mischkristallinhomogenitäten können mittels Interferenzlinienverbreiterung ebenfalls nachgewiesen werden.

Eine reine Interferenzlinienverlagerung um $\Delta\vartheta$ ohne gleichzeitige Reflexverbreiterung wird nicht auftreten, da eine konstante Änderung des Netzebenenabstandes Δd in allen Probenbezirken als einziger Realstruktureffekt praktisch unmöglich ist. Bereits aus der Verlagerung des Interferenzlinienmaximums $\overline{\Delta\vartheta}$ lassen sich jedoch Mischkristallbildungen oder -veränderungen und Eigenspannungen 1. Art (in makroskopischen Probenbereichen nach Größe und Richtung konstante Spannungen) erfassen. Eine Unterscheidung von Spannungen 1. Art und Mischkristalleffekten ist möglich, wenn man die Abhängigkeit der Verlagerung des Interferenzlinienmaximums $\overline{\Delta\vartheta}$ von der Meßrichtung in der Probe untersucht, die durch die Normale der reflektierenden Netzebenen vorgegeben ist. Unabhängig von der Meßrichtung muß bei Mischkristalleffekten der Wert von $\overline{\Delta\vartheta}$ stets gleich sein, da das gesamte Kristallgitter durch Legierungselemente gleichmäßig aufgeweitet oder kontrahiert wird. Bei Auftreten von Makrospannungen muß $\Delta\vartheta$ eine Funktion der Meßrichtung werden, da durch Zugspannung verursachte Dilatation des Kristallgitters in einer Richtung zu einer Kontraktion des Kristallgitters in den senkrechten Richtungen führen muß. In Bild 4.21 sind diese Verhältnisse schematisch wiedergegeben, und Tabelle 4.8 vermittelt einen Überblick über mögliche Rückschlüsse aus Interferenzlinienveränderungen auf Realstrukturerscheinungen in Polykristallen.

Term 2: Um die Bedeutung des Terms

$$\Delta\vartheta_{\mathrm{T}} = \frac{\lambda}{2d\cos\vartheta}\Delta n \qquad (4.47)$$

zu verstehen, müssen wir erst die Größe Δn physikalisch sinnvoll interpretieren. Ein von Null verschiedener Wert für Δn bedeutet bei der BRAGGschen Reflexion, daß zwischen den an zwei benachbarten Netzebenen reflektierten Strahlen kein ganzzahliger Wellenlängenunterschied auftritt. Dadurch sind die an benachbarten Netzebenen reflektierten Strahlen nicht mehr genau überlagert, wie es die BRAGGsche Gleichung erfordert, sondern um

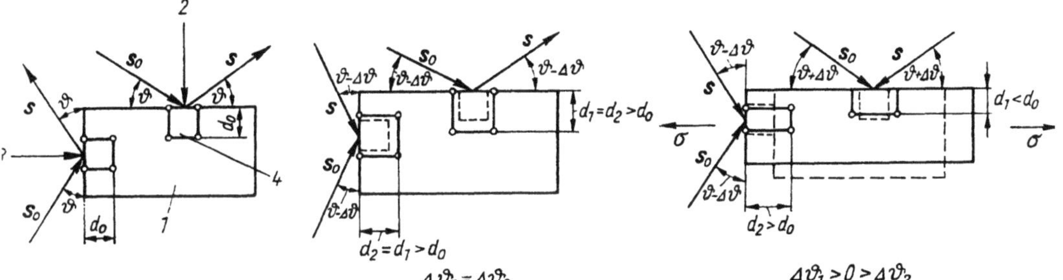

Bild 4.21. Schematische Darstellung zur Unterscheidung von Mischkristallbildung und Makrospannungen durch Röntgenstrukturanalyse

1 Probe
2 Meßrichtung 1
3 Meßrichtung 2
4 Elementarzelle

Tabelle 4.8. Rückschlüsse aus Interferenzlinienveränderungen auf Realstrukturerscheinungen in Polykristallen

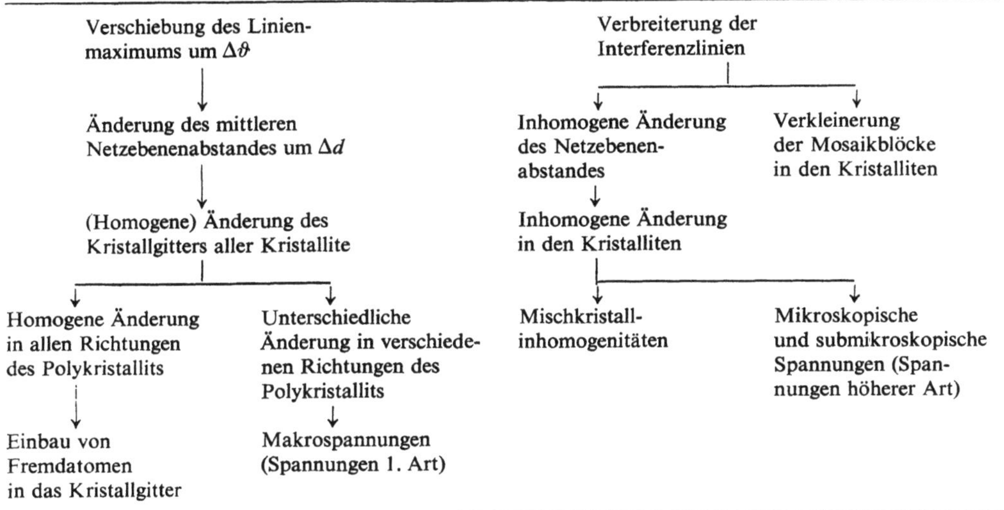

$$\Delta G = \Delta n\lambda \qquad (4.47\,\mathrm{a})$$

phasenverschoben.

Dieser Sachverhalt ist in Bild 4.22 oben dargestellt. Zwei Amplituden sind im Zeigerdiagramm deckungsgleich, wenn sie um $n = 1, 2, \ldots$ phasenverschoben sind. Sie schließen hingegen einen Winkel von $2\pi\,\Delta n$ ein, wenn ihre Phasendifferenz $n + \Delta n$ beträgt. Im Bild 4.22 Mitte sind die Amplituden der beiden Wellenzüge addiert. Entgegen der Voraussetzung für die BRAGGsche Gleichung findet man auch dann eine Streuamplitude, wenn die Streuwellen nicht exakt um ganze Perioden gegeneinander phasenverschoben sind. Allerdings wird die Gesamtamplitude kleiner als bei ganzzahligem n. In Bild 4.22 unten sind weitere Netzebenen in die Betrachtung einbezogen. Man erkennt, daß die resultierende

Amplitude zunächst immer langsamer anwächst, bei

$$N_1\,\Delta n = \frac{1}{2} \qquad (4.48\,\text{a})$$

ihr Maximum erreicht (A_{6R} in Bild 4.22 unten) und bei

$$N_2\,\Delta n = 1 \qquad (4.48\,\text{b})$$

auf Null absinkt. Da an jeder Netzebene eine Streuwelle erzeugt wird, ist die Zahl der sich überlagernden Wellenzüge durch die Größe des reflektierenden Kristallits vorgegeben. Demzufolge können wir das Winkelintervall ($\Delta\vartheta_T$) für einen Reflex ausrechnen, der an einem Kristallit mit N Netzebenen entsteht.

Aus Gl. (4.48 b) erhalten wir

$$\Delta n = 2\,\frac{1}{N} \qquad (4.49)$$

wobei der Faktor 2 berücksichtigt, daß gleichberechtigt für $n - \Delta n$ eine symmetrische Verbreiterung des Reflexes zu kleineren Winkelwerten erfolgt. Durch Einsetzen von Gl. (4.49) in Gl. (4.47) entsteht

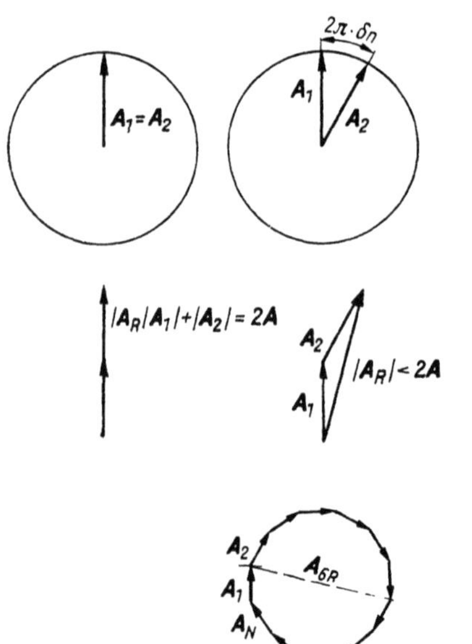

Bild 4.22. Einfluß der Teilchengröße auf die Reflexausbildung

$$\Delta\vartheta_T = \frac{\lambda}{\cos\vartheta}\,\frac{1}{dN} \qquad (4.50\,\text{a})$$

Das Produkt dN entspricht der Teilchengröße T des Kristallits:

$$\Delta\vartheta_T = \frac{\lambda}{\cos\vartheta}\,\frac{1}{T} \qquad (4.50\,\text{b})$$

Aus Gl. (4.50) folgen zwei wichtige Aussagen:

- Bereits die endliche Größe der Kristallmosaikblöcke (bzw. kohärenten Kristallbereiche) bewirkt, daß abweichend vom BRAGG-Winkel Intensität reflektiert wird.
- Je kleiner die Mosaikblöcke sind, desto breiter werden die Reflexe.

Praktisch tritt bei Kristallitblöcken $<1\ \mu\text{m}$ eine meßbare Interferenzlinienverbreiterung ein, die auch zur Teilchengrößenbestimmung ausgenutzt wird.

Das Winkelintervall $\Delta\vartheta_T$ ist schlecht ausmeßbar, da die Reflexe sehr flach in den Streuuntergrund auslaufen. Deshalb charakterisiert man die Verbreiterung des Reflexes durch andere Parameter, deren einfachster die Halbwertsbreite ist [4.1], [4.4]. Als Halbwertsbreite bezeichnet man jene Breite, die der Reflex bei der halben Maximalintensität besitzt (Bild 4.23). Gl. (4.50 b) nimmt dann die Form

$$b_0 = \frac{0{,}89\,\lambda}{2\cos\vartheta}\,\frac{1}{T} \qquad (4.51)$$

an. b_0 *ist die physikalische Halbwertsbreite, die der gemessenen Reflexverbreiterung nicht gleichgesetzt werden darf! Auf dieses Problem wird in Abschnitt 4.3.3.4. noch eingegangen.*

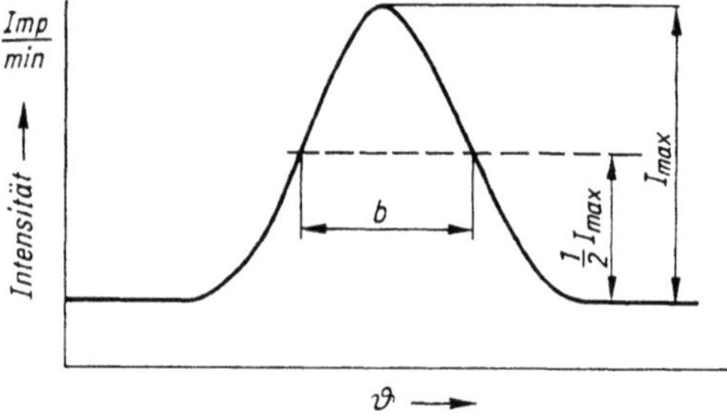

Bild 4.23. Definition der Halbwertsbreite

Von kristallinen Bereichen $< 100 \cdot 10^{-1}$ nm erzeugte Röntgenreflexe sind im allgemeinen so stark verbreitert, daß sie sich nicht mehr meßbar vom Streuuntergrund abheben. Derartige Präparate werden deshalb als röntgenamorph bezeichnet.

4.3.3.2. Präzisionsgitterkonstanten-Bestimmung

Präzisionsgitterkonstanten-Bestimmungen sind Messungen der Gitterkonstante, bei denen der Fehler etwa 10^{-5} bis 10^{-7} nm beträgt. Sie werden benötigt zur Bestimmung des Anteils der im Kristallgitter vorhandenen Fremdatome oder Leerstellen. Zur Ermittlung der maximalen Löslichkeit der Legierungskomponente im Wirtsgitter können Präzisionsgitterkonstanten-Bestimmungen gleichfalls herangezogen werden. Die Bestimmung des thermischen Ausdehnungskoeffizienten sowie der wahren Dichte von pulverförmigen oder porösen Stoffen kann mit Hilfe der Präzisionsgitterkonstanten-Bestimmung erfolgen.

Als Meßverfahren kommen das Diffraktometerverfahren, das DEBYE-SCHERRER-Verfahren oder das Planfilm-Rückstrahl-Verfahren in Betracht, wobei die in Tabelle 4.3 angegebenen Kriterien zur Auswahl des geeigneten Verfahrens auch für die Präzisionsgitterkonstanten-Bestimmung Gültigkeit besitzen. Als Ausgangswerte werden die Maxima oder Schwerpunkte der von einer streng monochromatischen Strahlung erzeugten Reflexe benötigt. Daher können nur die von der K_β-Strahlung erzeugten Interferenzmaxima ohne Vorbehalt zur Berechnung verwendet werden, während die Interferenzen der K_α-Strahlung noch nach einem geeigneten Verfahren [4.13], [4.14] in die von den Komponenten $K_{\alpha 1}$ und $K_{\alpha 2}$ erzeugten Anteile zerlegt werden müssen, wenn keine klare Dublettaufspaltung der auszuwertenden K_α-Interferenzen auftritt. Die Änderung $\Delta\vartheta$, die sich bei Änderung des Netzebenenabstandes Δd ergibt, kann aus Gl. (4.45) entnommen werden, wenn man Δn gleich Null setzt. Das bedeutet, daß eine Probe mit hinreichend großen Mosaikkristallen zur Erzeugung scharfer Reflexe vorausgesetzt wird. Es ergibt sich:

$$\Delta\vartheta = -\tan\vartheta \, \frac{d}{\Delta d} \qquad (4.52)$$

Die weiteren Betrachtungen bleiben der Einfachheit halber auf das kubische Kristallsystem beschränkt. Dort gilt:

$$\frac{\Delta d}{d} = \frac{\Delta a}{a} \qquad (4.53)$$

und daraus folgt für Gl. (4.52):

$$\Delta\vartheta = -\tan\vartheta \, \frac{\Delta a}{a} \qquad (4.54a)$$

bzw.

$$\Delta a = -a \cot\vartheta \, \Delta\vartheta \qquad (4.54b)$$

Es ist aus Gl. (4.54) zu erkennen, daß die Empfindlichkeit der Gitterkonstantenbestimmung mit steigendem Glanzwinkel ϑ verbessert wird und bei $\vartheta \to 90°$ die größte Empfindlichkeit des Verfahrens vorhanden wäre. Da Messungen bei solchen Winkeln praktisch nicht durchführbar sind, trägt man die aus den Rückstrahlreflexen ($\vartheta > 45°$) berechneten Werte für die Gitterkonstante als Funktion des Glanzwinkels ϑ auf und extrapoliert nun auf den Wert, den die Gitterkonstante bei $\vartheta = 90°$ annehmen würde. Dieser Wert wird dann als tatsächliche Gitterkonstante angegeben. Zweckmäßig wählt man als Abszissenwerte der Extrapolationsfunktion nicht direkt die Winkel ϑ, sondern aus mehreren Winkelfunktionen von ϑ zusammengesetzte Ausdrücke f(ϑ). Dadurch erhält man Geradengleichungen, und eine Extrapolation auf $\vartheta = 90°$ ist einfach möglich. Die gebräuchlichsten Extrapolationsfunktionen f(ϑ) sind in Tabelle 4.9 angegeben.

Neben dieser Extrapolationsmethode existieren noch andere Verfahren, die sich auch für nicht-

Tabelle 4.9. Extrapolationsfunktionen für die Präzisionsgitterkonstanten-Bestimmung

Meßtechnik	Extrapolationsfunktion	Bemerkung
Diffraktometerverfahren	$f(\vartheta) = \cos\vartheta \cot\vartheta$	–
DEBYE-SCHERRER-Verfahren	$f(\vartheta) = \cos^2\vartheta$	$60° \leqq \vartheta$
	$f(\vartheta) = \cos^2\vartheta/\vartheta$	$50° \leqq \vartheta$
	$f(\vartheta) = \dfrac{1}{2}\left(\dfrac{\cos^2\vartheta}{\vartheta} + \dfrac{\cos^2\vartheta}{\sin\vartheta}\right)$	große Glanzwinkelbereiche

kubische Kristallgitter anwenden lassen [4.4]. Gemeinsames Merkmal aller Präzisionsgitterkonstanten-Bestimmungen bleibt in jedem Fall, daß dafür Reflexe mit großen Glanzwinkeln herangezogen werden.

Die Leistungsgrenze der Präzisionsgitterkonstanten-Bestimmung wird von den auftretenden zufälligen und systematischen Fehlern bestimmt. Die zufälligen Fehler sind subjektiver Art und ergeben sich aus den falschen Vermessungen der Interferenzlinienmaxima bzw. -schwerpunkte. Je schärfer die Interferenzlinien ausgebildet sind, desto kleiner werden derartige Meßfehler. Sollen Gitterkonstantenbestimmungen mit einem Meßfehler von $\leq 10^{-6}$ nm durchgeführt werden, so muß auf alle Fälle das K_α-Reflexdublett gut aufgespalten sein. Man wird also bei allen Präzisionsgitterkonstanten-Bestimmungen mit kleinen Blenden für die Röntgenstrahlung arbeiten. Gegebenenfalls kann die Schärfe der Reflexe durch ein Spannungsarmglühen der Probe verbessert werden. Die systematischen Fehler sind verfahrensbedingt und daher objektiver Natur. Sie sind in Tabelle 4.10 für das Diffraktometerverfahren zusammengestellt. Außer der Vertikaldivergenz sind alle systematischen Fehler glanzwinkel-

Tabelle 4.10. Systematische Fehler bei der Präzisionsgitterkonstanten-Bestimmung mit dem Zählrohrdiffraktometer

Fehlerursache	Fehlergröße	Eliminierung
Ebenheit des Präparates und Horizontaldivergenz	$\Delta\vartheta = -\dfrac{\gamma^2}{12}\cot\vartheta$ $\dfrac{\Delta a}{a} = \dfrac{\gamma^2}{12}\cot^2\vartheta$ (γ Horizontaldivergenz)	Extrapolation $\vartheta \to 90°$
Endliche Eindringtiefe der Röntgenstrahlen in das Probeninnere	$\Delta\vartheta = -\dfrac{\sin 2\vartheta}{4\mu R}$ $\dfrac{\Delta a}{a} = \dfrac{2\cos^2\vartheta}{4\mu R}$ (R Meßkreisradius; μ Schwächungskoeffizient)	Extrapolation $\vartheta \to 90°$
Endliche Höhe des Fokus, der bestrahlten Präparatfläche und der Zählerblende (Vertikaldivergenz)	$\Delta\vartheta = \dfrac{-h^2}{24\,R^2}\left(2\cot 2\vartheta + \dfrac{1}{\sin 2\vartheta}\right)$ (bei gleichen Höhen von Fokus und Zählerblende) $\dfrac{\Delta a}{a} = \dfrac{h^2}{48\,R^2}(3\cot^2\vartheta - 1)$	Sollerblenden
Exzentrischer Präparatsitz	$\Delta\vartheta = \dfrac{S}{R}\cos\vartheta$ $\dfrac{\Delta a}{a} = -\dfrac{S}{R}\cos\vartheta\cot\vartheta$ (S Verschiebung der Präparatoberfläche in Richtung der Oberflächennormalen)	Extrapolation $\vartheta \to 90°$
Falsche Nullpunktjustierung	$\dfrac{\Delta a}{a} = -(\cot\vartheta)\,\Delta\vartheta_0$	Extrapolation $\vartheta \to 90°$ Relativmessung

abhängig und können für $\vartheta \rightarrow 90°$ eliminiert werden.

Bei Präzisionsgitterkonstanten-Bestimmungen können sich Temperaturänderungen von 1 °C bereits merklich auf das Ergebnis auswirken. Deshalb sollte bei Temperaturkonstanz gearbeitet werden. Zumindest muß eine Angabe der Temperatur erfolgen, bei der die Gitterkonstante gemessen wurde, um gegebenenfalls alle Meßwerte auf eine einheitliche Temperatur umrechnen zu können.

In vielen Fällen sollen mit Hilfe der Präzisions-gitterkonstanten-Bestimmung Veränderungen in einer Probe nachgewiesen werden. Dann ist es nicht nötig, den Absolutwert der Gitterkonstante a zu kennen, sondern die Abweichung Δa wird gegenüber einem Ausgangszustand a_0 zur entscheidenden Größe. Solche Relativmessungen, bei denen man am Ausgangszustand und an Zuständen nach entsprechender Probenbehandlung Gitterkonstantenbestimmungen durchführt und die Differenz beider Meßwerte bildet, sind weniger fehlerbehaftet als mit gleichem Aufwand durchgeführte Absolutmessungen der Gitterkonstante.

4.3.3.3. Messung von Spannungen 1. Art

Grundlage des Verfahrens bildet die Tatsache, daß Spannungen 1. Art zu einer Verzerrung der Elementarzelle führen. Da die Eindringtiefe der Röntgenstrahlung gering ist, werden die Verzerrungen in oberflächennahen Bereichen erfaßt. Die Spannungskomponente senkrecht zur Probenoberfläche wird im allgemeinen vernachlässigt, da die Röntgenstrahlung nur einen kleinen Tiefenbereich erfaßt. Unter dieser Annahme ergibt sich für das untersuchte Probenvolumen ein zweiachsiger Spannungszustand. Mit Hilfe der linearen Elastizitätstheorie findet man die an der Oberfläche eines Werkstückes, d. h. für den zweiachsigen Spannungszustand geltenden Beziehungen zwischen Spannungen und Verzerrungen:

$$\varepsilon_{(\varphi,\psi)} = \tfrac{1}{2} S_2 \sigma_\varphi \sin^2 \psi + S_1 (\sigma_1 + \sigma_2) \qquad (4.55)$$

$$S_1 = -\frac{\nu}{E} \qquad (4.55a)$$

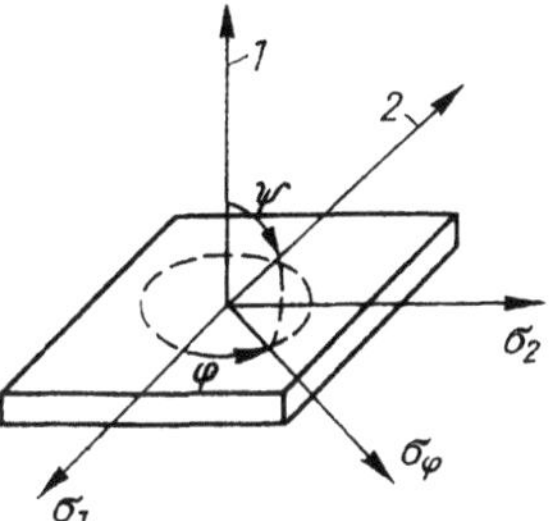

Bild 4.24. Definition der Winkel φ und ψ
1 Probennormale
2 Meßrichtung

$$\frac{1}{2} S_2 = \frac{\nu + 1}{E} \qquad (4.55b)$$

ν POISSON-Konstante
E E-Modul
$\sigma_1 \; \sigma_2$ Hauptspannungen

Die Koordinaten φ und ψ bestimmen die Richtung der gemessenen Spannungen. φ ist der Winkel zwischen der Hauptspannung σ_1 und der Richtung in der Probenoberfläche, in der die zu messende Spannung σ_φ auftritt. Oberflächennormale der Probe und Meßrichtung schließen den Winkel ψ ein. Die Verhältnisse sind im Bild 4.24 dargestellt.

Da die Verzerrung $\varepsilon_{(\varphi,\psi)}$ zu einer meßbaren Glanzwinkeländerung führt, gilt entsprechend Gln. (4.46), (4.52) und (4.54b)

$$\varepsilon_{(\varphi,\psi)} = \frac{\Delta d}{d} = -\cot \vartheta \, \Delta \vartheta_{(\varphi,\psi)} \qquad (4.56)$$

Gl. (4.56) in Gl. (4.55) eingesetzt, ergibt

$$-\cot \vartheta \, \Delta\vartheta_{(\varphi,\psi)} = \tfrac{1}{2} S_2 \sigma_\varphi \sin^2 \psi + S_1 (\sigma_1 + \sigma_2) \qquad (4.57)$$

Gl. (4.57) ist die Grundlage für das *sin² ψ-Verfahren* [4.1], [4.15], das zur röntgenographischen Spannungsbestimmung am häufigsten angewendet wird. Ein bestimmter Reflex $(h_1 h_2 h_3)$ wird bei unterschiedlichen Einstrahlwinkeln $(\psi_i, i = 1 \ldots n)$ des Primärstrahles auf die Probe aufgenommen (vgl. Bild 4.25).

Die dabei auftretenden Abweichungen des Glanzwinkels

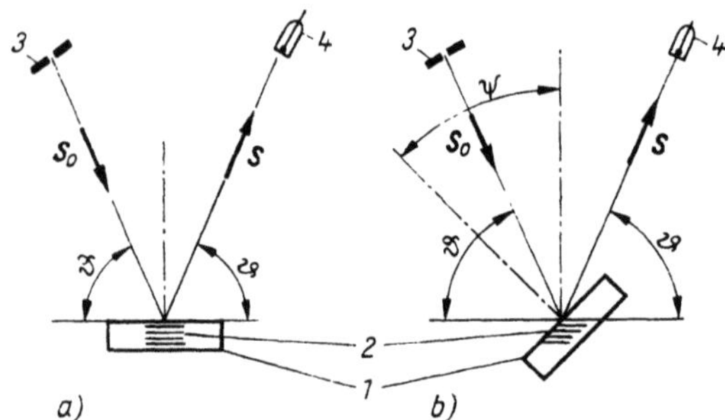

Bild 4.25. Aufnahmetechnik bei der röntgenographischen Spannungsmessung

a) Diffraktometerverfahren in üblicher Strahlengeometrie; die reflektierenden Netzebenen liegen parallel zur Probenoberfläche ($\psi = 0$)

b) $\sin^2 \psi$-Verfahren; die reflektierenden Netzebenen liegen nicht parallel zur Probenoberfläche ($\psi \neq 0$)

1 Probe	*3* Eintrittsblende
2 reflektierende Netzebenen	*4* Zählrohr

$$\Delta\vartheta_i(\varphi = \text{konstant}, \psi_i) = \vartheta_i - \vartheta_0 \qquad (4.58)$$

ϑ_0 Glanzwinkel für den unverzerrten Netzebenenabstand

werden über den $\sin^2 \psi_i$-Werten aufgetragen. Gl. (4.57) zeigt, daß sich dann alle Meßpunkte auf einer Geraden befinden müssen, aus deren Anstieg

$$m = -\frac{1}{2} S_2 \sigma_\varphi \frac{1}{\cot \vartheta} \qquad (4.59\,\text{a})$$

die Spannung in Meßrichtung

$$\sigma_\varphi = \frac{-2m \cot \vartheta}{S_2} \qquad (4.59\,\text{b})$$

bestimmt werden kann. Aus dem Ordinatenabschnitt

$$\Delta\vartheta_{(\varphi, \psi=0)} = \frac{S_1(\sigma_1 + \sigma_2)}{\cot \vartheta} \qquad (4.60)$$

läßt sich die Summe der Hauptspannungen ermitteln.

Zur vollständigen Berechnung eines unbekannten zweiachsigen Spannungszustandes ist die Bestimmung der $\sin^2 \psi$-Geraden in drei Richtungen (φ_1, φ_2, φ_3) erforderlich. Mißt man in den drei Richtungen

$$\varphi_1$$

$$\varphi_2 = \varphi_1 + 45°$$

$$\varphi_3 = \varphi_1 + 90°$$

dann kann man mit Hilfe von Gleichungssystem (4.61)

$$\sigma_1 = \frac{\sigma_{(\varphi_1+90°)} - \sigma_{(\varphi_1)} \cot^2 \varphi}{1 - \cot^2 \varphi} \qquad (4.61\,\text{a})$$

$$\sigma_2 = \frac{\sigma_{(\varphi_1+90°)} - \sigma_{(\varphi_1)} \tan^2 \varphi}{1 - \tan^2 \varphi} \qquad (4.61\,\text{b})$$

$$\varphi = \frac{1}{2} \arctan \left[\frac{\sigma_{(\varphi_1)} + \sigma_{(\varphi_1+90°)} - 2\sigma_{(\varphi_1+45°)}}{\sigma_{(\varphi_1)} - \sigma_{(\varphi_1+90°)}} \right] \qquad (4.61\,\text{c})$$

Richtung und Beträge der Hauptspannungen bestimmen.

Für die röntgenographische Spannungsmessung finden sowohl Film- als auch Diffraktometerverfahren Verwendung. Bereits Gl. (4.52) zeigte, daß die Genauigkeit der Bestimmung von Netzebenenabstandsänderungen mit steigendem Glanzwinkel ϑ wächst. Deshalb arbeitet man beim Filmverfahren ausschließlich und beim Diffraktometerverfahren größtenteils im Rückstrahlbereich.

Die Bestimmung der $\Delta\vartheta$-Werte als Funktion der $\sin^2 \psi$-Werte erfordert Messungen bei mindestens vier verschiedenen ψ-Werten. Nur bei $\psi = 0°$ ist die Bragg-Brentano-Fokussierungsbedingung erfüllt; für größere ψ-Winkel kann sich hingegen eine Korrektur der winkelabhängigen Reflexintensität erforderlich machen.

Wenn es die Probengeometrie erlaubt, sollte bei röntgenographischen Spannungsmessungen dem Diffraktometerverfahren der Vorzug gegeben werden. Beim Arbeiten mit dem Diffraktometer sind selbst beim Vorliegen sehr diffuser Interferenzen die $\Delta\vartheta$ oft noch mit hinreichender Genauigkeit bestimmbar. Als Nachteil gegenüber der Filmmethode sind der erhöhte meßtechnische Aufwand und die besonderen Anforderungen an die Justiergenauigkeit zu nennen. Ein wesentlicher Nachteil der üblichen, auf dem Bragg-Brentano-Fokussierungsprinzip beruhenden Diffraktometerbauart besteht darin, daß auch bei Verwendung spezieller Halterungen nur kleine Meßobjekte untersucht werden können. Deshalb werden in letzter Zeit für die Spannungsmessung an Bauteilen sogenannte mittelpunktsfreie Goniometer eingesetzt [4.6].

Die röntgenographische Spannungsmessung wird zum zerstörungsfreien Nachweis von Spannungen 1. Art in kristallinen Werkstoffen angewendet. Es sei nochmals darauf hingewiesen, daß nur der in oberflächennahen Bereichen der Probe vorliegende Spannungszustand ermittelt werden kann (vgl. Abschnitt 4.1.2.1.). Demzufolge konzentriert sich die Anwendung auf den Nachweis von Spannungen, die nach mechanischer Beanspruchung (z. B. spanende Formgebung) und nach chemisch-thermischer Behandlung zur Erzeugung von Oberflächenschichten auftreten können [4.16]. Vorteilhaft ist, daß man die Spannungen in den einzelnen kristallinen Phasen ermitteln kann. So ist in Schicht-Matrix-Verbunden in vielen Fällen neben der Spannung in der Oberflächenschicht auch diejenige im Grundwerkstoff bestimmbar.

Die Annahme eines zweidimensionalen Spannungszustandes [Gl. (4.55)] gestattet keine Aussage über den Spannungsgradienten in das Probeninnere. Unter Verzicht auf ein zerstörungsfreies Arbeiten läßt sich eine Tiefenverteilung der Eigenspannungen durch schichtenweises Abtragen der Probenoberfläche bestimmen. Allerdings wird, bedingt durch den Abtrag, eine Abweichung von der ursprünglichen Tiefenverteilung der Spannungen in der Probe auftreten. Ohne Probenabtrag kann man den Spannungsgradient dann verfolgen, wenn sich die Eindringtiefe der Röntgenstrahlung in die Probe ändert. Das gelingt einerseits durch Messungen mit Röntgenstrahlungen unterschiedlicher Wellenlängen. Andererseits zeigt eine genauere Betrachtung, daß die Eindringtiefe der Röntgenstrahlung auch von der Aufnahmegeometrie abhängig ist und mit steigendem Kippwinkel ψ bei der Spannungsmessung verringert wird. Veränderte Spannungen in den äußeren Probenbezirken zeigen sich in einer Abweichung der experimentell gewonnenen $\sin^2 \psi$-$\Delta\vartheta$-Verteilungen von der nach Gl. (4.57) zu erwartenden linearen Form. Davon ausgehend können aus nichtlinearen $\sin^2 \psi$-$\Delta\vartheta$-Kurven Spannungsgradienten in das Proben-

innere und Neigungen des Spannungszustandes gegenüber der Probenoberfläche abgeleitet werden [4.17].

Neben der Eigenspannungsanalyse kann auch eine Aussage über Lastspannungen getroffen werden. Vorteile der röntgenographischen Meßtechnik mit dem Film liegen in der Möglichkeit einer punktweisen Spannungsanalyse kleiner Werkstoffbereiche und damit in der Erfassung inhomogener Spannungszustände, z. B. an Kerben.

Bestenfalls kann mit einer Genauigkeit der röntgenographischen Spannungsanalyse von ± 10 N/mm^2 gerechnet werden. Dieser Wert ist allerdings nur in Ausnahmefällen zu erreichen, da er scharfe Reflexe im Rückstrahlbereich voraussetzt. Das wird aber selten auftreten, da neben den Spannungen 1. Art im Werkstoff meist noch Spannungen höherer Art vorhanden sind. Wie bereits in Abschnitt 4.3.3.1. festgestellt, führen Spannungen höherer Art aber zu einer Verbreiterung und schlechteren Auswertbarkeit der Reflexe. Ein weiteres Problem können die Werte für E und v bilden, die zur Berechnung der Proportionalitätsfaktoren S_1 und S_2 in Gln. (4.55) bzw. (4.57) benötigt werden. Die üblicherweise für diese Stoffkonstanten angegebenen Werte gelten für polykristallines, texturfreies Material. Da die Spannungen aber aus der Gitterdehnung einer *bestimmten* Netzebenenschar (*hkl*) ermittelt werden, muß man wegen der Anisotropie der mechanischen Eigenschaften auch mit den Werten für S_1 und S_2 rechnen, die für die Gitterrichtung zutreffen, in der die Messung erfolgte. Prinzipiell lassen sich diese Konstanten aus den Werten der Einkristalle berechnen. Die Einkristalldaten sind jedoch nicht für alle Werkstoffe bekannt, und in vielen Fällen ist eine experimentelle Bestimmung der röntgenographischen elastischen Konstanten erforderlich.

Ein umfassender Überblick über die sich derzeit stark in der Entwicklung befindende Problematik röntgenographischer Spannungsmessung ist in [4.15] gegeben.

4.3.3.4. Versetzungsdichtebestimmung

Mit der verbreiternden Wirkung von Realstruktureffekten auf die Interferenzlinien befaßte sich der Abschnitt 4.3.3.1. Diese Verbreiterung ließ sich auf einen Teilchengrößen- bzw. Kohärenzlängeneffekt und/oder einen Verzerrungseffekt als Folge von Spannungen höherer Art zurückführen. Der zweite Term ist für einen metallischen Werkstoff mit hoher Versetzungsdichte der dominierende Anteil. Daraus ergibt sich die Möglichkeit, aus den Verbreiterungen der Interferenzlinien die Versetzungsdichte zu bestimmen. Ersetzt man in Gl. (4.45a) $\Delta\vartheta_\mathrm{V}$ durch die physikalische Halbwertsbreite b_0, so findet man für den Verzerrungseinfluß eine äquivalente Gleichung

$$b_0 = \tan\vartheta\,\frac{\Delta d}{d} \qquad (4.62)$$

wie sie schon für den Teilchengrößeneffekt [Gl. (4.51)] abgeleitet wurde. Anhand theoretischer Betrachtungen [4.18] läßt sich ein Zusammenhang zwischen den Verzerrungen der Kristallite $\Delta d/d$ und der Versetzungsdichte N ableiten, durch den sich Gl. (4.62) in folgender Form modifizieren läßt:

$$b_0 = \tan\vartheta\,\frac{1}{\sqrt{k}}\,\sqrt{N} \qquad (4.63)$$

Daraus kann die Versetzungsdichte berechnet werden:

$$N = k b_0^2 \cot^2\vartheta \qquad (4.64)$$

Der Proportionalitätsfaktor k wird im wesentlichen vom Werkstoff, dem Glanzwinkel (ϑ) und den Indizes (hkl) der reflektierenden Netzebenen bestimmt. Er läßt sich für die wichtigsten Metalle und Legierungen mit ausreichender Genauigkeit abschätzen [4.19]. Für die Versetzungsdichtebestimmung an α-Eisen nimmt k den Wert $1{,}65 \cdot 10^{12}\ 1/(\mathrm{cm}^2\ \mathrm{grd}^2)$ an. Der Winkel ϑ wird direkt gemessen, während die physikalische Breite des Interferenzlinienprofils b_0 aus den gemessenen Breiten des Probenreflexes b und des Standardprofils b_s ermittelt werden kann.

Zur Vermessung der Interferenzlinienprofile eignen sich Diffraktometer mit schreibender Intensitätsregistrierung bzw. mit Schrittschaltwerk-Steuerung und digitaler Meßwertausgabe. Die schreibende Intensitätsregistrierung bringt nur bei starken und nicht zu schmalen Interferenzen zuverlässige Ergebnisse, während bei Verwendung eines Schrittschaltwerkes auch bei geringeren Intensitäten gute Resultate zu erwarten sind.

Im allgemeinen werden die Interferenzen mit der K_α-Strahlung aufgenommen. Dann ist eine Zerlegung des Gesamtprofils in die monochromatischen $K_{\alpha 1}$- und $K_{\alpha 2}$-Komponenten erforderlich. Dafür ist ein von RACHINGER [4.13] entwickeltes Verfahren gut geeignet. Alle weiteren Operationen werden nur noch mit dem auf eine monochromatische Strahlung zurückführbaren Profil (meist die $K_{\alpha 1}$-Komponente) durchgeführt.

Die Beschreibung des Profils kann auf unterschiedliche Art erfolgen. Am exaktesten ist die Entwicklung in einer FOURIER-Reihe. Weniger aufwendig ist die Angabe eines charakteristischen Wertes für die Breite des Reflexes. Für die Versetzungsdichtebestimmung kann die meßtechnisch sehr einfach zu ermittelnde Halbwertsbreite als Kenngröße des Interferenzlinienprofils herangezogen werden (Bild 4.23). Die für einen Probenreflex gemessene Halbwertsbreite b ist nicht mit der durch die Versetzungen verursachten physikalischen Halbwertsbreite b_0 gleichzusetzen. Divergenz des Röntgenstrahles, Probengeometrie, Zählrohrblendenweiten, Fokusbreiten und endliches Wellenlängenintervall der charakteristischen Strahlung sind die Störgrößen. Diese instrumentellen Verbreiterungseinflüsse müssen in geeigneter Weise eliminiert werden. Bewährt hat sich die Korrektur der instrumentellen Störeinflüsse anhand eines unter gleichen Bedingungen vermessenen Profils einer Standardprobe ohne physikalische Verbreiterungseffekte, dessen Halbwertsbreite b_s ist. Eine Korrekturformel mit breitem Anwendungsgebiet ist die Gl. (4.65)

$$b_0 = b - \frac{b_\mathrm{s}^2}{b} \qquad (4.65)$$

mit deren Hilfe aus den Meßwerten b und b_s die physikalische Halbwertsbreite b_0 ermittelt werden kann. Dann ist aus Gl. (4.64) die Versetzungsdichte N bestimmbar.

Zur röntgenographischen Versetzungsdichtebestimmung eignen sich intensitätsstarke Interferenzen, die sich gut vom Streuuntergrund abheben und nicht von anderen Interferenzlinien überlagert werden. Um den Einfluß einer Probentextur auf das Meßergebnis gering zu halten, sollten die reflektierenden Netzebenen einen großen Flächenhäufigkeitsfaktor besitzen, und zur Reduzierung des Einflusses der elastischen Anisotropie sollte die Normalenrichtung der reflektierenden Netzebenen mit einer Richtung mittleren Elastizitätsmoduls zusammenfallen.

Natürlich wird man bezüglich der einzelnen, z. T. widersprüchlichen Forderungen einen Kompromiß eingehen müssen. Unter Normalbedingungen ist für kubisch-flächenzentrierte Werkstoffe die Vermessung der (311)-Interferenzen und für kubisch-raumzentrierte Werkstoffe die der (211)-Interferenzen zu empfehlen. Die Versetzungsdichtebestimmung aus den Interferenzlinienprofilen ist dann zweckmäßig, wenn hohe Versetzungsdichten vorliegen, wie sie z. B. bei der plastischen Verformung entstehen. Das Verfahren läßt sich zur Bestimmung von Versetzungsdichten $N \geqq 10^{10}$ cm^{-2} anwenden.

Einen nicht zu vernachlässigenden Einfluß auf die berechnete Versetzungsdichte besitzt die Auswahl des Standardprofils. Im Bereich von $N \approx 10^{10}$ bis 10^{11} cm^{-2} führt die Verwendung eines falschen Standardprofils zu einem großen absoluten Fehler der Versetzungsdichte. Die Veränderung der Versetzungsdichte infolge unterschiedlicher Probenzustände läßt sich jedoch gut verfolgen. Bei Versetzungsdichten ab 10^{11} cm^{-2} tritt der Einfluß des Standardprofils auf die berechnete Versetzungsdichte zurück. Ein Fehler unter 1% wird nur in Ausnahmefällen zu erreichen sein. Bei der Untersuchung von technischen Werkstoffen ist durch die große Zahl von Fehlerquellen, wie Textureffekte oder auftretende Fremdphasen, mit wesentlich größeren Fehlern zu rechnen. Trotz dieser Einschränkungen ist die Linienbreitenanalyse in den meisten Fällen die geeignetste Methode zur Bestimmung von höheren, mit dem Transmissions-Elektronenmikroskop nicht mehr zu erfassenden Versetzungsdichten.

Literaturverzeichnis

[4.1] NEFF, H.: Grundlagen und Anwendung der Röntgen-Feinstruktur-Analyse. München: R. Oldenbourg 1962

[4.2] GLOCKER, R.: Materialprüfung mit Röntgenstrahlen unter besonderer Berücksichtigung der Röntgenmetallkunde. Berlin, Heidelberg, New York: Springer Verlag 1958

[4.3] LAUE, M. v.: Röntgenstrahlinterferenzen. Frankfurt/M.: Akad. Verlagsges. 1960

[4.4] JOST, K.-H.: Röntgenbeugung an Kristallen. Berlin: Akademie-Verlag 1975

[4.5] WASSERMANN, G.; J. GREVEN: Texturen metallischer Werkstoffe. Berlin, Heidelberg, New York: Springer Verlag 1962

[4.6] KLEBER, W.: Einführung in die Kristallographie. Berlin: VEB Verlag Technik 1977

[4.7] HÄGG, G.: Z. phys. Chemie Abt. B, 29 (1935), S. 95–103

[4.8] HTM 27 (1972), S. 230–278

[4.9] KÄMPFE, B.; P. PATZELT; C.-G. NESTLER: Kristall und Technik 14 (1979), S. 187–195

[4.10] Powder Diffraction File. Herausgegeben vom Joint Commitee on Powder Diffraction Standards, Swarthmore, Pennsylvania

[4.11] HULL, A. W.; W. P. DAVEY: Phys. Rev. 17 (1921), S. 549–576

[4.12] SCHULZ, L. G.: J. Appl. Phys. 20 (1949), S. 1031–1036

[4.13] RACHINGER, W. A. C.: J. Sci. Instr. 25 (1948). S. 254–255

[4.14] KUKOL, W. W.: Zavodskaja Laboratoria 6 (1965), S. 706–709

[4.15] HTM 31 (1976), S. 1–112

[4.16] KÄMPFE, B.; G. WIEGHARDT; B. KÜHN: Neue Hütte 25 (1980), S. 263–265

[4.17] LODE, W.; A. PEITER: HTM 32 (1977), S. 235–240 u. 308–313

[4.18] KRIVOGLAZ, M. A.; K. P. RJABOSHAPKA: Fiz. Metallov; Metalloved. 15 (1963), S. 18–31 und 16 (1963), S. 641–654

[4.19] OETTEL, H.: Exp. Technik d. Physik XX 1 (1973), S. 99–108

5 Neutronenstreuung

Von EGBERT WIESER, Akademie der Wissenschaften der DDR,
Zentralinstitut für Kernforschung, Rossendorf

Die Neutronenstreuung als eine auf der Beugung von Strahlung am Atomgitter beruhende Methode zeigt sehr viele Analogien in der experimentellen Methodik und in der Aussagefähigkeit zur Röntgenstrahlenbeugung. Man kann mit ihrer Hilfe die Realstruktur (Gitterparameter, Symmetrie der Elementarzelle, Atompositionen in der Elementarzelle, Atomverteilung im Gitter – Nah- bzw. Fernordnung –) und die Gefüge (Phasenzusammensetzung, Art und Größe von Ausscheidungen, Textur) von Festkörpern untersuchen.
Die Notwendigkeit einer intensiven Neutronenquelle (Reaktor) beschränkt den Einsatz im hier interessierenden Gebiet auf festkörperphysikalische Grundlagenuntersuchungen im Zusammenhang mit gezielten Werkstoffentwicklungen. Vorteile gegenüber der Röntgenbeugung ergeben sich vor allem bei der Untersuchung von Substanzen, die sowohl schwere als auch leichte Elemente enthalten, bezüglich des Nachweises der letzteren und bei der Unterscheidung von im Periodensystem benachbarten Elementen. Einzigartige Möglichkeiten bieten sich für das direkte Studium von Magnetstrukturen (Größe und Anordnung magnetischer Momente).
Die geringe Absorption von Neutronen erleichtert Experimente, die eine spezielle Probenumgebung erfordern (z. B. Hochtemperaturkammer, Druckkammer). Man kann an großen Proben messen (einige cm³) und erhält somit ein echtes Volumenmittel. Andererseits sind meist große Proben aus Intensitätsgründen erforderlich (Ausnahme: Einkristalle).
Die Meßzeiten sind stark problemabhängig und liegen im Bereich von einigen Stunden bis zu einigen Tagen.

5.1. Grundlagen

Der mit dem Ende der fünfziger Jahre in größerem Umfang einsetzende Bau von Forschungsreaktoren war die Voraussetzung dafür, um intensive Neutronenstrahlung zu Experimenten zu nutzen. Seither hat sich die Neutronenstreuung zu einer universellen und leistungsfähigen Untersuchungsmethode in der Festkörperphysik entwickelt. Umfassende Darstellungen dieser Methode findet man in [5.1] bis [5.3]. Im Zusammenhang mit dem Bau neuer Hochleistungsneutronenquellen für anspruchsvollste Grundlagenuntersuchungen an Festkörpern und Flüssigkeiten ist man gegenwärtig bestrebt, die vorhandenen Reaktoren kleinerer und mittlerer Leistung zunehmend für stark anwendungsorientierte Forschungsrichtungen wie die Werkstoffforschung zu erschließen. In diesem Sinne wird im folgenden Kapitel versucht, solche Anwendungsmöglichkeiten der Neutronenstreuung darzustellen, die bei einer Vielzahl von Fragestellungen der Metallkunde bzw. Metallphysik auftreten und keine zu hohen Anforderungen an die Leistungsfähigkeit der Neutronenquelle und der an ihr verfügbaren Neutronenstreuapparaturen stellen.

Den Ausgangspunkt für die Betrachtung, in welcher Weise ein Neutronenstrahl für die Untersuchung der Eigenschaften, und hier insbesondere der Struktur, eines Festkörpers eingesetzt werden kann, bildet der Welle-Teilchen-Dualismus des Neutrons. Um die Wechselwirkung eines monochromatischen Neutronenstrahls (einheitliche Neutronenenergie) mit dem streuenden Festkörper mathematisch zu beschreiben, läßt sich der Strahl als eine sich ausbreitende ebene Welle darstellen:

$$\Psi = C \, e^{i(\mathbf{k}\mathbf{r} - \omega' t)} \qquad (5.1)$$

   Ψ^2 Neutronendichte
   C^2 intensitätsproportionale Konstante

Der Wellenvektor $\mathbf{k}$ gibt die Ausbreitungsrichtung des Neutronenstrahls an. Sein Betrag ist der Wellenlänge λ umgekehrt proportional ($|\mathbf{k}| = 2\pi/\lambda$). Der Impuls $\mathbf{p}$ eines Neutrons dieses Strahls ist durch $\mathbf{p} = \hbar\mathbf{k}$ gegeben.

Die Energie eines Neutrons E_n hängt mit der die Zeitabhängigkeit der Wellenausbreitung beschreibenden Kreisfrequenz ω' über $E_n = \hbar\omega'$ zusammen.

Die Intensität der Streustrahlung läßt sich somit ganz in Analogie zur Beugung von Röntgenstrahlung aus der Überlagerung der Streuwellen aufbauen, die von den Atomen des streuenden Festkörpers ausgehen.

Die Verfahren zur Ableitung von Strukturinformationen aus Röntgenbeugungsdiagrammen, die in Kapitel 4 ausführlich dargestellt wurden, können daher mit geringfügigen Änderungen voll übernommen werden und werden nicht noch einmal wiederholt.

Im folgenden werden anhand von Beispielen die Einsatzgebiete charakterisiert, bei denen die Neutronenstreuung Vorteile gegenüber der Röntgenbeugung bietet und die demzufolge den mit dem Einsatz von Neutronenstrahlung verbundenen erhöhten Aufwand rechtfertigen.

In Abschnitt 5.1.1. werden die für Streuexperimente wichtigen Eigenschaften thermischer Neutronen zusammengestellt und in Abschnitt 5.1.2. die sich daraus ergebenden Unterschiede zwischen Röntgen- und Neutronenbeugung diskutiert.

5.1.1. Eigenschaften thermischer Neutronen

Für Streuexperimente an Festkörpern oder Flüssigkeiten bedient man sich thermischer Neutronen, d. h., Neutronen, die durch Stöße mit den Atomen einer Moderatorsubstanz (meist H_2O oder D_2O) in der Neutronenquelle soviel Energie abgegeben haben, daß sie sich im thermischen Gleichgewicht mit dem Moderator befinden. Ihre mittlere Energie beträgt dann

$$\bar{E}_n = k_B T \qquad (5.2)$$

   k_B BOLTZMANN-Konstante
   T Temperatur

Unter Verwendung von

$$\bar{E}_n = p^2/2m = \hbar^2 k^2/2m = h^2/2m\lambda^2 \qquad (5.3)$$

erhält man für $T = 300$ K eine mittlere Neutronenwellenlänge $\lambda = 0{,}177$ nm. Sie ist von gleicher Größenordnung wie die Wellenlänge charakteristischer Röntgenstrahlungen und wie die Atomabstände im Kristallgitter. Es werden daher in der Streustrahlung Interferenzeffekte auftreten, die Aufschluß über die geometrische Anordnung der Atome im untersuchten Festkörper geben.

Die Energien thermischer Neutronen ($E_n = 26$ meV für $T = 300$ K) liegen in der gleichen Größenordnung wie die charakteristischen Anregungsenergien von Festkörpern. So liegen z. B. die Phononenenergien (Energiequanten der Gitterschwingungen) ebenfalls im Bereich von einigen 10 meV. Die relativen Energieänderungen der Neutronen als Folge der Wechselwirkungen mit Anregungszuständen des Festkörpers sind daher groß und experimentell sicher nachweisbar. Die Energieanalyse der inelastisch gestreuten Neutronen gibt wertvolle Informationen über atomare Bewegungsvorgänge und die im Festkörper wirkenden Kräfte (siehe z. B. [5.2]). Dieses Teilgebiet der Neutronenstreuung wird hier nicht betrachtet, da es vorwiegend Beiträge zu den Grundlagen der Festkörperphysik liefert und hier anwendungsorientierte Aspekte im Vordergrund stehen.

Ursache für die Streuung eines Neutrons können die Wechselwirkung mit dem Atomkern infolge der Kernkräfte oder die magnetische Dipolwechselwirkung des magnetischen Momentes des

Tabelle 5.1. Kernstreuamplituden b einiger Elemente bzw. Isotope (nach [5.3])

Element	H		O	Fe	Mn	Ni	
Isotop		^{2}D					^{62}Ni
b [10^{-12} cm]	$-0{,}374$	$0{,}667$	$0{,}580$	$0{,}95$	$-0{,}37$	$1{,}03$	$-0{,}87$

Neutrons mit atomaren magnetischen Momenten sein.

Die Intensität der Kernstreuung eines Atoms wird durch die Kernstreuamplitude b beschrieben, die im Strukturfaktor von Kapitel 4 anstelle der Atomformamplitude f einzusetzen ist. Die Atomformamplitude f nimmt mit wachsendem Betrag des Streuvektors

$$\varkappa = 4\pi \sin \Theta / \lambda \qquad (5.4)$$

2Θ Streuwinkel
λ Wellenlänge

ab. Da die Kernkräfte kurzreichweitig sind, ist jedoch im Falle der Kernstreuung die Dimension des Streuzentrums (einige 10^{-15} m) klein gegen die Wellenlänge. b ist daher im Gegensatz zu $f(\varkappa)$ eine von $\varkappa$ unabhängige Größe. Der Wert von b wird durch die Struktur des betreffenden Atomkerns bestimmt. Somit gibt es keine Regelmäßigkeit im Zusammenhang von b und der Ordnungszahl Z, wie sie bei $f(\varkappa)$ gegeben ist. Die verschiedenen Isotope eines Elementes besitzen meist stark unterschiedliche b. Sogar das Vorzeichen (Phasensprung 0 oder π bei der Streuung) kann wechseln, wie die Werte für H und D in Tabelle 5.1 zeigen.

Im allgemeinen wird ein Element durch den der natürlichen Isotopenhäufigkeit entsprechenden Mittelwert von b charakterisiert. Man hat jedoch die Möglichkeit der Änderung von b durch Änderung der Isotopenzusammensetzung.

Die Kernstreuamplituden aller Elemente liegen in der Größenordnung von 10^{-14} cm. Es gibt also keine Benachteiligung von leichten gegenüber schweren Elementen. Wie die ausgewählten Beispiele von Tabelle 5.1 zeigen, unterscheiden sich die Streuamplituden im Periodensystem benachbarter Elemente meist hinreichend.

Die Isotopenzusammensetzung und die Tatsache, daß die Streuamplitude eines Kernes mit von Null verschiedenem Kernspin von der Orientierung des Neutronenspins beim Streuakt abhängt, führen dazu, daß verschiedene Atome eines Elementes unterschiedlich stark streuen. Die Streustrahlung ist daher nicht voll interferenzfähig. Sie setzt sich aus einem kohärenten, die Strukturinformation enthaltenden, und einem inkohärenten, zu einem $\varkappa$ unabhängigen Untergrund führenden Anteil zusammen. b gibt die kohärente Streuamplitude an. Tabellen für b findet man in [5.1], [5.3] bis [5.5].

Die magnetische Streuung wird durch eine magnetische Streuamplitude p beschrieben, die der Größe des betreffenden atomaren magnetischen Momentes proportional ist. Da das atomare magnetische Moment über einen Raumbereich von der Dimension der Elektronenhülle verteilt ist, ist die magnetische Streuung von $\varkappa$ abhängig. Diese Abhängigkeit wird durch den magnetischen Formfaktor $f_{\mathrm{m}}(\varkappa)$ beschrieben ($f_{\mathrm{m}}(\varkappa) \leqq 1$). p gibt den Wert der magnetischen Streuamplitude für $\varkappa = 0$ an. Im Strukturfaktor ist an die Stelle von $f(\varkappa)$ im Falle der Röntgenbeugung $pf_{\mathrm{m}}(\varkappa)$ zu setzen.

Eine weitere wichtige Eigenschaft der Neutronen ist ihre geringe Absorption in den meisten Materialien. Die in Tabelle 5.2 angegebenen linearen Absorptionskoeffizienten einiger ausgewählter Elemente für Röntgen- und Neutronenstrahlung veranschaulichen dieses Verhalten.

Tabelle 5.2. Lineare Schwächungskoeffizienten μ für Neutronen und Röntgenstrahlen einiger fester Elemente (nach [5.1])

Element	Al	Cu	Cd	Pb
μ [cm^{-1}] Neutronen ($\lambda = 0{,}108$ nm)	0,008	0,19	121	0,003
μ [cm^{-1}] Röntgenstrahlen ($\lambda = 0{,}154$ nm)	131	474	2000	2630

5.1.2. Vergleich von Neutronenbeugung und Röntgenbeugung

Die wesentlichsten Vorteile der Neutronenstreuung gegenüber der Röntgenbeugung sind aus dem unterschiedlichen Verhalten der Streuamplituden abzuleiten.

Die $\varkappa$-Unabhängigkeit von b erleichtert die quantitative Auswertung und eliminiert eine mögliche Fehlerquelle. Die Intensität nimmt nicht mit steigendem $\varkappa$ ab.

Die Vergleichbarkeit der Streukraft leichter und schwerer Elemente gestattet es, mittels Neutronen die Positionen der leichten Elemente auch in solchen Strukturen zu bestimmen, die vorwiegend aus schweren Elementen bestehen.

Die unsystematische Variation von b im Periodensystem gestattet meist die Unterscheidung von Elementen mit benachbarten Ordnungszahlen. Für Strukturuntersuchungen an Übergangsmetallegierungen ist dieser Umstand sehr vorteilhaft. In ungünstigen Fällen (wie z. B. Fe-Ni) kann eine Isotopensubstitution helfen.

Die magnetische Neutronenstreuung bietet die einzigartige Möglichkeit, Magnetstrukturen direkt zu untersuchen, d. h., man kann die Größe der atomaren magnetischen Momente und ihre Anordnung bestimmen.

Die geringe Absorption gestattet es, mit Probenvolumina von einigen cm^3 zu arbeiten. So ergibt die Neutronenstreuung ein echtes Volumenmittel. Experimentelle Vorteile bietet die geringe Absorption, falls Messungen mit variablen äußeren Parametern (z. B. Druck, Temperatur) notwendig sind (Fensterproblematik).

Aus den in Abschnitt 5.2. beschriebenen experimentellen Besonderheiten der Neutronenbeugung folgt, daß sie bezüglich der Winkelauflösung meistens der Röntgenbeugung unterlegen ist. Auf Fragestellungen, die aus dem Verhalten der Gitterkonstanten zu beantworten sind, wird daher in diesem Abschnitt nicht eingegangen.

Ein sehr wesentlicher Nachteil der Neutronenstreuung besteht in der Art der Neutronenquelle (gegenwärtig meist Forschungsreaktoren), die einem Routineeinsatz dieser Methode zu laufenden Kontrollzwecken entgegensteht. Ihr Haupteinsatzgebiet in der Metallkunde muß man daher bei der Klärung von Fragen der atomaren oder der Magnetstruktur (Ideal- und Realstruktur) im Zusammenhang mit speziellen Werkstoff- oder Technologieentwicklungen sehen.

5.2. Experimentelles

Der schematische Aufbau eines Diffraktometers für Neutronenbeugungsuntersuchungen ist in Bild 5.1 dargestellt. Ein SOLLER-Kollimator im Strahlrohr des Reaktors sorgt dafür, daß ein annähernd paralleles Bündel von Neutronenstrahlen (typische Horizontaldivergenz 30′) auf den Monochromator fällt. Da der Primärstrahl das gesamte, etwa durch eine MAXWELL-Verteilung um $E_n = k_B T$ (T effektive Moderatortemperatur) gut angenäherte Energiespektrum der im Moderator abgebremsten Neutronen

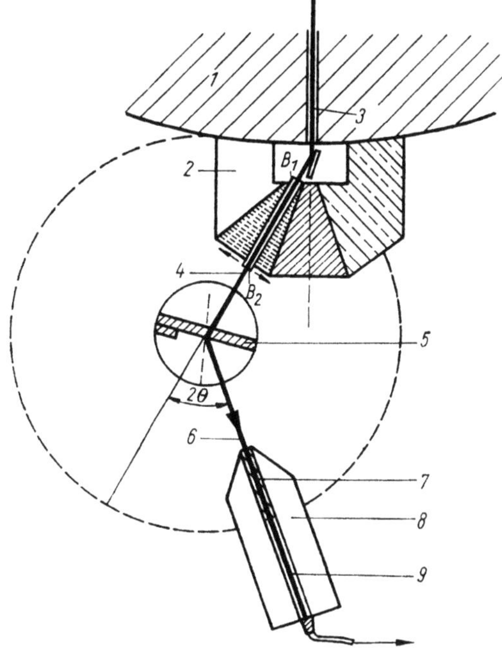

Bild 5.1. Schematische Darstellung eines Neutronendiffraktometers

1 Reaktor	*5* Probenhalter
2 Monochromatorabschirmung	*6* reflektierter Strahl
3 Kollimator K$_1$	*7* Kollimator K$_2$
4 monochromatischer Primärstrahl	*8* Zählrohrabschirmung
	9 Zählrohr

enthält, wird durch BRAGG-Reflexion am Monochromatorkristall (meist große Metalleinkristalle – Cu, Zn – oder pyrolythischer Graphit) die gewünschte Wellenlänge λ ausgesondert.

Zum Ausgleich der im Vergleich zur Röntgenröhre geringeren Primärstrahlintensität der Neutronenquelle wird meist mit großen Strahlquerschnitten (typischer Wert $\cdot 50 \times 50$ mm^2) und großen Probenvolumina (ermöglicht durch die geringe Absorption der Neutronen) gearbeitet. Sehr oft werden vom Strahl umspülte zylinderförmige Proben (10 bis 20 mm Durchmesser) verwendet. Für stärker absorbierende Substanzen sind dünne (1 bis 5 mm) plattenförmige Präparate in Transmissionsgeometrie vorteilhafter. Für pulverförmige Proben, die wegen der Vermeidung von Textureffekten günstig sind, werden nach Möglichkeit Kassetten aus dem nicht kohärent streuenden Material Vanadium eingesetzt. Wegen der großen Probenvolumina ist eine besondere Sorgfalt bei der Präparation der Probenflächen nicht notwendig.

Im normalen Diffraktionsexperiment werden vom Detektor (meist Proportionalzählrohre mit ^{10}BF$_3$- oder ^{3}He-Füllung) alle von der Probe in einen bestimmten Raumwinkel gestreuten Neutronen, unabhängig von einer möglichen Energieänderung beim Streuprozeß, registriert. Das hat zur Folge, daß die gemessene Intensitätsverteilung

$$I = I(\varkappa) \tag{5.5}$$

$\varkappa = |\mathbf{k}_e - \mathbf{k}_g|$ Betrag des Streuvektors
$\mathbf{k}_e; \mathbf{k}_g$ Wellenvektor des einfallenden bzw. gestreuten Neutronenstrahls)

die räumlichen Korrelationen in der Anordnung der streuenden Atome zu einem festen Zeitpunkt widerspiegelt. Es wird also eine Momentaufnahme der Probe angefertigt. (Näheres dazu siehe [5.2], Kapitel 3.) Da jedoch der weitaus größte Teil der Neutronen elastisch gestreut wird, kann auch für ein solches Experiment in sehr guter Näherung für den Wert von $\varkappa$ der exakt nur für elastische Streuung gültige Ausdruck $\varkappa = 4\pi \sin \Theta/\lambda$ verwendet werden. Zur Variation von $\varkappa$ wird der Streuwinkel 2Θ durch Bewegung des Detektorarmes geändert. Vor dem Detektor befindet sich meist ebenfalls ein SOLLER-Kollimator.

Im Gegensatz zu einem in symmetrischer Reflexionsanordnung gemessenen Röntgenbeugungsdiagramm muß bei der Neutronenmessung die Winkelabhängigkeit der Strahlschwächung in der Probe berücksichtigt werden. Die Hauptursache der Strahlschwächung in der Probe liegt in der BRAGG-Streuung und nicht in der Absorption. Daher empfiehlt es sich, den Schwächungskoeffizienten für jede Probe experimentell zu bestimmen. Am Monochromatorkristall wird für den λ entsprechenden Streuwinkel die BRAGG-Bedingung auch für $\lambda/2$ durch die Reflexion 2. Ordnung erfüllt. Es ist deshalb eine Korrektur der gemessenen Reflexintensitäten bezüglich des $\lambda/2$-Beitrages (für $\lambda \approx 0{,}1$ nm kleiner 1 %) notwendig.

In den letzten Jahren wurden in zunehmendem Maße auch Beugungsexperimente mit der Flugzeitmethode ausgeführt. Im Gegensatz zu dem oben beschriebenen Verfahren, bei dem $\varkappa$ bei festem λ über den Streuwinkel variiert wird, erfolgt hier die Änderung von $\varkappa$ durch die Variation von λ bei festem Streuwinkel. Die Neutronenquelle gibt zeitlich scharf definierte Neutronenimpulse ab. Man verwendet das gesamte Wellenlängenspektrum und registriert mit Hilfe eines Zeitanalysators die Neutronen in Abhängigkeit von der Flugzeit, die sie für die Strecke Quelle – Detektor – Probe benötigen. Wegen

$$v = 2\pi\hbar/\lambda m \tag{5.6}$$

v Neutronengeschwindigkeit
m Neutronenmasse

ist die Flugzeit der Wellenlänge proportional (große Flugzeit $\rightarrow$ kleines $\varkappa$). Das Schema einer entsprechenden Apparatur ist in Bild 5.2 dargestellt. Für Beugungsexperimente ausreichende Impulsneutronenquellen lassen sich unter Verwendung von Elektronenbeschleunigern mit einem im Vergleich zum Reaktor geringen Aufwand realisieren. Für die Analyse der diffusen Streuung im Bereich vor dem ersten BRAGG-Reflex (siehe Abschnitt 5.3.1.2.) können die hier skizzierten Diffraktometer ebenfalls eingesetzt werden. Eine diesem Zweck optimal angepaßte Apparatur ist in [5.6] beschrieben. Zum Nachweis der echten Kleinwinkelstreuung ($\varkappa < 1$ nm^{-1}), wie sie z. B. als Folge von Ausscheidungen in Legierungen auftritt, sind spezielle und sehr aufwendige Apparaturen erforderlich [5.7].

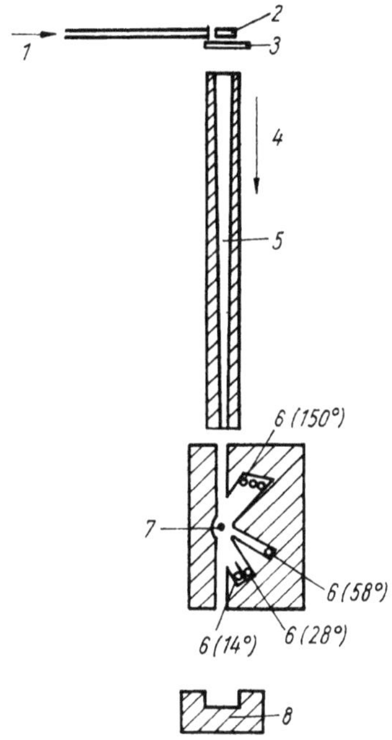

Bild 5.2. Schematische Darstellung einer Flugzeit-
apparatur für Neutronenbeugungsexperimente

1 e^--Impulse   *6* Detektoren
2 Uran-Target   *7* Probe
3 Moderator   *8* Strahl-Stop
4 Neutronenimpulse
5 Flugstrecke: Moderator–Probe–Detektor ($\approx$ 4,6 m)

5.3.   Kristallstrukturuntersuchungen

Unter Kristallstrukturuntersuchungen werden im
folgenden Experimente verstanden, die das Ziel
haben, den Gitteraufbau einer Phase aufzuklären.
Das heißt, es geht darum, die Koordinaten der
besetzten Plätze in der Elementarzelle und die
Verteilung der Atomsorten auf diese Plätze zu
bestimmen.

5.3.1.   Ordnungsvorgänge

5.3.1.1.   Fernordnung – Überstrukturreflexe

Für die Struktur von Legierungen und demzufolge für ihre Eigenschaften ist es von entschei-

dender Bedeutung, ob die verschiedenen Atomsorten statistisch oder in geordneter Weise auf
die vorhandenen Gitterplätze verteilt sind. Liegt
der Atomverteilung ein Ordnungsprinzip mit
strenger Periodizität zugrunde, so spricht man
von Fernordnung. Die Elementarzellen solcher
geordneter Strukturen sind komplizierter als
bei ungeordneter Verteilung, da nun Gitterplätze
mit gleicher Umgebungssymmetrie durch die
Besetzung mit verschiedenen Atomen nicht mehr
äquivalent sind. Bild 5.3 veranschaulicht diesen
Umstand. Die kompliziertere Einheitszelle der
Legierung mit Fernordnung führt dazu, daß
im Beugungsdiagramm im Vergleich zur unge-
ordneten Struktur zusätzliche Reflexe, die sogenannten Überstrukturreflexe, auftreten. Ihre
Intensität hängt vom Ordnungsgrad ab und
nimmt quadratisch mit dem Unterschied der
Streuamplituden der beteiligten Atome zu. Für
die wichtige Gruppe der Legierungen der $3d$-
Übergangsmetalle unterscheiden sich die Rönt-
genstreuamplituden nur wenig, so daß für quantitative Ordnungsbestimmungen hier die Neutronenbeugung Vorteile bietet.
Wir betrachten als Beispiel die Legierung
$(Fe_{1-x}Mn_x)_3Al$, die aus dem bekannten Fe_3Al
durch Substitution von Fe durch Mn entsteht.
Die Einheitszelle der entsprechenden Struktur
mit DO_3-Ordnung, die sich aus acht einfachen
kubisch-raumzentrierten Einheitszellen zusam-
mensetzt, zeigt Bild 5.3. Bei vollständiger Fernordnung werden die beiden Untergitter A und D
von Fe bzw. Mn und das Untergitter B von Al

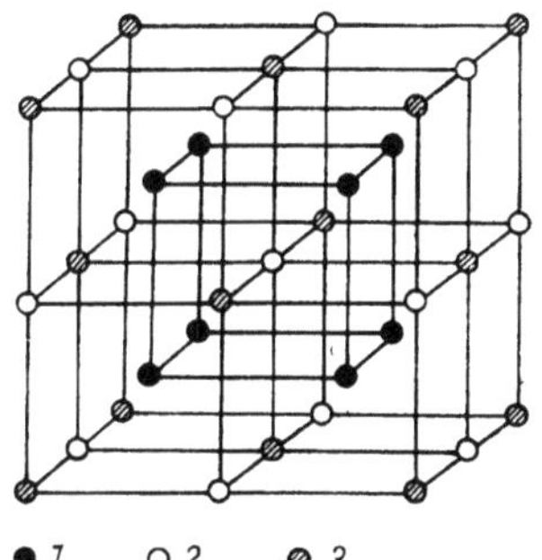

Bild 5.3. Elementarzelle der DO_3-Struktur

1 A-Plätze
2 B-Plätze
3 D-Plätze

besetzt. Das führt zum Auftreten der Überstrukturreflexe (111) und (200), deren Strukturfaktoren in folgender Weise von den mittleren Streuamplituden und damit von der Besetzung der Untergitter abhängen:

$$|F|^2_{111} = 4(\bar{b}_B - \bar{b}_D)^2$$

$$|F|^2_{200} = 4(2\bar{b}_A - \bar{b}_B - \bar{b}_D)^2 \qquad (5.7)$$

In [5.8] wurde an vier geordneten $(\mathrm{Fe}_{1-x}\mathrm{Mn}_x)_3\mathrm{Al}$-Legierungen unterschiedlicher Mn-Konzentration die Verteilung von Fe, Mn und Al auf die drei Untergitter bestimmt. Zur Beschreibung dieser Verteilung benötigt man vier Parameter (z. B. Anteil von Mn je Gitterplatz A bzw. D und Anteil von Al je Gitterplatz A bzw. D). Um sie zu bestimmen, wurden die Intensitäten der oben angegebenen Überstrukturreflexe eines Röntgenbeugungs- und eines Neutronenbeugungsexperimentes ausgewertet. Das Röntgenbeugungsexperiment reagiert empfindlich auf die Al-Verteilung. Bei den in [5.8] untersuchten Legierungen war das B-Untergitter zu 72% mit Al besetzt, während das restliche Al mit gleicher Wahrscheinlichkeit A- und D-Plätze einnahm. Das Neutronenbeugungsexperiment ergab, daß Mn im untersuchten Konzentrationsbereich mit einer im Vergleich zum A-Untergitter um den Faktor 2,5 höheren Wahrscheinlichkeit das D-Untergitter besetzt.

5.3.1.2. Nahordnung – diffuse Streuung

Sind in einer Legierung die beteiligten Atomsorten willkürlich auf äquivalente Gitterplätze verteilt, so ist nicht die gesamte Streustrahlung interferenzfähig. Die Intensität der BRAGG-Reflexe ist dann dem Quadrat der mittleren Streuamplitude $(\bar{b})^2$ proportional. Außerdem tritt ein von $\varkappa$ unabhängiger Streuanteil auf, der zu $[\overline{(b)^2} - (\bar{b})^2]$ proportional ist. Sind jedoch Korrelationen in der Verteilung der unterschiedlichen Atome vorhanden, so führt dies zu einer $\varkappa$-Abhängigkeit dieses diffusen Streuanteils. Aus der Art der Modulation können Aussagen über die verursachende Nahordnung gewonnen werden. Für eine binäre Legierung gehorcht die diffuse Streuung in sehr guter Näherung

$$I_{\mathrm{diff}}(\varkappa) =$$

$$Cc_A c_B (b_A - b_B)^2 \left(1 + \sum_i Z_i \alpha_i \sin(\varkappa r_i)/\varkappa r_i\right)$$

$$(5.8)$$

$c_{A,\,B}$ Konzentrationen der Atomsorten A bzw. B
r_i Radius der i-ten Nachbarschaftssphäre
Z_i Zahl der i-ten Nachbarn
C Apparatekonstante

(vollständigere Gleichungen siehe z. B. [5.9]). Die Apparatekonstante C kann durch Vergleichsmessung mit einer inkohärent streuenden Standardprobe (meist Vanadium) bestimmt werden. Die α_i sind die COWLEY-WARREN-Nahordnungsparameter der i-ten Nachbarschaftssphäre:

$$\alpha_i = (W^i_{AA} - c^2_A)/c_A c_B \qquad (5.9)$$

W^i_{AA} Wahrscheinlichkeit, ein Atompaar A-A im Abstand r_i zu finden

Für eine bevorzugte Bildung von A-B Paaren im entsprechenden Abstand ergeben sich negative α_i, während bei Entmischung (bevorzugte Bildung von gleichen Paaren) positive α_i auftreten. In Gl. (5.8) sind die α_i die einzigen unbekannten Parameter. In einer Rechnerauswertung kann daher eine begrenzte Zahl von α_i (meist nicht mehr als 3) so angepaßt werden, daß die gemessene Verteilung $I_{\mathrm{diff}}(\varkappa)$ möglichst gut wiedergegeben wird.

Ein besonders eindrucksvolles Beispiel für eine derartige Untersuchung bietet [5.10]. Es wurde die Entmischung einer Legierung der Zusammensetzung $\mathrm{Cu}_{0,435}\mathrm{Ni}_{0,565}$ durch Tempern im Bereich zwischen 340 und 700 °C studiert. Durch Verwendung der Isotope $^{62}\mathrm{Ni}$ und $^{65}\mathrm{Cu}$ wurde wegen der negativen Streuamplitude von $^{62}\mathrm{Ni}$ ($\bar{b}(^{62}\mathrm{Ni}) = -0,87 \cdot 10^{-12}$ cm; $\bar{b}(^{65}\mathrm{Cu}) = 1,11 \cdot 10^{-12}$ cm) erreicht, daß $\bar{b}$ zu Null wird und die BRAGG-Reflexe verschwinden. Andererseits ist die Intensität der diffusen Streuung in diesem Falle besonders hoch. So konnte die $\varkappa$-Abhängigkeit von I_{diff} auch in dem Bereich, in dem BRAGG-Reflexe liegen, gemessen werden. Normalerweise ist eine sichere Bestimmung von I_{diff} nur im Bereich vor dem ersten BRAGG-Reflex möglich. Bild 5.4 zeigt $I_{\mathrm{diff}}(\varkappa)$ für die 30 h bei 400 °C getemperte Probe. Die Meßkurven wurden durch Anpassung der α_i für neun Nachbarschaftssphären gefittet. Aus der in Bild 5.4

gezeigten Kurve erhält man einen Wert von $\alpha_1 = 0,122$. Das positive Vorzeichen zeigt an, daß sich die Legierung entmischt. Daß auch bei geringeren Unterschieden in den Streuamplituden und großen $\bar{b}$ aussagekräftige Experimente möglich sind, zeigen frühere Untersuchungen an Ni-Cu-Legierungen natürlicher Isotopenzusammensetzung [5.11]. Um Beiträge durch Vielfach-BRAGG-Streuung zur diffusen Streuung zu vermeiden, wurde in dieser Arbeit die Wellenlänge so groß gewählt [$\lambda = 0,48$ nm; $\lambda > 2d_{max}$ (d_{max} größter Netzebenenabstand des Ni-Cu-Gitters)], daß keine BRAGG-Streuung möglich ist. Es wurde nachgewiesen, daß auch von $1000\,°C$ abgeschreckte Proben eine deutliche Entmischung zeigen (für 40% Cu ist $\alpha_1 = 0,1$).

Die in Abschnitt 5.6.3. besprochene magnetisch-diffuse Streuung ferromagnetischer Legierungen wird im Falle von Nahordnung ebenso wie die diffuse Kernstreuung moduliert und kann im Bereich größerer $\varkappa$-Werte ($\varkappa > 15$ nm^{-1}), wo die Funktion $G(\varkappa)$ (siehe Abschnitt 5.6.3.) abgeklungen ist, zur Bestimmung von Nahordnungskoeffizienten herangezogen werden. Auf diese Weise wurde in [5.12] für Fe-Cr-Legierungen die Tendenz zur Entmischung gezeigt.

5.3.2.   Wasserstoff in Metallen

Die Möglichkeit der Neutronenstreuung zur Untersuchung von Systemen, die aus einem geringen Prozentsatz leichter Atome bestehen, welche in eine vorwiegend aus schweren Atomen bestehende Matrix eingebaut sind, soll am Beispiel von Wasserstoff in Metallen demonstriert werden. Metall-Wasserstoff-Systeme sind von technischem Interesse wegen der Wasserstoffversprödung der Metalle und wegen der Möglichkeit, Metalle als effektive Wasserstoffspeicher zu nutzen.

Da für Wasserstoff die inkohärente Streuung um etwa einen Faktor 50 stärker ist als die die Strukturinformation enthaltende kohärente Streuung, wird zur Verringerung des Untergrundes Wasserstoff nach Möglichkeit durch Deuterium ersetzt.

In [5.13] wurden im System TiD_x die Zusammensetzung $TiD_{0,075}$ in der hexagonalen α-Phase bei $375\,°C$ (bei Raumtemperatur ist nur sehr wenig D in der α-Phase löslich) und die Zusammensetzung $TiD_{0,66}$ in der kubisch-raumzentrierten β-Phase bei $400\,°C$ (diese Phase ist bei Raumtemperatur nicht existent) untersucht. In beiden

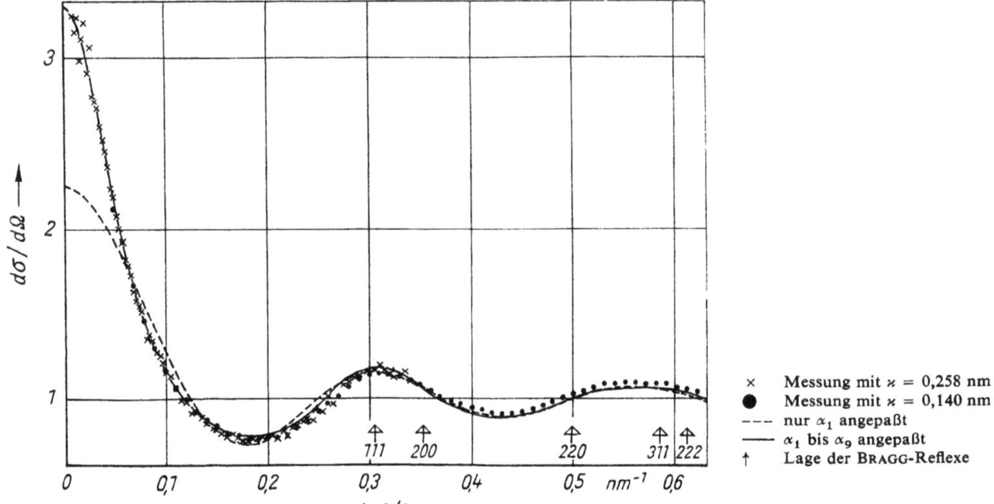

Bild 5.4. $\varkappa$-Abhängigkeit der Intensität der diffusen Streuung von $Cu_{0,435}Ni_{0,565}$ (bei $400\,°C$ 30 h getempert) [5.10]

9   Untersuchungsverfahren

Phasen kann Deuterium Gitterlücken mit tetraedrischer oder oktaedrischer Umgebung besetzen. Aus der Intensität der gemessenen BRAGG-Reflexe wurde die Verteilung des Deuteriums auf diese zwei Platzarten bestimmt. Es wurde vorausgesetzt, daß die Zwischengitteratome das geometrische Zentrum der Gitterlücken einnehmen, so daß der Verteilungsparameter der einzige freie Parameter im Strukturfaktor war. Für die α-Phase wurde gefunden, daß 68 % der Deuteriumatome Oktaederlücken besetzen. Der entsprechende Wert für die β-Phase liegt zwischen 15 und 30 %.

Verteilen sich die Wasserstoffatome bei höheren Konzentrationen nach einem bestimmten Ordnungsschema auf die möglichen Gitterlücken, so ist dieser Effekt analog zu Abschnitt 5.3.1.1. durch das Auftreten von Überstrukturreflexen nachweisbar (z. B. in der β-Phase von NbH_x).

Die Verschiebung der benachbarten Matrixatome, die ein Wasserstoffatom in einer Gitterlücke bewirkt, führt zu einem diffusen Streuanteil. Dessen $\varkappa$-Abhängigkeit ist im wesentlichen durch die FOURIER-Transformierte der Funktion bestimmt, die die Ortsabhängigkeit (ausgehend vom H-Atom) der Verschiebungen beschreibt. So wurde in [5.14] für $NbD_{0,0265}$ die Ortsabhängigkeit der virtuellen Kräfte bestimmt, die man als Ursache dieser Auslenkungen ansetzen kann.

5.4.   Phasenanalyse

5.4.1.   Zusammensetzung mehrphasiger Systeme

Bei einer quantitativen Bestimmung der Zusammensetzung eines mehrphasigen Systems kann die Neutronenbeugung zu genaueren Resultaten als die Röntgenbeugung führen, da sie über ein großes Probenvolumen mittelt. Oberflächeneffekte und -verunreinigungen spielen kaum eine Rolle. Dagegen können sich im Röntgenbeugungsexperiment Fehler in der Präparatstatistik insbesondere bei Phasen mit geringem Volumenanteil, bei starker Textur und bei grobkörnigem Gefüge ergeben.

Wird eine vorwiegend aus leichten Atomen bestehende Phase in einer Matrix aus schweren Atomen ausgeschieden, so bietet die Neutronenbeugung ebenfalls wesentliche Vorteile in der Nachweisempfindlichkeit. In [5.15] wurde davon bei der Untersuchung von Kohlenstoffausscheidungen in Stahl Gebrauch gemacht. Es wurde ein Stahl mit 1,27 Masse-% C und 2,46 Masse-% Si (Si fördert die Graphitausscheidung) untersucht. Der Ausgangszustand ist ein sehr feinverteiltes Gefüge von Ferrit und Zementit (Fe_3C). Durch Tempern oberhalb 550 °C zerfällt der metastabile Zementit in Ferrit und Graphit. Das relativ große spezifische Volumen des Graphits und die Tatsache, daß die Kohlenstoff-Zwischengitteratome schneller in das sich bildende Graphitpartikel hinein- als Fe-Atome herausdiffundieren, führen dazu, daß die Graphitausscheidung unter einem beträchtlichen hydrostatischen Druck steht. Dies wurde durch eine sehr genaue Gitterkonstantenbestimmung der Graphitausscheidungen bestätigt. Man verglich dazu eine Probe, bei der die Graphitteilchen noch im Wachstum befindlich waren, mit einer, bei der der Graphit vollständig ausgeschieden und der Druck durch plastische Verformung und Rekristallisation der Umgebung abgebaut war.

Ein Beispiel für das Studium von Ausscheidungen, die sich in ihrer Streukraft für Röntgenstrahlung kaum von der Matrix unterscheiden, bietet [5.16] mit der Untersuchung der Ordnungsstruktur der GUINIER-PRESTON-Zonen in Al-Legierungen mit 12 und 16 Atom-% Mg.

5.4.2.   Bildung neuer Phasen – Kleinwinkelstreuung

Beim Prozeß der Ausscheidung einer neuen Phase interessiert nicht nur die Frage nach ihrer Struktur und nach ihrem Volumenanteil. Für die Optimierung eines Werkstoffes ist es oftmals wichtig zu wissen, wie sich Größe und Form der Ausscheidungen in Abhängigkeit von technologischen Parametern, wie z. B. Glühtemperatur und Glühdauer, ändern.

Unterscheidet sich die ausgeschiedene Phase in ihrer Streulängendichte (Produkt aus mittlerer Streuamplitude und Teilchendichte) von der

Matrix, so mißt man bei kleinen $\varkappa$ ($\varkappa \lesssim 5\ \text{nm}^{-1}$) eine mit abnehmendem $\varkappa$ ansteigende Intensität. Im Intensitätsverlauf von Bild 5.4 für die sich entmischende Cu-Ni-Legierung deutet sich dieser Effekt bereits an. Diese Kleinwinkelintensität I_{KW} konzentriert sich bei um so kleineren $\varkappa$-Werten, je größer die Teilchen sind. In der für vernachlässigbare Teilchen-Teilchen-Interferenzen bei sehr kleinen $\varkappa$ recht guten GUINIER-Näherung gilt für willkürlich orientierte Teilchen:

$$I_{KW}(\varkappa) \sim \Delta\eta^2 \exp\left(-\varkappa^2 R_G^2/3\right) \qquad (5.10)$$

$\Delta\eta$ Differenz der Streulängendichte Teilchen-Matrix

wobei der GUINIER-Radius R_G ein Maß für die mittlere lineare Teilchendimension ist. Ausführliche Darstellungen der Theorie der Kleinwinkelstreuung findet man in Lehrbüchern (z. B. [5.17]) oder entsprechenden Übersichtsartikeln (z. B. [5.18]).
Bild 5.5 zeigt einen Vergleich der Größenverteilung von Ausscheidungen einer geordneten

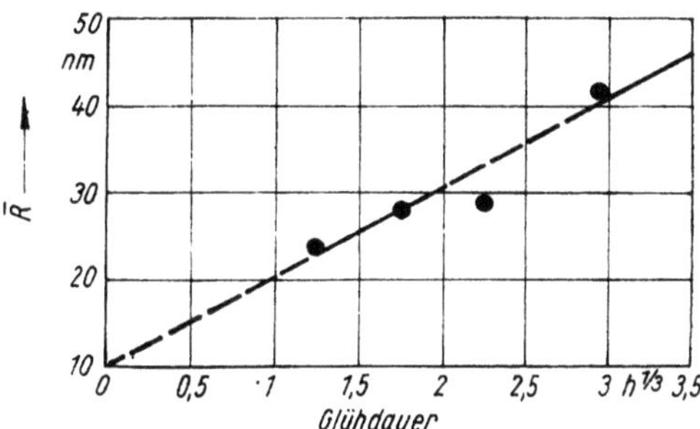

Bild 5.6. Zeitabhängigkeit des mittleren Radius $\bar{R}$ der Ni₃(Ti, Al)-Teilchen in INCONEL X-750 beim Tempern bei 843 °C [5.19]

γ'-Phase Ni₃(Ti, Al) in einer Ni-Basis-Legierung INCONEL X-750, die für deren Festigkeit verantwortlich ist. Die beiden Kurven wurden durch Neutronen-Kleinwinkelstreuung bzw. Transmissions-Elektronenmikroskopie erhalten. Die Abhängigkeit der mittleren Größe der γ'-Teilchen von der Glühdauer beim Tempern bei 843 °C ist in Bild 5.6 dargestellt [5.19].

5.5. Texturuntersuchungen

Von Textur im kristallographischen Sinne spricht man dann, wenn in einem polykristallinen Material die Orientierungsverteilung der Kristallitachsen in einem probenfesten Koordinatensystem nicht regellos ist, sondern Vorzugsorientierungen aufweist. Zur quantitativen Beschreibung einer Textur wurde die dreidimensionale Orientierungsverteilungsfunktion (OVF) $f(\varphi_1, \Phi, \varphi_2)$ eingeführt, die durch

$$dV/V = f(\varphi_1, \Phi, \varphi_2)\ \frac{\sin\Phi}{8\pi^2}\ d\varphi_1 d\Phi d\varphi_2 \qquad (5.11)$$

definiert ist. dV/V ist der Volumenanteil der Probe, der durch Kristallite gebildet wird, deren Orientierung durch die drei EULER-Winkel[1] φ_1, Φ und φ_2 gegeben ist [5.20].
Die Untersuchung von Texturen ist für die Entwicklung der Metallkunde von sehr großer Bedeu-

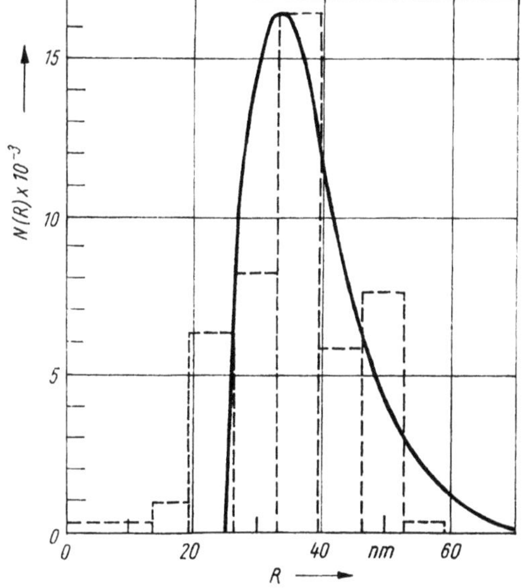

Bild 5.5. Größenverteilung der Ni₃(Ti, Al)-Ausscheidungen in INCONEL X-750 [5.19]

--- Transmissions-Elektronenmikroskopie ($\bar{R} = 35,5$ nm)
—— Neutronen-Kleinwinkelstreuung ($\bar{R} = 38,0$ nm)

9*

---

[1] Zur Definition der EULERschen Winkel siehe auch [5.30].

tung. Die in einem Werkstoff vorliegende Textur enthält Informationen über den Mechanismus, der zu ihrer Ausbildung führte. So kann z. B. das Studium von Verformungstexturen dazu dienen, Modelle der plastischen Verformung zu überprüfen.

Andererseits hängt eine Vielzahl von technisch wichtigen makroskopischen Eigenschaften von Werkstoffen (z. B. der Elastizitätsmodul, die plastische Anisotropie von Tiefziehblechen, die Ummagnetisierungsverluste von Transformatorblechen) sehr wesentlich von der Textur ab. Die Systematisierung von Kenntnissen über die Beeinflußbarkeit der Texturentstehung ist somit eine wichtige Grundlage für gezielte Werkstoffentwicklungen.

Bei Beugungsuntersuchungen an Polykristallen geht man davon aus, daß sich stets ein gewisser Volumenanteil der Probe in Reflexionsstellung befindet, d. h., daß für gewisse Kristallite die Normale der reflektierenden Netzebene parallel zum Streuvektor liegt (siehe Abschnitt 4.3.). Ist die Probe texturiert, so wird der Anteil der reflexionsfähigen Kristallite von der Anordnung der Probe auf dem Diffraktometer abhängen. Das bedeutet, daß si h bei einer Texturprobe die Intensität der BRAGG-Reflexe ändert, wenn ihre Position verändert wird. Andererseits kann somit das Studium dieser Abhängigkeit der BRAGG-Intensität von der Probenorientierung benutzt werden, um Informationen über die vorliegende Textur zu erhalten.

Bei einer Texturuntersuchung mißt man daher die Intensität eines BRAGG-Reflexes bei fester Detektorstellung in Abhängigkeit von der Probenstellung bezüglich der durch einfallenden und gestreuten Strahl gebildeten Streuebene. Die Darstellung der Intensität des Reflexes (*hkl*) vom Drehwinkel der Probe um zwei aufeinander senkrechte Achsen bezeichnet man als (*hkl*)-Polfigur. Diese zweidimensionale Darstellung entspricht einer Projektion der in Abschnitt 4.3.2. benutzten Polkugel auf die Äquatorebene. In welchem Bereich die Drehwinkel um die beiden Achsen variiert werden müssen, um den Informationsgehalt einer Polfigur vollständig zu erfassen, hängt von der Symmetrie der Probe ab. Bei einem gewalzten Blech genügen Drehungen von 0 bis 90° um zwei der drei ausgezeichneten Achsen (Blechnormale, Walz- und Querrichtung,

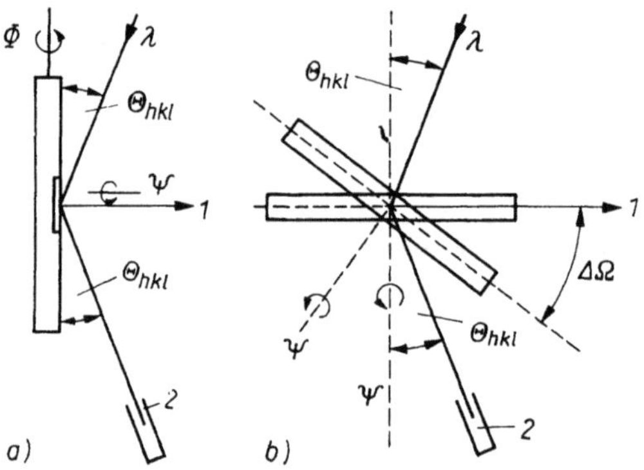

Bild 5.7. Anordnung von Blechproben für die Vermessung von Polfiguren

a) Rückstrahlfall
b) Durchstrahlfall

1 Normale der reflektierenden Netzebene
2 Detektor
Θ_B BRAGG-Winkel
Ψ, Φ, Ω Drehwinkel der Probe

Ψ, Φ und Ω in Bild 5.7a). Wählt man bei dem in Bild 5.7a dargestellten Rückstrahlfall Ψ und Ω als Drehachsen, so läßt es sich bei der Ω-Variation nicht vermeiden, daß der reflektierte oder einfallende Strahl einmal voll in der Probenebene verläuft. Das ist wegen der Strahlschwächung nicht zulässig. Das gleiche gilt auch für die Kombination Φ, Ψ (für Φ nahe 90°). Durch eine Kombination von Rückstrahl- und Durchstrahlungsmessung kann man jedoch vollständige Polfiguren erhalten [5.21], [5.22].

Der Vorteil der Neutronen gegenüber Röntgenstrahlen bei Texturuntersuchungen ergibt sich vor allem aus der geringeren Schwächung der Neutronenstrahlung in der Probe [5.22]. Die für die vollständige Messung einer Polfigur notwendige Durchstrahlungsmessung ist für Neutronen unproblematisch, während sie im Röntgenexperiment eine aufwendige Präparation sehr dünner Proben erfordert. Die Absorptionskorrekturen begrenzen die Zahl der meßbaren Polfiguren im Röntgenfall. Die Größe des erfaßten Probenvolumens gestattet mit Neutronen auch die Untersuchung grobkörniger Gefüge (Korngröße bis etwa 5 mm) mit genügender statistischer Genauigkeit. In [5.22] wird weiterhin gezeigt, daß die Neutronenbeugung auch

Vorteile bezüglich der erzielbaren Genauigkeit bietet.

Neben diesen methodischen Vorteilen ergibt die Verwendung von Neutronen auch einen höheren Informationsgehalt. Das Neutronenergebnis entspricht einem echten Volumenmittel und kann daher auch bei inhomogenen Texturen zum Vergleich mit makroskopischen Eigenschaften dienen.

Ein Beispiel für den Erfolg neutronographischer Texturuntersuchungen bei der Systematisierung der Texturentwicklung und bei der Analyse der wirksamen Verformungsmechanismen bieten die Untersuchungen von [5.23] zur Entwicklung der Walztextur kubisch-flächenzentrierter Metalle und Legierungen. Untersucht wurden Cu, Messinge verschiedener Zn-Konzentration, Ni und Co–Ni-Legierungen. Es zeigte sich, daß die relative Stapelfehlerenergie $\gamma/G \cdot \mathbf{b}$ (γ Stapelfehlerenergie; G Schubmodul; $\mathbf{b}$ Burgersvektor) ein sehr nützlicher Parameter für die Ordnung der Ergebnisse ist. In Bild 5.8 sind die für bestimmte Bereiche der relativen Stapelfehlerenergie und des Verformungsgrades dominierenden Verformungs-

mechanismen dargestellt, die aus der Analyse der Texturentwicklung abgeleitet wurden.

In [5.24] wurde die Neutronenbeugung zur Untersuchung der Walztextur in einem Stahl mit Mikroduplex-Gefüge eingesetzt. Unter Mikroduplex-Gefüge versteht man die Koexistenz der kubisch-raumzentrierten (krz) (exakter: kubischer Ferrit + leicht tetragonaler Martensit) und der kubisch-flächenzentrierten (kfz) Phase in feindisperser Form. Es konnte gezeigt werden, daß sich die Abhängigkeit der vier Hauptkomponenten der krz-Textur vom Verformungsgrad im Mikroduplex-Gefüge stark von der in der isolierten krz-Phase unterscheidet. Die Ursache dafür ist die durch die Verformung bewirkte Umwandlung kfz → krz. Dadurch wird die krz-Textur stark durch die Ausgangstextur der kfz-Phase beeinflußt.

Bei Transformatorblechen wird zur Erzielung der gewünschten magnetischen Eigenschaften die Goss-Textur angestrebt ({001} parallel zur Walzebene; ⟨100⟩ parallel zur Walzrichtung). Diese Textur entsteht infolge sekundärer Rekristallisation durch eine Kombination von plastischer

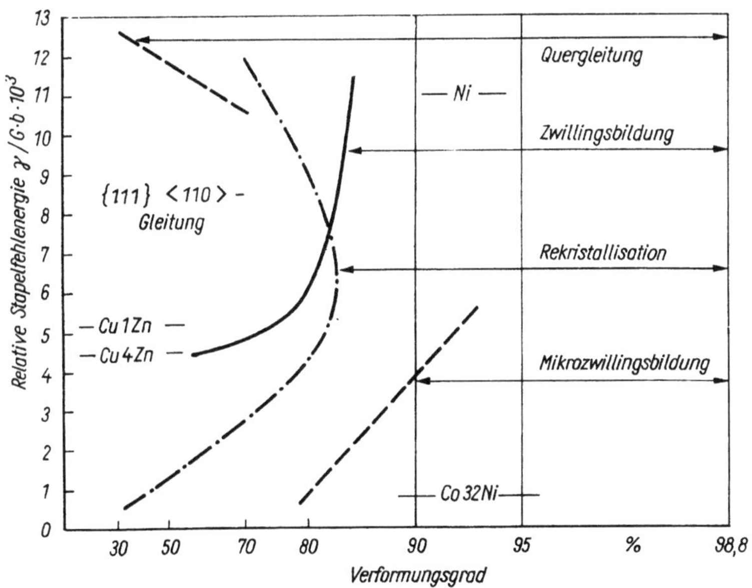

Bild 5.8. Dominierende Mechanismen für die Entwicklung der Walztextur von kfz-Legierungen in Abhängigkeit von der relativen Stapelfehlerenergie und dem Verformungsgrad [5.24]

Verformung und bestimmten Zwischenglühungen. In [5.25] wurde die Entwicklung dieser Textur in Abhängigkeit von den angewandten technologischen Schritten eingehend untersucht.

5.6.   Untersuchung magnetischer Momente und Strukturen

Für das Verständnis der technisch interessanten makroskopischen magnetischen Eigenschaften von Legierungen ist die Kenntnis der Anordnung und der Größe der magnetischen Momente der Konstituenten sehr wichtig. Da die Neutronenstreuung die Methode ist, die diesbezüglich die direktesten und umfangreichsten Informationen liefert, sollen ihre entsprechenden Möglichkeiten im folgenden zusammengefaßt werden.

5.6.1.   Experimentelle Besonderheiten

In Abschnitt 5.1. wurde dargelegt, daß die Neutronen sowohl am Atomkern als auch an den magnetischen Momenten der Atome gestreut werden können. In diesem Abschnitt soll der magnetische Streuanteil betrachtet werden. Somit ergibt sich die Frage, wie er von der stets gleichzeitig vorhandenen Kernstreuung abzutrennen ist.

Die magnetische Streuung kann nicht allein durch eine skalare Größe, wie die in Abschnitt 5.1.1. eingeführte magnetische Streuamplitude $p\,f_m(\varkappa)$, beschrieben werden. Sie hängt auch von der Orientierung der magnetischen Momente zum Streuvektor $\varkappa$ und von der gegenseitigen Orientierung der Momente der einzelnen Atome ab.

Für kollineare Magnetstrukturen (Momente nur parallel oder antiparallel zu einer vorgegebenen Achse) ist die Intensität der magnetischen Streuung einem Faktor $\overline{\sin^2 \alpha}$ proportional, wobei α der Winkel der magnetischen Momente mit dem Streuvektor ist. Orientiert man durch ein äußeres Feld alle Momente parallel zum Streuvektor, so kann man den Anteil der Kernstreuung isoliert messen.

Neutronen besitzen den Spin 1/2, ihre magnetischen Momente können sich nur parallel oder antiparallel zu einem äußeren Feld einstellen. Für die Untersuchung magnetischer Probleme ist das Arbeiten mit polarisierten Neutronen besonders vorteilhaft. Ein vollständig polarisierter Strahl enthält nur Neutronen der einen Spinrichtung. Man kann die Polarisation z. B. dadurch erzeugen, daß man als Monochromator einen bis zur Sättigung magnetisierten Kristall verwendet (z. B. Co-8% Fe oder Cu_2MnAl), der für einen bestimmten Reflex nur die eine Spinrichtung reflektiert.

Für eine Probe mit kollinearer Magnetstruktur, die sich in einem senkrecht zum Streuvektor orientierten Magnetfeld befindet, gilt

$$\left| F^2_{ges} \right| = (F_{Kern} \pm F_{mag})^2 \qquad (5.12)$$

($F_{Kern;\,mag}$ Strukturfaktoren für Kern- bzw. magnetische Streuung)

für das Zusammenspiel von Kern- und magnetischer Streuung.

Die beiden Vorzeichen entsprechen paralleler bzw. antiparalleler Neutronenpolarisation bezüglich des Feldes an der Probe. Der Vergleich von zwei Messungen mit Plus- und Minuspolarisation ergibt eine sehr empfindliche Methode zum Nachweis der magnetischen Streuung.

Liegt die Neutronenpolarisation parallel zum Streuvektor, so ist alle magnetische Streuung mit einer Spinumkehr des Neutrons verbunden. Bringt man vor den Detektor einen antiparallel zum Polarisator orientierten Analysator, so kann man auf diese Weise die magnetische Streuung sehr effektiv isolieren. Dieses Verfahren wird insbesondere zur Untersuchung magnetisch nicht ferngeordneter Substanzen eingesetzt.

5.6.2.   Magnetstrukturen

Für alle ferromagnetischen Substanzen ist die Symmetrie der Magnetstruktur gleich der der Kristallstruktur, da gleichartige Atome sich auch bezüglich ihrer magnetischen Momente nicht unterscheiden. Die BRAGG-Reflexe enthalten die Beiträge der Kernstreuung und der magnetischen Streuung.

Eine kollineare antiferromagnetische Struktur läßt sich in antiparallel zueinander orientierte magnetische Untergitter zerlegen. Bei der Summation zur Bildung des magnetischen Strukturfaktors sind dann die magnetischen Streuamplituden je nach der Zugehörigkeit zu einem der Untergitter mit dem Vorzeichen $+$ oder $-$ zu versehen. Demzufolge werden die magnetischen Strukturfaktoren gerade für solche Vektoren des reziproken Gitters von Null verschieden, für die sich die Kernstreubeiträge auslöschen. Entsprechend der in diesem Falle unterschiedlichen Symmetrie von Kristall- und Magnetstruktur bilden Kern- und magnetische Streuung unterschiedliche Reflexsysteme.

In Bild 5.9 ist das Auftreten zusätzlicher antiferromagnetischer Reflexe (bezeichnet mit $\frac{1}{2}$ (311); $\frac{1}{2}$ (331) usw.) für $(Fe_{1-x}Mn_x)_3Si$ mit $x > 0{,}25$ gezeigt [5.26]. Sie entstehen beim Unterschreiten einer kritischen Temperatur, die den Übergang von der ferromagnetischen zu einer komplexen Magnetstruktur charakterisiert. Die Struktur von $(Fe_{1-x}Mn_x)_3Si$ läßt sich aus Bild 5.3 ableiten. Si besetzt das B-Gitter, Fe ist auf den Untergittern A und D zu finden. Bis zu $x \approx 0{,}35$ wird Mn zunächst fast ausschließlich in das D-Untergitter eingebaut. Bei höheren Mn-Konzentrationen tritt es auch auf dem Untergitter A auf. So führt die antiferromagnetische Wechselwirkung zwischen Mn-Atomen und den A- und D-Plätzen zu einem Übergang von der ferromagnetischen zu einer antiferromagnetischen Struktur mit steigendem x.

Für die komplizierteren nichtkommensurablen nichtkollinearen Strukturen ist das Auftreten magnetischer Satellitenreflexe in der Nähe von Punkten des reziproken Gitters der Kristallstruktur charakteristisch.

Solche nichtkollinearen Strukturen findet man z. B. häufig bei den Seltenen Erden und ihren Legierungen. Bild 5.10 zeigt als Beispiel eine schematische Darstellung der spiralförmigen Magnetstruktur von Au_2Mn.

Zusammenfassend kann man feststellen, daß es möglich ist, die Magnetstruktur aus den Vektoren des reziproken Gitters, bei denen magnetische Reflexe auftreten, und aus deren Intensitäten vollständig und in komplizierten Fällen zumindest teilweise zu bestimmen.

Der Faktor $\overline{\sin^2 \alpha}$ (bzw. die entsprechende Größe für nichtkollineare Strukturen) liefert Informationen über die Orientierung der magnetischen Momente bezüglich der Kristallachsen, da für jeden BRAGG-Reflex der Streuvektor ein

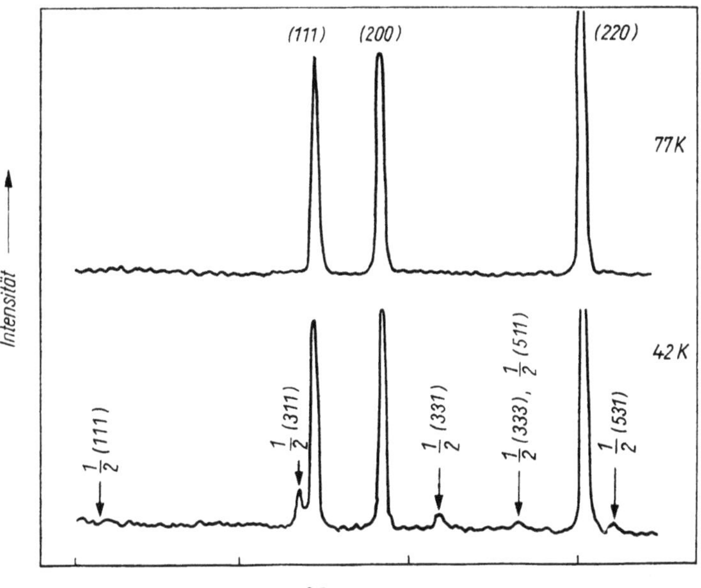

Bild 5.9. Typische Neutronenstreudiagramme für $(Fe_{1-x}Mn_x)_3Si$ ($x > 0{,}25$; antiferromagnetische Reflexe bei $T = 4{,}2$ K) [5.26]

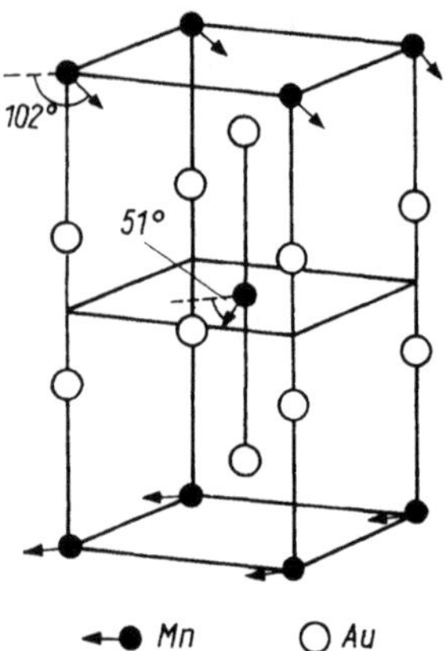

Bild 5.10. Schematische Darstellung der spiralförmigen Magnetstruktur von Au_2Mn [5.1, S. 263]

Vektor des reziproken Gitters ist und somit einer speziellen Kristallrichtung entspricht. Eingeschränkt wird die Aussagefähigkeit dieses Faktors durch die notwendige Mittelung über äquivalente Kristallrichtungen polykristalliner Proben und über die Magnetisierungsrichtungen der einzelnen magnetischen Domänen. Bei polykristallinen Proben ist nur in Systemen mit einer ausgezeichneten Achse die Bestimmung des Winkels möglich, den die magnetischen Momente mit dieser Achse bilden.

5.6.3. Größe der atomaren magnetischen Momente

Für eine Legierung liefert die Messung der Sättigungsmagnetisierung nur das mittlere magnetische Moment je Atom. Handelt es sich um eine Legierung mit atomarer Fernordnung, so liefern die magnetischen Intensitäten der Überstrukturreflexe zusätzliche Gleichungen, die es gestatten, die magnetischen Momente je Untergitteratom zu berechnen. Grundlage dafür ist die Proportionalität der magnetischen Streuamplitude p und des entsprechenden magnetischen Momentes. So gilt für die Überstrukturreflexe der DO_3-Struktur von Bild 5.3 analog zu den Ausführungen von Abschnitt 5.3.1.1.:

$$|F|^2_{111\,mag} = 4c^2(\mu_B - \mu_D)^2$$

$$|F|^2_{200\,mag} = 4c^2(2\mu_A - \mu_B - \mu_D)^2 \qquad (5.13)$$

$$c = 0{,}27 \cdot 10^{-12} \text{ cm}/\tilde{\mu}_B$$
$\tilde{\mu}_B$ BOHRsches Magneton

So erhielt man für Fe_3Si mit $\mu_B = \mu_{Si} = 0$ für die Fe-Atome der D-Plätze (8 nächste Fe-Nachbarn)

$$\mu_D^{Fe} = (2{,}23 \pm 0{,}06)\,\tilde{\mu}_B \qquad (5.14)$$

und für die der A-Plätze (je vier nächste Fe- und Si-Nachbarn) [5.27]

$$\mu_A^{Fe} = (1{,}07 \pm 0{,}06)\,\tilde{\mu}_B \qquad (5.15)$$

Für binäre ungeordnete Legierungen liefert die magnetisch-diffuse Streuung in Analogie zur in Abschnitt 5.3.1.2. besprochenen diffusen Streuung eine zweite Gleichung zusätzlich zur Magnetisierungsmessung. Nach [5.28] gilt für verdünnte Legierungen ($c_A \ll c_B$)

$$I(\varkappa)^{mag}_{diff} \sim c_A c_B(\mu_A - \mu_B + G(\varkappa))^2\,\overline{(f_m(\varkappa))^2} \qquad (5.16)$$

$c_{A,B}$ Konzentrationen der Elemente A und B
$\mu_{A,B}$ mittleres magnetisches Moment eines Atoms der Sorte A und B
$f_m(\varkappa)$ mittlerer magnetischer Formfaktor

$G(\varkappa)$ ist die FOURIER-Transformierte einer Funktion $g(r)$, die die Abstandsabhängigkeit der magnetischen Störungen beschreibt, die ein Verunreinigungsatom der Sorte A an benachbarten B-Atomen der Matrix bewirkt. So wurde in [5.29] für verdünnte Fe-Cr-Legierungen $\mu_{Cr} = -0{,}7\tilde{\mu}_B$ gefunden. Das negative Vorzeichen bedeutet antiparallele Orientierung der Cr-Momente zu den Matrixmomenten. Die Momente benachbarter Fe-Atome mit einem Abstand von etwa 0,5 nm werden gegenüber dem mittleren Eisenmoment etwas erhöht. Für größere $\varkappa$-Werte ($\varkappa \gtrsim 15\,\text{nm}^{-1}$), wo die Funktion $G(\varkappa)$ bereits abgeklungen ist, lassen sich einfacher Aussagen über die mittleren magnetischen Momente von Matrix- und Verunreinigungsatomen erhalten.

Literaturverzeichnis

[5.1] BACON, G. E.: Neutron Diffraction. 3. Aufl. Oxford: Clarendon Press 1975
[5.2] MARSHALL, W.; S. W. LOVESEY: Theory of

Thermal Neutron Scattering. Oxford: Clarendon Press 1971

[5.3] NOZIK, JU.; R. P. OSEROV; K. HENNIG: Strukturnaja Neitronografia. Moskau: Atomisdat 1979

[5.4] KOESTER, L.: Springer Tracts Mod. Phys. 80 (1977), S. 1

[5.5] DORNER, B.; R. COMES: Top. Curr. Phys. 3 (1977), S. 127

[5.6] BAUER, G. S.; E. SEITZ; W. JUST: J. Appl. Crystallogr. 8 (1975), S. 162

[5.7] IBEL, K.: J. Appl. Crystallogr. 9 (1976), S. 296

[5.8] MAGER, S.; E. WIESER; T. ZEMCIK; O. SCHNEEWEISS; P. N. STETSENKO; V. V. SURIKOV: Phys. stat. sol. (a) 52 (1979), S. 249

[5.9] BAUER, G. S.: In: Treatise on Materials Science and Technology, Bd. 15. New York: Academic Press 1979, S. 291

[5.10] VRIJEN, J.; C. VAN DIJK: In: Proceedings of the International Conference on Neutron Scattering, Catlinburg 1976, Bd. 1, S. 92

[5.11] ALDRED, A. T.; B. D. RAINFORD; T. J. HICKS; J. S. KOUVEI: Phys. Rev. B 7 (1973), S. 218

[5.12] WIESER, E.: Kristall und Technik 10 (1975), S. 875

[5.13] ALPERIN, H. A.; H. FLOTOW; J. J. RUSH; J. J. RHYNE: In: Proceedings of the International Conference on Neutron Scattering, Catlinburg 1976, Bd. 1, S. 517

[5.14] BAUER, G.; E. SEITZ; H. HORNER; W. SCHMATZ: Solid State Commun. 17 (1975), S. 161

[5.15] COWLAM, N. E.; G. E. BACON; D. H. KIRKWOOD: Scripta Met. 9 (1975), S. 1363

[5.16] DAUGER, A.; E. K. BOUDILI; M. ROTH: Scripta Met. 10 (1976), S. 1119

[5.17] GUINIER, A.; G. FOURNET: Small Angle Scattering of X-Rays. New York: Wiley 1955

[5.18] KOSTORZ, G.: In: Treatise on Material Science and Technology, Bd. 15. New York: Academic Press 1979, S. 227

[5.19] WALTHER, H.; P. PIZZI: In: Neutron Scattering in Applied Research. Wien: International Atomic Energy Agency 1977, IAEA-204, S. 121

[5.20] BUNGE, H. J.: Mathematische Methoden der Texturanalyse. Berlin: Akademieverlag 1969

[5.21] TOBISCH, J.; K. KLEINSTÜCK; M. BETZL; A. MÜCKLICH: Rossendorf: Zentralinstitut für Kernforschung der AdW 1975, ZfK-Bericht ZfK-298

[5.22] KLEINSTÜCK, K.; J. TOBISCH: Kristall und Technik 3 (1968), S. 455

[5.23] MÜCKLICH, A.; J. TOBISCH; K. KLEINSTÜCK: Kristall und Technik 13 (1978), S. 1067

[5.24] SCHREITER, U.; K. KLEINSTÜCK; J. TOBISCH; A. MÜCKLICH; G. HÖTZSCH; P. KLIMANEK: Kristall und Technik 14 (1979), S. 575

[5.25] POSPIECH, J.; D. SCHLÄFER; M. BETZL: Wissenschaftliche Berichte des Zentralinst. f. Festkörperphysik u. Werkstofforschung Dresden der AdW, Nr. 16 (1978), S. 39

[5.26] YOON, S.; J. G. BOOTH: J. Phys. F7 (1977), S. 1079

[5.27] MOSS, J.; P. J. BROWN: J. Phys. F2 (1972), S. 358

[5.28] MARSHALL, W.: J. Phys. C1 (1968), S. 88

[5.29] COLLINS, M. F.; G. G. LOW: Proc. Phys. Soc. 86 (1965), S. 535

[5.30] SCHUMANN, H.: Kristallgeometrie. Leipzig: VEB Deutscher Verlag für Grundstoffindustrie 1980

6 Durchstrahlungs-Elektronenmikroskopie

Von Hubert Vöhse, Institut für Mikroelektronik, Dresden

Die Durchstrahlungs-Elektronenmikroskopie (TEM) ist ein leistungsfähiges Festkörperanalyseverfahren. Sie vermag in mikroskopischen und submikroskopischen Bereichen Aussagen über den strukturellen Aufbau und die stoffliche Zusammensetzung eines Festkörpers zu geben und ist nicht schlechthin ein Abbildungsverfahren.

Das konventionelle Durchstrahlungs-Elektronenmikroskop hat sich zur Analyseneinheit entwickelt, d. h., in einem Gerät können eine Vielzahl von Wechselwirkungsreaktionen zwischen Strahlelektronen und Festkörper registriert und analysiert werden. Ein beeindruckender Entwicklungsstand wird auch mit dem Erreichen theoretischer Auflösungsgrenzen und der Anwendung höchster Beschleunigungsspannungen demonstriert. Diese prinzipiellen Möglichkeiten sind natürlich in ihrer Gesamtheit nicht in jedem Elektronenmikroskopie-Labor gegeben. Auch sind die einzelnen Verfahren innerhalb der elektronenmikroskopischen Durchstrahlungstechnik von Labor zu Labor unterschiedlich entwickelt.

Die TEM ist auf alle Festkörper anwendbar, sofern von ihnen elektronentransparente Präparate hergestellt werden können. Orientierungswerte für durchstrahlbare Foliendicken sind einige Zehntel µm im 100-kV-Bereich und einige µm bei 1 000 kV. Höchstauflösende Elektronenmikroskopie (unter 1 nm) ist an Objektdicken kleiner 0,1 µm (im allgemeinen 10 bis 20 nm) gebunden. Die zu untersuchenden Materialien können amorph, einkristallin und polykristallin sein. Texturen in polykristallinen Werkstoffen sind kein Untersuchungshindernis, sondern in Mikrobereichen auch Untersuchungsgegenstand. Die direkte Durchstrahlung elektronentransparent gedünnter Folien führt zu Informationen über das Werkstoffvolumen. Die Untersuchung der Werkstoffoberfläche ist mit Hilfe der Durchstrahlung von Oberflächenabdruckpräparaten zugänglich. Damit sind enge Beziehungen zur üblichen Metallographie und zur konventionellen Rasterelektronen-Mikroskopie geschaffen. Der Hauptanteil der TEM in der Werkstofforschung liegt auf dem Gebiet der Kristalldefektuntersuchung mittels Beugungskontrasts und der Strukturaufklärung durch Elektronenbeugung. Der schnelle wechselseitige Zugriff zum Beugungskontrastbild und zum Beugungsdiagramm war von jeher die Stärke der TEM. Für beide Informationsträger wurde der Aussagegehalt dadurch gesteigert, daß ihr jeweiliges Auflösungsvermögen verbessert wurde. Im Falle der Beugungskontraste bedeutet das die Reduzierung der üblichen Profilbreiten von einigen 10 nm auf einige nm durch spezielle Abbildungstechniken mit schwachen Strahlen. Im Falle der Beugungsdiagramme wurde deren Ortsauflösung, d. h. die gesicherte Zuordnung des Beugungsdiagrammes zum ausgewählten Probenbereich, von etwa 1 µm bei der konventionellen Feinbereichsbeugung auf einige Nanometer bei Mikrobeugungstechniken reduziert. Die durch die TEM gelieferten Informationen stammen allgemein aus kleinen Kristallvolumina. Das ist durch die geringe Foliendicke und durch die relativ kleinen durchstrahlbaren Bereiche innerhalb einer Folie bedingt. Mit Hilfe der Höchstspannungs-Elektronenmikroskopie und der Raster-Durchstrahlungs-Elektronenmikroskopie wurden Erweiterungen zu größeren Foliendicken möglich. Trotzdem bedarf es zur vollständigen Lösung von Werkstoffproblemen der Kombination mit integrierenden Meßverfahren. Außerdem ist die schnelle reproduzierbare Präparation repräsentativer Folien Voraussetzung für einen wirkungsvollen Einsatz der TEM. Probleme liegen in dieser Richtung vor allem in der Beherrschung von Zielpräparationen. Insgesamt erscheint die TEM durch die notwendige Gerätetechnik und den verhältnismäßig langwierigen Untersuchungsablauf (Präparation – Mikroskopiertätigkeit – Auswertung) als ein aufwendiges Untersuchungsverfahren, das vorzugsweise in der Werkstoffentwicklung und bei speziellen Schadensfalluntersuchungen eingesetzt werden sollte. Sie ist kein Meßverfahren der Produktionskontrolle. Mit einer detaillierten Mikrostrukturuntersuchung kann die Methode zu nahezu allen werkstoffkundlichen Problemen Lösungsbeiträge liefern.

6.1.   Einführung

Die Durchstrahlungs-Elektronenmikroskopie (Transmissions-Elektronenmikroskopie TEM) hat eine etwa 50jährige Geschichte. Von der Kenntnis, daß inhomogene rotationssymmetrische Magnetfelder wie abbildende Linsen auf koaxiale Elektronenstrahlbündel wirken, bis zum Einsatz hochwertiger Polschuhlinsen kleinster Brennweiten in modernen Elektronenmikroskopen wurde beharrlich gearbeitet. Trotzdem sind es die Linsenfehler, die es nicht gestatten, die um den Faktor 10^5 kürzere Materiewellenlänge der Elektronen zur Wellenlänge der elektromagnetischen Lichtwellen vollständig in nutzbare Auflösungsverbesserung umzusetzen. Die im wesentlichen durch den Öffnungsfehler der magnetischen Objektivlinse gegebene Auflösungsgrenze von etwa 0,2 nm ist jedoch heutzutage erreicht. Diese Tatsache läßt häufig das anfängliche Bemühen um sublichtmikroskopische Auflösung vergessen. Die Probleme, Vorbehalte und psychologischen Hürden, wie sie Ruska [6.1] für den Beginn der Elektronenmikroskopie schildert, sind heute zu einem großen Teil gelöst und überwunden. Sie sind aber auch andererseits die Probleme geblieben, da die notwendigerweise sehr dünnen Präparate sich auch heute teilweise nur mit erheblichem Aufwand herstellen lassen. Fragen zur Objektschädigung unter dem Elektronenstrahl, zur Objektdrift und zu auflösungsbegrenzenden Einflüssen der Probe sind aktuell geblieben. Auch wird nicht

jeder Leser sofort die Tatsache, daß auf der ganzen Welt von der bisher elektronenmikroskopisch untersuchten Materie nur wenige Kubikmillimeter davon photographisch registriert wurden, als überzeugende Extrapolationsfähigkeit elektronenmikroskopischer Untersuchungsergebnisse werten. Der Erkenntniswert elektronenmikroskopischer Untersuchungen wird demjenigen sofort deutlich, der die Möglichkeiten zu derartigen Untersuchungen hat. Der Erkenntniswert sollte aber auch von verständnisvollen Auftraggebern beurteilt werden können. Dazu soll die TEM als eine leistungsfähige, aber auch als eine unter anderen Untersuchungs- und Meßmethoden vorgestellt werden. Es erscheint notwendig, neben den Möglichkeiten auch die Voraussetzungen und Grenzen der Methode zu behandeln, damit in der praktischen Anwendung ein sinnvoller Einsatz gewährleistet ist. Nur in Verbindung mit den zahlreichen Lehrbüchern, Monographien und Tagungsbänden, auf die in einer Auswahl verwiesen wird [6.2] bis [6.28], kann ein etwa dem gegenwärtigen Stand entsprechendes Bild vermittelt werden.

6.2.   Probenpräparation

6.2.1.   Allgemeines

Elektronentransparente Folien, die repräsentativ für das zu untersuchende kompakte Material sein müssen, sind der Ausgangspunkt elektronenmikroskopischer Durchstrahlungsuntersuchungen. Die Durchstrahlbarkeit hängt im wesentlichen von der Atomzahl des Probenmaterials und der Beschleunigungsspannung, d. h. der Energie der auf die Probe auftreffenden Elektronen ab. Orientierungswerte für maximal durchstrahlbare Foliendicken bei 100 kV Beschleunigungsspannung sind: Uran 0,1 µm, Eisen 0,5 µm und Aluminium 1 µm. Eine verwertbare Durchstrahlbarkeit ist z. B. dann gegeben, wenn in gewünschten Folienorientierungen photographische Aufnahmen ausreichend kurzer Belichtungszeit und mit genügend Kontrast angefertigt werden können. Die Belichtungszeit muß vereinbar sein mit Angaben zur Stabilität von Beschleunigungsspannung und Linsenströmen und mit der jeweils vorliegenden Probendrift. Ausreichender Kontrast spiegelt sich in guter Detailerkennbarkeit abzubildender Strukturen wider. Eine Folie repräsentiert dann das kompakte Material, wenn alle dort vorhandenen Kristalldefekte in Menge und Verteilung erhalten geblieben sind und wenn keine neuen Defekte während der Präparation der Folie hinzugekommen sind. Außerdem müssen die durchstrahlbaren Bereiche in einer Folie so groß wie möglich sein, damit das Typische eines Behandlungszustandes im kompakten Material einwandfrei erkannt werden kann. Das vermeintlich Typische sollte an mehreren Folien des gleichen Zustandes bestätigt werden. Dicke Foliengebiete sind in diesem Sinne bei den Untersuchungen zu bevorzugen, obwohl man weiß, daß in dicken Foliengebieten der Energieverlust der Elektronen beim Durchgang durch die Folie das Auflösungsvermögen begrenzt. Höhere Beschleunigungsspannungen und die Anwendung des Rastertransmissions-Prinzips machen dickere Foliengebiete elektronenmikroskopischen Untersuchungen zugänglicher. Veränderungen der zu untersuchenden Struktur können außerhalb und innerhalb des Elektronenmikroskops erzeugt werden. Außerhalb des Elektronenmikroskops können während des eigentlichen Präparationsablaufs und während der Lagerung und der Handhabung der fertigen Folie Artefakte entstehen. Innerhalb des Elektronenmikroskops können die Wechselwirkungsprozesse zwischen dem Elektronenstrahl und der Folie und die Vakuumbedingungen in der Folienumgebung das Untersuchungsergebnis beeinflus-

sen. Die Beherrschung ausgereifter Präparationsverfahren bestimmt somit einerseits unmittelbar den Aussagegehalt, andererseits aber auch den Einsatz der TEM als Untersuchungsmethode. Im Sinne eines Routineverfahrens ist die TEM an erster Stelle an eine schnelle, reproduzierbare Präparation repräsentativer Folien gebunden. Nicht selten beschränken aber Präparationsschwierigkeiten noch den Einsatz der TEM bei der Lösung von Werkstoffproblemen. Im Vergleich zu den inzwischen bestehenden Untersuchungstechniken im Elektronenmikroskop und auch zu den anwendbaren Auswerteverfahren erscheint die Präparationsstrecke mancherorts erfahrungsgemäß unterentwickelt.

6.2.2. Präparationsverfahren

Man kann sich elektronentransparente Präparate unmittelbar durch Abscheidung aus der Lösung oder nach Verdampfung herstellen. Außerdem kann man niedrigschmelzende Metalle als dünnen Film, z. B. innerhalb eines Drahtringes, den man aus der Schmelze zieht, kristallisieren lassen. Man gewinnt damit Strukturaussagen über dünne Schichten, die aber selten Extrapolationen zu Strukturen des kompakten Materials zulassen. Gerade das kompakte Material soll aber in seinen verschiedenen Ausgangsformen, wie Gußzustand, Halbzeug, Probenformen der Materialprüfung bis hin zu Fertigprodukten (z. B. wärmebehandelte und oberflächenveredelte Werkzeuge oder schaltungsstrukturierte Siliziumscheiben in der Elektronikindustrie), elektronenmikroskopischen Durchstrahlungsuntersuchungen zugänglich gemacht werden. Die zu besprechenden Präparationstechniken sollen sich deshalb nur darauf beziehen.

6.2.2.1. Oberflächenabdrücke

Mit der Durchstrahlung von Oberflächenabdrükken waren die ersten Anwendungsgebiete der TEM für die Werkstofforschung erschlossen. Die sogenannten Replikatechniken lassen sich in drei prinzipielle Verfahren unterteilen:

– Direktabdruck
– indirekter Abdruck über eine Matrize
– Extraktionsabdruck

Das Prinzip aller Verfahren ist, ein vorhandenes oder beispielsweise durch Ätzen erzeugtes Oberflächenprofil eines Werkstoffes einer amorphen Schicht aufzuprägen. Nach dem Ablösen von der Werkstoffoberfläche können solche Schichten auf Netzobjektträger gebracht entweder direkt durchstrahlt werden, oder sie bilden das Negativ für einen neuerlichen, durchstrahlbaren Abdruck. Ätzt man Partikeln an der Werkstoffoberfläche genügend frei, so kann eine aufgebrachte Schicht die Partikeln ausreichend umhüllen. Beim Ablösen der Schicht bleiben die Partikeln in ihr haften und sind somit im extrahierten Zustand elektronenmikroskopisch untersuchbar. Bei der Durchstrahlung derartiger Präparate entsteht der Kontrast hauptsächlich durch Dickenunterschiede im Präparat. Er kann durch Beschatten mit Schwermetallatomen verstärkt werden. Mit dem Verfahren erreicht man Stufenauflösungen von 1 bis 2 nm, das laterale Auflösungsvermögen liegt bei 10 bis 20 nm. Die Eigenstruktur der Abdruckschichten wirkt hauptsächlich auflösungsbegrenzend. Trotzdem sind diese Kenngrößen im allgemeinen besser als bei der Oberflächenabbildung im konventionellen Rasterelektronen-Mikroskop. Deshalb hat auch die präparationsintensivere Replikatechnik ihre Existenzberechtigung neben der rasterelektronenmikroskopischen Oberflächenabbildung. Im Vergleich zur lichtmikroskopischen Oberflächenuntersuchung (Metallographie) schafft die Replikatechnik einen entscheidenden Fortschritt bei der Erfassung mikrostruktureller Details. Da die metallographisch vorbereitete Werkstoffoberfläche im allgemeinen der Ausgangspunkt der Replikatechnik ist, bietet sich die Verbindung zur klassischen Metallographie geradezu an. Der Begriff Elektronenmetallographie steht deshalb für eine sachbezogene Methodenintegration. Im Vergleich zur direkten Durchstrahlung elektronentransparent gedünnter Proben liefert die Abdrucktechnik keine Aussagen zur Mikrostruktur im Werkstoffinneren. Außerdem wird die Werkstoffoberfläche durch die Ablöseverfahren der Trägerschicht meistens zerstört. Andererseits stehen diesen nachteiligen Merkmalen der Replikatechnik auch Vorteile gegenüber: Man kann Informationen über einen Werkstoff gewinnen, ohne ihn in das Elektronenmikroskop bringen zu müssen. Es entfällt die Präparation direkt durch-

strahlbarer Probenbereiche, die im allgemeinen aufwendiger ist als die Anfertigung eines elektronentransparenten Oberflächenabdrucks.

6.2.2.2. Präparation elektronentransparenter Folien aus dem kompakten Material

Die Anforderungen an eine elektronentransparente Folie bestimmen deren Präparationsgang:

a) Eine Folie muß repräsentativ für das kompakte Material sein.
b) Sie muß in die Probenhalterung des Goniometers passen.
c) Beide Oberflächen des gedünnten Folienbereichs sollten annähernd parallel, mikroskopisch eben und sauber sein.
d) Die durchstrahlbaren Folienbereiche sollten möglichst groß sein.
e) Für in-situ-Techniken (s. Abschnitt 6.3.2.3.) müssen teilweise spezielle Folienformen realisiert werden.

TEM-Präparate können als selbsttragende Folien oder auf Netzobjektträgern im Elektronenmikroskop untersucht werden. Die Probenhalterungen im Elektronenmikroskop sind nahezu einheitlich auf Probendurchmesser von 3 mm ausgelegt. Das bedeutet, daß für selbsttragende Folien vor dem Dünnen diskförmige Scheibchen von 3 mm Durchmesser und etwa 0,3 mm Höhe präpariert werden müssen. Die beim anschließenden Dünnen im Zentrum dieser Scheibchen entstehenden durchstrahlbaren Bereiche werden von einem ungedünnten massiven Probenrand getragen (daher der Begriff selbsttragende Folie). Im Gegensatz dazu kann man etwa 1 mm dicke Bleche solange großflächig dünnen, bis mehrere perforierte Bereiche entstehen. Durchstrahlbar sind dann gewöhnlich die zwischen den Perforationen stehengebliebenen Materialbrücken, die herausgetrennt und auf Netzobjektträger gebracht werden und anschließend im Elektronenmikroskop untersuchbar sind. Beide Verfahrensweisen gliedern sich demnach in den eigentlichen Dünnungsprozeß zum elektronentransparenten Präparat und in Vorpräparationen für die Ausgangsformen diskförmiger Scheibchen und Bleche geeigneter Dicke. Vorpräparationen sind gewöhnlich mechanisches Trennen (Sägen, Trennschleifen, Drehen), funkenerosives Trennen und Trennen mit sogenannten Säuresägen. Ein anschließendes Vordünnen kann durch Schleifen, chemisches und elektrochemisches Abtragen erfolgen. Problematisch sind diese Arbeitsgänge immer dann, wenn das kompakte Material mit vorgegebenen Abmessungen und im endgültigen Behandlungszustand vorliegt. Dort wo es möglich ist, sollte man deshalb die zu untersuchenden Werkstoffbehandlungen an geeignet vorpräparierten Probenformen durchführen.

Der eigentliche Dünnungsprozeß zur elektronentransparenten Folie ist gewöhnlich ein elektrolytisches Bad- oder Strahlpolierverfahren. Bei den Badpolierverfahren (Fensterverfahren, BOLLMANN-Verfahren) taucht das Probenblech als Anode geschaltet in einen Elektrolyten ein, während beim Strahlpolierverfahren die diskförmige Probe in einer speziellen Maske gehalten und kontaktiert senkrecht vom Elektrolytstrahl getroffen wird. Die Strahldüsen bilden meistens die Katoden. Nach welchem Verfahren (Düsenstrahlpolieren oder Badpolieren) in den verschiedenen Laboratorien dünnpoliert wird, hängt von den Aufgabenstellungen und häufig auch von den vorhandenen Präparationseinrichtungen ab. Bestimmte Vor- und Nachteile der Verfahren legen auch deren Einsatz fest. Selbsttragende Folien, nach dem Düsenstrahlpolierverfahren hergestellt, erweisen sich im Vergleich mit Folien auf Netzobjektträgern als vorteilhaft:

a) Die Folien können bequem in einem Arbeitsgang von 0,3 mm Ausgangsdicke hergestellt werden. Es entfällt das risikovolle Heraustrennen durchstrahlbarer Bereiche aus einer großflächig gedünnten Probe und die Benutzung von Netzobjektträgern.
b) Die selbsttragenden Folien können in bezug auf den durchstrahlbaren Bereich schonend gehandhabt werden (z. B. beim Einlegen in die Probenhalterung für das Elektronenmikroskop).
c) Der elektrolytische Abtrag kann sowohl beidseitig als auch nach entsprechender Abdichtung einseitig erfolgen. Ebenso kann man unterschiedliche Abtragtiefen auf beiden Seiten verwirklichen. Damit ist die Tiefenlage des durchstrahlbaren Bereichs in den diskförmigen Scheibchen variierbar (Bild 6.1).

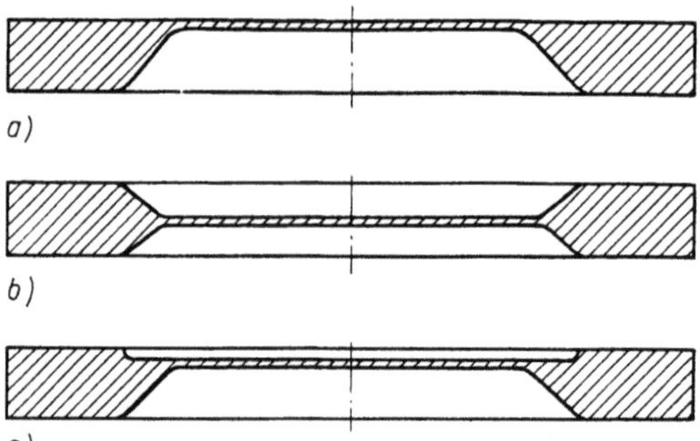

Bild 6.1. Formen selbsttragender Folien; Ausgangsprobenform: Scheibchen mit 3 mm Durchmesser und etwa 0,3 mm Höhe
a) nach einseitigem Dünnen
b) nach beidseitigem Dünnen
c) nach beidseitigem Dünnen bei unterschiedlichen Abtragzeiten und/oder unterschiedlichen Elektrolyten

d) Der ungedünnte, massive Probenrand eignet sich für probenbezogene Markierungen (z. B. Vorzugsrichtungen).
e) Die verhältnismäßig große Probenmasse durch den massiven Probenrand bei selbsttragenden Folien bewirkt allerdings bei ferromagnetischem Material ein äußerst störendes Eigenmagnetfeld, so daß es zu erheblichen Strahlablenkungen im Elektronenmikroskop kommen kann. Besonders störend ist diese Tatsache bei gezielten Kippungen der Probe zur Kontrastanalyse. Durchstrahlbare Probenstückchen auf Netzobjektträgern haben in dieser Hinsicht einen entscheidenden Vorteil gegenüber selbsttragenden Folien.
f) Folien auf Netzobjektträgern haben absolut größere durchstrahlbare Bereiche als selbsttragende Folien. Die undurchstrahlbaren Maschenstege der Netzobjektträger können aber gerade entscheidende Objektstellen verdecken. Andererseits ist man bei Beherrschung des Düsenstrahlpolierens in der Lage, große durchstrahlbare Bereiche innerhalb einer selbsttragenden Folie zu erzielen (etwa $4 \cdot 10^4$ µm²). Außerdem kann man mit heutzutage verfügbaren Poliereinrichtungen für dafür geeignete Materialien eine Strom-Spannungs-Kennlinie bei gleichzeitiger lichtoptischer Betrachtung

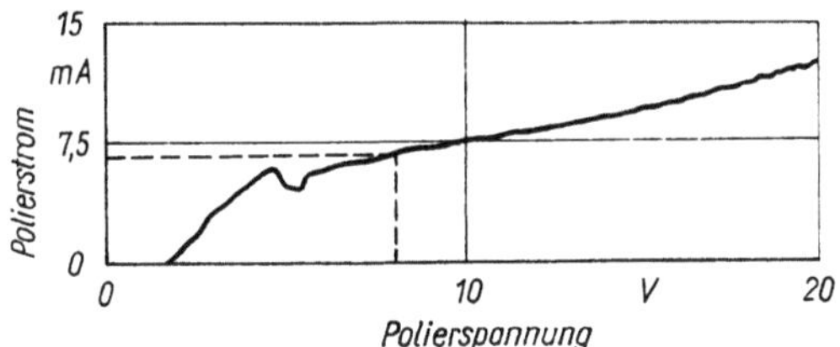

Bild 6.2. Beispiel einer Strom-Spannungs-Kennlinie für das Düsenstrahlpolieren des Stahls X 8 CrMoTi 17; *Polierbedingungen:* Elektrolyt $CH_3COOH/HClO_4$ = 4/1; Elektrolyttemperatur 8 °C; Elektrolytstrahlapparatur nach BURCK [6.29]

der Probenoberfläche aufnehmen. Damit sind ziemlich sicher optimale Polierbedingungen festlegbar (Bild 6.2).

g) Selbsttragende Folien bieten auch Vorteile bei in situ Wärmebehandlungsexperimenten im Elektronenmikroskop.

Präparative Einzelheiten sind in der Literatur ausführlich beschrieben (z. B. [6.7], [6.10], [6.16], [6.17] und [6.24]).

6.2.2.3. Zielpräparationen

Zielpräparation heißt, nicht schlechthin elektronentransparente Folien zu präparieren, sondern den durchstrahlbaren Bereich in vorbestimmten Werkstoffbereichen entstehen zu lassen. Erfordert die Folienpräparation an sich schon einen individuellen Erfahrungsschatz, so trifft das ganz besonders auf Zielpräparationen zu. Zielpräparation erstreckt sich sowohl auf die erwähnten Vorpräparationen als auch auf den eigentlichen Dünnungsprozeß. Diskförmige Scheibchen können beispielsweise senkrecht und parallel zu Walz- oder Zugrichtung geschnitten werden. Ebenso wichtig ist es, bei Einkristallverformungen ausgewählte kristallographische Orientierungen als Folienebene bzw. Foliennormale zu erhalten. Ursprünglich für die Präparation ungeeignete Probenformen können durch Einbetten oder Zusammenfügen zum Paket (beispielsweise dünne Drähte) zu dünnungsfähigen Ausgangsprobenformen gemacht werden. Schichtstrukturen können lateral und im Querschnitt gedünnt werden. Voraussetzungn dafür sind Kenntnisse über die meist unterschiedlichen

Abtragraten einzelner Schichten innerhalb einer Schichtenfolge. Vielfach interessieren Grenzflächenstrukturen bzw. Übergangsbereiche zwischen Schichten und unterschiedlich behandelten Materialvolumina. Elektrolytische und chemische Polierverfahren schaffen in den dafür notwendigen Querschnittspräparaten durch selektiven Abtrag meistens ein nicht verwertbares Folienrelief. In solchen Fällen verspricht man sich Erfolge vom Materialabtrag durch Ionenzerstäubung [6.22]. Das Verfahren ist sehr langwierig (Abtragraten von 1 μm/h) und erfordert ebenfalls umfangreiche Kenntnisse über die Elementarprozesse und Verfahrensparameter. Für die Präparation von Rißspitzenumgebungen, einem vorrangigen Problem der Plastizitätsforschung, scheint es aber das z. Z. einzig erfolgversprechende Präparationsverfahren zu sein. Präparationen bruchflächenund schweißnahtnaher Bereiche sind weitere Wunschvorstellungen und echte Aufgaben für Zielpräparationen. Für alle genannten Probleme gibt es bereits Lösungsbeispiele. Im Sinne des Einsatzes der TEM als schnelle Fehleranalysemethode ist aber die elektronenmikroskopische Präparationstechnik z. Z. noch überfordert.

6.2.2.4. Folienaufbewahrung

Nicht jede Folie kann nach der Präparation sofort im Elektronenmikroskop untersucht werden. Elektronenmikroskope werden heutzutage jeweils von einem größeren Anwenderkreis genutzt, so daß für den einzelnen Mikroskopiker kein ständiger Zugriff zum Gerät besteht. Andererseits ist es auch üblich, daß Folien zwar im eigenen Labor präpariert werden, deren Untersuchung in Ermangelung eigener Gerätekapazität aber in anderen Labors erfolgen muß. Neben dieser teilweise erzwungenen Vorlagerung der Folien ist es aber auch sinnvoll, bereits untersuchte informationsträchtige Folien zu konservieren. Exsikkatoren mit adsorbierenden Mitteln, Vakuumexsikkatoren, Aufbewahrung unter Alkohol bis hin zur Langzeitlagerung von Folien in argongefüllten Messingampullen [6.30] sind Möglichkeiten in dieser Richtung für dafür geeignete Materialien. Die Erfahrung besagt aber, daß an frisch präparierten Folien gleich bei der ersten Untersuchung ein möglichst erschöpfender Informationsgewinn angestrebt werden sollte.

6.3.   Gerätetechnik

6.3.1.   Allgemeines

Durchstrahlungs-Elektronenmikroskope sind im Laufe der Zeit ständig weiterentwickelt worden. Unmittelbaren Ausdruck findet diese Entwicklung im Erreichen theoretischer Auflösungsgrenzen und in der kommerziellen Nutzung höchster Beschleunigungsspannungen. Die enormen Erweiterungen der Signalverarbeitungsmöglichkeiten ließen das klassische Durchstrahlungs-Elektronenmikroskop zur Analyseneinheit werden [6.31], [6.32]. Genannt seien nur die Anwendung des Rasterdurchstrahlungs-Prinzips (Scanning-Transmissions-Elektronenmikroskopie STEM), die Analyse rückgestreuter Elektronen, die Oberflächenabbildung mit Sekundärelektronen, die energiedispersive Analyse von Röntgenstrahlung und die Energieverlustanalyse transmittierter Elektronen in einem Gerät. Es ist aber eine Tatsache, daß nur wenigen Anwendern alle diese Möglichkeiten nutzbar zur Verfügung stehen. Gewöhnlich trifft man Ausrüstungsvarianten an, die auf die Aufgabenstellungen im jeweiligen Labor zugeschnitten und den finanziellen Möglichkeiten angepaßt sind. Ein hoher Bedienungskomfort als Entwicklungsmerkmal und eine zuverlässige Arbeitsweise der Geräte sollten dem Mikroskopnutzer eine intensive Beschäftigung mit dem Untersuchungsobjekt ermöglichen.

6.3.2.   Mikroskopausstattung

6.3.2.1.   Durchstrahlungs-Elektronen-mikroskop

Der Aufbau des Durchstrahlungs-Elektronenmikroskops ist dem des Lichtmikroskops prinzipiell ähnlich. Durch Elektronen werden Strukturen durchstrahlbarer Präparate mit Elektronenlinsen (inhomogene rotationssymmetrische Magnetfelder) abgebildet. Elektrische Überschläge im Strahlerzeugersystem, Streuung des Elektronenbündels an Luftmolekülen in der Mikroskopsäule und Kontaminationsvorgänge auf der Probe werden dadurch vermieden bzw.

stark reduziert, daß in der Mikroskopsäule Hochvakuum erzeugt und aufrechterhalten wird. Das Elektronenmikroskop besteht im wesentlichen aus

– Strahlerzeugersystem
– Beleuchtungsstrahlengang
– Objektraum
– Abbildungsstrahlengang
– Registriereinrichtung

Im Strahlerzeugersystem werden aus einer Wolfram-Haarnadel-Katode durch thermische Emission Elektronen freigesetzt, die durch die jeweilige angelegte Hochspannung beschleunigt werden. Durch den WEHNELT-Zylinder werden die Elektronen gebündelt. Es entsteht der für das Strahlerzeugersystem engste Strahlquerschnitt, der sogenannte Cross over, der durch das Bestrahlungssystem verkleinert in die Präparatebene abgebildet wird. Die Stromdichte in der Elektronensonde auf dem Präparat hängt wesentlich vom Richtstrahlwert der Katode im Strahlerzeugersystem ab. Bessere Richtstrahlwerte als Wolfram-Haarnadel-Katoden haben LaB_6-Katoden und Feldemissionskatoden. Sie sind aber erheblich teurer und erfordern größeren Wartungsaufwand. Beispielsweise ist für Feldemissionskatoden Höchstvakuum (mindestens 10^{-7} Pa) notwendig, und LaB_6-Katoden benötigen gegenüber Wolfram-Haarnadel-Katoden eine häufig langwierige Anheizperiode. Für die bereits erwähnten Analyseneinheiten (Raster-Durchstrahlungs-Elektronenmikroskop mit diversen Zusatzeinrichtungen) sind sie aber notwendig und werden dort auch zunehmend realisiert. Konventionelle Durchstrahlungs-Elektronenmikroskope kommen mit Wolfram-Haarnadel-Katoden aus. Man muß nur darauf achten, daß der häufigere Wechsel einer derartigen Katode infolge ihrer kürzeren Lebensdauer bequem und schnell erfolgen kann. Die Hochspannung ist in fest vorgegebenen Stufen einstellbar und bei leistungsfähigen 100-kV-Geräten auf $2 \cdot 10^{-6}$/min stabilisiert. Die Elektronen sind damit hinreichend monoenergetisch. Die verkleinerte Abbildung des Cross over in die Präparatebene erfolgt standardmäßig mit einem Doppelkondensorsystem. Damit erreicht man Elektronenstrahldurchmesser auf der Probe von etwa 2 µm. Aperturblenden begrenzen den Aperturwinkel und damit den Einfluß der

Linsenfehler der Elektronenlinsen. Zusätzlich ist der Kondensorlinsenastigmatismus der zweiten Kondensorlinse mit einem Stigmator korrigierbar. Wie noch deutlich werden wird (Abschnitt 6.4.2.), ist es für die TEM äußerst wichtig, daß oberhalb der Probe eine elektronische Strahlkippung möglich ist. Gewöhnlich beträgt die maximale Strahlkippung gegen die optische Achse ±3° bis ±6°.

Der Objektraum ist im konventionellen Elektronenmikroskop durch eine gewisse Enge gekennzeichnet, d. h., die Probe ist unmittelbar über der Objektivpolschuhbohrung angeordnet, oder sie wird sogar in diese abgesenkt. Trotzdem muß eine möglichst umfassende Probenkippung zum einfallenden Elektronenstrahl möglich sein, damit eine ausreichende Varianz an Beugungskontrasten realisiert werden kann. An die dafür notwendigen Goniometer werden höchste Anforderungen in bezug auf mechanische Präzision gestellt. Gebräuchliche konstruktive Lösungen innerhalb der Goniometer sind z. B. ±30° Kippung um eine in der Probenebene frei wählbare Kippachse, oder Kippung um ±60° um eine feste Kippachse bei einer möglichen Rotation der Probe um 360°. Euzentrische Goniometer gestatten es zudem, die Probe im Strahlengang so zu justieren, daß der Schnittpunkt zwischen Kippachse der Probe und optischer Achse der Säule in der beobachteten Objektebene liegt. Die Probe wird über eine Vorvakuumkammer in die unter Hochvakuum stehende Mikroskopsäule gebracht. Dieser zweistufige Schleusmechanismus erhält das Hochvakuum in der Säule bei Probenwechsel, so daß die Hochspannung kontinuierlich anliegen kann und somit stabile Betriebsbedingungen erreicht werden. Der Elektronenstrahl crackt Restgasbestandteile in der Säule. Diese Reaktionsprodukte wachsen als sogenannte Kontaminationsschichten auf Folienober- und -unterseite auf und vermindern das Auflösungsvermögen und den Kontrast. Reduzieren kann man die Kontaminationserscheinungen durch Antikontaminationsfallen oder/und besseres Vakuum in der Probenumgebung. Die Verbesserung des Vakuums in der Probenumgebung erreicht man neuerdings durch Einsatz von Ionengetterpumpen.

Den »klassischen« Abbildungsstrahlengang bilden im Durchstrahlungs-Elektronenmikroskop Ob-

jektiv, Zwischenlinse und Projektiv. Die Objektivlinse entwirft in ihrer hinteren Brennebene das Beugungsdiagramm und in ihrer Bildebene ein erstes Zwischenbild. Je nach Erregung der Zwischenlinse (Fokussierung auf eine dieser beiden Ebenen) wird das Beugungsbild oder das Übersichtsbild zweistufig durch Zwischenlinse und Projektiv auf dem Leuchtschirm abgebildet (Bild 6.3). Um diese Abbildungsmaßstäbe in weiten Grenzen variieren zu können, sind in-

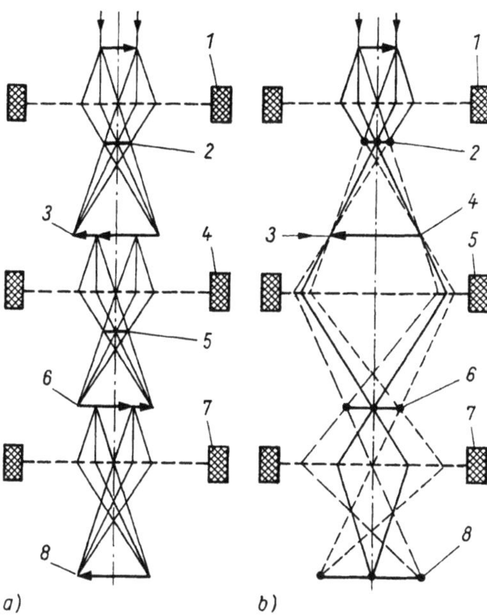

Bild 6.3. Strahlengänge in einem 3stufigen Elektronenmikroskop (modifiziert nach [6.19])

a) Strahlengänge für Abbildung

1 Objektiv
2 Ort der Kontrastblende
3 einstufig vergrößerte Abbildung
4 Zwischenlinse
5 einstufig abgebildetes Beugungsbild
6 zweistufig vergrößerte Abbildung
7 Projektiv
8 dreistufig vergrößerte Abbildung

b) Strahlengänge für Elektronenbeugung

1 Objektiv
2 Beugungsbild
3 Ort der Bereichsblende
4 Zwischenabbildung
5 Zwischenlinse
6 einstufig abgebildetes Beugungsbild
7 Projektiv
8 zweistufig abgebildetes Beugungsbild

10   Untersuchungsverfahren

zwischen hinter der Objektivlinse in einigen Geräten vier Linsen angeordnet: Beugungslinse, Zwischenlinse und zwei Projektivlinsen. In solchen Anordnungen übernimmt die Beugungslinse als die auf die Objektivlinse folgende Linse die Fokussierung auf eines der beiden Zwischenbilder. Für die Beobachtung des Beugungsdiagramms auf dem Leuchtschirm wird die in der hinteren Brennebene angeordnete Objektivaperturblende aus dem Strahlengang entfernt. Bereichswählende Blende für das Beugungsdiagramm ist die Aperturblende in der Bildebene des Objektivs. Bei der Beobachtung des Übersichtsbildes auf dem Leuchtschirm befindet sich die Objektivaperturblende im Strahlengang, während die Bereichsblende in der Bildebene des Objektivs aus dem Strahlengang entfernt ist. Bekanntlich bewegen sich Elektronen im Magnetfeld der Linsen auf Schraubenbahnen. Da nun Beugungsbild und Übersichtsbild aus unterschiedlichen Ebenen im Strahlengang auf den Leuchtschirm übertragen werden, sind sie gegeneinander verdreht. Der Verdrehwinkel läßt sich durch Übereinanderbelichten beider Bilder und unter Verwendung von α-MoO$_3$-Kristallen bequem eichen [6.14].

Wegen der großen Tiefenschärfe der elektronenmikroskopischen Abbildung kann die photographische Registriereinrichtung bis zu 50 cm oberhalb oder unterhalb des Leuchtschirmes angebracht werden. Als Photomaterial werden hauptsächlich Elektronenplatten, Planfilm und Rollfilm verwandt. Das Photomaterial wird ebenfalls wie die Probe über eine Vorvakuumkammer geschleust, so daß das Hochvakuum in der Säule erhalten bleibt.

6.3.2.2. Raster-Durchstrahlungs-Elektronenmikroskop

Ein Durchstrahlungs-Elektronenmikroskop kann dann als Raster-Durchstrahlungs-Elektronenmikroskop betrieben werden, wenn die Elektronensonde auf der Probe weiter verkleinert und zeilenförmig über die Probe geführt wird. Dazu sind im wesentlichen zwei Veränderungen des Bestrahlungsstrahlenganges notwendig: Anstatt des Doppelkondensorsystems wird ein Tripelkondensorsystem verwendet, und zusätzlich sind nach der zweiten Kondensorlinse Ablenkspulen

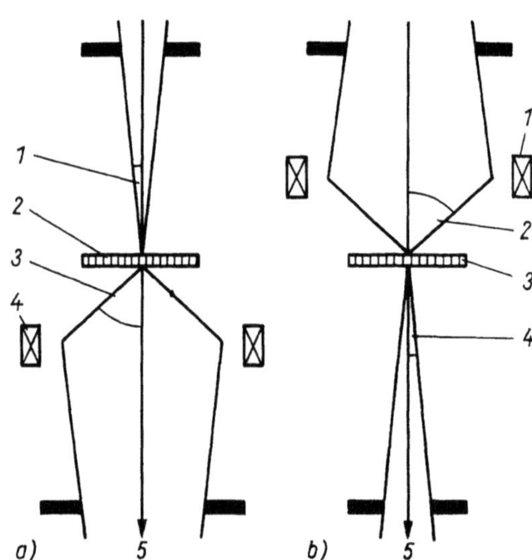

Bild 6.4. Zur Reziprozität zwischen TEM und STEM

a) TEM

1 Bestrahlungsapertur	*4* Objektivlinse
2 Probe	*5* Leuchtschirm
3 Objektivapertur	

b) STEM

1 (Kondensor-) Objektivlinse	*4* Detektorapertur
2 Bestrahlungsapertur	*5* Detektor
3 Probe	

angebracht. Das Dreifachkondensorsystem wird durch eine besondere Konstruktion des Objektivs realisiert, das aus drei Einzellinsen besteht. Die durch die Probe hindurchgegangenen Elektronen werden durch einen Teil des Objektivfeldes in den STEM-Detektor gelenkt. Dabei sind Zwischenlinse und Projektiv ausgeschaltet. Vergrößerungsänderungen im STEM-Betrieb werden durch unterschiedliche Erregungen der Ablenkspulen und damit unterschiedlich große abgerasterte Probenbereiche erreicht. Die verkleinerte Abbildung des Cross over auf die Probe durch Verwendung einer dritten (Objektiv-)Kondensorlinse gelingt bis etwa 2 nm. Die Verwandtschaft von TEM und STEM wird gewöhnlich an einer Reziprozität im Strahlengang demonstriert (Bild 6.4) und ist wichtig für das Verständnis von Kontrast und Auflösung. Es entsprechen sich beispielsweise wechselseitig Bestrahlungs- und Beobachtungsapertur. Der Unterschied besteht darin, daß bei TEM jedem Probenpunkt gleich-

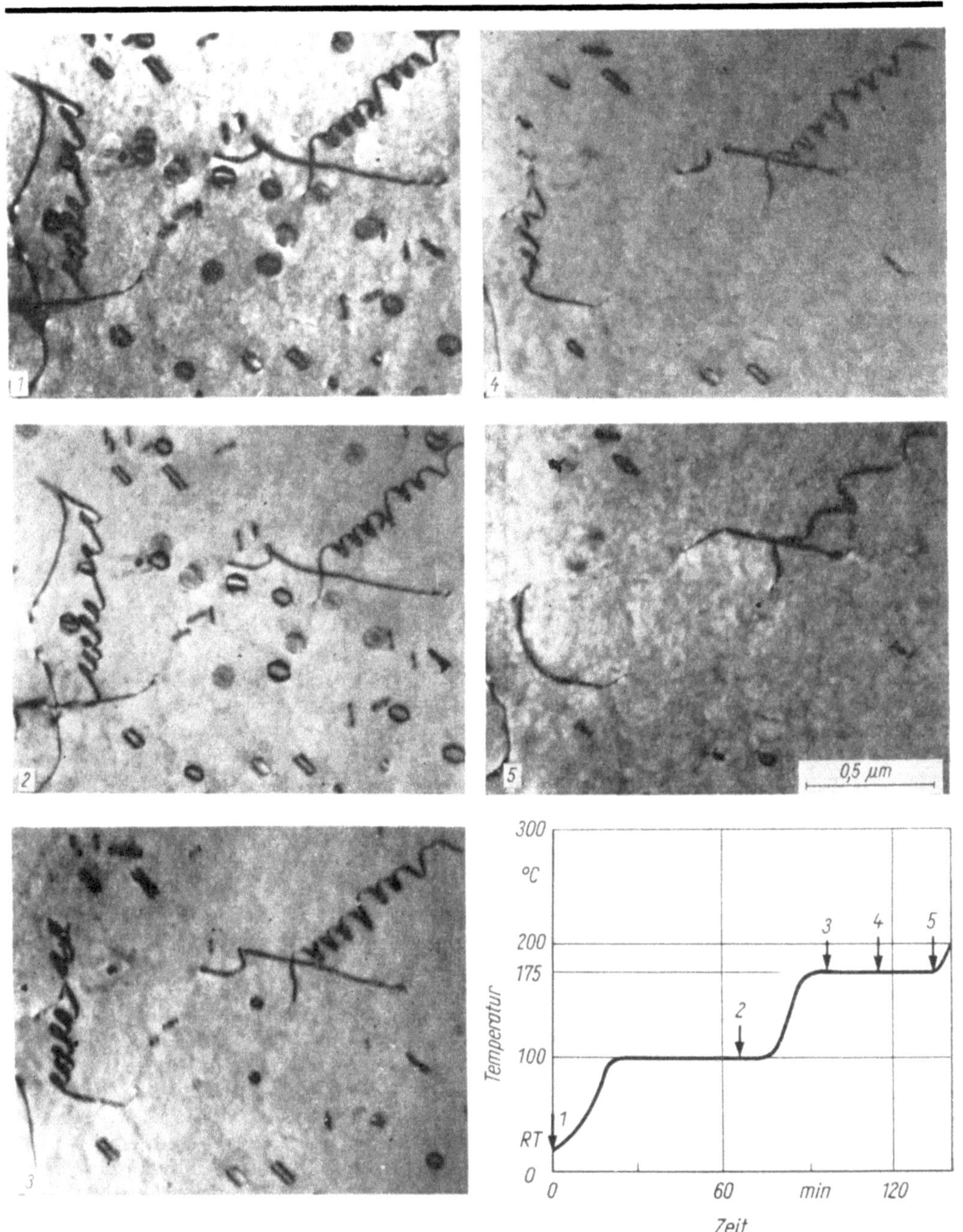

Bild 6.5. Wärmebehandlung im Elektronenmikroskop JEM 200 (200 kV) nach der schematischen Darstellung; Ni-legiertes Al nach Lösungsglühen und Abschrecken

10*

zeitig ein Bildpunkt zugeordnet wird, während bei STEM die entsprechende Zuordnung von Cross over und Sondenort auf der Probe in einer zeitlichen Folge abläuft.

6.3.2.3. Zusatzeinrichtungen zur Objekt-manipulierung

Die wichtigste Manipulierung einer elektronentransparenten Folie im Elektronenmikroskop ist deren Kippung zum auftreffenden Elektronenstrahl, um dadurch definierte Abbildungsbedingungen einzustellen. Mit Hilfe des Beugungskontrastes ist dann die Realstruktur, die außerhalb des Elektronenmikroskops durch vielfältige Behandlungsverfahren im Festkörper erzeugt wurde, untersuchbar. Häufig besteht aber der Wunsch, neben der Rekonstruktion von Festkörperreaktionen aus fixierten Behandlungszuständen derartige Reaktionen auch unmittelbar in der Folie während der Beobachtung ablaufen zu lassen. Möglichkeiten dazu sind mit Einschränkungen gegeben. Beispielsweise werden Zusatzeinrichtungen zum Heizen, Unterkühlen, Verformen und Magnetisieren der Probe im Elektronenmikroskop angeboten. Das Problem derartiger Experimente besteht in ihrem Aussagegehalt für das kompakte Material. Viele Abläufe, wie z. B. Rekristallisations- und Ausscheidungsvorgänge, martensitische Umwandlungen und bestimmte Verformungsmechanismen, erfordern ein Mindestvolumen der Probe, d. h. primär eine Mindestfoliendicke. Ebenso ist die Realisierung annähernd für die Massivprobe typischer Spannungszustände ein Problem für die in situ Verformungen. Im Höchstspannungs-Elektronenmikroskop sind am ehesten Voraussetzungen für in situ Behandlungen der Folie gegeben: Der Objektraum ist größer als in konventionellen 100-kV-Geräten und gestattet deshalb bessere konstruktive Lösungen für Objektmanipulierungen. Die größere durchstrahlbare Foliendicke ermöglicht erst viele beabsichtigte Experimente. Aber auch in Geräten mit Beschleunigungsspannungen zwischen 100 und 200 kV wurden erfolgreich in situ Experimente, vor allem Heizexperimente, durchgeführt (Bild 6.5). Bei Heizexperimenten ist besonders auf gutes Vakuum in der Objektumgebung zu achten, **um** untypische Festkörperreaktionen, beispielsweise

im Falle von Ausscheidungsvorgängen, zu vermeiden. Apparative Voraussetzung für alle in situ Behandlungen ist, daß die Folie während der Behandlung kippbar bleibt, d. h., es müssen optimale Beugungskontraste einstellbar oder wieder einstellbar sein, wenn sie während des Experiments verlorengehen sollten. Grundsätzlich erfordern in situ Experimente ausreichende Erfahrungen über die zu erwartende Mikrostruktur aus präparierten Massivproben. Vielfach werden sich für beabsichtigte in situ Experimente eigene konstruktive Lösungen notwendig machen.

6.4.   Elektronenmikroskopisches Bild

6.4.1.   Grundlagen

Zum elektronenmikroskopischen Bild tragen das elektronenoptische System und die Wechselwirkungsprozesse zwischen den Strahlelektronen und den Atomkernen bzw. Elektronen des Festkörpers bei. Das Elektronenstrahlbündel trifft infolge der kleinen Aperturen der Elektronenlinsen des Bestrahlungssystems im allgemeinen als Parallelstrahlbündel auf das elektronentransparente Präparat. Innerhalb des Präparats werden die Strahlelektronen im wesentlichen elastisch an den Atomkernen des Festkörpers gestreut, so daß sie in verschiedenen Raumrichtungen an der Unterseite des Präparats aus diesem austreten. Die Aperturblende der Objektivlinse absorbiert einen ihrer Größe entsprechenden gestreuten Anteil der Strahlung. Diese Selektion der Strahlung führt zum Kontrast des elektronenmikroskopischen Bildes. Für amorphe Objekte hat sich der Begriff *Streuabsorptionskontrast* eingebürgert. Bei kristallinen Objekten, auf die wir uns hier beschränken wollen, wird diese Selektion dadurch modifiziert, daß das Parallelstrahlbündel auf ein dreidimensionales periodisches Translationsgitter trifft und nach den Beugungsgesetzen in Teilbündel mit festen Phasenbeziehungen untereinander zerlegt wird. Betrachtet man das einfallende Parallelstrahlbündel als räumlich kohärente Wellenstrahlung (ebene Wellen), so sind die durch Streuung und

Beugung abgelenkten und von verschiedenen Objektpunkten ausgehenden Strahlen interferenzfähig. Das hinter dem Präparat entstehende Wellenfeld erscheint als System wohldefinierter Beugungsmaxima in der bildseitigen Brennebene des Objektivs. Die in dieser Ebene angeordnete Aperturblende wird als Kontrastblende benutzt: Sie blendet entweder in koaxialer Anordnung alle gebeugten Strahlen aus und läßt nur den ungebeugten Primärstrahl durch, oder sie wird derart in der Brennebene verschoben, daß sie einen gebeugten Strahl passieren läßt und alle anderen gebeugten Strahlen zusammen mit dem ungebeugten Primärstrahl ausblendet. Im ersten Fall entsteht ein sogenanntes Hellfeldbild, im zweiten Fall ein sogenanntes Dunkelfeldbild der bestrahlten Objektstelle. Diese Beugungskontrastbilder sind keine echten Abbildungen im Abbeschen Sinne, denn objekttreu wird nur dann abgebildet, wenn mindestens das erste Beugungsmaximum – besser auch Beugungsmaxima höherer Ordnung – gleichzeitig mit dem Primärstrahl (nullte Beugungsordnung) die Objektivaperturblende passiert. Die Beschränkung auf den Primärstrahl oder einen gebeugten Strahl bei der Abbildung im Beugungskontrast hat zur Folge, daß das beugende Kristallgitter, d. h. die Netzebenen, im Beugungskontrast nicht sichtbar werden. Außerdem wird das Auflösungsvermögen durch die Profilbreiten der Kontraste der einzelnen Kristalldefekte bestimmt. Es ist wesentlich schlechter als das gerätetechnisch ausgewiesene Auflösungsvermögen (Abschnitt 6.4.4.). Beugungskontraste werden anhand des Beugungsdiagramms eingestellt und sind durch eine exakte Beugungstheorie erklärbar. Das Beugungsdiagramm als primäre Abbildung des Objektes und das Beugungskontrastbild als sekundäre Abbildung bilden somit eine inhaltliche Einheit. Daß sie wahlweise durch einfaches Umschalten im Elektronenmikroskop verfügbar sind, ist ein apparativer Vorteil. Die geometrische Anordnung der Beugungsmaxima in der bildseitigen Brennebene des Objektivs wird durch die Braggsche Gleichung

$$2d \sin \Theta = n\lambda \qquad (6.1)$$

- d Netzebenenabstand der beugenden Netzebenenschar
- Θ Braggscher Beugungswinkel
- λ Elektronenwellenlänge
- n Beugungsordnung

bestimmt. Eine zweckmäßige Form dieser Gleichung erhält man mit Einführung des reziproken Gitters und der Ewaldschen Ausbreitungskugel (Bild 6.6). Die Braggsche Gleichung ist immer dann erfüllt, wenn die Differenz der Wellenvektoren in Einstrahlrichtung ($\mathbf{k}_0$) und in Beugungsrichtung ($\mathbf{k}$) gerade einem reziproken Gittervektor entspricht, d. h., wenn die Ewaldsche Ausbreitungskugel reziproke Gitterpunkte

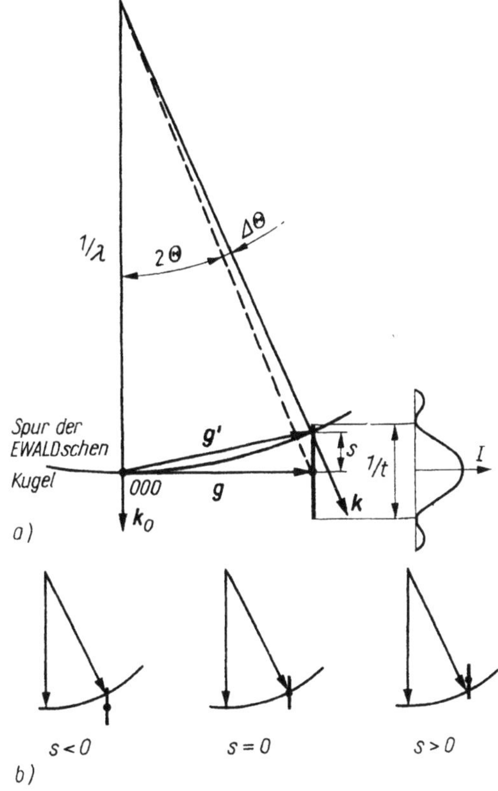

Bild 6.6. Ewaldsche Konstruktion für den Fall einer elektronentransparenten Folie

a) Abweichung von der exakten Bragg-Lage; die Ewaldsche Kugel schneidet den Intensitätsstachel und legt den Betrag der Beugungsabweichung s fest; der reziproke Gittervektor $\mathbf{g}$ wird zu $\mathbf{g}'$

b) Vorzeichenfestlegung für die Beugungsabweichung

schneidet. Die Form $\mathbf{k} - \mathbf{k}_0 = \mathbf{g}$ der BRAGG-schen Gleichung läßt sich leicht in obige Form überführen, wenn der reziproke Gittervektor durch eine Größe des Kristallgitters (Netzebenenabstand d) ausgedrückt wird. Im Vergleich zur Röntgenbeugung bedarf es bei der Elektronenbeugung keiner besonderen Maßnahmen, um Schnittpunkte zwischen der Ausbreitungskugel und den reziproken Gitterpunkten zu finden. Die kurze Materiewellenlänge der Elektronen (0,0037 nm bei 100 kV) bewirkt einen großen Radius der Ausbreitungskugel. Zusätzlich ist der Winkelbereich der Elektronenbeugung in Transmission klein (im allgemeinen kleiner 2°), so daß das Elektronenbeugungsdiagramm annähernd einen ebenen Schnitt durch das reziproke Gitter darstellt. Außerdem haben die reziproken Gitterpunkte eine endliche Ausdehnung, d. h., sie werden durch einen Intensitätsbereich dargestellt. Die Ausdehnung dieses Intensitätsbereiches ist in Richtung der kleinsten Kristallabmessung am größten. Im Falle der elektronentransparenten Folie entarten die reziproken Gitterpunkte zu sogenannten Intensitätsstacheln (Stachellänge proportional $1/t$; t Foliendicke) entlang der Einstrahlrichtung. Aus Bild 6.6 wird deutlich, daß dadurch die Wahrscheinlichkeit für Schnittpunkte mit der Ausbreitungskugel steigt, d. h., für das Entstehen eines Beugungsmaximums genügt es, mit der Ausbreitungskugel die Intensitätsstachel zu schneiden. Das erklärt die Reflexvielfalt in den Elektronenbeugungsdiagrammen, die aus dünnen Folienbereichen stammen.

Je mehr willkürlich orientierte Kristallite in einem Polykristall gleichzeitig vom Elektronenstrahl getroffen werden, desto mehr Punktdiagramme beliebiger Orientierung überlagern sich, so daß schließlich ein System konzentrischer Kreise um den ungebeugten Primärstrahl entsteht. Die Geometrie der Ringdiagramme von polykristallinen Substanzen bedarf deshalb keiner besonderen Behandlung. Etwas anders ist das bei Einkristalldiagrammen von dickeren Folienbereichen. Dem Punktdiagramm wird ein Diagramm sich kreuzender Linienpaare aus jeweils einer hellen und einer dunklen Linie überlagert. Die erstmalig von KIKUCHI [6.33] beobachteten und nach ihm benannten Beugungsdiagramme entstehen durch Beugung von Elektronen, die zuvor innerhalb der Probe unelastisch gestreut

wurden. Nähere Erläuterungen darüber finden sich beispielsweise in [6.3]. Für alle drei Diagrammtypen ist der Vergrößerungsmaßstab auf der Photoplatte durch die Größe λL, die sogenannte Kamerakonstante, gegeben. Nach Bild 6.7 gilt für kleine Beugungswinkel:

$$2\Theta = R/L \approx 2 \sin \Theta \qquad (6.2)$$

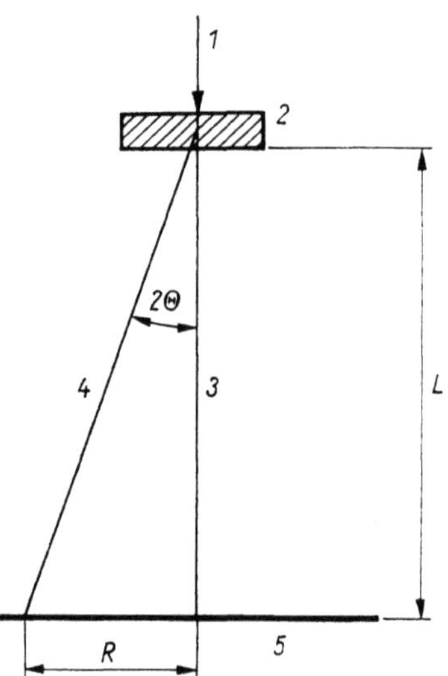

Bild 6.7. Zur Ableitung der Grundgleichung der Elektronenbeugung; im Falle der Feinbereichsbeugung wird die Beugungslänge L durch Objektiv, Zwischenlinse und Projektiv beeinflußt [6.37]

1 Primärstrahl	*4* gebeugter Strahl
2 Probe	*5* Photoplatte
3 ungebeugter Strahl	

Setzt man diese Beziehung in die BRAGGsche Gleichung [Gl. (6.1)] ein, so erhält man

$$Rd = \lambda L \qquad (6.3)$$

als Grundformel für die Indizierung von Beugungsdiagrammen [6.34] bis [6.36]. Die Größe R steht im Falle von Ringdiagrammen für den Ringradius, bei Punktdiagrammen für den Abstand zwischen dem Primärstrahlreflex und einem Beugungsreflex und bei KIKUCHI-Diagrammen für die Entfernung zwischen heller und dunkler KIKUCHI-Linie eines Linienpaares. Die Kamerakonstante ist innerhalb des Abbildungsstrahlenganges in weiten Grenzen variierbar. Für eine genaue Bestimmung von Netzebenenabständen zur Phasenidentifizierung benötigt man eine möglichst genaue Eichung dieser Größe. Die Eichungen können mit äußerem und innerem Standard vorgenommen werden. Je nachdem kann man aus Feinbereichsbeugungsdiagrammen Netzebenenabstände mit einem minimalen Fehler von 2 bzw. 0,1 % bestimmen. Fehlereinflüsse bei der Gewinnung kristallographischer Daten aus der Geometrie von Elektronenbeugungsaufnahmen sind erfaßbar und teilweise korrigierbar [6.37], [6.38].

Beugungskontraste können unterschiedlich gut genähert mit der dynamischen und mit der kinematischen Theorie der Elektronenbeugung interpretiert werden. Die dynamische Theorie beschreibt die Vorgänge bei der Durchstrahlung einer kristallinen Folie umfassender als die kinematische Theorie. Sie enthält die Ansätze der kinematischen Theorie als Spezialfall. Die einfachste mathematische Behandlung ist die sogenannte Zweistrahlnäherung, d. h., man betrachtet die wechselnden Intensitäten beim Durchgang durch die Probe nur zwischen dem ungebeugten und einem gebeugten Strahl. Die kinematische Näherung setzt dabei voraus, daß die Intensität des gebeugten Strahls immer klein gegenüber derjenigen des ungebeugten Strahls bleibt, eine Voraussetzung, die nur in dünnsten Foliengebieten oder bei großen Abweichungen von der BRAGG-Lage erfüllt ist. Für den Kristalldefektnachweis werden aber ausreichend dicke und damit repräsentative Foliengebiete angestrebt. Die Kontrastanalyse zur Identifizierung der Kristalldefekte wird gewöhnlich an kontrastreichen Aufnahmen in BRAGG-Orientierung oder bei kleinen Abweichungen von der BRAGG-Orientierung durchgeführt. Für diese dynamischen Abbildungsbedingungen wurde der mathematische Formalismus in wellenoptischer und wellenmechanischer Behandlung entwickelt. Ausführliche Darstellungen sind der umfangreichen Literatur (z. B. [6.3], [6.14]) zu entnehmen. Hier seien nur einige wichtige Sachverhalte skizziert.

Die dynamische Theorie des Bildkontrastes im Zweistrahlfall geht davon aus, daß die Intensität des gebeugten Strahls vergleichbar und größer als diejenige des ungebeugten Strahls sein kann. Es werden Wechselwirkungen der beiden Strahlen zugelassen, vor allem die Möglichkeit, daß Elektronen aus dem gebeugten Strahl in den Primär-

strahl zurückgebeugt werden. Außerdem werden Absorptionsprozesse berücksichtigt, sowohl normale Absorption als auch anormale Absorption (selektive Absorption). Zur rechnerischen Ermittlung des lokalen Bildkontrastes unterteilt man den zu durchstrahlenden Kristall in voneinander unabhängige Säulen, die so groß sind, daß sie gerade den gebeugten und den ungebeugten Strahl enthalten (Bild 6.8). In dieser sogenannten Säulenapproximation [6.39] sind die wechselnden Amplituden von Primärstrahl Φ_0 und gebeugtem Strahl Φ_g innerhalb der Säule bei Annahme ebener Wellen durch ein Paar gekoppelter Differentialgleichungen erfaßbar:

$$\frac{d\Phi_0}{dz} = \frac{i\pi}{\xi_0} \Phi_0 + \frac{i\pi}{\xi_g} \Phi_g \exp(2\pi isz)$$

$$\frac{d\Phi_g}{dz} = \frac{i\pi}{\xi_0} \Phi_0 \exp(-2\pi isz) + \frac{i\pi}{\xi} \Phi_g \tag{6.4}$$

In diesen DARWIN-HOWIE-WHELAN-Gleichungen [6.40] bedeuten s die Abweichung von der exakten BRAGG-Orientierung in z-Richtung und ξ die sogenannte Extinktionslänge. Die Abweichung s ist aus der gegenseitigen Lage von heller KIKUCHI-Linie und dazugehörigem Beugungsreflex aus dem Beugungsdiagramm bestimmbar. Die Extinktionslänge gibt die Tiefenlage an, bei der die Primärstrahlintensität zum ersten Mal

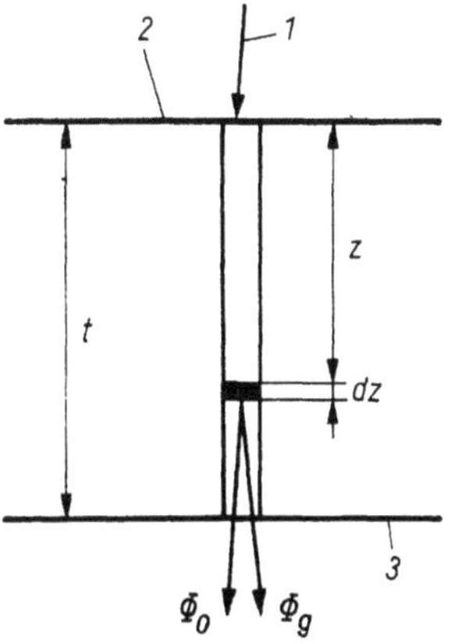

Bild 6.8. Zur Säulenapproximation bei der rechnerischen Ermittlung des lokalen Bildkontrastes

1 einfallender Strahl   *3* Folienunterseite
2 Folienoberseite

minimal wird, d. h., sie steht für die Periode der Tiefenoszillation der Intensitäten $|\Phi_g|^2$ und $|\Phi_0|^2$. Für den perfekten Kristall in BRAGG-Lage ($s = 0$) ist sie berechenbar und für verschiedene Gittertypen und Beschleunigungsspannungen tabelliert [6.14].

Abweichungen von der exakten BRAGG-Lage führen zu einer effektiven Extinktionslänge

$$\xi_{g\,eff} = \xi_g/(1 + s^2\xi_g^2)^{1/2} \qquad (6.5)$$

Anormale Absorption wird durch eine Extinktionslänge ξ' berücksichtigt. Das für den perfekten Kristall geltende Gleichungssystem (6.4) erklärt beispielsweise Kontraste, die aus lokalen Änderungen der Kristalldicke (Keilwinkelinterferenzen) und der Kristallorientierung (Biegelinien) resultieren.

Kristalldefekte verursachen ein Spannungsfeld, das durch einen Verschiebungsfeldvektor **R** beschrieben werden kann. Die Differentialgleichungen erhalten dann die Form:

$$\frac{d\Phi_0}{dz} = \frac{i\pi}{\xi_0}\,\Phi_0 + \frac{i\pi}{\xi_g}\,\Phi_g \exp\left(2\pi isz + 2\pi i\cdot\mathbf{g}\cdot\mathbf{R}\right)$$

$$(6.6)$$

$$\frac{d\Phi_g}{dz} = \frac{i\pi}{\xi_g}\,\Phi_0 \exp\left(-2\pi isz - 2\pi i\cdot\mathbf{g}\cdot\mathbf{R}\right) + \frac{i\pi}{\xi_0}\,\Phi_g$$

Bei aller lückenhaften Darstellung des theoretischen Hintergrundes werden doch zumindest die Haupteinflußgrößen für den Bildkontrast deutlich. Zusammenfassend sind dies:

- die Abweichung s von der exakten BRAGG-Orientierung
- die Extinktionslänge ξ als wichtigste kristallspezifische Größe
- der Verschiebungsfeldvektor **R**
- der Einfluß der Absorption ausgedrückt als Quotient ξ/ξ'
- der gewählte Beugungsvektor **g** in der jeweiligen Folienorientierung.

Die Größen sind experimentell bestimmbar, tabellarisch erfaßt oder aus kristallographischen Überlegungen ableitbar. Mit der Kenntnis dieser Parameter läßt sich das Beugungskontrastbild häufig nach aus der Theorie abgeleiteten Standardregeln (z. B. Auslöschungskriterium, Abschnitt 6.4.2.) interpretieren. In schwierigen Fällen kann die Computersimulation [6.11] benutzt werden. Aber auch da sind diese Parameter Eingangsdaten für die Rechnung, und deren genaue Kenntnis bestimmt wesentlich den Grad der Übereinstimmung zwischen Beugungskontrastbild und computersimuliertem Bild. Beugungskontraste werden gewöhnlich nicht in exakter BRAGG-Lage abgebildet. Der Entscheid, inwieweit dann noch dynamische oder bereits kinematische Anregungen vorliegen, wird nach der Größe des Abweichungsparameters $w = s\xi_g$ getroffen.

6.4.2. Abbildungstechniken im Beugungskontrast

Das elektronenmikroskopische Beugungskontrastbild entsteht durch Selektierung der Beugungsintensitäten in der hinteren Brennebene des Objektivs und kann durch unterschiedliche Anregungen der Beugungsreflexe im Kontrast modifiziert werden. Das bedeutet, das Elektronenbeugungsdiagramm enthält in seiner Geometrie und Intensitätsverteilung mehr Informationen aus der Wechselwirkung der Elektronen mit dem Kristallgitter beim Durchgang durch die Folie als das Beugungskontrastbild. Man kann das annähernd dadurch verdeutlichen, daß man das Beugungsdiagramm nicht aus der hinteren Brennebene des Objektivs auf dem Leuchtschirm abbildet, sondern aus einer Ebene, die zwischen hinterer Brennebene und Bildebene des Objektivs liegt. Die im Strahlengang auf die Objektivlinse folgende Linse ist also nicht auf die Brennebene des Objektivs fokussiert, d. h., man bildet ein defokussiertes Beugungsdiagramm ab (Bild 6.9). Dieses Beugungsdiagramm besteht aus einem durch den Primärstrahl gebildeten Hellfeldbild und aus der durch die Anzahl der Beugungsreflexe bestimmten Zahl von Dunkelfeldbildern. Der Abbildungsmaßstab für das Hellfeld- und die Dunkelfeldbilder ist gering. Die einzelnen Dunkelfeldbilder sind stark durch Linsenfehler beeinflußt, da ja in jedem Fall eine Abbildung mit Außeraxialstrahlen vorliegt. Man bezeichnet derartige defokussierte Beugungsdiagramme als Vielstrahl-Dunkelfeldabbildung (multiple dark field image). Diese Abbildungstechnik ermöglicht es, aus einer Aufnahme zu erkennen, welche bestrahlten Kristallbereiche zu welcher Beugungsintensität beitragen. Allgemein üblich ist es aber, Hell- und Dunkelfeldbild getrennt voneinander aufzunehmen. Es ist wichtig zu erkennen, daß

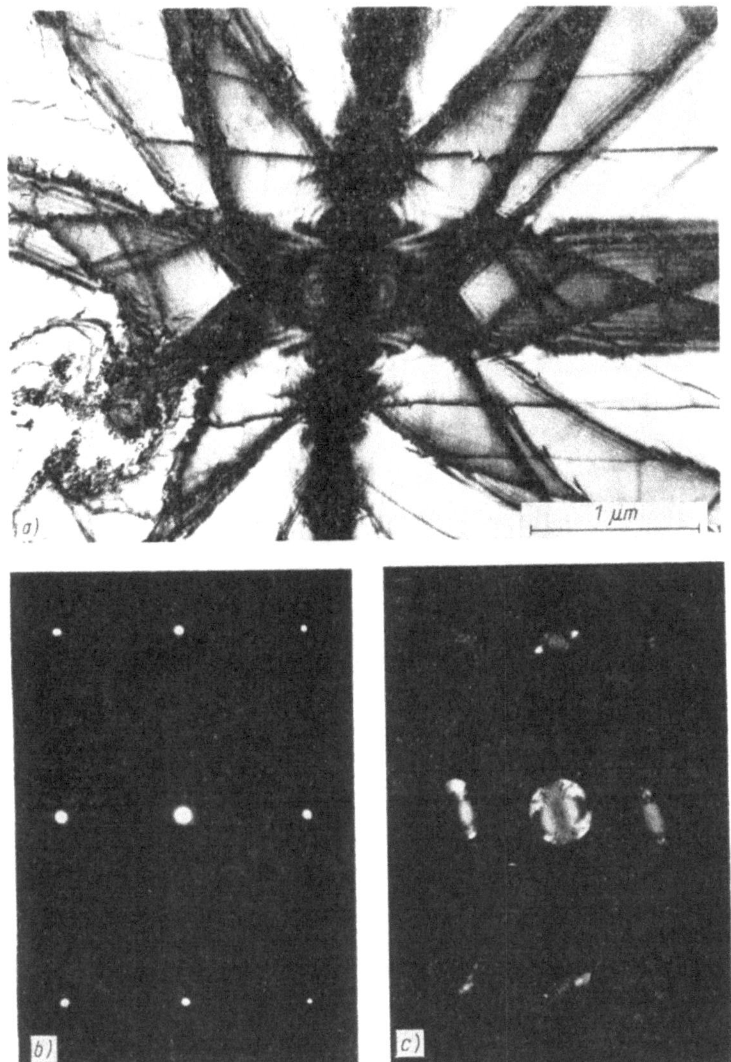

Bild 6.9. Extinktionskonturen in einer Folie aus ferritischem Cr-Stahl (*a*), dazugehöriges fokussiertes Feinbereichsbeugungsdiagramm in ⟨110⟩-Orientierung (*b*) und defokussiertes Beugungsdiagramm als Vielfach-Dunkelfeldabbildung (*c*)

in diesen Fällen jeweils nur eine Teilinformation über den bestrahlten Kristallbereich erhalten wird. Im sogenannten Vielstrahlfall gibt eine Reihe einzelner Dunkelfeldbilder, jeweils im Lichte eines Beugungsreflexes angefertigt, Auskunft darüber, welcher Kristallbereich des bestrahlten Volumens zu welchem Beugungsreflex beiträgt. Im Dunkelfeldbild leuchten nämlich gerade diese Bereiche hell in einer sonst dunklen Umgebung auf. Dagegen sind diese Bereiche im

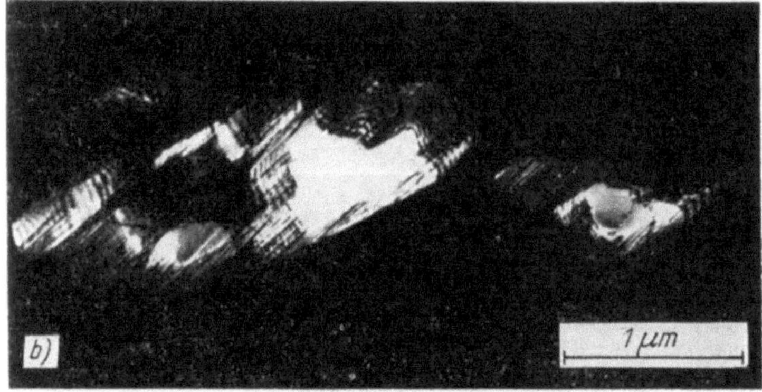

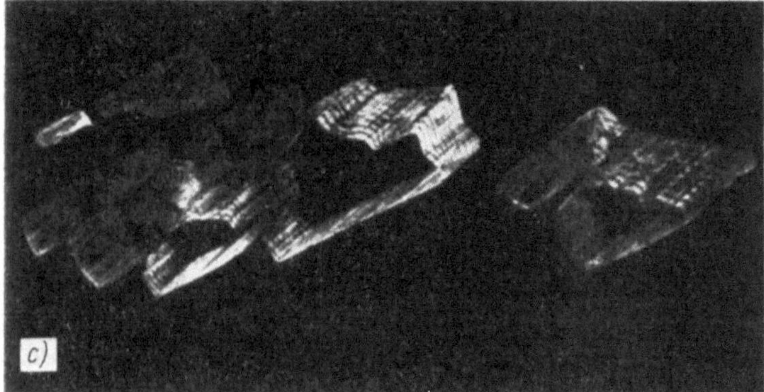

Bild 6.10. Austenit (kfz) im Ferrit (krz)

a) Hellfeldbild

b) Dunkelfeldbild mit Austenit-Reflex

c) Dunkelfeldbild mit Doppelbeugungs-Reflex (Doppelbeugung an der Grenzfläche Ferrit/Austenit)

Hellfeld entsprechend ihrem Intensitätsanteil, den sie dem Primärstrahl entziehen, unterschiedlich geschwärzt. Eine ähnliche qualitative Analyse ist in den Fällen möglich, wo die Reflexvielfalt des registrierten Beugungsdiagramms durch Überlagerung mehrerer Beugungsdiagramme entsteht. Beispiele dafür sind die gleichzeitige Bestrahlung mehrerer Körner eines Polykristalls oder mehrerer unterschiedlicher Phasen, der Fall einer Zwillingsorientierung und auch die Möglichkeit von Zusatzreflexen infolge von Doppelbeugung. Bild 6.10 zeigt eine derartige qualitative Analyse in der Gegenüberstellung von Hellfeldbild und zwei Dunkelfeldbildern für den Fall der Ausscheidung von Austenit im Ferrit, wobei es bei gleichzeitiger Bestrahlung beider Anteile zu Doppelbeugung an der entsprechenden Grenzfläche gekommen ist.

Um elektronenmikroskopische Beugungskontraste quantifizieren zu können, wird man Abbildungsbedingungen wählen, die mathematisch beherrschbar sind. Im vorigen Abschnitt war das für die sogenannte Zweistrahlnäherung ausgewiesen worden. In diesem Fall resultiert der reduzierte Informationsgehalt eines Hellfeld-

bildes, das gewöhnlich als *Bild* des Behandlungszustandes des Festkörpers ausgewiesen wird, aus zwei wesentlichen Gegebenheiten:

a) Obwohl die durchstrahlten Kristallbereiche dünn sind, haben wir es doch mit einer Parallelprojektion der über die Foliendicke verteilten Kristalldefekte zu tun. Ein und dieselbe Objektstelle kann deshalb in Abhängigkeit von der Kippstellung der Folie ein völlig unterschiedliches Aussehen der Abbildung liefern (Bild 6.11).

b) Der Kontrast des Hellfeldbildes ist stark orientierungsabhängig, d. h., es ist entscheidend, welcher Beugungsreflex zur sogenannten Zweistrahlabbildung gewählt wird und wie stark dieser Reflex angeregt ist (kinematische oder dynamische Zweistrahlnäherung).

Eine quantitative Analyse von Kristallbaufehlerkontrasten bedarf deshalb des detaillierten Vergleichs von Hellfeld- und Dunkelfeldbild bei definierter Kippung der Probe. Zu diesem Zweck müssen die Linsenfehler im Dunkelfeldbild, wie sie bei den Methoden der Defokussierung und der nichtzentrischen Kontrastblende auftreten,

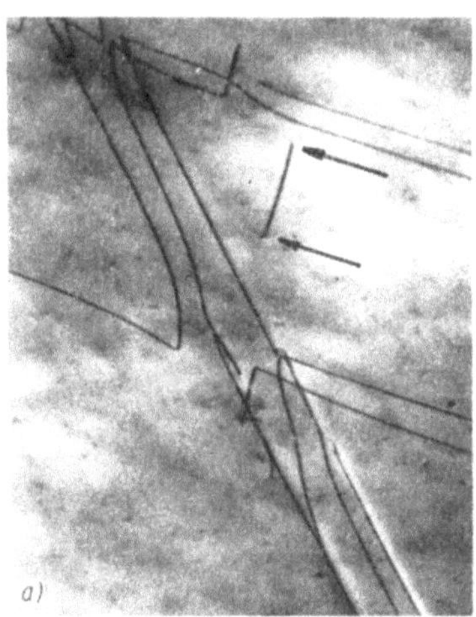
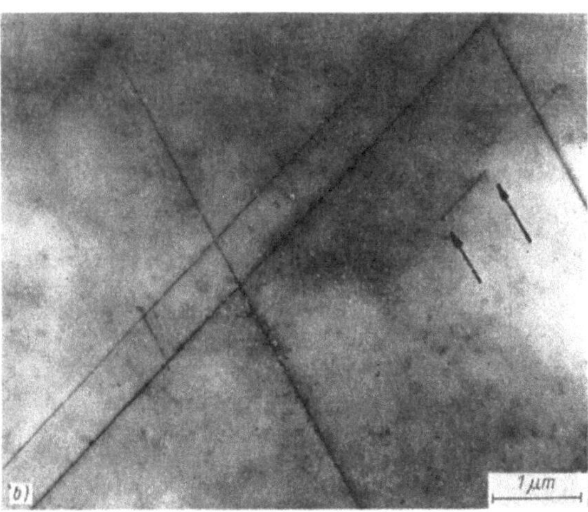

Bild 6.11. Ein und dieselbe Versetzungsanordnung in Silizium bei unterschiedlichen Orientierungen der Folie zum Elektronenstrahl. Die Folie wurde zwischen beiden Orientierungen gekippt und gedreht. Die geringere Anzahl Versetzungen in b resultiert nicht aus Kontrastauslöschungen (vgl. Bild 6.13), sondern aus der Übereinanderprojektion von Versetzungen.

a) [100]-Foliennormale; **g** = [0$\bar{1}$1]
b) [110]-Foliennormale; **g** = [1$\bar{1}$0]

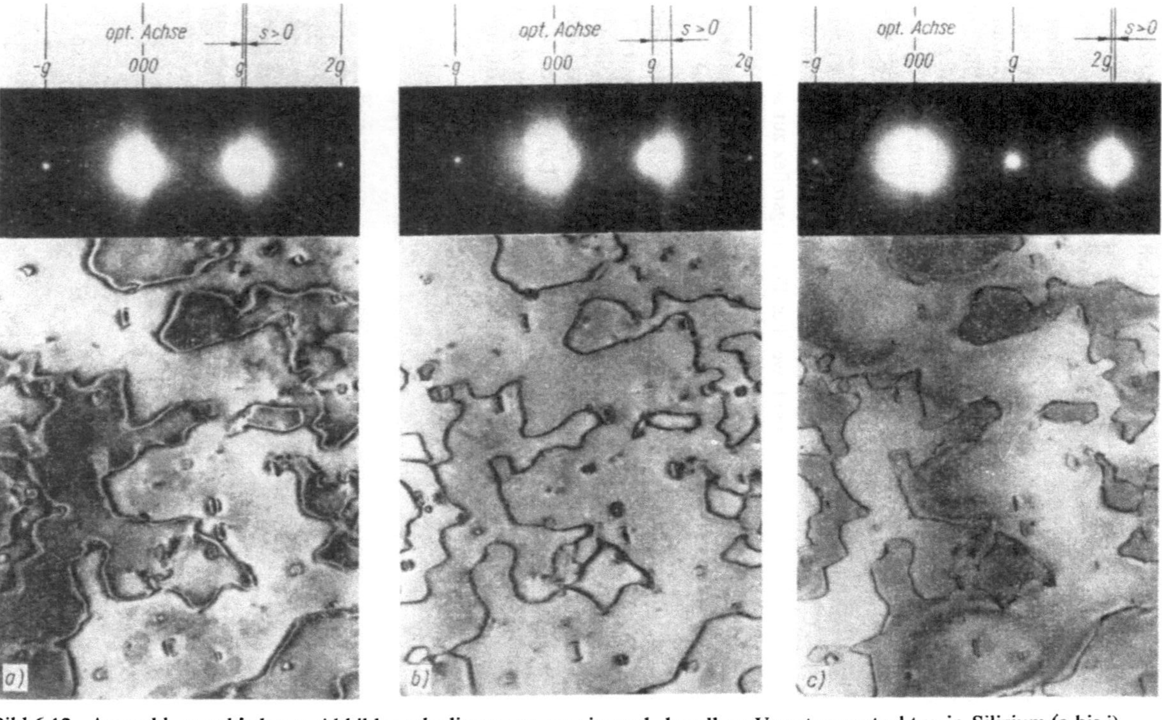

Bild 6.12. Auswahl verschiedener Abbildungsbedingungen an ein und derselben Versetzungsstruktur in Silizium (a bis i)

a) dynamischer Zweistrahlfall ($s \approx 0$)
b) häufigste Abbildungsbedingung für Kristalldefekte ($s =$ positiv)
c) stärkste Anregung der zweiten Beugungsordnung ($s \approx 0$); systematischer Dreistrahlfall
d) bis *f*) siehe Seite 157
g) bis *i*) siehe Seite 158

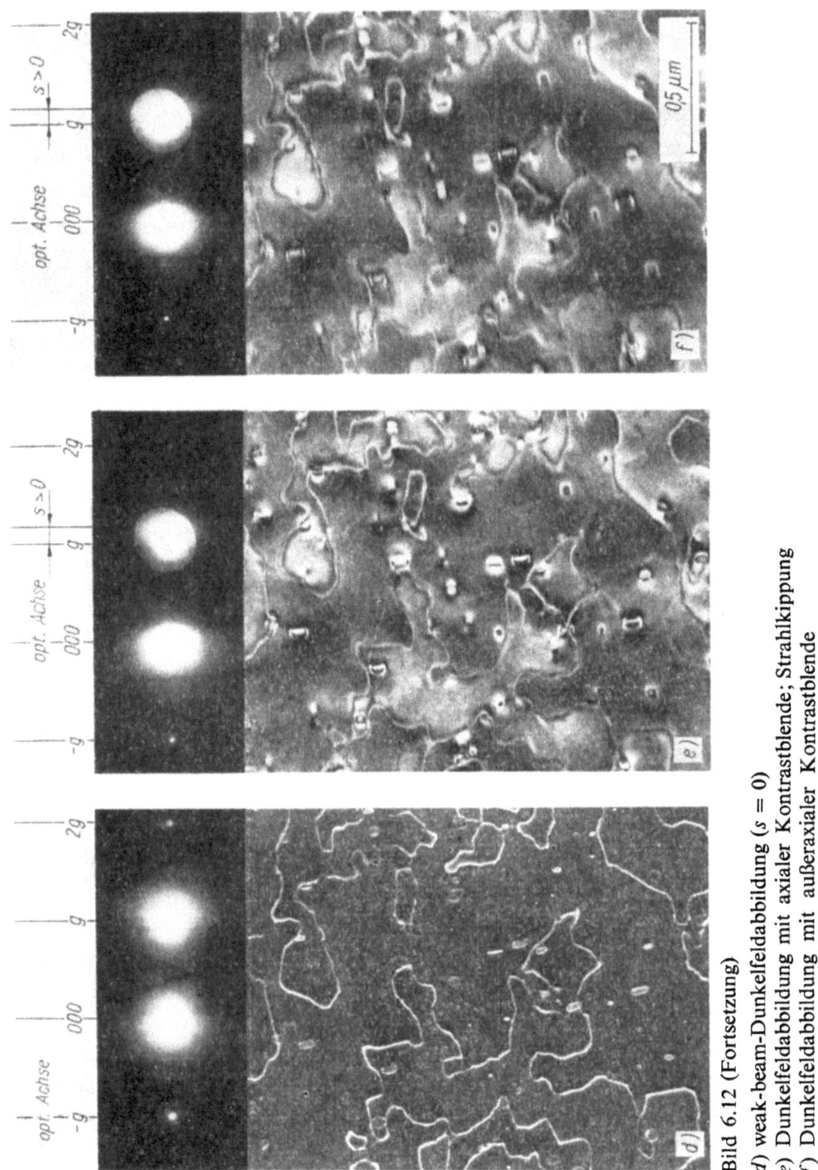

Bild 6.12 (Fortsetzung)

d) weak-beam-Dunkelfeldabbildung ($s = 0$)
e) Dunkelfeldabbildung mit axialer Kontrastblende; Strahlkippung
f) Dunkelfeldabbildung mit außeraxialer Kontrastblende

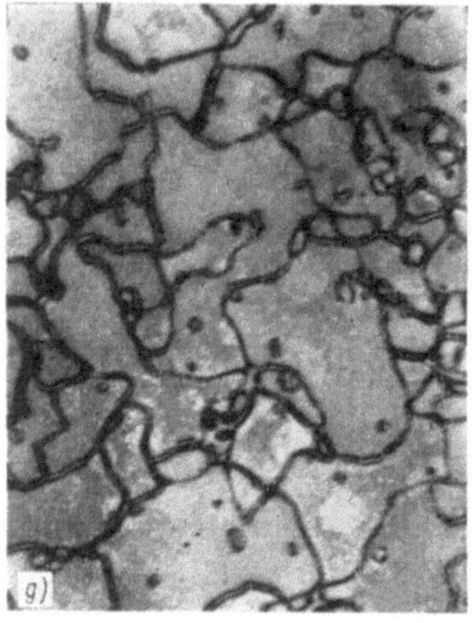

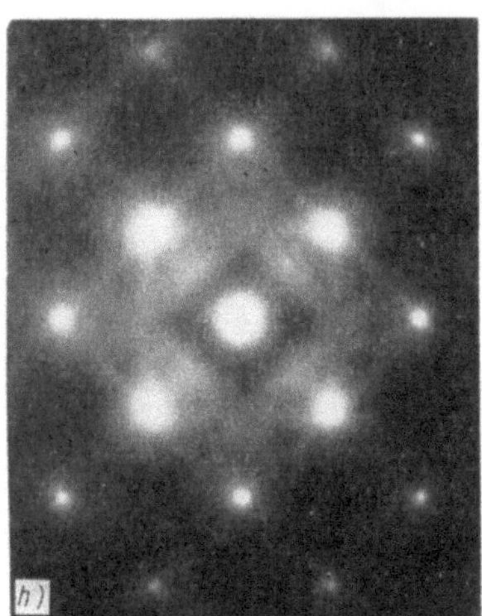

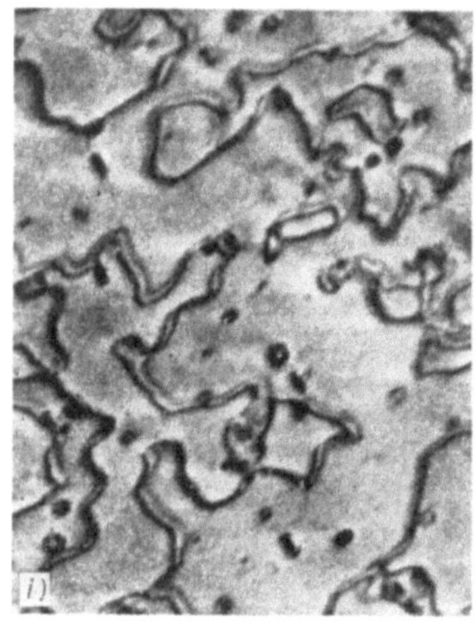

Bild 6.12 (Fortsetzung)

g) Vielstrahl-Hellfeldabbildung
h) Beugungsdiagramm zu Bild *g*)
i) STEM-Abbildung

reduziert werden. Man erreicht das dadurch, daß die Kontrastblende zentriert zur optischen Achse bleibt und der auf die Probe einfallende Elektronenstrahl um einen solchen Winkel zur optischen Achse gekippt wird, daß der zur Dunkelfeldabbildung ausgewählte gebeugte Strahl gerade zu einem Axialstrahl wird. Man erhält nach diesem Verfahren ein sogenanntes hochauflösendes Dunkelfeldbild (6.12e). Im allgemeinen muß bei dieser Verfahrensweise gleichzeitig die Probe gekippt werden, so daß der bei senkrechter Einstrahlung für das Hellfeldbild eingestellte Zweistrahlfall im Dunkelfeldbild erhalten bleibt. Nur dadurch sind Hellfeld- und Dunkelfeldabbildung unmittelbar vergleichbar. Dieser unmittelbare Vergleich ist u. a. nötig, um Kristalldefekte mit gleichem Erscheinungsbild in der Hellfeldabbildung (z. B. Streifenkontraste von Planardefekten) voneinander unterscheiden zu können. Die für die hochauflösende Dunkelfeldabbildung benötigte elektronische Strahlablenkungseinheit oberhalb der Probe (beam deflector) ist übrigens auch bei der Untersuchung ferromagnetischer Werkstoffe unentbehrlich. Das Eigenmagnetfeld der

Probe kann zu erheblichen Strahlablenkungen führen. Der ungebeugte Strahl verläuft nicht mehr in der optischen Achse; das Beugungsdiagramm ist auf dem Leuchtschirm verschoben. Schon·für die Hellfeldabbildung wäre man gezwungen, mit einer dezentrierten Kontrastblende zu arbeiten, und würde stark linsenfehlerbehaftete Hellfeldabbildungen erhalten. Deshalb wählt man auch hier eine derart schräge Einstrahlung, bei der der ungebeugte Strahl wieder zum Axialstrahl wird. Für die Einstellung einer neuen kristallographischen Orientierung muß diese Prozedur wiederholt werden, da das Eigenmagnetfeld der Probe nicht homogen ist und bei Verschiebung und Verkippung der Probe seinen Einfluß auf den Strahlengang laufend ändert. Daraus wird ersichtlich, daß die Kontrastanalyse in ferromagnetischen Werkstoffen wesentlich aufwendiger ist als in nichtferromagnetischen.

Die Abbildung von Kristalldefekten im Beugungskontrast erfolgt zweckmäßigerweise in Foliengebieten mit einer Foliendicke von (5 bis 8) ξ_g. Diese Bereiche können in bezug auf Defektdichte und -verteilung als repräsentativ angesehen werden. Außerdem sind die Keilwinkelinterferenzen vom Folienrand her bei dieser Foliendicke durch Absorption derart geschwächt, daß sie keinen störenden Untergrund mehr liefern. Verbiegungen der Folie und damit ungewollte örtliche Schwankungen des Anregungsfehlers sind nahezu ausgeschlossen. Die dynamischen Abbildungsbedingungen werden so gewählt, daß der Abweichungsparameter $w = s\xi_g$ im Hellfeldbild zwischen 0 und 1 und im Dunkelfeldbild zwischen 0 und ± 1 liegt. Das bedeutet, daß man im Hellfeld mit einem kleinen positiven Wert des Anregungsfehlers bei guter Transparenz kontrastreiche Abbildungen erhält. Unter diesen Bedingungen werden beispielsweise in [6.9] eine Vielzahl von Kristallbaufehlerkontrasten detailliert interpretiert. Hier soll nur für den Fall von Versetzungen ein wichtiges Beugungskontrastphänomen, die Auslöschung des Kristalldefektkontrastes, erwähnt werden. Im einfachsten Fall einer geraden Schraubenversetzung in einem elastisch isotropen Volumenelement bestimmt sich der Verschiebungsfeldvektor $\mathbf{R}$ für Gl. (6.6) zu

$$\mathbf{R} = \frac{\mathbf{b}\beta}{2\pi} \qquad (6.7)$$

wobei β ein Winkel ist, der die Orientierung der Versetzung im durchstrahlten Volumenelement beschreibt. Man erkennt sofort, daß der Versetzungskontrast von dem Skalarprodukt $\mathbf{g} \cdot \mathbf{b}$ bestimmt wird, das für eine vollständige Versetzung Null oder eine ganze Zahl werden kann. Der für die Versetzungsanalyse interessanteste Fall ist die Unsichtbarkeit einer Versetzung im Hell- und Dunkelfeldbild bei $\mathbf{g} \cdot \mathbf{b} = 0$. In diesem Fall reduziert sich Gl. (6.6) auf den Fall von Gl. (6.4), d. h., als ob die Versetzung im Kristall nicht vorhanden wäre. Exakt ist dieses $(\mathbf{g} \cdot \mathbf{b} = 0)$-*Unsichtbarkeitskriterium* für vollständige Schraubenversetzungen erfüllt. Modifizierte Formen existieren für Stufenversetzungen und Partialversetzungen. Ein derartiges Unsichtbarkeitskriterium erlaubt es, den Burgersvektor $\mathbf{b}$ einer Versetzung zu bestimmen, da der reziproke Gittervektor $\mathbf{g}$ aus dem indizierten Beugungsdiagramm bekannt ist (Bild 6.13). Für eine kristallographisch eindeutige Bestimmung von $\mathbf{b}$ sind mindestens zwei nichtkomplanare $\mathbf{g}$-Vektoren nötig, die zur Kontrastauslöschung führen. Man kann sie durch definiertes Kippen der Folie finden [6.41]. Ähnliche Auslöschungskriterien kann man in Verbindung mit dem gewählten $\mathbf{g}$-Vektor und dem jeweiligen Verschiebungsvektor $\mathbf{R}$ für andere Gitterdefekte aufstellen, z. B. für Stapelfehler.

Die Abbildung im dynamischen Zweistrahlfall ist zwar kontrastreich, aber von geringer Auflösung, da die Profilbreiten der Defekte groß sind (im Falle von Versetzungen um 40 nm). Diese zwischen Elektronenstrahl und Objekt wechselwirkungsspezifische Auflösungsgrenze des Beugungskontrastes läßt sich durch eine bessere Elektronenoptik nicht herabsetzen. Man kann die Profilbreiten aber dadurch reduzieren, daß man mit schwach angeregten Reflexen abbildet (weak-beam-Techniken). Das ist in dicken Folienbereichen durch große Anregungsfehler gegeben. Eine andere Möglichkeit ist die Dunkelfeldabbildung mit schwachen Reflexen (Bild 6.12d). Die Profilbreiten von Beugungskontrasten in weak-beam-Technik können unter günstigen Bedingungen auf wenige Nanometer reduziert werden. Die Belichtungszeiten für derartige intensitätsschwache Aufnahmen steigen auf ein bis zwei Minuten an gegenüber einigen Sekunden bei konventionellen Hellfeldbildern. Das erfordert gute elektrische,

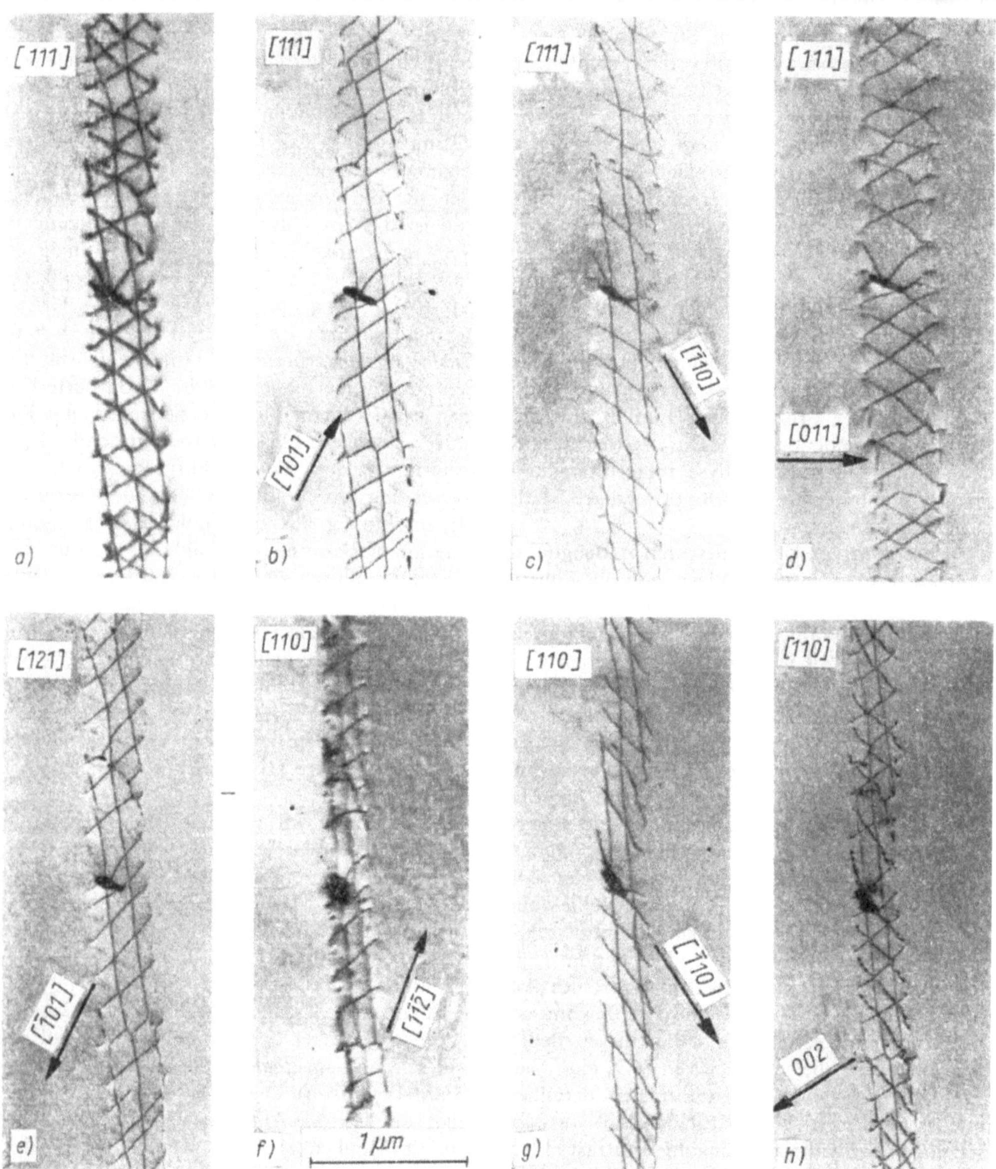

Bild 6.13. Versetzungsanalyse an einer Subkorngrenze mit dem »g · **b** = 0-Auslöschungskriterium«; Gußzustand des Stahls X 10 CrAl 18; Foliennormale und Beugungsvektor als jeweilige Bildbeschriftung

a) Vielstrahlfall   *e)* **b** = a/2 [1$\bar{1}$1]
b) **b** = a/2 [1$\bar{1}$1]   *f)* **b** = a/2 [1$\bar{1}$1]
c) **b** = a/2 [11$\bar{1}$]   *g)* **b** = a/2 [11$\bar{1}$]
d) **b** = a/2 [$\bar{1}$11]   *h)* wie erwartet keine Auslöschung

mechanische und thermische Stabilität von Gerät bzw. Probe.

Beugungskontrast kann man auch durch unelastisch gestreute Elektronen erhalten, die als diffuser Untergrund zwischen den BRAGG-Reflexen registriert werden. Man muß dazu die Kontrastblende zwischen die BRAGG-Reflexe positionieren. Diese Informationsverarbeitung führt zu sogenanntem *top-bottom-Kontrast*, d. h., die Kontraste eines Kristallbaufehlers unterscheiden sich zur Folienoberseite (top) und zur Folienunterseite (bottom) hin. Zur Klärung dieses Effektes geht man davon aus, daß es beim Durchgang der Elektronen durch sehr dicke Objekte nicht gleichgültig ist, ob an einem Baufehler zuerst elastische Streuung und im weiteren bis zum Austritt aus der Folie unelastische Streuung erfolgte oder umgekehrt [6.42].

Eine besondere Abbildungsmöglichkeit bietet die TEM für ferromagnetische Materialien. Mit der sogenannten LORENTZ-Mikroskopie [6.14] können Bereiche entgegengesetzter Magnetisierungsrichtung in der ferromagnetischen Folie abgebildet werden. Je nach Abbildungstechnik (Defokussierung, Verschiebung der Kontrastblende oder Beugungskontrastmethode) kann man die magnetischen Bereiche durch Paare einer hellen und dunklen Kontrastlinie (Bild 6.14) oder durch helle und dunkle Flächenkontraste voneinander unterscheiden und damit abbilden.

Vergleichbare Beugungskontraste, wie sie für die TEM-Abbildung besprochen wurden, lassen sich bei abgestimmter Bestrahlungs- und Beobachtungsapertur auch im STEM-Verfahren erhalten [6.43]. Andererseits kann man bei entsprechend großer Detektoröffnung Primärstrahl und verschiedene Reflexe gleichzeitig zum Signal beitragen lassen. Mit dieser Form der Vielstrahlabbildung werden Extinktionskonturen weitgehend unterdrückt, was für viele Untersuchungen durchaus vorteilhaft ist. Vorteile der STEM-Abbildung gegenüber derjenigen im TEM-Mode werden häufig in der Durchstrahlbarkeit dickerer Objekte gesehen. In der TEM-Abbildung sind die Energieverluste der zum Bild beitragenden Elektronen beim Durchgang durch dicke Objekte und die damit verbundenen Abbildungsfehler infolge chromatischer Aberration auflösungsbegrenzend. Bei der STEM-Technik entfallen diese Fehler, da unterhalb der Probe keine abbildenden Linsen

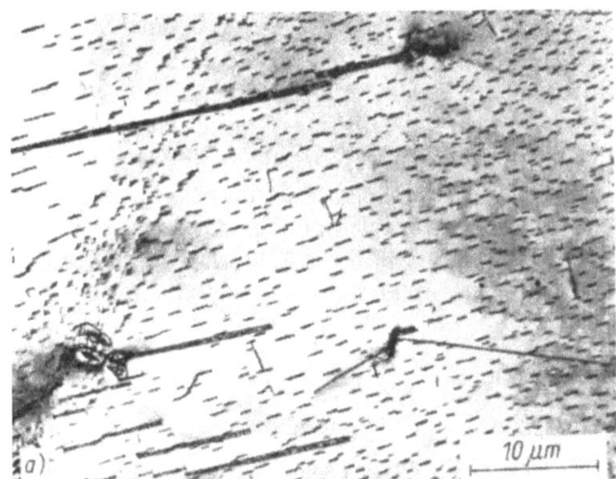

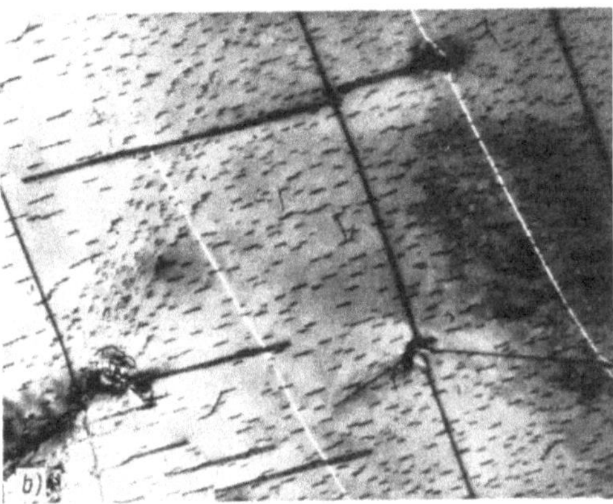

Bild 6.14. Abbildung ferromagnetischer Bereiche in einem ferritischen Cr-Stahl; Defokussierungsmethode
a) fokussiert
b) defokussiert; Bereiche entgegengesetzter Magnetisierung werden sichtbar

wirksam sind. Auflösungsbegrenzend wirkt hier hauptsächlich die Verbreiterung des Sondendurchmessers bei der Durchdringung der Probe. Ab einer bestimmten Dicke überschreitet aber der Betrag des chromatischen Fehlers selbst bei kleinen Objektivaperturen denjenigen der Sondenaufweitung, so daß für STEM bei dicken Proben günstigere Verhältnisse vorliegen. Außerdem ist die STEM-Abbildung gegenüber Kontrastverlust im TEM-Bild dadurch begünstigt, daß eine geringere Anzahl Elektronen pro Einheitsfläche zur Bildentstehung benötigt werden und daß die Möglichkeit der elektronischen Signalverstärkung besteht. Man kann im Extremfall eine Struktur noch am verrauschten Bild erkennen. Die konstruktive Gestaltung des STEM-Detektors ermöglicht eine vorteilhafte Dunkelfeldabbildung. Ganz entscheidende Vorteile bietet das Raster-Durchstrahlungs-Elektronenmikroskop im Vergleich zum konventionellen Durchstrahlungs-Elektronenmikroskop durch die enorme Erweiterung der möglichen Beugungstechniken.

6.4.3.   Beugungstechniken

Die konventionelle Feinbereichsbeugung nach BOERSCH und LE POOLE (selected area diffraction, SAD) wird durch eine bereichswählende Blende in der Bildebene der Objektivlinse, d. h. unterhalb der Probe realisiert. Das Umschalten von Abbildung auf Beugung am Mikroskop bewirkt eine schwächere Erregung der Zwischenlinse. Von der Zwischenlinse wird nicht mehr die *Abbildung* aus der hinteren Bildebene, sondern das Beugungsdiagramm aus der hinteren Brennebene der Objektivlinse übertragen. Um das gesamte Beugungsdiagramm auf dem Leuchtschirm registrieren zu können, muß die Aperturblende in der hinteren Brennebene der Objektivlinse aus dem Strahlengang entfernt werden. Die Bestrahlung der Probe erfolgt mit einem Doppelkondensorsystem. Mit dieser im Durchstrahlungs-Elektronenmikroskop am häufigsten angewandten Beugungstechnik erhält man Ringdiagramme von polykristallinen Substanzen, Punktdiagramme von einkristallinen dünnen Folienbereichen und KIKUCHI-Diagramme von einkristallinen dicken Folienbereichen. Ringdiagramme von polykristallinen Substanzen dienen hauptsächlich zur Phasenidentifizierung. Außerdem sind Aussagen über die Orientierungsverteilung der gleichzeitig zur Beugung erfaßten Kristallite möglich. Vorzugsorientierungen werden durch Intensitätsmaxima auf den Beugungsringen angezeigt. Der Übergang vom Ringdiagramm zum Punktdiagramm wird an grobkristallinen Werkstoffen deutlich, d. h., je weniger Kristallite mit konstanter Bereichsblendengröße erfaßt werden, desto mehr werden die Beugungsringe zu Beugungspunkten aufgelöst. Einkristallbeugungsdiagramme variieren hauptsächlich mit der durchstrahlten Foliendicke. In einem keilförmigen einkristallinen Folienbereich registriert man mit zunehmender Foliendicke ein Punktdiagramm, eine Überlagerung von Punktdiagramm und KIKUCHI-Diagramm und schließlich nur noch ein KIKUCHI-Diagramm. Aus der Forderung, für die Kristalldefektabbildung möglichst dicke, aber noch gut durchstrahlbare Folienbereiche zu untersuchen, resultiert die Überlagerung von Punktdiagramm und KIKUCHI-Diagramm als häufigste Form des Feinbereichsbeugungsdiagramms. Mit ihm werden die Kristallorientierung und die Beugungsbedingungen für die Beugungskontrastbilder durch Wahl des Beugungsvektors und des Anregungsfehlers festgelegt. Punktdiagramme aus dünneren Kristallbereichen erlauben eine Phasenidentifizierung, die Bestimmung von Orientierungsbeziehungen (Bild 6.15) und die Analyse des Kristallhabitus aus einer möglichen Feinstruktur der Beugungsreflexe. KIKUCHI-Diagramme aus dickeren Folienbereichen ermöglichen neben einer exakten Orientierungsbestimmung auf wenige Zehntel Grad qualitativ Aussagen über die Perfektion des durchstrahlten Kristallbereiches. Scharfe KIKUCHI-Linien erhält man nur in perfekten und schwach gestörten Kristallen. Eine Verschmierung der KIKUCHI-Linien ist typisch für stark deformierte Kristallbereiche.

Trotz der vielfältigen Möglichkeiten mit der Feinbereichsbeugung in der TEM wird für viele Anwendungsgebiete das laterale Auflösungsvermögen dieser Beugungsmethode noch als zu gering eingeschätzt. Die Zuordnung des durch die Bereichsblende in der Bildebene des Objektivs ausgewählten Bildbereiches zum entsprechenden bestrahlten Bereich der Probe ist nur eindeutig, wenn Bereichsblende und Bildebene des Objektivs koplanar sind. Abweichungen davon bewirken eine fehlerhafte Zuordnung. Die sphärische Aberration der Objektivlinse verursacht ein *gekrümmtes* Bild, so daß die Bereichsblende und das Bild in der Bildebene des Objektivs nicht vollkommen koplanar sein können. Es tragen dadurch gestreute Elektronen zum Beugungsbild bei, die von außerhalb des ausgeblendeten Bereichs auf der Probe kommen. Abschätzungen zeigen, daß es nicht sinnvoll ist, Bereichsblenden zu wählen, die Probenbereichen von kleiner 1 μm Durchmesser entsprechen, da in solchen Fällen der Zuordnungsfehler mit dem Radius des aus-

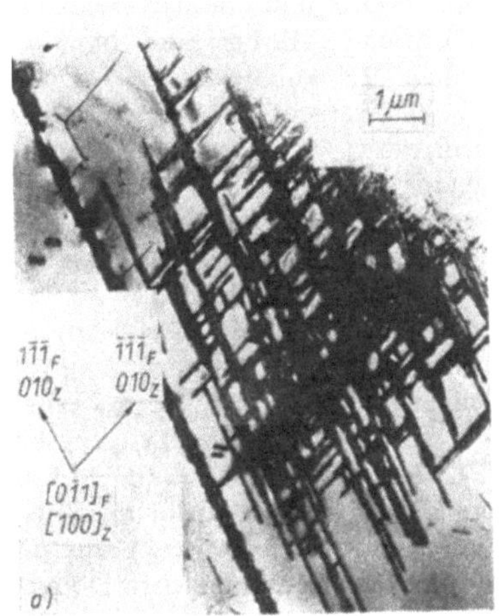

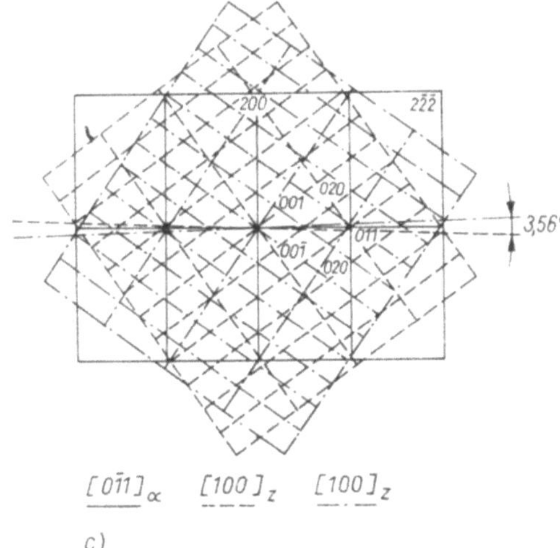

Bild 6.15. Dendritische Ausscheidungsform des Zementits $(Fe, Cr)_3C$ in einem ferritischen Cr-Stahl

a) Übersichtsbild

b) dazugehöriges Feinbereichsbeugungsbild

c) indiziertes Beugungsdiagramm b; beide Nadelscharen zeigen orientiertes Wachstum zur ferritischen Matrix

gewählten Probenbereiches vergleichbar wird [6.44]. In vielen Fällen sind deshalb Feinbereichs-Beugungsdiagramme Überlagerungen von Beugungsbildern unterschiedlich beugender Kristallbereiche. Daraus können Schwierigkeiten sowohl in der Beugungsbildregistrierung als auch in der Beugungsbild-Interpretation resultieren. Beispielsweise liefern kleine Ausscheidungen nur intensitätsschwache Beugungsreflexe im Vergleich zu der sie umgebenden Matrix. Eine stark verformte Matrix verursacht zusätzlich einen starken Streuuntergrund im Beugungsbild. Man wird deshalb bestrebt sein, Ausscheidungen in dünnen Foliengebieten zu untersuchen und die Folie so zu kippen, daß für die Ausscheidung ein Beugungsdiagramm mit niedrig indizierter Zonenachse entsteht und für die Matrix kinematische Beugungsbedingungen vorliegen. Interpretationshilfen in bezug auf den sicheren Ursprung der Beugungsreflexe in einem Beugungsbild, das aus mehreren einzelnen Beugungsdiagrammen besteht, bieten Dunkelfeldaufnahmen. Eine derartige Analyse des Beugungsdiagrammes ist sehr zeitaufwendig und scheitert dort, wo einzelne Reflexe nicht getrennt von der Aperturblende erfaßt werden können. Für eine Reihe praktischer Untersuchungsfälle besteht deshalb die Forderung nach Erhöhung des Signal/Rausch-Verhältnisses im Beugungsbild bei gleichzeitiger Erhöhung der Ortsauflösung der Beugungsbilder. Geeignete, weiterentwickelte Objektivlinsen im konventionellen Durchstrahlungs-Elektronenmikroskop und die Anwendung des Rasterprinzips ermöglichen Mikrobeugungstechniken, die derartigen Anforderungen gerecht werden können [6.45]. Als Mikrobeugung sollen die Verfahren bezeichnet werden, die eine direkte Korrelation zwischen Abbildung und Beugung in Bereichen unterhalb 1 µm Durchmesser erlauben. Mögliche Beugungstechniken versucht Tabelle 6.1 zusammenzufassen. Man muß dabei unterscheiden, ob mit stationärer, rasternder oder pendelnder Elektronensonde gearbeitet wird. Gerätebezogen kann man die Beugungstechniken auf den TEM- und STEM-Mode aufteilen. Der Aussagegehalt der möglichen Beugungsdiagramme in beiden Moden wird entscheidend durch die Wahl der Bestrahlungsapertur bestimmt. Diese ist mit einem Tripelkondensorsystem, das mit einer Objektiv-

Kondensorlinse arbeitet und eine flexible Kombination von TEM und STEM gestattet, in weiten Grenzen wählbar. Bei kohärenter Bestrahlung ($2\alpha_i \ll 2\Theta_b$; $2\alpha_i$ Konvergenzwinkel des einfallenden Elektronenstrahls; Θ_b BRAGG-Winkel) erhält man ein Beugungsdiagramm hoher Winkelauflösung. Bei konvergenter Bestrahlung ($2\alpha_i \leqq 2\Theta_b$) nimmt die Winkelauflösung der Beugungsdiagramme ab, und die Ortsauflösung wird verbessert (convergent beam diffraction pattern, CBDP). Für den Fall $2\alpha_i > 2\Theta_b$ spricht man von Weitwinkelbeugungstechnik, und man erhält sogenannte KOSSEL-MÖLLENSTEDT-Beugungsbilder (KMDP). Entscheidend für die Mikrobeugungstechnik nach RIECKE [6.46] im TEM-Mode ist, daß der Strahldurchmesser auf der Probe im Vergleich zur herkömmlichen Doppelkondensorbestrahlung mindestens um den Faktor 10 verkleinert werden kann und daß die Aperturblende der zweiten Kondensorlinse verkleinert in die Probenebene abgebildet wird. Dadurch kann diese Blende zur bereichswählenden Blende werden. Der beugende Bereich im STEM-Mode kann durch Positionierung des stationären Strahls (Punkt-Mode) auf dem STEM-Monitor oder durch Verkleinerung des Scanbereiches und damit Erhöhung der Vergrößerung

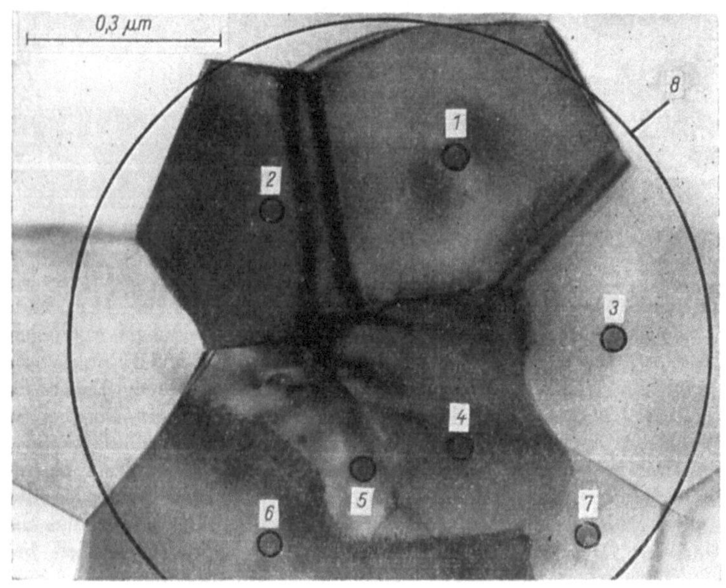

Bild 6.16
(s. Fortsetzung S. 165)

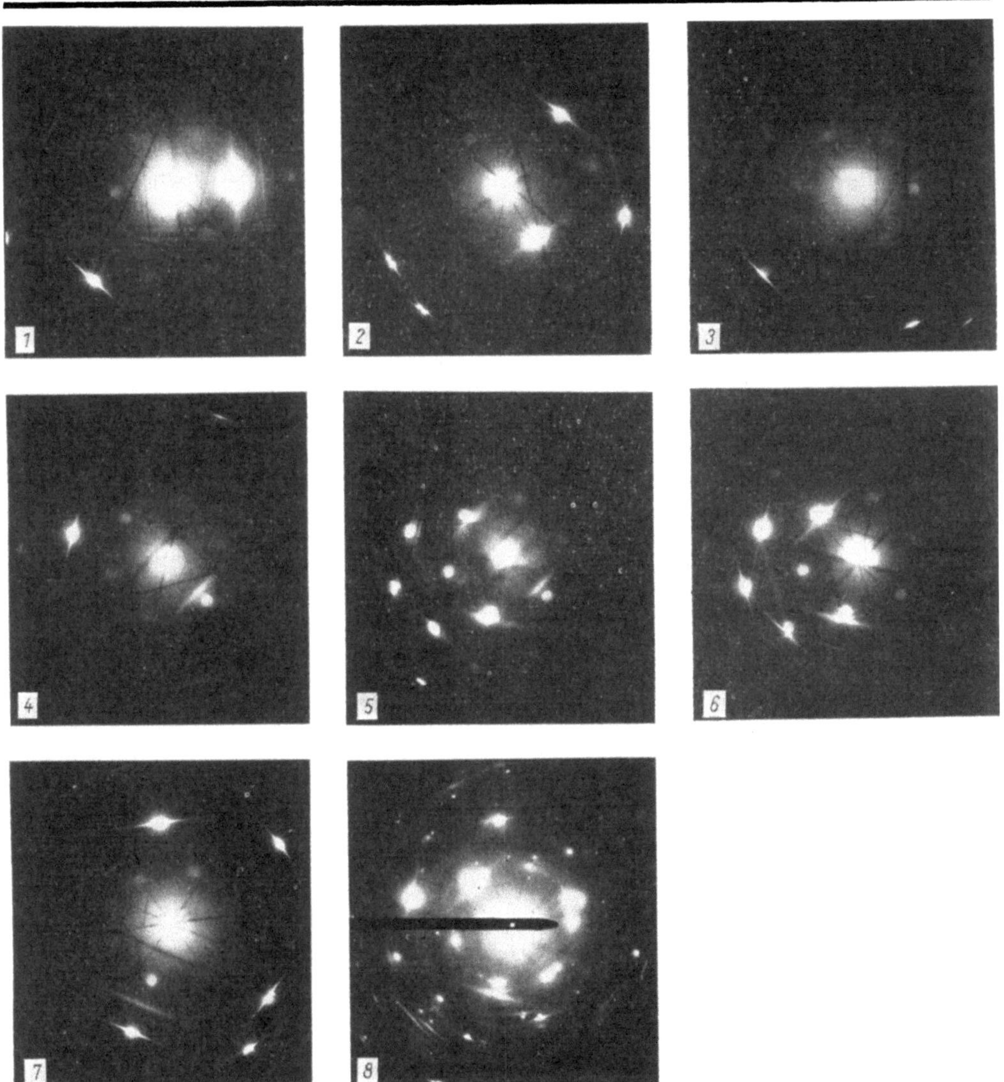

Bild 6.16. Konventionelle Feinbereichsbeugung (*8*) und Mikrobeugung (*1*) bis (*7*) mit fokussierter Bestrahlung (40 nm Strahldurchmesser) an einer polykristallinen Al-Folie. Im Übersichtsbild: ausgeblendeter Bereich für Feinbereichsbeugung als Kreis mit 1 μm Durchmesser; Kontaminationsflecke (*1*) bis (*7*) markieren die Sondenorte für Mikrobeugung

am STEM-Monitor festgelegt werden. Die entsprechenden Beugungsdiagramme werden nach Entfernen des Transmissionsdetektors aus dem Strahlengang auf dem TEM-Leuchtschirm registriert. Dabei bestimmen die Apertur der zweiten Kondensorlinse die Konvergenz und der gewählte Sondendurchmesser die Ortsauflösung des Beugungsdiagrammes. Spezifische Beugungsmöglichkeiten bietet der STEM-Mode durch Variation des Einfallwinkels der Elektronensonde auf die

Tabelle 6.1. Wichtige Beugungstechniken im TEM- und STEM-Mode; Merkmale, Registriermöglichkeit und Zuordnung zum beugenden Bereich

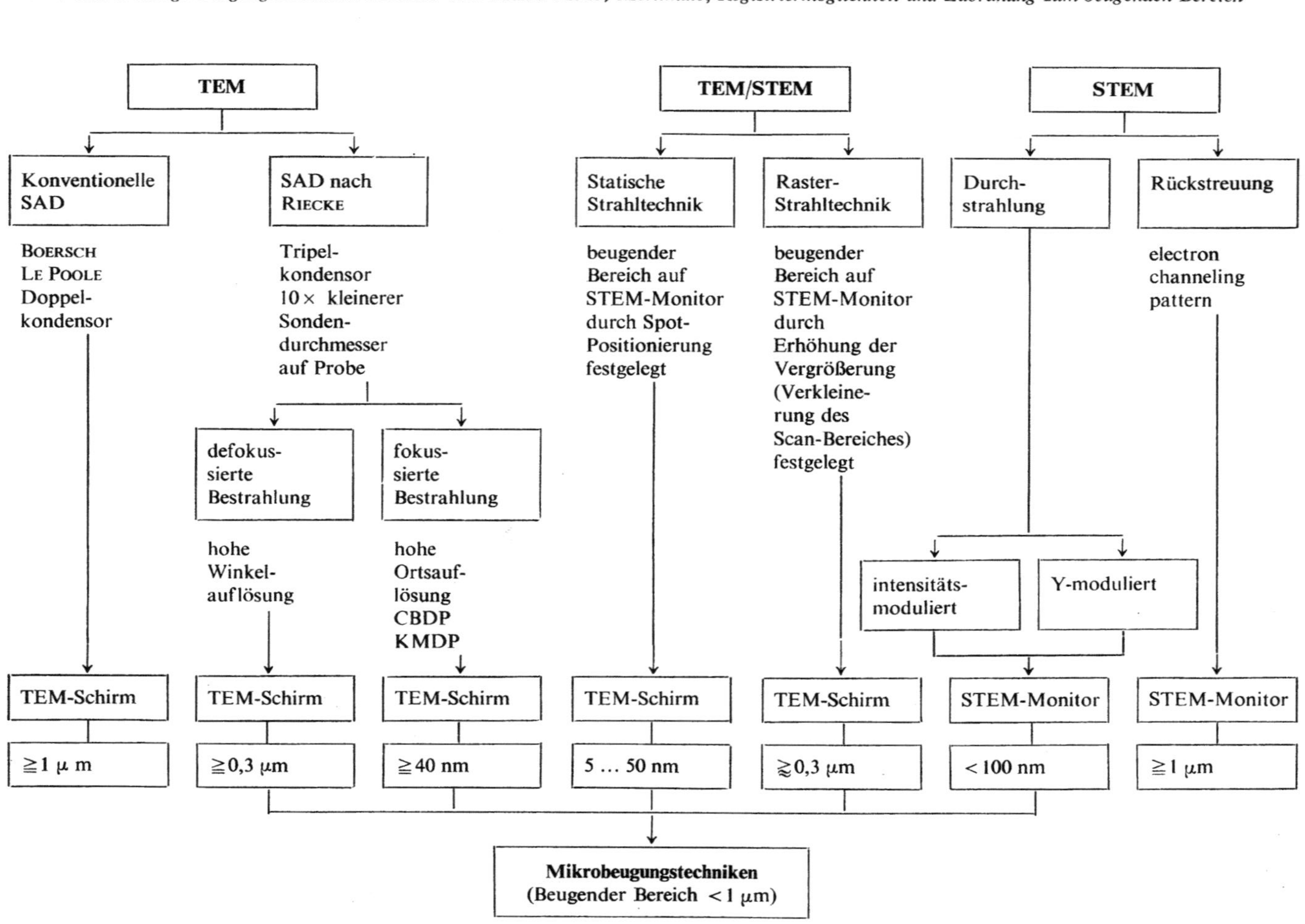

Probe (Rocking-Verfahren). Es können damit Beugungsdiagramme sowohl in Durchstrahlung als auch in Rückstreuung auf dem STEM-Monitor beobachtet werden. Nach geeigneter Verstärkung kann das erhaltene Signal als intensitätsmoduliertes oder Y-moduliertes Signal auf dem Monitor registriert werden. Die sinnvolle Auswahl unter diesen Beugungstechniken entsprechend dem vorliegenden Untersuchungsproblem führt zu einer inhaltlichen Bereicherung der Beugungsanalysen (Bild 6.16). Extreme Anforderungen ziehen aber auch erhöhten Aufwand nach sich. Beispielsweise ist die Beugungsanalyse kleinster Ausscheidungen an Elektronensonden mit wenigen Nanometer Durchmesser und ausreichender Intensität gebunden. Dafür sind aber neben gerätetechnischen Voraussetzungen auch entsprechende Vorkehrungen gegenüber Kontamination der bestrahlten Probenstellen zu treffen [6.47].

6.4.4. Höchstauflösende Elektronenmikroskopie

Zur Beurteilung des Auflösungsvermögens in der TEM muß man zwischen instrumenteller Auflösung einerseits und effektiver Auflösung für eine bestimmte Probe und die gewählte Abbildungstechnik andererseits unterscheiden. Zur Bestimmung des instrumentellen Auflösungsvermögens geht man davon aus, daß im Falle kristalliner Proben möglichst viele Beugungsmaxima durch die Objektivlinse bzw. deren Aperturblende gehen. Im Falle amorpher Proben bedeutet das die Annahme maximal möglicher Streuwinkel. Nach dem RAYLEIGHschen Kriterium können dann zwei Punkte mit dem Abstand Δr_B

$$\Delta r_\mathrm{B} = \frac{0,61\lambda}{\beta} \qquad (6.8)$$

noch getrennt wahrgenommen werden. Die sphärische Aberration der Objektivlinse bewirkt allerdings einen Auflösungsfehler der Größe

$$\Delta r_\mathrm{s} = C_\mathrm{s}\beta^3 \qquad (6.9)$$

mit C_s als Koeffizient der sphärischen Aberration und β als Aperturwinkel der Objektivlinse. Nach Gl. (6.8) bedeutet eine Erhöhung der Apertur β eine Verbesserung des Auflösungsvermögens,

in Gl. (6.9) ist dieser Einfluß umgekehrt. Eine optimale Apertur gewinnt man aus der Minimierung des summarischen Einflusses zu

$$\beta \approx \left(\frac{\lambda}{C_\mathrm{s}}\right)^{1/4} \qquad (6.10)$$

Diese Beziehung in Gl. (6.9) eingesetzt ergibt das theoretische Auflösungsvermögen Δr_min zu

$$\Delta r_\mathrm{min} = A \sqrt[4]{C_\mathrm{s}\lambda^3} \qquad (6.11)$$

Für konventionelle Elektronenmikroskope liegt die Konstante C_s zwischen 2 und 3 mm, so daß Punktauflösungen von etwa 0,5 nm bei 100 kV erreichbar sind. Die Größe A nimmt Werte zwischen 0,4 und 0,8 an. In Höchstauflösungsvarianten der Elektronenmikroskope werden Objektivpolschuhe mit $C_\mathrm{s} \approx 1,5$ mm eingebaut. Man verbessert damit das Auflösungsvermögen auf etwa 0,35 nm. Bisher beste Auflösungen wurden mit einem Spezialpolschuh mit $C_\mathrm{s} = 0,7$ mm erreicht [6.48]. Voraussetzungen für derart gute Auflösungswerte sind aber, daß die Einflüsse von Astigmatismus und chromatischer Aberration im Abbildungsprozeß vernachlässigbar klein sind. Das bedeutet Vermeidung ferromagnetischer Objekte und sehr gute Hochspannungs- und Linsenstromstabilitäten. Entscheidend ist aber, daß die Energieverluste der Elektronen beim Durchgang durch die Probe gering bleiben, denn sie bestimmen den chromatischen Fehler und wirken damit auflösungsmindernd. Höchstauflösung ist deshalb an geringe Objektdicken (10 bis 30 nm) gebunden, d. h., unelastische Streuung wird ausgeschlossen. Weitere Voraussetzungen für Höchstauflösungsabbildung sind hohe mechanische und thermische Stabilität der Probenlage und weitestgehende Unterdrückung von Kontaminationsvorgängen. Außerdem sollte das Mikroskop Originalvergrößerungen von mindestens 500 000fach ermöglichen.
Höchstauflösende Abbildungen (Auflösung unter 1 nm) sind Phasenkontrastbilder, d. h., sie entstehen durch Interferenz von gebeugter und ungebeugter Elektronenwelle. Die Elektronen, die die Probe an deren Unterseite verlassen, weisen infolge der Streu- bzw. Beugungsprozesse in der Probe kleine Phasenunterschiede auf. Um diese Phasenunterschiede in Intensitätsunterschiede umsetzen zu können, bedarf es einer zusätzlichen Phasenschiebung, die die öffnungs-

fehlerbehaftete Objektivlinse bei abgestimmter Defokussierung liefert. Die totale Phasenschiebung X beträgt bei defokussierter Objektivlinse für einen kleinen Aperturwinkel β der Objektivlinse nach HEIDENREICH [6.12]:

$$X = -\frac{2\pi}{\lambda}\left(C_\text{s}\beta^4 - \frac{1}{2}\Delta f\beta^2\right) \qquad (6.12)$$

Die SCHERZERsche Form

$$X = -\frac{\pi}{2\lambda}(C_\text{s}\beta^4 - 2\Delta f\beta^2) \qquad (6.13)$$

geht von der Streuung der Elektronen im Winkelbereich von 0 bis β aus. Maximaler Phasenkontrast entsteht für Phasenschiebungen von $(2n - 1)$ $\times \dfrac{\pi}{2}$ mit $n = \pm 1, \pm 2 \dots$ Für eine bestimmte Objektivapertur und Defokussierung entspricht der übertragene Phasenkontrast nur einer Teilinformation über das Objekt. Fokussierungsreihen liefern Bildfolgen mit spezifischer Kontrastübertragung. Optische Diffraktometrie dieser Bilder steigert deren Aussagegehalt. Eine optimale Defokussierung der Objektivlinse für Phasenkontrastbilder läßt sich für den jeweiligen Fall aus den erwähnten Fokussierungsreihen experimentell bestimmen. Eine von SCHERZER [6.49] stammende Beziehung

$$\Delta f = (C_\text{s}\lambda)^{1/4} \qquad (6.14)$$

gibt nützliche Orientierungswerte.

Die Aufnahmetechniken für Phasenkontrastbilder lassen sich prinzipiell nach axialer und schräger Bestrahlung unterteilen. Je nachdem, wie viele gebeugte Strahlen innerhalb der zulässigen Objektivapertur mit dem ungebeugten Strahl interferieren können, entstehen Netzebenenabbildungen, Bilder gekreuzter Netzebenen und Punktgitter, die einer Projektion eines Kristallgitters in der gewählten Einstrahlrichtung entsprechen. Punktauflösung resultiert aus einer Vielstrahlabbildung in axialer Bestrahlung. Es tragen höhere als die erste Beugungsordnung zur Bildentstehung bei, so daß Linsenfehler merklich auflösungsbegrenzend wirken können. Netzebenenabbildungen entstehen durch Interferenz der ersten Beugungsordnung mit dem ungebeugten Strahl. Der Einfluß von Linsenfehlern wird dadurch weitgehend reduziert. Besonders günstig ist eine schräge Einstrahlung derart, daß gebeug-

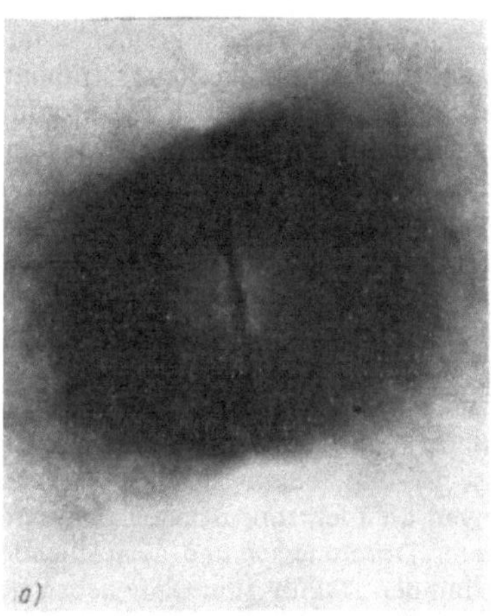

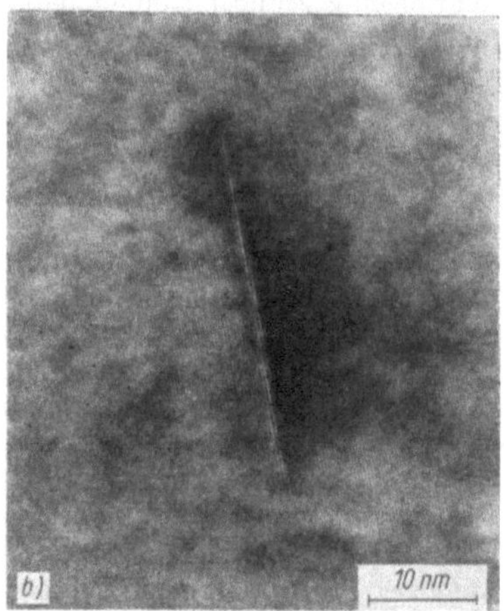

Bild 6.17. Frühes Ausscheidungsstadium im Silizium; die beiden Teilbilder stammen aus unterschiedlich dicken Folienbereichen

a) Spannungskontrast

b) {111}-Netzebenenabbildung im Silizium: deutlich meßbare Aufweitung von 1 bis 3 Netzebenenabständen am Ausscheidungsort

ter und ungebeugter Strahl symmetrisch zur optischen Achse verlaufen. Man erkennt daraus, daß Netzebenenabbildungen mit hoher Auflösung einfacher zu erhalten sind als entsprechende Punktgitterabbildungen. Das zur Kennzeichnung der Leistungsfähigkeit von Elektronenmikroskopen ausgewiesene Auflösungsvermögen sollte deshalb ein Punktauflösungsvermögen sein.

Die höchstauflösende Elektronenmikroskopie im Phasenkontrast ist noch kein Routineverfahren in der Werkstofforschung. Abgesehen davon, daß in vielen Labors die gerätetechnischen Voraussetzungen dafür fehlen, wirken die notwendige geringe Objektdicke und vor allem noch bestehende Interpretationsschwierigkeiten des Phasenkontrastes vom gestörten Kristallgitter anwendungsbegrenzend. Einen entscheidenden Fortschritt hat aber bereits die Anwendung der Netzebenenabbildung zur Charakterisierung frühester Ausscheidungsstadien (Bild 6.17) und von Entmischungserscheinungen in Mischkristallen [6.50,] [6.51] gebracht.

6.4.5. Höchstspannungs-Elektronenmikroskopie

Hervorstechende Merkmale der Höchstspannungs-Elektronenmikroskopie (Beschleunigungsspannung oberhalb 500 kV) sind die bessere Durchstrahlbarkeit, das prinzipiell mögliche bessere Auflösungsvermögen und der höhere gerätetechnische Aufwand im Vergleich zur konventionellen Durchstrahlungs-Elektronenmikroskopie mit Beschleunigungsspannungen um 100 kV. Die bessere Durchstrahlbarkeit als Folge des verringerten Wirkungsquerschnittes für elastische und unelastische Streuung erlaubt unmittelbar die Untersuchung dickerer Präparate. Der durch die Energieverluste in der Probe bewirkte chromatische Fehler wird drastisch gesenkt, so daß die Detailerkennbarkeit in dicken Proben im Vergleich zu 100 kV wesentlich besser ist. Die mögliche Anwendung dicker Präparate reduziert in vielen Fällen Präparationsschwierigkeiten, wodurch die Anwendungsgebiete der TEM erweitert werden. Möglichst dicke Präparate sind außerdem Voraussetzung für eine breite Anwendung dynamischer Untersuchungen im Elektronenmikroskop (in situ Techniken; Abschnitt 3.2.3.).

Das prinzipiell mögliche bessere Auflösungsvermögen resultiert aus der Reduzierung der Elektronenwellenlänge mit steigender Beschleunigungsspannung (bei 100 kV ist $\lambda = 0,0037$ nm; bei 1000 kV ist $\lambda = 0,00087$ nm). Nach Gl. (6.11)

würde mit einer Öffnungsfehlerkonstante C_s = 100 mm für 1000 kV ein $\Delta r_{min} = 0,17$ nm erreichbar sein. Verschiedene gerätetechnische Probleme im Höchstspannungsbereich bewirken derzeit noch, daß mit 100-kV-Geräten bessere Auflösungen erreicht werden. Ein Entwicklungstrend ist aber, die Höchstspannungs-Elektronenmikroskopie in den Höchstauflösungsbereich zu bringen.

Der gerätetechnische Aufwand (Hochspannungserzeugung und -stabilisierung, Verwendung starker Linsenfelder, Abschirmung von Röntgenstrahlung) schlägt sich natürlich in finanziellen Kosten und letzlich in der relativ geringen Verbreitung von Höchstspannungs-Elektronenmikroskopen nieder. Gegenwärtig existieren etwa 50 Geräte dieser Art auf der Welt.

Neben diesen offensichtlichen Besonderheiten sind weitere wesentliche Charakteristiken der Höchstspannungs-Elektronenmikroskopie zu nennen. Mit zunehmender Beschleunigungsspannung verringern sich die unelastischen Wechselwirkungen und damit die Energieverluste der Elektronen beim Durchgang durch die Folie. Das hat eine geringere Strahlenbelastung und Erwärmung der Folie zur Folge. Andererseits erhöht sich die Wahrscheinlichkeit für Strahlenschäden durch Atomverrückungen, d. h., oberhalb einer gewissen Schwellspannung können Leerstellen und Zwischengitteratome infolge von Stoßprozessen der Strahlelektronen im Kristallgitter erzeugt werden. Vorrangig behindert das natürlich die Beobachtung feiner Objektdetails und teilweise die Interpretation von in situ Experimenten im Höchstspannungs-Elektronenmikroskop, wenn man oberhalb der entsprechenden Schwellspannung arbeitet. Unter definierten Bestrahlungsbedingungen ist man jedoch andererseits in der Lage, die Bildung und Segregation von Punktdefekten unmittelbar zu untersuchen. Besonders interessant ist die Simulation von Strahlenschäden in Reaktormaterialien, da im Höchstspannungs-Elektronenmikroskop die vergleichbare Punktdefektdichte wesentlich schneller als im Kernreaktor erzeugt werden kann [6.52].

Besonderheiten im Vergleich zur Elektronenmikroskopie bei 100 kV bestehen bei 1000 kV vor allem in den Anregungsbedingungen für Beugungskontraste [6.53]. Die kleineren Elektronenwellenlängen bei höheren Beschleunigungsspannungen haben größere Radien der EWALDschen Ausbreitungskugel und damit bevorzugte Anregung von Vielstrahlbeugung zur Folge. Die vereinfachte Behandlung des systematischen Vielstrahlfalls (Mehrstrahlanregung in einer reziproken Gitterrichtung des Beugungsdiagrammes) führt zur Hellfeldabbildung mit höheren Beugungsordnungen, die vergleichbar ist mit der Dunkelfeldabbildung mit schwachen Strahlen bei 100 kV. Allerdings wurde bereits gezeigt, daß auch im 100-kV-Bereich systematische Anregungen der zweiten Beugungsordnung (Bild 6.12c) möglich sind, nur sind sie hier nicht so typisch und im allgemeinen auf die zweite Beugungsordnung beschränkt. Für die Höchstspannungs-Elektronenmikroskopie charakteristische Beugungseffekte resultieren auch aus der Durchstrahlung extremer Foliendicken [6.53].

6.5.   Anwendungen

Innerhalb der Kette *Behandlungsverfahren – entstehende Mikrostruktur – resultierende Eigenschaft* vermag die TEM mit einer detaillierten Mikrostrukturuntersuchung zur Lösung zahlreicher Werkstoffprobleme beizutragen. Die Realstruktur metallischer Werkstoffe ist einerseits eine Folge der Herstellungs- und Verarbeitungsverfahren und andererseits durch ihre gezielte Beeinflussung Ausgangspunkt einer vielfältigen Eigenschaftsvarianz. Die die Realstruktur kennzeichnenden Gitterbaufehler sind in ihrer Individualität und in ihrer Wechselwirkung elektronenmikroskopischer Untersuchung zugänglich. Kristalldefektnachweis und Kristalldefektidentifizierung in Verbindung mit Verfestigungs- und Entfestigungsvorgängen, mit Umwandlungen im festen Zustand, bei Mischkristallbildung, Entmischungserscheinungen und Ausscheidungsvorgängen und anderes mehr (Implantationsbehandlungen von Halbleitermaterialien) sind Aufgabengebiete der TEM. Sie ist dabei nicht schlechthin Abbildungs-, sondern auch Meßverfahren.

Der wohl häufigste Untersuchungsgegenstand sind Versetzungen. Die Bestimmung ihrer Burgersvektoren ist sowohl von vollständigen Versetzungen als auch von Partialversetzungen möglich. Die Analyse von Versetzungsringen hinsichtlich Leerstellen- und Zwischengittertyp oder die Charakterisierung von Versetzungspaaren und Dipolen sind ebenfalls typische Anwendungen der TEM. Zusätzlich zu derartigen Einzelanalysen werden Versetzungsanordnungen (statistische Verteilung, Knäuelbildung und Versetzungsnetzwerke) untersucht und Beziehungen zu Verformungsart und -intensität hergestellt. Schließlich ist die Versetzungsdichte über Schnittpunktanalysen meßbar. Dabei begrenzen das kleine Gesichtsfeld bei der elektronenmikroskopischen Abbildung und die Kontrastbreiten der Versetzungen den Meßbereich zu kleinen und großen Werten der Versetzungsdichte (10^9 bis 10^{11} cm^{-2}).

Mit Hilfe der Beugungskontrastabbildung sind aber auch Punktdefektagglomerate, Stapelfehler, Zwillingsgrenzen und Korngrenzen gut erfaßbar. Änderungen der Stapelfolge von Gitterebenen im Kristall können durch Herausnehmen oder Hinzufügen von Gitterebenen hervorgerufen werden. Der daraus folgende Stapelfehlertyp ist mit Kontrastexperimenten feststellbar. Schließlich ist aus Versetzungsaufspaltungen die Stapelfehlerenergie bestimmbar.

Ein weites Untersuchungsfeld der TEM sind Ausscheidungen. Sicherlich ist die Identifizierung von Ausscheidungen durch Messung von Gitterparametern aus Feinbereichsbeugungsdiagrammen mit einem größeren Meßfehler behaftet als beispielsweise bei der Röntgenstrahlbeugung. Der große Vorteil liegt aber darin, daß die Ausscheidungen analysiert werden können unter gleichzeitiger Kenntnis des Ausscheidungsortes und bei Erhaltung der Orientierungsbeziehung zum umgebenden Matrixgitter. Eine ganz individuelle Stärke der TEM besteht in der Untersuchung von Vorausscheidungszuständen (Bild 6.18) und von Anfangsstadien ablaufender Ausscheidungsvorgänge. Zu nennen sind hier die Analyse von Nahordnungszuständen (Bild 6.19), spinodaler Entmischung und kohärenter bzw. teilkohärenter Ausscheidungen (z. B. GUINIER-PRESTON-Zonen). Hierbei kommt sowohl die Beugungskontrast- als auch die Phasenkontrastabbildung zur Anwendung, und es muß die Feinstruktur der Beugungsdiagramme verwertet werden. Ausscheidungen wirken in einem Werkstoff

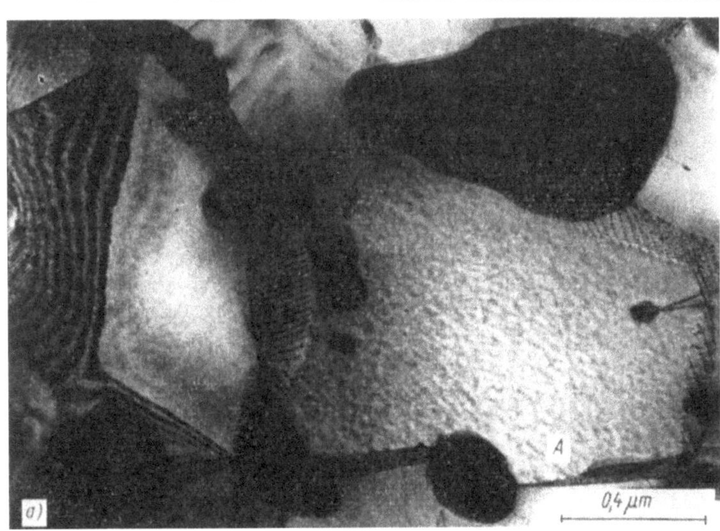

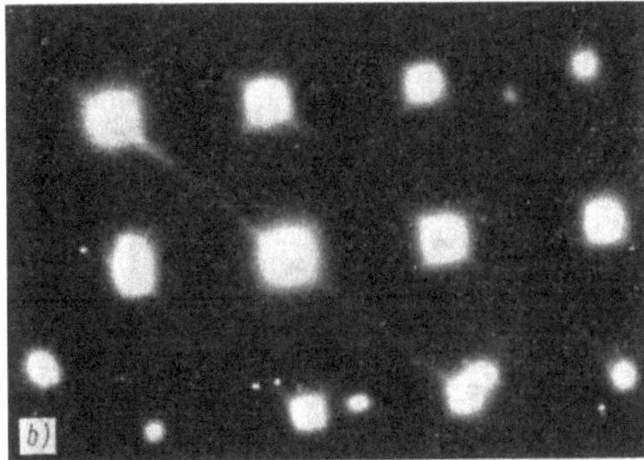

Bild 6.18. Geordnete Stickstoffeinlagerung parallel zu den Würfelflächen des Matrixgitters in einem geglühten und nitrierten Schnellarbeitsstahl X 82 WMo 6.5; vergleichbarer Tweed-Kontrast aus nitrierten binären Legierungen [6.54] im Korn (A) des Übersichtsbildes (*a*) und Intensitätsbrücken entlang ⟨100⟩-Richtungen im Beugungsbild (*b*) bei entsprechender Kristallorientierung

nicht allein durch ihren Volumenanteil und Habitus, sondern vor allem auch durch ihre Wechselwirkung mit anderen Gitterdefekten. Diese wiederum können entscheidend die Ausscheidungskinetik beeinflussen. Die Blockierung von Versetzungen durch Anlagerung interstitieller Legierungsatome, die Behinderung der Ver-

setzungsbewegung durch Ausscheidungen disperser Verteilung und die destabilisierende Wirkung von Ausscheidungen an Korngrenzen sind häufig elektronenmikroskopisch untersucht worden. Möglichkeiten und Grenzen der TEM werden besonders deutlich bei der Beurteilung komplizierter Gefüge von Stählen. Man hat es dann gewöhnlich mit vielkomponentigen Legierungssystemen zu tun, die einen sehr hohen Kristalldefektanteil aufweisen und infolge unvollständig abgelaufener Umwandlungsprozesse mehrphasig sein sollen oder können. Derartige komplizierte Gefüge findet man beispielsweise nach thermomechanischer Behandlung, in den verschiedenen Umwandlungsstufen von Kohlenstoffstählen und mikrolegierten Baustählen, in zweiphasigen Stählen mit Mikroduplexgefüge und nicht zuletzt in Werkzeugstählen (Bild 6.20), die ohnehin einen hohen Anteil härtender Ausscheidungen besitzen und zusätzliche Veredlungsbehandlungen erfahren haben können. Das elektronenmikroskopische Bild solcher Zustände enthält eine Flut von Informationen. Nicht die Einzeldefektanalyse, die teilweise sogar unmöglich ist, sondern das Erkennen des Typischen bei möglichst großem Gesichtsfeld ist hierbei gefragt. Vielfach ist die Kombination mit integrierenden Meßverfahren nötig, wenn z. B. Phasenanteile, Korngrößen und Texturen bestimmt werden sollen. Die elektro-

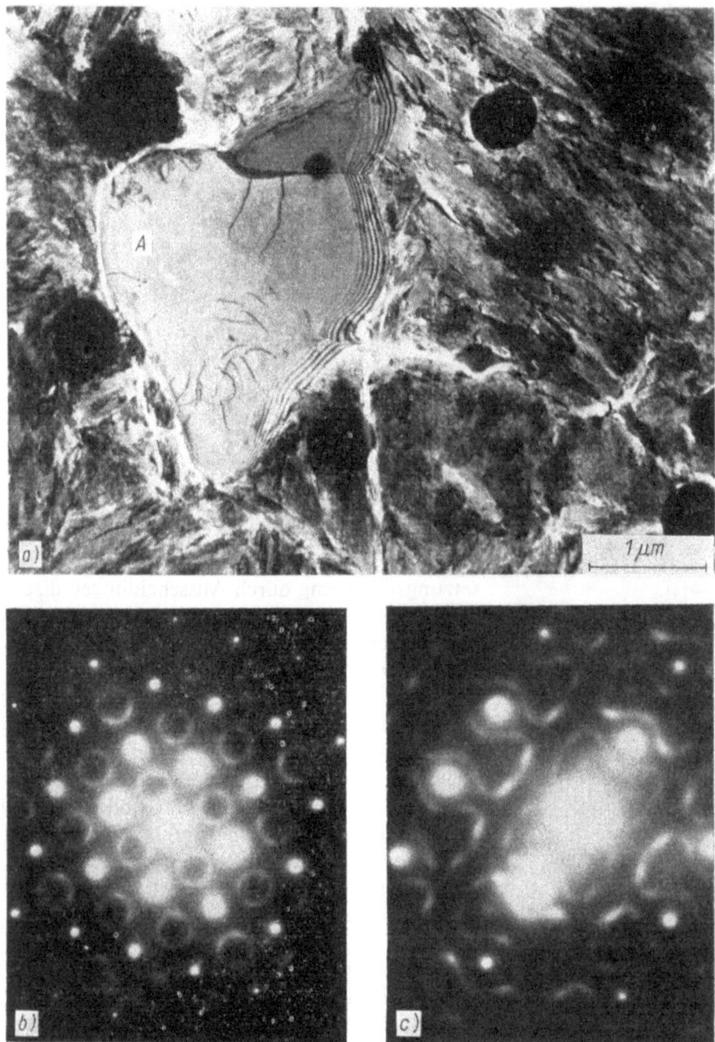

Bild 6.19. Nahordnungszustand in Vanadinkarbiden des Schnellarbeitsstahls
X 82 WMo 6.5

a) Übersichtsbild mit Vanadinkarbid (A)
b) Beugungsdiagramm ⟨100⟩-Orientierung
c) Beugungsdiagramm ⟨221⟩-Orientierung

An synthetisch hergestellten, nichtstöchiometrischen Karbiden sind derartige
Beugungsdiagramme analysiert worden [6.55], [6.56]

nenmikroskopische Analyse wird sich beispielsweise mit der Beschreibung der Morphologie von Martensit, mit Orientierungsbeziehungen zwischen Umwandlungsprodukten und ursprünglicher Matrix, mit dem Nachweis wirksamer Ausscheidungen und bevorzugter Ausscheidungsorte und mit repräsentativen Versetzungsanordnungen befassen.

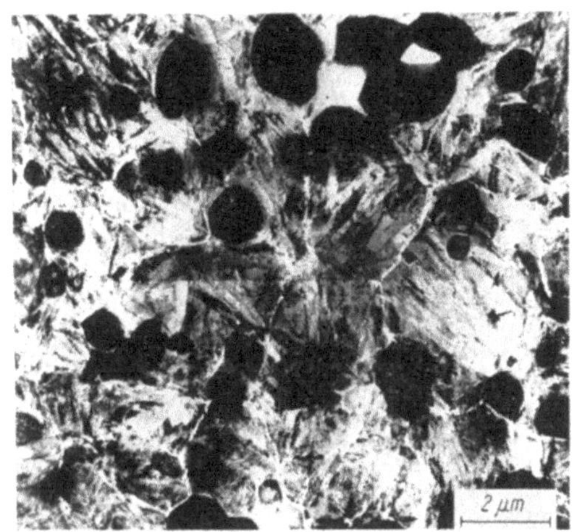

Bild 6.20. Kompliziertes Gefüge eines gehärteten und nitrierten Schnellarbeitsstahls X 82 WMo 6.5 im TEM-Bild

Die prinzipiellen Möglichkeiten der TEM werden je nach Untersuchungsgegenstand und methodischen Voraussetzungen unterschiedlich ausgeschöpft. Im allgemeinen wird der hohe Aufwand durch hohen bzw. einmaligen Aussagegehalt gerechtfertigt. Die Auswahl und der gezielte Einsatz der TEM müssen sich an der Relation von gewünschter Aussage und dem dafür notwendigen Aufwand orientieren.

Literaturverzeichnis

[6.1] RUSKA, E.: Die frühe Entwicklung der Elektronenlinsen und der Elektronenmikroskopie. Halle: ACTA HISTORICA LEOPOLDINA, Nummer 12, 1979

[6.2] AMELINCKX, S.: The Direct Observation of Dislocations. New York: Academic Press 1964

[6.3] AMELINCKX, S.; R. GEVERS; G. REMAUT; J. VAN LANDUYT (Hrsg.): Modern Diffraction and Imaging Techniques in Material Science. Amsterdam: North-Holland Publishing Company 1970

[6.4] ANDREWS, K. W.; D. J. DYSON; S. R. KEOWN: Interpretation of Elektron Diffraction Patterns. London: Hilger & Watts Ltd. 1967

[6.5] ARDENNE, M. V.: Tabellen zur angewandten Physik, I. Band: Elektronenphysik, Übermikroskopie, Ionenphysik. Berlin: VEB Deutscher Verlag der Wissenschaften 1962

[6.6] BAUER, E.: Elektronenbeugung – Theorie, Praxis und industrielle Anwendungen. München: Verlag Moderne Industrie 1958

[6.7] BRAMMAR, I. S.; M. A. P. DEWEY: Specimen Preparation of Electron Metallographie. Oxford: Blackwell 1966

[6.8] BRÜMMER, O.; J. HEYDENREICH; K. H. KREBS; H. G. SCHNEIDER (Hrsg.): Festkörperanalyse mit Elektronen, Ionen und Röntgenstrahlen. Berlin: VEB Deutscher Verlag der Wissenschaften 1980

[6.9] EDINGTON, J. W.: Practical Electron Microscopy in Materials Science. Philips Technical Library, MACMILLAN 1974 (Monograph 1), 1975 (Monograph 2, 3), 1976 (Monograph 4)

[6.10] GOODHEW, P. J.: Specimen Preparation in Materials Science. Amsterdam: North-Holland Publishing Company 1973

[6.11] HEAD, A. K.; P. HUMBLE; L. M. CLAREBROUGH; A. J. MORTON; C. T. FORWOOD: Computed Electron Micrographs and Defect Identification. Amsterdam: North-Holland Publishing Company 1973

[6.12] HEIDENREICH, R. D.: Fundamentals of Transmission Electron Microscopy. New York: Interscience Publishers 1964

[6.13] HEIMENDAHL, M. V.: Einführung in die Elektronenmikroskopie. Braunschweig: Vieweg 1970

[6.14] HIRSCH, P. B.; A. HOWIE; R. B. NICHOLSON; D. W. PASHLEY; M. J. WHELAN: Electron Microscopy of Thin Crystals. London: Butterworths 1965

[6.15] HORNBOGEN, E.: Durchstrahlungs-Elektronenmikroskopie fester Stoffe. Weinheim: Verlag Chemie GmbH 1971

[6.16] KAY, D. (Hrsg.): Techniques for Electron Microscopy. Oxford: Blackwell 1961

[6.17] MÜLLER, H.: Präparation von technisch-physikalischen Objekten für die elektronenmikroskopische Untersuchung. Leipzig: Akademische Verlagsges. Geest & Portig 1962

[6.18] NESTLER, C.-G.: Einführung in die Elektronenmetallographie – Eisen und Stahl. Leipzig: VEB Deutscher Verlag für Grundstoffindustrie 1961

[6.19] PICHT, J.; J. HEYDENREICH: Einführung in die Elektronenmikroskopie. Berlin: VEB Verlag Technik 1966

[6.20] REIMER, L.: Elektronenmikroskopische Untersuchungs- und Präparationsmethoden. Berlin: Springer-Verlag 1967

[6.21] SCHIMMEL, G.: Elektronenmikroskopische Methodik. Berlin: Springer-Verlag 1969

[6.22] SCHIMMEL, G.; W. VOGELL (Hrsg.): Methodensammlung der Elektronenmikroskopie. Stuttgart: Wissenschaftliche Verlagsgesellschaft m. b. H. 1973

[6.23] SCHNEIDER, H. G.; J. WOLTERSDORF (Hrsg.): Strukturen Kristalliner Phasengrenzen; Elektronenmikroskopischer Bildkonstrast. Leipzig: VEB Deutscher Verlag für Grundstoffindustrie 1977

[6.24] TEGART, W. J. McG.: The Electrolytic and Chemical Polishing of Metals. Oxford: Pergamon Press 1959

[6.25] THOMAS, G.: Transmission Electron Microscopy of Metals. New York: Wiley 1962

[6.26] THOMAS, G.; J. WASHBURN (Hrsg.): Electron Microscopy and Strength of Crystals. New York: Wiley 1963

[6.27] UTEVSKIJ, L. M.: Difrakcionnaja elektronnaja mikroskopija v metallovedenii. Moskau 1973

[6.28] VAINSHTEIN, B. K.: Structure Analysis by Electron Diffraction. (Übersetzung aus d. Russ.), Oxford: Pergamon Press 1964

[6.29] BURCK, P.: VII. Arbeitstagung »Elektronenmikroskopie« der DDR, Berlin 1973, Tagungsbd. S. 68/69

[6.30] VENKATARAMAN, G.: Prakt. Metallographie 16 (1979), S. 176

[6.31] THOMPSON, M. N.: Philips Bulletin, electron optics EM 110 (1977), S. 14

[6.32] Analytical TEMSCAN, JEOL NEWS 15 E, No. 1, 1977

[6.33] KIKUCHI, S.: Jap. J. Phys. 5 (1928), S. 83

[6.34] GRIEM, W.; P. SCHWAAB: Prakt. Metallographie 14 (1977) S. 389

[6.35] GRIEM, W.; P. SCHWAAB: Prakt. Metallographie 11 (1974), S. 336

[6.36] EICHEN, E.; C. LAIRD; W. R. BITLER: Reciprocal Lattice Diffraction Patterns for f. c. c., b. c. c., ans h. c. p. and Diamond Cubic Crystal Systems. Detroit: Sonderdruck des Scientific Laboratory, Ford Motor Comp.

[6.37] PILJANKEWITSCH, A. N.; A. W. KURDJUMOW; G. K. ABRAMJAN: Septiéme Congrés Int. de Microscopie Électronique, Grenoble 1970, S. 15

[6.38] VÖHSE, H.; P. DIETZMANN: IX. Tagung »Elektronenmikroskopie« der DDR, Dresden 1978, Tagungsbd. S. 19

[6.39] HOWIE, A.; Z. S. BAZINSKI: Phil. Mag. 17 (1968), S. 1039

[6.40] HOWIE, A.; M. J. WHELAN: Proc. Roy. Soc. A, 263 (1961), S. 217

[6.41] HALE, K. F.; M. HENDERSON BROWN: Proc. Roy. Soc. A, 310 (1969), S. 479

[6.42] HASHIMOTO, H.: In: High Voltage Electron Microscopy, Proc. 3. Int. Conf. on HVEM, Eds. P. R. Swann et. al. London/New York 1974, S. 9

[6.43] YAMAMOTO, T.; H. NISHIZAWA: JEOL NEWS 12e No. 2, 1974, S. 19

[6.44] RIECKE, W. D.: Optik 18 (1964) 6, S. 278

[6.45] THOMPSON, M. N.: Philips Bulletin, electron optics EM 110 (1977), S. 31

[6.46] RIECKE, W. D.; E. RUSKA: In: Electron Microscopy, Ed. R. Uyeda, Maruzen Co. Ltd, Tokyo (1966), S. 19

[6.47] BAUER, B.: Dissertation, Tübingen 1980

[6.48] SHIROTA, K.; A. YONEZAWA; T. YANAKA: JEOL NEWS 14e No. 4 (1977) S. 9

[6.49] SCHERZER, O.: J. appl. Physics 20 (1949), S. 20

[6.50] SINCLAIR, R.; G. THOMAS: Met. Trans. A, vol. 9 A (1978), S. 373

[6.51] WU, C. K.; R. SINCLAIR; G. THOMAS: Met. Trans. A, vol. 9 A (1978), S. 381

[6.52] THOMAS, G.: J. Metals, Febr. (1977), S. 31

[6.53] KÄSTNER, G.: Forschungsbericht 1980, IFE Halle, AdW d. DDR

[6.54] JACK, D. H.: Acta Met. 24 (1976), S. 137

[6.55] BILLINGHAM, J.; P. S. BELL; M. H. LEWIS: Acta Cryst. A28 (1972), S. 602

[6.56] SAUVAGE, M.; E. PARTHÉ: Acta Cryst. A28 (1972), S. 607

7 Elektronenstrahl-Mikroanalyse und Rasterelektronen-Mikroskopie

Von HANS-JÖRG HUNGER, VEB Bergbau- und Hüttenkombinat
»ALBERT FUNK«, Freiberg

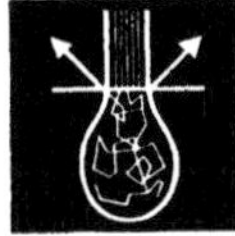

Unter dem Begriff der Elektronenstrahl-Mikroanalyse (ESMA) versteht man die Kombination von Röntgenmikroanalyse und Rasterelektronen-Mikroskopie. Die ESMA kommt überall dort zum Einsatz, wo die Zusammensetzung der Probe in Mikrobereichen oder deren Topographie von Interesse ist. Folgende werkstoffkundliche Probleme können bearbeitet werden:

- Untersuchung von Bruchflächen und inneren Oberflächen sowie Oberflächen von galvanischen als auch von Korrosionsschichten
- Beurteilung von Oberflächen von Schneidwerkzeugen und Verschleißteilen
- qualitative und quantitative chemische Analyse zur Identifizierung unterschiedlicher Phasen und Einschlüsse
- Elementverteilungsanalysen einschließlich der Untersuchung von Diffusionszonen
- Schichtdickenbestimmungen und Homogenitätsuntersuchungen
- Sichtbarmachung von ferromagnetischen und ferroelektrischen Domänen sowie von Potentialunterschieden in elektronischen Bauelementen

Die ESMA ist prinzipiell bei allen festen Proben anwendbar, wie Metallen, Glas, Keramik, Gesteinen und Erzen sowie auch bei biologischen Präparaten.
Dabei sind je nach Material und Problem unter Umständen spezielle Präparationstechniken erforderlich. Flüssigkeiten und Gase können nicht untersucht werden. Das zu untersuchende Material kann sowohl einkristallin als auch polykristallin sein, wobei die Röntgenmikroanalyse sehr oft in einkristallinen Bereichen (z. B. einem Kristallit oder einer Ausscheidung) erfolgt. Texturen beeinflussen das Meßergebnis nicht. Bei der Röntgenmikroanalyse stammt die Information, sofern man mit fokussiertem Strahl arbeitet, in der Regel aus einem Gebiet von 1 bis 2 μm Durchmesser und 1 bis 2 μm Tiefe je nach Energie der Primärelektronen. Die Fläche, aus der die Information stammt, kann jedoch auch vergrößert werden, entweder indem man den Strahl defokussiert (z. B. auf 50 μm), oder aber man rastert ein Gebiet ab und analysiert dabei. Bei der Erzeugung von Röntgenraster-, Sekundärelektronen- und Rückstreubildern ist die Informationsfläche identisch mit der Rasterfläche. Über die Genauigkeit (zufällige und systematische Fehler) können nur pauschale Aussagen gemacht werden, da sie stark vom Problem und von subjektiven Faktoren beeinflußt wird. Sie liegt bei Absolutmessungen zwischen 3 und 5% und kann je nach Problem besser oder schlechter sein. Die relative Genauigkeit (relative Aussagen zwischen zwei Proben) ist wesentlich besser und wird neben den subjektiven Fehlern (die man bei Relativmessungen meist auch konstant halten kann) im wesentlichen durch die Statistik bestimmt. Damit ergibt sich gleich die Antwort auf die Frage, welche Konzentrationsänderung noch sicher nachweisbar ist. Eine Konzentrationsänderung liegt dann vor, wenn die Änderung der Röntgenintensität zwischen zwei Proben bzw. Proben-

bereichen größer als das Dreifache der Standardabweichung ist. Je kleiner der zu messende Konzentrationsunterschied ist, desto mehr Röntgenimpulse müssen gezählt, d. h., um so länger muß gemessen werden. Eine objektive Begrenzung der Meßzeit ist dabei durch die Gerätestabilität gegeben. Die Gewinnung und Präparation der Proben erfolgt auf die gleiche Weise wie bei der Herstellung eines metallographischen Schliffes. Bei Proben, die für rasterelektronenmikroskopische Untersuchungen vorgesehen sind, muß streng darauf geachtet werden, daß die zu untersuchende Oberfläche nicht mit den Fingern berührt oder auf andere Weise verunreinigt wird. Gleiches gilt selbstverständlich auch für die geschliffenen und polierten Proben. Die Probengröße richtet sich nach dem zur Verfügung stehenden Mikrosondentyp. Eine Standardgröße ist etwa 25 mm Durchmesser und 20 mm Höhe. Die Dauer einer Messung ist sehr unterschiedlich und liegt je nach Art der Messung (qualitative Analyse, Punktanalyse, Linienanalyse) zwischen 10 s und 1 h, wobei die Meßdauer zur Gewinnung einer Information nicht gleichzusetzen ist mit der Zeit, die für die Bearbeitung eines Problems benötigt wird. Für die Abarbeitung eines Problems müssen Zeiten von einer bis mehreren Schichten veranschlagt werden. Daran schließt sich dann eine Phase der Bearbeitung und Auswertung der Meßergebnisse an. Bei älteren Mikrosonden, die noch keinen eigenen Computer besitzen, müssen die Messungen unter Umständen in einem Rechenzentrum weiter verarbeitet werden, so daß hier die Phase der Bearbeitung und Auswertung im wesentlichen von der Zugriffszeit zum Rechner bestimmt wird. Zusammenfassend kann man sagen, daß die Elektronenstrahl-Mikroanalyse heute ein Routineverfahren darstellt, das breiten Eingang in die Werkstofforschung und -entwicklung gefunden hat. Darüber hinaus leistet sie wertvolle Hilfe bei der Analyse von Schadensfällen und wird ebenso mit Erfolg zur stichprobenweisen Produktionskontrolle, vor allem in der Anlaufphase neuer Technologien, eingesetzt.

7.1.   Einführung

Die Elektronenstrahl-Mikroanalyse (ESMA) ist eine Methode der Festkörperanalytik, die auf dem Gebiet der Werkstofforschung und -entwicklung unentbehrlich geworden ist und die zur Zeit in immer stärkerem Maße zur Produktionsüberwachung und Qualitätskontrolle herangezogen wird.

Nachdem am Anfang die Entwicklung von Röntgenmikroanalysatoren – sie gestatten eine lokale Röntgenspektralanalyse mittels Elektronenanregung in Bereichen von einigen μm Durchmesser – und die Entwicklung von Rasterelektronen-Mikroskopen (REM) parallel verlief, kombinierte man die Vorteile beider Methoden und entwikkelte den Elektronenstrahl-Mikroanalysator. Bei der heutigen Gerätegeneration handelt es sich durchweg um Kombinationsgeräte, die die Möglichkeit der Röntgenmikroanalyse und der Rasterelektronen-Mikroskopie bieten. Da es heute reine Röntgenmikroanalysatoren nicht mehr gibt, wohl aber noch reine Rasterelektronen-Mikroskope, deren Geräteparameter in der Regel besser sind als das entsprechende Teil im Elektronenstrahl-Mikroanalysator, macht es sich erforderlich, die Rasterelektronen-Mikroskopie gesondert aufzuführen. Über die Elektronenstrahl-Mikroanalyse und die Rasterelektronen-Mikroskopie gibt es eine Reihe von Monographien, die unter [7.1] bis [7.5] sowie [7.23] bis [7.25] aufgeführt sind. Sie gestatten dem interessierten Leser eine vertiefte Einarbeitung in die Problematik und enthalten darüber hinaus eine große Anzahl von Zitaten aus der Originalliteratur.

7.2.   Grundlagen der Elektronenstrahl-Mikroanalyse

Unter der ESMA versteht man ein Verfahren, bei dem ein feinfokussierter Elektronenstrahl auf die zu untersuchende Probe auftrifft, wobei die Elektronen mit der Probe in Wechselwirkung treten. Als Folge dieser Wechselwirkung entstehen verschiedene Signale, die es gestatten, Informationen über die Probe zu gewinnen (Bild 7.1). Die wichtigsten dieser Signale sind

- charakteristische Röntgenstrahlung
- Röntgenbremsstrahlung
- Sekundärelektronen
- rückgestreute Elektronen
- absorbierte Elektronen
- Katodolumineszenzstrahlung
- AUGER-Elektronen

Alle angeführten Signale werden heute zur Informationsgewinnung herangezogen. Während die ersten sechs Signale üblicherweise in den Elektronenstrahl-Mikroanalysatoren zur Informationsgewinnung dienen, gestatten einige neuere Geräte, die mit Ultrahochvakuum arbeiten, auch den Nachweis und die Analyse der AUGER-Elektronen.

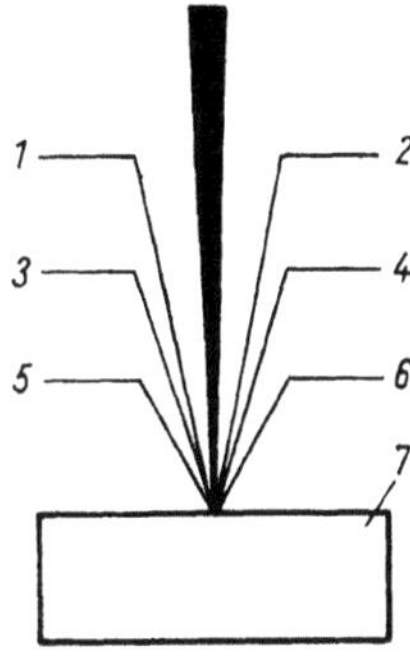

Bild 7.1. Signale, die bei der Wechselwirkung von Elektronen mit der Probe entstehen

1 charakteristische Röntgenstrahlung
2 Sekundärelektronen
3 Röntgenbremsstrahlung
4 rückgestreute Elektronen
5 Katodolumineszenzstrahlung
6 AUGER-Elektronen
7 absorbierte Elektronen

7.2.1. Erzeugung und Absorption von Röntgenstrahlung

7.2.1.1. Röntgenbremsstrahlung

Beim Auftreffen des Elektronenstrahls auf die Probe dringen die sogenannten Primärelektronen in die Probe ein und werden durch Wechselwir-

kung mit den Targetatomen abgebremst (unter einem Target versteht man ein Objekt, das von einem Teilchenstrahl beschossen wird). Erfolgt die Abbremsung der Primärelektronen durch die elektrischen Felder der Atome (sogenannte COULOMB-Felder), so wird die kinetische Energie der Elektronen teilweise oder vollständig in elektromagnetische Strahlung umgewandelt. Es entsteht die sogenannte Röntgenbremsstrahlung. Da die Abnahme der kinetischen Energie bei diesem Prozeß keinen Einschränkungen unterliegt, sondern Beträge zwischen Null und der Maximalenergie der Elektronen annehmen kann, liefert die Röntgenbremsstrahlung ein kontinuierliches Spektrum. Die kurzwellige Grenze des Bremsspektrums ergibt sich aus der maximal umsetzbaren Elektronenenergie nach dem Gesetz von DUANE-HUNT zu

$$\lambda_0[\text{nm}] = \frac{hc}{eU_0} = \frac{1{,}2398}{E_0} \qquad (7.1)$$

E_0 in keV.

In der Elektronenstrahl-Mikroanalyse ist die Röntgenbremsstrahlung meist unerwünscht, jedoch nicht auszuschließen. Das führt dazu, daß man die Anregungsbedingungen optimieren muß, um ein möglichst hohes Signal/Untergrund-Verhältnis zu bekommen, was für ein gutes Nachweisvermögen entscheidend ist.

7.2.1.2. Charakteristische Strahlung

Beim Eindringen der Primärelektronen in die Probe werden diese nicht nur durch die COULOMB-Felder der Atome abgebremst, sondern auch durch direkte Stöße mit den Hüllenelektronen der Targetatome. Als Folge dieser Stoßprozesse können die Primärelektronen innere Elektronenschalen der Targetatome ionisieren (sogenannte Tiefenionisation). Die entstandene Lücke wird durch Sprünge von Elektronen aus höheren Energieniveaus wieder aufgefüllt. Beim Übergang von Elektronen aus höheren Energieniveaus auf Niveaus niedrigerer Energie kann der überschüssige Energiebetrag durch Emission eines Röntgenquants abgegeben werden (siehe Bild 7.2). Da die Energie des entstandenen Röntgenquants nur von den Energien der beteiligten Elektronenniveaus abhängt und diese wiederum für jedes Element charakteristisch sind, spricht

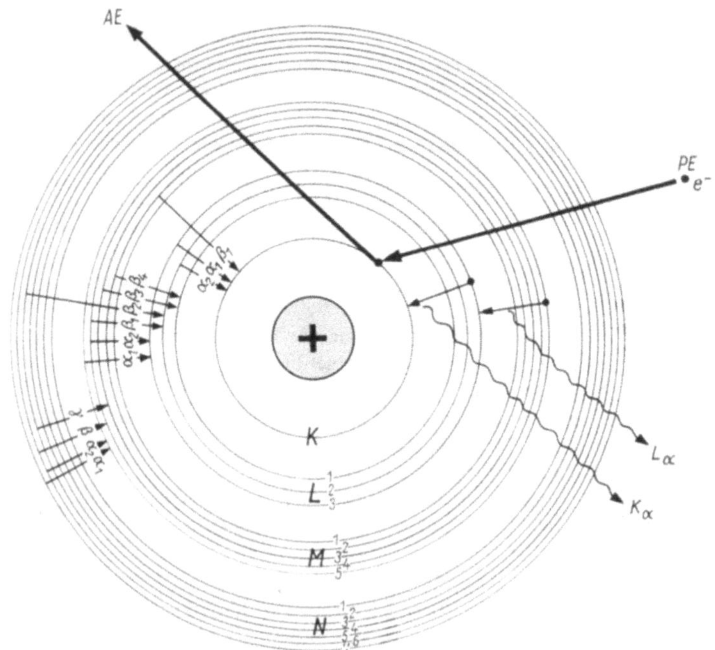

Bild 7.2. Ionisation eines Atoms durch ein einfallendes Primärelektron mit anschließender Emission von Röntgenstrahlung; eingezeichnet sind einige Übergänge der K-, L- und M-Serie

PE primäres Elektron
AE ausgelöstes Elektron

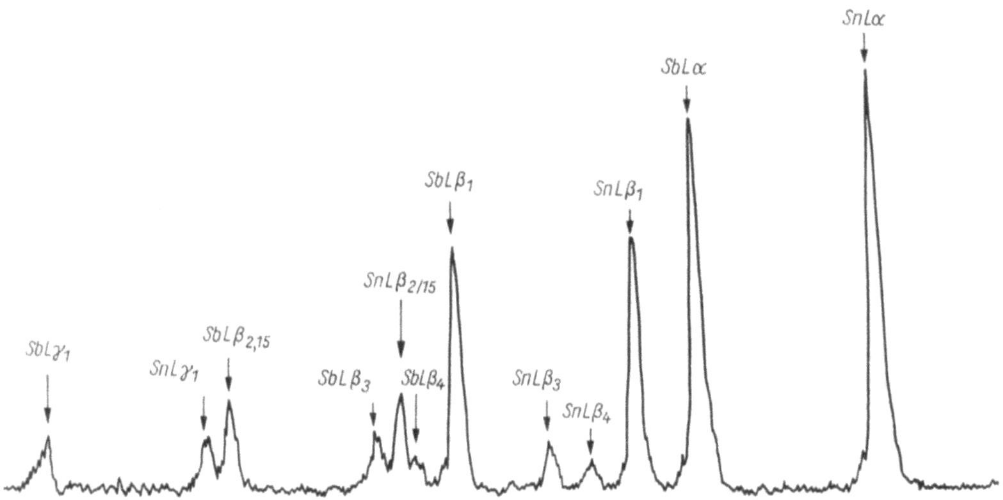

Bild 7.3. Ausschnitt aus dem Röntgenspektrum einer Sn- und Sb-haltigen Probe

man von charakteristischer Röntgenstrahlung. Weil jedes Atom eine bestimmte endliche Anzahl von Energieniveaus besitzt, zwischen denen nur bestimmte Übergänge möglich sind, liefert die charakteristische Röntgenstrahlung ein diskretes Linienspektrum (Bild 7.3). Röntgenlinien, die durch Elektronensprünge entstehen, welche auf einem gemeinsamen Energieniveau enden, faßt man zu einer Spektralserie (K-, L- oder M-Serie) zusammen. Nach dem Gesetz von MOSELEY

$$E = p(Z - q)^2 \tag{7.2}$$

besteht ein direkter Zusammenhang zwischen der Energie E bzw. Wellenlänge λ der Linie einer Spektralserie und der Ordnungszahl Z des emittierenden Atoms (p und q sind Konstanten). Ist man in der Lage, die Energien bzw. Wellenlängen des von der Probe emittierten charakteristischen Spektrums zu bestimmen, so kann man daraus Rückschlüsse auf die in der Probe enthaltenen Elemente ziehen. Das ist die Grundlage der Röntgenspektralanalyse. Sucht man sich aus dem charakteristischen Spektrum die intensivsten Linien der beteiligten Elemente heraus (in der Regel die α-Linien) und mißt deren Intensität, so gelangt man auf dieser Grundlage zu einer quantitativen Elementanalyse. Für die stärksten Linien der K- bzw. L-Serie verhalten sich die mittleren relativen Linienintensitäten wie folgt:

$$K\text{-}Serie \rightarrow \alpha_1 : \alpha_2 : \beta_1 : \beta_2 = 100 : 53 : 18 : 5$$

$$L\text{-}Serie \rightarrow \alpha_1 : \alpha_2 : \beta_1 : \beta_2 : \beta_3 : \beta_4 : \gamma_1$$
$$= 100 : 11 : 52 : 20 : 10 : 6 : 10$$

Beim Eindringen der Primärelektronen in die Probe können sie nur dann Röntgenstrahlung anregen, wenn ihre Energie mindestens so groß ist wie die kritische Anregungsenergie E_c des entsprechenden Röntgenniveaus. Die Anregungstiefe für die Erzeugung von charakteristischer Röntgenstrahlung, das ist die Tiefe, bis zu der die Energie der Primärelektronen auf den Wert E_c abgesunken ist, ergibt sich nach CASTAING [7.6] zu

$$d\,[\mu\mathrm{m}] = 0{,}033(E_0^{1,67} - E_c^{1,67})\frac{A}{\varrho Z} \tag{7.3}$$

Dabei sind E_0 die Primärenergie der Elektronen, A die Atommasse, Z die Ordnungszahl und ϱ die Dichte des Materials.
Da die Ionisierungswahrscheinlichkeit eine Funktion der Energie ist, nimmt die Erzeugung von

12*

Röntgenquanten nicht linear mit der Tiefe ab, sondern zeigt einen Verlauf, wie er durch die Tiefenverteilungsfunktion $\Phi(\varrho z)$ beschrieben wird (Bild 7.4). Das von den Primärelektronen angeregte Probenvolumen hat birnenförmige Gestalt und umfaßt einige $\mu\mathrm{m}^3$. Die seitliche Ausdehnung des angeregten Bereiches, die die laterale Röntgenauflösung d_1 bestimmt, errechnet sich nach CASTAING [7.6] aus der Summe von effektivem Strahldurchmesser d_0 und der Anregungstiefe d gemäß

$$d_1 = d_0 + d$$

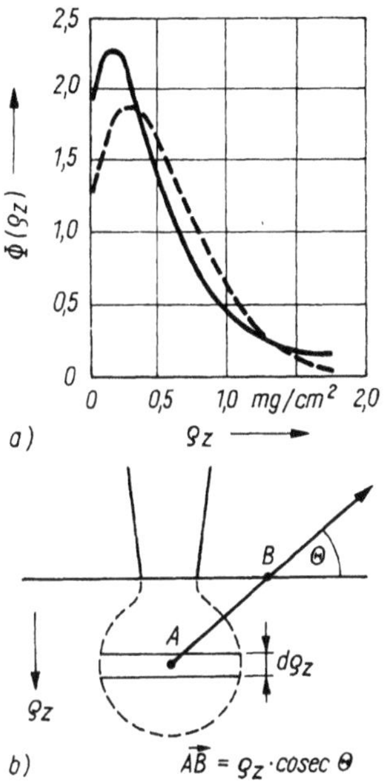

Bild 7.4. *a)* Tiefenverteilungsfunktion für Au (——) und Al (---) bei 30 keV Primärelektronenenergie (nach CASTAING [7.6])
b) Anregungsbirne und Absorptionsweg AB der Röntgenstrahlung

7.2.1.3. Absorption von Röntgenstrahlung

Auf dem Wege durch das Probenmaterial wird die erzeugte Röntgenstrahlung der Intensität I_0 entsprechend dem Schwächungsgesetz

$$I = I_0\,e^{-\mu z} \tag{7.4}$$

μ Schwächungskoeffizient
z Wegstrecke

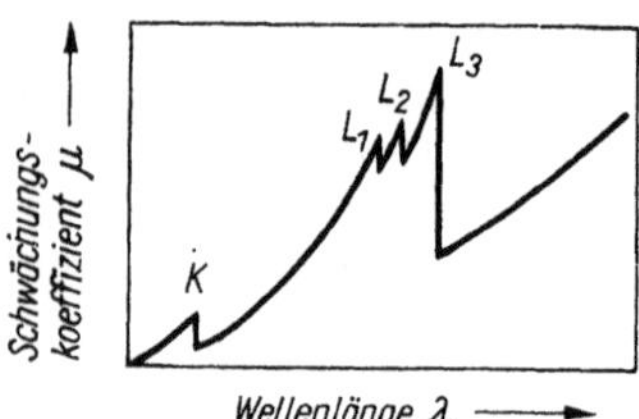

Bild 7.5. Schwächungskoeffizient eines Elementes für Röntgenstrahlung als Funktion der Wellenlänge; die K- und die drei L-Absorptionskanten sind dargestellt

geschwächt. Die Schwächung erfolgt dabei durch Streu- und Absorptionsprozesse. Der Schwächungskoeffizient ist abhängig von der Zusammensetzung der Probe und der Wellenlänge der absorbierten Strahlung (Bild 7.5). In der ESMA wird im allgemeinen der auf die Dichte der Probe bezogene sogenannte Massenschwächungskoeffizient (μ/ϱ) verwendet. Das bietet den Vorteil, daß man den Massenschwächungskoeffizienten des Targets aus dem Massenschwächungskoeffizienten der reinen Elemente nach folgender Beziehung berechnen kann:

$$\left(\frac{\mu}{\varrho}\right)_i = \sum_j c_j \left(\frac{\mu}{\varrho}\right)_{ij} \tag{7.5}$$

$(\mu/\varrho)_i$ Massenschwächungskoeffizient der Probe für i-Strahlung

$(\mu/\varrho)_{ij}$ Massenschwächungskoeffizient des Elementes j für i-Strahlung

c_j Massenkonzentration des Elementes j

Die Ursache für die Absorption der Röntgenstrahlung ist der Photoeffekt. Das einfallende Röntgenquant ionisiert ein Elektronenniveau eines Atoms, wobei es seine Energie abgibt. Die Energie dient zur Überwindung der Bindungsenergie des Elektrons und verleiht ihm darüber hinaus (falls $E_{\text{Photo}} > E_{\text{Bind}}$) einen Teil kinetischer Energie. Die Ionisierung durch Photoeffekt gibt ebenfalls Anlaß zur Emission von Röntgenstrahlung, wenn die entsprechenden Röntgenniveaus (K-, L- oder M-Niveau) ionisiert wurden. Damit ist die primär durch Elektronen angeregte Röntgenstrahlung (charakteristische und Bremsstrahlung) in der Lage, ebenfalls charakteristische

Röntgenstrahlung, die sogenannte Röntgenfluoreszenzstrahlung, anzuregen. Dieser Effekt muß bei der quantitativen Analyse in Form der Fluoreszenzkorrektur berücksichtigt werden.

7.2.2. Elektronenemission und Absorption

Von den auf das Target auftreffenden Primärelektronen wird ein Teil absorbiert, während ein gewisser Anteil das Target wieder verläßt. Für die Elektronenbilanz ergibt sich

$$i_P = i_{RE} + i_{SE} + i_{AE} \tag{7.6}$$

i Elektronenstrom
P, RE, SE, AE   Primär-, Rückstreu-, Sekundär- und absorbierte Elektronen

Dividiert man die Gleichung durch i_P, so ergibt sich

$$\frac{i_{RE} + i_{SE} + i_{AE}}{i_P} = \eta + \delta + \alpha = 1 \tag{7.7}$$

η Rückstreukoeffizient
δ Sekundärelektronenausbeute
α Absorptionskoeffizient

Rückstreuelektronen

Bei den Rückstreuelektronen handelt es sich vorwiegend um elastisch als auch um unelastisch gestreute Elektronen, die so weit umgelenkt wurden, daß sie die Targetoberfläche wieder verlassen können. Die Energie der rückgestreuten Elektronen liegt dabei nahe der Primärelektronenenergie. Das Rückstreuvermögen eines Targets hängt von seiner mittleren Ordnungszahl Z ab. Aus der Abhängigkeit des Rückstreukoeffizienten η von der Ordnungszahl Z (Bild 7.6) lassen sich Rückschlüsse auf die Zusammensetzung der Probe ziehen. Für zusammengesetzte Targets ergibt sich der Rückstreukoeffizient zu

$$\eta = \sum_i c_i \eta_i \tag{7.8}$$

Die Ordnungszahlabhängigkeit des Rückstreukoeffizienten wird bei der Erzeugung von Rückstreuelektronenbildern ausgenutzt.

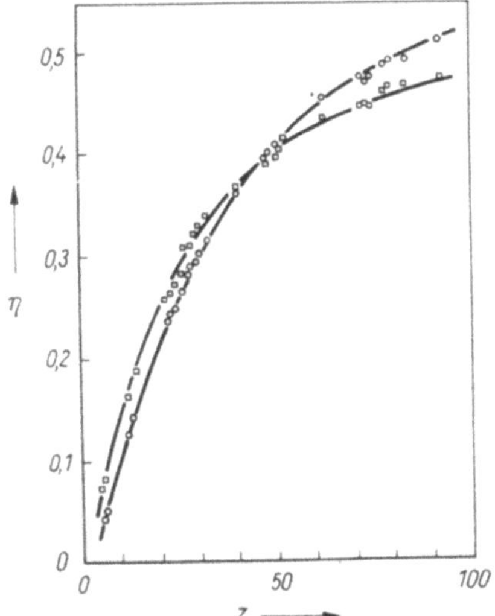

Bild 7.6. Elektronenrückstreukoeffizienten η als Funktion der Ordnungszahl Z (nach HUNGER und KÜCHLER [7.21]); $E = 5$ keV ($\square$), $E = 41$ keV ($\bigcirc$)

Sekundärelektronen

Die bei der Ionisation der Targetatome freigesetzten Elektronen können teilweise das Target verlassen und treten als Sekundärelektronen in Erscheinung. Sie sind dadurch gekennzeichnet, daß sie eine sehr geringe Energie besitzen (< 100 eV), und stammen deshalb aus oberflächennahen Bereichen (≈ 1 bis 10 nm). Diese Eigenschaft der Sekundärelektronen wird dazu ausgenutzt, um Objektoberflächen (Topographie) abzubilden. Sie sind die Hauptinformationsquelle in der Rasterelektronen-Mikroskopie.

Absorbierte Elektronen

Die Elektronenabsorption ist ebenso wie die Rückstreuung abhängig von der mittleren Ordnungszahl des Targets. Deshalb kann der Strom der absorbierten Elektronen ebenfalls Informationen über die Zusammensetzung der Probe liefern. Ist die Sekundärelektronenausbeute gleich Null oder unterdrückt man die Sekundärelektronen durch ein Gegenfeld, so gilt

$$\alpha = 1 - \eta \tag{7.9}$$

7.3. Gerätetechnik

7.3.1. Prinzipieller Aufbau eines Elektronenstrahl-Mikroanalysators

Der prinzipielle Aufbau eines Elektronenstrahl-Mikroanalysators ist in Bild 7.7 dargestellt. Die zentrale Einheit bildet die elektronenoptische Säule, die der Erzeugung eines feinfokussierten Elektronenstrahls dient. Im oberen Teil der elektronenoptischen Säule befindet sich die Elektronenkanone. Sie besteht in der Regel aus einer Wolfram-Haarnadel-Katode, die infolge Glühemission Elektronen emittiert, aus einem WEHNELT-Zylinder, der gegenüber der Katode ein negatives Potential von ≈ 100 V besitzt und den Elektronenstrom regelt, sowie der Anode,

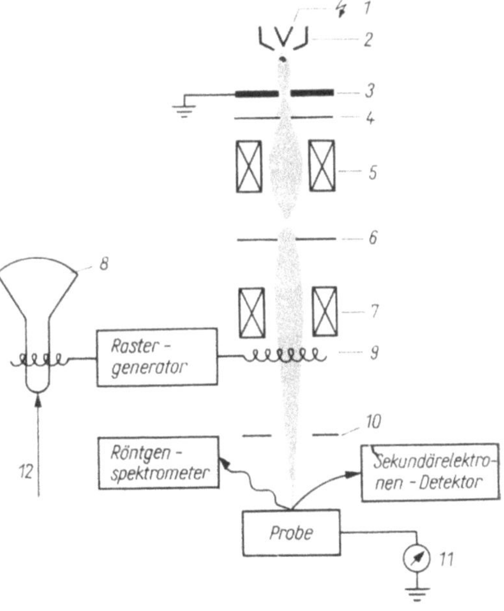

Bild 7.7. Prinzipieller Aufbau eines Elektronenstrahl-mikroanalysators

1 Katode	*8* Bildröhre
2 WEHNELT-Zylinder	*9* Scanningspulen
3 Anode	*10* Rückstreuelektronendetektor
4 Kondensorblende	*11* Detektor für absorbierte
5 Kondensor	Elektronen
6 Objektivblende	*12* Röntgensignal, Elektronen-
7 Objektiv	signale

die die ausgetretenen Elektronen beschleunigt und ihnen die gewünschte Energie verleiht. Durch eine geeignete Formgebung erzeugt der WEHNELT-Zylinder eine Bündelung der Elektronen in unmittelbarer Nähe der Anodenblende – der sogenannte Crossover – mit einem Durchmesser von ≈ 20 bis 50 µm. Die aus zwei bis drei magnetischen Linsen und einem System von Blenden bestehende Elektronenoptik verkleinert den Crossover auf den benötigten Strahldurchmesser und bildet ihn auf der Objektoberfläche ab (Näheres zur Elektronenoptik siehe [7.7] und [7.8]).

Unter der elektronenoptischen Säule schließt sich die Probenkammer mit der Probenschleuse an. Diese dient dazu, das Einbringen der Probe in das unter einem Vakuum von $\approx 10^{-3}$ Pa stehende System zu ermöglichen. In der Probenkammer befindet sich ein Goniometer, welches eine Bewegung der Probe in x-, y- und z-Richtung gestattet. Gute Goniometer erlauben außerdem eine Neigung des Präparates bezüglich der optischen Achse des Systems (z-Achse) sowie eine Drehung um dieselbe. Außer dem Goniometer für die Objektbewegung enthält die Probenkammer Detektoren für die rückgestreuten, die sekundären und die absorbierten Elektronen sowie Anschlußmöglichkeiten für wellenlängen- und energiedispersive Spektrometer. Ein eingebautes Mikroskop gestattet die lichtoptische Beobachtung der Probe während der Analyse.

7.3.2.   Spektrometrie der Röntgenstrahlung

Das von der Probe emittierte Röntgensignal wird mit Hilfe von Röntgenspektrometern hinsichtlich Wellenlänge bzw. Energie analysiert als auch bezüglich seiner Intensität registriert. Liefert das Spektrometer die Intensität als Funktion von λ, so spricht man von wellenlängendispersivem Spektrometer, liefert es dagegen $I = f(E)$, so spricht man vom energiedispersiven Spektrometer.

7.3.2.1.   Wellenlängendispersives Spektrometer

Das wellenlängendispersive Spektrometer (WDS) besteht aus dem eigentlichen Röntgenspektro-

meter, dem Röntgendetektor sowie der Elektronik zur Signalverarbeitung und Registrierung (Bild 7.8). Das unter dem Winkel Θ aus der Probe austretende Röntgensignal gelangt zunächst in das Röntgenspektrometer. Dieses arbeitet auf der Grundlage der BRAGGschen Reflexion von Röntgenstrahlung an Kristallen. Die in das Spektrometer gelangende Strahlung wird nur dann vom Spektrometerkristall reflektiert, wenn der Netzebenenabstand d, der Einfallswinkel φ und die Wellenlänge λ die Bedingung .

$$2d \sin \varphi = n\lambda \qquad (7.10)$$

erfüllen, wobei n die Beugungsordnung ist. Um eine möglichst große Röntgenintensität zu erhalten, muß die sogenannte ROWLAND-Bedingung erfüllt sein, nach der die Röntgenquelle, der Spektrometerkristall und der Detektor auf dem Fokussierungskreis liegen müssen (Bild 7.8). Ist der Radius des ROWLAND-Kreises konstant, so ändert sich mit der Wellenlänge λ der registrierten Strahlung auch der Abnahmewinkel Θ. Da Θ direkt in die Absorptionskorrektur eingeht, ist

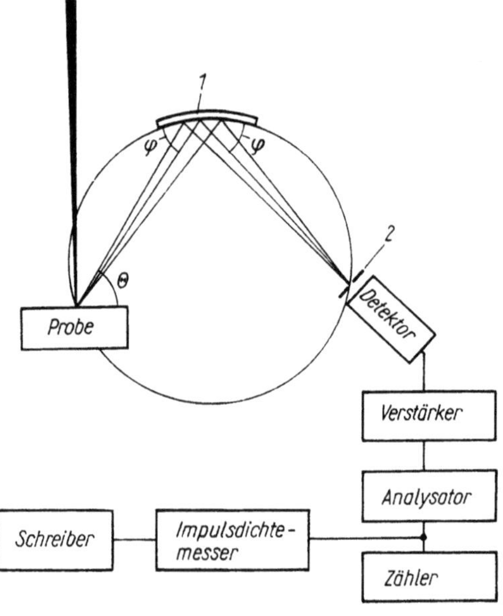

Bild 7.8. Prinzipieller Aufbau eines wellenlängendispersiven Spektrometers

1   Kristall
2   Blende

damit ein erheblicher Nachteil verbunden. Deshalb werden heute meist nur noch Linearspektrometer eingesetzt, bei denen der Abnahmewinkel konstant bleibt. Das wird dadurch erreicht, daß man für jedes φ und damit auch λ den Radius des ROWLAND-Kreises ändert (Bild 7.9). Um den gesamten möglichen Elementebereich von Beryllium bis Uran zu erfassen, ist die Verwendung verschiedener Analysatorkristalle mit unterschiedlichen d-Werten erforderlich. Eine Übersicht über die verwendeten Kristalle wird z. B. in [7.1] gegeben.

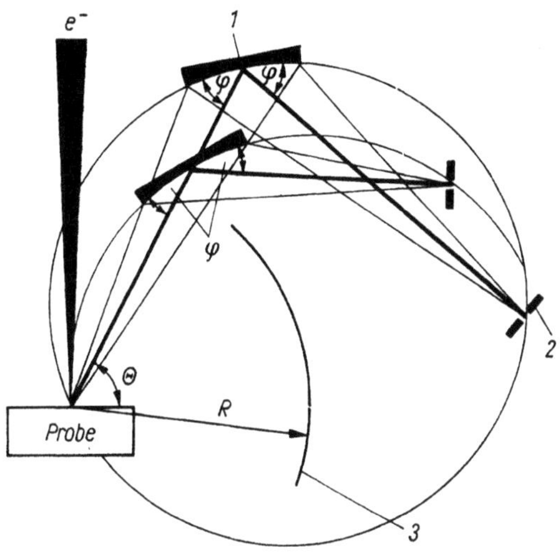

Bild 7.9. Prinzip eines Linearspektrometers (WDS); der Abnahmewinkel bleibt unverändert

1 Kristall   *3* Spur des Fokalkreiszentrums
2 Detektor

Die reflektierten Röntgenquanten gelangen in den Detektor (ein Proportionalzählrohr), wo sie durch Photoeffekt primäre Ladungsträger erzeugen. Die dabei entstandenen Elektronen werden durch ein inhomogenes elektrisches Feld stark beschleunigt. Durch anschließende Stoßionisation entsteht eine Elektronenwolke, die auf den Zähldraht gelangt und über einen Arbeitswiderstand abgeleitet wird. Dabei erzeugt sie einen Spannungsimpuls, der anschließend verstärkt und auf einen Einkanalanalysator gegeben wird. Dieser gestattet es, Impulse der gewünschten Energie zu selektieren. Die ausgewählten Impulse gelangen auf einen Impulszähler und werden dort zum Zwecke der Intensitätsmessung aufsummiert. In praxi wird bei der Aufnahme eines Röntgenspektrums mittels WDS der Auftreffwinkel φ der Röntgenstrahlung auf den Analysatorkristall mit Hilfe eines Motors kontinuierlich verändert und die Intensität von einem Schreiber als Funktion des Winkels φ und damit nach Gl. (7.10) auch als Funktion von λ registriert. Die auftretenden Linien müssen dann den entsprechenden Elementen zugeordnet werden. Ein Nachteil des WDS ist der Linienreichtum der Spektren, da gemäß Gl. (7.10) zu jeder emittierten Röntgenlinie außer dem Reflex 1. Ordnung noch Linien der Ordnung $n > 1$ auftreten können. Die Auflösung wellenlängendispersiver Spektrometer beträgt etwa $\Delta\lambda/\lambda = 10^{-3}$ bis 10^{-4}.

7.3.2.2. Energiedispersives Spektrometer

Das energiedispersive Röntgenspektrometer (EDS) besteht in seinen wesentlichsten Teilen aus dem Si-Halbleiterdetektor, dem Verstärker und dem Vielkanalanalysator (Bild 7.10). Der Detektor stellt im Prinzip eine Si-Diode dar, bei der durch Eindiffusion von Li ein breites pn-Übergangsgebiet erzeugt wurde.

Er wird ähnlich wie eine Diode in Sperrichtung betrieben, so daß zunächst kein Strom fließt. Fallen Röntgenquanten in den Detektor ein, so können diese im p-n-Übergangsgebiet durch Photoeffekt Elektronen-Loch-Paare erzeugen, deren Anzahl proportional der Quantenenergie ist. Damit entstehen am Detektorausgang energieproportionale Signale, die durch den nachfolgenden Verstärker linear verstärkt werden.

Anschließend gelangen diese Impulse in den Vielkanalanalysator. Hier erhalten sie eine energieproportionale Adressennummer und werden in dem zugehörigen Kanal abgespeichert. Der Speicherinhalt kann auf einem Bildschirm sichtbar gemacht werden, so daß man einen optischen Überblick über das gesamte Spektrum erhält. Der große Vorteil eines energiedispersiven Spektrometers liegt darin, daß alle einfallenden Quantenenergien gleichzeitig verarbeitet werden können.

Damit benötigt man für die Aufnahme eines Röntgenspektrums nur wenige Minuten, während man mit dem wellenlängendispersiven Spektro-

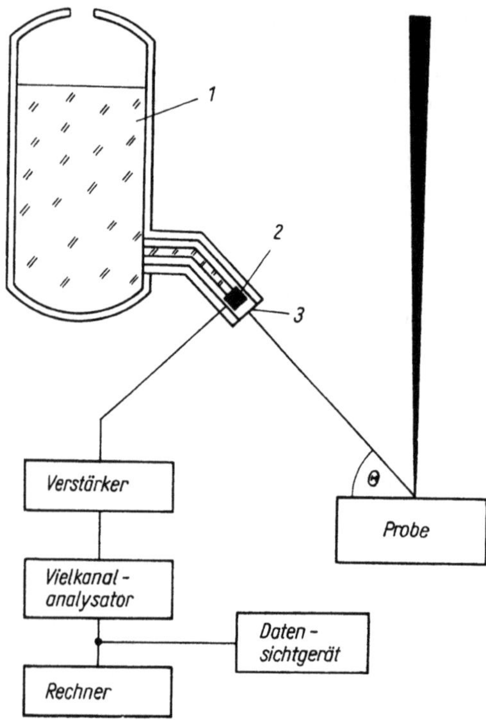

Bild 7.10. Prinzipieller Aufbau eines energiedispersiven Spektrometers

1 flüssiger Stickstoff　　*3* Eintrittsfenster (Beryllium)
2 Detektor

meter etwa eine Stunde oder mehr veranschlagen muß. Ein Nachteil des EDS besteht in der etwa eine Zehnerpotenz geringeren Energieauflösung gegenüber dem WDS. Dadurch kommt es häufiger zu Linienüberlagerungen als beim WDS. Die im Vergleich zum WDS um etwa zwei Zehnerpotenzen höhere Nachweiseffektivität des EDS gestattet das Arbeiten mit Strahlströmen bis hinab zu 10^{-11} A, während beim WDS etwa 10^{-8} A erforderlich sind. Dadurch kann das Auflösungsvermögen der Mikrosonde erhöht und die thermische Belastung der Probe gesenkt werden. Der Si-Halbleiterdetektor ist in der Regel mit einem dünnen Berylliumfenster versehen, das ihn vor Kontamination durch Diffusionspumpenöle schützt. Das hat zur Folge, daß sehr langwellige Röntgenstrahlung stark absorbiert wird und deshalb Elemente mit Ordnungszahlen kleiner

$Z = 11$ nicht nachgewiesen werden können. Bei der Analyse leichter Elemente (z. B. O, N, C) kann man demzufolge auf das wellenlängendispersive Spektrometer keineswegs verzichten.

7.3.3.　Rasterprinzip

Vor bzw. nach der letzten Elektronenlinse (je nach Gerätetyp) ist ein Ablenkspulenpaar eingebaut (Bild 7.7). Dieses hat die Aufgabe, den Elektronenstrahl in x- und y-Richtung abzulenken, wodurch eine Abrasterung des Objektes möglich wird. Ein Rastergenerator sorgt dafür, daß der Elektronenstrahl synchron mit dem Strahl einer Bildröhre über die Probe geführt wird. Damit wird einem bestimmten Punkt auf der Probe ein entsprechender Punkt auf dem Bildschirm zugeordnet. Die durch die Wechselwirkung der Elektronen mit dem Target erzeugten Signale werden durch Detektoren registriert, anschließend verstärkt und danach der Bilderzeugung zugeführt. Dies in der Rasterelektronenmikroskopie entwickelte Verfahren zur Bilderzeugung wurde auch in die Elektronenstrahl-Mikroanalyse eingeführt. Damit wird der Elektronenstrahl-Mikroanalysator zum abbildenden Gerät. Zur Bilderzeugung werden verwendet:

– Sekundärelektronen
– Rückstreuelektronen
– absorbierte Elektronen
– charakteristische Röntgenstrahlung

7.4.　Rasterelektronen-Mikroskopie

7.4.1.　Bildentstehung

Die Grundlage für die Bildentstehung im Rasterelektronen-Mikroskop ist das unter Abschnitt 7.3.3. beschriebene Rasterprinzip. Je nach den zur Bilderzeugung verwendeten Signalen erhält man verschiedene Abbildungsarten.

7.4.1.1.　Sekundärelektronenbild

Zur Abbildung der Probenoberfläche (Topographie) sind vor allem die Sekundärelektronen hervorragend geeignet. Aufgrund ihrer niedrigen

Energie von etwa 50 eV stammen sie aus sehr oberflächennahen Bereichen. Die maximale Tiefe, aus der die Sekundärelektronen stammen, beträgt bei Metallen etwa 5 nm und bei Isolatoren etwa 50 nm. Innerhalb dieses Bereiches sind die Verbreiterung des Primärelektronenstrahls und sein Energieverlust infolge von Streuprozessen vernachlässigbar klein. Hinzu kommt, daß etwa 50 % der emittierten Sekundärelektronen aus 1/10 der maximalen Emissionstiefe stammen. Obwohl also Primärelektronen bis zu einigen μm in die Probe eindringen können, stammen die Sekundärelektronen aus der unmittelbaren Nähe der Probenoberfläche. Theoretisch wird damit das Auflösungsvermögen des Sekundärelektronenbildes vor allem vom Durchmesser des Primärstrahles bestimmt.

Mit steigender Energie der Primärelektronen sinkt die Zahl der von der Probe emittierten Sekundärelektronen. Nach Messungen von REIMER [7.9] sind typische Sekundärelektronenausbeuten: 5, 10 und 40 % für Al sowie 10, 20 und 70 % für Au bei Energien der Primärelektronen von 50, 20 und 5 keV. Durch eine Neigung der Probe bezüglich des Primärstrahles läßt sich die Zahl der Sekundärelektronen zusätzlich erhöhen. Diese Tatsache ist vor allem für die Kontrasterzeugung von Bedeutung, da der Topographiekontrast beim Sekundärelektronenbild auf der Abhängigkeit der Sekundärelektronenausbeute vom Einfallswinkel des Elektronenstrahls beruht. Obwohl die Sekundärelektronenausbeute bei kleinen Primärelektronenenergien am größten ist, arbeitet man in der Regel bei höheren Energien, da der Elektronenstrahl bei zu kleinen Energien infolge chromatischer Aberration schlechter fokussierbar ist. Um Rasterbilder hoher Auflösung zu erhalten, ist das Arbeiten mit einem Elektronenstrahldurchmesser von ≤ 10 nm erforderlich. Das ist jedoch nur zu erreichen, wenn mit kleinen Strahlströmen von $\approx 10^{-11}$ A gearbeitet wird. Damit ist beim normalen REM-Betrieb nur das energiedispersive Spektrometer für die Elementanalyse einsetzbar. Bei stark variierender Probenzusammensetzung macht es sich mitunter erforderlich, die Probe hauchdünn z. B. mit Au zu bedampfen, um Unterschiede in der Sekundärelektronenausbeute infolge unterschiedlicher chemischer Zusammensetzung der Probe zu eliminieren.

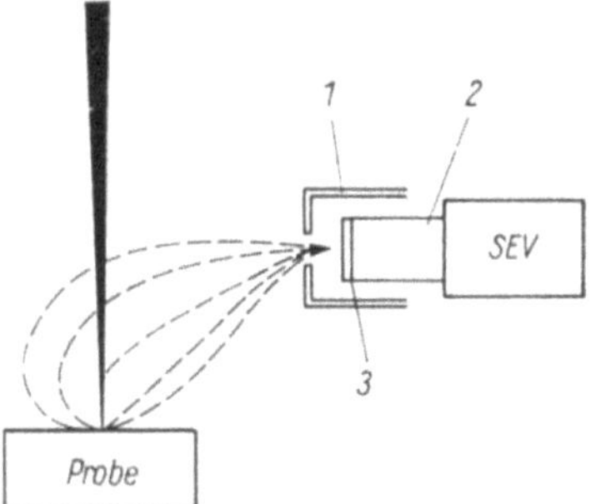

Bild 7.11. EVERHART-THORNLEY-Detektor zum Nachweis von Sekundärelektronen

1 Kollektor ($+250$ V) *3* Szintillator ($+10$ kV)
2 Lichtleiter

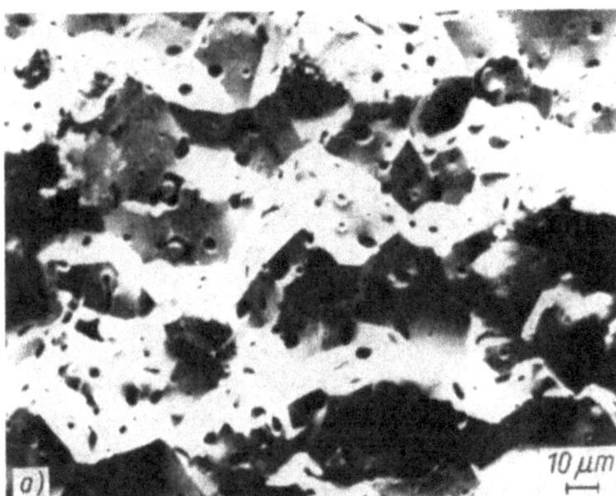

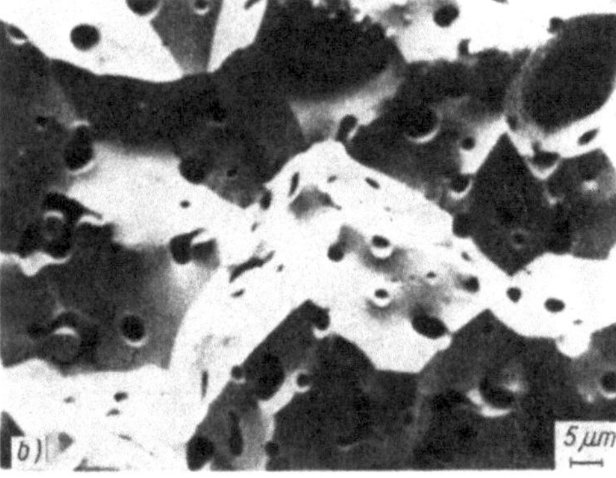

Bild 7.12. Bruchbild einer Molybdänprobe bei verschiedenen Vergrößerungen (*a* und *b*); deutlich sind die aus der pulvermetallurgischen Herstellung resultierenden Poren erkennbar

Zum Nachweis der Sekundärelektronen wird meist der sogenannte Everhart-Tornley-Detektor [7.10] verwendet (Bild 7.11). Der Kollektor liegt auf einem positiven Potential von etwa +250 V. Dadurch werden die Sekundärelektronen von der Probe abgesaugt. Im Inneren des Kollektors erfolgt eine Nachbeschleunigung durch den auf einem Potential von etwa +12 kV liegenden Szintillator. Dadurch erhalten die Sekundärelektronen genügend Energie, um im Szintillator Lichtblitze zu erzeugen, die von einem Lichtleiter zum Sekundärelektronenvervielfacher (SEV) geleitet werden. Die Photonen lösen im SEV Elektronen aus, die kaskadenartig verstärkt werden. Dadurch erreicht man Verstärkungen in der Größenordnung von 10^{12}. Das am SEV anliegende Signal wird nachverstärkt und zur Helligkeitsmodulation der Bildröhre verwendet.

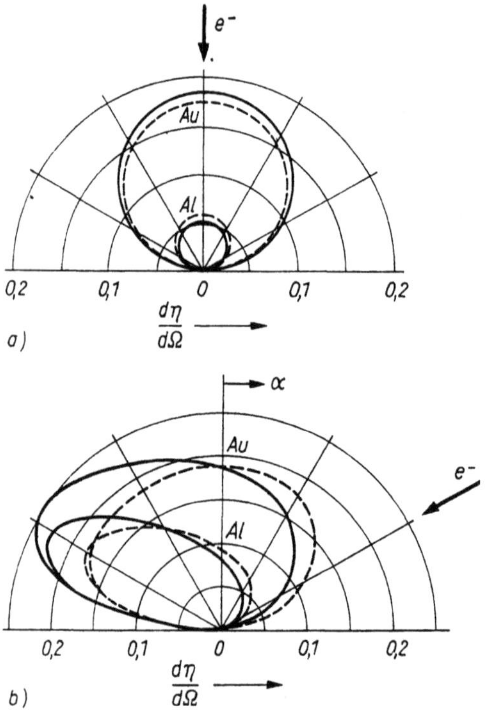

Auf diese Weise entsteht ein Sekundärelektronenbild, das mittels Photoeinrichtung dokumentarisch festgehalten werden kann. Bild 7.12 zeigt die Bruchfläche einer pulvermetallurgisch hergestellten Molybdänprobe. Es ist zu erkennen, daß der Bruch entlang den Korngrenzen verläuft (interkristalliner Bruch). Die in der Probe sichtbaren Löcher sind durch die pulvermetallurgische Herstellung des Materials bedingt (Sinterporen).

7.4.1.2. Rückstreuelektronen

Die Rückstreuelektronen spiegeln aufgrund der Ordnungszahlabhängigkeit des Rückstreukoeffizienten (Bild 7.6) die chemische Zusammensetzung der Probe wider. Bei einer ebenen Probe werden von Gebieten mit einer höheren mittleren Ordnungszahl mehr Elektronen rückgestreut als von Probenbereichen niedrigerer mittlerer Ordnungszahl. Auf diese Weise entsteht ein Ordnungszahlkontrast. Die Bereiche höherer Rückstreuelektronenemission erscheinen auf dem Bildschirm heller als die übrigen Probenbereiche. So kann man anhand unterschiedlicher Grauwerte des Rückstreuelektronenbildes erste Aus-

Bild 7.13. Emissionscharakteristik rückgestreuter Elektronen (nach Seidel in [7.22])

a) senkrechter Einfall der Primärelektronen ($\alpha = 0°$)
b) Einfallwinkel der Primärelektronen $\alpha = 60°$

—— 102 keV   --- 9,3 keV

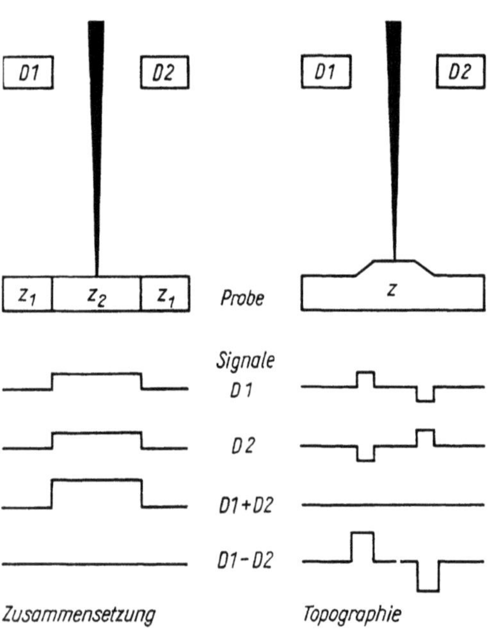

Bild 7.14. Signalmischung im Kimoto-Detektor

sagen über die Anzahl der in der Probe enthaltenen Phasen und deren chemische Zusammensetzung machen. Da die Kontrastentstehung durch die unterschiedliche chemische Zusammensetzung der Probe bedingt ist, spricht man auch von Kompositionskontrast und Kompositionsbild.

Aufgrund der hohen Energie der Rückstreuelektronen bewegen sie sich geradlinig vom Objekt durch die Probenkammer und werden nicht durch vorhandene elektrische Felder abgesaugt, wie das bei den Sekundärelektronen der Fall ist. Diese Tatsache führt bei Vorhandensein von Oberflächenrauhigkeiten zu Abschattungseffekten und

damit zu einem Topographiekontrast. Außerdem steigt bei schrägem Einfall des Elektronenstrahls auf die Probe die RE-Ausbeute an (Bild 7.13), was ebenfalls einen Beitrag zum Topographiekontrast liefert. Verwendet man zum Nachweis der RE einen EVERHART-TORNLEY-Detektor, so überlagern sich Kompositions- und Topographiekontrast. Eine Trennung beider Kontrastarten gelingt durch Verwendung zweier Rückstreuelektronendetektoren nach KIMOTO [7.11]. Im Bild 7.14 ist die Auswahl von Topographie- bzw. Kompositionskontrast durch subtraktive bzw. additive Signalmischung dargestellt. Die Bilder 7.15b und c zeigen dafür je ein Beispiel.

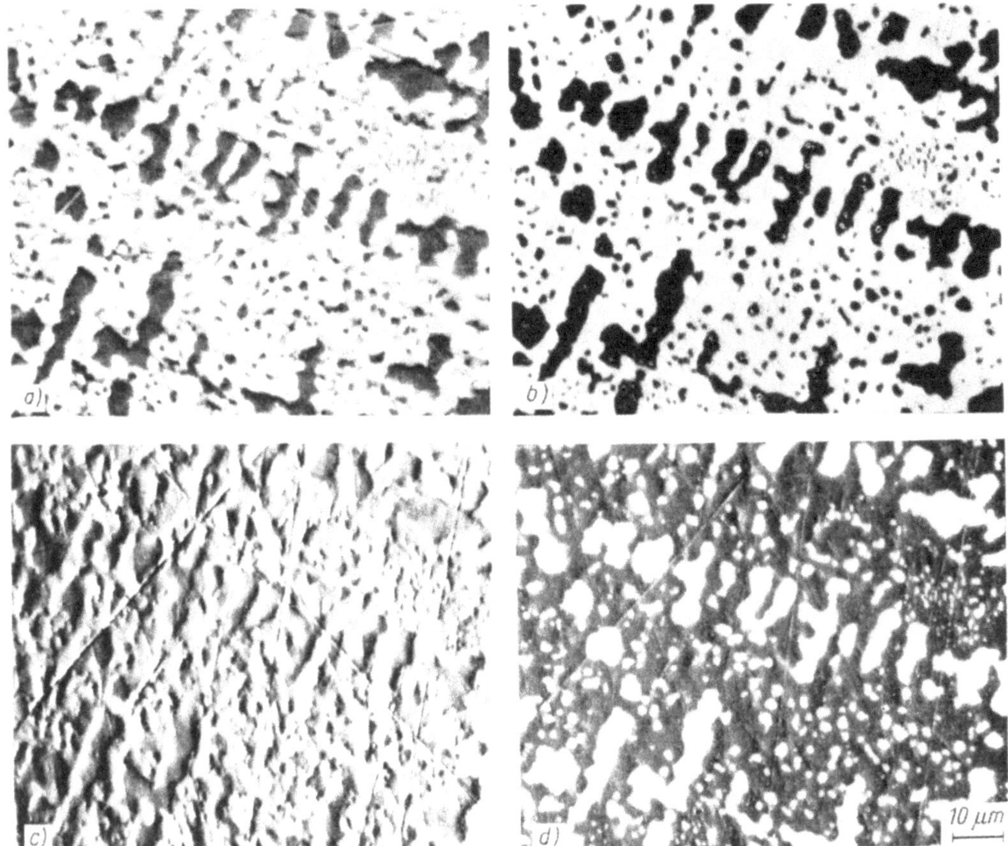

Bild 7.15. Abbildung einer Probenoberfläche (Rose-Metall) mittels Elektronen

a) Sekundärelektronen
b) Rückstreuelektronen – Ordnungszahlkontrast

c) Rückstreuelektronen – Topographiekontrast
d) absorbierte Elektronen

7.4.1.3.   Probenstrombild

Der Probenstrom liefert ein dem Rückstreuelektronenbild komplementäres Bild, da es zur Kontrasterzeugung die Ordnungszahlabhängigkeit der Elektronenabsorption ausnutzt [siehe Gl. (7.9)]. Ein besonderer Detektor ist hierfür nicht erforderlich. Der absorbierte Elektronenstrom wird lediglich entsprechend verstärkt und danach der Bildeinheit zugeführt. Hier entsteht entsprechend dem anliegenden Signal ein Bild mit unterschiedlichen Grauwerten, das wiederum Rückschlüsse auf Anzahl und Chemismus der in der Probe enthaltenen Phasen zuläßt. Bild 7.15d zeigt ein Probenstrombild.

7.4.2.   Bildqualität und Auflösung

Wesentlich für den Informationsgehalt eines Rasterbildes und damit auch für die Bildqualität ist das Signal/Rausch-Verhältnis. Die beim Abtasten der Probe mittels Elektronenstrahls emittierten Signale, wie Elektronen und Photonen, sind diskreter Natur und unterliegen der für diese Emissionsprozesse gültigen Statistik. Registriert man an einer bestimmten Probenstelle die in der Zeit t emittierten Signale und wiederholt diese Messung mehrere Male, so wird man in der Regel verschiedene Ergebnisse erhalten. Bildet man den Mittelwert aus allen Messungen, so stellen die Abweichungen davon das sogenannte Rauschen dar. Werden im Mittel $\bar{n}$ Signale gemessen, so ergibt sich das Rauschen N in der Regel zu $N = \sqrt{\bar{n}}$, womit für das Signal/Rausch-Verhältnis gilt:

$$S/N = \bar{n}/\sqrt{\bar{n}} = \sqrt{\bar{n}} \qquad (7.11)$$

Um Aussagen über den Kontrast und die Auflösung von Rasterbildern zu erhalten, unterteilt man die Bildfläche in kleine quadratische Flächenelemente, die sogenannten Bildpunkte. Die Zahl der Signale, die während eines Rastervorganges auf einen solchen Bildpunkt entfallen, hängt bei konstantem Strahlstrom von der mittleren Verweilzeit am Bildpunkt ab. Damit sinkt gemäß Gl. (7.11) das Signal/Rausch-Verhältnis mit steigender Rastergeschwindigkeit. Da die

Anzahl der Signale proportional dem Strahlstrom ist, steigt das Verhältnis von S/N mit steigendem Strahlstrom an. Eine quantitative Formulierung des Zusammenhanges zwischen den die Bildqualität beeinflussenden Faktoren auf der Basis von Untersuchungen von Rose [7.12] wird von Newbury [7.13] gegeben. Danach ergibt sich für ein Sekundärelektronenbild hoher Qualität, für das man 10^6 Bildpunkte annimmt, als untere Grenze für den benötigten Strahlstrom

$$i > \frac{1{,}6 \cdot 10^{-11}\,\mathrm{A}}{C^2 t} \qquad (7.12)$$

Dabei bedeuten C das gewünschte Kontrastniveau, das noch nachgewiesen werden soll ($C = \mathrm{d}S/S$; S Schwärzung), und t die Zeit für einen Rasterzyklus. Die Sekundärelektronenausbeute wurde bei der Ableitung von Gl. (7.12) zu $\lambda = 1$ angenommen. Damit erweist sich das Signal/Rausch-Verhältnis neben dem Strahldurchmesser als entscheidender auflösungsbegrenzender Faktor. Will man den Bildkontrast verbessern, so muß man nach Gl. (7.12) den Strahlstrom erhöhen. Große Strahlströme lassen sich jedoch aus elektronenoptischen Gründen nicht mehr so gut fokussieren, so daß der Strahldurchmesser steigt und damit die Auflösung wiederum herabgesetzt wird.

Ein anderer die Auflösung begrenzender Faktor ist im Falle der Abbildung mittels rückgestreuter oder absorbierter Elektronen gegeben. Beim Eindringen der Primärelektronen in das Target werden sie in alle Richtungen gestreut, so daß innerhalb der Probe eine *Strahlverbreiterung* stattfindet. Der Probenbereich, in dem die Primärelektronen bis auf $E = 0$ abgebremst werden, hat birnenförmige Gestalt (s. Bild 7.4b). Die seitliche Verbreiterung des Elektronenstrahls in der Probe liegt dabei in der Größenordnung von 1 bis 2 μm, auch dann, wenn er einen Durchmesser von nur 10 nm aufweist. Das Auseinanderlaufen der Elektronen bedingt, daß die Austrittsfläche der Rückstreuelektronen aus der Probe größer als der Fokus des Elektronenstrahles ist. Damit sind die Elektronenstreuprozesse innerhalb der Probe der wesentliche Faktor für die Auflösungsbegrenzung von Rückstreu- und Probenstrombildern.

7.5. Röntgenmikroanalyse

Die Röntgenmikroanalyse ist eine lokale Röntgenspektralanalyse, die eine qualitative und quantitative Analyse von Mikrovolumina der Größenordnung einiger μm^3 gestattet. Die Anregung der Röntgenstrahlung in der Probe erfolgt mit Hilfe eines Strahles feinfokussierter Elektronen, deren Energie die Größe des analysierten Volumens bestimmt. Die Tiefe, bis zu der charakteristische Röntgenstrahlung angeregt wird, kann mittels Gl. (7.3) abgeschätzt werden. Voraussetzung für eine einwandfreie Analyse ist eine sorgfältig präparierte Probe, bei der garantiert keine Fehlanalyse durch eventuell anhaftendes Poliermittel, eingedrückte Schleifmittelreste oder gar durch Ätzen entstandene Korrosionsprodukte möglich ist.

Vor der Abarbeitung eines Problems ist eine gründliche geistige Aufbereitung und Planung erforderlich. Das ist deshalb so notwendig, weil moderne Mikrosonden von Computern gesteuert werden und diese nur das Programm abarbeiten, was ihnen eingegeben wurde. Wird während der Analyse eine Abweichung vom vorgegebenen Programm erforderlich, so ist das in der Regel mit einem erheblichen Zeitverlust verbunden. Da normalerweise der Auftraggeber und der Mikrosondenoperator zwei verschiedene Personen sind, ist vom Auftraggeber eine klare Formulierung der Fragestellung erforderlich. Hierzu gehören solche Informationen, wie

- Probenzusammensetzung bekannt?
- Qualitative Vollanalyse erforderlich oder soll nur auf das Vorhandensein bestimmter Elemente geprüft werden?
- Welche Elemente sollen gemessen werden?
- Welche minimalen Konzentrationen sollen nachgewiesen werden?
- Welche relativen Konzentrationsänderungen sollen erfaßt werden?
- Reichen relative Messungen aus (z. B. die relative Änderung der Konzentration eines oder mehrerer Elemente in einer Probenserie)?
- Quantitative Analyse erforderlich?
- Zu untersuchende Probenstelle; diese kann mittels Mikrohärteeindrücken bzw. anderer Markierungsmittel markiert werden.

Darüber hinaus können für den Bearbeiter noch Informationen wichtig sein, die über die Vorgeschichte der Probe Auskunft geben, wie z. B. Glühtemperaturen, Glühzeiten, Verformungsgrad u. ä. Anhand der Aufgabenstellung hat dann der Operator zu entscheiden, welche der Kundenwünsche realisierbar sind und welche nicht. Daraufhin erfolgt die Festlegung der Strategie, nach der das Problem gelöst werden soll. Hier hinein gehören z. B. die Auswahl der zu verwendenden Röntgenlinien, die Festlegung der Meßzeit je Meßpunkt, die Auswahl der zu verwendenden Standards, Festlegung des Strahlstromes, Auswahl der Positionen, an denen der Bremsstrahlungsuntergrund gemessen werden soll, sowie eines geeigneten Computerprogramms u. ä.

7.5.1. Probenpräparation

Die Präparation metallischer Proben bereitet in der Regel keine besonderen Schwierigkeiten. Für die Röntgenmikroanalyse können die Proben nach den üblichen metallographischen Schleif- und Polierverfahren präpariert werden [7.14]. Um eine zu starke Erwärmung der Probe zu vermeiden, sollte man das Naßschleifverfahren verwenden. Das Polieren sollte auch ausschließlich mechanisch erfolgen, da beim chemischen Polieren die Gefahr besteht, daß durch selektives Ätzen eine Anreicherung bzw. Verarmung von Elementen an der Oberfläche erfolgt. Um die gewünschte Probenstelle im Elektronenstrahl-Mikroanalysator auch wiederzufinden, kann man nach dem Polieren das Präparat schwach ätzen und die interessierenden Stellen durch Mikrohärteeindrücke oder Kreismarkierer kennzeichnen. Anschließend wird die Probe wieder überpoliert, so daß zwar die Ätzung, nicht aber die Markierung verschwindet. Durch den Schleif- und Polierprozeß entsteht eine mechanisch beeinflußte Probenoberfläche, die jedoch die Analyse in der Regel nicht stört. Zum Zwecke der Präparation können die Proben eingebettet oder geklammert werden. Die Einbettung kann in Epoxidharz bzw. andere aushärtende Kunststoffe oder in Wood- bzw. Rosemetall erfolgen. Ein Bedampfen der Proben nach der metallographischen Präparation zur Erhöhung der

Oberflächenleitfähigkeit ist in der Regel nicht notwendig, da die metallischen Proben eine genügend gute Leitfähigkeit besitzen. Nur wenn das Präparat nichtleitende Einschlüsse enthält, kann eine Bedampfung mit Kohlenstoff, Aluminium oder Kupfer erforderlich sein.

Proben, die zur Untersuchung der Topographie mittels Sekundär- bzw. Rückstreuelektronen bestimmt sind (siehe Abschn. 7.3.), erfordern bei ausreichender Leitfähigkeit in der Regel keine besondere Präparation. Gegebenenfalls kann zur Erhöhung der Leitfähigkeit oder zum Ausgleich von extremen Ordnungszahlunterschieden eine Bedampfung erfolgen. Auf jeden Fall jedoch muß die zu untersuchende Probenstelle peinlich sauber gehalten werden. Das gilt sowohl für rastermikroskopische als auch für röntgenmikroanalytische Untersuchungen. Vor allem muß vermieden werden, die interessierende Probenstelle mit den Fingern zu berühren. Erweist sich eine Reinigung der Präparatoberfläche als notwendig, so hat das mit einem geeigneten Spülmittel, notfalls unter Verwendung einer Ultraschallwäsche, zu erfolgen.

7.5.2.   Qualitative Analyse

Die Analyse einer Probe bezüglich ihrer Zusammensetzung zerfällt in zwei Teilschritte. Der erste Schritt – die qualitative Analyse – besteht in der Bestimmung der Anzahl und der Art der in einer bestimmten Probenstelle vorhandenen Elemente. Daran schließt sich die quantitative Analyse mit der Bestimmung des Gehaltes dieser Elemente in dieser Probenstelle an. Besteht die Probe aus mehreren Phasen, deren Chemismus nicht bekannt ist, so muß von jeder eine qualitative Analyse angefertigt werden. Bei einer Vielzahl von Problemen reicht eine qualitative Analyse zur Klärung bereits aus. Zur praktischen Durchführung wird die interessierende Probenstelle unter den Elektronenstrahl gebracht und danach das von der Probe emittierte Röntgenspektrum mittels wellenlängendispersivem oder energiedispersivem Spektrometer registriert. Man spricht in diesem Falle von einer qualitativen Punktanalyse. Die Zuordnung der Linien des Röntgenspektrums zu den entsprechenden Elementen erfolgt bei modernen Geräten durch Rechner, während man bei älteren Geräten auf eine Auswertung mittels Tabellen angewiesen ist. Falls erforderlich, kann sich an die qualitative eine quantitative Punktanalyse anschließen.

7.5.3.   Elementverteilungsanalyse

Die Röntgenmikroanalyse ist eine ausgezeichnete Methode zur Untersuchung von Elementverteilungen. Derartige Elementverteilungsanalysen können qualitativ, halbquantitativ und quantitativ im kontinuierlichen als auch im diskreten Meßregime erfolgen. Quantitative Elementverteilungen sind allerdings nur diskret über eine entsprechend große Zahl von Punktanalysen realisierbar.

7.5.3.1.   Linienanalyse

Interessiert die Verteilung bestimmter Elemente entlang einer vorgegebenen Strecke, wie z. B. bei der Untersuchung von Seigerungen und Diffusionszonen, so stehen im Prinzip drei Methoden zur Verfügung:

– elektronische Linienanalyse
– kontinuierliche mechanische Linienanalyse
– diskrete mechanische Linienanalyse durch Aneinanderreihung von Punktanalysen

Bei der elektronischen Linienanalyse wird der Elektronenstrahl mittels eines Ablenksystems (siehe Abschn. 7.3.3.) längs einer Linie über die feststehende Probe bewegt und die Röntgenintensität des interessierenden Elementes als Funktion der Ortskoordinate auf dem Bildschirm des Gerätes dargestellt. Die Abtastung von Probe und Bildschirm verläuft synchron. Der Nachteil der elektronischen Linienanalyse besteht in der Begrenztheit der abtastbaren Strecke von etwa 500 µm und in der Verletzung der ROWLAND-Bedingung durch zu große Ablenkung des Elektronenstrahls aus der Normalstellung, vor allem bei kleinen Vergrößerungen, was zu Intensitätsverlusten und damit zur Vortäuschung von Konzentrationsänderungen führt.

Bei der kontinuierlichen mechanischen Linienanalyse wird die Probe längs einer vorgegebenen

Linie mittels eines Synchronmotors unter dem feststehenden Elektronenstrahl hinwegbewegt. Die Röntgenintensität des zu analysierenden Elementes wird als Funktion des Ortes von einem Schreiber registriert. Die Probengeschwindigkeit kann in der Regel zwischen 1 bis 500 µm/min variiert werden, womit man in der Lage ist, eine günstige Variante für jedes Analysenproblem zu finden. Üblicherweise wird bei der mechanischen Linienanalyse der Probenstrom mit registriert. Damit läßt sich im Rahmen der Reproduzierbarkeit der Probenorteinstellung die Messung mehrfach wiederholen. Die gewonnenen Linienprofile lassen sich mit Hilfe des Probenstroms korrelieren.

Die Zuordnung der einzelnen Diagramme erfolgt dann über den Probenstrom. Da die Intensität der charakteristischen Röntgenstrahlung eine Funktion der Konzentration ist, geben die Diagramme qualitativ den Konzentrationsverlauf der analysierten Elemente wieder. Unter Verwendung entsprechender Standards läßt sich mitunter ein Konzentrationsmaßstab angeben, der halbquantitative Angaben zum Konzentrationsverlauf gestattet. Bei modernen rechnergesteuerten Mikrosonden wird die Linienanalyse fast ausschließlich über den sog. step-scan, d. h. durch eine Aneinanderreihung von Punktanalysen realisiert. Dabei werden dem Rechner der Anfangspunkt des Profils, die Schrittzahl, die Schrittweite sowie die Meßzeit je Meßpunkt eingegeben. Nach dem Startbefehl arbeitet das Gerät die Aufgabe selbständig ab. Je nach Art des verwendeten Programms werden die Intensitäten oder vollquantitative Ergebnisse ausgedruckt. Entsprechende Zeichenprogramme gestatten es, die erhaltenen Ergebnisse maschinell zeichnen zu lassen.

7.5.3.2. Flächenanalyse

Das am häufigsten verwendete Verfahren der flächenhaften Elementverteilungsanalyse besteht in der Anfertigung sogenannter Röntgenrasterbilder. Sie liefern einen schnellen, qualitativen Überblick über die Elementverteilung in der Probe. Mittels des unter Abschnitt 7.3.3. beschriebenen Rasterprinzips tastet der Elektronenstrahl einen quadratischen Ausschnitt der Probenoberfläche ab. Die bei der Objektabrasterung entstehende charakteristische Röntgenstrahlung

wird auf die übliche Weise über Spektrometer, Detektor, Verstärker und Analysator verarbeitet. Die am Analysatorausgang anliegenden Spannungsimpulse werden der Bildröhre zugeführt, wo sie über den WEHNELT-Zylinder eine Hell-Dunkel-Steuerung der Bildröhre bewirken. Damit erscheint immer dann ein heller Punkt auf dem Bildschirm, wenn ein Signal an der Bildröhre anliegt. Das so erzeugte Röntgenrasterbild enthält Informationen über die Elementverteilung im analysierten Probenbereich. Dabei ist die Punktdichte ein Maß für die Konzentration des analysierten Elements (siehe Bild 7.16).

Um gesicherte Aussagen über die Elementverteilung zu erhalten, muß eine genügend große Anzahl von Impulsen registriert werden. Ist die Zahl der registrierten Impulse zu gering, so sind Konzentrationsunterschiede nicht mehr mit Sicherheit zu erkennen. Die Arbeiten von ROSE [7.12] sowie LEAMY und FERRIS [7.15] gestatten es, Aussagen über Kontrast und Auflösung von Röntgenrasterbildern zu machen. Dazu unterteilt man die Bildfläche in kleine quadratische Flächenelemente. Die Zahl der Röntgenimpulse, die während des Rastervorganges auf das Flächenelement entfallen, betrage N. Für den Kontrast C benachbarter Flächenelemente gilt:

$$C = \Delta N/N \qquad (7.13)$$

wobei ΔN die Änderung der Impulszahl N von Flächenelement zu Flächenelement darstellt. Ein Kontrast zwischen zwei benachbarten Flächenelementen kann noch festgestellt werden, wenn die Änderung der Impulszahl von einem Flächenelement zum anderen mindestens dreimal so groß ist, wie die statistische Schwankung der mittleren Röntgenintensität $\bar{N}$:

$$\Delta N \geqq 3\sqrt{\bar{N}} \qquad (7.14)$$

Damit folgt für C:

$$C \geqq 3/\sqrt{\bar{N}} \qquad (7.15)$$

Um auf Röntgenrasterbildern einen Kontrast von z. B. 30 % nachzuweisen, wird demnach je Flächenelement eine mittlere Zahl von 100 Impulsen benötigt. Die erforderliche Impulszahl für das gesamte Bild ergibt sich somit als Produkt von $\bar{N}$ und der Anzahl der Flächenelemente eines Bildes. Damit ist die Gesamtimpulszahl von der Flächenelementgröße abhängig. Die optimale

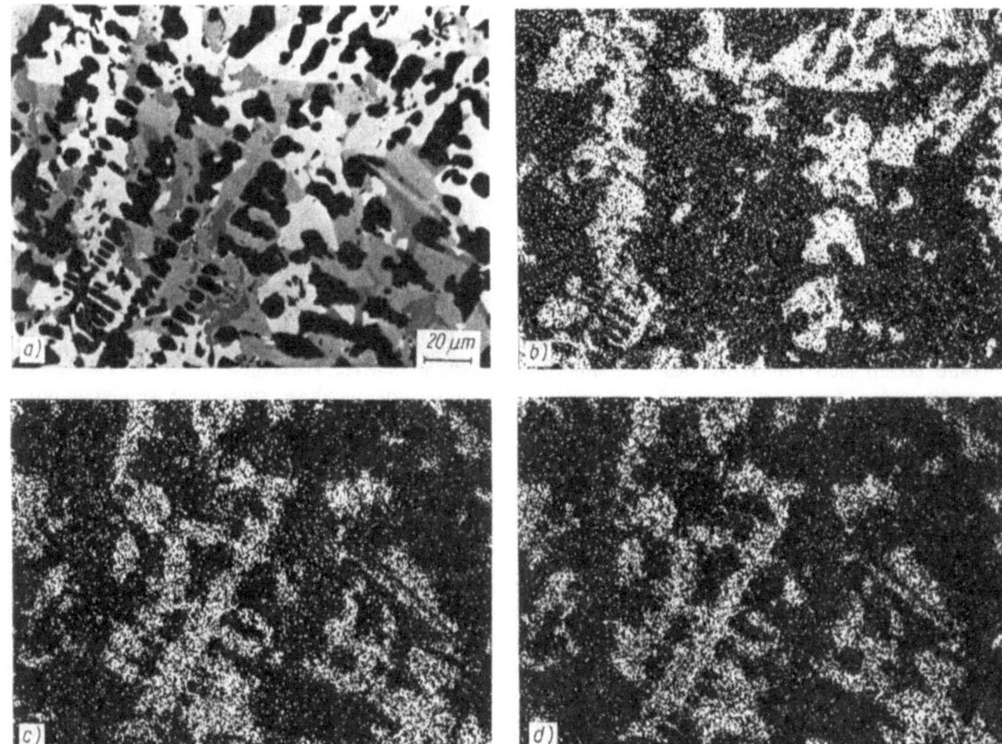

Bild 7.16. Abbildung einer Legierung, die Ni, In, Sm und Hf enthält, mittels Rückstreuelektronen und Röntgenstrahlung

a) Rückstreuelektronen – Ordnungszahlkontrast; es sind vier verschiedene Phasen zu erkennen
b) Hf-L_α-Strahlung
c) Sm-L_α-Strahlung
d) In-L_α-Strahlung

Flächenelementgröße für Röntgenrasterbilder kann man unter Berücksichtigung der Qualitätsanforderungen und der auflösungsbegrenzenden Faktoren, wie Strahldurchmesser und Peak/Untergrund-Verhältnis abschätzen. Legt man eine gerätebedingte Auflösung von 1 μm (etwa Elektronenstrahldurchmesser) zugrunde und verlangt, daß diese voll ausgenutzt werden soll (Qualitätsanforderung), so erhält man bei 1 000-facher Vergrößerung eine Flächenelementgröße von $\approx 1\ mm^2$. Bei einer Bildschirmgröße von $10 \times 10\ cm^2$ sind das somit 10^4 Flächenelemente. Die für das Röntgenrasterbild benötigte Gesamtimpulszahl ($C = 0{,}3$) beträgt demnach 10^6

Impulse. Werden bei einem Rasterzyklus von 10 s für das zu analysierende Element 10^5 Impulse gemessen, so ist für oben genannte Bedingungen der Rasterzyklus auf 100 s zu erhöhen.
Während die Beeinflussung der Auflösung durch das Rauschen vergrößerungsunabhängig ist, spielt der Strahldurchmesser besonders bei hohen Vergrößerungen, d. h. kleinen Rasterflächen, eine große auflösungsbegrenzende Rolle. Das vom abtastenden Elektronenstrahl jeweils erfaßte Probengebiet ist durch den Elektronenstrahldurchmesser und dessen Verbreiterung durch Wechselwirkungsprozesse bestimmt und liegt bei etwa 1 μm. Daraus folgt, daß bei Ver-

größerungen über 1000fach die Auflösung im wesentlichen durch Strahlbreiteneffekte begrenzt wird.

Eine weitere Möglichkeit, die flächenhafte Elementverteilung zu erfassen, besteht darin, daß man die interessierende Probenfläche punktweise abtastet, d. h. einen flächenhaften step-scan macht. Bei modernen Mikrosonden wird diese Art der Flächenanalyse mittels Rechner gesteuert. Schrittweite und Flächengröße können vorgewählt werden. Die Analyse selbst wird qualitativ oder quantitativ durchgeführt. Der flächenhafte step-scan ist wesentlich empfindlicher als die Flächenanalyse mittels Röntgenrasterbilds und kann darüber hinaus auch quantitative Ergebnisse liefern; jedoch ist der zeitliche Aufwand für dieses Verfahren nur selten zu rechtfertigen.

7.5.4. Quantitative Analyse

7.5.4.1. Prinzipien der quantitativen Röntgenmikroanalyse

Die Grundlage der quantitativen Röntgenmikroanalyse besteht darin, daß die Intensität der emittierten charakteristischen Röntgenstrahlung der an der Analysenstelle enthaltenen Elemente ein Maß für deren Konzentration ist. Wegen der Schwierigkeiten, die mit absoluten Intensitätsmessungen verbunden sind, schlug CASTAING [7.16] vor, zur Ermittlung der Massenkonzentrationen c_i der in der Probe enthaltenen Elemente die Intensität I_i' der von der Probe emittierten charakteristischen Röntgenstrahlung des Elementes i mit der eines entsprechenden Standards I_i (meist das reine Element) unter identischen experimentellen Bedingungen zu vergleichen. Das Verhältnis

$$k_i = \frac{I_i'}{I_i} \tag{7.16}$$

ist ein Maß für die Konzentration des Elementes i in der Probe. Um die in Gl. (7.16) eingehenden Nettointensitäten zu gewinnen, ist es erforderlich, die Intensität der charakteristischen Röntgenstrahlung der verwendeten Analysenlinie des Elementes i auf der Probe $(I_L)_i'$ und dem Standard

$(I_L)_i$ sowie die Intensität des Bremsstrahlungsuntergrundes an der Stelle der Analysenlinie ebenfalls für die Probe $(I_U)_i'$ und Standard $(I_U)_i$ zu messen. Die Nettointensitäten ergeben sich dann aus

$$\begin{aligned} I_i' &= (I_L)_i' - (I_U)_i' \\ I_i &= (I_L)_i - (I_U)_i \end{aligned} \tag{7.17}$$

Das Intensitätsverhältnis k_i kann in erster Näherung den Konzentrationen des Elementes i in Probe und Standard gleichgesetzt werden:

$$k_i = \frac{I_i'}{I_i} = \frac{c_i'}{c_i} \tag{7.18}$$

Meist ist jedoch der Fehler einer solchen ersten Näherung noch recht beträchtlich, so daß für genauere Aussagen das Intensitätsverhältnis k noch bezüglich folgender Effekte korrigiert werden muß:

- Unterschiede im Abbremsverlauf der einfallenden Elektronen und im Rückstreukoeffizienten für Probe und Standard (Ordnungszahlkorrektur)
- Unterschiedliche Absorption der primär durch den Elektronenstrahl angeregten charakteristischen Strahlung in Probe und Standard (Absorptionskorrektur)
- Sekundärfluoreszenzanregung der charakteristischen Röntgenstrahlung des interessierenden Elementes durch die charakteristischen Strahlungen anderer im primär angeregten Probenvolumen vorhandener Elemente bzw. durch den kontinuierlichen Untergrund der Bremsstrahlung (Fluoreszenzkorrektur)

Bei der Umrechnung der gemessenen k-Werte in die interessierenden Konzentrationen spricht man deshalb von der sogenannten *ZAF-Korrektur*:

$$c_i' = c_i k_i (K_Z)_i (K_A)_i (K_F)_i \tag{7.19}$$

Die Korrekturfaktoren K_Z, K_A und K_F sind ihrerseits eine Funktion der gesuchten Konzentration c_i, so daß eine direkte Berechnung der Korrekturfaktoren entfällt und man auf Iterationsverfahren zur Berechnung der Konzentrationen angewiesen ist. Eine ausführliche Beschreibung derartiger Korrekturrechnungen ist in [7.1] zu finden.

7.5.4.2. Fehler der quantitativen Analyse

Wenn man über die Fehler der quantitativen Röntgenmikroanalyse spricht, so muß man unterscheiden zwischen dem Fehler, der durch die Korrekturmodelle in das Ergebnis eingebracht wird (ZAF-Korrektur), und dem Fehler, der von der Messung selbst herrührt. Die Korrekturmodelle basieren auf halbempirischen Ansätzen, mit denen erfahrungsgemäß gute Resultate erzielt werden können. Pauschal kann man sagen, daß der Fehler, der durch die Korrektur in das Ergebnis eingeht, etwa 3 % beträgt (siehe [7.1], Seite 111). Im speziellen Fall kann der Fehler kleiner oder auch größer sein. Größer vor allem dann, wenn Elemente mit niedriger Ordnungszahl bzw. Strahlungen mit großer Wellenlänge gemessen werden. So ist die Analyse der Elemente O, N, C und B, die sehr häufig von Interesse sind, doch recht problematisch.

Bei dem Fehler, der durch die Korrekturrechnung eingebracht wird, handelt es sich um einen systematischen Fehler, der sich nicht ändert, wenn man verschiedene Probenstellen ähnlicher Zusammensetzung analysiert.

Fehler, die durch die Messung selbst entstehen, bestimmen die Reproduzierbarkeit der Analyse und werden von verschiedenen Faktoren beeinflußt. Solche Faktoren sind z. B.

- Impulsstatistik
- Zählsystemfehler
- Linienüberlagerungen
- Stabilität der Elektronik
- Kontamination der Probe
- Probenpräparation
- Probengeometrie
- Erwärmung, Verdampfungs- und Diffusionserscheinungen in der Probe bei Elektronenbeschuß

Linienüberlagerungen spielen vor allem bei energiedispersiven Analysensystemen eine wesentliche Rolle. Erfahrungsgemäß ist die sich aus dèm Zusammenwirken aller genannten Faktoren ergebende Standardabweichung etwa zwei- bis dreifach größer als die sich allein aus der Impulsstatistik ergebende Standardabweichung. Normalerweise kann bei der Analyse von nicht zu geringen Konzentrationen mit einer Reproduzierbarkeit von etwa 0,5 % gerechnet werden.

7.5.4.3. Nachweisgrenze der Röntgenmikroanalyse

Unter der relativen Nachweisgrenze versteht man den massenprozentualen Anteil eines Elements, der in einer vorgegebenen Matrix gerade noch nachgewiesen werden kann. Die relative Nachweisgrenze wird bestimmt vom Verhältnis Peak/Untergrund und ist damit abhängig von der verwendeten Röntgenlinie, der Meßzeit, der verwendeten Beschleunigungsspannung, der Beschaffenheit der Elektronik und ganz wesentlich von der Matrix, in der das Element nachgewiesen werden soll. Da der Bremsstrahlungsuntergrund etwa proportional zur Ordnungszahl Z zunimmt, ist die relative Nachweisgrenze eines Elements kleiner Ordnungszahl (z. B. Ni) in einer Matrix mit großem Z (z. B. Au) schlechter als in einer Matrix mit kleinem Z (z. B. Al). Aus dem bisher Gesagten folgt, daß die Nachweisgrenze für jedes Element und für jeden Satz von Bedingungen eine andere ist. Pauschal kann man sagen, daß für Elemente mit Ordnungszahlen > 10 relative Nachweisgrenzen von $\approx 0{,}01$ Masse-% und darunter erreicht werden. Dagegen liegen die Nachweisgrenzen für Elemente $Z < 11$ nur wenig besser als 0,1 Masse-%. Berechnen läßt sich die Nachweisgrenze nach

$$c_{\text{NWG}} = \frac{3\sqrt{2I_{\text{u}}}}{(I_{\text{L}} - I_{\text{u}})}\, c \qquad (7.20)$$

wobei man I_{L} und I_{u} an einer Probe mißt, die das interessierende Element in bekannter Konzentration c enthält.

Unter der absoluten Nachweisgrenze versteht man die Mindestmenge eines analysierten Elements in Gramm, die gerade noch sicher nachgewiesen werden kann. Sie ergibt sich aus der im angeregten Probenvolumen vorhandenen Probenmasse multipliziert mit der relativen Nachweisgrenze. Das analysierte Probenvolumen enthält etwa 10^{-10} bis 10^{-11} g Substanz, so daß sich bei einer relativen Nachweisgrenze von etwa 0,01 Masse-% eine absolute Nachweisgrenze von 10^{-14} bis 10^{-15} g ergibt. Daraus folgt, daß die Elektronenstrahl-Mikroanalyse eines der leistungsfähigsten Mikroanalyseverfahren ist, dessen Stärke weniger im Nachweis geringer Konzentrationen, als vielmehr in der Analyse von Mikromengen und Mikrovolumina besteht.

7.5.5. Analyse dünner Schichten

Ein weiteres Anwendungsgebiet der ESMA ist die Untersuchung dünner Schichten. Dabei verstehen wir unter dünnen Schichten solche, die bei der jeweils gewählten Primärelektronenenergie vom Elektronenstrahl durchschossen werden. Die Analyse dünner Schichten kann unter drei Aspekten erfolgen:

– Bestimmung der Schichtzusammensetzung (Schichtdicke bekannt)

– Bestimmung der Schichtdicke (Schichtzusammensetzung bekannt)

– Bestimmung von Zusammensetzung und Dicke der Schicht

Ist ein Parameter bekannt, z. B. die Zusammensetzung, so ist die Bestimmung der Schichtdicke in der Regel nicht allzu kompliziert und umgekehrt. Kompliziert wird das Problem, wenn Schichtdicke und -zusammensetzung nicht bekannt sind. Im allgemeinen versucht man die gleichzeitige Bestimmung beider Parameter zu umgehen. Das gelingt in der Regel, wenn die Schichten nicht dünner als etwa 200 nm sind. In diesem Falle kann man mit der Elektronenenergie so weit zurückgehen, daß das angeregte Volumen voll in der Schicht liegt und damit als Massivprobe angesehen werden kann. Auf diese Weise kann die Bestimmung der Schichtzusammensetzung prinzipiell in der gleichen Art erfolgen wie eine normale quantitative Röntgenmikroanalyse. Ist die Schichtzusammensetzung auf diesem Wege ermittelt worden, so schließt sich daran die Bestimmung der Schichtdicke an, indem man wieder zu höheren Primärelektronenenergien übergeht, so daß die Elektronen in der Lage sind, die Schicht zu durchdringen. Die bestimmbaren Schichtdicken liegen bei kleiner als 10 nm bis hin zum μm-Bereich. Die Dünnschichtanalyse kann nach verschiedenen Methoden erfolgen, über die z. B. in [7.1], [7.17] und [7.18] ein Überblick gegeben wird. Eine relativ einfache graphische Methode, die auf MONTE CARLO-Rechnungen basiert, wurde von BISHOP in [7.19] und [7.20] angegeben. Die genauesten Schichtdickenmessungen werden unter Verwendung von Eichschichten erreicht.

13*

Literaturverzeichnis

[7.1] BRÜMMER, O. (Hrsg.): Mikroanalyse mit Elektronen- und Ionensonden, 2. Aufl. Leipzig: VEB Deutscher Verlag für Grundstoffindustrie 1981

[7.2] ANDERSEN, C. A.: Microprobe Analysis. New York, London, Sydney, Toronto: John Wiley and Sons 1973

[7.3] GOLDSTEIN, J. I.; H. YAKOWITZ: Practical Scanning Electron Microscopy, Electron and Ion Microprobe Analysis. New York, London: Plenum Press 1975

[7.4] REED, S. J. B.: Electron Microprobe Analysis. Cambridge, London, New York, Melbourne: Cambridge University Press 1975

[7.5] REIMER, L.; G. PFEFFERKORN: Rasterelektronenmikroskopie. Berlin, Heidelberg, New York: Springer Verlag 1973

[7.6] CASTAING, R.: Electron Probe Microanalysis. In Advances in Electronics and Electronphysics 1960

[7.7] FITZGERALD, R.: In: ANDERSEN, C. A.: Microprobe Analysis. New York, London, Sydney, Toronto: John Wiley and Sons 1973, S. 14

[7.8] GOLDSTEIN, J. I.: In: GOLDSTEIN, J. I.; H. YAKOWITZ: Practical Scanning Electron Microscopy, Electron and Ion Microprobe Analysis. New York, London: Plenum Press 1975, S. 21

[7.9] REIMER, L.: Scanning Electron Microscopy: Systems and Applications. Conference Series 18, Institute of Physics, London 1973

[7.10] EVERHART, T. E.; R. F. M. THORNLEY: J. Sci. Instrum. 37 (1960), S. 246

[7.11] KIMOTO, S.; H. HASHIMOTO; T. KOSUGE; W. HERT: Microchim. Acta (1965), S. 471

[7.12] ROSE, A.: Advances in Electronics. 1 (1948), S. 131–166

[7.13] NEWBURY, D. E.: In: GOLDSTEIN, J. I.; H. YAKOWITZ: Practical Scanning Electron Microscopy, Electron and Ion Microprobe Analysis. New York, London: Plenum Press 1975, S. 118

[7.14] SCHUMANN, H.: Metallographie, 10. Aufl. Leipzig: VEB Deutscher Verlag für Grundstoffindustrie 1980

[7.15] LEAMY, H. J.; S. D. FERRIS: SEM 1972 (part I), S. 81–86 (Proc. of the 5. Ann. SEM Symposium, Chicago 1972)

[7.16] CASTAING, R.: Thesis. Universität Paris 1951

[7.17] REUTER, W.: Surface Sci. 25 (1971), S. 80–119

[7.18] HUTCHINS, G. A.: In: Characterisation of Solid Surfaces (edited by P. F. KANE and G. B. LARABEE). New York: Plenum Press 1974

[7.19] BISHOP, H. E.: AERE-Report 7158. Harwell, Berkshire 1972

[7.20] BISHOP, H. E.; D. M. POOLE: J. Phys. D 6 (1973), S. 1142–1158

[7.21] HUNGER, H. J.; L. KÜCHLER: Phys. stat. sol. A 56 (1979), K 45

[7.22] NIEDRIG, H.: Scanning 1 (1978), S. 17–34

[7.23] NEWBURY, D. E.: Microbeam Analysis. San Francisco: Press 1979

[7.24] HREN, J. J.: Introduction to Analytical Electronmicroscopy. New York, London: Plenum Press 1979

[7.25] HEINRICH, K. F. J.: Electron Beam X-Ray Microanal. Van Nostrand: Book Company 1981

8 Sekundärionen-Massenspektrometrie und Ionenstrahl-Mikroanalyse

Von CARL-ERNST RICHTER, VEB Werk für Fernsehelektronik, Berlin

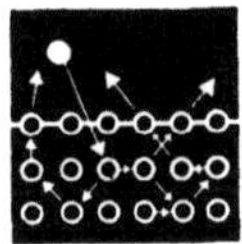

Unter dem Begriff Sekundärionen-Massenspektrometrie (SIMS) oder Ionenstrahl-Mikroanalyse versteht man die Kombination von Zerstäubungs- (Sputter-) Prozeß mittels eines gebündelten Ionenstrahls und Massenspektrometrie der dabei ausgelösten Sekundärionen. Das massenspektrometrische Nachweisverfahren gestattet die Analyse aller Elemente des Periodensystems und Isotopenanalysen. Die SIMS kommt überall dort zum Einsatz, wo die chemische Zusammensetzung der Oberfläche oder des oberflächennahen Bereiches der Probe bis zu einigen µm Tiefe von Interesse ist. Dies betrifft vor allem Probleme von Adsorptions-, Oxydationsprozessen, dünnen Belägen (statische SIMS), Tiefenprofilanalysen von dünnen Schichten mit hoher Tiefenauflösung (≤ 5 nm), Elementverteilungsbilder (dynamische SIMS). Insbesondere können folgende werkstoffkundliche Probleme bearbeitet werden:

- Untersuchung von Oberflächen kompakter Festkörper
- Untersuchung von inneren Oberflächen in Oberflächennähe sowie Schichten, z. B. Passivierungs-, Oxydations-, galvanische Schichten
- qualitative Analyse zur Identifizierung unterschiedlicher Phasen und Einschlüsse
- quantitative Analyse geringer Elementgehalte
- Elementverteilungsanalysen einschließlich der Untersuchung von Diffusions- und Ionenimplantationsprofilen
- Schichtdickenbestimmungen (z. B. durch Absputtern)
- Homogenitätsuntersuchungen

Ein besonderer Vorteil der SIMS gegenüber der ESMA besteht in der guten Nachweisbarkeit leichter Elemente, wie H, B, Be, C. Das dynamische Verfahren ist zerstörend. SIMS ist auf alle festen Proben anwendbar, wie Metalle, Halbleiter, Glas, Keramik, Minerale, biologische Präparate. Besonders geeignet ist das Verfahren zur quantitativen Analyse von Tiefenverteilungen bzw. für Gesamtkonzentrationsbestimmungen einzelner Elemente im Spurenbereich von ppb (ppm) bis zu ≈ 1 Atom-%, wobei Eichproben mit bekanntem Gehalt des zu analysierenden Elements in der gleichen Matrix wie der Meßprobe erforderlich sind. Die Eichproben müssen den Fremdstoffgehalt nicht homogen in die Tiefe verteilt enthalten. Ein günstiges Eichproben-Herstellungsverfahren ist z. B. die Ionenimplantation. Ausscheidungen des gesuchten Elements in der Eichprobe können allerdings die Eichung verfälschen. Quantitative Vollanalysen sind sehr aufwendig und sollten mit anderen Verfahren vorgenommen werden. Aussagen über Bindungsverhältnisse sind nur in speziellen Fällen, oft in Kombination mit anderen Oberflächenanalyse-Verfahren, möglich.
Die Proben können amorph, polykristallin oder einkristallin sein. Zur Erzielung einer guten Tiefenauflösung und guter Reproduzierbarkeit sind glatte (polierte) und ebene

Proben günstig. Isolatorschichten bzw. kompakte Isolatoren erfordern oft die Aufbringung leitender Schichten.

Bei der SIMS stammt die Information aus der obersten bzw. den obersten Atomlagen der Festkörperoberfläche. Die Fläche, aus der die Information stammt, wird durch den Primärionenstrahl-Durchmesser bestimmt; sie kann vergrößert werden durch Defokussierung des Strahls bzw. Rasterung, sie kann eingeschränkt werden durch mechanische oder elektronische Ausblendungen, z. B. zur Ausschaltung von Randeffekten des Sputterkraters. Die Genauigkeit (zufällige und systematische Fehler) des Verfahrens hängt sehr stark vom Meßproblem, den eingesetzten Geräten sowie von subjektiven Faktoren ab; es sind bei Absolutaussagen 5 bis 10 % Fehler möglich. Die relative Genauigkeit (relative Aussagen zwischen zwei Proben) kann besser sein. Je kleiner der zu messende Konzentrationsunterschied ist, desto länger muß gemessen werden, die Meßzeit wird objektiv bestimmt durch die Gerätestabilität, das gewünschte Tiefenauflösungsvermögen und die Homogenität der Probe (zerstörendes Verfahren). Für die Probenpräparation gelten die Bedingungen, wie sie auch für ESMA und metallographische Schliffe zu beachten sind. Bei Oberflächenuntersuchungen, insbesondere mit der statischen SIMS, muß streng darauf geachtet werden, die zu untersuchende Oberfläche nicht zu verunreinigen bzw. mit den Fingern zu berühren. Wegen der hohen Spurenempfindlichkeit des Verfahrens sind die Oberflächenpolier- und -reinigungsmittel so zu wählen, daß sie die nachfolgende Analyse durch Restverunreinigungen nicht verfälschen.

Die Probengrößen richten sich nach den Geräten. Standardgrößen sind Proben < 15 mm Durchmesser, Dicke < 8 mm. Die Dauer einer Messung liegt je nach Art zwischen 10 s und 1 h, Tiefenprofilmessungen im μm-Bereich erfordern einschließlich Eichung im allgemeinen ≈ 1 h, dazu kommt die Datenbearbeitungszeit (z. B. Replotting der Kurve mit geeichter Konzentrations- und Tiefenachse). Die Abarbeitung eines Problems erfordert bei nicht ständig vorkommenden Fragestellungen z. T. beträchtliche methodische Vorarbeiten, die die anschließenden Meßzeiten beträchtlich überschreiten können. Aus diesem Grunde ist bei den oft hohen Gerätestundenpreisen in Vorabsprachen das Aufwand/Nutzen-Verhältnis zu ermitteln.

Die SIMS-Tiefenprofilanalyse hat heute bereits breiten Eingang in die Werkstofforschung und -technologie gefunden, wo sie sowohl zur Entwicklung technologischer Verfahren als auch zur Fehleranalyse eingesetzt wird. Für eine Reihe von Problemen ist sie bereits Routineverfahren geworden. Das gesamte Gebiet ist in rascher Entwicklung begriffen und erschließt sich zur Zeit weitere Anwendungsbereiche.

8.1.   Einführung

Beim Beschuß einer Festkörperoberfläche mit Ionen von einigen 100 eV bis zu etwa 20 keV Energie lassen sich für analytische Aussagen zur Festkörperoberfläche mit den ausgelösten Teilchen eine Reihe von Effekten nutzen (Bild 8.1).

Die meisten dieser Effekte werden in analytischen Meßverfahren bereits eingesetzt bzw. werden auf Routineanwendungen vorbereitet:

– die elastische Streuung der Primärionen an der Oberfläche (ISS: Ionenstreuspektroskopie; LEIS: Low energy ion scattering)

– die ioneninduzierte AUGER-Elektronenemission

– die ioneninduzierte Lichtemission (BLE: bombardment induced light emission; SCANIIR: Surface composition by analysis of neutral and ion impact radiation)

– die Neutralteilchenemission (SNMS: Sputtered neutral mass spectrometry; GDMS: Glow discharge mass spectrometry)

– die Sekundärionenemission (SIMS: Sekundärionen-Massenspektrometrie; SIMA: Sekundärionen-Mikroanalyse; IPMA: Ion probe microanalysis)

Allen Verfahren gemeinsam ist, daß die Primär-

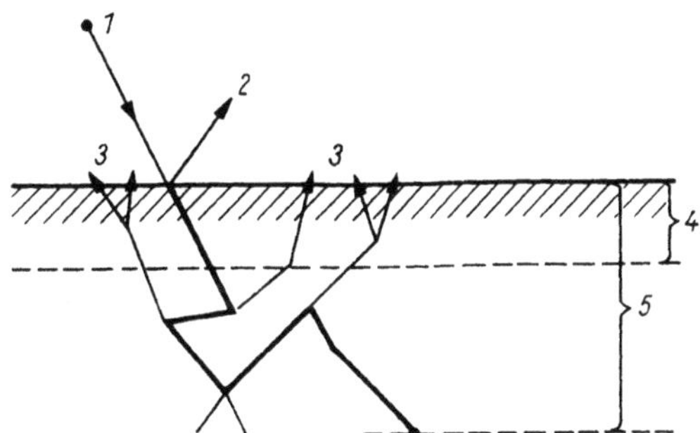

Bild 8.1. Sputter- und Emissionsprozeß einer Festkörperoberfläche

1 Primärion
2 elastisch rückgestreutes Primärteilchen
3 ausgelöste Teilchen: Sekundärelektronen einschließlich AUGER-Elektronen; neutrale Atome und Moleküle; angeregte Atome und Moleküle; Sekundärionen (Atom-, Molekülionen)
4 Informationstiefe
5 Eindringtiefe des Primärions

ionen zu einem Strahl fokussiert werden, dessen Durchmesser zwischen einigen Millimetern und 1 μm liegt. Während die elastische Streuung, zumindest bei Energien unter 1 keV, zerstörungsfrei ist, verursachen die in den Festkörper eindringenden Primärionen mehr oder minder starke Störungen bzw. tragen ihn ab (Sputterprozeß). Die ioneninduzierte AUGER-Elektronenemission wird ähnlich der durch Elektronen ausgelösten genutzt (Kapitel 10.). Die ioneninduzierte Lichtemission befindet sich in intensiver Entwicklung [8.1] und ist neben überwiegend qualitativen Anwendungen bereits für die Klärung von Grundlagenproblemen der Emissionsmechanismen von Bedeutung. Die Nutzung der entstehenden Neutralteilchen durch Nachionisation (Stoß- bzw. thermische Ionisierung [8.2] bis [8.4]) ist für analytische Zwecke bisher wenig eingesetzt worden, obwohl sie einen großen Teil der entstehenden Teilchen ausmachen. Zur Untersuchung der Wechselwirkungsmechanismen sind sie jedoch schon jetzt von großem Interesse. Das am breitesten genutzte Verfahren ist die Sekundärionen-Massenspektrometrie. Neben den unterschiedlichsten Laboraufbauten existieren kommerzielle Geräte, die eine nichtabbildende oder abbildende Betriebsweise erlauben. Mit ihnen konnten umfangreiche Erfahrungen zur Analyse von Metallen, Glas, Keramik, Mineralen

und zunehmend auch organischen Materialien sowie biologischen Objekten gesammelt werden [8.5] bis [8.14].

8.2. Grundlagen der Sekundärionen-Massenspektrometrie (SIMS)

8.2.1. Sputter- und Ionisierungsprozeß

Grundlage des Verfahrens ist der Sputter- oder Zerstäubungsprozeß. Die Primärionen dringen je nach Energie, Masse und Targetatommasse sowie Einschußwinkel gegenüber der Probenoberfläche unterschiedlich tief in die Probe ein und geben ihre Energie durch Stöße an die Probenteilchen ab. Die dadurch ausgelösten Stoßkaskaden verleihen Teilchen an oder in der Nähe der Probenoberfläche (Informationstiefe) Energien, die höher sind als die Bindungsenergien; es kommt zur Emission von Teilchen. Bei Legierungen bzw. Verbindungen kann der Abtrag- bzw. Emissionsprozeß für bestimmte Elemente bevorzugt erfolgen, was zu einer Änderung der Oberflächenzusammensetzung führt. Kristalline Proben, die durch den Beschuß nicht amorphisiert werden, z. B. Metallproben, können je nach Kristallebene unterschiedliche Emission zeigen. Diese Effekte sind außer bei SIMS auch bei allen anderen Oberflächen-Analysenverfahren zu berücksichtigen, die den Sputterprozeß zur Materialabtragung verwenden, wie z. B. AES und ESCA.

Bei Edelgasbeschuß im Hoch- oder Ultrahochvakuum sind die emittierten Teilchen überwiegend elektrisch neutral; der Anteil der angeregten bzw. ionisierten Teilchen ist gering (im allgemeinen unter 1 %). Verwendet man reaktive Primärionen, so kann ihr Anteil erheblich anwachsen; aus diesem Grunde werden häufig Sauerstoff-, Stickstoff-, Cäsium- oder andere Alkaliionen eingesetzt. Ein ähnlicher Effekt läßt sich durch kontinuierliche Bedeckung der Probe z. B. mit Sauerstoff bzw. Cäsiumdampf erzielen.

Zur Messung exakter Tiefenprofile ist es erforderlich, einen Krater mit möglichst ebenem Boden parallel zur Oberfläche zu erzeugen. Dies erfolgt überwiegend durch Rastern des Primärstrahls über eine größere Fläche. Um das Meßsignal nicht durch Ionen vom Kraterrand zu beeinflussen, verwendet man eine elektronische oder mechanische Ausblendung der Kraterrand-Signale.

Die austretenden Sekundärionen haben stark unterschiedliche Energien. Die wahrscheinlichste Energie der Atomionen liegt im allgemeinen bei einigen eV, hochenergetische Ausläufer können bis zu über 1 keV erreichen. Neben den Atomionen werden in beträchtlichem Umfang Molekül- oder Clusterionen emittiert, die unter Umständen über 100 Atome umfassen. Ihre Energieverteilung ist wesentlich schmaler. Es werden sowohl positive als auch negative Ionen erzeugt, wobei als Faustregel gilt, daß elektropositive Elemente, z. B. Metalle, überwiegend positive Atomionen, elektronegative Elemente, z. B. Halogene, überwiegend negative Atomionen liefern. Bei den Clusterionen sind die Verhältnisse komplizierter.

Bild 8.2 zeigt Teile von Massenspektren des Siliziums bei Beschuß mit O_2^+-Ionen.

Die Sekundärionenausbeuten (Verhältnis der Zahl der Sekundärionen zur Zahl der Primär-

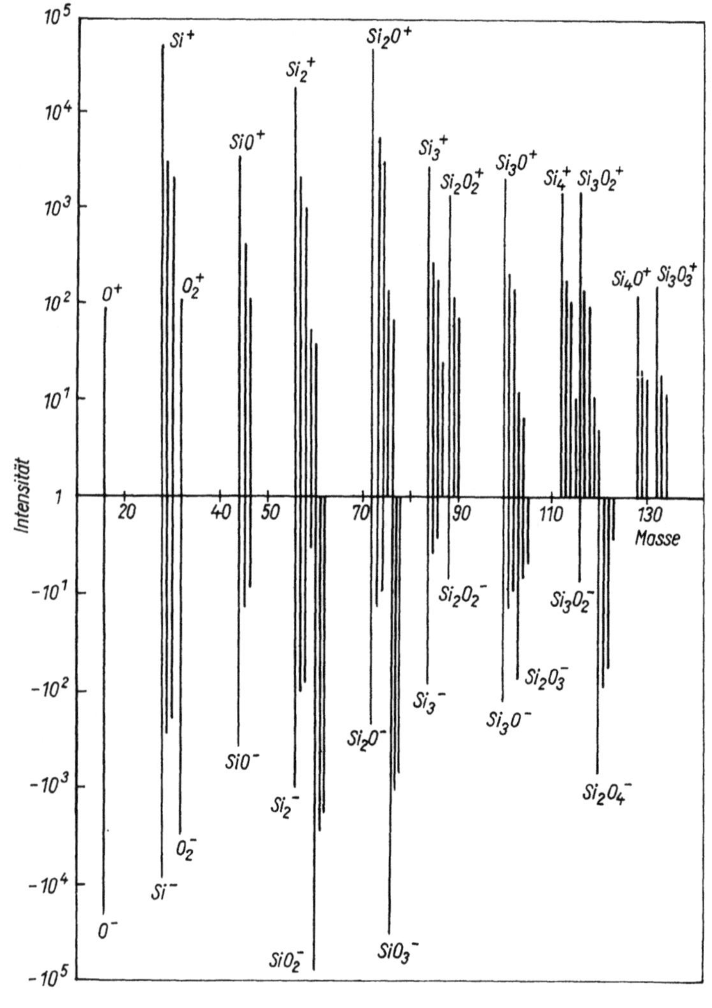

Bild 8.2. Massenspektren der positiven und negativen Sekundärionen von Silizium; Primärionen: O_2^+

ionen) sind von einer Reihe von Parametern abhängig. Neben den bereits genannten, wie Primärionenart und -energie, spielen die Restgasatmosphäre in Probennähe und vor allem die Zusammensetzung der Matrix, aus der sie ausgelöst werden, eine wichtige Rolle. Die Sekundärionenausbeuten variieren innerhalb des Periodensystems um mehrere Größenordnungen und weisen für Konzentrationen des zu untersuchenden Elements in einer Matrix über einigen Atomprozent oft einen nichtlinearen Zusammenhang zwischen Meßsignal und Konzentration auf. Eine allgemein gültige Theorie für die Emissionsmechanismen der Sekundärionen existiert bisher nicht. Für begrenzte Anwendungsbereiche wurden unterschiedliche Modelle entwickelt, die teilweise auf einander widersprechenden Grundannahmen beruhen und Teilaspekte relativ gut beschreiben. Zu Details muß auf die Literatur verwiesen werden [8.5], [8.9], [8.11], [8.14], [8.15].

8.2.2. Verarbeitung und Nachweis der Sekundärionen

Bild 8.3 zeigt das Verfahrensprinzip. Die Verarbeitung der erzeugten Sekundärionen erfolgt in einem Massenspektrometer und die Überführung der Ionen von der Probenoberfläche in das Spektrometer mittels eines elektrostatischen Feldes. Als Massenspektrometer werden sowohl

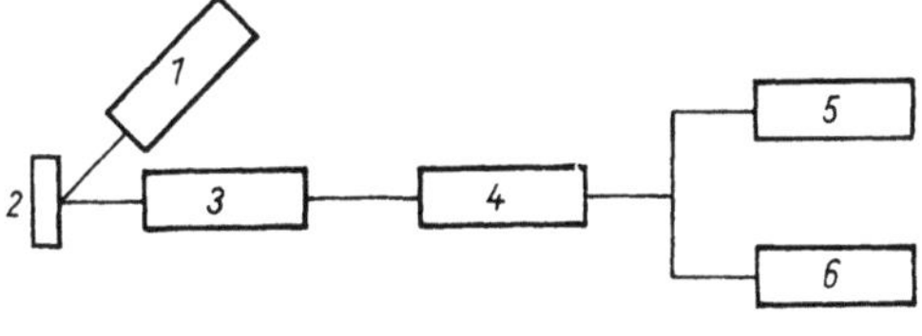

Bild 8.3. Verfahrensprinzip

1 Primärionenquelle	*4* Nachweissystem
2 Probe	*5* Registrierung
3 Massenspektrometer	*6* Bild

dynamische Systeme (z. B. Quadrupolmassenfilter) als auch die aufwendigeren statischen Systeme (statische elektrische und magnetische Felder) eingesetzt, die die Trennung der einzelnen Ionenarten vornehmen. Ihr Nachweis erfolgt mit Sekundärelektronenvervielfachern (Channel-SEV, Channelplate oder offenem SEV direkt

bzw. über eine Kombination Ionen-Elektronenwandler-Szintillator-SEV). Die Registrierung kann im allgemeinen analog und digital erfolgen, d. h. über Strommessung und Impulszählung.

Je nach Anwendungszweck unterscheiden wir zwei Betriebsarten:

- Die sogenannte *statische SIMS*: Der relativ niederenergetische Primärionenstrahl (einige 100 eV bis $\approx$ 5 keV) hat so geringe Stromdichte (unter 10^{-9} A/cm²), daß während der Meßzeit nur Bruchteile von Monolagen abgetragen werden. Zur Erzielung von Nachweisgrenzen in ppm-Bereich einer Monolage liegen die Strahldurchmesser bei einigen mm. Wegen des großen Einflusses der Restgasumgebung auf die Sekundärionenemission sind Vakua kleiner 10^{-8} Pa notwendig.
- Die sogenannte *dynamische SIMS:* Die Primärionenenergien liegen im keV-Bereich, die Primärionenstromdichten bei μA/cm² bis mA/cm², die Strahldurchmesser zwischen 1 μm und 1 mm.

Zur Abschätzung der benötigten Materialmengen hier einige typische Werte: Im ersten Fall werden bei einer Meßfläche von 0,1 cm², Sputtergeschwindigkeit von 10^{-4} Monolagen/s etwa 10^{-13} cm³/s, im zweiten Fall bei einer Analyse in Silizium mit einer Meßfläche von 5×10^{-4} cm², Sputtergeschwindigkeit 1 nm/s etwa 5×10^{-11} cm³/s verbraucht.

Zusammenfassend ergeben sich folgende Merkmale des Verfahrens:

- Die Analyse ist, zumindest im *dynamischen* Betrieb, zerstörend.
- Alle Elemente des Periodensystems sind analysierbar.
- Es sind Isotopenanalysen möglich.
- Die Meßsignale stammen aus der obersten Atomlage bzw. den obersten Atomlagen der Meßprobe.
- Analysen können dreidimensional, d. h. in Fläche und Tiefe vorgenommen werden, die Tiefenauflösung liegt zwischen Monolage und $\approx$ 5 nm.
- Es sind qualitative und quantitative Analysen möglich. Quantitative Analysen erfordern Eichproben aus dem gleichen Matrixmaterial wie die Meßprobe mit bekanntem Gehalt des

gesuchten Elements; Vollanalysen sind nur mit hohem Aufwand und bisher nicht befriedigender Genauigkeit möglich.
- Der günstigste Nachweisbereich für die quantitative Analyse liegt zwischen 0,01 ppb bis 1 ppm und etwa 1 Atom-%.

8.3. Gerätetechnik

8.3.1. Nichtabbildende Geräte

Zu den nichtabbildenden Geräten gehören vor allem die statischen Geräte mit großem Primärstrahldurchmesser sowie einfachere dynamische Geräte.

Die aus der Primärionenquelle austretenden Ionen werden gebündelt und auf die Meßprobe gerichtet. Die Sekundärionen werden meist in ein Quadrupolmassenfilter überführt, analysiert und einem SEV zugeführt. Es sind Messungen des Ionenstroms in Abhängigkeit von der Zeit (Tiefenprofile, Gesamtkonzentrationsbestimmung) und von der Masse (Massenspektrum) möglich. Häufig ist ein Gaseinlaßsystem zur definierten Bedeckung der Probenoberfläche mit Gasen vorhanden.

8.3.2. Abbildende Geräte

Hier wurden zwei Konzeptionen entwickelt:
Rasterprinzip (LIEBL [8.16]): Es ist in den Geräten IMMA (ARL, USA), IMA (Hitachi, Japan) und A-DIDA (Atomika, BRD) realisiert. Bild 8.4 zeigt den Aufbau des Gerätes IMMA [8.5]. Die Primärionen aus einer Duoplasmatronquelle werden in einen Massentrenner überführt, der gestattet, isotopenreine Primärstrahlen herzustellen. Es können mit Strahldurchmessern von 2 bis 200 µm Punkt-, Linien- und Flächenanalysen ausgeführt werden. Ein Stereomikroskop mit 150facher Vergrößerung ermöglicht, das Analysengebiet während des Beschusses zu beobachten, der Probentisch läßt sich innerhalb 1 bis 2 µm reproduzierbar einstellen.

Die Sekundärionen werden mit 1,5 kV abgesaugt und mittels einer Kombination von Einzellinse und doppelt fokussierendem, stigmatisch abbildendem Massenspektrometer auf den Austrittsspalt des Gerätes fokussiert und analysiert. Der Nachweis erfolgt mit einer Ionen-Elektronen-Wandleranordnung. Bei der Bildaufzeichnung wird der fein fokussierte Primärionenstrahl über eine Fläche bis zu einigen 100 µm × einigen 100 µm gerastert. Das Sekundärionensignal moduliert synchron zum Primärstrahl den Elek-

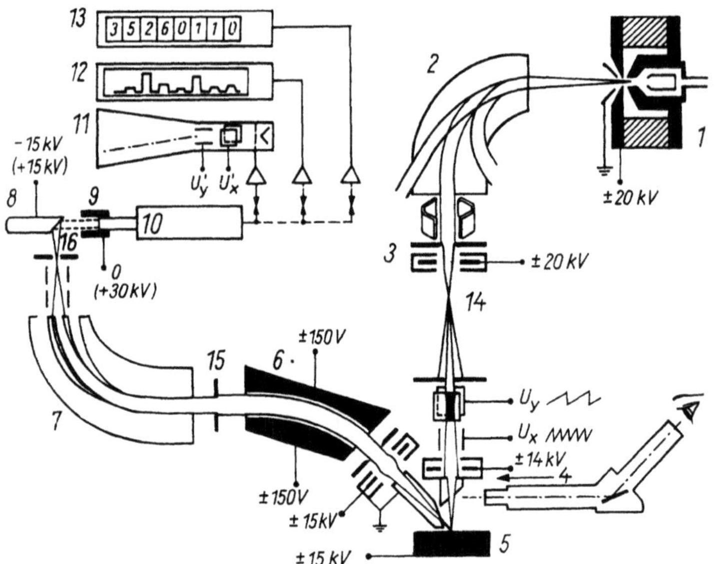

Bild 8.4. Prinzipaufbau des Gerätes IMMA (nach [8.5])

1 Duoplasmatron-Primärionenquelle
2 Primärionen-Massentrenner
3 Kondensorlinse
4 Objektivlinse
5 Probe
6 elektrostatischer Analysator
7 magnetischer Analysator
8 Ionen-Elektronenwandler
9 Szintillator
10 SEV
11 Oszilloskop
12 Schreiber
13 Zähler
14 Primärionen
15 Sekundärionen
16 Elektronen

tronenstrom eines Oszilloskops und erzeugt so bei Einstellung auf eine feste Masse ein Verteilungsbild nach dem Rasterprinzip mit einer Lateralauflösung, die vom Primärionenstrahldurchmesser bestimmt wird. Mittels eines Kleinrechners PDP 11 und entsprechender Interfaces können eine Reihe von Steuerfunktionen am Gerät ausgeführt werden sowie Datenbearbeitungen erfolgen.

Ionenmikroskop-Prinzip (CASTAING, SLODZIAN [8.17]): Auf der Grundlage dieses Prinzips sind die Geräte SMI 300 und ims 3f (CAMECA, Frankreich) konzipiert.

Bild 8.5 zeigt den Aufbau des Gerätes ims 3f [8.18]. Die Primärionen aus einer Duoplasmatronquelle (O_2, Ar, O, N_2) oder einer Cäsiumquelle werden in das Strahlfokussierungssystem überführt, das einen Strahldurchmesser von 2 bis 300 μm gestattet. Es können Punkt-, Linien- und Flächenanalysen ausgeführt werden. Ein Mikroskop mit 80facher Vergrößerung ermöglicht die Beobachtung des Analysengebietes während des

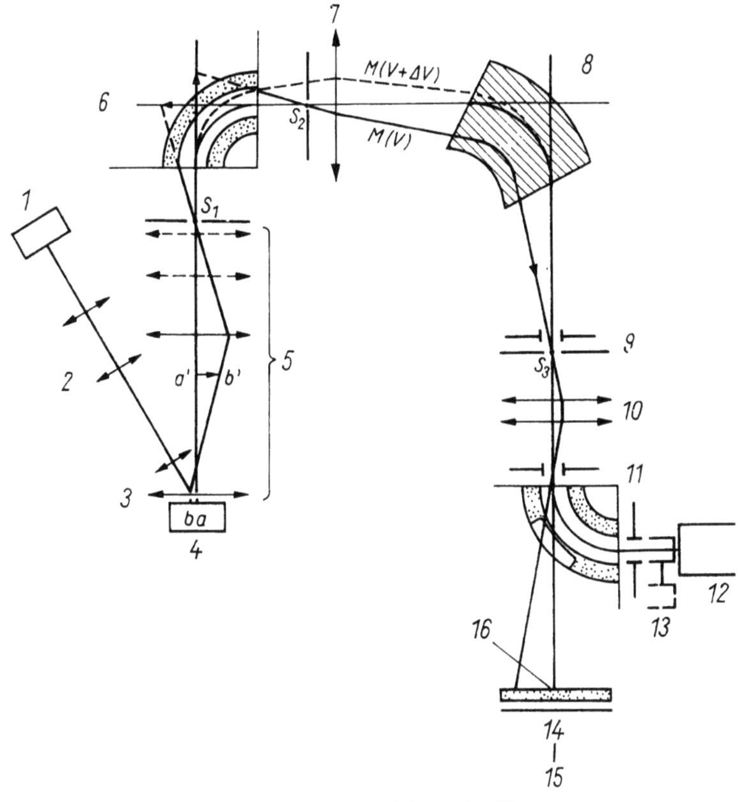

Bild 8.5. Prinzipaufbau des Gerätes ims 3f (nach [8.18])

1	Primärionenquelle (Duoplasmatron oder Cs-Quelle)	*11*	Deflektoren
2	Primärionen-Linsen	*12*	offener SEV
3	Immersionslinse	*13*	FARADAY-Becher
4	Probe	*14*	Fluoreszenzschirm
5	Transferoptik	*15*	zum Stereomikroskop, zur Kamera, Fernsehkamera
6	elektrostatischer Analysator	*16*	Channelplate
7	Zwischenlinse	*ba*	Objekt
8	magnetischer Analysator	*a'b'*	Zwischenabbildung
9	Stigmator	$s_{1,2,3}$	verstellbare Spalte (der Spalt s_2 ist für die Energieauflösung verantwortlich)
10	Projektionslinse		

Beschusses. Der Probentisch läßt sich auf 1 μm genau reproduzierbar einstellen.

Die Sekundärionen werden mit 4,5 kV in die Eingangsimmersionslinse einer vierlinsigen Transferoptik überführt, die durch wahlweise Verwendung von zwei Linsen bei unterschiedlichen ionenoptischen Vergrößerungen eine optimale Überführung der Sekundärionen in das doppelt fokussierende Massenspektrometersystem gewährleistet. Die erzielbare Massenauflösung bis

Tabelle 8.1. Einige wichtige SIMS-Geräteparameter

Parameter	SIMS Balzers	SMI 300 CAMECA	IMMA ARL	ims 3f CAMECA
Vakuumsystem	Turbomolekular-pumpen, Sorptionspumpen	Öldiffusions-pumpen	Sorptionspumpen, Ionengetter-pumpen	Turbomolekular-pumpen, Ionengetterpumpen
Endvakuum im Targetraum (Pa)	10^{-8}	$10^{-4} \ldots 10^{-6}$	10^{-4}	10^{-6}
Primärionen:				
Quelle	Penning	Duoplasmatron	Duoplasmatron	Duoplasmatron, Cs-Quelle
Ionenart	$+$	$+, -$	$+, -$	$+, -$
Massenfilterung	nein	nein	ja	in Vorbereitung
Maximale Energie (keV)	3	15	22	25
Maximale Stromdichte (mA/cm^2)	$5 \cdot 10^{-2}$	5	10	50
Strahldurchmesser (μm)	einige mm	$25 \ldots 500$	$2 \ldots 300$	$2 \ldots 300$
Primärionen	Ar, O	O, N, Edelgase	reaktive und Edelgase	O, N, Edelgase, Cs
Sekundärionen:				
Ionenart	$+, -$	$+, -$	$+, -$	$+, -$
Massenbereich	$1 \ldots 511$	$1 \ldots 300$	$1 \ldots 240$	$1 \ldots 250$
Massenspektro-metersystem	Quadrupol-massenfilter	magnetischer Sektor, elektro-statischer Sektor	elektrostatischer Sektor, magnetischer Sektor	elektrostatischer Sektor, magnetischer Sektor
Maximale Massen-auflösung	1 000	1 000	1 000	10 000
Nachweissystem	offener SEV	Ionen-Elektronen-wandler-Szintillator-SEV	Ionen-Elektronen-wandler-Szintillator-SEV	offener SEV, Channelplate
Nachweisgrenzen	ppb … ppm	ppb … ppm	ppb … ppm	0,01 ppb … ppm
Maximale Probenabmessungen (mm)	$\varnothing$: 15 H: 8	15 8	25 25	25 12

etwa 10000 gestattet die Erreichung sehr günstiger Meßsignal-Untergrundverhältnisse. Der Nachweis erfolgt über einen offenen SEV bzw. FARADAY-Becher oder bei Abbildungsbetrieb über eine Kombination Channelplate-Fluoreszenzschirm. Zur Bildherstellung arbeitet das Gerät als Ionenmikroskop, d. h., es wird eine stigmatische Abbildung der Meßfläche bei der jeweils eingestellten Masse erzeugt, wobei die laterale Auflösung nicht durch den Primärstrahldurchmesser, sondern durch die Abbildungseigenschaften des ionenoptischen Systems bestimmt wird; sie ist besser als 1 µm.

Mittels eines Rechners entsprechender Peripherie- und Interfaceeinrichtungen wird eine Reihe von Steuerfunktionen des Gerätes ausgeführt und Datenbearbeitung vorgenommen. Zusätzlicher Elektronenbeschuß für Isolatormessungen, Gaseinlaß, Kühlfinger in Probennähe erweitern die Einsatzmöglichkeiten.

Tabelle 8.1 zeigt einige wichtige Parameter kommerzieller Geräte.

8.3.3.   Kombinationsgeräte

Die komplexen Aufgabenstellungen und unterschiedliche Leistungsparameter der einzelnen Oberflächenmeßverfahren haben zu Kombinationsgeräten geführt, in denen ohne Vakuumunterbrechung Analysen mit unterschiedlichen Verfahren möglich sind. Ein Beispiel ist die Kombination eines Ionen- und Elektronenstrahl-Mikroanalysators (UMPA von LIEBL [8.19]).

Sehr häufig ist in neuerer Zeit die Kombination von elektroneninduzierter AES (SAM) und SIMS, wobei die Tatsache wesentlich ist, daß die relativ geringe Empfindlichkeit der AES (SAM) im Bereich der Spurenanalyse sowie die Unmöglichkeit, leichte Elemente, insbesondere Wasserstoff, nachzuweisen, von SIMS ausgeglichen wird, während die häufig problematische Zuordnung von Konzentration zu Meßsignal bei SIMS im Bereich hoher Konzentrationen (>1 Atom-%) durch AES (SAM) ausgeglichen wird. Außerdem ist die Lateralauflösung bei SAM höher. Weitere Kombinationen mit ESCA, LEED und anderen Verfahren sind in Geräten der Molekularstrahlepitaxie zur in-situ-Verfolgung von Aufwachsdrozessen eingesetzt sowie in komplexen Oberflächenanalysengeräten verfügbar, wobei die Kombinationsgeräte notgedrungen zu Kompromissen für die Einzelverfahren führen müssen.

8.4.   Anwendung der SIMS

8.4.1.   Probenpräparation

Die Meßproben bei der statischen SIMS sollen auf ihre Oberflächenzusammensetzung untersucht werden, so daß sich die Probenpräparation nach der Problemstellung richtet. Für Gas-Adsorptions-Untersuchungen muß im SIMS-Gerät eine entsprechende Einlaßvorrichtung vorhanden sein.

Bei dynamischen Untersuchungen werden häufig Tiefenprofile bis zu über 10 µm Tiefe maximal gefordert. Hier hängt die Tiefenauflösung wesentlich von der Rauhigkeit der Probenoberfläche ab, die durch den Ionenbeschuß noch erhöht werden kann.

Da die Probenoberfläche meist eine Elektrode der Absauggeometrie für die Sekundärionen darstellt und durch größere Unebenheiten Feldverzerrungen und Überführungsänderungen der Sekundärionen in Abhängigkeit vom Meßort auftreten können, sollten die Proben möglichst poliert und eben sein. Sind Tiefenprofile über Tiefenbereiche von einigen 100 µm bis zu mm zu messen, so kann dies nur über Schrägschliffe und anschließenden Linienscan oder Punktanalyse im Step-scan-Betrieb erfolgen. Wegen der großen Empfindlichkeit der SIMS sind die Poliermittel so zu wählen, daß durch sie keine Analysenverfälschungen eintreten. Rauhe Oberflächen sind qualitativ untersuchbar, die Ergebnisse müssen jedoch sorgfältig interpretiert werden.

Bei Isolatorschichten und kompakten Isolatoren ergeben sich durch die Verwendung geladener Teilchen Aufladungserscheinungen an der Probenoberfläche, die Analysen unmöglich machen können. In derartigen Fällen kann es notwendig werden, auf die Probe Gitter aus elektrisch leitendem Material aufzudampfen, deren Stegdicke so zu wählen ist, daß das Gitter während des gesamten Meßvorgangs erhalten bleibt. Die Analyse erfolgt dann in den Gitterlöchern. Bei Verwendung eines zusätzlichen Elektronenstrahls zur Ladungskompensation ist es günstig, auf die isolierenden Proben großflächig 50 bis 100 nm dicke, leitende Schichten aufzudampfen, um Verzerrungen des elektrischen Absaugfeldes zu vermeiden.

Weitere Probenpräparationen außer eventuellen Reinigungsprozeduren sind im allgemeinen nicht erforderlich.

8.4.2. Qualitative Analyse

Wichtige Aufgaben der statischen SIMS sind Untersuchungen von Adsorptions- und Oxydationsprozessen. Von BENNINGHOVEN u. Mitarb. liegen dazu umfangreiche Arbeiten vor [8.13], [8.20]. DAWSON und TAM [8.21] untersuchten die Oxydation von Niob bei unterschiedlichen Temperaturen mittels niederenergetischer SIMS

und konnten durch Verfolgung der Sekundärionenintensitäten in Abhängigkeit von der Sauerstoffexposition und Targettemperatur für

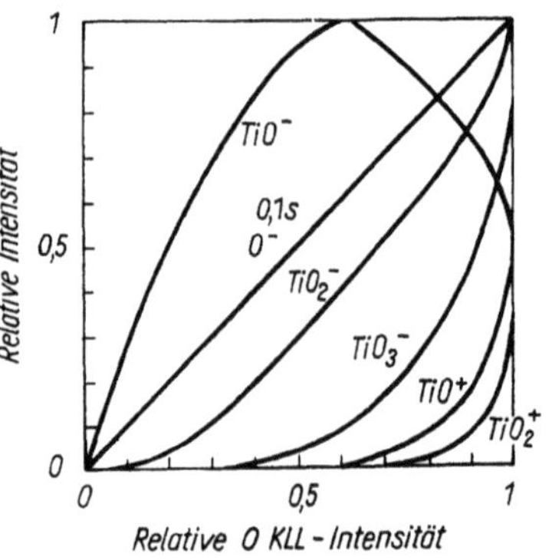

Bild 8.6. Relative Intensitäten von O^-, O 1 s und $TiO_n^\pm$ in Abhängigkeit von der O KLL-Intensität (nach [8.23])

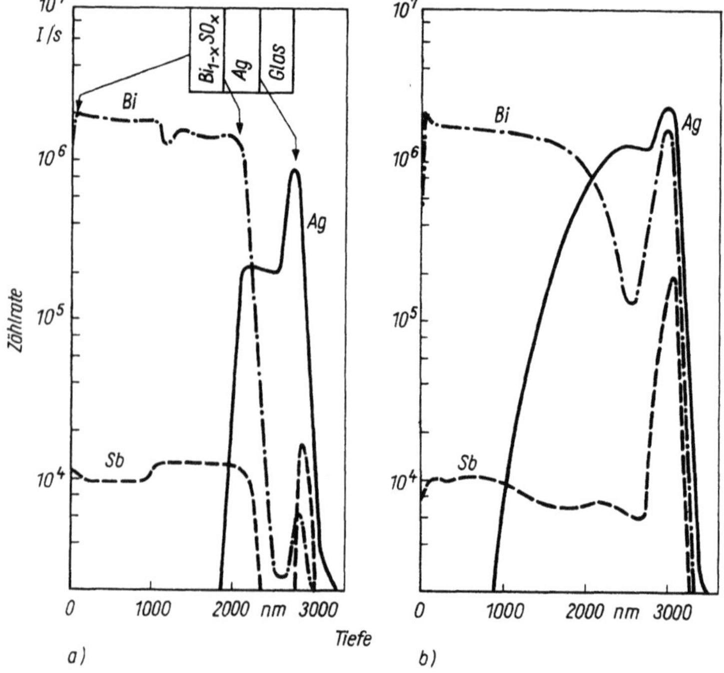

Bild 8.7. Sekundärionenintensitäten von Bi, Sb und Ag an einem $Bi_{1-x}Sb$-Ag-Schichtsystem auf Glas (nach [8.24])

a) ungetemperte Probe   *b*) getemperte Probe

verschiedene Clusterionen und Nb verschiedene Oxydationsstufen identifizieren. Vergleiche mit AES-Messungen bestätigen die Schlußfolgerungen.

Mittels niederenergetischer Primärionen konnten BUHL und PREISINGER [8.22] an CaF_2 zeigen, daß in bestimmten Fällen Aussagen über die Kristallstruktur und die Substitution von bestimmten Gitterplätzen durch Sauerstoff bei der Oxydation aus dem Auftreten bestimmter Clusterionen gemacht werden können.

Auch große Moleküle und Radikale lassen sich auf Festkörperoberflächen mit großer Empfindlichkeit nachweisen, z. B. Aminosäuren, Pharmaka, Vitamine u. ä. [8.20], [8.23].

Zunehmende Bedeutung haben Oberflächenuntersuchungen mittels mehrerer Verfahren, möglichst an der gleichen Meßstelle und ohne Unterbrechung des Vakuums. Beim Einsatz von ESCA, AES und statischer SIMS werden z. B. hohe Spurenempfindlichkeit, Wasserstoffnachweis, Isotopenempfindlichkeit und Verbindungsnachweis kombiniert. Ein Beispiel zur kombinierten XPS (x-ray induced photoelectron spectroscopy) – AES-statischen SIMS-Analyse zeigt Bild 8.6 (nach [8.23]) für den Fall der Wechselwirkung von Sauerstoff mit einer Titanoberfläche bei Zimmertemperatur. Während das O 1 s-Signal (XPS), O KLL-Signal (AES) und O^--Signal (SIMS) die absolute Sauerstoffkonzentration anzeigen, spiegelt die Entwicklung der Clusterionensignale (SIMS) die Bildung unterschiedlicher Oxide wider. Weitere Anwendungsgebiete sind Analysen zu katalytischen Reaktionen [8.33] sowie Korrosionsuntersuchungen [8.34].

Qualitative Untersuchungen mit der dynamischen SIMS betreffen vor allem Tiefenprofilanalysen, Massenspektren und Elementverteilungsbilder.

Bild 8.7 zeigt qualitative Untersuchungen an ungetemperten und getemperten Mehrschichtsystemen ($Bi_{1-x}Sb_x$-Ag-Glas) [8.24], die deutlich den Materialaustausch zwischen den Schichten durch die Temperung nachweisen.

Bild 8.8 zeigt ein Beispiel für die Aufnahme von Elementverteilungsbildern, die Borsegregation an Nickelkristalliten, aufgenommen mit dem Gerät SMI 300.

Wie schon aus Bild 8.2 ersichtlich, sind die SIMS-Massenspektren recht kompliziert, wobei zu berücksichtigen ist, daß Clusterionen hohe

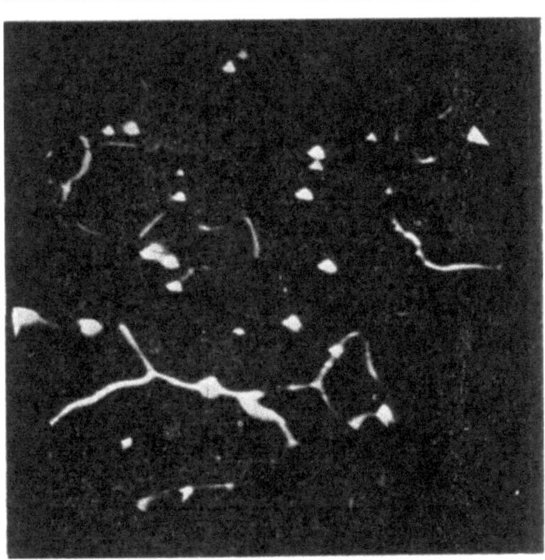

Bild 8.8. Massenverteilungsbild von $^{11}B^+$: Gesichtsfeld etwa 300 μm

Intensitäten erreichen können. Die hochauflösende Massenspektrometrie ist in der Lage, Meß- und Untergrundsignale effektiv zu trennen und die Komponenten identifizierbar zu machen. Bild 8.9 zeigt ein hochaufgelöstes Massenspektrum der Masse 75^+ von As-dotiertem Silizium bei Beschuß mit O_2^+-Ionen, gemessen mit dem Gerät ims 3 f [8.25] (Massenauflösung 4 300). Die einzelnen Peaks lassen sich (v.l.n.r.) As, Si_2O, Si_2OH und AlO_3 zuordnen.

Auch die dynamische SIMS kann Aussagen über Verbindungen liefern. So haben WERNER u. Mitarb. aus den Molekülspektren (Fingersprintspektren) [8.26], [8.11] bestimmter Verbindungen bzw. Phasen, die zunächst in reiner Form darzustellen sind, damit man ihre charakteristischen Spektren ermitteln kann, unter der Annahme linearer Superposition Tiefenverteilungen solcher Gemische ermittelt.

Das Verfahren ist recht aufwendig, insbesondere wegen der Notwendigkeit der Herstellung der reinen Komponenten.

Fehlerquellen bei qualitativen Untersuchungen sind vor allem undefinierte Oberflächen- und Grenzschichten, die die Sekundärionenausbeuten gegenüber dem Matrixvolumen erheblich ändern und Konzentrationsänderungen vortäuschen können. Nichtlinearitäten zwischen Konzentration

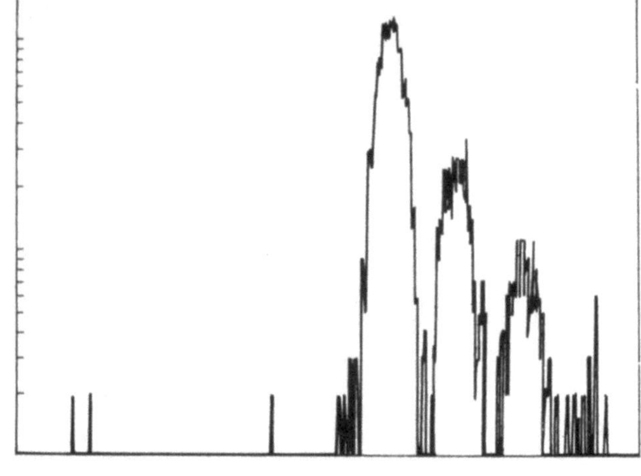

Bild 8.9. Hochaufgelöstes Massenspektrum der Masse 75^+, Probe As-dotiertes Silizium; Primärionen O_2^+: Massenbereich 0,261 Masseneinheiten

und Meßsignal im Bereich hoher Konzentrationen, Topographie- und Kristallstruktureffekte sind sorgfältig zu beachten. Bei der Untersuchung von Isolatorschichten können durch primärstrahlinduzierte elektrische Felder in der Schicht stark bewegliche Ionen unter der Feldwirkung zu den Grenzflächen wandern, wodurch die vor der Messung vorhandene Tiefenverteilung verfälscht wird (Beispiel Na in SiO_2 [8.6]).

8.4.3. Quantitative Analyse

Quantitative Analysen sind im allgemeinen nur mit der dynamischen SIMS möglich. Vollanalysen können nur über aufwendige Auswerteprozeduren und Computer-Korrekturprogramme erfolgen. Dabei sind bisher vor allem zwei Verfahren umfangreich getestet worden, die beide auf dem Sekundärionen-Emissionsmodell von ANDERSEN und HINTHORNE beruhen [8.27], [8.28]. Eine vereinfachte Form dieses Modells von MORGAN und WERNER [8.11], [8.29] hat zu dem Programm QUASIMS geführt, das nur noch einen internen Standard benötigt, während ANDERSEN und HINTHORNE bei ihrem Programm CARISMA zwei interne Standards verwenden. Tabelle 8.2 zeigt eine Gegenüberstellung von Analysen an NBS 461-Stahlstandards, gemessen mit den Geräten IMMA bzw. SMI 300 und korri-

giert mit CARISMA bzw. QUASIMS. Weitere Untersuchungen zeigen, daß beide Programme ähnliche Ergebnisse liefern.

Tabelle 8.2. Vergleich von Analysen an NBS-Stahlstandards (NBS 461) (Angaben in Atom-%)

Element	IMMA (nach [8.27])		SMI 300 (nach [8.29])	
	CARISMA	NBS	QUASIMS	NBS
Fe	96,0	96,4	94,7	96,1
Cr	0,20	0,14	0,083	0,14
Ni	1,52	1,65	2,97	1,64
Mn	0,87	0,37	0,44	0,36
Cu	0,30	0,30	0,43	0,30
Si	0,16	0,093	0,071	0,093
C	–	–	0,52	0,69
Al	–	–	0,0042	0,01
P	0,021	0,096	0,095	0,063
Ti	0,011	0,012	0,0057	0,01
V	0,019	0,026	0,019	0,026
Co	0,23	0,25	0,37	0,25
Zr	0,0013	0,003	–	–
Nb	0,0023	0,0066	0,0056	0,0066
Mo	0,031	0,175	0,15	0,17
Sn	0,0062	0,010	0,0079	0,01
Pb	0,0037	0,0008	–	–
B	–	–	0,0031	≈0,001
Ta	–	–	–	0,0006
W	–	–	–	0,0036

Hauptanwendungsgebiet der quantitativen Analyse ist die Tiefenkonzentrationsbestimmung im Bereich < 1 Atom-% über Eichproben bekannter Zusammensetzung, wobei das Matrixmaterial dem der zu messenden Probe entsprechen muß. Insbesondere in der Halbleitertechnologie mit ihren wenig komponentigen und reinen Matrixmaterialien ist die dynamische SIMS ein wichtiges Hilfsmittel geworden. Aufgrund der hohen Tiefenauflösung des Verfahrens können als Eichproben neben homogen dotierten Targets auch solche mit inhomogenen Tiefenverteilungen eingesetzt werden. Durch Ionenimplantation einer definierten Dosis des zu analysierenden Elements in die interessierende Matrix, SIMS-Messung des Implantationsprofils und Bestimmung der Sputtergeschwindigkeit durch Ausmessen der Tiefe des Sputterkraters lassen sich die Eichfaktoren für sehr viele Elemente in unterschiedlichen Matrices ermitteln. Als Beispiel zeigt Bild 8.10 Ionenimplantationsprofile einiger Elemente in Silizium, gemessen mit Cs-Primärionen am hochauflösenden Gerät ims 3f. Trotz der benötigten höheren Massenauflösung zeigen die Kurven die sehr hohe Empfindlichkeit und sehr gute Tiefenauflösung des Verfahrens. Tiefenprofilanalysen getemperter Proben gestatten die Ermittlung von Diffusionskoeffizienten in Abhängigkeit von Temperatur und Konzentration [8.30].

Weitere wichtige Anwendungen betrifft die Isotopenanalyse, insbesondere in Mineralen, die wichtige Schlußfolgerungen auf die Entstehungsgeschichte zulassen [8.31] bzw. die Ermittlung von Diffusionskoeffizienten, z. B. durch Diffusion stabiler Tracer-Isotope [8.32]. Darüber hinaus lassen sich mit SIMS auch sehr gut Isotopieeffekte bei der Untersuchung von Diffusionsvorgängen studieren.

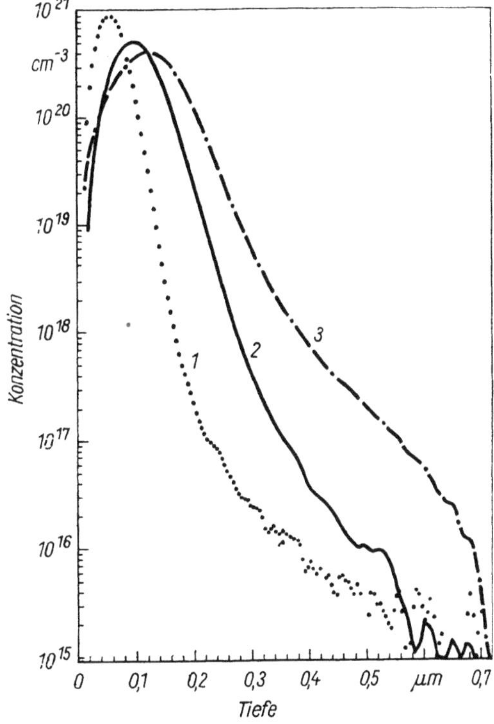

Bild 8.10. Ionenimplantationsprofile einiger Dotierungselemente in Silizium; Primärionen Cs⁺; Gerät ims 3f

1 Sb⁻ (Implantation: 130 keV; 5 · 10¹⁵ At/cm²)
2 As⁻ (Implantation: 150 keV; 5 · 10¹⁵ At/cm²)
3 P⁻ (Implantation: 100 keV; 5 · 10¹⁵ At/cm²)

14 Untersuchungsverfahren

Literaturverzeichnis

[8.1] WHITE, C. W.; D. L. SIMMS; N. H. TOLK: Science 177 (1972) 4048, S. 481–486
MACDONALD, R. J.; R. F. GARRETT: Surf. Sci. 78 (1978) 2, S. 371–358
KELLY, R.; C. B. KERKDIJK: Surf. Sci. 46 (1974) 2, S. 537–557

[8.2] OECHSNER, H.; W. GERHARD: Surf. Sci. 44 (1974), S. 480–488
OECHSNER, H.; W. RÜHE; E. STUMPE: Surf. Sci. 85 (1979), S. 289–301
OECHSNER, H.; E. STUMPE: Appl. Phys. 14 (1977) 1, S. 43–47
ISHITANI, T.; H. TAMURA: In: Secondary Ion Mass Spectrometry, SIMS II; Springer Series Chem. Phys., Vol. 9. Berlin, Heidelberg, New York: Springer Verlag 1979, S. 209–211

[8.3] CASTAING, R.; G. BLAISE; R. QUETTIER: 7th Int. Congr. X-Ray Opt. Microanalysis. Moskau, Kiew 1974

[8.4] HENNEQUIN, J.-F.; M. COUCHOURON: Rèv. Phys. Appl. 14 (1979), S. 993–1006

[8.5] BRÜMMER, O. (Hrsgb.): Mikroanalyse mit Elektronen- und Ionensonden, 2. Aufl. Leipzig: VEB Deutscher Verlag für Grundstoffindustrie 1980, Kap. 13

[8.6] RÖDER, A.; C.-E. RICHTER: In: Probl. d.

Festkörperelektronik, Bd. 7. Berlin: VEB Verlag Technik 1975, S. 7–81

[8.7] ČEREPIN, V. T.; M. A. VASILEV: Vtoriĉnaja ionno-ionnaja emissija metallov i splavov. Kiew: Naukova dumka 1975

[8.8] VEKSLER, V. I.: Radiation effects 51 (1980), S. 129–170

[8.9] Secondary Ion Mass Spectrometry; NBS Spec. Publ. No. 427, Washington 1975

[8.10] Autorenkollektiv: Festkörperanalyse mit Elektronen, Ionen und Röntgenstrahlen. Berlin: VEB Deutscher Verlag der Wissenschaften 1980

[8.11] WERNER, H. W.: In: Electron and Ion Spectroscopy of Solids. New York: Plenum Press 1978, S. 324–441

[8.12] BACH, H.: Glastechn. Ber. 53 (1980) 3, S. 58–62

[8.13] BENNINGHOVEN, A.; L. WIEDMANN: Quantitative Bestimmung der Sekundärionenausbeuten sauerstoffbedeckter Metalle. Forschgs.ber. d. Landes Nordrhein-Westf., Nr. 2784. Opladen: Westdeutscher Verlag 1978

[8.14] Secondary Ion Mass Spectrometry, SIMS II. Springer Series Chem. Phys., Vol. 9. Berlin, Heidelberg, New York: Springer Verlag 1979

[8.15] WILLIAMS, P.: Surf. Sci. 90 (1979), S. 588–634

[8.16] LIEBL, H.: J. Appl. Phys. 38 (1967), S. 5277 bis 5283

[8.17] CASTAING, R.; G. SLODZIAN: C. R. Ac. Sci. 255 (1962), S. 1893
CASTAING, R.; G. SLODZIAN: J. de Microscopie 1 (1962), S. 395–410
SLODZIAN, G.: Ann. de Phys. (Paris) 9 (1964), S. 591–648

[8.18] Firmenschrift CAMECA, Nr. 91536/1977: ims 3f. LEPAREUR, M.: Rèv. Techn. Thomson-CSF 12 (1980) 1, S. 225–265

[8.19] LIEBL, H.: Meßtechnik (1972) 12, S. 358–365
LIEBL, H.: in NBS Spec. Publ. No. 427, Washington 1975, S. 1–31

[8.20] BENNINGHOVEN, A.; P. BECKMANN; K. H. MÜLLER; M. SCHEMMER: Surf. Sci. 89 (1979), S. 701–709

[8.21] DAWSON, P. H.; W.-C. TAM: Surf. Sci. 81 (1979), S. 464–478

[8.22] BUHL, R.; A. PREISINGER: Surf. Sci. 47 (1975), S. 344–357

[8.23] BENNINGHOVEN, A.: In: Proc. 7th Int. Vac. Congr., 3rd Int. Conf. Sol. Surf., Wien 1977, Vol. 1, S. 723–730
GANSCHOW, O.; L. WIEDMANN, A. BENNINGHOVEN: In: Springer Series Chem. Phys., Vol. 9. Berlin, Heidelberg, New York: Springer Verlag 1979, S. 263–265

[8.24] GLOEDE, C.; H. MÜLLER; N. KAISER; M. TRAPP: Krist. u. Techn. 15 (1980) 8, S. 965–971

[8.25] RICHTER, C.-E.; M. TRAPP; M. GERICKE: Beitr. 5. Tag. Mikrosonde, Leipzig 1981. Phys. Ges. d. DDR 1981, S. 256–258

[8.26] WERNER, H. W.; H. A. M. DE GREFTE; J. VAN DEN BERG: Radiation effects 18 (1973), S. 269 bis 273

[8.27] ANDERSEN, C. A.; J. R. HINTHORNE: Anal. Chemistry 45 (1973), S. 1421–1438

[8.28] ANDERSEN, C. A.: In: NBS Spec. Publ. No. 427, Washington 1975, S. 79–119

[8.29] MORGAN, A. E.; H. W. WERNER: Mikrochim. Acta (Wien) 1978 II, S. 31–50

[8.30] HOFKER, W. K.; J. POLITIEK: Philips Techn. Rdsch. 39 (1980/81) 1, S. 1–15

[8.31] OKANO, J.; H. NISHIMURA: In: Springer Series Chem. Phys., Vol. 9. Berlin, Heidelberg, New York: Springer Verlag 1979, S. 216–218

[8.32] SOMENO, M.; M. KOBAYASHI: In: Springer Series Chrm., Phys., Vol. 9. Berlin, Heidelberg, New York: Springer Verlag 1979, S. 222–224

[8.33] ERTL, G.: In: Beitr. 5. Tag. Mikrosonde, Leipzig 1981, Phys. Ges. d. DDR 1981, S. 189 bis 190

[8.34] KEIL, A.: Galvanotechnik 66 (1975) 1, S. 9–12

9 Photoelektronen-Spektroskopie

Von FRANK WERFEL, MARTIN-LUTHER-Universität Halle-Wittenberg, Sektion Physik

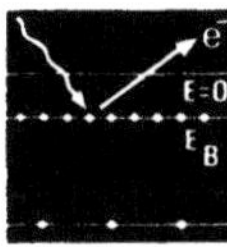

Die Photoelektronen-Spektroskopie ist eine der modernen spektroskopischen Techniken, die auf der Wechselwirkung von Photonen und Elektronen im Festkörper sowie deren individuellem Verhalten beruhen: Monochromatische und in Spezialfällen polarisierte Photonen treffen auf eine Probe und im Ergebnis des photoelektrischen Effektes werden Elektronen emittiert. Ihre kinetische Energie wird danach in einem geeigneten Analysator vermessen. Da die Austrittstiefe der Photoelektronen sehr klein ist (0,5 bis 5 nm), kann eine (im Normalfall vorhandene) Oberflächenkontamination das erhaltene Photoelektronenspektrum z. T. beträchtlich verfälschen. Die Messungen erfolgen daher routinemäßig unter Ultrahochvakuumbedingungen (10^{-7} bis 10^{-9} Pa) und erfordern im Hinblick auf eine saubere Oberfläche einen hohen präparativen Aufwand.

Die Entwicklungen auf dem Gebiet der Photoelektronen-Spektroskopie, vor allem die Verbesserungen der experimentellen Technik, erlauben heute ein breites Spektrum von Anwendungen durch gezielte Veränderung eines oder mehrerer Meßparameter. Abhängig von der Art und Energie der Anregungsquellen spricht man von der Ultraviolett-Photoelektronen-Spektroskopie mit einer Anregungsenergie bis etwa 40 eV (UPS) und der röntgenangeregten Photoelektronen-Spektroskopie mit typischen Energien von 1,2 bis 1,5 keV (XPS). Elektronensynchrotrone und Speicherringe stellen gleichermaßen vorzügliche Anregungsquellen dar. Das energetische Auflösungsvermögen kommerzieller Elektronenspektrometer beträgt 50 meV für UPS 20, bei Anregung mit monochromatisierter AlK_α-Strahlung erreicht man 0,5 eV. Alle Elemente $Z > 2$ können nachgewiesen werden. Es dominieren die Untersuchungen an festen Substanzen, Messungen an Flüssigkeiten und Gasen sind mit spezieller Technik möglich. In konventioneller Meßtechnik wird die Intensität der emittierten Photoelektronen als Funktion ihrer Energie unter konstanten geometrischen Bedingungen vermessen. Bei der winkelaufgelösten Spektroskopie (ARPS) dienen der azimutale und polare Elektronenabnahmewinkel als zusätzliche Parameter.

Das Hauptanwendungsgebiet der Photoelektronen-Spektroskopie liegt traditionell in der Untersuchung der Elektronenstruktur von Valenz- und Rumpfniveaus. Dabei wird angenommen, daß für Anregungsenergien > 25 eV die erhaltenen Energieverteilungskurven die besetzten Energiezustände im Festkörper abbilden (bei geringer Modulation durch das entsprechende Matrixelement). Für den Fall winkelaufgelöster Spektren von schichtenartigen Einkristallen wird sogar der vollständige Energiebandverlauf in einer definierten Kristallrichtung erhalten und erlaubt die Überprüfung von entsprechenden Bandberechnungen.

Die Untersuchung von Elektronenrumpfniveaus ist eine Domäne der XPS-Methode. Die energetische Lage oder Verschiebung der inneren Niveaus, wie sie im XP-Experiment erhalten wird, liefert wichtige Informationen über die Elektronenstruktur und die Bindungseigenschaften. Verstärkt werden XP-Coreniveau-Messungen zur qualitativen und quantitativen chemischen Analyse genutzt (daher das Synonym ESCA-Elektronenspektroskopie für chemische Analyse). Während die analytische Nachweisgrenze – abhängig von der Ordnungszahl – im Volumen bei etwa 0,1 % liegt, werden oberflächenanalytisch schon erheblich weniger als eine Monolage nachgewiesen. Diese Oberflächenempfindlichkeit bedingt den großen Aufschwung der Methode zur Untersuchung physikalisch-chemischer Phänomene an Grenz- und Oberflächen, wie Oxydation, Adsorption, heterogene Katalyse, Korrosion und dünne Schichten. Die Ergebnisse der Photoelektronen-Spektroskopie können zur Erhöhung der Aussagekraft mit denen anderer Spektroskopieverfahren, z. B. der Röntgenspektroskopie, der AUGER-Elektronenspektroskopie oder der Energieverlustspektroskopie verglichen und korreliert werden.

9.1. Prinzipien der Photoelektronen-Spektroskopie an Festkörpern

9.1.1. Elektronenbindungsenergie und chemische Verschiebung

Die Photoelektronen-Spektroskopie (ESCA) mit Röntgen- (XPS) und Ultraviolettanregung (UPS) wird in immer größerem Umfang als aussagekräftiges analytisches Untersuchungsverfahren eingesetzt. Seit den grundlegenden Arbeiten, vor allem von SIEGBAHN [9.1], [9.2], für die er im Jahre 1981 den Nobelpreis erhielt, hat eine sprunghafte Entwicklung der Instrumente und der experimentellen Technik für die Elektronenspektroskopie eingesetzt, im besonderen auch infolge der immer besseren Beherrschung von Meßverfahren im Ultrahochvakuum. Zum gegenwärtigen Zeitpunkt (1982) arbeiten etwa 1200 kommerzielle Photoelektronen-Spektrometer unterschiedlicher Ausstattung, wobei die Anwendungen nicht auf den Bereich der Grundlagenforschung in Physik und Chemie beschränkt sind, sondern die Methode inzwischen auch auf anderen wissenschaftlichen und technischen Gebieten eine hohe Wertschätzung erlangt hat. Der Kreis der Nutzer und Interessenten reicht von Festkörper- und Halbleiterphysikern über alle, die sich mit Oberflächen befassen (Oxydation, Adsorption, heterogene Katalyse, Korrosion, dünne Schichten), bis hin zu Anwendern und Analytikern in der Metallkunde.

Metalle und Legierungen waren auch die ersten Substanzen, an denen die Informationsmöglichkeiten und die Leistungsfähigkeit der XPS- und UPS-Methoden erprobt wurden. In den frühen Jahren der Elektronenspektroskopie dominierten die Messungen der emittierten Photoelektronen als Funktion ihrer Energie, und das Interesse konzentrierte sich auf chemische Informationen, die aus der Verschiebung der Elektronenrumpfniveaus und der Lage und Form der Photoelektronen-Valenzbandspektren abgeleitet wurden. Diesem Umstand verdankt die Methode ihren Namen ESCA (Electron Spectroscopy for Chemical Analysis – Elektronenspektroskopie für chemische Analyse). Mit Verbesserung der experimentellen und apparativen Technik, vor allem der Nutzung von Synchrotronstrahlung als Anregungsquelle, entstand die Methode der winkelaufgelösten Photoelektronen-Spektroskopie ARPS (Angle Resolved Photoelectron Spectroscopy), die geometrische Informationen und Aussagen zur Symmetrie der Wellenfunktionen gestattet. In gleicher Weise setzte in großem Umfang aufgrund der Oberflächenempfindlichkeit die Nutzung der Elektronenspektroskopie zum Studium der Wechselwirkung von Gasen mit der Festkörperoberfläche, besonders der Metalloberfläche, ein.

Das grundlegende Prinzip aller Verfahren der Photoelektronen-Spektroskopie ist schematisch in Bild 9.1 dargestellt. Monochromatische Photonen definierter Energie $h\nu$ treffen unter einer bestimmten Geometrie (Θ_p, φ_p) auf die Probe und erzeugen über den photoelektrischen Effekt Elektronen, die mit einer kinetischen Energie E_{kin} und in einer Orientierung relativ zur Probe (Θ_e, φ_e) in den Analysator gelangen. Die Anregungsstrahlung kann polarisiert sein (**P**), wie die am Ablenkungsmagneten eines Speicherrings oder Elektronensynchrotrons emittierte Strahlung. Spinpolarisierte Photoelektronen-Spektren

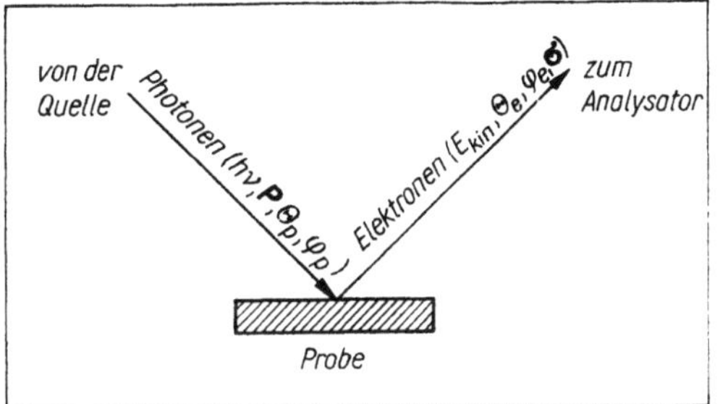

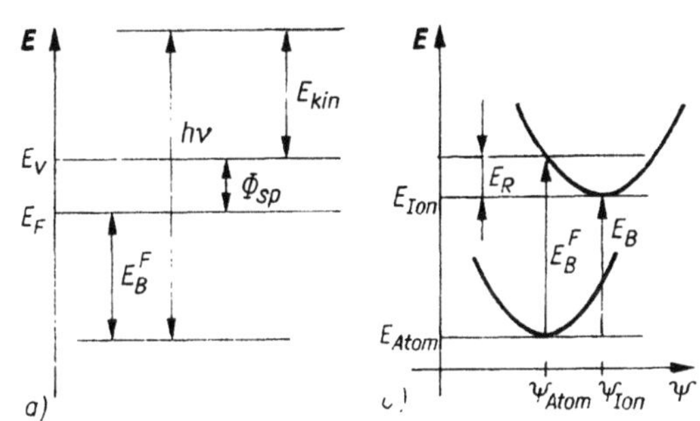

Bild 9.1. Schematische Darstellung des photo-elektronenspektroskopischen Prozesses. Die Variablen sind: Photonen der Energie hv, der Polarisation $\mathbf{P}$ und des polaren und azimutalen Einfallswinkels Θ_p, φ_p. Elektronen der Energie E_{kin}, der Polarisation σ und des azimutalen und polaren Winkels φ_e, Θ_e

Bild 9.2. Bestimmung der Elektronenbindungsenergie für metallische Substanzen (*a*). Verhältnis der gemessenen Bindungsenergien E_B als Differenz der Grundzustandsenergien von Atom und Ion und der um den Relaxationsbeitrag E_R höheren Energie E_B^F für den Fall *eingefrorener* Orbitale (*b*)

(σ) wurden bisher wenig gemessen, sie liefern jedoch wertvolle Informationen zu den magnetischen Eigenschaften der Festkörper.

Als wichtigste Größe der Photoelektronen-Spektroskopie erhält man die Bindungsenergie E_B der Elektronen. Ihre experimentelle Bestimmung erfolgt durch Messung der kinetischen Energie E_{kin} in einem entsprechenden Energieanalysator. Diesem Verfahren liegt nach Bild 9.2a der einfache Zusammenhang

$$hv = E_{kin} + E_B^F(k) + \Phi_{sp} \tag{9.1}$$

zugrunde, wobei die Bindungsenergie auf das für metallische Substanzen identische Ferminiveau E_F von Probe und Spektrometer bezogen ist. Die Größe Φ_{sp} ist die Spektrometer-Austrittsarbeit. Für die praktischen Messungen sind hv und Φ_{sp} in einer Spektrometerkonstanten zusammengefaßt, so daß man aus den gemessenen E_{kin}-Werten sofort die entsprechenden Bindungsenergien erhält. Allerdings sind berechnete Einelektronen-Ionisations-Energien oft relativ zu einem natürlichen Kristall-Nullpotential (z. B. Muffin-tin Null) in Form des Vakuumniveaus angegeben, da die exakte Position des Ferminiveaus in Halbleitern und Isolatoren etwa (nicht sicher) bekannt ist. Vakuumniveaubezogene experimentelle Bindungsenergien E_B^V erfordern jedoch die Kenntnis der Probenaustrittsarbeit Φ_p,

$$E_B^V = E_B^F + \Phi_p \tag{9.2}$$

deren genaue Bestimmung auf Schwierigkeiten stößt. Daher wird in der praktischen Photoelektronen-Spektroskopie für Metalle die gemessene Bindungsenergie relativ zum Ferminiveau angegeben.

An dieser Stelle muß darauf verwiesen werden, daß zur exakten Berechnung von Elektronenbindungsenergien das bisher benutzte Einteilchenbild nicht genügt. Neben der dominierenden Einelektronen-Ionisations-Energie sind Beiträge durch intra- und extraatomare Relaxation E_R sowie Korrelations- E_{korr} und relativistische Energieanteile E_{rel} zu berücksichtigen.

$$E_B = E_{HF} + E_R + E_{korr} + E_{rel} \tag{9.3}$$

Von diesen erlangen insbesondere die Relaxationsenergien beträchtliche Werte [9.3]. Im Ergebnis des Lochzustandes berücksichtigt der Relaxationsbeitrag sowohl die lokale Veränderung der Elektronendichte am Atom durch die größere Elektron-Kern-Anziehung (intraatomarer Beitrag) als auch die Ladungsumverteilung der Nachbaratome zur Abschirmung des positiv geladenen Loches (extraatomare Relaxation). Eine schematische Darstellung des Einflusses der Relaxation ist in Bild 9.2b gegeben. Nach dem Ionisationsprozeß findet man durch die Reorganisation der Orbitale eine neue Energieverteilungskurve für den Ion-Zustand ψ_{Ion}, verglichen zum atomaren Zustand ψ_{AT}. E_B^F ist die Bindungsenergie für den Fall eingefrorener (*frozen*) Orbitale, d. h. für konstante Werte der Wellenfunktion ψ. Bei der Aufnahme der Spektren treten durch den Photoemissionsprozeß, der die Reorganisation der Orbitale einschließt, stets Bindungsenergien der Größe $E_B = E_B^F - E_R$ auf. Die *wahre* Bindungsenergie E_B^F kann danach nur bestimmt werden, wenn der Relaxationsbeitrag bekannt ist.

Häufig beobachtet man neben der Elektronenhauptlinie zusätzliche Peaks und Strukturen, deren Ursache Multiplettaufspaltungen, Vielelektronenprozesse (shake-up, shake-off) oder charakteristische Energieverlusteffekte (Plasmonen) sein können. Diese Satellitenstrukturen erschweren z. T. die Interpretation der Meßspektren, stellen andererseits eine Quelle weiterer Informationen dar.

Noch stärker als die absoluten Bindungsenergien interessiert die chemische Verschiebung ΔE_{ch} eines Energieniveaus im Ergebnis eines unterschiedlichen Bindungszustandes des Atoms. Dabei wirkt nicht nur die Valenzbindung selbst, sondern es kommen auch induktive Effekte entfernterer Atome in Betracht. Die chemische Verschiebung setzt sich nach einem einfachen Potentialmodell (Punktladungsmodell) unter Vernachlässigung der Relaxation aus zwei Anteilen zusammen:

$$\Delta E_{ch} = E_{intra} + E_{inter} = kq_A + l_A + \sum_{A \neq B} q_B/r_{AB}$$

$$\text{mit} \tag{9.4}$$

$$E_{intra} = kq_A + l_A$$

und

$$E_{inter} = \sum_{A \neq B} q_B/r_{AB}$$

Der intraatomare Term E_{intra} berücksichtigt die COULOMB-Wechselwirkung der Valenzelektronen mit den Rumpfelektronen infolge der durch den Bindungszustand verursachten Ladung q_A. Der interatomare Beitrag E_{inter} gibt die COULOMB-Wechselwirkung der punktförmig angenommenen effektiven Ladung benachbarter Atome B auf das Atom A wieder. E_{inter} hängt in erster Linie von der Art der Atome, ihrer Geometrie zueinander sowie der Ladungsverteilung und Polarisierbarkeit der Valenzelektronen (MADELUNG-Potential) ab. Der intraatomare Beitrag ist näherungsweise proportional dem Ladungszustand des nichtionisierten Atoms q_A und enthält weiterhin einen Term l, der die Kontraktion der atomaren Orbi-

tale infolge des Ionisationszustandes berücksichtigt. Zur Berechnung der chemischen Verschiebung nach Gl. (9.4) werden k und l empirisch oder theoretisch bestimmt. Die effektive Ladung des Atoms A ist gleich der Differenz von Ordnungszahl und effektiver Elektronenzahl

$$q_A = Z \text{ (Ordnungszahl)} - P \text{ (tatsächliche Elektronenzahl)}$$

Die Größe q_A kann u. a. aus PAULING-Ladungsverteilungen [9.4], CNDO- (complete neglect of differential overlap) oder Ab-initio-Berechnungen gewonnen werden. q_B ist in gleicher Weise die punktförmig angenommene effektive Ladung der Nachbaratome im Abstand r_{AB} vom Atom A. Praktisch beobachtet man Verschiebungen der Bindungsenergie für ein Element in verschiedenen chemischen Zuständen bis etwa 5 eV, im Fall kleiner Moleküle sogar bis 10 eV. Diese Spektrenverschiebungen genügen im allgemeinen, um den betreffenden Ladungs- oder Oxydationszustand der Atome zu identifizieren.

Vanadium besitzt einen multivalenten Charakter, d. h., es kristallisiert vom Monoxid bis zum Pentoxid in zahlreichen Oxydationsstufen. In Bild 9.3 ist die chemische Verschiebung der V 2p- und 3s-Rumpfniveaus in Abhängigkeit vom Oxydationsgrad dargestellt. Mit wachsender Oxydation beobachtet man eine Zunahme der Bindungsenergie der Rumpfniveaus. Dieses Verhalten besitzt (bis auf wenige Ausnahmen) Allgemeingültigkeit: Je höher die formale Valenz der Atome in einer Verbindung, desto größer ist die entsprechende Bindungsenergie der Elektronen. Die Abweichungen vom exakt linearen

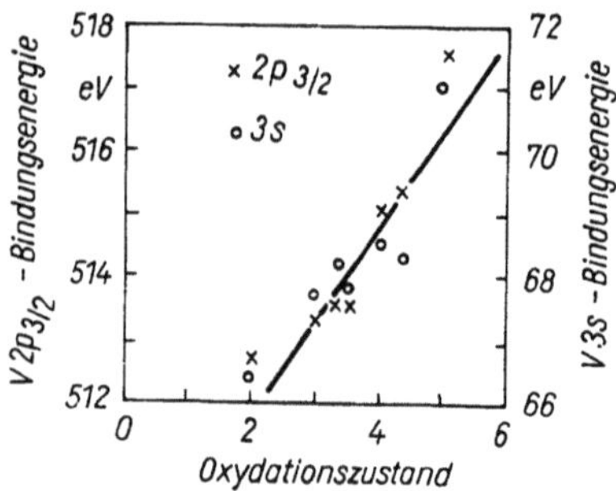

Bild 9.3. Chemische Verschiebung der V-2p- und V-3s-Niveaus in Abhängigkeit vom Oxydationszustand

Verhalten sind nicht überraschend, da z. B. die einfachen Vorstellungen vom Ladungsübergang von den Metall- zu den Sauerstoffatom-Sphären Kovalenzeffekte nicht berücksichtigen.

Für die meisten Elemente und viele Verbindungen sind die Bindungsenergiewerte der Hauptniveaus tabelliert [9.5], [9.6], [9.7]. Trotz sorgfältiger Messungen und Korrekturen differieren die von verschiedenen Autoren in der Literatur angegebenen Bindungsenergien für gleiche Niveaus bis zu 1 eV und weisen auf die oben erwähnten Schwierigkeiten bei der Bestimmung absoluter Werte hin [9.8].

9.1.2. Valenzelektronenniveaus

Untersuchungen der Valenzbandstrukturen wurden lange Zeit nur mit Hilfe der UV-angeregten Spektroskopie vorgenommen. Dank einer verbesserten experimentellen Technik gelingt jedoch heute die Aufnahme der Valenzniveaus von Festkörpern auch mit der röntgenangeregten Photoelektronen-Spektroskopie, obgleich die Photo-Ionisationsquerschnitte der Valenzorbitale bei Röntgenanregung verhältnismäßig klein sind und das Auflösungsvermögen geringer ist als mit UV-Strahlung. Dafür kann die Interpretation der XP-Spektren wesentlich vereinfacht werden. Die Monochromatisierung der Röntgenstrahlung ist hierbei ganz besonders wichtig, nicht nur, um eine bessere Energieauflösung zu erreichen, sondern auch um unerwünschte Verzerrungen des Valenzbandspektrums infolge der Linienform der charakteristischen Strahlung sowie der $K\alpha_{3,4}$-Satelliten und der Bremsstrahlung zu vermeiden. Die Anregung mit Röntgenstrahlung hat den großen Vorteil, daß sich die Photo-Ionisationsquerschnitte der Orbitale in einem begrenzten Energiebereich nur wenig ändern und dadurch die Zustandsdichte bis in die Nähe des Ferminiveaus fast unverzerrt wiedergegeben wird, während bei UV-Anregung starke Intensitätsverzerrungen aufgrund der veränderlichen Ionisationsquerschnitte auftreten. Die relativen Intensitäten eines Valenzbandspektrums sind stark von der Energie der anregenden Strahlung abhängig, wie in Bild 9.4 für das Au-Valenzbandspektrum gezeigt wird. So sind bei Röntgenanregung die Wirkungsquerschnitte der Energie-

bänder mit d- und f-Symmetrie größer als die mit s- und p-Symmetrie; dagegen werden bei UV-Anregung die s-artigen Bänder verstärkt abgebildet. Durch Nutzung dieser Eigenschaften kann eine qualitative Bestimmung der Verteilung von Elektronenzuständen bestimmter Symmetrie über das Gesamtvalenzband durch Messung mit UV- und Röntgenanregung erfolgen.

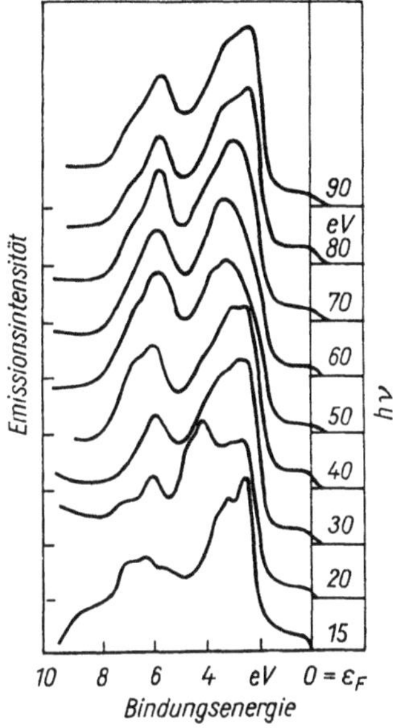

Bild 9.4. Abhängigkeit des Au-Valenzbandspektrums von der Energie der anregenden Strahlung

Die Interpretation experimenteller Valenzbandspektren wird heute ausnahmslos in einem 3-Stufen-Modell vorgenommen. Dabei nimmt man eine (willkürliche) Unterteilung des Photoemissions-Prozesses in folgender Weise vor:

- optische Anregung eines Elektrons
- Durchwandern des Materials einschließlich der Möglichkeit, auf diesem Wege kinetische Energie durch unelastische Streuprozesse zu verlieren
- Austritt aus der Festkörperoberfläche in das Vakuum

Die Energieverteilungskurve (EDC) der photoemittierten Elektronen $I(E, h\nu)$ resultiert aus der Summe der Primärverteilung der Elektronen

$I_p(E, h\nu)$ ohne unelastische Streuung, d. h. ohne Energieverlust, und einem Untergrundanteil von Sekundärelektronen $I_s(E, h\nu)$, die durch unelastische Stoßprozesse kinetische Energie verloren haben.

$$I(E, h\nu) = I_p(E, h\nu) + I_s(E, h\nu) \qquad (9.5)$$

Der Untergrundanteil ist wegen der Mehrfachstreuung wenig strukturiert und beeinflußt damit kaum wesentliche Details eines Valenzbandes, d. h., Strukturen und Peaks werden in ihrer energetischen Lage richtig abgebildet. Allerdings kann die relative Intensität des Valenzbandspektrums durch den nichtresonanten Untergrundanteil I_s beeinflußt werden. Der Photoelektronenanteil ohne Energieverlust, entstanden durch die optische Anregung der Elektronen vom besetzten Energiezustand E_n in den nichtbesetzten Zustand $E_{n'}$, kann im 3-Stufen-Modell in folgender Weise faktorisiert werden:

$$I_p(E, h\nu) = N(E_n) N(E_n\varepsilon)\, \sigma(E_n, h\nu)\, T(E_n)\, D(E_n)$$

$$(9.6)$$

Die Transmissionsfunktion $T(E_n)$ und die Escape-Funktion $D(E_n)$ sind davon relativ glatte, mit der Energie wenig veränderliche Funktionen und verursachen wie die Sekundärelektronen keine zusätzlichen Strukturen im gemessenen Spektrum. Unter der Annahme, daß das Dipolmatrixelement für den Übergang $E_n \rightarrow E_{n'}$ in Form des photoelektrischen Wirkungsquerschnittes $\sigma(E_{n'}, h\nu)$ über den begrenzten Energiebereich des Valenzbandes konstant ist, erhält man eine (etwas gestörte) Abbildung der Elektronenzustandsdichten von Anfangs- und Endzustand $N(E_n)$ bzw. $N(E_{n'})$. Diese Größe wird in der englischsprachigen Literatur als »Joint Density of States« (JDOS) bezeichnet und ist analog dem Imaginärteil der dielektrischen Funktion $\varepsilon(h\nu)$. Die JDOS kann z. B. auch aus optischen Messungen erhalten werden. Für Anregungsenergien $h\nu > 30\ eV$, im besonderen auch für Röntgenanregung, findet keine Intensitätsmodulation durch die Endzustandsdichte $N(E_{n'})$ mehr statt. Damit können XP-Spektren einfacherweise im Modell der Anfangszustandsdichte $N(E_n)$ - deren Form und Verlauf naturgemäß am stärksten interessiert - interpretiert werden:

$$I(E, h\nu) \propto N(E_n) \qquad (9.7)$$

Die Erfahrung zeigt, daß diese Näherung in vielen Fällen gerechtfertigt ist und die XP-Methode damit wesentliche Beiträge zur Aufklärung der Valenzbandstruktur liefern kann.

9.1.3. Photoelektrischer Wirkungsquerschnitt und Winkelverteilung

Im vorangehenden Abschnitt wurde ad hoc für den Valenzbandbereich eine Voraussetzung über die Konstanz des photoelektrischen Wirkungsquerschnittes $\sigma(E, h\nu)$ gemacht. Grundsätzlich kann der atomare Photo-Ionisationsquerschnitt eines Rumpf- oder Valenzniveaus bis auf einen Faktor auf der Grundlage quantenmechanischer Berechnungen ermittelt werden.

Die prinzipiellen Schwierigkeiten bei der Berechnung von Wirkungsquerschnitten bestehen in der Wahl geeigneter Wellenfunktionen zur exakten Beschreibung des (ionisierten) Endzustandes.

In [9.10] sind atomare Photoionisationsquerschnitte auf der Grundlage theoretischer Berechnungen angegeben. Für Energien bis etwa 1 500 eV gibt es gewisse Analogien im Verlauf der berechneten atomaren Wirkungsquerschnitte:

a) Der maximale Ionisationsquerschnitt liegt stets nahe der Ionisationsenergie.

b) Bei hohen Anregungsenergien im Vergleich zur Anregungsschwelle (XP-Bereich) verringert sich der Ionisationsquerschnitt erheblich, wobei die Wirkungsquerschnitte für Rumpfniveaus größer sind als für Valenzorbitale. Im Bereich der Valenzbandenergien verändert sich der Ionisationsquerschnitt nur unwesentlich.

Atomare Ionisationsquerschnitte bei Röntgenanregung sind von SCOFIELD [9.10] für die Elemente $Z = 1$ bis 96 relativistisch berechnet worden. Die Tabellen stellen eine wertvolle Hilfe bei der Interpretation von gemessenen Valenzbandspektren dar. Andererseits erlauben sie eine (wenn auch grobe) Abschätzung der jeweils zu erwartenden Intensitäten von Rumpf- und Valenzniveaus.

Trotz zielstrebiger Verbesserungen der theoretischen Modelle gibt es noch unterschiedliche Auffassungen über die Stärke des Einflusses der Wirkungsquerschnitte auf den Intensitätsverlauf experimenteller Valenzbandspektren. Allgemein wird $\sigma(E)$ als intensitätsmodulierender Faktor anerkannt, jedoch die Möglichkeit der Erzeugung zusätzlicher Strukturen in den Spektren ausgeschlossen. Damit werden die Voraussetzungen für Gl. (9.7) gestützt.

Die winkelaufgelöste Photoemission (ARPS) hat aufgrund ihres hohen Informationsgehaltes einen starken Aufschwung genommen. In ARP-Spektren tritt z. B. eine Vielzahl von Peaks und Strukturen auf, die im konventionellen winkelintegrierten Spektrum des gleichen Materials nicht beobachtet werden. Winkelabhängige Spektren erhält man von einkristallinen Proben, wobei der zu untersuchende Kristall über den polaren und azimutalen Winkel Θ und φ relativ zur Elektronenabnahmerichtung orientiert ist. Eine definierte, von der Kristallsymmetrie abhängige Veränderung eines oder beider Winkel liefert das jeweils zugehörige ARP-Spektrum. Der physikalische Hintergrund der ARP-Spektroskopie wird durch eine einfache Betrachtung der bisher vernachlässigten Impulserhaltung deutlich.

Die Impulskomponente des austretenden Photoelektrons parallel zur Oberfläche $\mathbf{p}_{\parallel}$ ist bis auf einen reziproken Gittervektor $\mathbf{h}$ eine Erhaltungsgröße:

$$\mathbf{p}_{\parallel} = \mathbf{k}_{\parallel} + \mathbf{h} \tag{9.8}$$

Hierbei ist $\mathbf{k}_{\parallel}$ die Komponente des Wellenzahlvektors des Anfangszustandes. Die Größe $\mathbf{p}_{\parallel}$ hängt in einfacher Weise mit der kinetischen Energie des Photoelektrons zusammen:

$$|\mathbf{p}_{\parallel}| = \sqrt{2mE_{\mathrm{kin}}/\hbar^2}\, \sin \Theta$$

Die Erhaltung dieser Impulskomponente resultiert aus der Translationssymmetrie entlang der Kristalloberfläche. Der Öffnungswinkel des Energieanalysators $\Delta\Theta$ bestimmt die Impulsunsicherheit $\Delta\mathbf{k}_{\parallel}$ in der Vermessung von $\mathbf{k}_{\parallel}$:

$$|\Delta\mathbf{k}_{\parallel}| = \sqrt{2mE_{\mathrm{kin}}/\hbar^2}\, \cos \Theta\, \Delta\Theta$$

Für einen typischen räumlichen Öffnungswinkel von $\Delta\Theta = 3°$ und $\Theta = 45°$ folgt daraus:

E_{kin} in eV	$\Delta\mathbf{k}_{\parallel}$ in at. Einheiten	=	% der Dimension einer BRILLOUIN-Zone (Gitterkonst. = 0,4 nm)
16	0,04		5
160	0,12		15
1 400	0,38		48

Aus diesen Betrachtungen folgt, daß nur für Elektronenenergien bis etwa 150 eV die Auflösung in $\mathbf{k}_{\parallel}$ gut genug ist, um Übergänge aus kleinen Bereichen der BRILLOUIN-Zone noch lokalisieren zu können. Die winkelaufgelöste Photoelektronen-Spektroskopie ist daher eine Domäne der mit UV- oder Synchronstrahlung angeregten Verfahren.

In zweidimensionalen Strukturen wie MoS_2, TaS_2 oder Graphit ist zur Erklärung der Bandstruktur wegen der Kristallsymmetrie keine Aussage über die senkrecht zur Oberfläche liegende Impulskomponente des Photoelektrons $\mathbf{k}_{\perp}$ erforderlich. Daher sind ARP-Spektren erfolgreich zum Studium der Elektronenstruktur von Verbindungen mit schichtenartiger Kristallstruktur herangezogen worden. Jeder Peak im Spektrum liefert dabei einen Punkt in der Darstellung Energie E gegen Wellenzahlvektor $\mathbf{k}_{\parallel}$. Der in dieser Weise experimentell ermittelte Bandverlauf kann zur Überprüfung und Korrektur von berechneten Energiebandstrukturen herangezogen werden. Untersuchungen der dreidimensionalen Bandstruktur setzen demgegenüber eine Bestimmung von $\mathbf{k}_{\perp}$ voraus. Die zwei existierenden Modelle dazu basieren sowohl auf der $\mathbf{k}_{\perp}$-Erhaltung (direktes Übergangsmodell) als auch auf deren Vernachlässigung (indirektes Übergangsmodell). Nach neueren Vorstellungen von LEY [9.11] sind zu einer physikalisch verständlichen Interpretation definierte Beiträge beider Modelle zu berücksichtigen (gewichtetes indirektes Übergangsmodell).

Trotz der obigen Betrachtungen über den Abbildungsgrad von Teilen einer BRILLOUIN-Zone wurden starke Intensitätsänderungen in winkelaufgelösten Spektren auch bei Röntgenanregung beobachtet. Nach BAIRD u. Mitarb. [9.12] ist dafür die geringe absolute Größe der senkrechten Impulskomponente der Photoelektronen verantwortlich, wodurch ein flaches, diskusähnliches Gebiet aus der BRILLOUIN-Zone zur Abbildung gelangt. Die so gemessenen Spektren werden im Modell einer *ebenen Zustandsdichte* interpretiert.

9.2. Apparative Voraussetzungen

Ein Photoelektronen-Spektrometer besteht im wesentlichen aus vier Hauptelementen, der

Photonenquelle zur Erzeugung von monoenergetischer Strahlung, der zu untersuchenden Probe einschließlich einer geeigneten Vakuumkammer zur Positionierung und Präparation, dem Energieanalysator und dem Detektorsystem mit Nachfolgeelektronik. Diese Elemente sind innerhalb der Vakuumkammer in geeigneter Weise um die Probe angeordnet. Die sehr hohen Vakuumanforderungen von 10^{-7} bis 10^{-10} Pa werden heute durch Ionengetterpumpen, Ti-Sublimationspumpen, Turbomolekularpumpen oder Hochleistungs-Diffusionspumpen realisiert. In Bild 9.5 ist der Aufbau eines kommerziellen Röntgen-Photoelektronen-Spektrometers (HP 5950A) dargestellt.

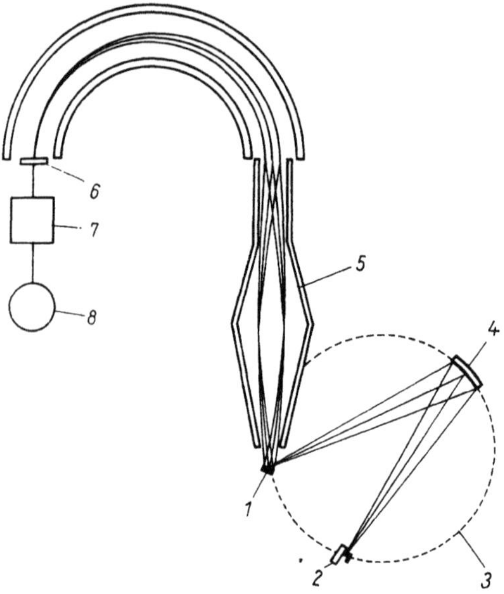

Bild 9.5. Prinzipieller Aufbau eines kommerziellen Photoelektronen-Spektrometers (HP 5950 A)

1 Probe
2 Röntgenquelle
3 ROWLAND-Kreis
4 Monochromator
5 Linse
6 Detektor
7 Vielkanalanalysator
8 Meßwertausgabe

Als Photonenquelle kommen vor allem Röntgen- und UV-Strahler und in zunehmendem Maße auch die Synchrotronstrahlung zur Anwendung. Die Energie der Strahlungsquelle bestimmt bzw. begrenzt dabei den Energiebereich der zu spektroskopierenden Photoelektronen. In der Tabelle 9.1 wird ein Überblick über gebräuchliche Strah-

lungsquellen, ihre charakteristische Energie und Monochromasie gegeben. Ultraviolettstrahler bilden mit ihrer sehr hohen Monochromasie (Linienbreiten 20 meV) die wesentliche Voraussetzung für das gute energetische Auflösungsvermögen der UPS-Methode. Zur Röntgenanregung wird hauptsächlich die K_α-Strahlung von Al und Mg benutzt, wobei eine wesentliche Verbesserung der Energieauflösung durch den Einsatz von Kristallmonochromatoren erreicht wird [9.13].

Tabelle 9.1. *Gebräuchliche Strahlungsquellen für die Photoelektronen-Spektroskopie*

	Quelle	Energie [eV]	Linienbreite [eV]
UV	He I	21,2	0,003
	He II	40,8	0,017
Röntgen	Mg K_α	1 253,6	0,68
	Al K_α	1 486,6	0,83
Elektronen-synchrotron		0,1 … 1000	0,02 bis 0,3 (typ.)

Neben der Strahlungsquelle ist der Energieanalysator ein zweites apparatives Grundelement eines Elektronenspektrometers. Heute finden fast ausschließlich elektrostatische Energieanalysatoren aus zylindrisch- oder sphärisch-gekrümmten Platten hoher mechanischer Präzision Verwendung. Über eine Eintrittsapertur folgen die Elektronen mit definierter kinetischer Energie einer Flugbahn, deren Form nach den Gesetzen der Elektronenoptik durch das elektrische Feld zwischen den Platten und der Geometrie des Analysators festgelegt ist. Das Energiespektrum der Photoelektronen erhält man entweder durch eine Änderung des Ablenkfeldes der Platten oder durch definierte Veränderung eines die Elektronen vor Eintritt in den Analysator abbremsenden Gegenfeldes. Der wichtigste Parameter eines Analysators ist seine Energieauflösung $\Delta E_A/E_A$, wobei ΔE_A die Breite der Energieverteilungskurve monoenergetischer Elektronen nach Durchgang durch den Analysator ist und E_A als sogenannte Paß- oder Durchgangsenergie bezeichnet wird. Moderne Analysatoren besitzen $\Delta E/E$-Werte bis zu 0,02%, d. h., die absolute Energieauflösung für Paß-Energien von 1 000 eV beträgt bis 0,2 eV.

Die schnelle apparative Entwicklung auf dem Gebiet der experimentellen Photoelektronen-Spektroskopie wird besonders am Beispiel ständig verbesserter Elektronendetektoren deutlich. Es begann mit Elektronenverstärkern auf der Basis aktiver Oberflächen von Be-Cu- oder Ag-Mg-Legierungen. Einen Fortschritt stellten die sogenannten Kanal-Elektronenverstärker (Channeltrons) dar, insbesondere wegen ihres geringen Untergrundrauschens. Obgleich die wirksame Auffangfläche eines Kanalverstärkers durch eine trichterförmige Vorrichtung auf etwa 0,5 cm² vergrößert ist, wird nur ein geringer Teil der im Analysator monochromatisierten Elektronen erfaßt. Dieser Umstand führte zur Entwicklung von positionsempfindlichen, flächenhaft wirkenden Elektronendetektoren, die unter dem Namen *Multichannel-Plate* (Vielkanalplatte) bekannt geworden sind. Damit konnte die Nachweiseffektivität um nahezu eine Größenordnung gesteigert werden. Die sich an den Detektor anschließende Nachweiselektronik besteht in der Regel aus Vorverstärker, Impulsdichtemesser und Schreiber. Eine andere Möglichkeit besteht im Einsatz eines Vielkanalanalysators mit angeschlossenem Rechner zur mathematischen Weiterverarbeitung der beträchtlichen Datenmengen.

9.3. Aufnahme von ESCA-Spektren

9.3.1. Probenpräparation

Es muß an dieser Stelle betont werden, daß bei aller modernen Technik der Festkörper-Elektronenspektroskopie zur immer intensiveren Anregung und effektiveren Energieanalyse und Nachweis der Photoelektronen die *definierte Probenpräparation als experimentelle Hauptaufgabe der Photoemission* angesehen werden muß. Bei einer Informationstiefe von 1 nm (10 Å) und einer angenommenen Gitterkonstanten von 0,4 nm liefert die oberste Atomlage etwa 30 % des gesamten Elektronenspektrums. Damit wird verständlich, daß atomare Fremdkonzentrationen oder Störungen in oder auf dieser Schicht genügen, um starke Veränderungen in den Spektren hervorzurufen. Im Hinblick auf diese Eigenschaften ist die Präparation einer sauberen Oberfläche für Photoemissionsmessungen auch heute noch mehr eine Kunst denn eine Wissenschaft. Es existieren keine streng gültigen Regeln zur Erzeugung sauberer Oberflächen, und daher sollen nur einige der allgemein anerkannten und erfolgreich erprobten Präparationstechniken kurz wiedergegeben werden.

Man unterscheidet zwischen Verfahren zur Erzeugung einer neuen Oberfläche und Bearbeitungsprozeduren zum schrittweisen Abtragen von störenden Kontaminationsschichten. Zur ersten Kategorie gehört das Spalten von einkristallinen Proben entlang einer niedrig indizierten Gitterebene. Wird diese Spalttechnik im Hochvakuum durchgeführt, so erzeugt sie hochgradig orientierte, ebene und saubere Oberflächen für Photoemissionsmessungen höchster Qualität. Allerdings ist die Reaktivität der frischen Spaltfläche gegenüber Gasen der umgebenden Atmosphäre zu berücksichtigen. Si und GaAs beispielsweise absorbieren aufgrund unabgesättigter freier Bindungen (dangling bonds) die umgebende Gasatmosphäre sehr leicht, und selbst im Ultrahochvakuum von 10^{-8} Pa erfolgt eine monoatomare Bedeckung in relativ kurzer Zeit. Andere Präparationsmethoden, wie Aufdampfen oder Aufsputtern, erzeugen gleichfalls eine neue Probenoberfläche. Beide Verfahren sind allerdings hinsichtlich Reinheit und Stöchiometrie auf Elementsubstanzen begrenzt. Mit Erfolg werden gleichfalls in-situ-Präparationstechniken angewendet, die auf mechanische Weise die Oberflächenschichten mittels Diamantbürsten o. ä. abtragen. Nachteilig ist in diesem Fall die unvermeidliche Oberflächenrauhigkeit.

Unter den Präparationstechniken ist das Ionenätzen (Sputtern) mittels hochenergetischer Edelgasionen (z. B. Ar^+) am weitesten verbreitet. Fast alle kommerziellen Photoelektronen-Spektrometer verfügen über dieses atomare Präparationsverfahren. Beim Sputterprozeß werden Atome oder Moleküle der obersten Oberflächenschichten durch beschleunigte, auftreffende Edelgasionen herausgeschlagen. Damit ist es möglich, abhängig vom Ionenstrom, der Beschleunigungsspannung und der Materialbeschaffenheit der Probe, unerwünschte monoatomare Schichten in relativ kurzer Zeit von der Oberfläche abzutragen. Durch Ionenätzen, besonders bei hohen Beschleunigungsspannungen (1 bis 10 kV), wird die Probenoberfläche sehr stark zerstört (amorphisiert). Gleichermaßen beobachtet man durch unterschiedliche Sputterraten oftmals ein Defizit einer Probenkomponente, so daß die Oberflächenzusammensetzung nicht mehr für den Festkörper repräsentativ ist. In Einzelfällen lassen sich z. B. Oxidschichten durch einfache Temperaturerhöhung beseitigen.

9.3.2.   Photoelektronen aus Metallen

Systematische Photoemissionsmessungen der Valenzbanden von Übergangsmetallen gehörten mit zu den ersten komplexen Arbeiten, nachdem geeignete hochauflösende Spektrometer zur Verfügung standen [9.14], [9.15]. Entsprechende Ergebnisse der Uppsala-Gruppe sind in Bild 9.6

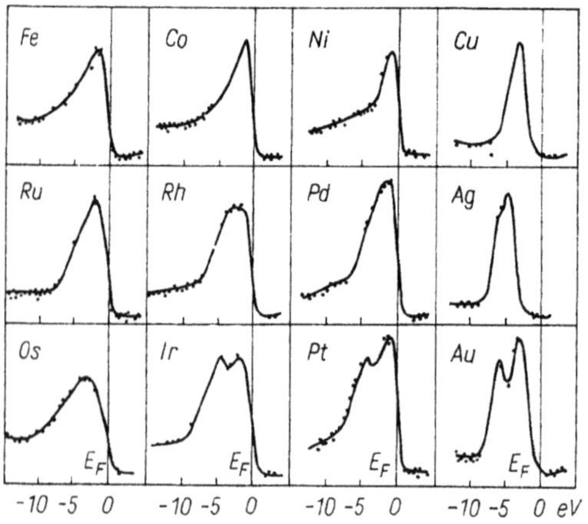

Bild 9.6. Röntgenangeregte Valenzbandspektren von Übergangsmetallen

gezeigt. Die Spektren der leichteren Übergangsmetalle scheinen relativ wenig strukturiert und zeichnen sich durch einen Peak hoher Intensität mit einer für das jeweilige Metall charakteristischen Breite aus. Typisch ist der starke Intensitätsrückgang an der unteren Kante der d-Bänder, der durch einen Abfall in der Größe der Ionisationsquerschnitte verursacht wird. Es zeigt sich, daß die drei Metalle Ir, Pt, Au mit der stärksten Spin-Bahn-Kopplung auch diejenigen

sind, bei denen eine Dublettstruktur im Valenzband zu beobachten ist. Die Größe der Aufspaltung wird anhand des Betrages der atomaren l × s-Kopplung nicht erwartet. Für Au beträgt die energetische Trennung der Komponenten etwa 3 eV, ein Wert, der doppelt so groß ist wie der atomare $d_{3/2}$-$d_{5/2}$-Abstand. Aus Messungen der entsprechenden Röntgenspektren kann eine Zuordnung der Peaks zu den Valenzbandkomponenten mit den individuellen j-Werten (Gesamtimpuls) erfolgen.

Mit Verbesserung der Vakuumsysteme und der Energieauflösung gelang es, die Feinstruktur der Valenzbanden noch genauer zu erfassen und die XP-Messungen auch auf Metalle mit stark chemischem Reaktionsvermögen wie Al und Mg [9.16] oder Gd, Dy, Er [9.17] auszudehnen. Letztere Seltenen-Erden-Metalle wurden nach Angabe der Autoren unter Vakuumbedingungen von $6 \cdot 10^{-10}$ Pa vermessen. Ein Grundanliegen dieser experimentellen Arbeiten sind Aussagen und Informationen zur Elektronenstruktur der Metalle. Faktoren wie die energetische Breite und Form des Valenzbandes oder die Zustandsdichte an der Fermigrenze bestimmen in hohem Maße die makroskopischen elektrischen und magnetischen Eigenschaften. Röntgenangeregte Photoemissionsmessungen bilden nach Abschnitt 9.1.2. in erster Näherung die Anfangszustandsdichte $N(E_n)$ ab und erlauben gleichzeitig eine Korrelation mit anderen spektroskopischen Daten, etwa mit Röntgenemissionsspektren. Diesbezügliche komplexe spektroskopische Untersuchungen wurden zur Bestimmung der Elektronenstruktur der 3d-Übergangsmetalle (Sc-Zn) erfolgreich angewendet. Die Ergebnisse lieferten Informationen über die Lage und Verteilung der 3d-Elektronen und gaben einen Beitrag zum Verständnis der teilweise ungewöhnlichen Eigenschaften dieser Vertreter der technologisch wichtigsten Metallgruppe. In Bild 9.7 sind für Vanadium ($Z = 23$), als einem typischen Vertreter für die Fe-Gruppe, die Röntgen- und Photoelektronen-Valenzbandspektren über XP-Rumpfniveau-Messungen miteinander korreliert und für Vergleichszwecke in einer einheitlichen Energieskala gezeichnet. Die experimentellen Spektren sind mit Zustandsdichtefunktionen aus der Literatur verglichen und können hinsichtlich der Elektronenzustände verschiedener Symmetrie diskutiert werden [9.18].

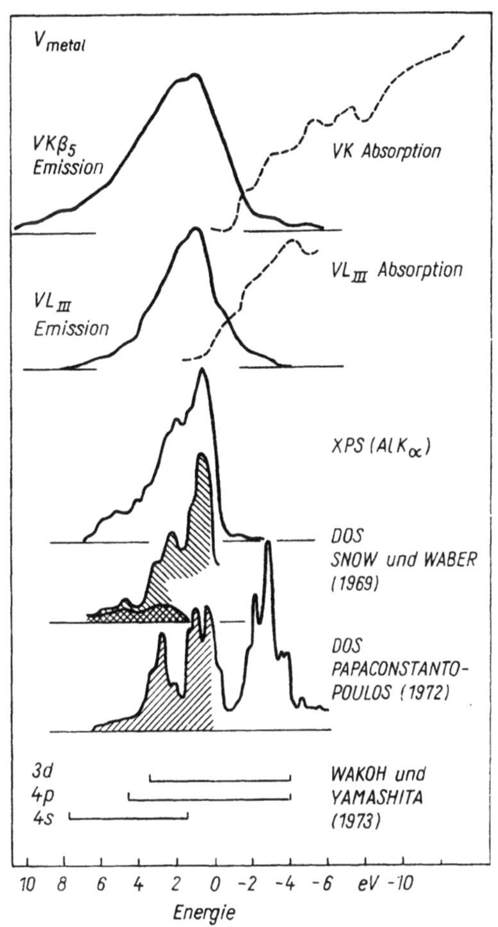

Bild 9.7. Korrelation von Röntgen- und Photoelektronen-Valenzbandspektren und Vergleich mit theoretischen Zustandsdichteberechnungen (DOS) für metallisches Vanadium

Die erhaltenen Resultate für V bestätigten die allgemein akzeptierte Vorstellung über die Elektronenstruktur von 3d-Metallen: Ein schmales Energieband hoher Zustandsdichte an der Fermigrenze – verantwortlich u. a. für die magnetischen Eigenschaften – wird durch ein relativ breites 4s-Band überlagert.

Lange Zeit war die experimentelle Aufnahme der XP-Valenzbandspektren der einfachen Metalle, wie Be, Na, Mg und Al, sowie deren Interpretation ein ungelöstes Problem. Die Ursachen dafür sind in extremen Anforderungen an die apparative Technik (Vakuum) und in den notwendigen Kenntnissen über den Photoemissionsprozeß, vor allem der Größe der Relaxations- und Energieverlusteffekte zu suchen. Für die einfachen Metalle erwartet man in erster Näherung einen parabolischen Verlauf der Elektronenzustandsdichte (Modell freier Elektronen) und daher sollte in den Valenzbandspektren die Intensitätsverteilung eine $E^{1/2}$-Abhängigkeit zeigen. Systematische Untersuchungen der Rumpf- und Valenzbandspektren der einfachen Metalle sind von HÖCHST, HÜFNER und STEINER [9.19] durchgeführt worden. In Bild 9.8 sind die entsprechenden XP-Valenzbanden von Na, Mg und Al dargestellt. Der Vergleich der gemessenen Spektren mit berechneten totalen und partiellen Zustandsdichten zeigt, daß die experimentellen Resultate am besten durch eine Wichtung der partiellen s-, p-, d-Zustandsdichte-Funktionen in Form des Verhältnisses der Photo-Ionisationsquerschnitte $\sigma_s : \sigma_p : \sigma_d$ interpretiert werden können (durchgezogene Kurven). Als Besonderheit treten in den Rumpf- und Valenzbandspektren der einfachen Metalle intensitätsstarke Energieverluststrukturen[1]) durch unelastische Streuprozesse auf. Überraschenderweise kann in einfachen Metallen die Wechselwirkung von Lochzustand und angeregtem Elektron mit den Leitungselektronen des Festkörpers für Rumpf- und Valenzorbitale unter einheitlichen Gesichtspunkten verstanden werden, und die Spektrenform ist durch die gleichen Parameter (z. B. gleiche Linien- und Bandasymmetrie) beschreibbar.

Photoemissionsmessungen an Legierungen konzentrieren sich sowohl auf die Frage der chemischen Verschiebung der Rumpfniveaus im Ergebnis eines Ladungstransfers von einer atomaren Sphäre zur Sphäre der anderen Spezies als auch der Ausbildung der Valenzbandstruktur. Generell erwartet man beim Übergang eines Atoms von einem metallischen (Element) in einen anderen Zustand (Legierung) nur eine geringe Verschiebung der Rumpfniveaus, typisch 1 eV oder weniger. Eine Ursache dafür ist die geringe

---

[1]) Diese Energieverluststrukturen entstehen durch Anregungen des Elektronenkollektivs im Festkörper, die als Plasmonen bezeichnet werden.

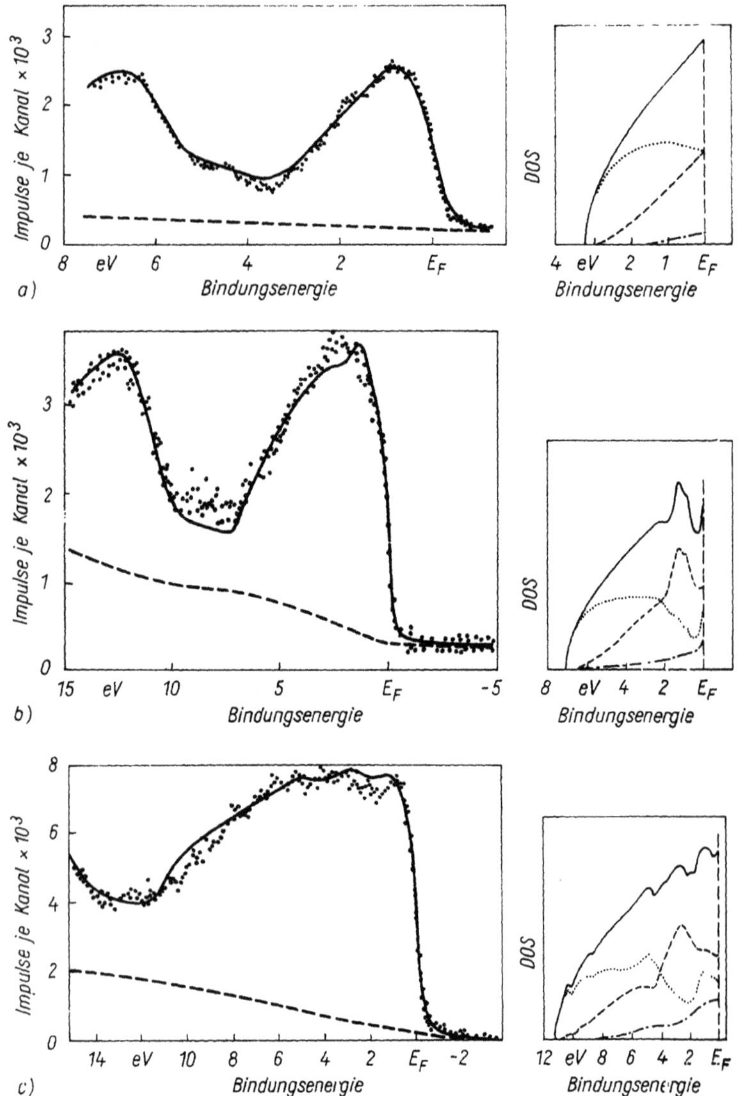

Bild 9.8. Experimentelle XP-Valenzbandspektren einfacher Metalle und Vergleich mit berechneten Spektren unter Berücksichtigung der partiellen Zustandsdichte-Funktionen (DOS), gewichtet mit einem angepaßten Verhältnis der Wirkungsquerschnitte. Die Bandasymmetrien und Plasmonenstrukturen wurden in die Rechnung gleichfalls einbezogen.

a) Na-XPS-Valenzband
b) Mg-XPS-Valenzband
c) Al-XPS-Valenzband

···	experimentelle EDC	···	*s* DOS
——	berechnete EDC	– – –	*p* DOS
——	gesamt DOS	–·–	*d* DOS

Ionizität der Metalle, d. h., jede Tendenz zur Ladungsverschiebung oder Umladung wird durch Abschirmeffekte der Leitungselektronen kompensiert. Die Valenzbandspektren für das System Cu–Ni [9.20] und Ag–Pd [9.21] zeigen eine mit der Konzentration nahezu unabhängige energetische Lage der von atomaren Bändern abgeleiteten Intensitätsbanden und bekräftigen damit das CPA-Modell (Coherent Potential Approximation). Die Valenzbandspektren von Pd_xAg_{1-x} sind in Bild 9.9 gezeigt [9.21]. Die $4d$-Bänder des

schlossen werden. Eine andere Klasse von Legierungen, z. B. Au-Sn, wird durch ein gemeinsames Valenzband charakterisiert, dessen Form und energetische Lage durch die Wechselwirkung der Valenzzustände der individuellen atomaren Komponenten bestimmt wird (Modell virtueller Zustände).

Intermetallische Verbindungen sind eine spezielle Klasse von Legierungen, die für ein festes Konzentrationsverhältnis eine chemisch geordnete Struktur zeigen. Von dieser Substanzgruppe

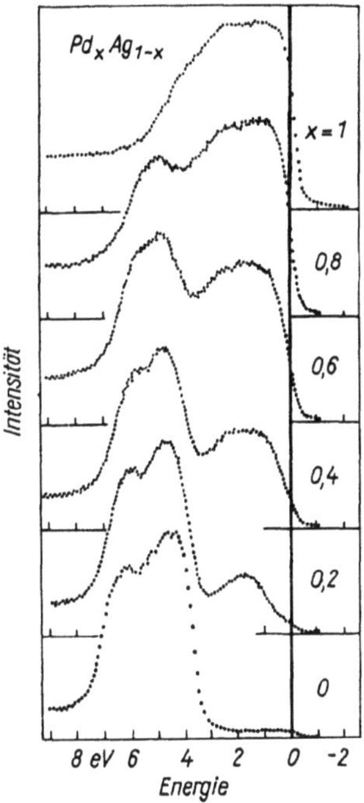

Bild 9.9. XP-Valenzbandspektren des Legierungssystems Ag–Pd. Die individuelle energetische Lage der $4d$-Bänder von Ag und Pd bleibt weitgehend erhalten

Pd bzw. Ag überlappen im gesamten Konzentrationsbereich nicht. Der gemessene Intensitätsverlauf an der Fermigrenze deutet auf eine Verringerung der Zustandsdichte bei E_F mit Erhöhung des Ag-Gehaltes hin. Aus XP-Rumpfniveau- und Comptonprofil-Messungen kann auf einen Ladungstransfer von s-Elektronen aus den Ag-Zellen in $4d$-Zustände auf Pd-Plätzen ge-

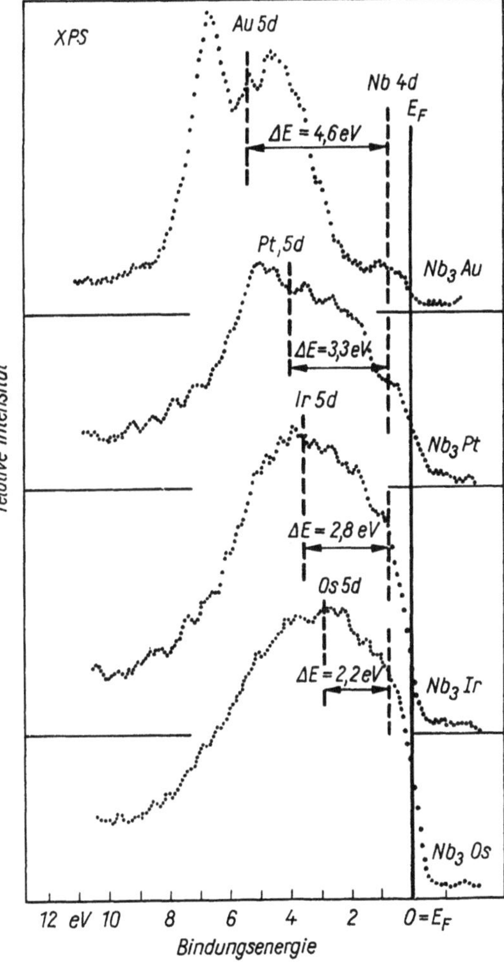

Bild 9.10. Valenzbandmessungen an supraleitenden Nb_3X-Verbindungen (X = Os, Ir, Pt, Au)

beanspruchen insbesondere die A-15-Strukturen wegen ihrer hohen supraleitenden Sprungtemperaturen sowohl das Interesse der angewandten als auch der Grundlagenwissenschaften. Hochaufgelöste XP-Photoemissionsmessungen sind von den A-15-Supraleitern Nb_3Sn [9.22] und V_3Si [9.23] bekannt. Im Hinblick auf die Korrelation von Sprungtemperatur T_c und Elektronenzustandsdichte an der Fermigrenze $N(E_F)$ sind systematische Valenzbandmessungen von besonderem Interesse. In Bild 9.10 sind die Ergebnisse von XP-Messungen des Valenzbandes an Nb_3X-Verbindungen (X = Os, Ir, Pt, Au) aufgeführt [9.24]. Die supraleitende Sprungtemperatur erhöht sich in der Reihenfolge von 0,94 K (Nb_3Os) über 1,66 K und 9,20 K auf 10,56 K (Nb_3Au). Wegen des begrenzten Auflösungsvermögens (0,5 eV) und der intensitätsmodulierenden Wirkung der Ionisationsquerschnitte können keine sicheren Aussagen über den Verlauf der Elektronenzustandsdichte an der Fermigrenze gewonnen werden. Aufgrund der Verringerung des Bandabstandes Nb4d–X5d von Nb_3Au nach Nb_3Os ist

zu vermuten, daß die für einen hohen $N(E_F)$-Wert verantwortlichen Nb-4d-Zustände durch eine von Au nach Os zunehmende Hybridisierung mit den X-5d-Zuständen abgeflacht werden und den T_c-Abfall verursachen.

Die Leistungsfähigkeit der winkelaufgelösten Photoelektronen-Spektroskopie wird anhand der in Bild 9.11 dargestellten Ergebnisse an Ag demonstriert [9.25]. Bild 9.11a zeigt dabei die mit einer Energie von 10,2 eV (UPS) angeregten Photoelektronen-Spektren für die orientierte Ag-(110)-Fläche bei einer systematischen Änderung des Elektronenabnahmewinkels. Die Energiepositionen der jeweils auftretenden Peaks und Strukturen wurden im Bild 9.11b in Abhängigkeit vom Emissionswinkel als Punkte dargestellt. Zur Analyse der Daten werden die $k_{\parallel}$-Werte für jeden Peak berechnet. Anschließend ermittelt eine Suchroutine in der Bandstruktur alle Übergänge entlang der Linie $k_{\parallel}$ = konst. mit einer vertikalen (d. h. $k_{\parallel}$-erhaltenden) Übergangsenergie von 10,2 eV. Der berechnete Energiebandverlauf der Anfangszustände ist in Bild 9.11b gestrichelt ein-

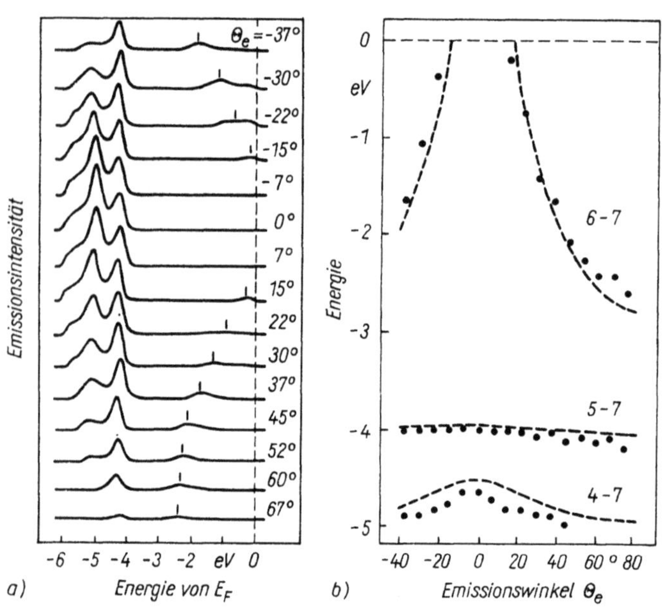

Bild 9.11. Winkelaufgelöste Photoelektronenspektren an Ag. Die in Bild *a* ($\Theta_i = 45°$; in Richtung [11$\bar{1}$]) abhängig vom Emissionswinkel Θ_e jeweils erhaltene energetische Peaklage ist in Bild *b* graphisch abgetragen und mit dem berechneten, zugehörigen Energiebandverlauf verglichen (gestrichelte Linien)

gezeichnet. Die experimentellen Peakpositionen liegen sehr nahe an den berechneten Bändern und geben einen Eindruck von der guten Übereinstimmung zwischen der experimentellen und theoretischen Energiebandbestimmung. Kleine Abweichungen von 0,2 eV im untersten Band liefern Hinweise zur Korrektur der Bandstrukturrechnung an Ag.

9.3.3.   Informationen zur Oberfläche

Eine grundlegende Frage der Photoelektronen-Spektroskopie bezieht sich auf den mit der Methode erfaßten Tiefenbereich im Festkörper. Die effektive Probentiefe wird durch die mittlere freie Weglänge bestimmt und hängt von der kinetischen Energie der Photoelektronen ab. Wie umfangreiche Untersuchungen der mittleren freien Weglänge der Photoelektronen an einer großen Zahl von Elementen gezeigt haben [9.26], [9.27], besteht nur eine geringe Materialabhängigkeit. Somit wird eine *universelle* Kurve für die freie Weglänge der Elektronen als Funktion ihrer kinetischen Energie erhalten (Bild 9.12). Die effektive Probentiefe wird bei hohen kinetischen Energien der Elektronen durch charakteristische unelastische Streuprozesse, wie Plasmonen- und Phononenanregung, sowie durch Einelektronen-Wechselwirkung und Interbandübergänge begrenzt. Im Energiebereich von 200 bis 2 000 eV folgt die freie Weglänge etwa einer $\sqrt{E_{\text{kin}}}$-Funktion. Bei etwa 100 eV wird ein Minimum durchlaufen (0,5 bis 1 nm), und bei kleineren Energien steigt die freie Weglänge wieder stark an. Letzteres wird durch den Wegfall der unelastischen Streuprozesse (außer Phononenstreuung) erklärt. Die effektive Probentiefe kann leicht reduziert werden, indem man die austretenden Elektronen unter einem kleinen Winkel zur Oberfläche betrachtet. Damit gestatten Intensitätsmessungen unter verschiedenen Austrittswinkel, selektiv die atomaren, chemischen oder strukturellen Eigenschaften der Oberfläche selbst oder tiefer liegender Schichten zu untersuchen. Die Nützlichkeit dieser Methode liegt auf der Hand, und das Verfahren hat gemeinsam mit der AUGER-Elektronenspektroskopie (Kapitel 10.) zahlreiche industriell-technologische Anwendungen, z. B. in der Korrosionsforschung, der Dünn-

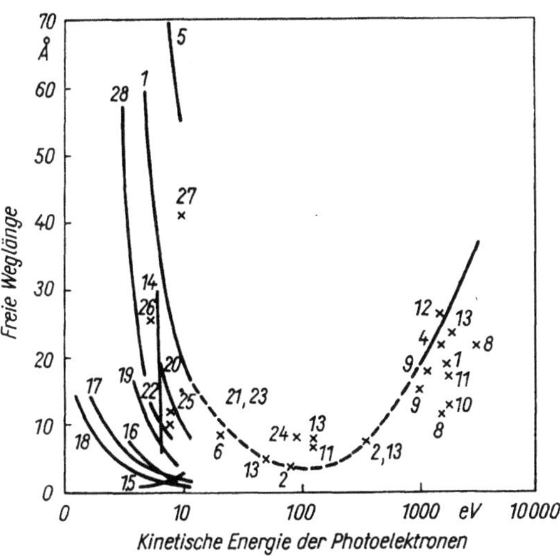

Bild 9.12. Freie Weglänge der Photoelektronen in Abhängigkeit von ihrer kinetischen Energie

1 Cu, Ag, Au	*13* Mo	*22* Y
2 Ag	*14* K	*23* Ni
3 u. *4* Au	*15* Cs	*24* Fe
5 bis *7* Al	*16* Sr	*25* u. *26* Si
8 Al_2O_3	*17* Ba	*27* Cd, Te
9 C	*18* Yb	*28* Na, K, Sb
10 u. *11* W	*19* Ce	
12 WO_3	*20* u. *21* Gd	

schichttechnologie und bei der Entwicklung von Katalysatoren gefunden. Die große Oberflächenempfindlichkeit der Photoelektronen-Spektroskopie soll durch zwei Parameter belegt werden: BRUNDLE [9.28] berichtet von einer Empfindlichkeit der XPS-Methode von $2 \cdot 10^{-3}$ monoatomaren Schichten, während HERCULES [9.29] für eine analytische Fragestellung mittels einer speziellen Technik eine Nachweisempfindlichkeit von weniger als 10 ppb (parts per billion; 1 ppb $\hat{=}$ 10^{-9}) für die Elemente Pb, Te und Hg angibt.

Eine zunehmende Zahl von winkelabhängigen Photoemissionsstudien beschäftigt sich mit der Wechselwirkung zwischen Gasen und Metalloberfläche, z. B. CO auf Ni oder H auf W. Von großem Wert sind vor allem auch Oxydationsuntersuchungen an Halbleiter- und Metalloberflächen [9.30], die wesentlich auf die Weiterentwicklung der Oberflächenphysik einwirken und zum Verständnis der chemisch-physikalisch sauberen Oberfläche sowie den Bedingungen für eine

Bedeckung beitragen. Von Al ist bekannt, daß unter Normalbedingungen und selbst im Hochvakuum stets eine Sauerstoffbedeckung vorgefunden wird, oft in Form von Al_2O_3. In Bild 9.13

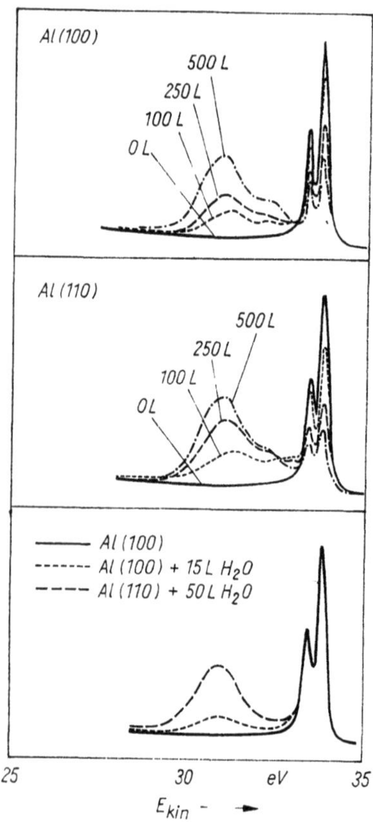

Bild 9.13. Photo-Elektronenspektroskopie-Messungen des Al-2p-Niveaus abhängig von der O_2- und der H_2O-Bedeckung der Einkristalloberflächen
hv = 111,3 eV

sind Messungen der chemischen Verschiebung des Al-2p-Niveaus in Abhängigkeit von der O_2- und H_2O-Bedeckung für (100)- und (110)- Aluminiumoberflächen dargestellt [9.31]. Bei einem höheren O_2- und H_2O-Angebot wird ein um 2,6 eV nach größeren Bindungsenergien verschobenes breites Maximum relativ zum Al-2p-Spektrum ohne Bedeckung beobachtet. Das Auftreten dieses zusätzlichen Maximums deutet

auf die Entstehung von Al_2O_3 an der Oberfläche hin. Die Spektren sind mit 111,3 eV Synchrotronstrahlung angeregt und zeigen deutlich die $2p_{3/2}$-$2p_{1/2}$-Spin-Bahn-Aufspaltung der Al-Rumpfniveaus. Dieses Ergebnis läßt auf die z. Z. höchste apparative Energieauflösung von etwa $\Delta E = 0{,}2$ eV für XP-Spektren schließen.

9.3.4.   ESCA als Analysenmethode

Unter dem Blickwinkel analytischer Fragestellungen kann die Photoelektronen-Spektroskopie folgende Informationen liefern:

– Aus der kinetischen bzw. Bindungsenergie der Photoelektronen kann die Art der an der Oberfläche vorliegenden Elemente bestimmt werden (qualitative Analyse).
– Über die Intensitäten bzw. Intensitätsverhältnisse kann eine Abschätzung der Elementkonzentration bzw. des relativen Mengenverhältnisses erfolgen (quantitative Analyse).
– Neben der Oberflächeninformation gestattet die Photoemission auch Aussagen zur Tiefenverteilung von Elementen und Verbindungen, und zwar im Bereich der Austrittstiefe der Photoelektronen zerstörungsfrei, für größere Schichtdicken unter Zuhilfenahme abtragender Verfahren.

Ein wesentliches Charakteristikum ist die – im Vergleich zu anderen Verfahren – geringe Informationstiefe der Photoelektronen-Spektroskopie (siehe Abschnitt 9.3.3.). Dagegen beträgt bei der Elektronenstrahl-Mikroanalyse und der Röntgenfluoreszenz-Spektroskopie der die Information liefernde Tiefenbereich, abhängig von den Anregungsbedingungen und Probenmaterial, einige µm; bei Benutzung langwelliger charakteristischer Röntgenlinien reduziert sich der Bereich auf 0,1 bis 1 µm. Für das Elektronenspektrometer HP 5950 A beträgt die vom Linsensystem erfaßte Probenoberfläche näherungsweise 5 mm × 1 mm. Wird eine mittlere Dichte des Probenmaterials von 10 g/cm³ angenommen, so errechnet sich mit einer Informationstiefe von 2 nm eine Probenmasse von 10^{-7} g. Zum Vergleich ist bei der Röntgenfluoreszenzanalyse ein Wert von 1 mg und bei der Elektronenstrahl-Mikroanalyse ein solcher von etwa 10^{-11} g anzunehmen.

Der minimale Substanzbedarf bei dem letzteren Verfahren resultiert aus dem vergleichsweise geringen Querschnitt des zur Anregung dienenden Elektronenstrahls.

Die geringe Reichweite der Elektronen macht das ESCA-Verfahren aber auch besonders anfällig für oberflächliche Verunreinigungen und für die praktisch unvermeidliche Oberflächenrauhigkeit. So weisen bei rasterelektronen-mikroskopischen Oberflächenuntersuchungen auch hochpolierte Proben Rauhtiefen auf, die um einige Größenordnungen höher als die freie Weglänge der Elektronen liegen. Die Kontaminationsschicht bewirkt eine absorptionsbedingte und die Oberflächenrauhigkeit eine abschattungsbedingte Schwächung der gemessenen Elektronenintensitäten des Probenmaterials. Diese beiden Faktoren sind im wesentlichen dafür verantwortlich, daß Arbeiten zur quantitativen Analyse mittels XPS nur in geringer Zahl vorliegen. Von EBEL und EBEL [9.32] sind die theoretischen Zusammenhänge für die quantitative XPS-Analyse aufgestellt worden und als experimentelle Bestätigung die Messung binärer und ternärer Legierungen der Elemente Gold, Kupfer und Silber beschrieben. Die Interpretation der Ergebnisse baut dabei auf der Vernachlässigung des Einflusses der Kontaminationsschicht und der Annahme eines linearen Zusammenhangs zwischen den Zählratenquotienten und den Konzentrationsquotienten auf.

Im Rahmen dieses Programms wurden binäre Eichkurven zur Auswertung aufgestellt. Die damit erhaltenen Ergebnisse sind im Bild 9.14 wiedergegeben. Die über die Eichkurven gefundenen Konzentrationen zeigen in Abhängigkeit von den wahren Konzentrationen den für die XPS-Analyse typischen Fehler. Ausgehend von den bisherigen Erfahrungen läßt sich zur quantitativen Photoemission feststellen:

- Der Einfluß der Oberflächenrauhigkeit und der gerätespezifischen Größen auf das Analysenergebnis kann durch geeignete Zählratenquotienten zweier Linien aus der Probe eliminiert werden.
- Die Kontaminationsschicht beeinflußt den Wert des Intensitätsquotienten nur gering (etwa 2 %).
- Die Verwendung des oben aufgeführten linearen Zusammenhangs zwischen gemessenen Intensitäts- und Konzentrationsquotienten bedingt im Bereich geringer Konzentrationen große Fehler (50 %).
- Eine Sputterbehandlung ist mit erhöhten Fehlern verbunden und deshalb nur bei stark kontaminierten Proben anzuwenden.

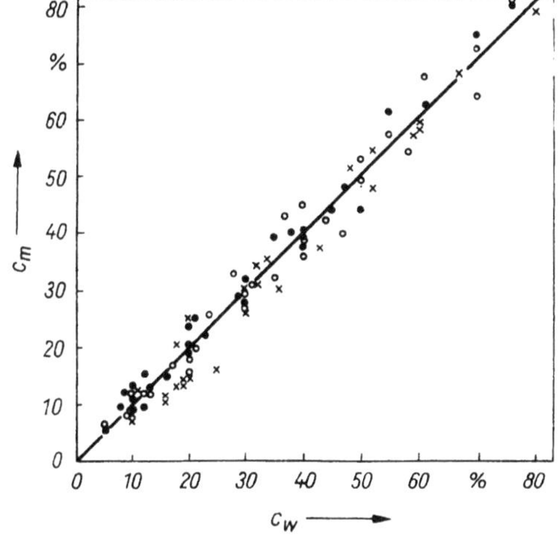

Bild 9.14. Darstellung der mittels XPS gefundenen Elementkonzentrationen von Au, Ag, Cu in binären und ternären Legierungen über der wahren Konzentration. Die Streuung der Ergebnisse zeigt den für XPS-Analysen typischen Fehler

× Au   ● Ag   ○ Cu

15*

Literaturverzeichnis

[9.1] SIEGBAHN, K.; C. NORDLING; A. FAHLMAN; K. HAMRIN; J. HEDMAN; G. JOHANSSON; T. BERGMARK; S. E. KARLSSON; I. LINDGREN; B. LINDBERG: ESCA-Atomare, molekulare und Festkörperstudien mittels Elektronenspektroskopie (engl.). Uppsala: Almquist & Wilsells 1967

[9.2] SIEGBAHN, K.; G. JOHANSSON; J. HEDMAN; P. F. HEDÉN; K. HAMRIN; U. GELIUS; T. BERGMARK; L. O. WERME; R. MANNE; Y. BAER: ESCA-Anwendung auf freie Moleküle (engl.). Amsterdam: North-Holland Publ. Co. 1969

[9.3] GELIUS, U.: Physica Scripta 9 (1974), S. 133

[9.4] PAULING, L.: Die Natur der chemischen Bindung (engl.), S. 145 ff., Ithaca/New York: Cornell University Press 1960

[9.5] CARDONA, M. (Eds.): L. LEY: Fotoemission in Festkörpern I (engl.). Topics in Applied Physics, Vol. 26, S. 265 ff. Berlin/Heidelberg/New York: Springer-Verlag 1979

[9.6] CARLSON, T. A.: Fotoelektronen- und Augerspektroskopie (engl.). New York/London: Plenum Press 1975, S. 337 ff.

[9.7] FUGGLE, J. C.; N. MÄRTENSSON: J. Electron Spectrosc. Relat. Phenom. 21 (1980), S. 275

[9.8] MADEY, T. E.; C. D. WAGNER; A. JOSHI: J. Electron Spectrosc. Relat. Phenom. 10 (1977), S. 359

[9.9] GOLDBERG, S. M.; C. S. FADLEY; S. KONO: J. Electron Spectrosc. Relat. Phenom. 21 (1981), S. 285

[9.10] SCOFIELD, J. H.: J. Electron Spectrosc. Relat. Phenom. 8. (1976), S. 129

[9.11] LEY, L.: J. Electron Spectrosc. Relat. Phenom. 15 (1979), S. 329

[9.12] BAIRD, R. J.; C. S. FADLEY; L. F. WAGNER: Phys. Rev. Lett. 37 (1976), S. 111

[9.13] GELIUS, U.; E. BASILIER; S. SVENSSON; T. BERGMARK; K. SIEGBAHN: J. Electron Spectrosc. Rel. Phenom. 2 (1974), S. 405

[9.14] BAER, Y.; P. F. HEDEN; J. HEDMAN; M. KLASSON; C. NORDLING; K. SIEGBAHN: Phys. Scripta 1 (1970), S. 55

[9.15] FADLEY, C. S.; D. A. SHIRLEY: Nat. Bur. Std.; J. Res. A 74 (1970), S. 543

[9.16] BAER, Y.; G. BUSCH: Phys. Rev. Lett. 30 (1973) H. 7, S. 280

[9.17] BAER, Y.; G. BUSCH: J. Electron Spectrosc. Rel. Phenom. 5 (1974), S. 611

[9.18] WERFEL, F.; G. DRÄGER; O. BRÜMMER: phys. stat. sol. (b) 83 (1977), S. 257

[9.19] HÖCHST, H.; P. STEINER; S. HÜFNER: Z. Physik. B 30 (1978), S. 145

[9.20] HÜFNER, S.; G. K. WERTHEIM; R. L. COHEN; J. H. WERNICK: Phys. Rev. Letters 28 (1972), S. 488

[9.21] BERNDT, K.; U. MARX; O. BRÜMMER: phys. stat. sol. (b) 94 (1979), S. 541

[9.22] HÖCHST, H.; S. HÜFNER; A. GOLDMANN: Sol. St. Comm. 99 (1976), S. 899

[9.23] WERFEL, F.; G. DRÄGER; O. BRÜMMER; M. JURISCH: phys. stat. sol. (b) 80, K 95 (1977)

[9.24] KURMAEV, E. Z.; F. WERFEL; O. BRÜMMER; R. FLÜKIGER: Sol. St. Comm. 21 (1977), S. 239

[9.25] HANSSON, G. V.; S. A. FLODSTRÖM: Phys. Rev. B 17 (1978), S. 473

[9.26] STEINHARDT, R. G.; J. HUDIS; M. L. PERLMANN: Elektronenspektroskopie (engl.) (ed. D. A. SHIRLEY). North-Holl., Amsterdam 1972, S. 557

[9.27] KLASSON, M.; A. BERNDTSSON; J. HEDMAN; R. NILSSON; R. NYHOLM; C. NORDLING: J. Electron Spectrosc. Rel. Phenom. 3 (1974), S. 427

[9.28] BRUNDLE, C. R.; M. W. ROBERTS: Proc. Roy. Soc. London A 331 (1972), S. 383

[9.29] HERCULES, D. M.; L. E. COX; S. OMISICK; G. D. NICHOLS; J. M. CARVER: Analytic Chemistry 45 (1973), S. 1973

[9.30] BERG, U.; R. FUHRMANN; O. BRÜMMER: phys. stat. sol. (a) 53, K 1 (1979)

[9.31] EBERHARDT, W.; C. KUNZ: DESY-Bericht SR-77/20 (1977)

[9.32] EBEL, H.; M. F. EBEL: X-Ray Spectr. 2 (1973), S. 19; Mikrochim. Acta (Wien), Suppl. 6 (1975), S. 44

10 Auger-Elektronenspektroskopie

Von Jürgen Klöber, Bergakademie Freiberg, Sektion Physik

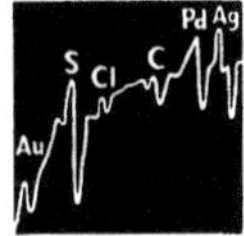

Mittels Auger-Elektronenspektroskopie (AES) lassen sich außer H und He prinzipiell alle Elemente im Festkörper-Oberflächenbereich und in Verbindung mit der Edelgasionenätzung die Abhängigkeit der Konzentrationen mit der Tiefe bestimmen. Dabei sind z. T. Aussagen zum Bindungszustand möglich. Die AES wird zur Lösung entsprechender halbleitertechnologischer und metallurgischer Probleme eingesetzt, speziell zu letzterem bei folgenden Problemkreisen:

- Segregation im Oberflächen- und Korngrenzenbereich
- Diffusion durch dünne Schichten
- Oxydation und Korrosion
- Passivierungsverhalten
- Einflüsse bei katalytischen Prozessen
- galvanische Schichten
- Bearbeitungs- und Prozeßeinflüsse auf Werkstoffoberflächen
- Oberflächenreinheit
- Adsorption und Chemisorption

Die AES ist grundsätzlich an allen festen Proben, ein- wie polykristallin, durchführbar, bei Isolatoren bzw. nichtleitenden Schichten infolge Aufladungen mit Einschränkungen. Die durch Rasterbetrieb oder Defokussierung nach oben offene (üblich: einige mm^2) Informationsfläche wird durch das Elektronenstrahlsystem nach unten begrenzt (Spitzenwerte: 10^3 nm^2; gängige Werte: 10^3 μm^2). Der durch die Auger-Elektronen beschränkte Informationstiefenbereich umfaßt wenige nm. Aus größeren Tiefen werden die entsprechenden Informationen nach Absputtern erhalten (in Sonderfällen bis μm). Die Genauigkeiten hängen vom Problem und Aufwand ab. Absolute Konzentrationsbestimmungen besitzen 5 bis 50% Fehler. Die Nachweisempfindlichkeiten liegen bei 10^{12} Atome/cm^2. Werden die zu untersuchenden Probenzustände nicht unmittelbar im für die AES notwendigen UHV erzeugt, so ist abzusichern, daß keinerlei Verunreinigung der Oberfläche (Berührung, Staub, Dämpfe usw). bis zum Probeneinbau stattfindet. Atmosphärische Gaseinflüsse lassen sich auf diese Weise nicht vermeiden. Das für Konzentrations-Tiefenprofilaufnahmen notwendige Absputtern schließt wiederholende oder mit anderen Methoden durchzuführende Messungen natürlich aus. Der Zeitaufwand von AES-Messungen hängt, vom jeweiligen Problem abgesehen, vom Gerätetyp usw. ab; CMA bzw. Auger-Mikroanalysegeräte liefern in ≈ 1 s ein Spektrum (1 keV Energiedurchlauf) bzw. die laterale Verteilung einer Auger-Linie, RFA-Messungen erfordern 1 h für ein solches oder für $\lessgtr 50$ Meßpunkte eines Linienscan. Konzentrationstiefenprofile benötigen bei um nm/min und weniger liegenden Abträgen entsprechende Zeit. Geräte ohne Vakuumschleuse bzw. Vakuumpräparationskammer beaufschlagen den Zeitaufwand je Probenbestückung (bis 10 Proben) um 24 h bis mehrere Tage. Die Entwicklung in Richtung automatisierter Raster-AUGER-Geräte zielt auf ein analytisches Routineverfahren ab, dessen finanzieller Aufwand allerdings nicht unterschätzt werden darf. Davon unabhängig wird die AES weiterhin vornehmlich für Untersuchungen im Zusammenhang mit der Werkstoffentwicklung und -beeinflussung durch Technologie und Beanspruchung eingesetzt.

10.1. Grundlagen

10.1.1. Auger-Elektronenemission und Charakteristika der bei Elektronenbeschuß aus Festkörpern emittierten Elektronen

Nach Ionisation einer inneren Elektronenschale eines Atoms kann dessen Abregung (Deexzitation) über die Emission eines Röntgenquants oder eines AUGER-Elektrons geschehen. Im ersten Fall wird die beim Auffüllen des ionisierten Niveaus durch ein Elektron aus einem höheren Niveau freiwerdende Energie als Röntgenquant emittiert, im zweiten findet eine strahlungslose Übertragung dieser Energie auf ein anderes Elektron statt, das ausgesandt wird. Diese nach dem Entdecker dieses Effektes (PIERRE AUGER 1925) genannten Elektronen besitzen den jeweils beteiligten Atomniveaus entsprechende Energien. Darauf beruht in Form der AUGER-Elektronenspektroskopie (AES) die Nutzung des AUGER-Effekts für die Analytik. Infolge der Beteiligung eines Lochs und zweier Elektronen am AUGER-Prozeß tritt dieser bei H, He und freiem Li nicht auf. AUGER-Elektronenenergien liegen im Bereich ab 10 eV bis um 10 keV. Von praktischem Interesse ist dabei z. Z. der niederenergetischere Bereich bis zu 2 keV. Für Elektronen dieser Energien betragen im Festkörper die mittleren freien Weglängen für unelastische Wechselwirkung bis zu 2 nm, d. h., daß AUGER-Elektronen nur Schichtdicken von einigen nm von ihrem Entstehungsort aus ohne wesentlichen Energieverlust durchdringen. Damit stellt die AES eine typische Analysenmethode für den Oberflächenbereich des Festkörpers dar.

Für die sowohl von der Ordnungszahl Z als auch dem primär ionisierten Niveau abhängigen Wahrscheinlichkeiten ω_{rad} der Abregung des primären Ionisationszustandes durch Röntgenemission und ω durch AUGER-Elektronen gilt praktisch $\omega_{rad} + \omega = 1$, d. h., in der Anwendung sind nur diese beiden konkurrierenden Prozesse zu beachten. Dabei stellt grundsätzlich für kleine bis mittlere Z die AUGER-Abregung den dominierenden Prozeß dar.

Die primäre Ionisation kann durch eine beliebige Anregungsmethode erfolgen; ausgeprägt ist die mittels Elektronen. Dies vor allem wegen der relativ leicht zu realisierenden Variation der Intensität und Energie eines Elektronenstrahls, seiner guten Fokussierbarkeit und Benutzung zum Rasterbetrieb. Weiter lassen sich Elektronenquellen komplikationslos im für die Untersuchung notwendigen Ultrahochvakuum benutzen. Nachteilig wirkt sich dabei für die Messung der AUGER-Elektronen der hohe Untergrund, das sogenannte Sekundärelektronenspektrum aus. Für die Untersuchung des bzw. eines jeweils erzeugten Oberflächenbereichs eines Festkörpers wird der primäre Elektronenstrahl der Energie E_p auf den Festkörper eingeschossen und das Energiespektrum der wieder in den Halbraum über der Oberfläche austretenden Elektronen gemessen. Bild 10.1 zeigt die Charakteristika des Energiespektrums. Der Peak der elastisch reflektierten Elektronen bei $E = E_p$ ist bei Energien bis $E_p \approx 500$ eV Untersuchungsgebiet von LEED, ab $E_p \approx 10$ keV von HEED. Das sich prinzipiell vom elastischen Peak bis $E = 0$ erstreckende Sekundärelektronenspektrum S resultiert aus mehreren Kaskaden aller unelastischen Wechselwirkungen im Wechsel mit der elastischen. Seine Verteilung steigt im niederenergetischen Gebiet stark an, erreicht bei 1 bis 2 eV (für genügend hohe E_p) ihr Maximum und fällt steil auf Null für $E = 0$ ab. Strukturiert ist das Sekundärelektronenspektrum mit den Peaks der jeweils ersten unelastischen Wechselwirkungen. Dem elastischen Peak i. allg. flankenüberlagert treten

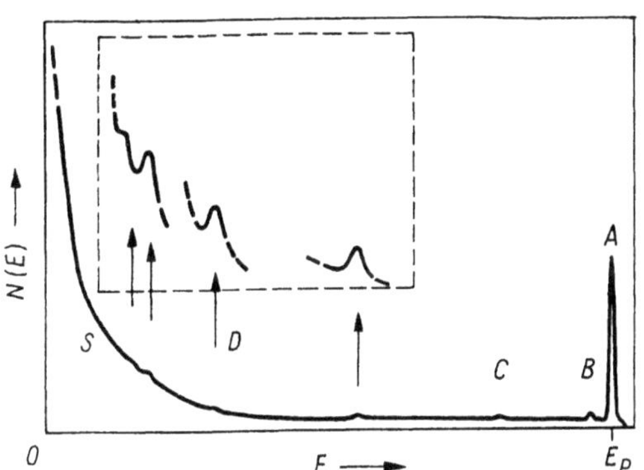

Bild 10.1. Schematische Darstellung des Energiespektrums der aus dem Festkörper bei Elektronenbeschuß der Energie E_p austretenden Elektronen; der steile Abfall vom Maximum des Sekundärelektronenspektrums S auf Null für $E = 0$ ist nicht gezeichnet; Erläuterungen s. Text

die Peaks für Phononenanregung auf, die infolge ihrer Verlustenergien der Ordnung 0,1 eV und weniger gegenüber E_p sowie ihrer geringen Intensität bei den üblicherweise vorliegenden experimentellen Auflösungen im elastischen Peak verschmiert werden (Gebiet A). Das Gebiet B enthält Verlustpeaks bis zu einigen eV gegenüber E_p, denen Bandübergänge entsprechen, und relativ intensitätsstärkere Peaks bis um 20 eV unterhalb E_p, die den Verlusten durch Oberflächen- und Volumenplasmonanregungen[1]) zukommen. Mit weit größerer Verlustenergie schließen sich die Absorptionskanten für die Ionisation innerer Schalen an mit wieder wesentlich geringerer Intensität (Gebiet C). Im Unterschied zu diesen Verlustpeaks, die entsprechend einer Verlustenergie ΔE_i bei $E_i = E_p - \Delta E_i$ auftreten, liegen die AUGER-Elektronenpeaks (Gebiet D) bei der für sie jeweils charakteristischen, E_p-unabhängigen Energie (ihre Intensität ist aber, wie auch die der Verlustpeaks, von E_p abhängig). Ihre Stromstärken erreichen günstigstenfalls 10^{-5} bis 10^{-8} der Stromstärke des primär anregenden Elektronenstrahls. Typisch sind AUGER-Stromstärken von $< 10^{-10}$ A bei einem Sekundärelektronenstrom-Untergrund von

---

[1]) Plasmonen sind Anregungen des Elektronenkollektivs im Festkörper.

10^{-7} bis 10^{-6} A, was spezielle experimentelle Techniken zur Erfassung der AUGER-Peaks erfordert. Zusammenfassende Darstellungen für die AES geben z. B. [10.1] bis [10.7].

10.1.2. Bezeichnung, Energie und Intensität der Auger-Elektronen-emission

Die der Röntgenspektroskopie entlehnte Bezeichnung der AUGER-Übergänge erläutert Bild 10.2 anhand der Deexzitation für ein primäres Loch in der K-Schale. Die den Quantenzahlen nl_j ($n = 1, 2, \ldots$; $l = 0, 1, \ldots$ bzw. $s, p, \ldots$; $j = |l \pm \tfrac{1}{2}|$) zugeordneten Niveausymbole werden durch K, L_1 ... beibehalten. Beim zum gezeigten L_{III}K-Röntgenübergang analogen AUGER-Übergang dient die L_3K-Übergangsenergie zur Emission eines Elektrons aus L_1. Der Endzustand, bei jedem AUGER-Übergang ein mindestens 2fach ionisierter, besteht in einem L_1- und L_3-Loch.

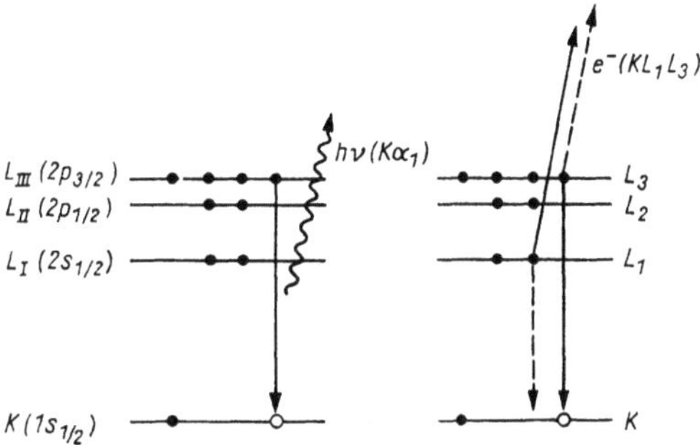

Bild 10.2. Deexzitation durch Röntgen- und durch AUGER-Elektronenemission für K-Schalenprimärionisation

Der gleiche Endzustand tritt auch bei L_1K-Übergang und Elektronenemission aus L_3 auf. Quantenmechanisch sind diese beiden Übergänge ununterscheidbar, sie stellen ein und denselben, als KL_1L_3 bezeichneten AUGER-Übergang dar. Im Unterschied zur Röntgenemission, bei der infolge der optischen Auswahlregeln der L_1-K- (Dipol-) Übergang verboten ist, tritt er implizit beim durch COULOMB-Wechselwirkung bestimmten Umbau des primär einfach ionisierten Zustands in einen 2fach ionisierten unter Abgabe des AUGER-Elektrons auf. Auf der Basis der Röntgenniveaus lautet die AUGER-Übergangsbezeichnung $W_iX_jY_k$ entsprechend den beteiligten Niveaus. Dem physikalischen Sachverhalt beim AUGER-Prozeß nach ist nur W_i exakt ein Röntgenniveau; das den 2fach ionisierten Endzustand beschreibende Niveau X_jY_k stellt allgemein nicht das aus den Röntgenniveaus X_j und Y_k resultierende dar. Dies ist nur im Grenzfall der *jj*-Kopplung der Atomelektronen, die näherungsweise für große Z gilt, zutreffend. Für z. B. die KLL-Übergänge ergeben sich hier die Übergänge: KL_1L_1, KL_1L_2, KL_1L_3, KL_2L_2, KL_2L_3, KL_3L_3. Im Bereich niedriger und mittlerer Z herrscht die LS-Kopplung (RUSSEL-SAUNDERS-Kopplung) oder Mischkopplungen vor, womit sich gegenüber der *jj*-Kopplung Anzahl und Energie der erlaubten Endzustände ändern. Ein Endzustand wird deshalb noch durch den der LS-Kopplung entlehnten spektroskopischen Term $^{2S+1}L_j$ des 2fach ionisierten Zustands charakterisiert. Die z. B. zum KL_1L_2- und KL_1L_3-Übergang gehörende Elektronenendzustandskonfiguration lautet $2s^12p^5$ (Fehlen eines 2*s*- und 2*p*-Elektrons); das ergibt die Zustände $^1P_1$, $^3P_0$, in die das L_1L_2-Niveau, und $^3P_1$, $^3P_2$, in die das L_1L_3-Niveau zunächst aufspalten, wobei mit geringerwerdendem Z sich die ^{3}P-Zustände immer mehr nähern.[1]) Anstatt der o. g. 6 lassen sich 9 Übergänge (mit z. T. gemischten Zuständen) identifizieren: $KL_1L_1{}^1S_0$, $KL_1L_2{}^1P_1$, $KL_1L_2{}^3P_0$, $KL_1L_3{}^3P_1$, $KL_1L_3{}^3P_2$, $KL_2L_2{}^1S_0$, $KL_2L_3{}^1D_2$, $KL_3L_3{}^3P_0$, $KL_3L_3{}^3P_2$. Analoges gilt für LMM-, MNN-, ... usw. Übergänge (ein so identifiziertes AUGER-Spektrum s. Bild 10.12). Mehrfachindizierung drückt einen aus nicht auflösbaren bzw. zusammenfallenden Zuständen resultierenden Übergang aus.

Die mit Valenzelektronenbeteiligung stattfindenden AUGER-Übergänge in Festkörpern werden mit W_iX_jV bzw. W_iVV bezeichnet, je nachdem ob ein oder zwei Elektronen aus Valenzbandzuständen am AUGER-Prozeß teilnehmen. Bild 10.3 enthält das Al-Energieschema mit einem $L_{2,3}$VV-Übergang, der formal dem $L_{2,3}M_{1,2}M_{1,2}$-Übergang des freien Al-Atoms entspricht. Übergänge

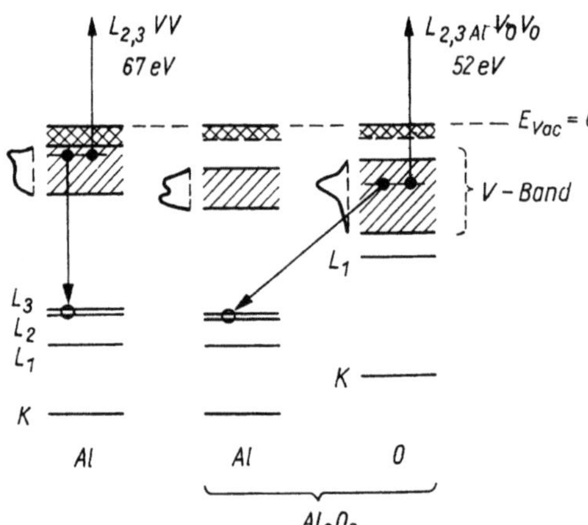

Bild 10.3. Energieschema und Valenzbandzustandsdichten für Al mit $L_{2,3}$VV-AUGER-Übergang und für Al_2O_3 mit interatomarem $L_{2,3\,Al}V_0V_0$-AUGER-Übergang (s. Abschn. 10.3.3.) (nach [10.8]); die Energien sind hier auf das Vakuumniveau bezogen

des Typs $W_iW_jY_k$, bei denen sich am Deexzitationsprozeß ein Elektron beteiligt, das zur gleichen Schale wie das primäre Loch gehört (natürlich $i \neq j$), werden als COSTER-KRONIG-Übergänge bezeichnet.

Charakteristisch für einen bestimmten AUGER-Übergang WXY (die Indizes i, j, k werden vereinfachend hier und im folgenden, soweit sie für die Klarheit nicht erforderlich sind, weggelassen) sind die Energie E_{WXY} des das Atom verlassenden AUGER-Elektrons und die Übergangswahrscheinlichkeit ω_{WXY} vom primär ionisierten Zustand W in den 2fach ionisierten Endzustand XY. Für E_{WXY} gilt:

$$E_{WXY} = E_W(Z) - E_{XY}(Z) \qquad (10.1)$$

$E_W(Z)$ ist die aus der Röntgen- oder Photoelektronen-Spektroskopie folgende Bindungsenergie des Niveaus W für ein Atom der Ordnungszahl Z. $E_{XY}(Z)$ stellt die Energie des Zweilochendzustands dar, die, wie oben bereits erwähnt, im allgemeinen nicht gleich der Summe $E_X(Z) + E_Y(Z)$ der Bindungsenergien der Niveaus X und Y ist, da die Aussendung des AUGER-Elektrons von einem Einlochzustand aus geschieht. Die Differenz $E_{XY} - (E_X + E_Y)$ führt allgemein die Bezeichnung Relaxationsenergie. Speziell für die Elemente sind die experimentell ermittelten

---

AUGER-Energien für die Mehrzahl den entsprechenden Übergängen zumindest grob zugeordnet bekannt. Einen Überblick zu den Bereichen, in denen die AUGER-Energien der KLL-, LMM-usw. Gruppen in Abhängigkeit von der Ordnungszahl liegen, vermittelt Bild 10.4. Die Zuordnung einer AUGER-Linie bzw. -Energie zum entsprechenden Übergang basiert auf der Berechnung der Energie nach Gl. (10.1), also der Berechnung von E_{XY}. Dazu existieren als Näherungen zunächst verschiedene (empirische) Beziehungen, die zur Berechnung von E_{XY} ebenfalls die Bindungsenergien benutzen. Da sich infolge des Einlochzustands die Elektronen beim AUGER-Prozeß in einem COULOMB-Feld der Ladung $+eZ ... +e(Z + 1)$ befinden, beziehen diese Näherungen die einer effektiv höheren bis um 1 erhöhten Ordnungszahl entsprechenden Bindungsenergie(n) ein. Sowohl Vollständigkeit als auch spektroskopische Feinheiten lassen sich aus diesen Näherungen nicht ableiten. Dies nur leisten quantenmechanische Berechnungen auf der Basis der möglichen Wechselwirkungs- und Kopplungstypen; Bindungsverhältnisse usw. liegen sowohl rein als auch halbempirisch (mit experimentellen Daten besser übereinstimmend)

vor (bezüglich des Formalismus und errechneter Energien mit Vergleich zu experimentellen s. z. B. [10.9] bis [10.11] und dort weiter zitierter Literatur). Eine exakte, vollständige und endgültige Identifizierung eines AUGER-Übergangs ist im Einzelfall ein komplexes Problem.

Die Linienbreiten der AUGER-Linien betragen 2 bis 10 eV; COSTER-KRONIG-Übergänge zeichnen sich dabei durch größere Linienbreiten infolge der schnellen W_iW_j-Übergänge aus.

Die Intensität der AUGER-Elektronenemission eines bestimmten Übergangs WXY wird durch das Produkt aus dem Ionisierungsquerschnitt σ für die Erzeugung eines Lochs in W und der Übergangswahrscheinlichkeit ω_{WXY} dafür, daß die Abregung über den betreffenden WXY-Prozeß läuft, bestimmt. Der Ionisierungsquerschnitt σ hängt bei Ionisation mit Elektronen der Energie E von der Bindungsenergie E_W der zu ionisierenden W- (Unter-) Schale und von E ab. σ steigt von Null an der Ionisierungsschwelle, d. h. bei $E = E_W$, beginnend mit wachsendem E rasch bis zu einem Maximalwert $\sigma_{W,max}$ an, dessen Größe von E_W abhängt. Bei weiterer Erhöhung von E fällt σ langsam ab. Die E-Abhängigkeit reduziert sich allgemein auf eine Abhängigkeit vom Ver-

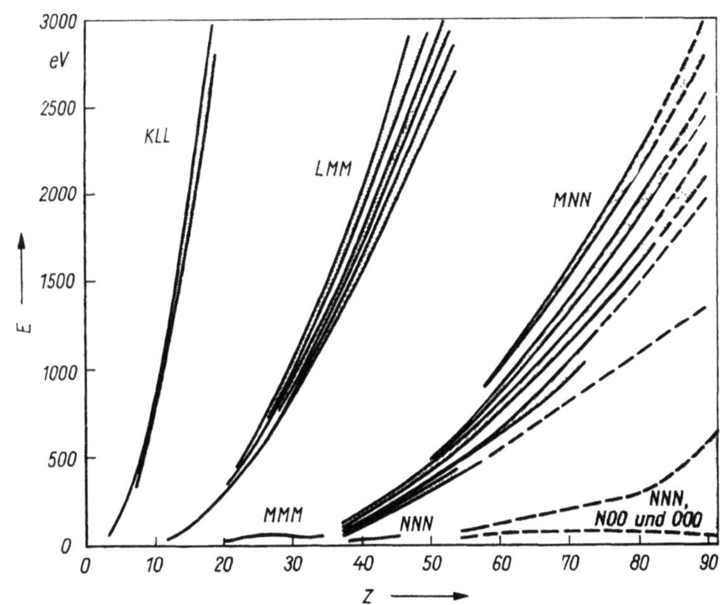

Bild 10.4. Bereiche der AUGER-Energien der KLL-, LMM-, ...-Gruppen als Funktion der Ordnungszahl Z (nach [10.3] und [10.12])

hältnis $u = E/E_W$, so daß sich $\sigma(E_W, E)$ durch

$$\sigma(E_W, E) = \sigma_{W,max}(E_W)\, f(u) \qquad (10.2)$$

beschreiben läßt. Unabhängig von den z. T. beträchtlichen Unterschieden der theoretischen und experimentellen Bestimmungen auch untereinander charakterisieren die folgenden Angaben zumindest die K- und L-Ionisation genügend (s. [10.13], [10.14] und dort zitierte Literatur). Das Maximum von $f(u)$ liegt bei $u \approx 4$, d. h., bei der analytischen Anwendung der AES ist zum Ausschöpfen der Nachweisgrenzen somit $E_p \gtrsim 4\,E_W$ zu wählen, um $\sigma \approx \sigma_{W,max}$ zu erfüllen (Einfluß der Rückstreuung s. u.). Für $\sigma_{W,max}$ gilt bei K-Ionisation recht gut $\sigma_{K,max} \approx 2{,}7 \cdot 10^{-14}\,\mathrm{cm}^2 \times (E_K/\mathrm{eV})^{-2}$. Bei L-Ionisation differieren die z. Z. vorliegenden Angaben für $\sigma_{L,max}$/Schalenelektron von $\approx 2 \cdot 10^{-15}\,\mathrm{cm}^2\,(E_L/\mathrm{eV})^{-2}$ bis zu $\approx 1 \cdot 10^{-15}\,\mathrm{cm}^2\,(E_L/\mathrm{eV})^{-1{,}5}$. Infolge der starken Abhängigkeit der Wirkungsquerschnitte von der Bindungsenergie mit E_W^{-2} bis $E_W^{-1{,}5}$ lassen sich für die analytische Anwendung AUGER-Übergänge mit Primärionisation hoher Bindungsenergien i. allg. nicht mehr nutzen.

Die AUGER-Übergangswahrscheinlichkeiten ω_{WXY} werden über die Übergangsraten prinzipiell nach dem gleichen quantenmechanischen Formalismus wie die Energien berechnet. Die einzelnen ω_{WXY} können sich beträchtlich unterscheiden. Die Intensitätsunterschiede innerhalb der L_3MM-Peaks des in Bild 10.12 gezeigten Ni-AUGER-Spektrums z. B. entsprechen den unterschiedlichen ω_{L_3MM}. Als zahlenmäßiges Beispiel möglicher Unterschiede der ω werden die theoretischen Werte nach [10.15] für die KLL-Übergänge am Ti angeführt (obgleich sie infolge der großen Bindungsenergie $E_K \approx 5\,\mathrm{keV}$ z. Z. wenig praktische Bedeutung besitzen); als größte ergeben sich die Werte $\omega_{KL_1L_1} \approx 0{,}05$, $\omega_{K(L_1L_2{}^1P_1+L_1L_3{}^3P_1)} \approx 0{,}14$ und $\omega_{K(L_2L_3{}^1D_2+L_3L_3{}^3P_2)} \approx 0{,}38$; die anderen ω_{KLL} liegen unter 5 %; für alle KLL-Übergänge ergibt sich $\omega_{K\Sigma LL} \approx 0{,}61$, für alle KXY-Übergänge $\omega_{K\Sigma XY} \approx 0{,}77$ und entsprechend alle KX-Röntgenübergänge $\omega_{radK\Sigma X} \approx 0{,}23$. Weiter ist die Z-Abhängigkeit der ω_{WXY} vor allem für Übergänge mit $W \geq L$ kompliziert, da dann auftretende COSTER-KRONIG-Übergänge infolge ihrer großen Wahrscheinlichkeit alle anderen Übergangswahrscheinlichkeiten stark herabsetzen; z. B. reduzieren sich die L_1MM-Über-

gangswahrscheinlichkeiten infolge der $L_1L_{2,3}Y$-Übergänge. Relativ übersichtliche Aussagen gelten für die Gesamtwahrscheinlichkeiten $\omega_W = \omega_{W\Sigma XY}$. Sie nehmen mit wachsendem Z ab, entsprechend $\omega_{rad,W} + \omega_W = 1$ (s. Abschn. 10.1.1.) steigt die Wahrscheinlichkeit für Strahlungs- (Röntgen-) Abregung. Für K-Schalenionisation gilt $\omega_K \gtrsim 0{,}9$ bis $Z = 18$ und $\omega_K \approx \omega_{rad,K} = 0{,}5$ bei $Z = 32$; für L, M, ...-Ionisation läßt sich $\omega_{L,M...} \gtrsim 0{,}9$ bis $Z = 50$ und $\gtrsim 0{,}5$ bis auch für die hohen Z ansetzen.

10.1.3. Quantitative Fassung des Auger-Elektronenstroms aus Festkörpern

Von maßgebender Bedeutung für die AUGER-Elektronenemission aus dem Festkörper ist die mittlere Austrittstiefe. Den in Abschnitt 10.1.1. angeführten inelastischen Prozessen unterliegen ebenfalls die AUGER-Elektronen. Sie werden aus dem AUGER-Peakbereich herausgestreut und tragen zum Sekundäruntergrund bei oder erscheinen als entsprechende Verlustpeaks bei $E_{WXY} - \Delta E_i$. Die diesen inelastischen Prozessen entsprechende mittlere freie Weglänge λ als Funktion der Elektronenenergie zeigt Bild 10.5; der Streubereich entspricht der Ordnungszahl- bzw. Matrixabhängigkeit (bei Metallen relativ

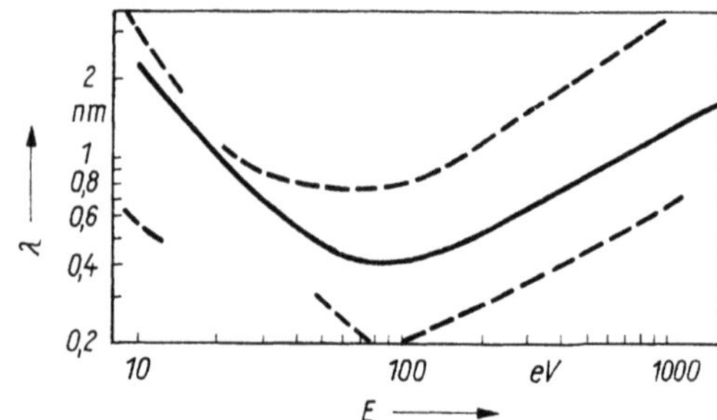

Bild 10.5. Mittlere freie Weglänge λ für unelastische Wechselwirkung (> Ordnung 0,1 eV) als Funktion der Energie; zwischen den gestrichelt gezeichneten Kurven liegen die an verschiedenen Stoffen experimentell bestimmten Werte. Die durchgezogene Kurve wird für Metalle als gültig angesehen (nach verschiedenen Autoren, s. a. [10.25])

gering) und Abweichungen der Methodik. Längs der Strecke s im Festkörper nimmt die AUGER-Elektronenintensität mit $e^{-s/\lambda}$ ab, d. h., sie fällt nach Durchdringen von 0,4 bis 2 nm Schichtdicke für den Energiebereich 0,02 bis 2 keV auf bereits 37% ab. Die aus der Festkörperoberfläche austretenden AUGER-Elektronen entstammen somit nur dem wenige Atomlagen umfassenden Festkörperbereich unmittelbar unter der Grenzfläche zum Vakuum. Unelastische Prozesse mit in der natürlichen Breite der AUGER-Linien liegenden Verlustenergien erwirken eine Asymmetrie des AUGER-Peaks (Verschiebung des Peakmaximums unter E_{WXY} und Erhöhung der Verteilungsdichte auf der niederenergetischen Peakseite auf Kosten der höherenergetischen).

Bei Anregung mit Elektronen wird der Elektronenstrahl (Energie E_p, Stromdichte j_p, Querschnitt A) z. B. normal zur idealisiert als atomar eben angenommenen Festkörperoberfläche eingeschossen. Für die im Festkörper vorhandenen Elemente muß allgemein eine sich mit der Tiefe z ändernde Konzentration, also Atomdichte $n_i = n_i(z)$ eines Elements i angesetzt werden, lateral aber vereinfachend Homogenität für jedes z im Bereich A. Im Volumenelement $A\,dz$ in der Tiefe z finden

$$n_i(z)\,A\,dz\int_{E_{w,i}}^{>E_p}dE\,j_a(E,z)\,\sigma(E_{w,i},E)\,\omega_{WXY,i}$$

AUGER-Prozesse eines bestimmten Übergangs am Element i statt mit j_a als Flußdichte der ionisierenden Elektronen, von denen nur die mit $E \geqq E_{w,i}$ zur Primärionisation beitragen. Exakte Ermittlungen von j_a sind aufwendig (theoretisch z. B. durch Monte-Carlo-Rechnungen). Ein vereinfachender und derzeit praktikablerer Ausdruck für j_a stützt sich auf folgende Betrachtungen. Mit $>95\%$ tragen zur AUGER-Stromstärke Elektronen bei, die im Tiefenbereich bis $d_N = 3\lambda$ ausgesendet werden. Da die einfallenden Primärelektronen infolge ihrer Energie E_p im keV-Bereich längs der Strecke d_N im Mittel nur ungefähr einem elastischen Stoß unterliegen und dieser zu ausgesprochener Vorwärtsstreuung führt und die in gleicher Ordnung auftretenden unelastischen Stöße vornehmlich zu Elektronenenergien höher als $E_{w,i}$ nach dem Stoß führen, kann mit konstanter Flußdichte $j_p(E_p)$ der Primärelektronen bis zu $z = d_N$ gerechnet werden.

Einen weiteren Beitrag zu j_a stellt die Flußdichteverteilung $j_r(E,z)$ der aus größeren Tiefen infolge aller möglichen Wechselwirkungsprozesse zurückgestreuten Elektronen dar. Der davon für die Primärionisation nur wirksame Anteil mit Energien $E \geqq E_{w,i}$ erfährt wieder innerhalb $z = d_N \ldots 0$ keine wesentliche Änderung, so daß insgesamt $j_a \approx j_p(E_p) + j_r(E)$ unabhängig von z gilt. Damit ergibt sich für die beobachtbare Stromstärke $I_{WXY,i}$ aller aus dem Festkörper austretenden AUGER-Elektronen des bestimmten WXY-Übergangs vom Element i unter Beachtung, daß die unter dem Winkel ϑ zur Oberflächennormalen vom Volumenelement $A\,dz$ ausgesandten AUGER-Elektronen mit der Wahrscheinlichkeit $\exp(-z/\lambda(E_{WXY,i})\cos\vartheta)$ die Oberfläche erreichen und daß bis auf Sonderfälle mit Isotopie der AUGER-Elektronenaussendung gerechnet werden kann, der Ausdruck

$$I_{WXY,i} = \frac{A}{2}\,j_p\sigma(E_{w,i},E_p)\,\omega_{WXY,i}rG \qquad (10.3)$$

Die Konzentrationsabhängigkeit enthält das Integral

$$G = \int_0^{(\infty)}dz\,n_i(z)\int_{(\vartheta)}\sin\vartheta\,d\vartheta\,\exp(-z/\lambda(E_{WXY,i})\cos\vartheta)$$

Die Integrationsgrenzen für ϑ legt der Registrierraumwinkel der Meßanordnung fest. r stellt den Rückstreufaktor dar. Er berücksichtigt die durch Elektronenstreuung bedingte Erhöhung der AUGER-Elektronenstromstärke. r ist E_p-, $(E_p/E_{w,i})$- und matrixabhängig; in den meisten Fällen liegt r im Bereich 1,1 bis 1,5. Wegen $r > 1$ verschiebt sich das in Abschnitt 10.1.2. genannte optimale Verhältnis $u = E_p/E_w$ auf 5 bis 6, da das Absinken von f(u) in Gl. (10.2) bei Erhöhung von E_p zunächst weniger beträgt als die Vergrößerung von r mit steigendem E_p. Werden nach Gl. (10.3) AUGER-Übergänge vom Typ $L_{2,3}MM$ und höhere betrachtet, dann ist der Einfluß von COSTER-KRONIG-Übergängen, hier im Beispiel $L_1L_{2,3}Y$, zu beachten. Nach dem CK-Übergang liegt in $L_{2,3}$ ein Loch vor, also eine zusätzliche Ionisation. Ein folgender AUGER-Übergang weicht energetisch infolge des noch ionisierten Niveaus Y i. allg. aber wenig vom $L_{2,3}MM$-Übergang ab, so daß eine effektive Erhöhung des Ionisierungsquerschnitts für $L_{2,3}$ auftritt. σ in Gl. (10.3) ist durch ein dies berücksichtigendes

$$\sigma_{\text{eff}} = \sigma(1 + \sigma(E_{L_1, i})\, \omega_{L_1 L_2}\, {}_3 \Sigma\, \gamma / \sigma)$$

zu ersetzen. Entsprechendes gilt für andere Übergänge.

Die praktische Bedeutung von Gl. (10.3) zur absoluten Berechnung ist infolge der ungenügend genau bekannten σ, ω und r stark eingeschränkt. Davon abgesehen beeinflussen die vorliegenden Abweichungen der Morphologie von der atomar ebenen Oberfläche die Auger-Elektronenaussendung stark. Bei entsprechender Rauhigkeit der Oberfläche liegt auch kein Normaleinfall mehr vor (s. u.). Diese Einflüsse zusammenfassend, wird in Gl. (10.3) noch ein Rauhigkeitsfaktor eingeführt. Für die Bewertung von Relativmessungen aber und damit verbunden möglicher $n_i(z)$ gibt Gl. (10.3) praktisch verwendbare Aussagen. Durch Schrägeinfall des Primärelektronenstrahls wird die AES noch flächenempfindlicher bei gleichzeitig damit verbundener Erhöhung von $I_{\text{WXY}, 1}$. Dies beruht darauf, daß infolge des Schrägeinfalls die zu Auger-Anregung führenden inelastischen Wechselwirkungsorte längs der mittleren Bahn des einfallenden Primärelektrons im Festkörper zum überwiegenden Teil innerhalb des Tiefenbereichs bis d_N stattfinden.

Die Auger-Energien werden bei der Festkörperemission auf das Fermi-Niveau bezogen. Bei Valenzbandübergängen WVV wird die Linienbreite gleich der zweifachen Valenzbandbreite, bei WXV entsprechend gleich der einfachen Valenzbreite. Die bereits o. g. inelastischen Prozesse führen zur Verbreiterung und Asymmetrie der Auger-Peaks.

10.2. Experimentelle Technik

Die reine Oberflächenempfindlichkeit der AES setzt als Untersuchungsumgebung das Ultrahochvakuum (UHV) voraus, um einen zu untersuchenden Oberflächenzustand ohne wesentliche Beeinflussung durch die Gasatmosphäre über die notwendige Meßzeit zu halten. Aus der kinetischen Gastheorie leitet sich für die mit der Zeit t wachsende Gasbedeckung n (Zahl der adsorbierten Teilchen je Fläche) einer Oberfläche mit der

Haftwahrscheinlichkeit s für auf sie stoßende Moleküle

$$n = \frac{pst}{\sqrt{2\pi m_m kT}} \tag{10.4}$$

m_m Masse p Druck
T Temperatur

ab. Infolge des angenommenen konstanten s gilt Gl. (10.4) nicht für große t, sie genügt aber für die Abschätzung zum Wachsen von n für eine im Ausgangszustand atomar saubere Metalloberfläche. Für den ungünstigsten Fall $s = 1$ liefert Gl. (10.4) für z. B. $T = 293$ K und relative Molekülmasse $M_r = 28$ für die Zeit t_b, nach der $n = 10^{15}$ cm^{-2} (Monoschicht) erreicht wird,

$$t_b \approx \frac{10^{-7}\,\text{Pa h}}{p} \tag{10.5}$$

Eine derartige Monoschicht reduziert die Auger-Stromstärke aus der Ausgangsoberfläche bereits auf 30 bis 70% für Auger-Elektronen von 80 bis 800 eV; das meßbare Auger-Spektrum wird wesentlich durch die Adsorbatschicht bestimmt. Für den Druck besteht somit die Forderung $p \lesssim 10^{-8}$ Pa entsprechend nach Gl. (10.5) $t_b \gtrsim 10$ h, d. h., bis zur Bedeckung mit $^1/_{10}$ Monoschicht (Beeinflussung des Auger-Signals $\lesssim 10\%$) steht die Meßzeit von ≈ 1 h zur Verfügung.

Für die Probenhalterung im UHV-Rezipienten existieren verschiedenartige Manipulatoren (Probenkarussell, kombinierter Translations- und Drehmanipulator), die jeweils gewisse, aber keine methodisch bedingten Einschränkungen der Probenmaße festlegen. Üblich sind Proben mit Flächen um 5×5 mm^2 und geringer Dicke. Die Untersuchung von Proben, bei denen eine laterale Ausdehnung die Größe des Primärelektronenstrahl-Durchmessers erreicht bzw. unterschreitet, erfordert u. U. höheren experimentellen und Auswertungsaufwand.

Für die Primäranregung dient i. allg. Elektronenbeschuß. Die entsprechenden Elektronenkanonen arbeiten mit z. B. LaB$_6$-beschichteten thermischen oder speziellen W-Feldemissionskatoden hoher Emissionsdichte. Von den Parametern der Elektronenkanone hängt wesentlich die Leistungsfähigkeit der AES ab. Bei gängigen Typen lassen sich Strahlenergien bis zu 3 bis 10 keV wählen;

die erreichbaren Strahlstromstärken betragen 0,1 bis einige 10 µA, die für die laterale Auflösung maßgebenden Strahldurchmesser 1 bis ≈ 100 µm. Spezielle, die Mikroanalyse mit AES betreffenden Spitzengeräte erreichen $\lessgtr 50$ nm. Damit verbunden und zur Erweiterung der Nachweismöglichkeiten ist die Tendenz der Erhöhung von E_p bis > 20 keV.

Die Messung des AUGER-Elektronenspektrums geschieht über die des Energiespektrums der aus der Oberfläche austretenden Elektronen, also allgemein der Energie- und Winkelverteilung $N(E, \boldsymbol{\Omega})$, definiert durch $N(E, \boldsymbol{\Omega})\,\mathrm{d}\Omega\,\mathrm{d}E$, der Anzahl der je Zeit im Energieintervall $E...E+\mathrm{d}E$ in das Raumwinkelelement $\mathrm{d}\Omega$ um den Richtungsvektor $\boldsymbol{\Omega}$ fliegenden Elektronen. Bestimmt wird die Energieverteilung $N(E) = \int\limits_{(\Omega)} N(E, \boldsymbol{\Omega})\,\mathrm{d}\Omega$ bzw. die entsprechende Stromstärke $I(E) = \mathrm{e}N(E)$ für den vom Spektrometertyp abhängigen Raumwinkelbereich. Die Trennung der kleinen AUGER-Peaks in $N(E)$ (s. Bild 10.1) vom vergleichsweise großen Sekundäruntergrund $N_\mathrm{s}(E)$, d. h. Ermittlung des AUGER-Stroms $I_{\mathrm{WXY},i}$ durch Integration entsprechend der in Bild 10.6 schraffierten Fläche, ist i. allg. schwierig. Experimentell wird deshalb vorzugsweise $\mathrm{d}N(E)/\mathrm{d}E$ bestimmt, da sich die Energieverteilung des Untergrunds im Bereich eines AUGER-Peaks relativ wenig gegenüber der des Peaks ändert. Bild 10.6 zeigt schematisch $N(E)$ eines AUGER-Peaks mit im Peakbereich linear fallend angenommenem Untergrund $N_\mathrm{s}(E)$ und die entsprechende $(\mathrm{d}N/\mathrm{d}E)$-Verteilung, in der der Untergrund dann als kleiner negativer konstanter Anteil auftritt, während der Peak als Maximum-Minimum-Doppelpeak erscheint. Zur exakten Bestimmung von $I_{\mathrm{WXY},i}$ muß $(\mathrm{d}N/\mathrm{d}E) - (\mathrm{d}N_\mathrm{s}/\mathrm{d}E)$ zweifach über den Doppelpeakbereich integriert werden. In den meisten Fällen benutzt die AES die sofort aus der $(\mathrm{d}N/\mathrm{d}E)$-Verteilung ablesbare, im Falle $(\mathrm{d}N_\mathrm{s}/\mathrm{d}E) \neq$ konst., entsprechend zu korrigierende Differenz $H_{\mathrm{WXY},i}$ (s. Bild 10.6), die sogenannte Peak-Peak-Höhe, als zu $I_{\mathrm{WXY},i}$ proportionale Größe. Dies gilt für eine GAUSS-Verteilung exakt, für AUGER-Peaks je nach ihrer Asymmetrie näherungsweise, was für bestimmte Relativmessungen aber ohne Belang ist. Die AUGER-Energien werden experimentell üblicherweise gleich der Energie gesetzt, bei der das Minimum des Doppelpeaks in der

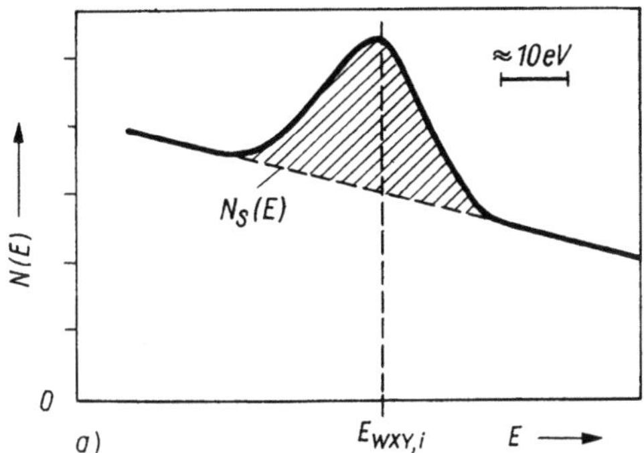

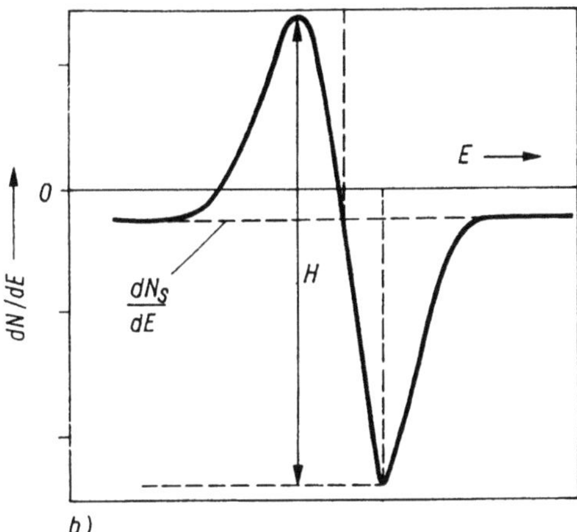

Bild 10.6. Schematische Darstellung des AUGER-Peaks in der Energieverteilung $N(E)$ (a) und entsprechender Doppelpeak im differenzierten Spektrum $\mathrm{d}N/\mathrm{d}E$ (b)
N_s bzw. $\mathrm{d}N_\mathrm{s}/\mathrm{d}E$ Untergrundanteil

$(\mathrm{d}N/\mathrm{d}E)$-Verteilung liegt (s. Bild 10.6), so daß zu berechneten Energien von der Linienbreite, -form und Spektrometerauflösung abhängige Abweichungen auftreten.

Die Messung der $(\mathrm{d}N/\mathrm{d}E)$-Verteilung geschieht mittels Modulationstechnik. Die Elektronenspektrometer-Eingangsgröße ist bei einer Energieschwelle E_a eine Stromstärke $I_\mathrm{c}(E_\mathrm{a})$ proportional zu $N(E_\mathrm{a})$ oder $\int\limits_{E_\mathrm{a}}^{>E_\mathrm{p}} N(E)\,\mathrm{d}E$. E_a wird eine zeitlich sinusförmige, genügend kleine Änderung $\hat{e}\sin\omega t$ überlagert, so daß das Spektrometer periodisch die Verteilung zwischen $E_\mathrm{a} - \hat{e}$ und $E_\mathrm{a} + \hat{e}$ abtastet.

Die TAYLOR-Entwicklung für $I_c(E_a + \hat{e}\sin\omega t)$ nach Potenzen von $\hat{e}\sin\omega t$ und Umformung ergibt $I_c = I_0 + I_1\sin\omega t - I_3\sin 3\omega t \pm \dots - I_2\cos 2\omega t + I_4\cos 4\omega t \mp \dots$. Die hier interessierenden Koeffizienten I_1 der Grundfrequenz und I_2 der 2. Harmonischen lauten für genügend kleine $\hat{e}$:

$$I_1 = \hat{e}\left(\frac{dI_c}{dE}\right)_{E_a} + \text{vernachl. Glieder der unger. Ableitg.} \qquad (10.6)$$

$$I_2 = \frac{\hat{e}^2}{4}\left(\frac{d^2I_c}{dE^2}\right)_{E_a} + \text{vernachl. Glieder der ger. Ableitg.} \qquad (10.7)$$

I_c wird auf einen phasenempfindlichen Verstärker (Lock in) gegeben, der I_1 bei Abstimmung auf ω liefert, also nach Gl. (10.6) die erste Ableitung von $I_c(E)$ an der Stelle E_a, und I_2 bei Abstimmung auf 2ω, also die zweite Ableitung von I_c entsprechend Gl. (10.7).

Speziell für die AES werden in größerem Umfang als Elektronenspektrometer der Zylinderspiegelanalysator (CMA – cylindrical mirror analyzer) und der in der LEED-Meßmethodik übliche Gegenfeldanalysator (RFA – retarding field analyzer) benutzt, deren prinzipiellen Aufbau und Meßanordnung Bild 10.7 erläutert. Der CMA besteht aus zwei koaxialen Zylindern; der innere besitzt Eintritts- und Austrittsschlitze und liegt auf Masse, am äußeren liegt die negative (Gegen-) Spannung U_{CMA} (Spiegelpotential). Durch den Eintrittsschlitz fliegen alle von der Probe in einen bestimmten Winkelbereich (um i. allg. 42° zur CMA-Achse) ausgesandten Elektronen, von denen die mit Energien zwischen $E_a \dots E_a + \Delta E$ entsprechend U_{CMA} so umgelenkt werden, daß sie durch den Austrittsschlitz und so in das Elektronennachweisgerät (offener SEV oder Channeltron) gelangen. Für die gemessene Stromstärke gilt hier:

$$I_c(E_a) \sim N(E_a)\,\Delta E = N(E_a)\,RE_a \qquad (10.8)$$

$R = \Delta E/E$ ist die (konstante) Auflösung. U_{CMA} bestimmt das auf das Ferminiveau bezogene E_a nach $E_a = g\,eU_{CMA} + \varphi_A$ (φ_A Austrittsarbeit des Spektrometers; g Feldgeometriefaktor (üblich

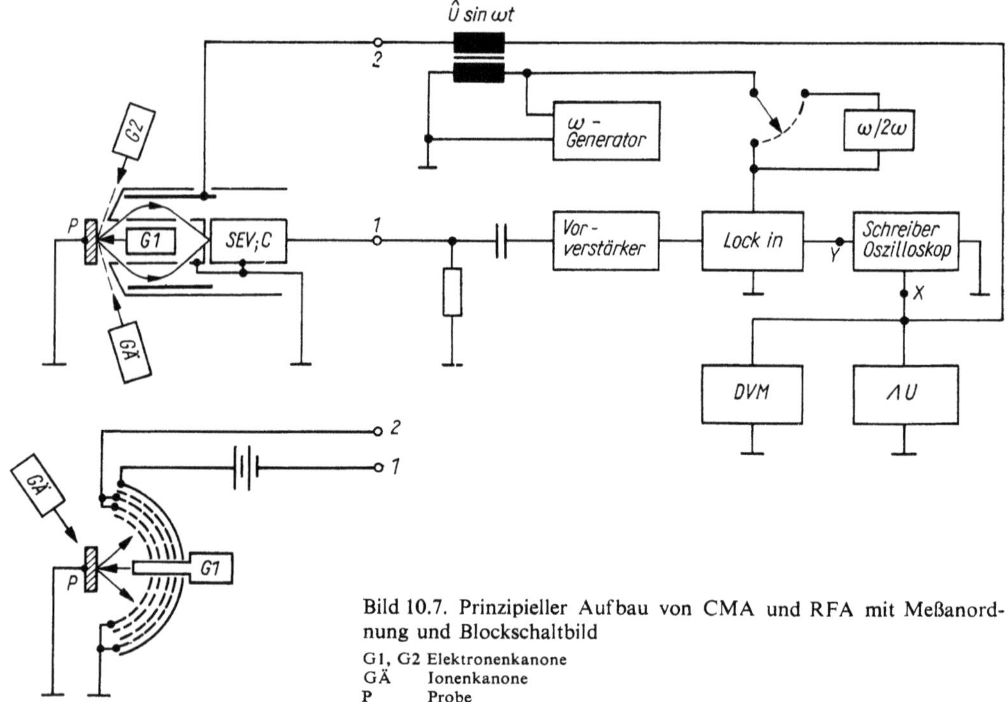

Bild 10.7. Prinzipieller Aufbau von CMA und RFA mit Meßanordnung und Blockschaltbild

G1, G2 Elektronenkanone
GÄ   Ionenkanone
P   Probe

um 1,6)). Mittels eines Ramp-Generators für U_{CMA} wird E_a im gewünschten Energiebereich in einer bestimmten Zeit durchfahren, wobei durch Modulation von U_{CMA} mit der kleinen Spannung $\hat{u} \sin \omega t$ und Abstimmung des Lock-in auf ω nach Gl. (10.6) jeweils die erste Ableitung von I_c, mit Gl. (10.8) somit das Spektrum registriert wird:

$$I_1(E) \sim \hat{u}R \left[N(E) + E \frac{dN(E)}{dE} \right] \qquad (10.9)$$

$N(E)$ liefert für $E \gtrsim 50$ eV einen im Peakbereich gegenüber $E(dN/dE)$ sich schwach verändernden additiven Beitrag, der Form und Größe des (dN/dE)-Doppelpeaks unwesentlich verändert, so daß $I_1(E) \sim \hat{u}RE \dfrac{dN(E)}{dE}$ zur Auswertung dient.

Der RFA besteht aus vier Kugelflächengittern und einem -kollektor, in deren gemeinsamen Krümmungsmittelpunkt der zu analysierende Probenbereich gebracht wird. An den beiden inneren Gittern liegt die Gegenspannung U_{RFA}. Hier erreichen alle in den von der Gitteranordnung erfaßten Raumwinkelbereich fliegenden Elektronen mit Energien (auf Ferminiveau bezogen) $E_a \geqq eU_{RFA} + \varphi_A$ den Kollektor (φ_A Austrittsarbeit der Analysatorgitter). Für den Kollektorstrom gilt

$$I_c(E_a) \sim \int_{E_a}^{>E_p} N(E)\, dE \qquad (10.10)$$

Analog zum CMA wird U_{RFA} moduliert und der Lock-in aber auf 2ω abgestimmt, so daß nach Gl. (10.7) mit (10.10)

$$I_2(E) \sim \frac{1}{4} \hat{u}^2 \frac{dN(E)}{dE} \qquad (10.11)$$

beim Spannungsdurchlauf registriert wird. $\hat{u}$ muß zumindest so klein gehalten werden, daß für I_1 nach Gl. (10.9) die lineare Abhängigkeit bzw. für I_2 nach Gl. (10.11) die quadratische von $\hat{u}$ auch tatsächlich vorhanden ist. Nur spezielle Relativmessungen können darauf verzichten. Die exakte Ermittlung des AUGER-Stromes $I_{WXY,i}$ aus den gemessenen Spektren $I_1(E)$ bzw. $I_2(E)$ erfordert eine Entfaltung dieser mit der experimentell zu bestimmenden Geräteauflösungsfunktion, bevor die Integrationen durchgeführt werden können. Dieses relativ aufwendige Verfahren ist für einen Großteil analytischer Anwendungen der AES nicht erforderlich. Die Energieauflösung liegt für beide Spektrometertypen für genügend kleine $\hat{u}$ und für bis auf geringe Inhomogenitäten durch Abschirmung bzw. Kompensation zu garantierende Magnetfeldfreiheit bei 0,5 %. Der CMA besitzt gegenüber dem normalen Breitband-RFA ein ungefähr 100fach größeres Signal/Rausch-Verhältnis. Die Durchlaufgeschwindigkeit für ein Spektrum kann deshalb beim CMA bei gleicher Nachweisempfindlichkeit um 10^4 höher als beim RFA gewählt werden, für den je 500 eV Durchlauf etwa 20 min erforderlich sind. Die Untersuchung zeitlich relativ schnell ablaufender Oberflächenprozesse sowie der AUGER-Scanning-Betrieb sind deshalb praktisch nur mit dem CMA durchführbar.

Wesentliche experimentelle Voraussetzung bilden weiter die in situ Präparationsverfahren. Hier steht die Edelgasionenätzung einmal als Möglichkeit zur Schaffung atomar sauberer Oberflächen und weiter als praktisch einziges Verfahren zur Freilegung tieferer Schichten für die AES-Analyse an erster Stelle. Leistungsfähige, für Tiefenprofilaufnahmen notwendige Ionenquellen liefern Ionenenergien wählbar bis 5, max. 10 keV mit Strömen variabel bis um 0,1 mA bei Strahlhalbwertsbreiten von 0,1 bis 5 mm. Als Edelgas wird vornehmlich Ar benutzt. Die Probenätzung geschieht entweder in geeignet angeschlossenen Präparationskammern, wobei mit Manipulatoren die Probe nach der Ätzung schnellstens zur Meßposition überführt wird, oder – wie aus Bild 10.7 ersichtlich – direkt in der Meßposition bzw. in zu dieser gedrehter Stellung. Für die maximale Abtragungsrate bei Ionenätzung gilt für einen weiten Elementbereich grob

$$d = (3 \text{ bis } 10)\, 10^{-2}\, Sj\, \frac{cm^2}{\mu A} \frac{nm}{min}$$

j Ionenstromdichte
S Sputterausbeute (abgesputterte Atome je eingeschossenes Ion)

S hängt vom Element, von seiner Verbindung, der Ionenart, deren Energie und vom Einschußwinkel ab. Vollständige und sichere Werte für S stehen noch aus (Zusammenstellung siehe [10.16]); für z. B. 500 eV Ar^+ Normaleinfall liegt S für reine feste Elemente zwischen 0,1 (C) und ≈ 3 (Ag), womit sich z. B. für $j = 0,1$ mA/cm² Abtragungsraten von 0,5 bis 30 nm/min ohne

Beachtung vermindernd wirkender differentieller Sputter- und Adsorbateffekte ergeben.

Die experimentellen Möglichkeiten lassen weiter in situ Aufheizen der Probe, Probenkühlung (flüss. N_2), Temperaturmessung, gezielte Gasadsorption, Bedampfung u. a. zu. Moderne AES Scanning-Geräte sind mit Kleinrechnern und automatischen Steuerungen analog zur Elektronenstrahl-Mikroanalyse ausgerüstet, mit Datenauswurf in Form berechneter Konzentrationen (s. aber Abschnitt 10.3.1.), lateraler und Tiefenkonzentrationsprofile, 2-dimensionalen lateralen Elementverteilungen usw.; die in der AES-Mikroanalyse (siehe z. B. [10.5]) erzielten lateralen Auflösungen liegen unter 1 µm. Bezüglich anderer Spektrometer sowie Feinheiten und Weiterentwicklungen der experimentellen Technik wird auf [10.2], [10.4], [10.5], [10.7] und dort zitierte Literatur verwiesen.

Wichtige, die AES ergänzende experimentelle Methoden sind die Beugung langsamer Elektronen (LEED; s. [10.17]) und schneller Elektronen (HEED; s. [10.18]), Sekundärionen-Massenspektrometrie (SIMS; s. Abschnnitt 8.), Photoelektronen-Spektroskopie (ESCA, UPS; s. Abschnitt 9.) und die Elektronenenergie-Verlustspektroskopie (EELS; s. [10.2]). Diese Methoden lassen sich an ein und demselben UHV-System komplex mit der AES koppeln. Moderne AUGER-Scanning-Verfahren werden auch mit dem Scanning-Elektronenmikroskop kombiniert.

10.3. Anwendungen in der Werkstofforschung

10.3.1. Ermittlung der Oberflächen-Elementkonzentrationen

Alle Anwendungen der AES basieren letztlich auf der Element- bzw. Konzentrationsbestimmung. Die AES-Analytik identifiziert mittels der element- oder verbindungsspezifischen AUGER-Energien und liefert Konzentrationsangaben auf der Basis von Gl. (10.3). Die qualitative Analyse bereitet unter Beachtung der Nachweisgrenzen i. allg. keine Schwierigkeiten (H, He prinzipiell ausgeschlossen), die Grenze liegt bei $\approx 0,1\%$, in Einzelfällen darunter. Im Vergleich mit anderen

Analysenmethoden erscheint dies als geringe Nachweisempfindlichkeit; das Nachweisvolumen läßt aber erst die Leistungsfähigkeit der AES erkennen. Infolge der Nachweistiefe d_N im nm-Bereich liegen Oberflächenempfindlichkeiten von $\approx 10^{12}$ Atome/cm^2 vor, bzw. bei mittleren Geräteparametern lassen sich $\lesssim 10^{10}$ Atome, bei der AUGER-Mikroanalyse $< 10^6$ Atome innerhalb weniger nm nachweisen. Die Schwierigkeiten der quantitativen Analyse betreffen nicht nur die ungenaue Kenntnis der in Gl. (10.3) eingehenden Größen und exakte experimentelle Erfassung der AUGER-Ströme, sondern auch das Integral G in Gl. (10.3), das für verschiedene Tiefenabhängigkeiten von n_i gleiche $I_{WXY, i}$ zuläßt. Die üblichen (halb-) quantitativen Verfahren gehen von dem homogenen Modell aus, d. h., n_i wird innerhalb der Nachweistiefe d_N konstant angesetzt, wodurch das Integral G die Größe $n_i \lambda(E_{WXY, i}) \, G_0$ mit G_0 als spektrometerabhängigem Geometriefaktor ergibt. Ein übliches Verfahren zur n_i-Bestimmung ist der Vergleich zu einer Standardprobe S bekannter (Oberflächen-) Atomdichte n_i^S. Bei Messung des gleichen AUGER-Übergangs ξ (ξ steht abkürzend für WXY bzw. die entsprechenden Abhängigkeiten) unter gleichen experimentellen Bedingungen liefert dann die mit den Rauhigkeitsfaktoren R erweiterte Gl. (10.3)

$$\frac{n_i}{n_i^S} = \frac{\lambda_{\xi i}^S r_{\xi i}^S R_{\xi i}^S I_{\xi i}}{\lambda_{\xi i} r_{\xi i} R_{\xi i} I_{\xi i}^S} \qquad (10.12)$$

Unterschiede der λ und r gehen auf i. allg. geringe Matrixeffekte zurück, so daß das Verhältnis jeweils mit 1 angenommen werden kann bei einem Fehler $< 10\%$ für n_i/n_i^S. Problematisch ist das Einhalten gleicher Rauhigkeitsfaktoren. Eine wesentliche Voraussetzung für Gl. (10.12) besteht in gleichen Bindungsverhältnissen für das Element i in Probe und Standard bzw. in der Wahl eines von chemischen Einflüssen unabhängigen ξ-Übergangs, was vor allem bei Benutzung der Peak-Peak-Höhen H für die I wesentlich ist. Der experimentelle Aufwand zur Bestimmung mehrerer Elemente ist hoch, und Standards mit bekanntem n_i^S (der Oberfläche!) für nur in Verbindungen fest vorkommenden Elementen zu finden ist oft problematisch. Sehr verbreitet zur Bestimmung der Konzentrationen c_i ist die ungenauere, aber weniger aufwendige Methode der Empfindlichkeitsfaktoren. Da an ein und derselben Probe $\sum c_i = 1$ und $c_i/c_j = n_i/n_j$ gilt, ergibt sich mit den aus Gl. (10.3) folgenden n_i/n_j für jeweils einen (intensitätsstärksten) AUGER-Übergang für jedes Element:

$$c_j = \frac{H_j/S_{jk}}{\sum\limits_i (H_i/S_{ik})} \qquad (10.13)$$

AUGER-Ströme $I_{\xi i}$ sind durch Peak-Peak-Höhen $H_{\xi i}$ ausgedrückt und ξ_i durch nur i ersetzt entsprechend dem am jeweiligen Element ausgewählten AUGER-Übergang. Die Empfindlichkeitsfaktoren S_{ik} stellen für den Fall der Messung aller H_i mit gleichen experimentellen Parametern bis auf Peakformeinflüsse grundsätzlich die Verhältnisse von $\sigma_{\mathrm{eff},i}\omega_i r_i \lambda_i$ zu einem beliebigen Übergang k, also $S_{kk} = 1$, dar; der Rauhigkeitsfaktor, das ist der Vorteil, fällt infolge gleicher Probe heraus. Bei Vernachlässigung von Matrixeffekten für r und λ und keinem bzw. gleichem Einfluß der chemischen Bindung sind diese S_{ik} probenunabhängig. Auf Ag bezogene Empfindlichkeitsfaktoren liegen in [10.19] vor. Mit Fehlern um 20 % und mehr muß bei diesem Verfahren gerechnet werden. Unter Benutzung beider Methoden wird z. B. in [10.20] für C-Stähle verschiedenen Bearbeitungszustands versucht, die Oberflächenschichtkonzentration zu ermitteln.

10.3.2. Untersuchung des Deckschichtaufbaus und des Konzentrationsprofils

Infolge der mit AES zugänglichen Oberflächenschichtdicke $d_N \approx 3\lambda(E_{\xi i})$, also wenige nm, stellt die Edelgasionenätzung für die AES-Konzentrationsermittlung tieferer Schichten eine unentbehrliche Methode dar. Schematisch erläutert Bild 10.8 das Prinzip für den allgemeinen Fall einer Decksicht – wozu auch atmosphärische u. a. Verunreinigungen gezählt werden können – auf einem Werkstoff (*Substrat*). Die sukzessive Ionenätzung gestattet die AES-Analyse im jeweiligen Schichtdickenbereich d_N unter der abgesputterten Schicht. Bezüglich der quantitativen Analyse der im Ausgangszustand vorliegenden und interessierenden Konzentrationen c^d, c^g und c^v sowie Bindungszuständen ergeben sich oftmals durch selektive Ätzung, infolge unterschiedlicher Sputterausbeuten, die zu gegenüber den Ausgangskonzentrationen geänderten Konzentrationen c^{d*} usw. führen können, und der Schichtzerstörung (Tiefe $d_{\mathring{A}}$) beim Ionenbeschuß zusätzliche Schwierigkeiten. Typisch sind z. B. C-Anreicherungen. An Grenzschichten kann eine Verschmierung des ursprünglichen Konzentrationsprofils stattfinden (c^d-Elemente werden in

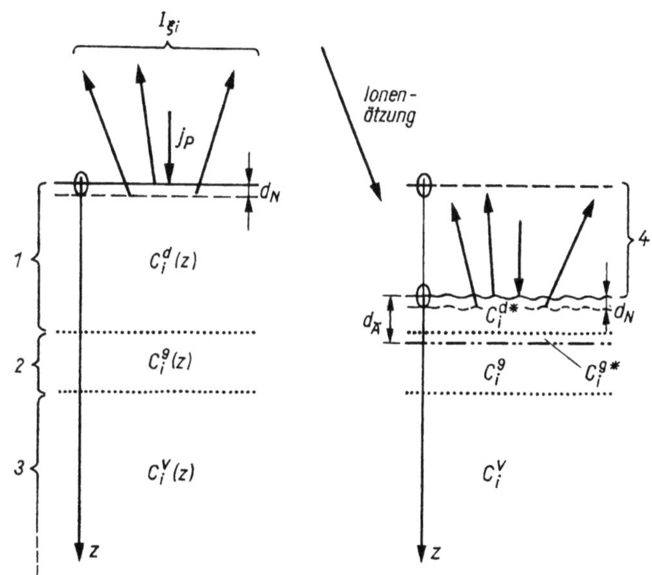

Bild 10.8. Schematische Darstellung der Tiefenkonzentrationsprofilaufnahme

1 Deckschicht
2 Grenz-, Zwischen-, Diffusionsschicht
3 Substrat (*Volumen*)
4 abgesputterte Schicht d
(weitere Erläuterungen s. Text)

größere Tiefen, c^v-Elemente in geringere »geschossen«), was z. B. bei der Untersuchung von Diffusionsprofilen zu beachten ist. Man rechnet mit einer Tiefenauflösung von $\approx 10\%$ der abgesputterten Schichtdicke. Auch Änderungen der Oberflächenmorphologie durch den Sputterprozeß und damit Einflüsse auf die AUGER-Ströme treten auf. Bild 10.9 zeigt als Beispiel einer Deckschichtuntersuchung Ausschnitte der AUGER-Spektren für einen Al-Bonddraht. Der unbehandelte Ausgangszustand wird i. allg. immer durch die atmosphärisch u. a. bedingten Verunreinigungsadsorbate (u. a. S, Cl, C, O) charakterisiert, die bereits nach schwacher Ätzung verschwinden, so daß die *eigentliche* Oberfläche freigelegt wird. In ihr und dem folgenden Tiefenbereich liegen vornehmlich Al-Oxide vor, wie der für Al-O charakteristische Peak des Al bei 54 eV und die O-Peaks zeigen.

Nach weiteren Ätzschritten erscheint das für reines Al typische Spektrum ($L_{2,3}VV$ Peak des Al bei 67 eV). Die Konzentrationstiefenprofile werden i. allg. in Form der Peak-Peak-Höhen H als Funktion der Ätzdauer (-dosis) mit abgeschätzter Tiefenumrechnung angegeben. Bild 10.10 führt ein typisches Beispiel für die Tiefenabhängigkeit der Konzentration in einem CrNi-Stahl für den Herstellungszustand und nach dem Aufheizen an.

10.3.3. Aussagen zum Bindungszustand

Der Einfluß der chemischen Bindung eines Atoms auf den AUGER-Prozeß liegt in der Zustandsänderung vornehmlich von $X_j Y_k$ begründet, wodurch Verschiebungen der AUGER-Energien, Änderungen der Übergangswahrscheinlichkeiten

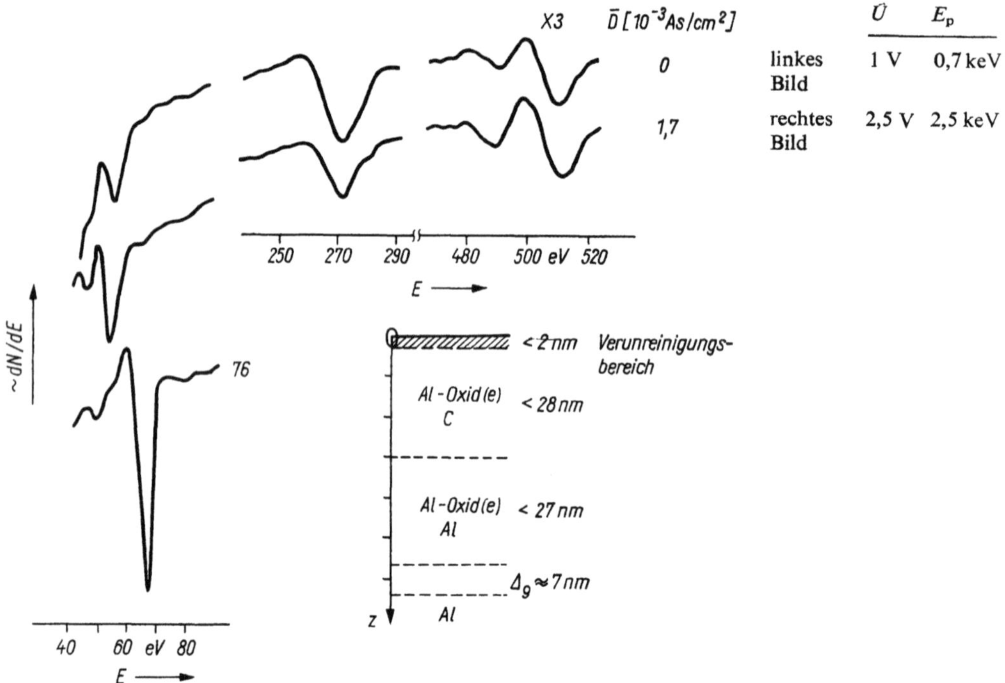

Bild 10.9. Ausschnitte des AUGER-Elektronenspektrums eines Tiefenprofils an Al-Bonddraht und daraus abgeleiteter Grobaufbau der Deckschicht. 54 eV Peak des Al in Al-Oxid; 273 eV Peak des C; KLL-Gruppe des O um 500 eV für den Ausgangszustand und schwache Ätzung (Ätzdosis $\bar{D} = 1{,}7 \cdot 10^{-3}$ As/cm²) und $L_{2,3}VV$ Peak des Al bei 67 eV für das reine Al nach $\bar{D} = 7{,}6 \cdot 10^{-2}$ As/cm²

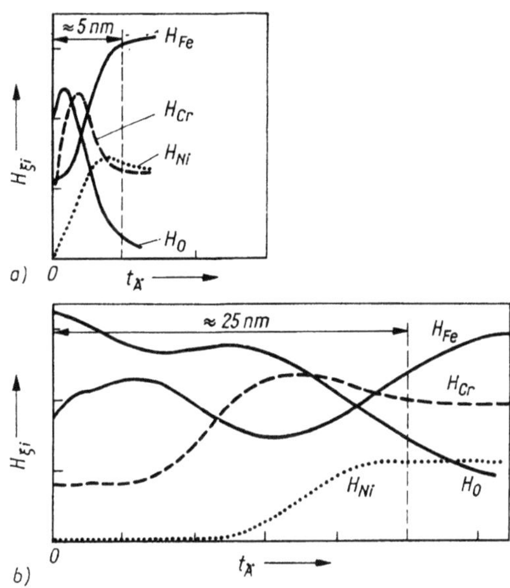

Bild 10.10. Tiefenprofil für CrNi-Stahl (nach [10.21])
a) Produktionszustand
b) nach 500 °C für 75 min Erhitzen in Luft

Peak-Peak-Höhen H für O, Fe (2fache Verstärkung zu H_O), Cr und Ni (jeweils 5fache Verstärkung zu H_O) als Funktion der Ätzdauer $t_{\ddot{A}}$ mit Abschätzung der entsprechenden Schichtdicke; AES-Aufnahmen nach etwa 0,3 nm Tiefenätzschritten

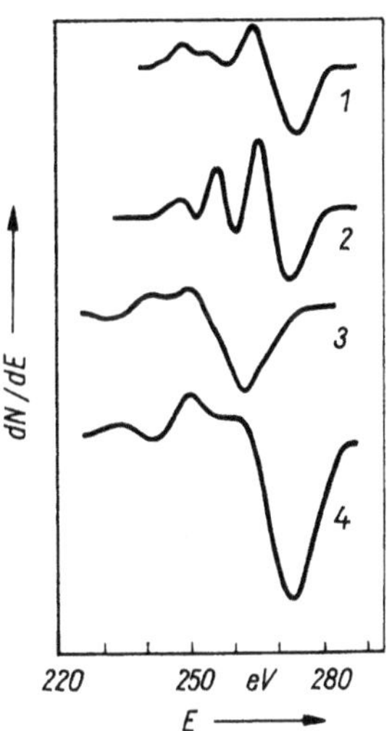

Bild 10.11. Peakform (in dN/dE) des KLL-Übergangs von C in verschiedenen Verbindungen (nach [10.3])

1 CO (auf W(112)) *3* Diamant
2 W₂C *4* Graphit

und Peakformänderungen auftreten können. Die Verschiebungen der AUGER-Energien liegen i.allg. im Bereich weniger eV. Eines der auffälligsten Beispiele für Peakformänderungen ist der Einfluß des Bindungszustands bei C (s. Bilder 10.11 und 10.13). Den Einfluß der Oxydation z. B. auf die Feinstruktur der hochenergetischen L_3MM-Übergänge von Ni bringen die Spektren für die reine Ni(110)-Oberfläche und die der Oxydation ausgesetzten in Bild 10.12 zum Ausdruck. Teilweise treten auch beträchtliche Energieverschiebungen und Intensitätsänderungen auf, was bei vielen $L_{2,3}VV$-Übergängen kationischer Elemente, z. B. Mg, Al, Si, in Oxiden bzw. Oxydationszuständen beobachtet wird. Die AUGER-Spektren für Al in Al und in Al-Oxid (s. Bild 10.9) zeigen den $L_{2,3}VV$-Al-Übergang bei 67 eV, der im oxydierten Zustand des Al verschwindet, dafür tritt ein intensitätsschwächerer bei ≈ 54 eV auf. Diese Erscheinung wird – Bild 10.3 erläutert den Fall – als interatomarer Übergang gedeutet. Im Beispiel des Al₂O₃ verläuft der bei Primär-

16*

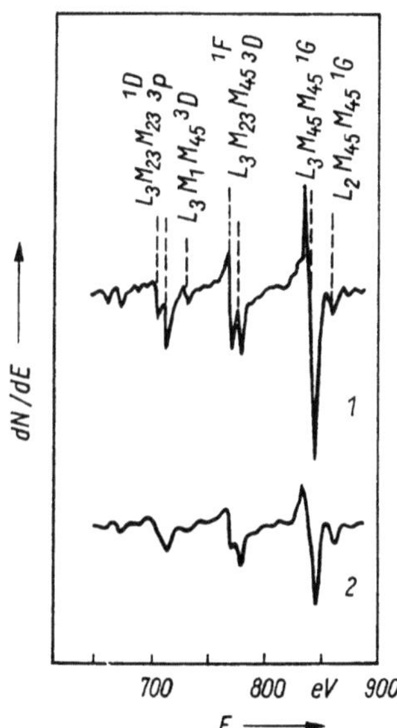

Bild 10.12. LMM-Spektrum der Ni(110)-Oberfläche atomar rein (*1*) und nach > 2,5 · 10⁴ L Sauerstoffexposition bei 670 K (*2*) (nach [10.22])

ionisation von $L_{2,3}$ des Al ablaufende AUGER-Prozeß wahrscheinlich über lokal zu O-Atomen gehörende Valenzelektronen.

10.3.4. Beispiele

Aus den Anwendungsmöglichkeiten werden hier in Ergänzung zu den o. g. allgemeinen Anwendungsverfahren und Beispielen einige die AES-Anwendung charakterisierende Untersuchungen aufgeführt; ausführlichere Darstellungen geben z. B. [10.3] und [10.6], und einen derzeitigen Untersuchungsüberblick vermittelt [10.23], auch im Zusammenhang mit anderen Meßmethoden.

Umfangreiche Anwendung findet die AES zur Untersuchung von Segregationserscheinungen; so wurde z. B. an vielen Metallen bzw. metallischen Werkstoffen S- und P-, an Stählen Cr- und Sb-Oberflächenbereichs-Segregation temperaturabhängig ermittelt. Durch nachfolgende Ionenätzung, also Tiefenprofilaufnahme, ließ sich auch nachweisen, daß nur in den obersten Atomschichten die Anreicherung stattfindet. Die im Bild 10.10 gezeigte Cr-Anreicherung innerhalb der obersten 5 nm bei einem CrNi-Stahl kennzeichnet derartige Untersuchungen. Scanning-AUGER bestimmt die eventuell vorhandenen lateralen Inhomogenitäten; so ließ sich z. B. an Stählen eine gleichmäßige Verteilung der Phosphide gegenüber einer sehr ungleichmäßigen der Sulfide in Form weniger bis 100 µm Ausdehnung betragender S-Inseln feststellen. Analog werden die die mechanischen Materialeigenschaften (Bruchverhalten, Versprödung usw.) beeinflussenden Korngrenzensegregationsprozesse (z. B. B-, N- und S-Segregation in Stählen) untersucht.

Bei Legierungen zielen AES-Untersuchungen auf die von der Behandlung, vor allem Wärmebehandlung abhängigen Unterschiede der Legierungselement-Konzentration zwischen Oberflächenbereich und Volumen ab. Hierzu zählen auch die für die Analytik mit AES grundlegenden Untersuchungen zum Edelgasätzverhalten; z. B. in NiCu-Legierungen reichert sich beim Ätzen Ni an, durch thermische Behandlung dann Cu. Analytische Grenz- und Deckschichtuntersuchungen an galvanisch o. a. abgeschiedenen Schichten,

dies im Zusammenhang noch mit der Lösung von Diffusionsproblemen, lassen sich z. T. erfolgreich mit AES durchführen.

Von den oberflächenchemischen Untersuchungen mittels AES stehen Oxydation und Korrosion im Vordergrund. Bei der Oxydation an Stählen konnte eine unterschiedliche Cr-Anreicherung und Fe-Verarmung im Oberflächenbereich und die Änderung des Sauerstoffgehaltes mit der Tiefe als Funktion der Temperatur ermittelt werden; die Ausdehnung des Oxydationsbereichs läßt das Beispiel in Bild 10.10 deutlich erkennen. In großem Umfang wird die AES auch zur Deckschichtuntersuchung korrosiv beanspruchter Werkstoffe für elektrische Kontakte eingesetzt (z. B. Legierungen aus Ag, Pd, Au, Ni usw.), um minimale Deckschichtbildung, hier die Ausbildung von vornehmlich Sulfiden, durch Optimierung der Legierungszusammensetzung zu erreichen. Zum gleichen Problemkreis zählen Untersuchungen mit AES auf dem Gebiet der Passivierung und der Katalyse, vor allem bezüglich des Einflusses von Vergiftungen durch Spurenverunreinigungen.

Als Beispiel des Einsatzes der AES zur Klärung von Bearbeitungs- und Prozeßeinflüssen auf die Werkstoffoberfläche wird ein elektrochemisch bearbeiteter (ECM-Verfahren) C-Stahl angeführt [10.20]. Bild 10.13 enthält den KLL-Peak des C für die Oberfläche (nach schwacher Ätzung) der normal geschliffen-polierten und der der

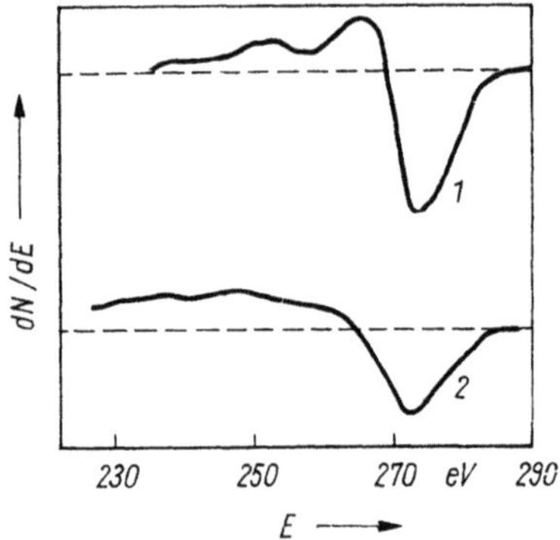

Bild 10.13. Vergleich des KLL-Peaks des C an C45-Stahl-Oberflächen nach normaler Bearbeitung (*1*) und nach elektrochemischer Bearbeitung (ECM) (*2*) (nach [10.20])

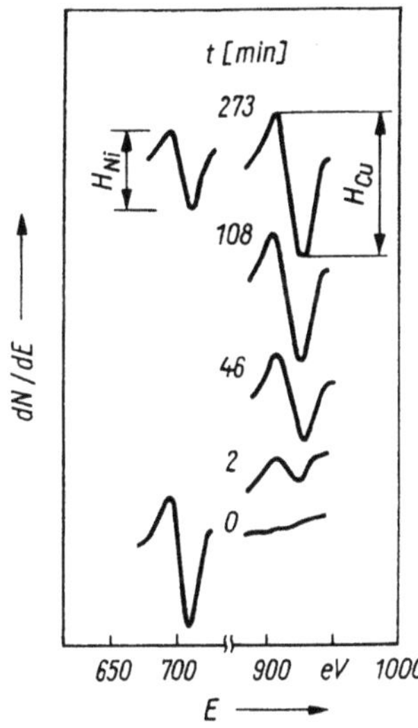

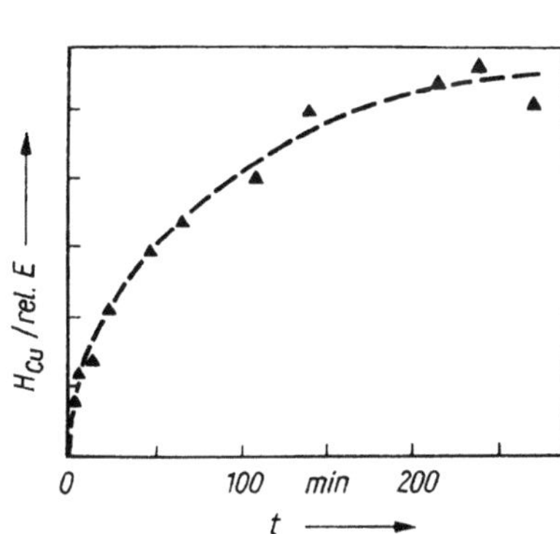

Bild 10.14. Cu-Diffusion durch eine 0,14 μm (galvanisch abgeschiedene) Ni-Schicht für $T = 430$ K (nach [10.24])

Erläuterungen s. Text

ECM unterzogenen Probe, woraus (vgl. Bild 10.11) geschlossen wird, daß der normal karbidisch vorliegende C bei der ECM in die graphitische Form umwandelt, was entsprechende Folgen für den ECM-Abtragungsprozeß hat. Die C-Peaks sind ein Beispiel dafür, daß die Peak-Peak-Höhen H hier nicht als zu den AUGER-Strömen I in gleicherweise proportionale Größen benutzt werden können, sondern daß zur Konzentrationsbestimmung die Doppelintegration in dN/dE notwendig ist. Entsprechend Bild 10.13 werden C-Oberflächenbereichs-Konzentrationen $c_C^{norm} \approx 20\%$ und $c_C^{ECM} \approx 33\%$ berechnet. Von der ECM abgesehen, kommt hier auch die enorme C-Anreicherung bei üblich bearbeiteten C45-Stahl-Oberflächen zum Ausdruck.

Für Diffusionsuntersuchungen läßt sich die AES mit Vorteil in Schichtsystemen einsetzen. Auf die Untersuchung von Diffusionsprofilen an Grenzschichten mittels Tiefenprofilaufnahme wurde bereits im Zusammenhang mit dem Einfluß der Ionenätzung hingewiesen. Exaktere Angaben liefert die Messung der Oberflächen-Konzentrationszunahme des durch eine Schicht diffundierenden Elements als Funktion der Zeit. Bild 10.14 führt dazu die Diffusion von Cu aus einem CuSn-Substrat durch eine Ni-Schicht an, wobei der $L_{2,3}M_{4,5}M_{4,5}$-Cu-Peak (920 eV) als Funktion der Zeit bei bestimmter Temperatur gemessen wird. Aus der die Cu-Oberflächen-Konzentrationszunahme darstellenden H_{Cu}-t-Kurve wird auf entsprechende Diffusionskoeffizienten geschlossen.

Literaturverzeichnis

[10.1] CHANG, C. C.: Analytical Auger Electron Spectroscopy. In: Characterization of Solid Surfaces (Hrsg. von P. F. KANE; G. B. LARRABEE). New York: Plenum Press 1974, S. 509

[10.2] ERTL, G.; J. KÜPPERS: Low Energy Electrons and Surface Chemistry. Weinheim: Verlag Chemie 1974

[10.3] JOSHI, A.; L. E. DAVIS; P. W. PALMBERG: Auger Electron Spectroscopy. In: Methods of Surface Analysis (Hrsg. von A. W. CZANDERNA). Amsterdam: Elsevier Scient. Publ. Comp. 1975, S. 159

[10.4] KLAUA, M.; G. OERTEL: Auger-Elektronenspektroskopie. In: Festkörperanalyse mit Elektronen, Ionen und Röntgenstrahlen (Hrsg. von O. BRÜMMER; J. HEYDENREICH; K. H. KREBS; H. G. SCHNEIDER). Berlin: VEB Deutscher Verlag der Wiss. 1980, S. 259

[10.5] VAN OOSTROM, A.: Surf. Sci. 89 (1979), S. 615

[10.6] McGuire, G. E.; P. H. Holloway: Applications of Auger-Spectroscopy in Materials Analysis. In: Electron Spectroscopy – Theory, Techniques, and Applications, Vol. 4. (Hrsg. von C. R. Brundle; A. D. Baker). New York, London: Academic Press 1981

[10.7] Fuggle, J. C.: High Resolution Auger Spectroscopy of Solids and Surfaces. In: desgl. [10.6]

[10.8] Quinto, D. T.; W. D. Robertson: Surf. Sci. 27 (1971), S. 645

[10.9] Shirley, D. A.: Phys. Rev. A 7 (1973), S. 1520

[10.10] Larkins, F. P.: J. Phys. B: Atom. Molec. Phys. 9 (1976), S. 47 und Atomic Data and Nuclear Data Tables 20 (1977), S. 311

[10.11] Chen, M. H.; u. a.: Phys. Rev. A 20 (1979), S. 385

[10.12] Strausser, Y.; J. J. Uebbing: Varian Chart of Auger Blectron Energies. Palo Alto: Varian Comp. 1970

[10.13] Vrakking, J. J.; F. Meyer: Surf. Sci. 47 (1975), S. 50

[10.14] Smith, D. M.; T. E. Gallon: J. Phys. D 7 (1974), S. 151

[10.15] McGuire, E. J.: Phys. Rev. A 2 (1970), S. 273; A 3 (1971), S. 1801; A 5 (1972), S. 1043 und S. 1056

[10.16] Wehner, G. K.: The Aspects of Sputtering in Surface Analysis Methods. In: desgl. [10.3], S. 5

[10.17] Klöber, J.: H. A. Schneider: Beugung langsamer Elektronen (LEED). In: desgl. [10.4], S. 185

[10.18] Brückner, J.: Beugung schneller Elektronen (HEED). In: desgl. [10.4], S. 165

[10.19] Davis, L. E.; u. a.: Handbook of AES, 2. Edit. Eden Prairie: Physical Electronics Ind. 1976

[10.20] Hunger, H.-J.; u. a.: Neue Hütte 24 (1979), S. 228

[10.21] PHI Data Sheet 1038 7 M 5–74

[10.22] Seidel, H.: Elektronenspektroskopische Untersuchungen und Austrittsarbeitsmessungen der Wechselwirkung von Sauerstoff mit Ni(110)-Einkristalloberflächen. Hamburg. Diss. 1979

[10.23] Larrabee, G. B.; T. J. Shaffner: Anal. Chem. 53 (1981), S. 163 R

[10.24] Klöber, J.; Schneider, P.: in Vorbereitung

[10.25] Seah, M. P.; W. A. Dench: Surf. and Interface Anal 1 (1979), S. 2

[10.26] Finkelnburg, W.: Einführung in die Atomphysik. Berlin/Göttingen/Heidelberg: Springer Verlag 1964

11 Mößbauer-Spektroskopie

Von Hans-Jörg Hunger, VEB Bergbau- und Hüttenkombinat »Albert Funk«,
Freiberg, und Egbert Wieser, Akademie der Wissenschaften der DDR, Zentralinstitut
für Kernforschung, Rossendorf

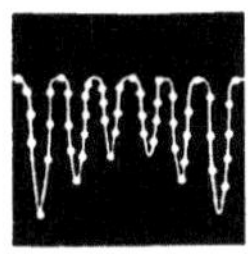

Der Mössbauer-Effekt ist eine kernphysikalische Meßmethode, die in der
Lage ist, Beiträge zu einem sehr breiten Spektrum von metallphysikalischen
und metallkundlichen Fragestellungen zu liefern. Der Bogen spannt sich
von der Untersuchung atomarer und magnetischer Strukturen (Ordnungs-
phänomene, Phasenübergänge) bis zu vielfältigen analytischen Aufgaben.
Wie das Beispiel der Restaustenitbestimmung zeigt, sind zur letztgenannten
Problematik quantitative Aufgaben mit einer Genauigkeit unterhalb ein Prozent möglich.
Zu beachten ist, daß die Mössbauer-Spektroskopie selektiv nur auf eine, durch die verwendete Quelle festgelegte Atomsorte reagiert. Da es unter den Leichtmetallen kein
Mössbauer-Isotop gibt und von den Übergangsmetallen nur das ^{57}Fe gut meßbar ist,
konzentriert sich die Anwendung dieser Methode in der Metallkunde auf eisenhaltige
Legierungen. Für Arbeiten an magnetischen Speziallegierungen können die guten Meßmöglichkeiten im Bereich der Seltenen Erden interessant werden.
Für Eisen liegen die Nachweisgrenzen bei Experimenten ohne größeren Aufwand im Bereich um 10 %. In speziellen Experimenten ist ein Vordringen in den ppm-Bereich möglich. Die günstigste Probenform sind Folien von 20 bis 50 μm Dicke und einer Fläche von
einigen cm² (Präparation durch Kombination mechanischer und chemischer Ab-
dünnung). Die bestrahlte Probenfläche liegt im Normalfall bei etwa 1 cm², kann aber bei
Bedarf auch verkleinert oder vergrößert werden. Ist eine Präparation solcher Proben nicht
möglich, so können ohne zu große Erhöhung des experimentellen Aufwandes Streumessungen an kompakten Proben (mit einer möglichst ebenen Fläche von einigen cm²)
ausgeführt werden.
Das Haupteinsatzgebiet der Mössbauer-Spektroskopie wird im Bereich der Werkstoffentwicklung bzw. der Erarbeitung von Fertigungstechnologien liegen. Bei den dazu notwendigen Grundlagenuntersuchungen sind Meßzeiten von einigen Stunden bis Tagen je
Spektrum typisch. Zur Auswertung genügt ein Kleinrechner mit nicht zu kleinem Speicher.
Nach entsprechender methodischer Vorarbeit kann die Mössbauer-Spektroskopie aber
auch routinemäßig für Kontrolluntersuchungen eingesetzt werden. Durch die Anwendung
problemangepaßter Probe-Detektor-Kombinationen und Meßstrategien (Registrierung
ausgewählter Spektrenteile) lassen sich dabei die Meßzeiten in Bereiche $\lesssim 30$ min herabdrücken.
Die Erschütterungsempfindlichkeit des Meßverfahrens stellt Anforderungen an den Auf-
stellungsort des Spektrometers.

11.1.   Grundlagen

Aus der optischen Spektroskopie ist bekannt, daß man Atome durch Zufuhr von Energie zur Aussendung von elektromagnetischer Strahlung anregen kann. Es ist weiterhin bekannt, daß die von einer bestimmten Atomart emittierten Spektrallinien durch ein Gas der gleichen Atomart wieder absorbiert werden können. In diesem Falle spricht man von Resonanzabsorption.

Nicht nur die Atomhülle ist fähig, elektromagnetische Strahlung auszusenden, sondern auch der Atomkern kann elektromagnetische Strahlung in Form von γ-Quanten emittieren. Lange Zeit hat man vergeblich versucht, eine Resonanzabsorption in Analogie zur optischen Spektroskopie der Atomhülle auch am Atomkern zu beobachten. 1957 wurde die Resonanzabsorption der Kern-γ-Strahlung durch R. L. MÖSSBAUER entdeckt und theoretisch richtig gedeutet. Nach ihrem Entdecker bezeichnet man die Resonanzabsorption der Kern-γ-Strahlung als MÖSSBAUER-Effekt. Zunächst nur als kernphysikalische Meßmethode verwendet, fand er schon bald weitere Anwendungsmöglichkeiten. Besonders bekannt geworden ist der MÖSSBAUER-Effekt durch seine zahlreichen Anwendungsmöglichkeiten in Physik, Chemie und Metallkunde. Über die MÖSSBAUER-Spektroskopie gibt es eine Reihe von Büchern und Monographien (z. B. [11.1] bis [11.3]), die eine tiefergehende Einarbeitung gestatten und darüber hinaus zahlreiche Hinweise auf Originalliteratur enthalten.

11.1.1.   Mößbauer-Effekt

Betrachten wir zunächst den ruhenden (d. h. $v = 0$) Atomkern eines freien Atoms der Masse M, der durch Emission eines γ-Quants vom angeregten in den Grundzustand übergeht (Bild 11.1). Da das γ-Quant einen Impuls $p = h/\lambda$ (h PLANCKsche Konstante) besitzt, fordert der Impulserhaltungssatz, daß bei der Emission des γ-Quants ein gleichgroßer, aber entgegengesetzter Impuls auf den Atomkern übertragen wird. Mit dem Impuls p wird auch die Rückstoßenergie E_R auf den Kern übertragen. Aus dem Energie-

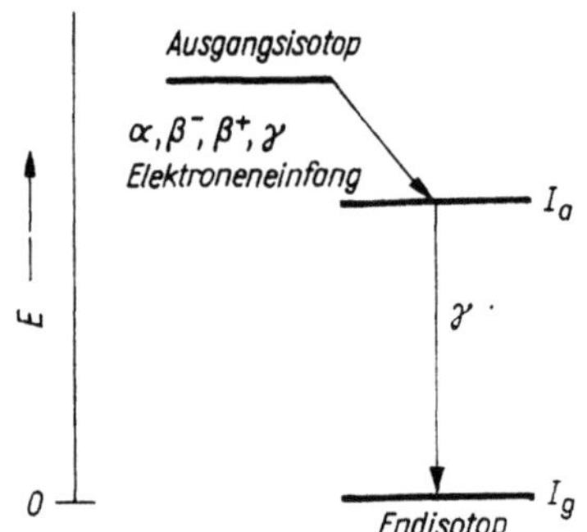

Bild 11.1. Zerfallsschema eines radioaktiven Kernes. Das Ausgangsisotop geht durch α-, β^--, β^-- oder γ-Emission bzw. durch Elektroneneinfang in den angeregten Zustand eines anderen Isotops über (Kernumwandlung)

erhaltungssatz folgt die nachstehende Gl. (11.1):

$$E_\gamma = E_0 - E_R \qquad (11.1)$$

E_γ ist die Energie des emittierten γ-Quants, E_0 die Übergangsenergie und E_R die Rückstoßenergie, die durch die Emission auf den Kern übertragen wird. E_R ergibt sich zu:

$$E_R = \frac{p^2}{2M} = \frac{(h\nu)^2}{2Mc^2} = \frac{E_\gamma}{2Mc^2} \qquad (11.2)$$

Die gleichen Betrachtungen gelten auch für jeden Absorptionsprozeß. Das absorbierte Atom erhält ebenfalls den Energiebetrag $E_R = p^2/2M$ als kinetische Energie übertragen, so daß bei der Absorption nur die Energie

$$E' = E_0 - 2E_R \qquad (11.3)$$

für die Anregung zur Verfügung steht.

Berechnet man E_R für das bekannteste MÖSSBAUER-Isotop ^{57}Fe ($E = 14{,}4$ keV), so erhält man $E_R = 2 \cdot 10^{-3}$ eV. Aufgrund der HEISSENBERGschen Unschärferelation hat das emittierende Niveau eine Energieunschärfe von

$$\Gamma = \hbar/\tau \qquad (11.4)$$

$$\Gamma_{57_{Fe}} \approx \frac{\hbar \ln 2}{10^{-7}} \approx 0{,}5 \cdot 10^{-8}\ \text{eV}$$

worin $\hbar = h/2\pi$ und τ die Lebensdauer des emittierenden Niveaus bedeuten. Da die Energieunschärfe des emittierenden und absorbierenden Niveaus etwa sechs Zehnerpotenzen kleiner ist

als die Rückstoßenergie, ist es klar, daß Resonanzabsorption am freien Atomkern nicht möglich ist.
Die Grundlage des MÖSSBAUER-Effektes besteht
nun darin, daß die Atomkerne, die γ-Quanten
emittieren bzw. absorbieren, in das Gitter eines
Festkörpers eingebaut sind. Damit besteht eine
gewisse Wahrscheinlichkeit dafür, daß die Emission bzw. Absorption rückstoßfrei erfolgt. Der
bei der Emission bzw. Absorption des γ-Quants
übertragene Impuls p wird dann vom Kristall
als Ganzes aufgenommen. Das bedeutet, daß M
in Gl. (11.2) gegen unendlich geht und damit
$E_R = 0$ wird, so daß das γ-Quant die Übergangsenergie zwischen den beiden Kernzuständen
praktisch ohne Rückstoßverluste übernimmt
und wieder abgibt. Es gilt $E_\gamma = E_0$, weshalb das
γ-Quant von gleichartigen Kernen wieder absorbiert und reemittiert werden kann (sogenannte
Kernresonanzfluoreszenz). Neben den rückstoßfreien Übergängen können allerdings durch die
Impulsübertragung auch Gitterschwingungen
(Phononen) angeregt werden, wenn die Rückstoßenergie größer als die der Gitterschwingungs-
quanten ist. Die Wahrscheinlichkeit für einen
rückstoßfreien Übergang wird durch den DEBYE-
WALLER-Faktor beschrieben [11.1], [11.2]. Man
kann sie heraufsetzen, wenn man mit kleinen
γ-Energien und bei tiefen Temperaturen arbeitet.
Der MÖSSBAUER-Effekt wird bei Isotopen beobachtet, die γ-Energien zwischen 3 und 150 keV
besitzen. Die untere Grenze wird durch die
photoelektrische Absorption gegeben, während
die obere Grenze dadurch bedingt ist, daß die
Rückstoßenergie E_R in der Größenordnung $k\Theta$
(Θ effektive DEBYE- bzw. EINSTEIN-Temperatur)
des Festkörpers, in dem das Resonanzatom
eingebettet ist, bleiben muß.
Zum experimentellen Nachweis des MÖSSBAUER-
Effekts verwendet man folgende Anordnung
(Bild 11.2): Man nimmt eine γ-Quelle Q und
einen Absorber A, der die gleichen Kerne im
Grundzustand enthält, die sich in der Quelle im
angeregten Zustand befinden. Quelle und Absorber müssen als Festkörper vorliegen. Hinter
dem sehr dünnen Absorber wird ein γ-Zähler
angeordnet, der die von der Quelle emittierten
γ-Quanten registriert. Die Quelle wird so angebracht, daß man sie mit einer Geschwindigkeit
v relativ zum Absorber bewegen kann. Befindet
sich die Quelle in Ruhe ($v = 0$), so haben die von

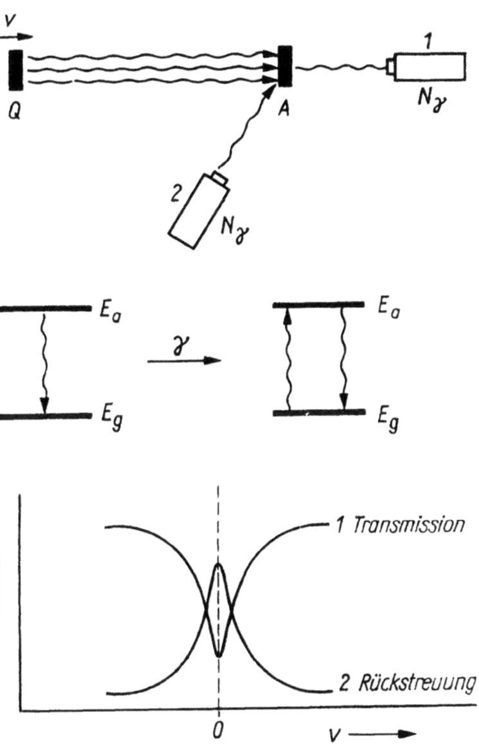

Bild 11.2. Experimenteller Nachweis des MÖSSBAUER-
Effekts

der Quelle rückstoßfrei ausgesandten γ-Quanten
gerade die Übergangsenergie $E_\gamma = E_0$ und können
demzufolge die Absorberisotope vom Grundzustand in den angeregten Zustand heben (Resonanzabsorption). Bei Erfüllung der Resonanzbedingung ist die Absorption hoch, so daß im
Zähler nur eine relativ geringe Anzahl γ-Quanten
nachgewiesen wird. Bewegt man nun die Quelle,
so erfährt die Energie der emittierten γ-Quanten
eine Änderung ΔE infolge der Dopplerverschiebung

$$\Delta E = E_\gamma \frac{v}{c} \tag{11.5}$$

Wenn v groß genug ist, wird die Energie der
γ-Quanten so stark verändert, daß im Absorber
keine Resonanzabsorption mehr stattfinden kann.
In der Regel genügen schon Geschwindigkeiten
in der Größenordnung cm/s, um die Resonanz-

absorption total zu unterbinden. Die Folge davon ist, daß die Zahl der γ-Quanten, die vom Detektor registriert wird, mit wachsendem v ansteigt. Damit ist das Meßprinzip zur Aufnahme eines MÖSSBAUER-Spektrums dargelegt. Man mißt die Strahlungsintensität im Detektor als Funktion der Relativgeschwindigkeit zwischen Quelle und Absorber (Bild 11.2). Das MÖSSBAUER-Experiment kann nicht nur in Transmission durchgeführt werden, d. h. mit der Anordnung des Detektors hinter dem Absorber (Bild 11.2, Detektor 1), sondern auch in Streugeometrie (Bild 11.2, Detektor 2). Der Detektor 2 registriert dabei die nach der Resonanzabsorption vom Absorber reemittierten γ-Quanten (sogenannte Resonanzfluoreszenz). Ist die Resonanzbedingung nicht erfüllt, d. h., ist $E_\gamma \neq E_0$, so werden die von der Quelle auf den Absorber gelangenden γ-Quanten nicht resonant absorbiert, und die Zählrate im Detektor 2 ist gering. Ist die Resonanzbedingung erfüllt ($E_\gamma = E_0$), so steigt die Zählrate im Detektor 2 an. Die Spektrentypen für den Transmissions- und Streufall sind ebenfalls in Bild 11.2 angegeben. Das Streuexperiment hat den Vorteil, daß man auch dicke Proben, die nicht durchstrahlbar sind, messen kann.

11.1.2.   Charakteristische Größen

Die Lage des Energieniveaus eines Atomkernes wird durch die elektrischen und magnetischen Wechselwirkungen mit den Elektronen seiner Umgebung beeinflußt. Die genaue Vermessung der Resonanzabsorption mit Hilfe des MÖSSBAUER-Effektes gibt Aufschluß über diese sogenannten Hyperfeinwechselwirkungen. In den Abschnitten 11.1.2.1. bis 11.1.2.3. wird gezeigt, wie sich die Hyperfeinwechselwirkungen im MÖSSBAUER-Spektrum auswirken und welche festkörperphysikalisch interessanten Informationen sie enthalten.

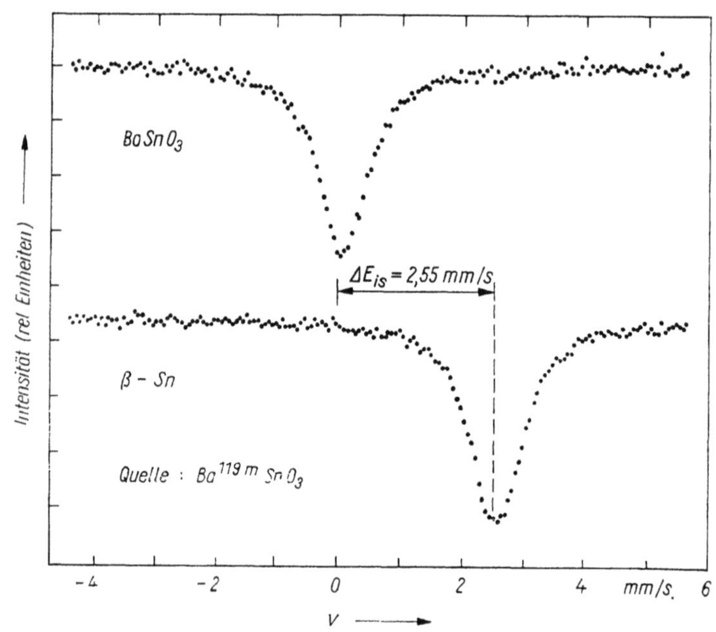

Bild 11.3. Isomerieverschiebung beim ^{119m}Sn. Mit einer $BaSnO_3$-Quelle wurden die Spektren eines $BaSnO_3$- und eines β-Sn-Absorbers aufgenommen. Im ersten Fall liegt das Spektrum symmetrisch zu $v = 0$, d. h., $E_{is} = 0$. Im zweiten Fall tritt infolge der unterschiedlichen s-Elektronendichte am Kernort von Quelle und Absorber eine deutliche Isomerieverschiebung auf.

11.1.2.1. Isomerieverschiebung

Im allgemeinen fällt der Schwerpunkt einer MÖSSBAUER-Linie bzw. eines MÖSSBAUER-Spektrums nicht mit dem Nullpunkt der Geschwindigkeitsskala zusammen (Bild 11.3[1])). Abweichungen können sowohl zu positiven als auch zu negativen Geschwindigkeiten auftreten. Diese Verschiebung der Spektrenschwerpunkte gegenüber $v = 0$ bezeichnet man (wenn man die quadratischen Glieder des DOPPLER-Effektes vernachlässigt) als Isomerieverschiebung des MÖSSBAUER-Spektrums.

Die Ursache für die Isomerieverschiebung liegt in der COULOMB-Wechselwirkung zwischen dem endlich ausgedehnten Atomkern mit dem Radius R und der Elektronenhülle. Diese elektrostatische Wechselwirkung verursacht eine Änderung der potentiellen Energie des Atomkernes. Die Änderung der potentiellen Energie des Atomkernes ist abhängig vom Kernradius R und von der s-Elektronendichte $|\psi(0)|^2$ am Kernort. Quantitativ kann der Zuwachs an potentieller Energie des Kernes im Vergleich zu einem Punktkern durch die Beziehung

$$\Delta E = \frac{|2\pi e^2 \Psi(0)|^2}{3} \langle R^2 \rangle \tag{11.6}$$

beschrieben werden, wobei $\langle R^2 \rangle$ den mittleren quadratischen Kernradius darstellt. Da die Kernradien im Grund- und angeregten Zustand meist verschieden sind, ist die Energieverschiebung in beiden Zuständen ebenfalls unterschiedlich groß, und die Übergangsenergie E_0 wird etwa verändert: $E_Q \neq E_0$ (Bild 11.4). Wenn MÖSSBAUER-Quelle und Absorber unterschiedliche Substanzen sind, so ist auch die Elektronendichte am Kernort bei beiden nicht gleich, und wir müssen zwischen $|\Psi_{Q}(0)|^2$ und $|\Psi_{A}(0)|^2$ unterscheiden. Für die quantitative Beschreibung der Isomerieverschiebung folgt unter Berücksichtigung dieser Tatsachen:

$$\delta_{[\text{mm/s}]} = K(|\Psi_{A}(0)|^2 - |\Psi_{Q}(0)|^2)\frac{\Delta R}{R}$$

$$= K\,\Delta |\Psi(0)|^2 \frac{\Delta R}{R} \tag{11.7}$$

---

[1]) Die Spektren der Bilder 11.3 und 11.6 wurden von Dr. E. FRITZSCH, Bergakademie Freiberg, dankenswerterweise zur Verfügung gestellt.

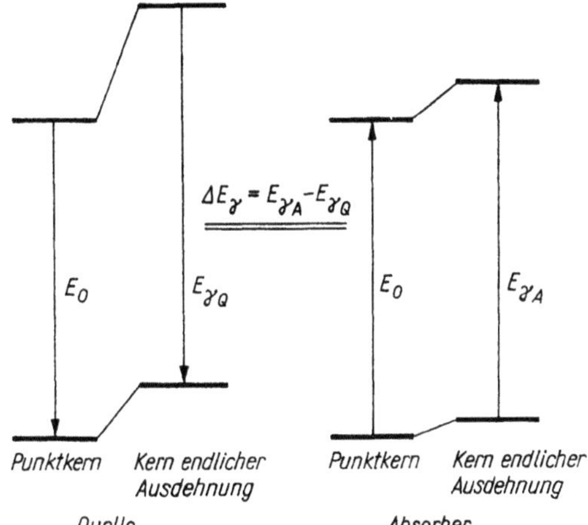

Bild 11.4. Zum Zustandekommen der Isomerieverschiebung. Aufgrund der unterschiedlichen Elektronendichten in Quelle und Absorber verschieben sich die Energieniveaus gegenüber einem Punktkern in Quelle und Absorber verschieden stark. Der Unterschied ΔE_γ zwischen den Übergangsenergien in Quelle und Absorber wird als Isomerieverschiebung bezeichnet. Die Kompensation von ΔE_γ erfolgt mit Hilfe des DOPPLER-Effektes über eine Bewegung der Quelle relativ zum Absorber

K ist eine vom verwendeten Isotop abhängige Konstante, und $\Delta R / R$ ist die relative Änderung des Kernradius beim Übergang vom angeregten in den Grundzustand. Die Differenz der s-Elektronendichten am Kernort wird hauptsächlich durch die Valenz-s-Elektronen bestimmt. Deshalb enthält die Isomerieverschiebung Informationen über die chemische Bindung und wird aus diesem Grunde auch oft als chemische Verschiebung bezeichnet. Die Isomerieverschiebung (angegeben in mm/s) wird gewöhnlich direkt als Maß für den Unterschied der Elektronendichten am Kernort verwendet und diskutiert. Da es sich um eine relative Größe handelt, muß stets der Bezugspunkt (Quelle oder Standardabsorber) angegeben werden.

11.1.2.2. Magnetische Aufspaltung

Eine magnetische Aufspaltung des MÖSSBAUER-Spektrums tritt auf, wenn der Kern im Grund- oder angeregten Zustand ein magnetisches

Moment besitzt oder wenn am Kernort ein effektives magnetisches Feld vorhanden ist. Dieses Magnetfeld kann herrühren von

- den Elektronen des Atoms, zu dem der Kern gehört (sogenannte *magnetische Atome*, z. B. 3*d*-Metalle, 4*f*-Seltenerdmetalle)
- den Elektronen der Atome, die das MÖSSBAUER-Atom umgeben (d. h. den Elektronen des Kristallgitters)
- einem äußeren Magneten.

Betrachten wir noch einmal ein einfaches Zerfallsschema eines radioaktiven Kerns (Bild 11.1). Der Atomkern kann einen mechanischen Drehimpuls **I** besitzen, dessen Maximalkomponente bezüglich einer Vorzugsrichtung auch als Kernspin I bezeichnet wird. Falls der Kernspin $I > 0$ ist, so ist mit ihm ein magnetisches Moment verbunden der Größe

$$\mu_I = g_K \mu_K I \qquad (11.8)$$

> g_K Kern-g-Faktor
> μ_K Kernmagneton ($\mu_K = e\hbar/2M_Pc$)
> M_P Protonenmasse

Ist am Kernort ein Magnetfeld wirksam, so spalten die Energieniveaus des Kerns in $2I + 1$ äquidistante Unterniveaus auf (Aufhebung der Entartung), die durch die magnetischen Quantenzahlen $m_I = +I, (I - 1), ..., -I$ charakterisiert werden. Da diese Energieaufspaltung der Kernniveaus außerordentlich klein ist ($\approx 10^{-7}$ bis 10^{-8} eV), spricht man auch von einer sogenannten Hyperfeinaufspaltung.
Wie in Bild 11.5 dargestellt, besitzt ein Kern mit dem Spin $I = 3/2$ vier Energieniveaus. Der energetische Abstand zweier benachbarter Niveaus beträgt

$$\Delta E = \hbar\omega_0 = g_K \mu_K H \qquad (11.9)$$

Wenden wir uns nun den Verhältnissen bei dem am häufigsten verwendeten MÖSSBAUER-Isotop ^{57}Fe zu. Der Grundzustand hat den Spin $I = 1/2$ und der erste angeregte Zustand, das 14,4-keV-MÖSSBAUER-Niveau, den Spin $I = 3/2$. Für den Grundzustand und den ersten angeregten Zustand des ^{57}Fe ist die magnetische Aufspaltung im Bild 11.5 dargestellt. Man erhält aus der Kombination der Niveaus beider Zustände sechs mögliche γ-Energien, da nur Übergänge mit $\Delta m = \pm 1$ erlaubt sind.

Die α-Phase des Eisens ist ferromagnetisch. Die magnetischen Momente der Elektronen, die für die Magnetisierung des Eisens verantwortlich

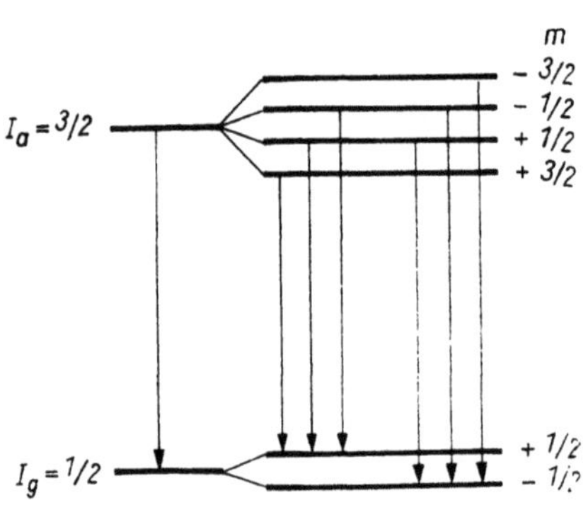

Bild 11.5. Magnetische Aufspaltung des ^{57}Fe-Grundzustandes und des 14,4-keV-Niveaus mit Angabe der möglichen Übergänge

sind, erzeugen am Kernort ein starkes Magnetfeld von $H = -26268$ kA/m. Das negative Vorzeichen zeigt an, daß das Feld antiparallel zur Magnetisierung orientiert ist. Die Hauptursache für das Magnetfeld am Kernort ist im Falle des Eisens die Polarisation der Elektronen mit s-Charakter. Bei Metallen ist hier sowohl die Wechselwirkung mit dem am betrachteten Atom lokalisierten magnetischen Moment μ_{Fe} als auch die Wechselwirkung der Leitungselektronen mit Momenten benachbarter Atome zu berücksichtigen. So läßt sich das Feld am Eisenkern in Legierungen recht gut durch die phänomenologische Beziehung $H = A\mu_{Fe} + B\bar{\mu}$ beschreiben ($\bar{\mu}$ mittleres magnetisches Moment je Legierungsatom). Die Faktoren A und B sind von gleicher Größenordnung und liegen im Bereich von 4776–6368 kA/m μ_B (μ_B BOHRsches Magneton). Eine detaillierte Darstellung der Beiträge zu H findet man z. B. in [11.1]. Die Tatsache, daß das Feld am Kernort auch von Nachbaratomen beeinflußt wird, bedeutet, daß seine Untersuchung nicht nur für das Studium magnetischer Eigenschaften wichtig ist. Im Feld am Kernort spiegeln sich auch strukturelle Effekte (z. B. Ordnungserscheinungen) wider.
Die relativen Intensitäten der Linien eines magnetisch aufgespaltenen MÖSSBAUER-Spektrums hängen von der mittleren Orientierung der magneti-

schen Momente der Probe bezüglich der γ-Strahlrichtung ab. So gilt für die sechs Linien im Falle des ^{57}Fe:

$$I_{3,4} : I_{2,5} : I_{1,6}$$

$$= 0{,}25(1 + \overline{\cos^2 \Theta}) : \overline{\sin^2 \Theta} : 0{,}75\,(1 + \overline{\cos^2 \Theta})$$

I_i Intensitäten der von negativen zu positiven Geschwindigkeiten durchnumerierten MÖSS-BAUER-Linien

Θ Winkel zwischen den magnetischen Momenten und der Strahlrichtung

Die Untersuchung der relativen Linienintensitäten kann somit zum Nachweis magnetischer Anisotropien (magnetische Vorzugsrichtungen in einer Probe) dienen. Das MÖSSBAUER-Spektrum eines metallischen Eisenabsorbers (α-Phase), das mit einer Einlinienquelle aufgenommen wurde, zeigt Bild 11.6. Aus dem Abstand der Linien läßt sich das Magnetfeld am Kernort ermitteln.

11.1.2.3. Quadrupolaufspaltung

Weicht die Ladungsverteilung des Kerns von der Kugelsymmetrie ab, so kann sie in erster Näherung als ein Quadrupol angesehen werden. Zu dessen Beschreibung genügt wegen der Rotationssymmetrie des Kerns die Angabe einer Komponente des Kernquadrupolmomentes Q. Q ist positiv für zigarrenförmige und negativ für abgeplattete Atomkerne. Für Kerne mit einem Kernspin $I < 1$ ist die Ladungsverteilung kugelsymmetrisch und damit $Q = 0$.

Existiert am Kernort ein elektrischer Feldgradient infolge einer nicht kugelsymmetrischen Ladungsverteilung der Umgebung, so tritt das Quadrupolmoment des Kerns mit dem elektrischen Feldgradienten in Wechselwirkung. Als Folge davon kann ein Kern mit dem Kernspin I $(2I + 1)/2$ energetisch verschiedene Zustände annehmen. Für die Energie der verschiedenen durch die Richtungsquantenzahl m beschriebenen Unter-

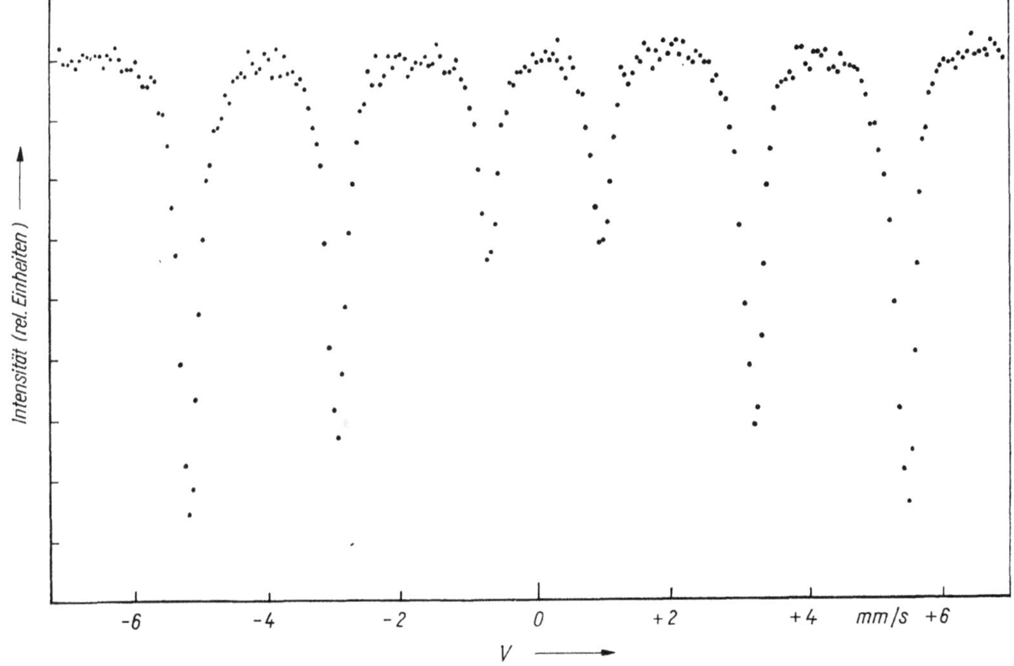

Bild 11.6. MÖSSBAUER-Spektrum von α-Eisen, aufgenommen mit einer Einlinienquelle ^{57}Co/Cr

zustände eines Kernes mit dem Spin I erhält man (bei axialsymmetrischem Feldgradient):

$$E_m = \frac{3m^2 - I(I + 1)}{I(2I - 1)} \frac{eQV_{zz}}{4} \qquad (11.10)$$

e Elementarladung
V_{zz} z-Komponente des Feldgradiententensors im Hauptachsensystem

Wir betrachten nun die Verhältnisse beim MÖSSBAUER-Isotop ^{57}Fe mit $I_a = 3/2$ und $I_g = 1/2$ (Bild 11.7). Der angeregte Zustand mit dem Spin 3/2 wird in zwei Unterniveaus aufgespalten, während der Grundzustand wegen des fehlenden Quadrupolmoments unaufgespalten (entartet) bleibt. Bei einer Einlinienquelle beobachtet man demzufolge ein Zweilinienspektrum. Der Linienabstand ist dem elektrischen Feldgradienten proportional und wird als Maß dafür gewöhnlich direkt in mm/s (oder cm/s) angegeben. Ein elektrischer Feldgradient tritt in nichtkubischen Gittern auf bzw. dort, wo die kubische Symmetrie der Ladungsverteilung im Gitter (z. B. durch eingebaute Fremdatome) merklich gestört ist.

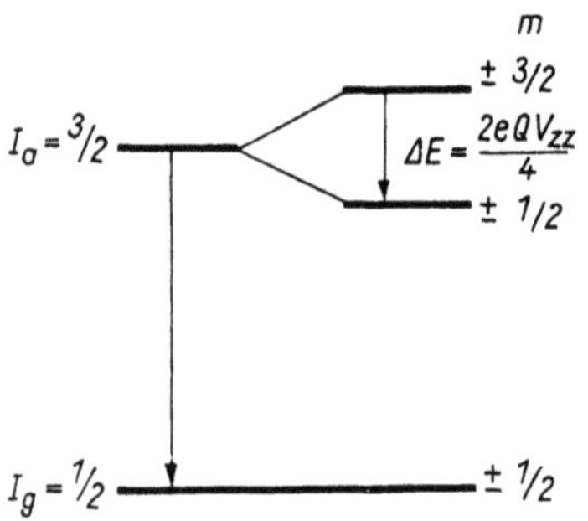

Bild 11.7. Quadrupolaufspaltung des 14,4-keV-Niveaus des ^{57}Fe. Von beiden Unterniveaus sind Übergänge in den Grundzustand möglich, so daß ein Zweilinienspektrum beobachtet wird

Letzteres ist z. B. beim Einbau von Kohlenstoff- oder Stickstoffatomen in das Eisengitter der Fall.
Zusammenfassend sei noch einmal darauf hingewiesen, daß in den Ausdrücken für die magnetische Aufspaltung, die Quadrupolaufspaltung und die Isomerieverschiebung stets die Verknüpfung einer Kerneigenschaft mit einer Festkörper-

eigenschaft vorliegt. Um die Festkörpereigenschaft zu ermitteln, muß die Kernkenngröße bekannt sein.
Da die in diesem Abschnitt beschriebenen Meßgrößen des MÖSSBAUER-Spektrums im wesentlichen durch die Elektronenstruktur des betrachteten Atoms und Einflüsse seiner nächsten Nachbarschaft bestimmt werden, ist die MÖSSBAUER-Spektroskopie als eine ausgesprochen mikroskopische Meßmethode zu betrachten. Sie gestattet den Nachweis lokaler Fluktuationen in der atomaren Struktur sowie in den elektronischen und magnetischen Eigenschaften. Darüber hinaus kann sie zur Identifizierung unterschiedlichster Phasen (kristallographische, Ordnungs-, Unordnungs-, magnetische Phasen) eingesetzt werden, deren Werte für Isomerieverschiebung, Quadrupolaufspaltung und inneres Magnetfeld sich hinreichend unterscheiden. Es ist zu beobachten, daß die Methode selektiv jeweils nur die Atome des Isotopes anspricht, dessen angeregte Kerne in der Quelle enthalten sind.
Bild 11.8 und Tabelle 11.1 geben nochmals einen Überblick über die Hyperfeinwechselwirkungen, den Spektrentyp und einige festkörperphysikalische Aussagemöglichkeiten für den Fall des ^{57}Fe.

Tabelle 11.1. Meßgrößen der Mössbauer-Spektrometrie und festkörperphysikalische Aussagemöglichkeiten

Meßgröße	Aussagemöglichkeit
Isomerieverschiebung	Elektronendichte, Wertigkeit, chemischer Bindungszustand
Quadrupolaufspaltung	Elektrische Feldgradienten, Umgebungssymmetrie, chemischer Bindungszustand, qualitative Phasenanalyse (kubisch – nichtkubisch)
Magnetische Aufspaltung	Magnetische Momente, magnetische Ordnung, qualitative Phasenanalyse
Linienintensitäten	DEBYE-WALLER-Faktor, quantitative Phasenanalyse
Linienverbreiterungen und -formänderungen	Relaxationserscheinungen, Inhomogenitäten

Festkörper-eigenschaft	*Elektronendichte am Kernort* $\lvert\Psi(0)\rvert^2$	*elektrischer Feldgradient am Kernort* V_{zz}	*Magnetfeld am Kernort* H
Wechselwirkung	$\langle R^2\rangle\lvert\Psi(0)\rvert^2$	$V_{zz}\cdot Q$	$-\vec{\mu}\cdot\vec{H}$
Kerneigenschaft	*mittlerer quadratischer Kernradius* $\langle R^2\rangle$	*Kernquadrupolmoment* Q	*magnetisches Kernmoment* $\vec{\mu}$
Spektrentyp		ΔE_Q	ΔE_M

Bild 11.8. Hyperfein-Wechselwirkungen und Spektrentyp für ^{57}Fe

11.2. Experimentelle Aspekte

11.2.1. Meßapparatur

Der Aufbau eines MÖSSBAUER-Experimentes ist schematisch in Bild 11.2 dargestellt. Danach besteht ein MÖSSBAUER-Spektrometer aus folgenden Hauptgruppen: dem Bewegungssystem mit der Quelle und der die Bewegung steuernden Antriebselektronik, der Vorrichtung zur Aufnahme der Probe, dem Detektor mit der sich anschließenden Nachweiselektronik und einem Gerät zum Registrieren und Speichern des gemessenen Spektrums.

Die Quellenbewegung wird in modernen Spektrometern durch einen nach dem Lautsprecherprinzip arbeitenden elektromechanischen Antrieb verwirklicht. Der Antriebsspule wird ein periodisch zeitabhängiger Spannungsverlauf aufgeprägt, dem die Auslenkung der Quelle proportional ist. Der Spannungsverlauf wird meist so gewählt, daß sich die Geschwindigkeit der Quelle linear mit der Zeit ändert (dreiecksförmiger Geschwindigkeitsverlauf $v(t)$ zwischen $+v_{max}$ und $-v_{max}$). Es wird also mit konstanter Beschleunigung gemessen.

Die vom Detektor kommenden Impulse müssen der Momentangeschwindigkeit der Quelle entsprechend registriert werden, um die gewünschte Darstellung der Intensität als Funktion der Relativgeschwindigkeit zwischen Quelle und Absorber zu erhalten. Diesem Zweck kann ein Vielkanalanalysator dienen, bei dem die Speicherachse synchron zum Spannungsverlauf der Antriebselektronik ebenfalls zeitlich linear geändert wird. Neuerdings werden die Vielkanalanalysatoren zunehmend durch Mikrorechner ersetzt. Die Zeitdauer der Messung muß so gewählt werden, daß die Impulszahl je Kanal eine ausreichende statistische Genauigkeit sichert. Die meist im Prozentbereich liegenden Meßeffekte erfordern Impulszahlen in der Größenordnung 10^5 bis 10^6 Impulse je Kanal. Die notwendigen Meßzeiten sind problemabhängig und liegen im Bereich von einigen Stunden bis zu einigen Tagen.

Zum Nachweis der Gammastrahlung werden meist Szintillationsdetektoren (NaJ-Kristall, Sekundärelektronenvervielfacher), gasgefüllte Proportionalzähler und seltener Festkörperdetektoren [z. B. Si(Li)] eingesetzt. Da die Quelle neben der gewünschten γ-Linie (z. B. 14,4 keV für ^{57}Fe) meist noch andere γ-Linien sowie charakteristische Röntgenstrahlung emittiert, muß aus dem Impulshöhenspektrum des Detektors die interessierende Linie ausgeblendet werden. Die Nachweiselektronik muß dazu einen Impulshöhendiskriminator enthalten.

Zum Studium sehr dünner Oberflächenschichten (z. B. bei Korrosions- oder Verschleißuntersuchungen) werden Konversionselektronendetektoren eingesetzt. Man nutzt den Umstand aus, daß die Abregung eines durch Resonanzabsorption angeregten Atomkerns vielfach mit hoher Wahrscheinlichkeit (z. B. für ^{57}Fe) durch Emission von Konversionselektronen anstelle von γ-Quanten erfolgt. Man bringt die Probe im Detektor (Gasdurchfluß – Proportionalzähler, Zählgas: Helium – Methan) an und weist die Resonanzabsorption durch das entsprechende Maximum in der Intensität der reemittierten Konversionselektronen nach. Wegen der starken Selbstabsorption der Probe gelangen nur Elektronen aus der unmittelbaren Oberflächenschicht (Größenordnung 100 nm für ^{57}Fe) zum Nachweis.

Beim Anbringen des Adsorbers ist darauf zu achten, daß eine möglichst starke Kopplung zwischen dem Absorber und dem Bewegungssystem mit der Quelle gewährleistet ist, um Störungen der Relativbewegung durch unerwünschte Vibrationen zu vermeiden. Diese würden zu einer Verschmierung des Spektrums führen. Zum Zubehör eines Spektrometers gehören Kryostaten, Öfen (mit Durchtrittsfenstern für die weiche γ-Strahlung) sowie Magnete zur Variation äußerer Probenparameter.

11.2.2. Quellen

Die angeregten Kernniveaus, die zur Emission der für den MÖSSBAUER-Effekt genutzten γ-Strahlung führen, sind kurzlebig (z. B. $\approx 10^{-7}$ s für ^{57}Fe). Sie müssen in der Quelle laufend durch vorausgehende Kernumwandlungen eines möglichst langlebigen radioaktiven Elternisotops gebildet werden. Für das MÖSSBAUER-Isotop ^{57}Fe ist das Elternisotop das ^{57}Co mit einer Halbwertszeit von 270 Tagen. Die Quelle für ^{57}Fe-Experimente besteht also aus ^{57}Co in einer geeigneten Wirtsmatrix. Die Quelle soll eine schmale, einzelne Linie emittieren. Man wählt daher als Wirtssubstanz eine unmagnetische, kubische Matrix. Für die ^{57}Fe-MÖSSBAUER-Spektroskopie sind z. B. Rhodium, Palladium, Platin, Kupfer, Chrom und austenitischer Stahl häufig verwendete Quellenmaterialien.

Der Einsatz der MÖSSBAUER-Spektroskopie hat die Existenz eines geeigneten Kernüberganges bei einem der Isotope des interessierenden Elementes zur Voraussetzung. Bisher wurde der MÖSSBAUER-Effekt für 43 Elemente beobachtet. Eine ganze Reihe davon besitzt mehrere geeignete Isotope. Die Anzahl der in breitem Umfang untersuchten Elemente ist jedoch sehr viel geringer. Mehr als die Hälfte aller MÖSSBAUER-Untersuchungen konzentriert sich auf ^{57}Fe. Unter den 3d-Metallen wäre noch das ^{61}Ni zu nennen. Es findet jedoch wegen der sehr kurzlebigen Elternkerne (Halbwertszeiten nur einige Stunden) wenig Verbreitung. Sehr gut zu untersuchen sind ^{119}Sn und ^{121}Sb. Bei allen Seltenen Erden findet man ein oder mehrere MÖSSBAUER-Isotope. Auch unter den 5d-Metallen findet man geeignete Kandidaten (z. B. ^{181}Ta, ^{197}Au). Das leichteste Element, an dem der MÖSSBAUER-Effekt beobachtet wurde, ist das Kalium.

11.2.3. Anforderungen an das Probenmaterial und Nachweisgrenzen für ^{57}Fe

Die Anforderungen an die Proben und die Nachweisgrenzen sind von den Eigenschaften des zu untersuchenden Isotopes abhängig. Hier sollen nur einige Angaben für das am häufigsten untersuchte und für die Metallkunde besonders wichtige ^{57}Fe zusammengestellt werden.

Wird die Probe als Absorber eingesetzt, so soll sie eine genügende Anzahl von resonanzfähigen Kernen (^{57}Fe) enthalten. Bei zu dicken Absorbern wird allerdings die nichtresonante Absorption zu hoch, und es treten Sättigungseffekte auf. Für Metallfolien liegen die optimalen Dicken im Bereich von 20 μm. Dicken von mehr als 50 μm sind schwer zu messen. Bei pulverförmigen Proben sind diese Dimensionen bezüglich des Korndurchmessers zu beachten. In der lateralen Ausdehnung genügen einige mm, falls die Probe in unmittelbarer Quellennähe angebracht werden kann. Soll sie z. B. in einem Kryostaten eingesetzt werden, so sind mehr als 10 mm Durchmesser zu fordern.

Sind keine dünnen Proben verfügbar, so sind ohne größere Komplikationen (zumindest bei Raumtemperaturmessungen) Streuexperimente nach dem in Bild 11.2 angegebenen Schema möglich. Es wird dann anstelle der durchgelassenen Strahlung die reemittierte Strahlung gemessen. Um den Intensitätsverlust auszugleichen, ist allerdings eine um etwa eine Größenordnung höhere Quellenaktivität erforderlich.

Die Nachweisgrenzen hängen stark von der Art des zu messenden Spektrums und von der Probe ab. Sie liegen im Falle einer Einzellinie um etwa eine Größenordnung tiefer als für ein magnetisch aufgespaltenes Sextett. Als einen Richtwert kann man beim Arbeiten mit natürlichem Eisen eine untere Grenze von 1 Atom-% Fe annehmen. Da das MÖSSBAUER-Isotop ^{57}Fe nur zu etwa 2% im natürlichen Eisen enthalten ist, kann man die Nachweisgrenze durch die Verwendung von Eisen, in dem das Isotop ^{57}Fe stark angereichert wurde, auf etwa 0,1 bis 0,05 Atom-% herabdrücken.

In den ppm-Bereich kann man vorstoßen, wenn man die zu untersuchende Probe als Quelle einsetzt und radioaktives ^{57}Co als Sondenatome einbaut. Diese Quelle wird dann mit einem intensiven Einlinienabsorber kombiniert. Um äußere Probenparameter (Temperatur, Magnetfeld) variieren zu können, wird in diesem Falle vielfach mit ruhender Quelle und bewegtem Absorber gearbeitet.

11.3. Anwendungsmöglichkeiten

11.3.1. Ordnungserscheinungen

In Abschnitt 11.1.2. wurde darauf hingewiesen, daß von den Meßgrößen der MÖSSBAUER-Spektroskopie insbesondere das Magnetfeld H am Kernort und der elektrische Feldgradient von der Nachbarschaftsbesetzung des benachbarten Atoms abhängen. Ein benachbartes Fremdatom kann das Magnetfeld am Eisenkern in einer Legierung durch seinen Einfluß auf die Polarisation der Leitungselektronen und unter Umständen auch auf das magnetische Moment des Fe-Atoms selbst ändern. In einer kubischen Legierung, in der auf ungestörte Eisenatome kein elektrischer Feldgradient wirkt, können Fremdatomnachbarn einen solchen hervorrufen. Eine Analyse der in der Probe vorliegenden Werte für

das innere Magnetfeld und für den elektrischen Feldgradienten liefert somit Informationen über die realisierten Nachbarschaftskonfigurationen.

Da der MÖSSBAUER-Kern nur Einflüsse aus der näheren Umgebung spürt, wird die MÖSSBAUER-Spektroskopie im Vergleich zu anderen Verfahren (z. B. Röntgenbeugung) insbesondere bei der Untersuchung lokaler Ordnungseffekte eingesetzt. Wir wenden uns daher zuerst Nahordnungserscheinungen zu. Als erstes Beispiel betrachten wir Ergebnisse, die in [12.3] an einer Fe-Mn-Legierung erhalten wurden, die wegen ihrer magnetisch halbharten Eigenschaften technisch interessant ist. Bild 11.9 zeigt an Proben dieser Legierung gemessene MÖSSBAUER-Spektren. An den äußersten Linien 1 und 6 erkennt man deutlich, daß die Linien noch eine Feinstruktur besitzen. Das bedeutet, daß in der Probe Fe-Atome mit unterschiedlichen Werten von H vorliegen. Bei der Rechnerauswertung wurden die

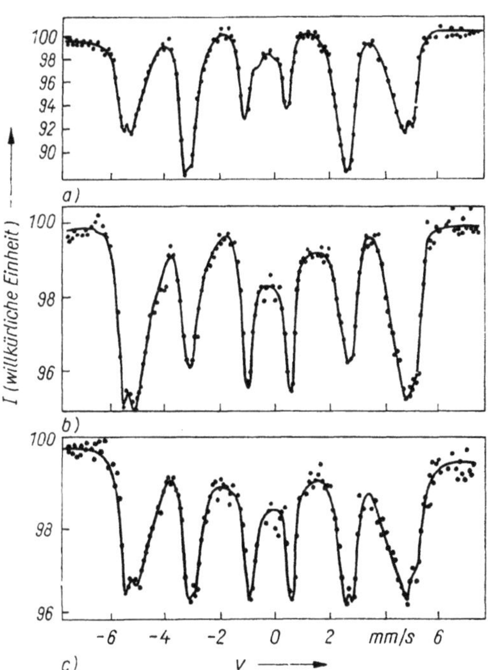

Bild 11.9. MÖSSBAUER-Spektren der Legierung FeMn12Ti1,4Al0,4 nach einer Temperung bei 500 °C (*a* bis *c* verschiedene Durchstrahlungsrichtungen der Probe) [11.3]

Spektren in drei Teilspektren mit den relativen Intensitäten I_1, I_2 und I_3 zerlegt. I_1 entspricht dem größeren H-Wert. Nach [11.4] verringert ein Mn-Atom unter den nächsten Nachbarn eines Fe-Atoms H um 7,6%. Der Einfluß übernächster Nachbarn beträgt nur 2,2%. Die Felder H_2 und H_3 sind um 6,6 bzw. 13,8% kleiner als H_1. Es wird daher angenommen, daß das Teilspektrum 1 Fe-Atomen ohne nächste Mn-Nachbarn entspricht, während die Teilspektren 2 und 3 von Fe-Atomen mit 1 bzw. 2 oder 3 nächsten Mn-Nachbarn herrühren.

Tabelle 11.2 zeigt die Abhängigkeit der relativen Intensitäten der Teilspektren von der Temperaturbehandlung für zwei zuvor 95% kaltverformte Proben. In der letzten Zeile dieser Tabelle ist die Intensitätsverteilung angegeben, die man bei statistischer Verteilung der Mn-Atome erwarten würde. In der von 1 100 °C abgeschreckten Probe liegt offensichtlich eine Nahordnung vor, in der mit erhöhter Wahrscheinlichkeit Fe-Atome mit mehr als einem Mn-Nachbarn auftreten. Nach dem Tempern bei 625 °C geht die Wahrscheinlichkeit solcher Konfigurationen zugunsten solcher mit 0 oder 1 Mn-Nachbarn stark zurück. Als Ursache ist die bei diesem Tempern vor sich gehende teilweise x-γ-Umwandlung anzusehen, auf die in Abschnitt 11.3.3. noch einmal näher eingegangen wird. Mn-reiche Gebiete wandeln sich offensichtlich bevorzugt in die γ-Phase um.

Tabelle 11.2. Relative Intensitäten der drei Teilspektren einer Fe-Mn-Basislegierung in Abhängigkeit von der Temperaturbehandlung

Temperatur-behandlung	I_1 [%]	I_2 [%]	I_3 [%]
1 100 °C/0,5 h/H_2O	20 ± 3	23 ± 5	57 ± 5
625 °C/1 h/Luft	36 ± 3	51 ± 5	13 ± 5
Statistische Verteilung	36	39	24

Für die Metallurgie ist die Frage nach der Anordnung von interstitiell eingebauten Verunreinigungsatomen, wie Stickstoff und Kohlenstoff, von besonderer Wichtigkeit. In [11.5] wird ein sehr eindrucksvolles Beispiel dafür gegeben, wie die Mössbauer-Spektroskopie zur Untersuchung der Kohlenstoffverteilung in Stahl eingesetzt werden kann.

Austenit ist bei Raumtemperatur paramagnetisch und zeigt daher keine magnetische Aufspaltung des Mössbauer-Spektrums. Eisenatome ohne C-Nachbarn ergeben eine Einzellinie. Ein benachbartes C-Atom stört die kubische Umgebungssymmetrie, so daß entsprechende Fe-Atome zu einem durch die Quadrupolaufspaltung bedingten Dublett beitragen. Aus dem Intensitätsverhältnis von Dublett und Einzellinie erhält man die Wahrscheinlichkeiten für Eisenatome mit und ohne Kohlenstoffnachbarn und damit eine Information darüber, inwieweit der Kohlenstoff statistisch in der Matrix verteilt ist.

Die sechs Linien des Martensitspektrums zeigen eine Feinstruktur, die in [11.5] Beiträgen von Fe-Atomen ohne C-Nachbarn sowie von solchen mit einem C-Nachbarn in einer Tetraeder- bzw. einer Oktaederlücke zugeordnet wurde (siehe Bild 11.10). Es konnte gezeigt werden, daß in frisch abgeschrecktem Martensit der Kohlenstoff zunächst etwa gleichmäßig auf Tetraeder- und Oktaederlücken verteilt ist. Die Umverteilung des Kohlenstoffs bei der Alterung kann anhand der Änderung der relativen Intensitäten der Feinstrukturkomponenten der Mössbauer-Linien verfolgt werden. Entsprechende Ergebnisse findet man in [11.6]. Dort wurde auf eine Bildung kohlenstoffreicher Bezirke (Cluster) geschlossen.

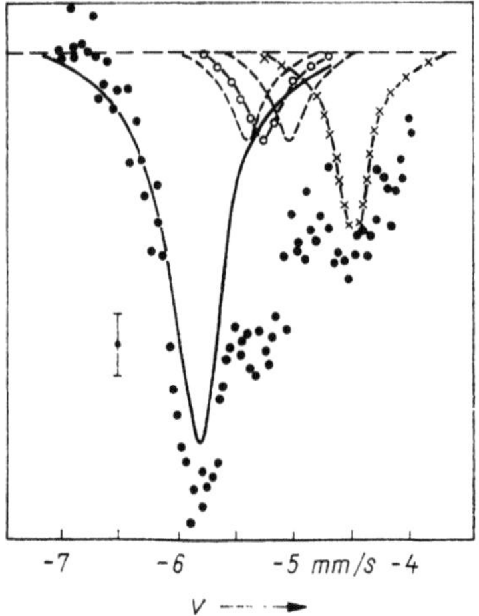

Bild 11.10. Feinstruktur der Linie *1* eines Martensitspektrums, hervorgerufen durch Fe-Atome ohne (ausgezogene Linie) und mit C-Nachbarn (gestrichelte Linien) [11.5]

Nach der in [11.5] gegebenen Deutung der Linienstruktur sollte jedoch zunächst eine Umverteilung des Kohlenstoffs von Tetraeder- auf Oktaederplätze erfolgen, welche auch die Zunahme der tetragonalen Verzerrung erklärt. Eine Voraussetzung für solche Untersuchungen ist, daß die interessierenden Nachbarschaftskonfigurationen mit nachweisbarer Wahrscheinlichkeit realisiert sind. Im Beispiel von [11.5] betrug der Kohlenstoffgehalt 1,88 Masse-%. Bei Legierungen mit Fernordnung können die Eisenatome mehrere Arten von Gitterplätzen besetzen, die sich bezüglich ihrer Nachbarschaft und demzufolge meist auch in ihren MÖSSBAUER-Spektren unterscheiden. Im Falle des Fe_3Al findet man Fe-Atome mit acht nächsten Nachbarn (Fe_D) und solche, bei denen die acht nächsten Nachbarn je zur Hälfte Al- und Fe-Atome sind (Fe_A). Das MÖSSBAUER-Spektrum des vollständig geordneten Fe_3Al besteht deshalb aus einer Überlagerung von zwei Sextetts mit unterschiedlichem Magnetfeld am Kernort [$H(Fe_D) = 23\,482$ kA/m ($= 295$ kOe); $H(Fe_A) = 16\,875$ kA/m ($= 212$ kOe) nach [11.7]]. Da das Magnetfeld am Eisenkern sehr empfindlich auf die Zahl nächster Al-Nachbarn reagiert [11.8], findet man bei unvollkommener Ordnung kompliziertere Spektren z. B. durch das Auftreten von Komponenten, die Fe-Atome mit 5 bzw. 3 Al-Nachbarn entsprechen. Bild 11.11 zeigt das Spektrum einer durch Tempern bei 400 °C/8d geordneten Legierung mit 22,2 Atom-% Al, in dem die Teilspektren von Fe-Atomen mit 0, 3 und 4 Al-Nachbarn zu erkennen sind [11.9]. Das bietet die Möglichkeit, den Ordnungsgrad zu analysieren.

Bei kubisch flächenzentrierten Ni-Fe-Legierungen mit etwa 25 Atom-% Fe (Permalloy-Typ-Legierungen) werden die technisch interessanten weichmagnetischen Eigenschaften sehr stark von der Ausbildung der Ni_3Fe-Ordnung beeinflußt. In diesen Legierungen ändert sich das Magnetfeld am Fe-Kern nur um $\Delta H_1 = -852$ kA/m ($= -10,7$ kOe) beim Ersetzen eines nächsten Fe-Nachbarn durch Ni [11.10]. Die unterschiedlichen Nachbarschaftskonfigurationen entsprechenden Teilspektren sind deshalb nicht aufzulösen. Hier kann aber das mittlere Feld H zum Nachweis des Ordnungszustandes dienen. Der Zusammenhang zwischen H und dem Fernordnungsparameter wurde in [11.11] untersucht. Für eine ungeordnete (kaltgewalzte) Probe findet man $H = 23\,402$ kA/m ($= 294$ kOe), während bei vollständiger Ni_3Fe-Ordnung $H = 21\,492$ kA/m ($= 270$ kOe) gilt.

11.3.2. Ausscheidungen und Diffusionsprozesse

Das Studium von Diffusionsprozessen und dem in diesem Zusammenhang häufigen Auftreten von Ausscheidungen sowie die mit der Diffusion

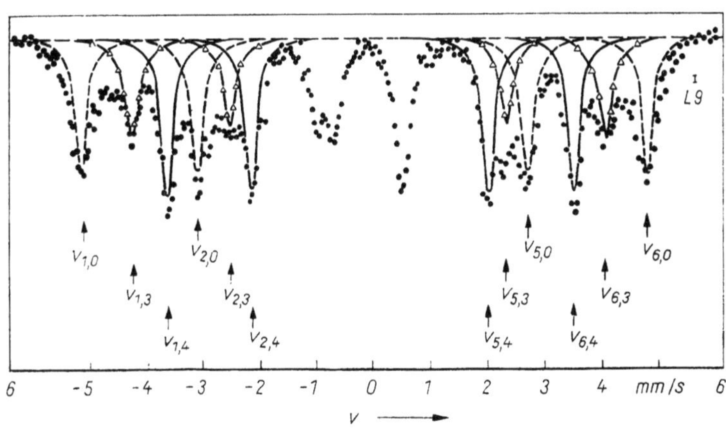

Bild 11.11. MÖSSBAUER-Spektrum einer Legierung $Fe_{77,8}Al_{22,2}$ (Fe_3Al-Überstruktur) [11.9]

$v_{i,\,0,\,3,\,4}$ Linien i der Teilspektren mit 0, 3 bzw. 4 nächsten Al-Nachbarn

17*

verbundene Bildung neuer Phasen ist ein weiteres Einsatzgebiet der MÖSSBAUER-Spektroskopie. In Abschnitt 11.3.1. wurde bereits angeführt, daß durch Einsatz dieser Methode ein wesentlicher Beitrag zur Klärung des Ausscheidungsverhaltens von Kohlenstoff in Stahl erbracht werden konnte. Von außerordentlichem metallurgischem Interesse ist auch die Untersuchung der Reaktionen zwischen beweglichen interstitiellen Atomen und substitutionell eingebauten Atomen in Legierungen des Eisens. Die darüber gewonnenen Erkenntnisse dienen der Optimierung solcher wichtiger Prozesse wie dem Nitrieren, Karbonitrieren, Borieren u. a., die zur Erzeugung verschleißfester Hartstoffschichten dienen und laufend an Bedeutung gewinnen. Eine Reihe von MÖSSBAUER-spektrometrischen Untersuchungen ist dieser Problematik gewidmet (z. B. [11.9], [11.12] bis [11.18]). Als Beispiel für die Untersuchung von Diffusionsprozessen und der damit verbundenen Bildung von Ausscheidungen und neuen Phasen mittels MÖSSBAUER-Spektroskopie soll die Arbeit [11.19] angeführt werden. Darin werden die beim Nitrieren von Eisen-Chrom- und Eisen-Chrom-Kohlenstoff-Legierungen zur Erzielung einer verschleißfesten Oberflächenschicht ablaufenden Diffusionsvorgänge und Phasenneubildungen untersucht. Die Experimente erfolgten an drei Legierungen mit 8 % Cr, 1 % Cr und 8 % Cr + 0,4 % C. Dazu wurden 20 μm dicke Folien dieser Legierungen 40 min, 60 min, 90 min und 120 min bei 570 °C nitriert und danach bei Raumtemperatur die MÖSSBAUER-Spektren gemessen. Die Bilder 11.12 und 11.13 zeigen jeweils drei Spektren der Legierung mit 8 % Cr und der Legierung mit 8 % Cr + 0,4 % C. Bei den Spektren 11.12a und 11.13a handelt es sich um den Ausgangszustand. Infolge der Substitution von Eisen durch Chromatome kommt es zu einer Linienaufspaltung, die besonders deutlich bei den beiden äußeren Linien zu sehen ist. Aus den Intensitätsverhältnissen des Liniendubletts kann man Aussagen über den Chromgehalt der Legierung machen. Mit abnehmendem Chromgehalt nimmt die Intensität der inneren Linie des Dubletts ab. Für die Probe mit 8 % Cr + 0,4 % C entnimmt man den äußeren Dubletts des Ausgangsspektrums, daß die Matrix weniger Cr enthalten muß als bei der Legierung ohne Kohlenstoff. Das ist damit zu erklären, daß der

Kohlenstoff einen Teil des Chroms in Form von Karbiden bindet. Diese Chromkarbide zeigen infolge fehlenden Eisens keinen MÖSSBAUER-Effekt und erscheinen deshalb nicht im MÖSSBAUER-Spektrum.

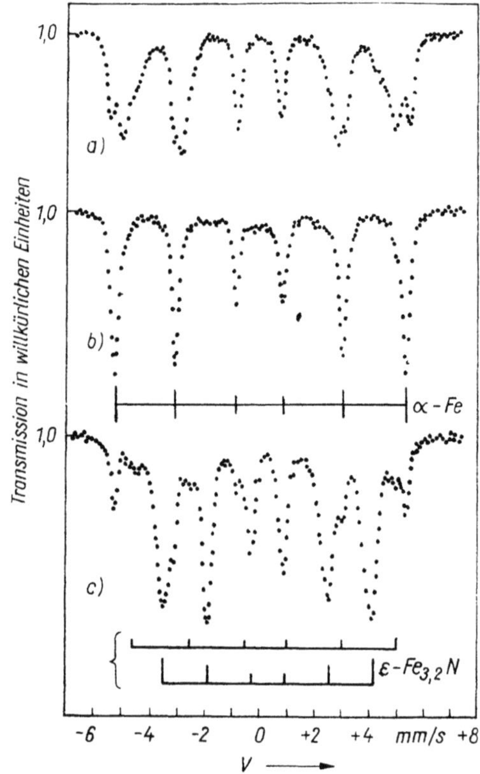

Bild 11.12. MÖSSBAUER-Spektren einer nitrierten Fe$_{0,92}$Cr$_{0,08}$-Legierung für folgende Nitrierzeiten
a) 0 min
b) 60 min
c) 120 min

Das Bild 11.12b zeigt das MÖSSBAUER-Spektrum nach einer Nitrierzeit von 60 min. Die Linienaufspaltung ist verschwunden, und die Spektrenparameter zeigen die Werte des α-Eisens. Das bedeutet, daß die Matrix kein gelöstes Chrom mehr enthält. Aus den MÖSSBAUER-Spektren kann geschlossen werden, daß mit wachsender Nitrierzeit die Matrix an Chrom verarmt. Es bilden sich zunächst Chromnitride, die im MÖSSBAUER-Spektrum nicht erscheinen, bis die Matrix als reines α-Eisen vorliegt (Bilder 11.12b und 11.13b). Das weist auf die größere Affinität des Stickstoffs zum Chrom hin. Erst nachdem das

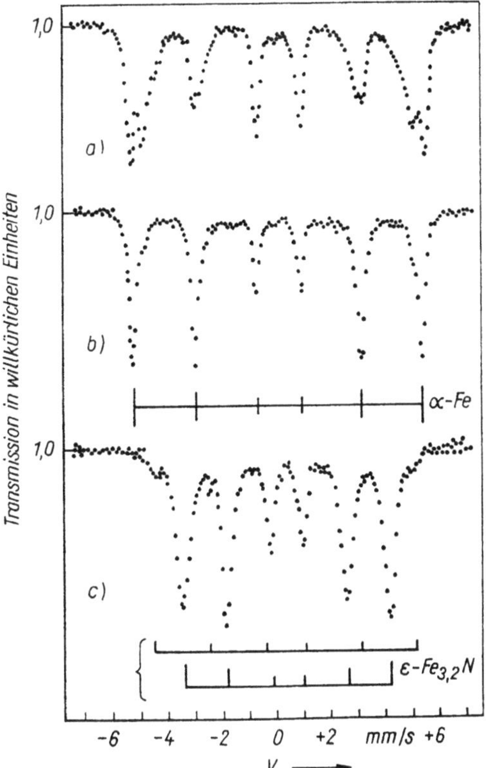

Bild 11.13. MÖSSBAUER-Spektrum einer nitrierten $Fe_{0,916}Cr_{0,08}C_{0,004}$-Legierung für folgende Nitrierzeiten

a) 0 min
b) 40 min
c) 120 min

Chrom gänzlich von Stickstoff abgebunden ist, setzt die Bildung der Eisennitride ein, wie die Spektren für Nitrierzeiten von 120 min zeigen. In diesen Spektren treten zusätzlich zum Sechslinienspektrum des Eisens zwei weitere Sechslinienspektren auf, die vom ε-Eisennitrid Fe_3N herrühren. Das Fe_3N liefert zwei Sechslinienspektren, da die Fe-Atome in dieser Phase zwei

nichtäquivalente Gitterplätze besetzen. Bild 11.13 zeigt entsprechende MÖSSBAUER-Spektren für eine Fe-8%-Cr Legierung, die zusätzlich 0,4% C enthält. Da aufgrund der Chromkarbidbildung die Matrix weniger Chrom enthält, ist der Zustand des α-Eisens schon nach 40 min Behandlungsdauer erreicht. Analoge Untersuchungen an einer Fe-1% Cr-Legierung ergeben ähnliche Resultate, nur daß hier aufgrund des geringeren Chromgehaltes die Eisennitridbildung wesentlich eher einsetzt. Aus den MÖSSBAUER-Untersuchungen kann geschlossen werden, daß beim Nitrieren der eindiffundierende Stickstoff zunächst Chromnitride bildet, die feindispers verteilt vorliegen. Es setzt eine Ausscheidungshärtung ein. Vom Rande her bildet sich danach eine kompakte Schicht aus Fe_3N, wobei die Eisennitride die ausgeschiedenen Chromnitride umwachsen und einschließen. Es bildet sich die sogenannte Verbindungszone. Aus den Untersuchungen folgt, daß das in der Matrix gelöste Chrom eine wesentliche Rolle für die Stickstoffdiffusion spielt. Gleichzeitig wird die Bildung einer aus Fe_3N bestehenden Verbindungszone gehemmt. Damit führt das Nitrieren der Fe-Cr-Legierungen zu einem Härteanstieg in der Diffusionszone durch zwei Mechanismen: einmal infolge Ausscheidungshärtung über den ganzen Schichtbereich durch die ausgeschiedenen Chromnitride, zum anderen infolge Ausbildung einer relativ dünnen Verbindungszone aus kompakten Eisennitriden.

11.3.3. Phasenumwandlungen

Phasen, die sich hinsichtlich ihrer atomaren oder magnetischen Struktur unterscheiden, werden im allgemeinen auch Unterschiede in ihren MÖSSBAUER-Spektren aufweisen. So kann die Beobachtung von Änderungen des MÖSSBAUER-Spektrums in Abhängigkeit von äußeren Probenparametern (in erster Linie von der Temperatur) zum Studium von Phasenumwandlungen dienen. Der Übergang vom paramagnetischen zu einem magnetisch geordneten, z. B. einem ferro- oder antiferromagnetischen Zustand wirkt sich im MÖSSBAUER-Spektrum besonders drastisch aus. Im Falle des ^{57}Fe ist dabei der Übergang von einer Einzellinie oder einem Dublett zum magnetisch aufgespaltenen Sextett zu beobachten. Da vielfach, insbesondere bei Übergangsmetallen, kristallographische Phasenübergänge mit Änderungen der Magnetstruktur verknüpft sind, ist dieser Effekt nicht nur für die Untersuchung magnetischer Eigenschaften von Bedeutung. Das Einsetzen der Quadrupolaufspaltung kann zum Nachweis des Überganges von einer kubischen Struktur zu einer Struktur niedrigerer Symmetrie benutzt werden.

Mit der Diskussion des Nachweises von Ordnungserscheinungen in Abschnitt 11.3.1. und von Ausscheidungsvorgängen in Abschnitt 11.3.2. wurden zwei mögliche Arten von Phasenumwandlungen bereits besprochen. Hier sollen am Beispiel der in Abschnitt 11.3.1. bereits erwähnten Fe-Mn-Basislegierung die Untersuchung einer strukturellen Umwandlung (polymorphe Phasenumwandlung $\alpha \rightarrow \gamma$) und eines magnetischen Phasenüberganges näher erläutert werden.

Die gewünschten magnetisch-halbharten Eigenschaften der betrachteten Fe-Mn-Basislegierung (Zusammensetzung in Masse-%: 86,2 Fe; 12 Mn; 1,4 Ti und 0,4 Al) werden durch Anlassen nach 95 % Kaltverformung eingestellt. Einstündiges Tempern im Bereich zwischen 500 und 700 °C (anschließende Luftabkühlung) führt zum Auftreten zusätzlicher Linien im zentralen Teil des MÖSSBAUER-Spektrums neben dem Sextett der kubisch-raumzentrierten α-Phase [11.20]. Bild 11.14 zeigt den mittleren Teil des Spektrums der bei 625 °C angelassenen Probe für verschiedene Meßtemperaturen. Die starke Einzellinie im Raumtemperaturspektrum wird der neu gebildeten kubisch-flächenzentrierten γ-Phase zugeordnet. Die kleinen Satelliten am Fuße dieser Linie entsprechen den Linien 3 und 4 des Sextetts der α-Phase. Die Bildung der γ-Phase beginnt bei Tempern oberhalb 500 °C. Nach dem Anlassen bei 625 °C wurde nach Aussage der relativen Linienintensitäten etwa die Hälfte der Probe in die γ-Phase umgewandelt. Tempern bei 700 °C führt zu einem Rückgang des γ-Anteils auf etwa 15 %. Nach Bild 11.14 spaltet sich die Einzellinie der γ-Phase bei 80 K auf. Das scheinbare Dublett ist als ein nicht aufgelöstes Sextett zu interpretieren, welches einer magnetisch geordneten Phase mit einem Magnetfeld am Kernort von nur etwa 3 184 kA/m (= 40 kOe) entspricht. Derartige Feldwerte und Spektrenformen sind für antiferromagnetische, kubisch-flächenzentrierte

Fe-Legierungen typisch. Aus dem Einsetzen der Verbreiterung der paramagnetischen Einzellinie kann nach Bild 11.14 die NEEL-Temperatur zu $T_N \approx 270$ K abgeschätzt werden. Für die bei 550 °C getemperte Probe findet man auf diese Weise einen höheren Wert $T_N \approx 340$ K. Nach [11.20] wird angenommen, daß das Tempern im Zweiphasengebiet ($\alpha + \gamma$) bei 550 °C zunächst zur Bildung kleiner γ-Teilchen führt, deren Mn-Konzentration über dem Mittelwert der Probe

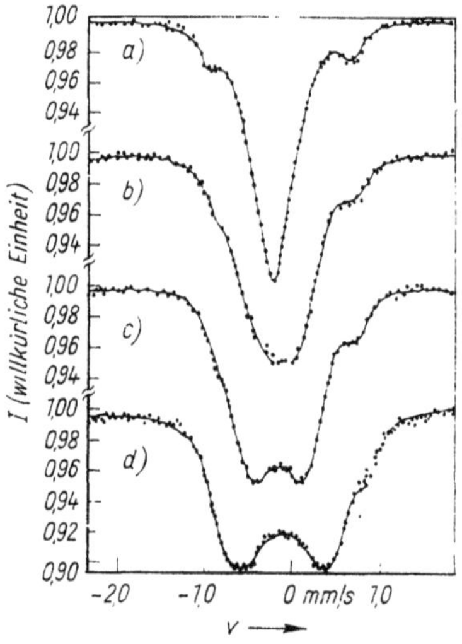

Bild 11.14. Zentraler Teil des MÖSSBAUER-Spektrums der Legierung FeMn 12 Ti 1,4 Al 0,4 nach einer Temperung bei 895 K: [11.20]
Meßtemperaturen:
a) 295 K
b) 255 K
c) 230 K
d) 80 K

liegt. Sie besitzen eine nichtkollineare antiferromagnetische Struktur mit einer relativ hohen NEEL-Temperatur [11.21]. Bei höheren Anlaßtemperaturen bilden sich größere γ-Gebiete mit niedrigerer Mn-Konzentration. Das ist mit einem Übergang zu einer kollinearen antiferromagnetischen Struktur mit niedrigerer NEEL-Temperatur verbunden.

Neuerdings gewinnen metastabile Phasen, die z. B. durch schnelles Abschrecken aus der Schmelze erhalten werden, zunehmend an Interesse. Ein markantes Beispiel dafür sind die weichmagnetischen amorphen Legierungen vom Typ $3d$-Metall$_{80}$ Metalloid$_{20}$. Für das zu dieser Gruppe gehörende System $Fe_{1-x}B_x$ kann man mit Hilfe der MÖSSBAUER-Spektroskopie sehr schön den mehrstufigen Übergang von der metastabilen amorphen Legierung zum stabilen, kristallinen Endzustand verfolgen [11.22]. Bild 11.15 zeigt das Spektrum einer amorphen $Fe_{85}B_{15}$-Legierung nach der ersten Kristalli-

sationsstufe. Es hat sich kristallines α-Fe gebildet (scharfes Sextett), und die verbleibende amorphe Phase (Sextett mit sehr breiten Linien) entspricht etwa der Zusammensetzung $Fe_{75}B_{25}$. Nach der zweiten Kristallisationsstufe liegen metastabiles, kristallines Fe_3B und α-Fe vor. Der α-Fe-Anteil steigt mit der Fe-Konzentration. Das Fe_3B-Spektrum zeigt drei überlagerte Sextetts, da diese Struktur drei nichtäquivalente Eisenplatzgruppen besitzt (Bild 11.16). Bild 11.17

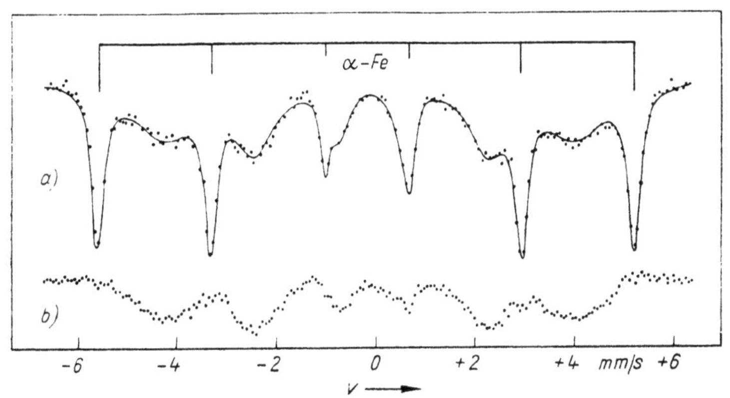

Bild 11.15. MÖSSBAUER-Spektrum einer amorphen $Fe_{85}B_{15}$-Legierung nach der ersten Kristallisationsstufe [11.22]

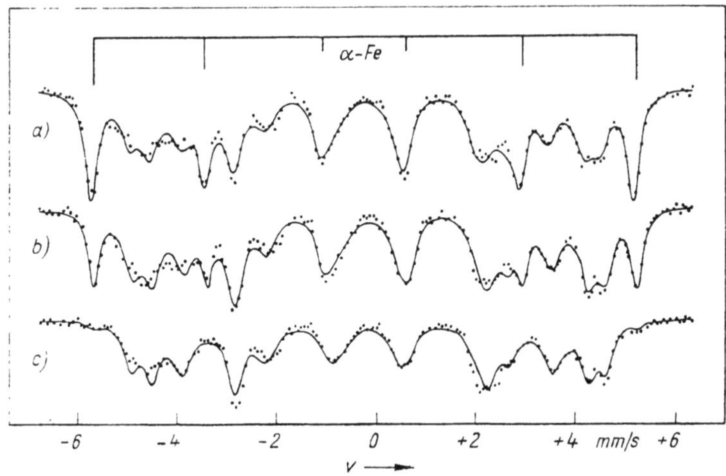

Bild 11.16. MÖSSBAUER-Spektren von $Fe_{83}B_{17}$ (a), $Fe_{80}B_{20}$ (b) und $Fe_{75}B_{25}$ (c) nach der zweiten Kristallisationsstufe [11.22]

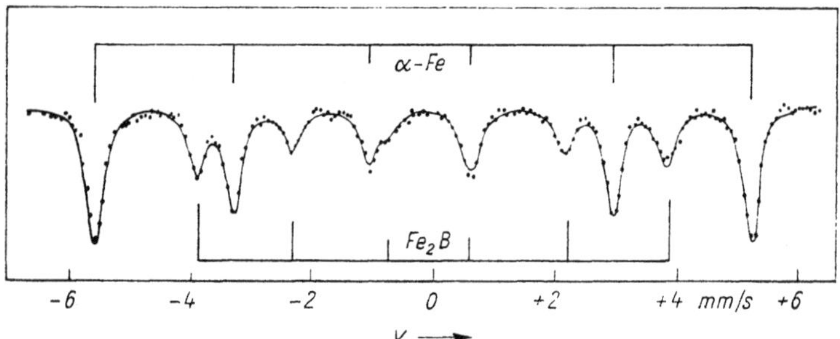

Bild 11.17. Mössbauer-Spektrum von $Fe_{85}B_{15}$ nach abgeschlossener Kristallisation [11.22]

zeigt schließlich das Spektrum des stabilen Endzustands, der aus α-Fe und Fe_2B besteht.

11.3.4. Phasenanalyse

Beispiele für eine qualitative Phasenanalyse, d. h. für die Identifizierung der eisenhaltigen Phasen einer komplex zusammengesetzten Substanz anhand ihrer unterschiedlichen Mössbauer-Spektren wurden bereits in den vorangegangenen Abschnitten gegeben. Da jedoch die relative Intensität (Fläche) des Teilspektrums einer Phase ein Maß für den Anteil der in dieser Phase enthaltenen Eisenatome ist, kann die Mössbauer-Spektroskopie auch zur quantitativen Phasenanalyse eingesetzt werden. Eine Voraussetzung dafür ist, daß man die Eisenkonzentration in den interessierenden Phasen kennt.

Die Intensität einer Mössbauer-Linie ist nach [11.1] der Wahrscheinlichkeit f für rückstoßfreie Absorption des γ-Quants in der Probe proportional. f wird für verschiedene Phasen nicht gleich sein und muß daher an Eichsubstanzen bestimmt werden.

Ein Haupteinsatzgebiet für die quantitative Phasenanalyse mittels Mössbauer-Spektroskopie ist die Bestimmung des Restaustenitgehaltes. Da die in einer Einzellinie konzentrierte Intensität des Austenitspektrums I_A mit der des Martensitsextetts I_M zu vergleichen ist, können noch geringe Austenitmengen von nur einigen Prozent sicher bestimmt werden. Zur Berücksichtigung der unterschiedlichen f-Werte und einiger anderer experimenteller Einflüsse wurde in [11.23] in die Formel zur Berechnung des Austenitgehaltes c_A

ein Korrekturfaktor d eingeführt:

$$c_A = I_A/(I_A + dI_M). \tag{11.11}$$

Bei Messungen in Streugeometrie (unendlich dicke Probe) wurde $d = 0,86$ an Eichproben mit bekanntem c_A ermittelt. Es ist zu beachten, daß solche Eichfaktoren immer nur für einen bestimmten Konzentrationsbereich Gültigkeit besitzen, da durch die endliche Probendicke bedingte Sättigungseffekte von der Intensität der betrachteten Linie abhängen. In [11.24] werden alle notwendigen Korrekturen für Transmissionsmessungen ausführlich analysiert. Nach [11.24] und [11.25] erreicht man sowohl für Transmissions- als auch für Streumessungen bei der quantitativen Restaustenitbestimmung Genauigkeiten, die denen sorgfältiger Röntgenexperimente ebenbürtig sind. Berücksichtigt man die Fehlerquellen, die sich durch Textureinflüsse und Grobkörnigkeit bei der Röntgenbeugung ergeben, so besitzt die Mössbauer-Spektroskopie Vorzüge.

In [11.26] wurde die Löslichkeit von Eisen in den sich im Gleichgewicht befindenden Phasen α und β von Ti untersucht. Die Intensität eines Teilspektrums ist dem Produkt aus Fe-Löslichkeit und Volumenanteil der Phase proportional. Die sehr geringe Löslichkeit des Eisens in der α-Phase wurde unter Ausnutzung des Hebelsatzes durch die Wahl einer Gesamteisenkonzentration ausgeglichen, die einen sehr hohen α-Anteil bewirkt (d. h. möglichst kleiner Fe-Gehalt). Es wurde mit stark angereichertem ^{57}Fe gearbeitet. So konnte der Eisengehalt der α-Phase mit einer Genauigkeit von etwa 0,001 At.-% bestimmt werden.

Literaturverzeichnis

[11.1] WERTHEIM, G. K.: The Mößbauer effect, Principles and Applications. New York: Academic Press 1964

[11.2] WEGENER, H.: Der Mößbauer-Effekt und seine Anwendungen in Physik und Chemie. Mannheim: Bibliographisches Institut AG 1965

[11.3] BARB, D.: Grundlagen und Anwendungen der Mößbauerspektroskopie. Berlin: Akademieverlag 1980

[11.4] BARTON, J.; E. WIESER; M. MÜLLER: physica stat. sol. (a) 39 (1977), S. 259–264

[11.5] LESOILLE, M.; P. M. GIELEN: Metall. Transact. 3 (1972), S. 2681

[11.6] GENIN, J.-M.; R. P. A. FLINN: Trans. AIME 242 (1968), S. 1419

[11.7] JOHNSON, C. E.; M. S. RIDOUT; T. E. CRANSHAW: Proc. Phys. Soc. 81 (1963), S. 1079

[11.8] HUFFMAN, G. P.; R. M. FISHER: J. Appl. Phys. 38 (1967), S. 735

[11.9] LESOILLE, M.; P. M. GIELEN: phys. stat. sol. 37 (1970), S. 127

[11.10] DRIJVER, J. W.; F. VAN DER WOUDE; S. RADELAAR: Phys. Rev. B 16 (1977), S. 985

[11.11] EMERY, P.; S. B. RAJU; P. MOINE: Phys. Letters A 68 (1978), S. 260

[11.12] CHOO, W. K.; R. KAPLOW: Acta Met. 21 (1973), S. 725

[11.13] DE CHRISTOFARO, N.; R. KAPLOW: Met. Trans. A 8 (1977), S. 35–44

[11.14] YAMAOKA, T.; M. MEKATA; H. TAKAKI: J. of the Phys. Soc. of Japan 35 (1973), S. 63

[11.15] MORIYA, T.; Y. SUMITOMO; H. INO; F. E. FUJITA; Y. MAEDA: J. of the Phys. Soc. of Japan 35 (1973), S. 1378

[11.16] YAMAKAWA, K.; F. E. FUJITA: Met. Transact. 9 A (1978), S. 91–93

[11.17] SHIGEMATSU, T.: J. of the Phys. Soc. of Japan 39 (1975), S. 1233

[11.18] SHINJO, T.; F. ITOH; H. TAKAKI: J. Phys. Soc. Japan 19 (1964), S. 1252

[11.19] HUNGER, H. J.; E. FRITZSCH; B. RÖHLIG: Vortrag auf der 2. Tagung Festkörperanalytik vom 28. 6.–1. 7. 1978 in Karl-Marx-Stadt

[11.20] BARTON, J.; E. WIESER; M. MÜLLER: phys. stat. sol. (a) 48 (1978) K 51

[11.21] ENDOH, Y.; Y. ISHIKAWA: J. Phys. Soc. Japan 30 (1971), S. 1614

[11.22] KEMENY, T.; I. VINCZE; B. FOGARASSY; S. ARAJS: Phys. Rev. B 20 (1979), S. 476

[11.23] SCHWARTZ, L.: Inst. J. Nondestr. Testing 1 (1970), S. 353

[11.24] ABE, N.; L. SCHWARTZ: Material Science and Engineering 14 (1974), S. 239

[11.25] CHOW, H. K.; R. F. WEISE; P. FLINN: AEC Report, NSEC-4023-1 (1969)

[11.26] BLÄSIUS, A.; U. GONSER: J. Physique Colloque C 6 (1976), S. 379

12 Positronenannihilation

Von GÜNTER DLUBEK, MARTIN-LUTHER-Universität Halle-Wittenberg, Sektion Physik

Positronen werden in reinen Metallen und in Legierungen durch Kristallbaufehler, wie Leerstellen, ihre Agglomerate und Versetzungen, eingefangen
und lokalisiert. Die Annihilationscharakteristik verändert sich in definierter Weise. Aus Messungen des Positronen-Lebensdauerspektrums, der
2γ-Winkelkorrelationskurve oder der γ-Linienform können Aussagen zur
inneren elektronischen Struktur von Defekten sowie zu ihrer Art und Konzentration gemacht werden. Relative Defektkonzentrationen können für Versetzungen im
Bereich von 10^9 bis 10^{11} cm/cm^3 und für Leerstellen im Bereich 10^{-6} bis 10^{-4} Leerstellen
je Atom mit einem Fehler von wenigen Prozent bestimmt werden. Der Fehler der
absoluten Konzentrationsangaben liegt bei $\pm 50\%$, bedingt durch die ungenaue Kenntnis
der spezifischen Einfangraten. Aufgrund ihrer hohen Empfindlichkeit für spezifische
Defektarten ist die Positronenannihilation selbst sowie im Zusammenwirken mit anderen
konventionellen und nichtkonventionellen Untersuchungsmethoden in der Lage, neue
weiterführende Erkenntnisse über grundlegende Defekteigenschaften und -mechanismen
zu liefern. Neue Anwendungsmöglichkeiten der Methode, wie z. B. die Untersuchung von
Phasenübergängen und Entmischungsvorgängen, werden z. Z. entwickelt.
Es können Einkristalle als auch Polykristalle mit und ohne Textur untersucht werden.
Die Proben- bzw. Informationsfläche beträgt 25 bis 100 mm^2, die Informationstiefe
50 bis 300 µm. Die Probenpräparation ist relativ unkritisch. Vor allem müssen deformierte
oder korrodierte Oberflächenschichten (durch elektrochemisches Polieren) entfernt werden.
Die Meßzeit je Punkt liegt in der Größenordnung von 1 h, bei Lebensdauermessungen ist
eine aufwendigere Analyse der Meßdaten mittels Rechners unumgänglich. Die Messungen
können automatisiert werden. Das ist für Peakhöhenmessungen weitgehend der Fall, wo
komplette Defektausheilkurven in 10 bis 20 h automatisiert gewonnen werden können.
Damit läßt sich diese Meßmethode auch routinemäßig einsetzen.
Die Positronenannihilation kann als moderne, sich in der Entwicklung befindende Untersuchungsmethode der festkörperphysikalischen, werkstofftechnischen und metallkundlichen
Grundlagenforschung charakterisiert werden. Sie liefert Informationen über die Realstruktur auf atomarer und mikroskopischer Ebene, die Grundlage für das Verständnis
makroskopischer Werkstoffeigenschaften sind, und trägt damit zur Werkstoffentwicklung
bei. Ihr Charakter als zerstörungsfreie Untersuchungsmethode macht aber auch ihren Einsatz für labormäßige Produktionskontrollen (Stichproben), Ursachenfindung bei Qualitäts-
einbrüchen sowie für Meß-, Kontroll- oder Warneinrichtungen in der Praxis (z. B. Mate-
rialermüdung, Reaktortechnik) prinzipiell denkbar.

12.1.   Einführung

Die Positronenannihilation und ihr Einsatz als festkörper- und metallphysikalische Untersuchungsmethode steht seit mehr als zwei Jahrzehnten im Mittelpunkt einer ständig zunehmenden Zahl von Arbeiten. Den bei der Zerstrahlung von Elektron-Positron-Paaren (internationaler Terminus: Positronenannihilation) entstehenden γ-Quanten sind Informationen über den Annihilationsprozeß bzw. über die Wechselwirkung des Elektron-Positron-Paares aufgeprägt, die mit Hilfe von kernphysikalischen Meßmethoden festgestellt werden können. Aus den Informationen über das Elektron-Positron-Paar lassen sich Rückschlüsse über die Eigenschaften der an der Positronenannihilation beteiligten Elektronen und damit über verschiedene physikalische und physikalisch-chemische Eigenschaften von kondensierten und gasförmigen Medien ziehen.

Das folgende Kapitel hat zum Ziel, den Einsatz der Positronenannihilation in der Metallkunde darzustellen, wobei die Untersuchung von Kristallbaufehlereigenschaften im Vordergrund stehen wird. Es werden die Grundlagen der Methode, die Meßtechnik und die Positron-Defekt-Wechselwirkung beschrieben. Daran schließen sich einige exemplarische Anwendungen an. Hinsichtlich weiterer Ausführungen über die Grundlagen und Anwendungsmöglichkeiten der Methode sei auf die Übersichtsarbeiten [12.1] bis [12.19] verwiesen. Hervorzuheben ist dabei die von HAUTOJÄRVI herausgegebene Monographie [12.10].

12.2.   Grundlagen der Methode

Radioaktive Isotope, die β^+-Teilchen mit Energien von 0,5 (^{22}Na, ^{58}Co, ^{64}Cu) bis 2 MeV (^{68}Ge) emittieren, werden in der Positronenannihilation als Positronenquellen benutzt (siehe tabellarische Übersichten in [12.7] und [12.10]). Beim Eintritt in einen Festkörper verlieren die schnellen Positronen innerhalb von wenigen Pikosekunden ihre kinetische Energie durch Ionisation der Atome, Plasmonen- und Elektro-

nen-Loch-Paar-Anregung sowie durch unelastische Streuung an Phononen. Nach dieser Abbremsung befinden sich die Positronen im thermischen Gleichgewicht mit den Gitterschwingungen des Festkörpers (Thermalisation).

Das Implantationsprofil der Positronen läßt sich gut durch die Funktion $\exp(-\alpha x)$ mit dem Absorptionskoeffizienten α und der Eindringtiefe x beschreiben. Die Flächendichte c/α (α Dichte des Festkörpers) ist für eine Vielzahl von Festkörpern nahezu konstant und beträgt 21, 24 bzw. 32 mg/cm² für ^{58}Co, ^{22}Na und ^{64}Cu sowie 147 mg/cm² für ^{68}Ge [12.7].

Die thermalisierten Positronen diffundieren mit einer mittleren Weglänge von 100 nm durch den Festkörper und annihilieren nach einer mittleren Lebensdauer von 100 bis 500 ps mit den Elektronen hauptsächlich unter Emission von zwei γ-Quanten der Energie von 511 keV [12.2], [12.10]. Das Isotop ^{22}Na emittiert nahezu gleichzeitig mit dem Positron ein 1,28-MeV-γ-Quant.

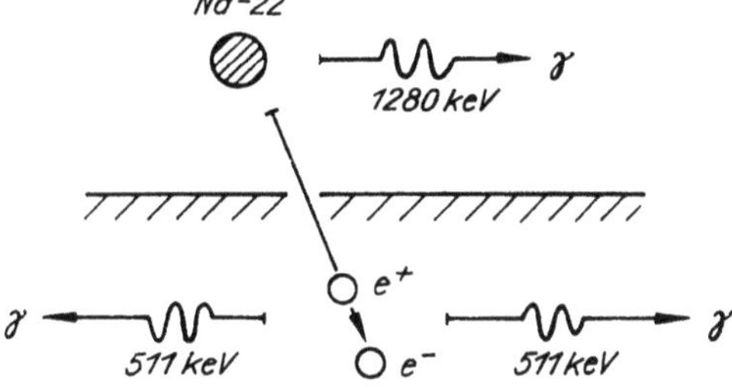

Bild 12.1. Schematische Darstellung der Positronenexperimente. Positronen, die von einer ^{22}Na-Quelle emittiert werden, zerstrahlen in der Probe nach ihrer Thermalisierung. Die Positronenlebensdauer wird bestimmt aus der Zeitdifferenz zwischen Emission des 1,28-MeV-γ-Quantes und dem Entstehen der zwei 511-keV-Annihilationsquanten. Der Impuls des Elektron-Positron-Paares wird als Winkelabweichung der Emissionsrichtungen der beiden 511-keV-γ-Quanten von 2π oder als DOPPLER-Verschiebung der Energie der Annihilationsstrahlung gemessen (nach HAUTOJÄRVI [12.10])

Die Positronenlebensdauer kann somit als Zeitdifferenz zwischen der Entstehung des 1,28-MeV-γ-Quantes und des (zugehörigen) Annihilations-γ-Quantes experimentell ermittelt werden. Bei der Positronenannihilation können folgende Meßgrößen registriert werden [12.1], [12.2], [12.8], [12.10], [12.14]:

– die mittlere Lebensdauer bzw. das Lebensdauerspektrum der Positronen
– die Winkelverteilung der bei der Positronenannihilation entstehenden zwei γ-Quanten
– die DOPPLER-verbreiterte Annihilationslinienform

Bild 12.1 illustriert die typischen Positronenexperimente.

12.3.   Meßtechnik

12.3.1.   Positronen-Lebensdauermessung

Für die Messung der Positronenlebensdauer kommt das radioaktive Isotop ^{22}Na als Positronenquelle mit einer typischen Quellenstärke von $3{,}7 \cdot 10^5$ Bq (10 µCi) zum Einsatz. Die Halbwertszeit beträgt 2,6 Jahre. Zur Präparation der Quelle bringt man wenige Tropfen wäßriger ^{22}NaCl-Lösung auf eine dünne Metall- oder Plastfolie (etwa 1 mg/cm^2 Flächendichte). Nach Verdunsten des Wassers wird die aktive Fläche mit der gleichen Folie abgedeckt. Die Quelle wird nun zwischen zwei identische Probenscheiben eingelegt, so daß praktisch alle Positronen im Probenmaterial oder in der Quelle bzw. Folie (wenige Prozent) absorbiert werden.
Die Probenpräparation ist unkritisch. Es werden runde, quadratische oder beliebig geformte Proben mit einer Fläche von etwa 5 × 5 mm^2 benutzt. Die Dicke der Probe muß so groß sein, daß praktisch alle Positronen in der Probe gestoppt werden, d. h. $3R$ bis $5R$ (95 bis 99 % Positronenabsorption) oder mehr. R ist die typische Positroneneindringtiefe; $R = 1/\alpha$ (63 % Absorption). Positronen des Isotops ^{22}Na haben z. B. in den Metallen Li, Al, Ni und Au typische Eindringtiefen von $R = 470, 96, 28$ bzw. 13 µm.
Als Oberflächenbehandlung ist chemisches oder elektrochemisches Polieren der Probe und Säubern in Alkohol ausreichend. Auf alle Fälle müssen jedoch Oberflächenschichten entfernt werden, die z. B. beim mechanischen Polieren der

Probe entstehen, wenn die Aussagen relevant für das Probenvolumen sein sollen.
Ein Schema des Positronen-Lebensdauerspektrometers zeigt Bild 12.2 (vgl. [12.2] und [12.10]). Es kommt das aus der Kernspektroskopie bekannte Schnell-Langsam-Koinzidenzsystem zur Anwendung (siehe [12.20]). Die Detektoren bestehen aus schnellen Plastszintillatoren (z. B. NE 111),

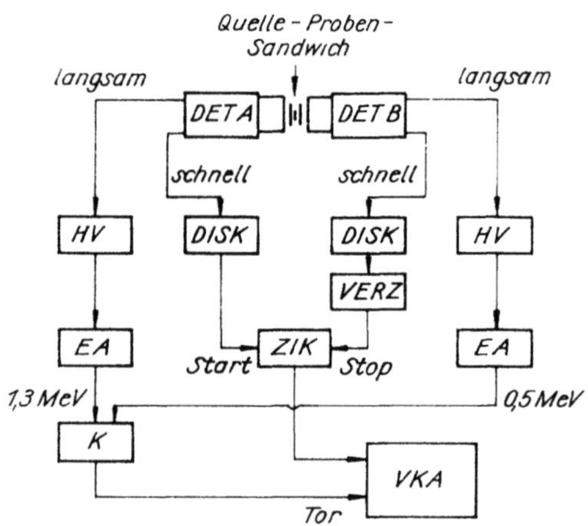

Bild 12.2. Schema eines Positronen-Lebensdauerspektrometers

DET   Detektor (schneller Szintillator und schneller SEV)
HV   Hauptverstärker
EA   Einkanalanalysator
K   Koinzidenzgerat (1µs)
DISK   schneller Diskriminator (Constant-Fraction-Discriminator)
VERZ   Verzögerung (10 ns)
ZIK   Zeit-Impulshöhen-Konverter
VKA   Vielkanalanalysator

die an schnelle Photovervielfacher (z. B. XP 2020) optisch gekoppelt werden. Die Energiefenster des Einkanalanalysators im langsamen Kanal werden so eingestellt, daß der Detektor A das 1,28-MeV-Quant (und damit den Zeitpunkt der Emission des Positrons) und der Detektor B ein 511-keV-Quant (und damit den Zeitpunkt der Vernichtung des Positrons) registriert. Das Koinzidenzgerät mit 1 µs Zeitauflösung öffnet den Vielkanalanalysator zur Registrierung, wenn die Energieauswahlbedingungen erfüllt sind. Im schnellen Kanal werden die Anodenimpulse des Photovervielfachers dem schnellen Diskriminator zugeführt, der stabile Zeitmarken liefert. Diese

erzeugen im Zeit-Amplituden-Konverter Ausgangssignale, deren Amplituden proportional der Zeitdifferenz zwischen jeweils zusammengehörenden Start- und Stop-Impulsen sind. Diese Ausgangssignale werden im Vielkanalanalysator spektroskopiert. Dabei wird die Energieskala (Kanalzahl) in Zeiteinheiten geeicht.
Bild 12.3 zeigt typische Lebensdauerspektren (hinsichtlich ihrer Interpretation siehe Abschn. 12.5.2.2.) zusammen mit der Auflösungskurve (Promptkurve) der Meßanordnung. Diese wird gemessen, indem das Probe-Quelle-Sandwich durch eine ^{60}Co-Quelle ersetzt wird. ^{60}Co liefert beim Kernzerfall nahezu gleichzeitig zwei γ-

Quanten der Energie 1,17 und 1,33 MeV. Für kommerzielle Spektrometer wird eine typische Auflösung von 300 ps (Halbwertsbreite der GAUSS-förmigen Auflösungskurve) erhalten. Die beste erreichte Auflösung beträgt z. Z. 170 ps (vgl. [12.10]). Die Meßdauer für ein Zeitspektrum liegt bei 2 bis 10 Stunden, je nach Quellenstärke und statistischer Genauigkeit.
Die mittlere Positronenlebensdauer τ wird entweder aus der zeitlichen Verschiebung der Zentren des Zeitspektrums und der Auflösungskurve oder mit Hilfe eines Rechenprogrammes bestimmt [12.21], welches das Positronen-Lebensdauerspektrum der Form $\exp(-\lambda t)$ $(\lambda = \tau^{-1})$

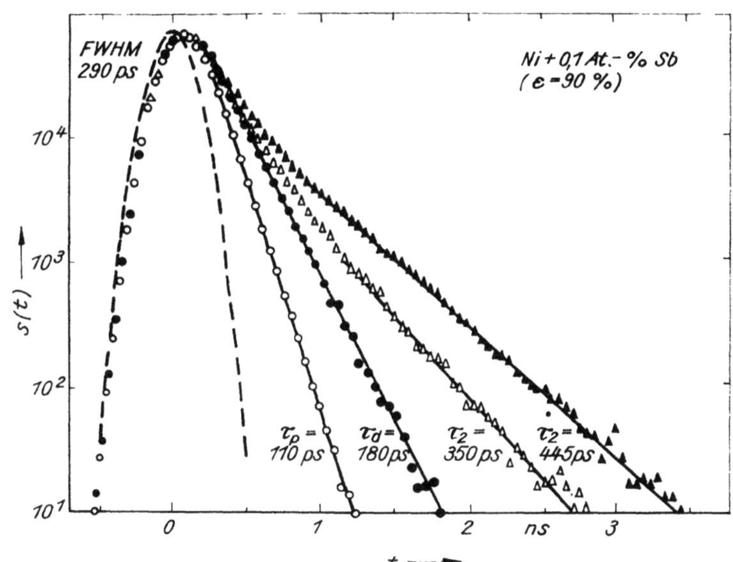

Bild 12.3. Typische Positronen-Lebensdauerspektren in Metallen. Aufgetragen ist die Zählrate $s(t)$ je Kanal des Vielkanalanalysators gegen die Kanalzahl, welche in Zeiteinheiten t geeicht wurde. Die halblogarithmische Darstellung von $s(t) = s_0 \exp(-\lambda t)$ ergibt außerhalb des Bereiches der Auflösungsfunktion eine Gerade mit dem Anstieg $\lambda = 1/\tau$. Die gestrichelte Kurve repräsentiert die Zeitauflösung (Promptkurve) des Spektrometers [Halbwertsbreite (FWHM) = 290 ps]. Alle Kurven wurden nach Korrektur der Beiträge der Quelle und des Untergrundes auf gleiche Höhe normiert. Die Spektren wurden an kaltgewalzten ($\varepsilon = 90\%$) Ni-0,1-Atom-% Sb in verschiedenen Stadien einer isochronen Temperung gemessen. Die mathematische Spektrenanalyse (Zwei-Komponenten-Anpassung; vgl. Abschn. 12.4.2.) ergab folgende Ergebnisse für die Lebensdauergrößen τ_i, die Intensitäten I_i ($I_1 + I_2 = 100\%$) und die gemittelte Lebensdauer $\bar{\tau}$ [vgl. Gl. (12.6)]:

● 20 °C; $\tau = \tau_d = 180 \pm 2$ ps (einkomponentig, stark deformierter Zustand)
△ 250 °C; $\tau_1 = 163 \pm 15$ ps; $\tau_2 = 350 \pm 15$ ps; $I_2 = 28 \pm 5\%$; $\bar{\tau} = 217 \pm 2$ ps
▲ 330 °C; $\tau_1 = 153 \pm 15$ ps; $\tau_2 = 445 \pm 15$ ps; $I_2 = 40 \pm 3\%$; $\bar{\tau} = 275 \pm 2$ ps
○ 600 °C; $\tau = \tau_p = 110 \pm 2$ ps (einkomponentig, perfekter Zustand)
(nach [12.42]; vgl. auch Bild 12.15 und Interpretation in Abschn. 12.5.2.2.)

mit der Zeitauflösungskurve faltet und an das gemessene Zeitspektrum anpaßt. Die mittlere Annihilationsrate λ ist proportional der Elektronendichte am Ort des Positrons. Für ein homogenes Elektronengas der Dichte n_e gilt:

$$\lambda(n_e) = \lambda_0(n_e)\,\gamma(n_e) = \pi r_0^2 c n_e \gamma(n_e) \qquad (12.1)$$

λ_0 Annihilationsrate für nicht wechselwirkende freie Elektronen (SOMMERFELDsches Elektronengas)

r_0 klassischer Elektronenradius

c Vakuumlichtgeschwindigkeit

$\gamma(n_e)$ ist ein von der Elektronendichte abhängiger Steigerungsfaktor, der berücksichtigt, daß aufgrund der starken Elektron-Positron-Wechselwirkung die Elektronendichte am Ort des Positrons um etwa eine Größenordnung erhöht ist. $\lambda(n_e)$ läßt sich nach BRANDT u. a. (vgl. [12.7]) durch die Formel $\lambda(n_e) = (2 + 134 n_e)$ berechnen. λ ist in n/s und n_e in atomaren Einheiten gegeben. Annihilieren die Positronen aus verschiedenen Zuständen (z. B. verschiedene Kristalldefektarten) heraus, so ist das Lebensdauerspektrum mehrkomponentig. Aufgabe der mathematischen Spektrenanalyse mit Hilfe eines Rechners ist es dann, die verschiedenen Lebensdauergrößen τ_i und die zugehörigen relativen Intensitäten I_i zu ermitteln [12.21]. Die statistische Genauigkeit bei der Bestimmung von τ liegt für einkomponentige Spektren bei ± 1 bis 5 ps. τ selbst liegt zwischen 100 und 500 ps. Bei mehrkomponentigen Spektren hängt die Genauigkeit der τ_i von der Größe der I_i ab. Es gelingt z. Z., Spektren mit zwei Komponenten sicher aufzulösen. Die Auflösung drei- oder gar vierkomponentiger Spektren ist möglich, wenn die kommerzielle Meßtechnik weiter verbessert wird und extreme Sorgfalt bei den Messungen getrieben wird [12.10], [12.16].

12.3.2. 2γ-Winkelkorrelationsmessung

Aus Energie- und Impulserhaltungsgründen werden für ein ruhendes Elektron-Positron-Paar die bei der Annihilation entstehenden zwei γ-Quanten in genau entgegengesetzte Richtungen emittiert, ihre Energie beträgt $m_0 c^2 = 511$ keV (m_0 Elektronenruhemasse; c Vakuumlichtgeschwindigkeit). Bei nichtverschwindendem Massenzentrumimpuls des Elektron-Positron-Paares im Labor-

system beträgt der Winkel zwischen beiden emittierten Photonen $2\pi - \Theta$ ($\Theta = p_z/m_0 c$) und ihre Energie $E_{1,2} = m_0 c^2 \pm c p_y/2$ (DOPPLER-Effekt). p_z und p_y sind die Komponenten des Massenzentrumimpulses $\mathbf{p}$, die senkrecht bzw. parallel zur ursprünglichen Photonenemissionsrichtung liegen (Bild 12.4). Da die kinetische Energie des annihilierenden Paares in der Größenordnung der Elektronenenergie (d. h. einige eV) liegt, gilt $|\mathbf{p}| \ll m_0 c$. Der Winkel $\Theta = p_z/m_0 c$ ist damit sehr klein ($\Theta \lesssim 2°$), ebenfalls die DOPPLER-Verbreiterung der Annihilationslinie ($\Delta E/m_0 c^2 = p_y/2 m_0 c \lesssim 0{,}003$).

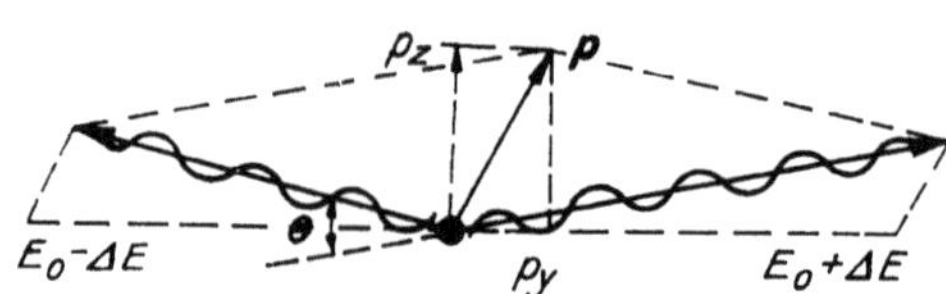

Bild 12.4. Impulsdiagramm für ruhende (oben) und für sich mit dem Massenzentrumimpuls $\mathbf{p}$ bewegende (unten) Elektron-Positron-Paare. Für den Abweichwinkel gilt $\Theta = p_z/m_0 c$ und für die DOPPLER-Verschiebung $\Delta E/E_0 = p_y/2 m_0 c$ ($|p| \ll m_0 c$)

Bild 12.5 zeigt das Schema eines konventionellen 2γ-Winkelkorrelations-Meßplatzes in der sogenannten LANG-SCHLITZ-Geometrie. Mit Hilfe von zwei in Koinzidenz arbeitenden NaJ(Tl)-Szintillationsdetektoren, die hinter vertikal angeordneten, langen Bleikollimatoren stehen, wird die Zählrate der γ-Quanten registriert, die jeweils zu einem Annihilationsakt gehören und in einem Winkelbereich (Θ, $\Theta + d\Theta$) emittiert werden. Durch Bewegen eines Detektors in der horizontalen Ebene mißt man punktweise die Koinzidenzzählrate $I(\Theta)$ in Abhängigkeit vom Winkel Θ zwischen den γ-Quanten. Da die Meßanordnung nur für die p_z-Richtung empfindlich ist, berechnet sich die Koinzidenzzählrate durch

$$I(\Theta) \sim I(p_z) \sim \iint \varrho(\mathbf{p})\,dp_x\,dp_y$$

$$\Theta = p_z/m_0 c \qquad (12.2)$$

$\varrho(\mathbf{p})$ gibt die Wahrscheinlichkeit dafür an, daß das annihilierende Elektron-Positron-Paar den

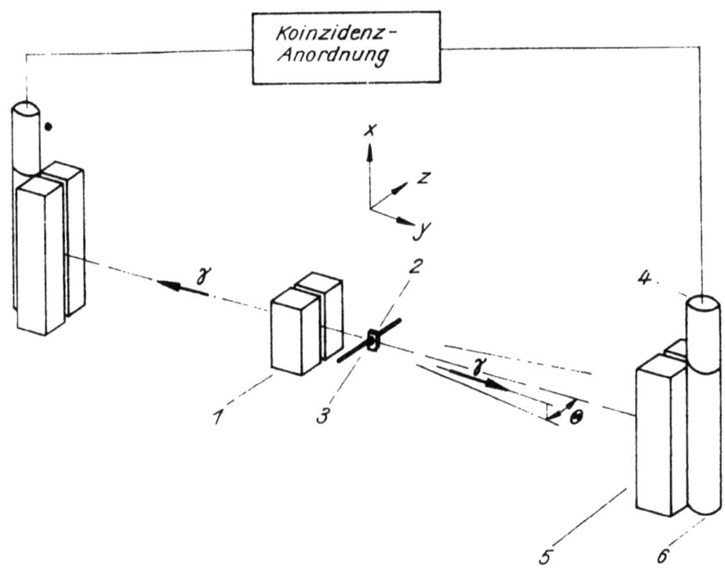

Bild 12.5. Prinzip der 2γ-Winkelkorrelationsmessung (nach [12.22])

1 Abschirmungsspalt *3* Positronenquelle *5* Detektorspalt
2 Probe *4* SEV *6* Szintillator

Gesamtimpuls **p** besitzt. Das Integral in Gl. (12.2) stellt damit die eindimensionale Impulsdichte des Elektron-Positron-Paares dar. Da das thermalisierte Positron nur einen geringen Impuls besitzt, wird $\varrho(\mathbf{p})$ im wesentlichen durch die Elektronenimpulsdichte bestimmt. Die Winkelkorrelationsmessungen sind damit vergleichbar mit den Ergebnissen der COMPTON-Spektroskopie (siehe [12.17]).

Als externe Positronenquellen werden die Isotope ^{22}Na, ^{58}Co oder ^{64}Cu mit β^+-Aktivitäten von $3{,}7 \cdot 10^8$ bis $3{,}7 \cdot 10^9$ Bq (10 bis 100 mCi) benutzt. Für die Probenbehandlung gelten die Ausführungen in Abschnitt 12.3.1. Typische Probengrößen liegen bei $10 \times 10 \times 1$ mm^3. Hochauflösende Messungen (0,2 bis 1 mrad Winkelauflösung) zur Untersuchung der Elektronenstruktur dauern mehrere Tage. Die Koinzidenzzählrate kann gesteigert werden durch den Einsatz eines fokussierenden Magnetfeldes (0,5 bis 1 T) zwischen Probe und Quelle, starker Positronenstrahler [bis $3{,}7 \cdot 10^9$ Bq (100 mCi)] und langer Szintillatorkristalle (100 bis 300 mm Länge). Während die Zusammenstellung der Registrierelektronik (Linearverstärker, Ein-

kanalanalysator, Koinzidenzgerät 0,2 bis 1 μs, Zähler, Drucker) aus handelsüblichen Geräten leicht möglich ist, ist der mechanische Aufbau recht umfangreich. Es sind Abstände zwischen Probe und Detektor von ein bis zu mehreren Metern üblich. In [12.22] wird ein 2γ-Winkelkorrelations-Meßplatz ausführlich beschrieben.

Bild 12.6 zeigt typische Winkelkorrelationskurven für Aluminium und für Kupfer. Für ein freies Elektronengas ist der FERMI-Körper eine Kugel, und das Integral in Gl. (12.2) ist proportional der Querschnittsfläche durch den FERMI-Körper. Die Winkelkorrelationskurve für freie Elektronen ist damit eine zentrale invertierte Parabel, welche bei $\Theta_F = p_F/m_0 c$ (p_F FERMI-Impuls) verschwindet. Die Parabel sitzt auf einer breiten Kurve, welche von der Positronenannihilation mit gebundenen Elektronen herrührt. Diese Kurve läßt sich gut durch eine GAUSS-Kurve annähern [12.1]. Durch Messung an Einkristallen unterschiedlicher Orientierung läßt sich die Anisotropie des FERMI-Körpers studieren. Die Untersuchung der Elektronenstruktur (Impulsdichte, FERMI-Fläche) ist ein wichtiges Teilgebiet der Positronenannihilation (siehe [12.2], [12.23] und [12.24]), wobei die

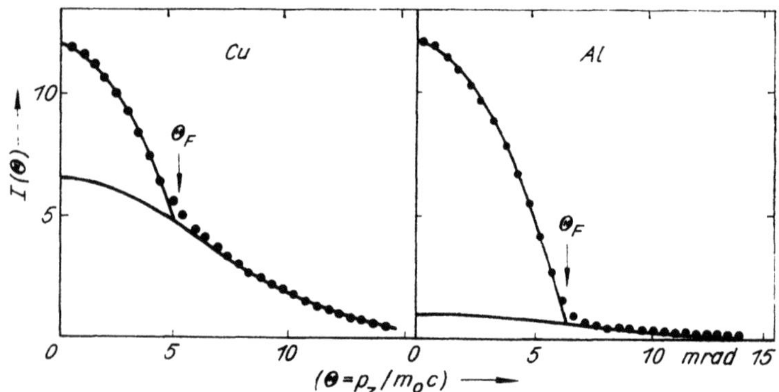

Bild 12.6. Typische 2γ-Winkelkorrelationskurven $I(\Theta)$ (in willkürlichen Einheiten) in Metallen (Al und Cu). Aufgrund der Symmetrie der Kurven ist nur der positive Winkelbereich dargestellt (nach [12.10])

Untersuchung ungeordneter Legierungen von besonderer Bedeutung ist. In den letzten Jahren kommen dabei immer häufiger Multidetektoranordnungen [12.24], [12.25] zum Einsatz, welche die zweidimensionale Impulsdichte $I(p_z,p_y)$ registrieren.

Für Defektuntersuchungen wird z. Z. noch die klassische LANG-SCHLITZ-Technik eingesetzt. Mit Winkelauflösungen von 5 bis 8 mrad können Winkelkorrelationskurven mit hoher statistischer Genauigkeit in 1 bis 3 Stunden gemessen werden (siehe [12.22]). Ihre Auswertung wird in Abschnitt 12.4. beschrieben. Für die Untersuchung der Defektausheilung ist es i. allg. ausreichend, nur die Änderungen im Maximum der Kurve (Peakhöhe) zu registrieren. Mit Meßzeiten von 10 bis 30 min je Punkt lassen sich in 10 bis 20 Stunden komplette Ausheilkurven gewinnen (siehe z. B. Bild 12.15 und [12.22]). Die totale Änderung der Peakhöhe liegt bei 10 %, der statistische Fehler der Meßpunkte bei $\pm 0,1\,\%$. Systematische Fehler durch Aufheizen der Probe und des Probenhalters sowie Drift der Elektronik sind kleiner als $\pm 1\,\%$.

12.3.3. γ-Linienformmessung

Die Form der DOPPLER-verbreiterten Annihilationslinie kann mit Hilfe eines hochauflösenden Energiespektrometers mit Li-getrifteten Ge-Detektoren gemessen werden. Bild 12.7 zeigt das Schema der Meßanordnung. Die bei Lebens-

dauermessungen übliche Präparation und Anordnung von Quelle und Probe kann vollständig übernommen werden. Mit Quellenstärken von $2 \cdot 10^5$ bis $2 \cdot 10^6$ Bq (5 bis 50 µCi) ^{22}Na oder ^{68}Ge beträgt die übliche Meßzeit je Spektrum

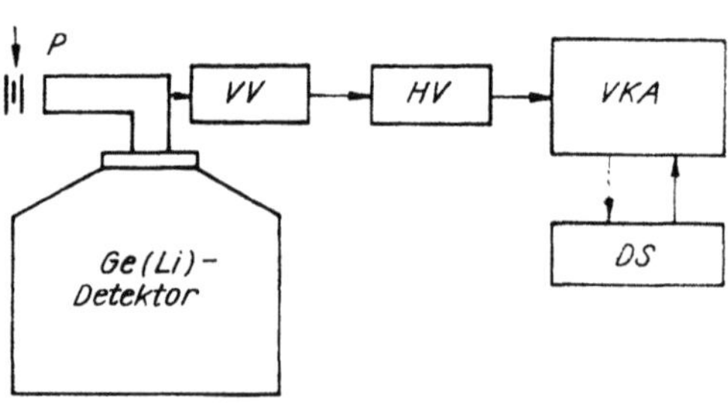

Bild 12.7. Prinzipbild der γ-Linienform-Meßanordnung

P   Quelle-Proben-Sandwich   VKA Vielkanalanalysator
VV Vorverstärker   DS Digitalstabilisator
HV Hauptverstärker

ein bis zu mehreren Stunden. Die Halbwertsbreiten der DOPPLER-verbreiterten Annihilationslinien liegen bei ≈ 3 keV, die Energieauflösung bei 1,2 bis 1,5 keV.

Die Form der DOPPLER-verbreiterten Annihilationslinie berechnet sich analog Gl. (12.2), wobei die Integrationsvariablen geändert werden müssen (dp_x, dp_z). Aufgrund der hohen Meßgeschwindigkeit werden γ-Linienformmessungen vor allem für Defektuntersuchungen eingesetzt, wobei die relativ schlechte Energieauflösung unkritisch ist. Bild 12.8 zeigt ein Beispiel. Bei

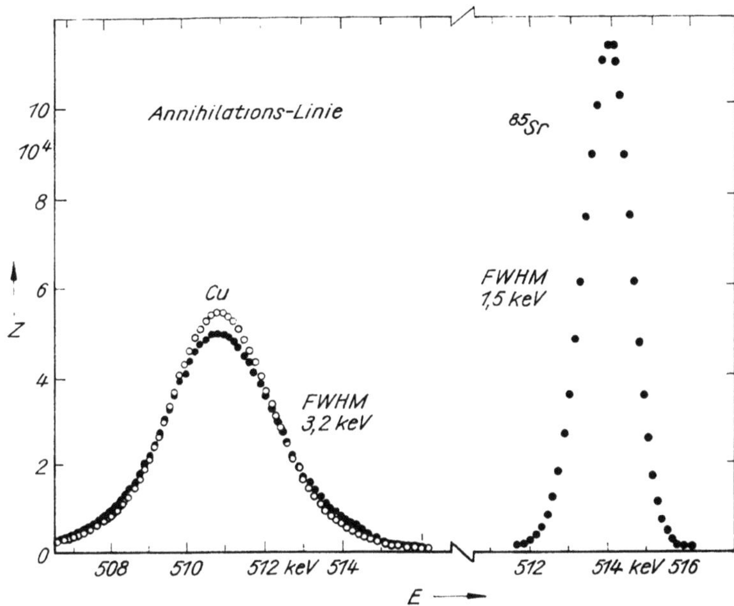

Bild 12.8. Der Einfluß der DOPPLER-Verbreiterung auf die Annihilationslinie im perfekten (gut geglühten, ●) und deformierten (○) Kupfer. Aufgetragen ist die Zählrate Z je Kanal gegen die Kanalzahl des Vielkanalanalysators, die in Energieeinheiten E geeicht wurde. FWHM gibt die Halbwertsbreite der Linien an. Die ^{85}Sr-Linie repräsentiert die Energieauflösung der Meßanordnung. Alle Kurven wurden auf die gleiche Fläche normiert (nach [12.10])

Annihilation von Positronen an Kristalldefekten im deformierten Kupfer verschmälert sich die γ-Linie deutlich.

12.4. Theorie der Positronenannihilation in Realkristallen

12.4.1. Positron-Kristallbaufehler-Wechselwirkung und Annihilationscharakteristik

In Metallen können Positronen durch solche atomare und mikroskopische Kristallbaufehler wie Einfachleerstellen, Doppelleerstellen und größere Leerstellenagglomerate, Poren (voids), Blasen (bubbles) sowie Versetzungen einschließlich Versetzungsringe (loops) eingefangen und

lokalisiert werden, dagegen nicht durch einzelne Zwischengitteratome und Stapelfehler. Korngrenzen können Positronen lokalisieren, jedoch wird der Positroneneinfang erst bei Korngrößen kleiner als 1 μm bedeutungsvoll. Die Einfangwahrscheinlichkeit für makroskopische Defekte (Ausdehnung größer als 1 μm), wie Hohlräume und Risse, ist gering, solange diese Defekte nicht einen merklichen Anteil des Probenvolumens ausmachen.

Der Positroneneinfang durch die genannten Defekte läßt sich verstehen, wenn man berücksichtigt, daß aufgrund der fehlenden positiven Ionen bei leerstellenartigen Defekten bzw. im Fall der Versetzungen aufgrund der geringeren Ionendichte im Dilatationsgebiet von Stufenversetzungen diese Defekte lokal negativ geladen sind. Sie ziehen Positronen an und können sie mit gewissen Einschränkungen lokalisieren [12.2], [12.5], [12.7], [12.12]. Eigenzwischengitteratome stoßen Positronen ab, dagegen können Versetzungsringe (loops) von Zwischengitteratom-Agglomeraten Positronen lokalisieren.

Stapelfehler scheinen eine zu schwache Störung darzustellen, um Positronen lokalisieren zu können (das gilt nicht für die den Stapelfehler einschließende Teilversetzung). Die Reaktion der Positronen auf Fremdatome bzw. die unterschiedlichen Atomsorten in einer Legierung ist i. allg. schwach. Größere Effekte konnten bisher nur für gasförmige Verunreinigungen [12.26], [12.27] und für ausscheidungsfähige Legierungen (z. B. Al-Zn [12.28]) beobachtet werden.

Annihilieren an Defekten lokalisierte Positronen, so ändert sich ihre Annihilationscharakteristik in definierter Weise [12.2], [12.7], [12.12]. Aufgrund der verringerten Leitungselektronendichte am Defekt (Abschirmung des fehlenden positiven Ions) erhöht sich die mittlere Positronenlebensdauer [vgl. Gl. (12.1)], und der parabolische Teil der Winkelkorrelationskurve wird schmaler (verringerter lokaler FERMI-Impuls). Außerdem verringert sich die Annihilationsrate für die gebundenen Elektronen. Beide Effekte führen zu einer Erhöhung der mittleren Positronenlebensdauer um 20 bis 50 % für Leerstellen und Versetzungen und bis zu 500 % für Poren (vgl. Abschn. 12.5.2.). Die Winkelkorrelationskurve und die DOPPLER-verbreiterte Annihilationslinie nehmen an Breite ab, das Maximum der Kurve erhöht sich dementsprechend (die Kurven werden auf gleiche Fläche normiert). Die Zunahme des Maximums der Winkelkorrelationskurve (Peakhöhe) beträgt 10 bis 20 % für Leerstellen und Versetzungen und bis zu 50 % für Poren (vgl. Bilder 12.10 und 12.15). Da bei hohen Defektkonzentrationen praktisch alle Positronen an Defekten annihilieren, stellt sich die Positronenannihilation als einzigartige Methode zur Untersuchung der *inneren* elektronischen Struktur von Defekten dar [12.12].

Von großer praktischer Bedeutung ist die starke Abhängigkeit der Annihilationscharakteristik von der Größe der Leerstellenagglomerate [12.29]. Wie Bild 12.9 zeigt, ist die Positronenannihilation besonders für kleine Leerstellenagglomerate, die i. allg. elektronenmikroskopisch noch nicht sichtbar sind, empfindlich und ermöglicht die Bestimmung ihrer Größe. Für größere Poren ($R \geq 0{,}5$ nm) verliert die Lebensdauer ihre Größenempfindlichkeit, indem sie in einen Sättigungswert von ≈ 500 ps übergeht.

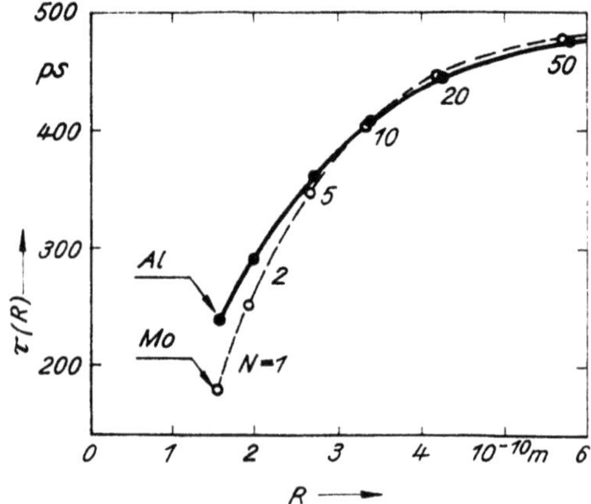

Bild 12.9. Die mittlere Positronenlebensdauer $\tau(R)$ in Leerstellenagglomeraten bzw. kleinen Poren in Al und Mo in Abhängigkeit vom Porenradius R. N ist die Zahl der Leerstellen in einer Pore (nach HAUTOJÄRVI u. a. [12.29])

12.4.2. Phänomenologische Beschreibung der Positron-Kristallbaufehler-Wechselwirkung und Meßdatenauswertung

Eine phänomenologische Beschreibung der Wechselwirkung von Positronen mit Defekten (das sog. Trapping-Modell) wurde Ende der sechziger Jahre von verschiedenen Autoren gegeben (vgl. [12.1] bis [12.5]). Eine Generalisierung des Modells erfolgte durch SEEGER 1974 [12.6], wobei eine beliebige Anzahl von Defektarten, das Entweichen von Positronen aus Defekten durch thermische Anregung und die Möglichkeit sowohl der Reaktions- als auch Diffusionsbegrenzung des Einfangprozesses berücksichtigt wurden (vgl. auch [12.11]).

Setzt man zunächst nur eine Defektart, die Positronen einfängt, voraus, so beschreibt das folgende System gekoppelter Differentialgleichungen die zeitliche Änderung der relativen Positronenzahlen in perfekten Kristallbereichen $n_\mathrm{p}(t)$ und in Defekten $n_\mathrm{d}(t)$:

$$\mathrm{d}n_\mathrm{p}(t)/\mathrm{d}t = -\lambda_\mathrm{p}n_\mathrm{p}(t) - \mu_\mathrm{d}C_\mathrm{d}n_\mathrm{p}(t)$$

$$\mathrm{d}n_\mathrm{d}(t)/\mathrm{d}t = \mu_\mathrm{d}C_\mathrm{d}n_\mathrm{p}(t) - \lambda_\mathrm{d}n_\mathrm{d}(t) \tag{12.3}$$

mit den Anfangsbedingungen $n_p(0) = 1$ und $n_d(0) = 0$. Nach der Thermalisation können die Positronen in perfekten Gitterbereichen (Index p) mit einer Rate λ_p annihilieren oder durch Defekte (des Types d) mit einer Rate $\mu_d C_d$ (Dimension s^{-1}) eingefangen werden. Es wird dabei vorausgesetzt, daß für nicht zu hohe Defektkonzentrationen C_d die Einfangrate proportional zu C_d ist. μ_d wird als spezifische Einfangrate oder manchmal als Einfangkonstante bezeichnet. In den Defekten annihilieren die Positronen mit einer Rate λ_d.

Das Gleichungssystem (12.3) läßt sich leicht lösen, und man erhält für die relative Gesamtzahl von Positronen, die sich zur Zeit t in der Probe befinden:

$$n(t) = n_p(t) + n_d(t) = (1 - I_2) \exp(-\Lambda_1 t) + I_2 \exp(-\Lambda_2 t) \qquad (12.4)$$

mit $\Lambda_1 = \lambda_p + \mu_d C_d$; $\Lambda_2 = \lambda_d = \tau_d^{-1}$ und

$$I_2 = \mu_d C_d / (\lambda_p - \lambda_d + \mu_d C_d) \qquad (12.5)$$

Die Zerfallsraten Λ_1 und Λ_2 ($\Lambda_i = \tau_p^{-1}$; $\lambda_p = \tau_p^{-1}$) sowie die Intensität I_2 lassen sich aus der mathematischen Analyse des gemessenen zweikompo-

nentigen Lebensdauerspektrums $s(t) = -\mathrm{d}n(t)/\mathrm{d}t$ ermitteln [12.21]. Im Bild 12.3 sind typische Lebensdauerspektren, die ermittelten Intensitäten I_i und Lebensdauerwerte τ_i angegeben (Interpretation in Abschn. 12.5.2.2.). Die Zerfallsrate $\Lambda_2 = \lambda_d = \tau_d^{-1}$ ist charakteristisch für die Art des Defektes. Mit I_2 läßt sich nach Gl. (12.5) die Positroneneinfangrate $\mu_d C_d$ bestimmen und damit auch – wenn die Größe von μ_d bekannt ist – die absolute Defektkonzentration C_d.

Die gemittelte Positronenlebensdauer $\bar{\tau}$ ist gegeben durch

$$\bar{\tau} = \int_0^\infty n(t)\,\mathrm{d}t = (1 - I_2)\,\tau_1 + I_2\tau_2$$
$$= (1 - \eta_d)\,\tau_p + \eta_d\tau_d \qquad (12.6)$$

wobei der Anteil von Positronen η_d, der durch Defekte eingefangen wird und in ihnen zerstrahlt, sich berechnet nach

$$\eta_d = \frac{\mu_d C_d}{\lambda_p + \mu_d C_d} = \frac{\tau_p \mu_d C_d}{1 + \tau_p \mu_d C_d} \qquad (12.7)$$
$$(\lambda_p = 1/\tau_p)$$

Ein meßbarer Parameter F, der sich deutlich für die Positronenannihilation in perfekten Bereichen

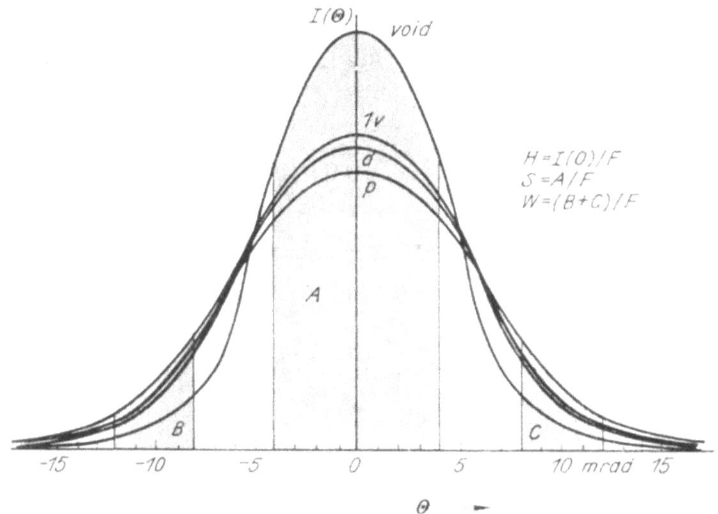

Bild 12.10. Typische Winkelkorrelationskurven der Übergangs- und Edelmetalle für Positronenannihilation in ungestörten Gitterbereichen (p), Versetzungen (d), Einfachleerstellen (1v) und Poren (void). Dargestellt ist weiterhin die Definition der Kurvenformparameter H, S und W. F ist die Gesamtfläche unter der Kurve. A, B, C entsprechende Teilflächen unter den Kurvenabschnitten

(F_p) und Defekten (F_d) unterscheidet und der sich proportional zu η_d zwischen diesen Grenzen ändert, kann zur experimentellen Bestimmung von η_d herangezogen werden. Solche Parameter sind neben der gemittelten Positronenlebensdauer $\bar\tau$ nach Gl. (12.6) die Parameter H, S und W der Winkelkorrelationskurve bzw. der Annihilationslinie. Bild 12.10 zeigt typische Winkelkorrelationskurven für die Annihilation von Positronen in ungestörten Gitterbereichen (p), Versetzungen (d), Einfachleerstellen ($1v$) und Poren (void). Weiterhin sind die genannten Kurvenformparameter H, S und W illustriert. Diese lassen sich graphisch oder durch einfache Rechenprogramme leicht aus den Meßkurven ermitteln. Mit Gl. (12.7) erhält man unter der Voraussetzung einer Defektart für $F (= \bar\tau, H, S, W)$ die Beziehung

$$F = \frac{\lambda_\mathrm{p} F_\mathrm{p} + \mu_\mathrm{d} C_\mathrm{d} F_\mathrm{d}}{\lambda_\mathrm{p} + \mu_\mathrm{d} C_\mathrm{d}} = F_\mathrm{p} + \frac{\tau_\mathrm{p} \mu_\mathrm{d} C_\mathrm{d} (F_\mathrm{d} - F_\mathrm{p})}{1 + \tau_\mathrm{p} \mu_\mathrm{d} C_\mathrm{d}}$$

$$(12.8)$$

Wie Gl. (12.8) zeigt, nimmt F in Abhängigkeit von C_d einen S-förmigen Verlauf an. Für niedrige Defektkonzentrationen $\tau_\mathrm{p} \mu_\mathrm{d} C_\mathrm{d} \ll 1$ mißt man den Parameter für perfekte Bereiche $F \approx F_\mathrm{p}$. Mit wachsendem C_d steigt F an, anfangs langsam, dann schneller, um bei $\tau_\mathrm{p} \mu_\mathrm{d} C_\mathrm{d} = 1$ den Wert

$F = (F_\mathrm{p} + F_\mathrm{d})/2$ zu erreichen. Mit weiter wachsendem C_d geht die Kurve in die Sättigung $F \approx F_\mathrm{d}$ über. Bild 12.11 illustriert den Verlauf von F.
Die Empfindlichkeit der Positronenannihilation bezüglich der Defektkonzentration hängt von der Größe des Produkts $\tau_\mathrm{p} \mu_\mathrm{d}$ ab. In Bild 12.11 wurden typische Werte für τ_p, μ_{1v} und μ_d benutzt. Die maximale Empfindlichkeit der Methode bezüglich einer Änderung der Defektkonzentration wird erreicht an der Stelle $F = (F_\mathrm{p} + F_\mathrm{d})/2$, d. h. für $C_\mathrm{d} = 1/\tau_\mathrm{p}\mu_\mathrm{d}$. Das entspricht $1{,}5 \cdot 10^{-5}$ Leerstellen je Atom bzw. $8 \cdot 10^9$ cm Versetzungslinienlänge je cm^3. Der gesamte Empfindlichkeitsbereich dehnt sich, je nach Meßgenauigkeit, über drei bis vier Größenordnungen aus.
Wie schon erwähnt, läßt sich das Trapping-Modell auf eine beliebige Anzahl von Defektarten ausdehnen [12.5], [12.11]. Bei i unterschiedlichen Defektarten, die Positronen einfangen, ist das Lebensdauerspektrum $(i + 1)$-komponentig. Realistische Auswertungen lassen sich z. Z. für zwei bis drei Defektarten (Versetzungen und Loops, Leerstellen, Leerstellenagglomerate) durchführen [12.11], [12.16].

12.5.   Anwendung der Positronenannihilation zur Untersuchung von Kristallbaufehlern in Metallen

12.5.1.   Leerstellen im thermischen Gleichgewicht

12.5.1.1.   Reine Metalle

Wie Bild 12.11 zeigt, beginnt die Empfindlichkeit der Positronenannihilation für eine Änderung der Leerstellenkonzentration bei etwa 10^{-7} Leerstellen je Atom, erreicht bei $1{,}5 \cdot 10^{-5}$ ihren Maximalwert und verschwindet wieder bei 10^{-3} Leerstellen je Atom (Sättigungsverhalten). Diese Konzentrationen werden durch thermische Leerstellen in Metallen in einem Temperaturbereich zwischen $0{,}6\,T_\mathrm{s}$ und T_s (T_s Temperatur des Schmelzpunktes) erreicht. Aufgrund der bei niedrigen Leerstellenkonzentrationen liegenden Ansprechschwelle und der hohen Meßgenauigkeit bietet sich die Positronenannihilation als attrak-

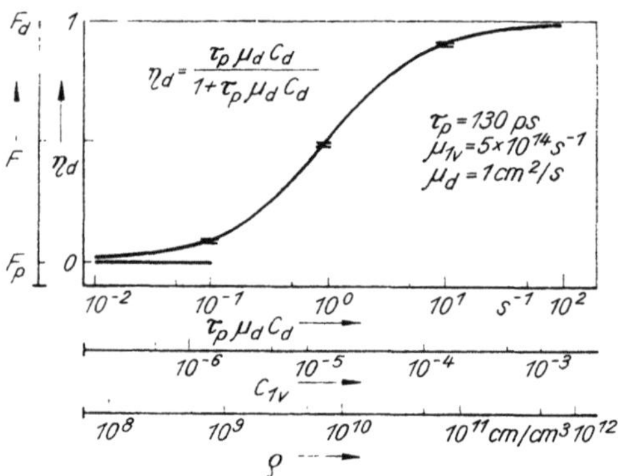

Bild 12.11. Verlauf des Anteils η_d der durch Defekte eingefangenen Positronen bzw. des F-Parameters in Abhängigkeit von der Größe $\tau_\mathrm{p}\mu_\mathrm{d} C_\mathrm{d}$. Unter Benutzung typischer Werte für die mittlere Positronenlebensdauer τ_p und für die spezifische Positroneneinfangrate für Leerstellen (μ_{1v}) bzw. Versetzungen (μ_d) wurden die entsprechenden Konzentrationen für Leerstellen C_{1v} (Leerstellen je Atom) und Versetzungen ϱ_d (cm Linienlänge je cm^3) angegeben.

tive Methode zur genauen Bestimmung der Bildungsenthalpie von Leerstellen aus Gleichgewichtsmessungen an [12.4], [12.5], [12.6], [12.9], [12.14].

Bild 12.12 liefert ein typisches Beispiel für die Untersuchung von Cu und Au mit Hilfe von Messungen der Peakhöhe der 2γ-Winkelkorrelationskurve [12.30]. Im Bereich niedriger Temperaturen ($T < 0,6\,T_\mathrm{s}$) mißt man die Peakhöhe, die für den perfekten Kristall charakteristisch ist. Sie erhöht sich nahezu linear mit der Temperatur. Zwischen $0,6\,T_\mathrm{s}$ und T_s zeigt die Peakhöhe einen S-förmigen Verlauf, der durch den Positroneneinfang thermischer Leerstellen hervorgerufen wird. Aufgrund der sprunghaften Änderung der Leerstellenkonzentration und -konfiguration kommt es am Schmelzpunkt zu einem Sprung in der Peakhöhe.

Wenn $H_{1\mathrm{v}}^{\mathrm{F}}$ die Enthalpie und $S_{1\mathrm{v}}^{\mathrm{F}}$ die Entropie der Bildung von Einfachleerstellen bezeichnen, so

ermittelt sich ihre Konzentration im thermischen Gleichgewicht durch

$$C_{1\mathrm{v}} = \exp\left(S_{1\mathrm{v}}^{\mathrm{F}}/k\right)\exp\left(-H_{1\mathrm{v}}^{\mathrm{F}}/kT\right) \qquad (12.9)$$

wobei k die BOLTZMANN-Konstante und T die absolute Temperatur ist [12.4]. Mit Gl. (12.8) erhält man eine S-förmige Temperaturabhängigkeit des F-Parameters (vgl. Bild 12.12; $F = \bar{\tau}, H, S, W$)

$$F = \frac{F_\mathrm{p} + A_{1\mathrm{v}}F_{1\mathrm{v}}\exp\left(-H_{1\mathrm{v}}^{\mathrm{F}}/kT\right)}{1 + A_{1\mathrm{v}}\exp\left(-H_{1\mathrm{v}}^{\mathrm{F}}/kT\right)} \qquad (12.10)$$

mit $A_{1\mathrm{v}} = \tau_\mathrm{p}\mu_{1\mathrm{v}}\exp\left(S_{1\mathrm{v}}^{\mathrm{F}}/k\right)$. Dabei ist $\mu_{1\mathrm{v}}$ die spezifische Positroneneinfangrate und $F_{1\mathrm{v}}$ der charakteristische F-Parameter für die Positronenannihilation in Einfachleerstellen. Durch Anpassung der Gl. (12.10) an die Meßdaten mit Hilfe eines Rechners erhält man die Parameter $H_{1\mathrm{v}}^{\mathrm{F}}$, $A_{1\mathrm{v}}$, F_p und $F_{1\mathrm{v}}$. Gl. (12.10) kann auch zu der folgenden Darstellung umgeformt werden:

$$\ln\left(\frac{F - F_\mathrm{p}}{F_{1\mathrm{v}} - F}\right) = -\frac{H_{1\mathrm{v}}^{\mathrm{F}}}{kT} + \ln A_{1\mathrm{v}} \qquad (12.11)$$

Bei einer halblogarithmischen Auftragung von $(F - F_\mathrm{p})/(F_{1\mathrm{v}} - F)$ gegen reziproke absolute Temperaturen (ARRHENIUS-Auftragung) erhält man eine Gerade. Aus dem Anstieg der Geraden läßt sich $H_{1\mathrm{v}}^{\mathrm{F}}$ bestimmen und aus dem Schnittpunkt mit der Ordinate für $1/T \to 0$ die Konstante $A_{1\mathrm{v}}$. Da τ_p gewöhnlich bekannt ist, erhält man das Produkt $\mu_{1\mathrm{v}}\exp\left(S_{1\mathrm{v}}^{\mathrm{F}}/k\right)$. Benutzt man die mit Hilfe der Differential-Dilatometrie ($\Delta l/l - \Delta a/a$) [12.4], [12.9] relativ gut meßbare totale Leerstellenkonzentration $C_\mathrm{v}(T)$, so läßt sich mit der bekannten Enthalpie $H_{1\mathrm{v}}^{\mathrm{F}}$ die Entropie $S_{1\mathrm{v}}^{\mathrm{F}}$ nach Gl. (12.9) ermitteln und damit auch die spezifische Einfangrate $\mu_{1\mathrm{v}}$. Die auf diese Weise bestimmten Werte für $\mu_{1\mathrm{v}}$ liegen bei 10^{14} bis $10^{15}\ \mathrm{s}^{-1}$ [12.11]. Umgekehrt kann bei bekanntem $\mu_{1\mathrm{v}}$ die Größe $S_{1\mathrm{v}}^{\mathrm{F}}$ bestimmt werden.

Aufgrund der hohen Genauigkeit der Meßdaten werden die ermittelten Bildungsenthalpien oft mit einem statistischen Fehler von $\pm 0,01$ bis $0,04\ \mathrm{eV}$ angegeben. Systematische Fehler in der Größenordnung von $\pm 0,1\ \mathrm{eV}$ können jedoch durch die ungenaue Kenntnis der Temperaturabhängigkeit von F_p und $F_{1\mathrm{v}}$ entstehen (vgl. [12.11]). Weiterhin ist die Interpretation der Meßparameter in der Nähe des Schmelzpunktes noch umstritten. In

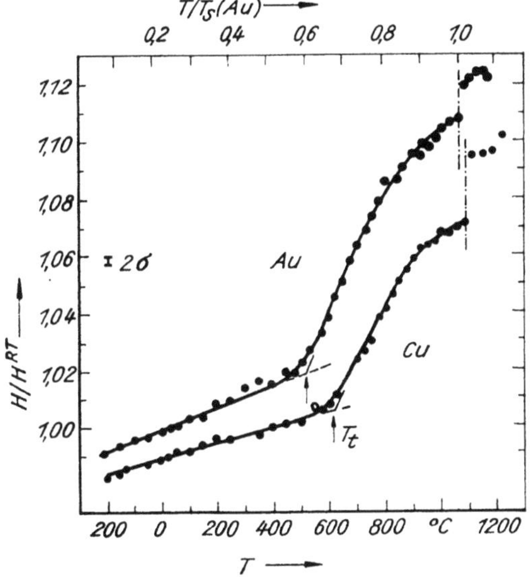

Bild 12.12. Peakhöhe H der Winkelkorrelationskurve, normiert auf ihren Wert bei Raumtemperatur H^{RT}, in Abhängigkeit von der Probentemperatur T von Kupfer und Gold im thermischen Gleichgewicht. Zur besseren Übersicht wurde die Kurve für Cu um einen Skalenteil nach unten verschoben. T_t bezeichnet die sogenannte Abhebtemperatur, T_s den Schmelzpunkt, σ ist der mittlere statistische Fehler der einzelnen Meßpunkte (nach [12.37])

einer Reihe von Arbeiten wird versucht, das Auftreten von thermischen Doppelleerstellen in Schmelzpunktnähe zu berücksichtigen und ihre Bildungsenthalpie zu bestimmen [12.6], [12.30].

Eine einfache Methode zur Bestimmung der Leerstellenbildungsenthalpie ist die sog. Methode der Abhebtemperatur T_t. Wie Bild 12.12 zeigt, wird T_t definiert durch den Schnittpunkt einer Tangente, die an den Wendepunkt der Peakhöhen-Temperaturkurve angelegt wird, mit der extrapolierten Peakhöhe für das perfekte Metall. Nach [12.31] gilt:

$$H_{1v}^F = \alpha_t T_t$$

$$\text{mit} \quad \alpha_t = k(\ln A_{1v})^2/(\ln A_{1v} - 2) \qquad (12.12)$$

α_t wurde empirisch zu $15,4\,k = 1,33 \cdot 10^{-7}$ eV/K ermittelt und ist offenbar innerhalb von $\pm 10\%$ für das kubische und hexagonale Gitter gleich. T_t läßt sich auf 1 bis 3 % genau bestimmen.

Positronenannihilations-Untersuchungen von thermischen Leerstellen erfolgten bisher an den Metallen Mg, Cd, Zn, Al, In, Pb, Sn, Cu, Ag, Au, V, Nb, Ta, Mo, W, Fe, Co, Ni, Pd, Pt, Cr, Ce und U. Andere Elemente, dazu gehören die Alkalimetalle sowie Ti, Zr, Hg, Ga, Tl, Sb, Bi, Si und Ge, zeigen keinen Positroneneinfang durch thermische Leerstellen bei höheren Temperaturen, was jedoch nicht den Positroneneinfang durch Bestrahlungs- oder Deformationsdefekte bei Raum- oder niedrigeren Temperaturen ausschließt (z. B. in Ti, Zr, Bi, Si und Ge) [12.16].

Für eine Reihe von hochschmelzenden Metallen wurde erstmalig aus Gleichgewichtsmessungen die Bildungsenthalpie für Einfachleerstellen H_{1v}^F ermittelt [12.32]. Das ist von weitreichender Bedeutung, da oft nur mit Hilfe der Beziehung $H_{1v}^M = Q_{1v}^{SD} - H_{1v}^F$ (Q_{1v}^{SD} Enthalpie der Selbstdiffusion) physikalisch sinnvolle Werte für die Wanderungsenergie von Einfachleerstellen H_{1v}^M erhalten werden können. Weiterhin läßt sich das Leerstellenbildungsvolumen aus der Messung der Druckabhängigkeit der Positroneneinfangrate ermitteln [12.33].

Ein Vergleich der verschiedenen Methoden zur Untersuchung von Leerstellen ist bei SEEGER [12.4] und bei SIEGEL [12.9] zu finden. Die Methode der Differentialdilatometrie ($\Delta l/l - \Delta a/a$) hat den Vorteil, absolute Leerstellenkonzentrationen bestimmen zu können. Nachteilig ist, daß die Methode erst bei hohen Leerstellenkonzen-

trationen in Schmelzpunktnähe anspricht. Daraus ergibt sich ein relativ großer statistischer Fehler von $\pm 0,1$ eV für die Bestimmung von H_{1v}^F. Weiterhin ist der Einfluß von Doppelleerstellen in jedem Fall zu berücksichtigen. Bei Messungen des elektrischen Restwiderstandes nach dem Abschrecken (Nichtgleichgewichtsmessungen) tritt das Problem der Abschreckverluste auf, was jedoch immer besser beherrscht wird. Tabelle 12.1 zeigt die relativ gute Übereinstimmung von Widerstands- und Positronenannihilations-Messungen.

Tabelle 12.1. Bildungsenthalpien H_{1v}^F (in eV) verschiedener Metalle, die mit Hilfe der Positronenannihilation (PA) bzw. mit Messungen des elektrischen Restwiderstandes nach Abschrecken (R) erhalten wurden (nach SIEGEL *[12.14], siehe auch dort die Originalliteratur)*

Metall	PA	R	Metall	PA	R
Al	$0,66 \pm 0,02$	0,66	V	$2,1 \pm 0,2$	
Ag	$1,16 \pm 0,02$	1,10	Nb	$2,6 \pm 0,3$	
Au	$0,97 \pm 0,01$	0,94	Mo	$3,0 \pm 0,2$	3,2
Cu	$1,31 \pm 0,05$	1,30	Ta	$2,8 \pm 0,6$	
Ni	$1,7 \pm 0,1$	1,6	W	$4,0 \pm 0,3$	3,7

Bild 12.13 zeigt die Peakhöhen-Temperatur-Kurve für Eisen [12.34]. Im untersuchten Temperaturbereich transformiert sich der Gittertyp bei 1 183 K von kubisch-raumzentriert (krz) zu kubisch-flächenzentriert (kfz). Bei 1 663 K erfolgt die Rücktransformation. Die Bildungsenthalpien H_{1v}^F werden in [12.34] für α-Eisen (krz) zu $1,60 \pm 0,10$ eV und für γ-Eisen (kfz) zu $1,40 \pm 0,15$ eV bestimmt. Die Gitterumwandlung führt jedoch zu Unsicherheiten (z. B. der Notwendigkeit zusätzlicher Annahmen) in der Meßdatenauswertung, so daß die Ergebnisse unterschiedlicher Autoren für beide Phasen zwischen 1,4 und 1,7 eV liegen (vgl. [12.16]).

12.5.1.2. Verdünnte Legierungen

Die hohe Empfindlichkeit schon für niedrige Leerstellenkonzentrationen und die hohe statistische Genauigkeit der Meßdaten machen die Positronenannihilation auch attraktiv zur Untersuchung der Leerstellenkonzentration in verdünnten Legierungen bzw. zur Bestimmung der Leerstellen-Fremdatom-Bindungsenthalpie. Der Ein-

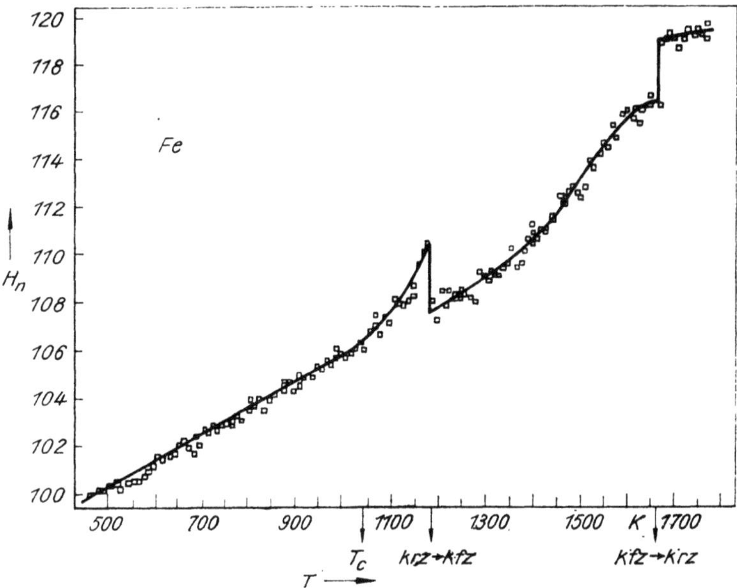

Bild 12.13. Normierte Peakhöhe H_n der Winkelkorrelationskurve für Eisen als Funktion der Probentemperatur T. Der magnetische Übergang und die strukturellen Phasenübergänge sind durch Pfeile markiert (nach
[12.34])

fluß von Fremdatomen besteht i. allg. in einer Verschiebung der S-förmigen F-Parameter-Temperatur-Kurve nach niedrigen Temperaturen, so daß die Methode der Abhebtemperatur angewendet werden kann. Der Einfluß der Fremdatome auf die spezifische Einfangrate μ_{1v} und auf den charakteristischen Parameter F_{1v} scheint gering zu sein, muß aber bei einer kompletten Trapping-Modell-Analyse [Erweiterung der Gl. (12.10)] berücksichtigt werden. Für die Abschätzung der totalen Leerstellenkonzentration wird meist die LOMER-Formel (vgl. [12.3]) als Grundlage genommen.

Leerstellen-Fremdatom-Bindungsenthalpien wurden bisher hauptsächlich für Al-Legierungen sowie für Cu-Legierungen bestimmt. Sehr zuverlässige Ergebnisse wurden für Al-Mg-Legierungen erhalten [12.8]. Für acht verschiedene Mg-Konzentrationen zwischen 165 und 12000 At. ppm wurden für die Bindungsenthalpien konsistente Werte erhalten; der Bestwert liegt bei 0,11 ± 0,04 eV. In [12.35] wurde für Ni-390 At. ppm Sb eine Bindungsenthalpie von 0,57 ± 0,05 eV

ermittelt, wobei für die totale Leerstellenkonzentration eine von CHAPINK [12.36] angegebene Formel vorausgesetzt wurde.

12.5.1.3. Legierungen

Die Anwendbarkeit der Positronenannihilation zur Untersuchung thermischer Leerstellen in Legierungen beliebiger Komposition ist von größter Bedeutung, da konventionelle Methoden in diesem Fall i. allg. versagen. Untersucht wurden bisher vor allem binäre Cu-Legierungen mit Al, Ni, Zn, Ge, Si oder Ga als Legierungselement [12.37]. Dabei wurde eine lineare Abhängigkeit der effektiven Leerstellenbildungsenthalpie H_{eff}^F vom Elektron/Atom-Verhältnis festgestellt. Die Untersuchung von Cu-Zn-Legierungen [12.38] zeigte, daß H_{eff}^F in der α-Phase (kfz) linear von 1,14 auf 0,89 eV abnimmt, wenn der Zn-Gehalt von 0 auf 35 Masse-% ansteigt. In der nahezu stöchiometrischen β-Phase (krz) beträgt H_{eff}^F 0,54 eV. Dieser Wert ist gültig für die geordnete Phase mit einer starken Abhängigkeit von H_{eff}^F

vom Ordnungsgrad [12.39] (vgl. Abschnitt 12.5.3.1.). In [12.39] wurde außerdem H_{eff}^F für zwei Stähle mit krz- bzw. kfz-Gitter bestimmt. Probleme bei der Meßdatenauswertung hinsichtlich einer genauen Bestimmung von H_{eff}^F kann es dann geben, wenn es im untersuchten Temperaturgebiet zu sprunghaften Abweichungen vom üblichen S-förmigen Verlauf des F-Parameters kommt (wie z. B. in Bild 12.13). Diese können durch Phasenumwandlungen verschiedenster Art oder Entmischungsvorgänge verursacht werden (siehe Abschn. 12.3.).

12.5.2. Kristallbaufehler durch plastische Verformung

12.5.2.1. Versetzungsdichte und Leerstellenkonzentration

In plastisch verformten Metallen werden die Positronen vorwiegend durch Versetzungen (Dichte c_d) und Leerstellen (Konzentration C_v) eingefangen. Andere Gitterstörungen, wie Zwischengitteratome, Stapelfehler und Korngrenzen können als Positroneneinfangzentren zunächst vernachlässigt werden. Der F-Parameter berechnet sich dann in Erweiterung von Gl. (12.8) durch

$$F(\varrho_d,\, C_v) = \frac{\lambda_p F_p + \mu_d \varrho_d F_d + \mu_v C_v F_v}{\lambda_p + \mu_d \varrho_d + \mu_v C_v} \qquad (12.13)$$

Dabei bezeichnen F_p, F_d und F_v die charakteristischen F-Parameter für die Annihilation von Positronen in perfekten Gitterbereichen (p), in Versetzungen (d) und in Leerstellen (v). Untersuchungen am Ni und anderen Metallen zeigen, daß sowohl für die Positronenlebensdauer $\bar\tau$ als auch für die Peakhöhe H und den Parameter S die Beziehung $F_v > F_d > F_p$ ($F = \bar\tau$, H, S) gilt. Für die Peakhöhe H oder den Parameter S in Ni wurden die Beziehungen $H_v/H_p = 1,13$ und $H_d/H_p = 1,08$ [12.40], [12.41] und für die mittlere Positronenlebensdauer $\tau_p = 108 \pm 1\,\text{ps}$, $\tau_d = 150 \pm 5\,\text{ps}$ und $\tau_v = 175 \pm 5\,\text{ps}$ [12.42] ermittelt. Die spezifischen Einfangraten für Leerstellen und Versetzungen wurden zu $\mu_v = (1,1 \pm 0,5) \cdot 10^{-8}\,\text{cm}^3/\text{s}$ [$(1 \pm 0,5) \cdot 10^{15}\,\text{s}^{-1}$] und $\mu_d = (1 \pm 0,5)\,\text{cm}^2/\text{s}$ abgeschätzt [12.40]. Bild 12.14 gibt den typischen Verlauf der Peak-

höhe H oder des S-Parameters in Abhängigkeit von der Dickenabnahme beim Kaltwalzen [12.40], [12.43] an. In den frisch verformten Proben steigt die Peakhöhe mit zunehmender Dickenabnahme an. Die Positronen werden durch Leerstellen und Versetzungen eingefangen; $H = H(\varrho_d,\, C_v)$. Durch Ausheilung der Leerstellen wird erreicht, daß die Positronen nur noch durch Versetzungen eingefangen werden; $H = H(\varrho_d)$. Falls μ_d bekannt ist, läßt sich die Versetzungsdichte ϱ_d nach Gl. (12.8) bestimmen. Unter Benutzung der bekannten Versetzungsdichte läßt sich dann mit Hilfe von Gl. (12.13) die Leerstellenkonzentration C_v für die deformierten und unbehandelten Proben ermitteln.

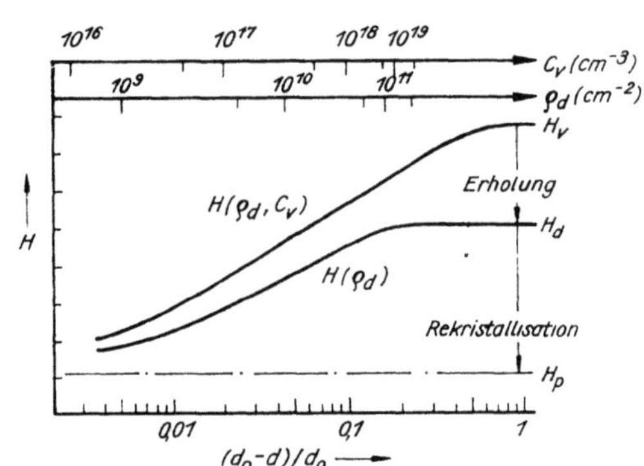

Bild 12.14. Typischer Verlauf der Peakhöhe H der Winkelkorrelationskurve (in willkürlichen Einheiten) in Abhängigkeit von der Dickenreduktion $(d_0 - d)/d_0$ beim Kaltwalzen (nach [12.43]; vgl. auch [12.40])

Die so ermittelten Defektkonzentrationen sind in Bild 12.14 angegeben. Ihre Genauigkeit wird im wesentlichen durch die spezifischen Einfangraten μ_d und μ_v begrenzt, die z. Z. mit einem Fehler von etwa $\pm 50\%$ bekannt sind. Relative Unterschiede lassen sich mit einer Genauigkeit von wenigen Prozent bestimmen. Wie Bild 12.12 zeigt, beginnt die Empfindlichkeit der Positronenannihilation bezüglich Versetzungen bei einer Dichte von 10^8 cm Linienlänge je cm³. Bei etwa $5 \cdot 10^{11}$ cm/cm³ wird das Sättigungsverhalten erreicht. Die charakteristischen Parameter F_p und F_d können damit durch Messungen an gut geglühten (ggf. einkristallinen) bzw. stark verformten Proben gemessen werden.

Versetzungsdichten können mit Hilfe der Positronenannihilation an einkristallinen sowie polykristallinen Proben mit schwacher oder auch stark ausgeprägter Textur gemessen werden. Die Probenpräparation ist relativ unkritisch (vgl. Abschn. 12.3.). Wenig Aufmerksamkeit wurde bisher jedoch dem Einfluß der stark inhomogenen Versetzungsverteilung gewidmet, wie sie z. B. in kaltgewalzten Proben auftritt [12.44]. In [12.45] wurden Cu-Einkristalle in [100]-Richtung zugverformt und Versetzungsdichten zwischen $1 \cdot 10^8$ und $6 \cdot 10^9$ cm/cm³ erhalten.

12.5.2.2. Erholung und Rekristallisation

Der Positroneneinfang sowohl durch Leerstellen als auch durch Versetzungen in plastisch verformten Proben sowie die Unterscheidbarkeit ($F_v > F_d > F_p$) beider Defektarten im Positronenexperiment ermöglicht den Einsatz der Methode zur Untersuchung von Erholungs- und Rekristallisationsvorgängen. Bild 12.15 zeigt die Defektausheilkurven für Nickel unterschiedlicher Reinheit und verdünnte Ni-Sb-Legierungen. Im Reinstnickel (Kurve a) findet man zwei deutlich ausgeprägte Stufen, welche auf die Ausheilung von Leerstellen (80 °C) und die Rekristallisation (300 °C) zurückzuführen sind. Mit zunehmendem Verunreinigungsgrad verschiebt sich die Rekristallisation nach höheren Temperaturen. Weiterhin tritt bei etwa 300 °C eine durch Verunreinigungen induzierte zusätzliche Ausheilstufe auf. Im Ni 99,8% findet man einen strukturierten Anstieg der Peakhöhe H, der sich mit einer Bildung von Leerstellenagglomeraten erklären läßt. Dieser Anstieg ist im Ni mit Sb-Zusätzen enorm stark ausgeprägt, was darauf hinweist, daß Sb-Verunreinigungen im Ni als Keime für eine Leerstellenagglomeration wirken [12.41], [12.42]. Das hat offenbar seine Ursache in der hohen Leerstellen-Sb-Bindungsenthalpie im Ni [12.35]. W und Ti zeigen nicht diese Effekte [12.41].
Für Ni mit Sb-Zusätzen läßt sich das Positronen-Lebensdauerspektrum (vgl. Bild 12.3) in zwei Komponenten zerlegen, wobei die kürzere Komponente der Positronenannihilation in Leerstellen und Versetzungen und die längere Komponente der Positronenannihilation in Leerstellenagglomeraten (Mikroporen) entspricht [12.42]. Bild 12.16 zeigt, daß die Agglomeration

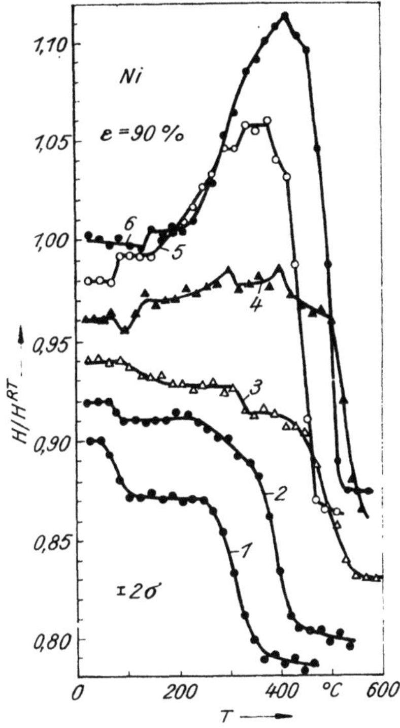

Bild 12.15. Die Ausheilung von Defekten bei zeitlinearem Aufheizen (1 K/min) von 90% kaltgewalztem Ni. Dargestellt ist die normierte Peakhöhe H/H^{RT} der Winkelkorrelationskurve. Zur besseren Übersicht sind die Kurven um jeweils zwei Skalenteile gegeneinander verschoben (vgl. [12.41])

1 Ni 99,998%	*4* Ni 99,8%
2 Ni 99,99%	*5* Ni + 0,04 Atom-% Sb
3 Ni 99,9%	*6* Ni + 0,1 Atom-% Sb

schon bei etwa 100 °C beginnt. Mit zunehmender Temperatur wachsen die Leerstellenagglomerate, ihre Konzentration (Intensität I_2) erreicht bei 320 °C ein Maximum. Die rechte obere Skala gibt die mittlere Zahl von Leerstellen N im Agglomerat an. Dabei wurden die Berechnungen von [12.29] verwendet, die in Bild 12.16 dargestellt sind. Es wird deutlich, daß die Positronenannihilation sehr empfindlich auf das Anfangsstadium der Leerstellenagglomeration reagiert, das elektronenmikroskopisch noch nicht nachzuweisen ist.
Aufgrund ihrer hohen und spezifischen Empfindlichkeit für Leerstellen und ihre Agglomerate

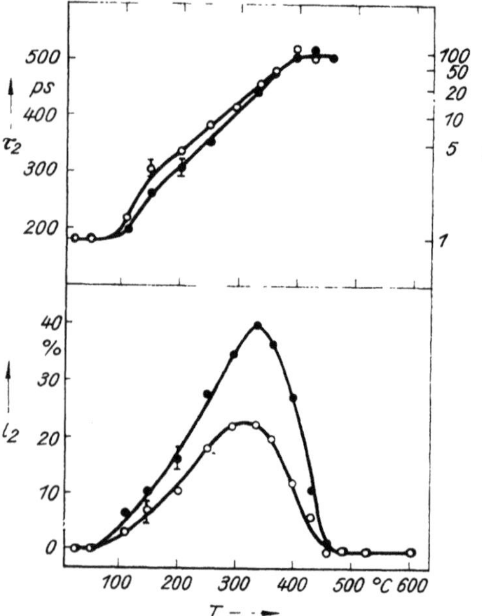

Bild 12.16. Die Lebensdauer τ_2 und die Intensität I_2 der längeren Komponente im Positronen-Lebensdauerspektrum in 90 % kaltgewalztem Ni-Sb (○ Ni + 0,03 Atom-% Sb; ● Ni + 0,1 Atom-% Sb) als Funktion der Temperatur T beim isochronen Tempern. N ist die Zahl der Leerstellen im Agglomerat (nach [12.42])

findet die Positronenannihilation verbreiteten Einsatz zur Untersuchung von Ausheilmechanismen in Proben, die mit hochenergetischen Teilchen (Elektronen, Neutronen, Ionen) bestrahlt wurden. Neben den Übersichten in [12.2], [12.10], [12.14] und [12.16] sei als Beispiele auf die Arbeiten [12.46] (elektronenbestrahltes Fe) und [12.47] (neutronenbestrahltes Mo) verwiesen. Es wird vor allem die Wechselwirkung von Leerstellen mit Fremdatomen (z. B. C in Fe [12.46]) und die Leerstellenagglomeration bzw. die Bildung von Poren untersucht. In [12.48] wurde die Erhöhung der Positronenlebensdauer auf 400 ps während der Temperung elektronenbestrahlter Fe-Proben nicht wie üblich mit einer Bildung von Leerstellenagglomeraten [12.46], sondern mit dem Positroneneinfang durch Zwischengitteratom-Agglomerate erklärt. Eine solche Interpretation ist jedoch anfechtbar (vgl. [12.49]).

Obwohl bei den Positronenexperimenten qualitative Aussagen zur Defektausheilung im Vordergrund stehen, lassen sich unter günstigen Umständen auch quantitative Ergebnisse, wie z. B. die Aktivierungsenthalpie der Leerstellenwanderung oder der Rekristallisation, gewinnen. Bild 12.17 gibt ein Beispiel ·für die Rekristallisation. Der Volumenanteil X des rekristallisierten Gefüges läßt sich nach der Gleichung

$$X(t) = \frac{F_D - F(t)}{F_D - F_R} = 1 - \exp(-t/\tau_R)^n \quad (12.14)$$

aus den F-Parametern bestimmen [12.43]. F_D und F_R sind die charakteristischen Parameter für das deformierte bzw. rekristallisierte Gefüge. Der linke Teil von Gl. (12.14) stellt die sog. AVRAMI-Gleichung dar. n und τ_R sind Konstanten. n hängt

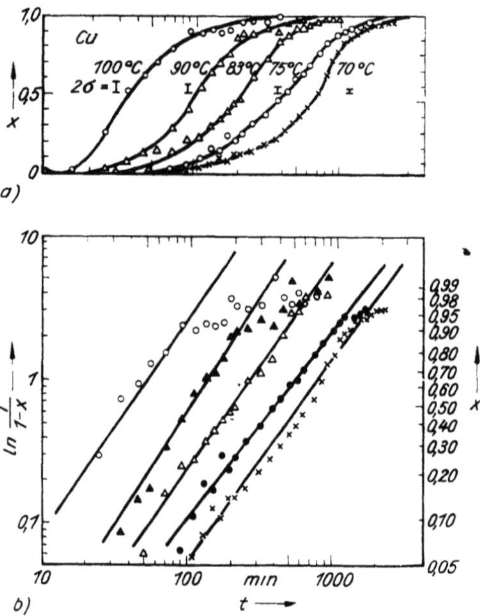

Bild 12.17. Rekristallisation von 98 % kaltgewalztem Cu der Reinheit 99,999 %

a) isotherme Änderung des rekristallisierten Gefügeanteils X, der aus der Änderung der Peakhöhe der Winkelkorrelationskurve abgeleitet wurde

b) Auftrag von $\log \ln 1/(1 - X)$ gegen $\log t$ zur Bestimmung des Exponenten n in der AVRAMI-Gleichung (nach [12.43])

von der Dimensionalität des Kornwachstums ab. Die Zeitkonstante τ_R wird vom Typ $1/\tau_R = \exp(-Q_R/RT)$ angenommen, wobei Q_R die Aktivierungsenthalpie der Rekristallisation, R die universelle Gaskonstante und T die absolute Temperatur ist. Bild 12.17b zeigt die Bestimmung von n, das zwischen 1,36 und 1,63 ermittelt wurde. Q_R läßt sich durch eine Auftragung von $\ln t_c$ gegen $1/T$ ermitteln. t_c ist die Zeit, die erforderlich ist, um einen bestimmten Rekristallisationsgrad (z. B. 50%) zu erreichen. Q_R wurde zu $(1,04 \pm 0,04)\,$eV bestimmt, was gut mit metallographischen Untersuchungen übereinstimmt [12.43]. Wie Bild 12.17 zeigt, liegt der statistische Fehler der Bestimmung von X bei $\pm 1\%$, während bei konventionellen Methoden (Metallographie, Röntgenstrahlverfahren, Härte) ein Fehler von $\pm 5\%$ kaum zu unterschreiten ist. Weiterhin ist die Automatisierbarkeit der Positronenexperimente und die schnelle Meßdatengewinnung hervorzuheben.

Neben reinen oder verdünnt legierten Metallen kann mit Hilfe der Positronenannihilation auch die Defektausheilung in Legierungen untersucht werden. Beispiele sind in [12.44] für Co-Ni- und in [12.50] für Cu-Zn-Legierungen zu finden (siehe auch [12.16]).

12.5.3. Ordnungs- und Entmischungserscheinungen in Legierungen

12.5.3.1. Nah- und Fernordnung

Untersuchungen zum Einfluß des Ordnungsgrades von Legierungen auf die Positronenannihilation wurden schon Anfang der sechziger Jahre von DEKHTYAR (vgl. [12.1]) durchgeführt. Obwohl in den letzten Jahren eine Reihe von Arbeiten zu diesem Problem veröffentlicht wurden, ist z. Z. eine gesicherte Interpretation der Messungen noch nicht möglich. Das hängt mit der Komplexität der Einflüsse, denen das Positron unterworfen ist, zusammen. Dabei sind lokale und nichtlokale Einflüsse zu unterscheiden. Zu den nichtlokalen, im gesamten Probenvolumen wirkenden Einflüssen zählt die Änderung der Elektronenstruktur durch Bildung neuer BRILLOIN-Zonen und die Änderung in der Gitterkonstanten bei der Einstellung der Fernordnung in Legierungen. Zu den lokalen Einflüssen ist die Bildung von Gitterstörungen, wie z. B. Antiphasendomänengrenzen, zu zählen, welche möglicherweise Positronen lokalisieren können.

Untersucht wurden bisher solche Legierungen, wie α- und β-Messing, CuAu, NiFe, Cu_3Au, Cu_3Mn, Ni_3Mn, Cu_3Pd, Ni_3Fe und andere. In β-CuZn und in Cu_3Au sind die Änderungen der Annihilationsparameter (z. B. der Peakhöhe) in der Umgebung der Temperatur des Ordnungs-Unordnungs-Überganges gering und korrelieren mit der Änderung der Gitterkonstanten. Erhebliche Änderungen der Peakhöhe wurden jedoch beim Übergang CuAuI → CuAuII → ungeordnete Legierung gemessen [12.51]. In [12.50] wurde gezeigt, daß mit Hilfe der Positronenannihilation Kristallbaufehler in α-Messing nahezu unbeeinflußt vom Nahordnungsgrad untersucht werden können. Peakhöhenmessungen thermischer Leerstellen in β-CuZn wurden mit einer temperatur- bzw. ordnungsgradabhängigen Leerstellenbildungsenthalpie $H^F(T) = H_0^F + u\sigma^2(T)$ mit $H_0^F = 0,32 \pm 0,03\,$eV und $u = 0,4\,$eV (σ ist der Ordnungsgrad) interpretiert [12.39].

12.5.3.2. Entmischung

Die Untersuchung von Entmischungs- und Ausscheidungsvorgängen in Legierungen gehört zu den interessantesten Anwendungen der Positronenannihilation in der Metallkunde, die in den letzten Jahren gefunden wurden [12.16]. Wesentliche Erkenntnisse wurden dabei an aushärtbaren Al-Legierungen mit Cu [12.52] oder Zn [12.28], [12.53], [12.54] gesammelt. Es zeigte sich, daß in diesen Legierungen die Wechselwirkung der Positronen mit Ausscheidungen (elektrostatische Wechselwirkung), kohärenten und inkohärenten Spannungsfeldern, Teilchen-Matrix-Grenzflächen und Kristallgitterdefekten berücksichtigt werden muß. Unter günstigen Bedingungen kann jedoch die eine oder andere Art der Wechselwirkung dominieren.

Anhand der Bilder 12.18 und 12.19 sollen wichtige Eigenschaften und Anwendungsmöglichkeiten der Positronenannihilation in aushärtbaren Legierungen diskutiert werden. Bild 12.18 zeigt den Verlauf des S-Parameters und der gemittelten Positronenlebensdauer $\bar{\tau}$ in Abhängigkeit von der

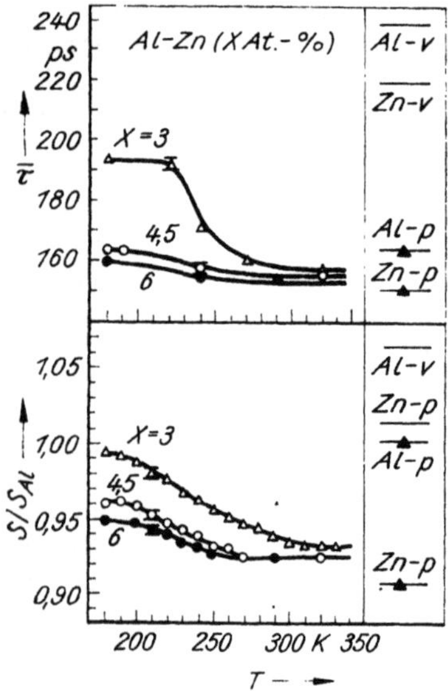

Bild 12.18. Die gemittelte Positronenlebensdauer $\bar{\tau}$ und der normierte S-Parameter der DOPPLER-verbreiterten Annihilationslinie in Abhängigkeit von der Temperatur T beim isochronen Tempern (in 10-K-Schritten mit 30 min Temperzeit) von Al-Zn-Legierungen. Die Proben wurden von 570 K in Methanol auf 200 K abgeschreckt. Alle Messungen erfolgten bei 77 K. Zum Vergleich sind die Werte von τ und S, die charakteristisch sind für den perfekten Zustand (p) und für Leerstellen (v) in Al und Zn, angegeben (nach [12.53])

Temperatur beim isochronen Tempern von drei verschiedenen Al-Zn-Legierungen, die von 570 auf 200 K abgeschreckt wurden. Die Positronenlebensdauer ist für die abgeschreckte Legierung Al-Zn (3 Atom-%) stark erhöht, was bedingt ist durch den Positroneneinfang durch eingefrorene Leerstellen. Der Vergleich mit dem S-Parameter zeigt, daß die Leerstellen eine Zn-reiche Umgebung haben. Für die höher konzentrierten Legierungen ist die Entmischung während des Abschreckens schon so weit vorangeschritten, daß gut entwickelte GUINIER-PRESTON-Zonen vorhanden sind. Diese fangen Positronen ein, so daß die eingeschreckten Leerstellen kaum spürbar werden.

Das isochrone Tempern der Proben führt zu einer rapiden Abnahme der Lebensdauer oberhalb

220 K. Die Leerstellen werden beweglich, transportieren Zn-Atome und verschwinden an Senken. Infolge des Wachstumes der GUINIER-PRESTON-Zonen fangen diese zunehmend Positronen ein. Der S-Parameter verringert sich kontinuierlich und erreicht sein Minimum bei Raumtemperatur. Untersuchungen der Röntgenstrahl-Kleinwinkel-Streuung zeigen, daß kugelförmige, kohärente GUINIER-PRESTON-Zonen mit einem Radius von 1 nm und einem mittleren Abstand von 10 nm gebildet wurden [12.28]. In Al-Legierungen mit $\geq 4{,}5$ Atom-% Zn werden nahezu alle Positronen durch die Zonen eingefangen. Ursache dafür ist die Affinität der Positronen für Zn-Atome in der Al-Matrix (elektrostatische Wechselwirkung). In diesem Fall werden die Annihilationsparameter völlig durch die chemische Zusammensetzung der Zonen bestimmt. Der S-Parameter verringert sich um 80 % der Differenz zwischen den S-Parametern für perfektes Al und Zn. Nach Anwendung einer Korrektur läßt sich damit der Zn-Gehalt in den Zonen zu 69 ± 5 Atom-% bestimmen [12.28], [12.53].

Bild 12.19 zeigt das Verhalten der Peakhöhe H in Abhängigkeit von der Probentemperatur oberhalb der Raumtemperatur. Zwischen Raumtemperatur und 100 °C findet man das Minimum in der Peakhöhe, das durch den nahezu vollständigen Positroneneinfang durch GUINIER-PRESTON-Zonen verursacht wird. Ihre Auflösung oberhalb 100 °C führt zu einem rapiden Anstieg der Peakhöhe, der sich mit wachsendem Zn-Gehalt nach höheren Temperaturen verschiebt. Die Temperaturlage des Peakhöhenanstieges läßt sich gut mit metastabilen und stabilen Linien des Phasendiagrammes der Legierung korrelieren [12.28].

In einer Reihe von Legierungen treten vorwiegend inkohärente Ausscheidungen auf. Die Positronenannihilation in solchen Legierungen wurde am Beispiel des Al-Zn-Mg [12.54] und des Al-Cu [12.52] untersucht. Es zeigte sich, daß die Positronen an Gitterstörungen (Versetzungen, Leerstellen) der Teilchen-Matrix-Grenzfläche inkohärenter Ausscheidungen lokalisiert werden. Damit kann mit Hilfe der Positronenannihilation auch der Übergang von kohärenten zu inkohärenten Ausscheidungen beim Altern oder Tempern untersucht werden.

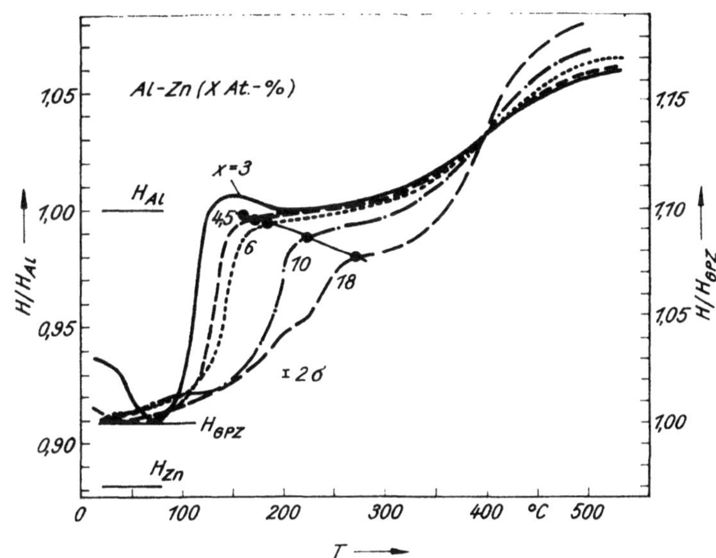

Bild 12.19. Die normierte Peakhöhe H/H_{Al} der 2γ-Winkelkorrelationskurve in Abhängigkeit von der Probentemperatur T beim zeitlinearen Aufheizen (0,5 K/min) von Al-Zn-Legierungen mit unterschiedlichem Zn-Gehalt. Vor Beginn der Messung werden die Proben von 450 °C auf Raumtemperatur abgeschreckt und dort 1 h gelagert (nach [12.28])

12.5.4. Ausblick auf weitere Anwendungen

Neben den Untersuchungen von Kristallbaufehlern ist das Studium von Phasenübergängen in Metallen und Legierungen eine wichtige Anwendungsmöglichkeit der Positronenannihilation in der Metallkunde. Bild 12.13 zeigt den Einfluß struktureller Phasenübergänge auf die Positronenannihilation in Eisen; im Abschnitt 12.5.3. wurden Ordnungs- und Entmischungserscheinungen diskutiert. Obwohl die Zahl der Positronenannihilations-Arbeiten auf dem Gebiet der Phasenübergänge erheblich zugenommen hat [12.16], sind die Interpretationen in einer Reihe von Fällen noch nicht abgesichert (vgl. Diskussion in Abschn. 12.5.3.). Tabelle 12.2 gibt einen Überblick über die wichtigsten Anwendungen der Positronenannihilation in der Metallkunde. Ein Teil der genannten Anwendungen ist noch in der Entwicklung begriffen. Weitere wichtige Anwendungsmöglichkeiten der Positronenannihilation liegen auf dem Gebiet der Elektronen-

struktur (FERMI-Fläche, Impulsdichte) von reinen Metallen und Legierungen, der Elektronenstruktur und Defekteigenschaften von Nichtmetallen (Halbleitern, Ionenkristallen), der physikalischen Chemie anorganischer und organischer Stoffe (Positronium-Chemie [12.55]) und der Nuklearmedizin (Tomographie mit Positronenkameras) [12.2], [12.10], [12.16].

Tabelle 12.2. Anwendungen der Positronenannihilation in der Metallkunde

Untersuchung von	Anwendungsmöglichkeiten
Kristallbaufehlern	*Leerstellen im thermischen Gleichgewicht:*
	– Leerstellenbildungsenthalpie und -volumen in Metallen
	– Leerstellen-Fremdatom-Bildungsenthalpien in verdünnten Legierungen
	– effektive Leerstellenbildungsenthalpie in Legierungen

Tabelle 12.2 (Fortsetzung)

Unter-suchung von	Anwendungsmöglichkeiten
	Deformationsdefekte: – Leerstellenkonzentration und Versetzungsdichte – Erholung und Rekristallisation – Wechselverformung und Ermüdung – Kriechen – Kinetikparameter – Wechselwirkung von Defekten untereinander und mit Fremdelementen, insbesondere das Anfangsstadium der Leerstellenagglomeration *Bestrahlungs- und Abschreckdefekte:* – Ausheilung von Punktdefekten – Wechselwirkung mit Fremdelementen – Bildung von Punktdefektagglomeraten – Poren und Blasen
Phasen-übergängen	*fest-flüssig-Übergang und Struktur flüssiger Metalle* *Kristallisation und Struktur amorpher Metalle* *Strukturelle Phasenübergänge kristalliner Metalle:* – Defektbildung bei polymorpher martensitischer Transformation *Ordnungs-Unordnungs-Übergänge Entmischungsvorgänge:* – Bildung und Auflösung von GUINIER-PRESTON-Zonen und inkohärenter Ausscheidungen – chemische Zusammensetzung – spinodale Entmischung – eutektische Entmischung
Weitere Anwendungen	*Mikroanalyse mit kollimierten Strahlen:* – Defektprofile durch Oberflächenbearbeitung oder Implantation – KIRKENDALL-Verschiebung – Leerstellen-Fremdatom-Wechselwirkung in Legierungen mit Konzentrationsgradienten *Oberflächenuntersuchungen mit langsamen Positronen:* – Oberflächeneigenschaften – Absorption und Adsorption – Oxydation und Korrosion

Literaturverzeichnis

[12.1] DEKHTYAR, I. YA.: Phys. Reports 9 C (1974), S. 243

[12.2] WEST, R. N.: Adv. Phys. 22 (1973), S. 263

[12.3] DOYAMA, M.; R. HASIGUTI: Crystal Lattice Defects 4 (1973), S. 139

[12.4] SEEGER, A.: Crystal Lattice Defects 4 (1973), S. 221

[12.5] SEEGER, A.: J. Phys. F. 3 (1973), S. 248

[12.6] SEEGER, A.: Appl. Phys. 4 (1974), S. 183

[12.7] BRANDT, W.: Appl. Phys. 5 (1974), S. 1

[12.8] TRIFTSHÄUSER, W.: Festkörperprobleme XV (1975), S. 381

[12.9] SIEGEL, R. W.: Proc. Int. Conf. on the Properties of Atomic Defects in Metals, Argonne 1976; J. Nucl. Mat. 69 & 70 (1978), S. 117

[12.10] HAUTOJÄRVI, P. (Hrsg.): Positrons in Solids, in Topics in Current Physics 12. Heidelberg: Springer-Verlag 1979

[12.11] WEST, R. N.: wie [12.10], S. 89

[12.12] NIEMINEN, R. M.; M. J. MANNINEN: wie [12.10], S. 145

[12.13] BYRNE, J. G.: Met. Trans. 10 A (1979), S. 791

[12.14] SIEGEL, R. W.: Scripta Met. 14 (1980), S. 15 und Ann. Rev. Mat. Sci. 10 (1980), S. 393

[12.15] COLEMAN, C. F.; A. E. HUGHES: Positron Annihilation: in Research Techniques in Nondestructive Testing (Ed. R. S. SHARPE). New York: Academie Press 1977

[12.16] HASIGUTI, R. R.; K. FUJIWARA (Hrsg.): Positron Annihilation, Proc. 5th Int. Conf. on Positron Annihilation, Lake Yamanaka, Japan (Japan Inst. Met., Sendai 1979)

[12.17] SCHÜLKE, W.; O. BRÜMMER: In: Elektronenstruktur, Internationale Konferenz über Reinststoffe, Dresden 1970. Leipzig: VEB Deutscher Verlag für Grundstoffindustrie 1972, S. 95

[12.18] DLUBEK, G.: Krist. u. Techn. 11 (1976), S. 1153

[12.19] DLUBEK, G.; O. BRÜMMER: 13. Metalltagung der DDR, Dresden 1979, Wissenschaftliche Berichte ZFW, S. 251

[12.20] MEILING, W.: Kernphysikalische Elektronik, Reihe Wissenschaftliche Taschenbücher, Bd. 160, Berlin: Akademie-Verlag 1975

[12.21] KIRKEGAARD, P.; M. ELDRUP: Computer Phys. Commun. 3 (1972), S. 240 und 7 (1974), S. 401

[12.22] DLUBEK, G.; C. BALZEROWSKI; W. PRESTING; H. THOMAS: Exp. Techn. Phys. 26 (1978), S. 357

[12.23] MIJNARENDS, P. E.: wie [12.10], S. 25

[12.24] BERKO, S.: wie [12.16], S. 65

[12.25] MANUEL, A. A.; S. SAMOILOV; O. FISCHER; M. PETER: Helv. Phys. Acta 52 (1979), S. 255

[12.26] LENGELLER, B.; S. MANTL; W. TRIFTSHÄUSER: J. Phys. F 8 (1978), S. 1691

[12.27] SNEAD, JR., C. L.; A. N. GOLAND; F. W. WIFFEN: J. Nucl. Mat. (Neth.) 64 (1977), S. 195

[12.28] DLUBEK, G.; O. KABISCH; O. BRÜMMER; H. LÖFFLER: phys. stat. sol. (a) 55 (1979), S. 509

[12.29] HAUTOJÄRVI, P.; J. HEINIÖ; M. MANNINEN; R. NIEMINEN: Phil. Mag. 35 (1977), S. 973

[12.30] DLUBEK, G.; O. BRÜMMER; N. MEYENDORF: Appl. Phys. 13 (1977), S. 67

[12.31] KIM, S. M.; W. J. L. BUYERS: J. Phys. F 8 (1978), L 103

[12.32] MAIER, K.; M. POE; B. SAILE; H. E. SCHAEFER; A. SEEGER: Phil. Mag. A 40 (1979), S. 701

[12.33] DICKMAN, J. E.; R. N. JEFFERY; D. R. GUSTAFSON: Phys. Rev. B 16 (1977), S. 334

[12.34] MATTER, H.; J. WINTER; W. TRIFTSHÄUSER: Appl. Phys. 20 (1979), S. 135

[12.35] DLUBEK, G.; O. BRÜMMER; N. MEYENDORF: phys. stat. sol. (a) 53 (1979), K 157

[12.36] CHAPINK, F. W.: Acta metall 14 (1966), S. 1131

[12.37] FUKUSHIMA, H.; DOYAMA, M.: wie [12.16], S. 219

[12.38] SCHULTZ, P. J.; T. E. JACKMAN; U. FABIAN; E. A. WILLIAMS; J. R. MACDONALD; I. K. MACKENZIE: Can. J. Phys. 56 (1978), S. 1077

[12.39] KIM, S. M.; W. J. L. BUYERS: wie [12.16], S. 213

[12.40] DLUBEK, G.; O. BRÜMMER; E. HENSEL: phys. stat. sol. (a) 34 (1976), S. 737

[12.41] DLUBEK, G.; O. BRÜMMER; N. MEYENDORF: Solid State Commun. 27 (1978), S. 1219

[12.42] DLUBEK, G.; O. BRÜMMER; N. MEYENDORF; P. HAUTOJÄRVI; A. VEHANEN; J. YLI-KAUPPILA: J. Phys. F 9 (1979), S. 1961

[12.43] DLUBEK, G.; O. BRÜMMER; P. SICKERT: Kristall u. Technik 12 (1977), S. 295

[12.44] DANNEFAER, S.; D. P. KERR; S. KUPCA; B. G. HOGG; J. U. MADSEN; R. M. J. COTERILL: Can. J. Phys. 58 (1980), S. 270

[12.45] MCKEE, B. T. A.; S. SAIMOTO; A. T. STEWART; M. J. STOTT: Can. J. Phys. 52 (1974), S. 759

[12.46] VEHANEN, A.; P. HAUTOJÄRVI; J. JOHANSSON; J. YLI-KAUPPILA; P. MOSER: Phys. Rev. B. 25 (1982), S. 793

[12.47] ·HINODE, K.; S. TANIGAWA; H. KUMKAURA; M. DOYAMA; K. SHIRAISHI: J. Phys. Soc. Jap. 45 (1978), S. 1858

[12.48] FRANK, W.; A. SEEGER; M. WELLER: Rad. Effs. 55 (1981), S. 111

[12.49] HAUTOJÄRVI, P.; A. VEHANEN: Rad. Effs. Letters 58 (1981), S. 77

[12.50] DLUBEK, G.; O. BRÜMMER; ASHRAFUL ALAM: Solid State Commun. 29 (1979), S. 597

[12.51] FUKUSHIMA, H.; M. DOYAMA: wie [12.16], S. 137

[12.52] GAUSTER, W. B.; W. R. WAMPLER: Phil. Mag. A 41 (1980), S. 145

[12.53] DLUBEK, G.; O. BRÜMMER; J. YLI-KAUPPILA; P. HAUTOJÄRVI: J. Phys. F. 11 (1981), S. 2525

[12.54] DLUBEK, G.; O. BRÜMMER; P. HAUTOJÄRVI; J. YLI-KAUPPILA: Phil. Mag. A 44 (1981), S. 239

[12.55] GOLDANSKIJ, V. I.: Atomic Energy Review 6 (1968), S. 3

Sachwörterverzeichnis

A

Absorptionsfaktor 106
Absorptionskoeffizient für Neutronen 124
– für Röntgenstrahlung 124
Absorptionskorrektur 182, 193
Absorption von Röntgenstrahlen 179 ff.
– von Elektronen 151, 180 ff.
Abtastung, elektronische 72
–, mechanische 72
Abweichungsparameter 152, 159
AES 230 ff.
Aktivität 29, 32, 33, 48, 49
Anisotropie, magnetische 253
Annihilationscharakteristik 268, 270 ff., 272, 273 ff.
Annihilationsparameter 284
Anregungsbedingungen 177
Anregungsfehler 159
Anregungstiefe 179
Aperturblende 144, 148
Astigmatismus 145, 167
ASTM-Kartei 104
Atomformfaktor 98
Auflösung 184, 185, 188, 191
Auflösungsvermögen 53, 139, 141, 145, 149, 167, 237, 242
Aufnahmetechnik für Einkristalle 89 ff.
– für Vielkristalle 93 ff.
Aufspaltung, magnetische 251 ff.
AUGER-Effekt 230
AUGER-Elektronen 176
–, Austrittstiefe mittlere 234
–, Emissionswahrscheinlichkeit von 230 ff.
–, Energie von 232, 237
–, ioneninduzierte Emission von 198
AUGER-Elektronenspektroskopie 230 ff.
AUGER-Übergänge, Bezeichnung von 231 ff.
–, Intensität von 233
Auslöschung 99
Auslöschungskriterium 152, 159
Ausscheidungen 130 ff., 155, 163, 167, 170, 284
AVRAMI-Gleichung 282

B

Berthollide 29, 32, 33, 34
Beschleunigungsspannung 140, 144, 169
Bestrahlungsdefekte 282
Beugungsdiagramm 149, 152
Beugungskontrast 148, 149, 151, 161
Beugungstechniken 162 ff.
Beugungstheorie, dynamische 151
–, kinematische 151
Beugungsvektor 152
Bildanalysatoren 72
Bildebene 145
Bildpunkt 74
Bindungsenergie 213
Bindungszustand, Aussagen zum 242
BRAGG-Reflex 126, 128, 134
BRAGGsche Gleichung 85 ff., 149
BRAGGsche Reflexion 85 ff., 182
Brennebene 145, 149
BURGERS-Vektor 159, 170

C

Clusterionen 200, 207
CMA (Zylinderspiegelanalysator) 238 ff.
COSTER-KRONIG-Übergang 232, 234, 235
Coulombwechselwirkung 251
Cross over 144, 146, 182

D

Daltonide 28, 29
DEBYE-SCHERRER-Ring 106, 109, 110
– -Verfahren 95, 115
DEBYE-WALLER-Faktor 249
DELESSE, Prinzip von 60
differentielles Leistungs-Scanning-Kalorimeter (DPSC) 42

differentielles Temperatur-Scanning-Kalorimeter
(DTSC) 42
differentielle Thermoanalyse (DTA) 28, 42
Diffraktion 126
Diffraktometermeßplatz 95
Dilatation 75
Dispersität 64
Doppelbeugung 155
Dopplerverschiebung 249
Drehkristallverfahren 90, 110
Drop-Kalorimeter 46
DUANE-HUNT, Gesetz von 82, 177
Dünnschliff 54
Dunkelfeldabbildung 149, 152
Durchstrahlungselektronenmikroskop 55, 144

E

Effusionsmethode 49, 50 ff.
Einkristallverfahren 89 ff.
Einschlüsse 55
Einwurfkalorimetrie 46
Elektronen, rückgestreute 144, 177, 180, 184, 186 ff.,
235
–, absorbierte 177, 180, 184
–, sekundäre 177, 180, 184
Elektronenanregung 176
Elektronenbeugung 150
Elektronenmikroskopie, höchstauflösende 167 ff.
–, Höchstspannungs- 169 ff.
Elektronenstrahlmikroanalysator 176
Elektronenstrahlmikroanalyse 54, 176
EMK-Messung 48
Empfindlichkeitsfaktor 241
Energieanalysator 218
Energieverlust von Elektronen 140, 144, 161, 167, 169,
231
Enthalpie bei Bildungsvorgängen 30, 31
– bei Mischungsvorgängen 33
– bei Phasenumwandlungen 31, 46
– bei Reaktionen 29, 31, 32
– bei Bildung von Leerstellen 277 ff., 283
– der Selbstdiffusion 278
–, freie, bei Mischungsvorgängen 33
–, Standardwerte der 29, 30, 32
Erholung 281 ff.
Erosion 75
ESCA 212 ff.
ESMA 54, 176
EVERHART-THORNLEY-Detektor 186
EWALDsche Ausbreitungskugel 89 ff., 149
Extinktionslänge 151

F

Fehler, chromatischer 161
Feinbereichsbeugung 162
Feldgradient, elektrischer 253 ff., 257
FERMI-Grenze 26, 37, 271
Fernordnung 127
Fingerprintspektrum 207
Flächenanalyse 59 ff.
Flugzeitmethode 126
Fluoreszenzkorrektur 193
Fokussierung nach BRAGG-BRENTANO 95, 118
Fokussierungskreis 96
FREEMANscher-Richtungscode 74

G

Gefüge 171
–, einphasig-polyedrisches 55 ff., 60, 62, 66
–, mehrphasig-polyedrisches 55 ff., 67
–, netzartiges 56 ff.
–, orientiertes 56 ff., 66
Gefügeanalysatoren, automatische 58, 66, 76
Gefügeanalyse 109 ff.
Gefügekenngröße, stereometrische 60
Gefügeparameter 55
Gefügerichtreihe 54, 58
Gegenfeldanalysator (RFA) 238 ff.
Gitter, reziprokes 86 ff., 89, 149
Gitterparameterbestimmung 100 ff.
Gittertransformation, polymorphe 279, 285
Gleichgewichtskonstante 32
Gleichgewichtsmethoden 28, 48
Goss-Textur 133
Größenklasse 60, 68
Größenverteilung 59, 68, 70
Grundgleichung, kalorimetrische 39
GUINIER-PRESTON-Zonen 170, 284

H

Halbwertsbreite 114
HANAWALT-Gruppe 105
HEED 230
Hellfeldabbildung 149, 152
HULL-DAVEY-Kurven 103 ff.
Hyperfeinaufspaltung 252
Hyperfeinwechselwirkung 250

I

Indizierung 102 ff., 150
Integralintensität 92, 108
Integrationstisch, elektromechanischer 66, 71
Intensität der Röntgenstrahlung 193
Intensitätsverteilung, azimutale 92
– des Reflexes 92, 93, 97, 106
–, radiale 92, 97, 100
Interferenz 148, 167
Interferenzring 92
Ionenätzung 239, 241, 244
Ionenzerstäubung 143
Ionisierungsquerschnitt für Elektronen 233 ff.
Isomerieverschiebung 251 ff.
Isotopensubstitution 125
ISS (Ionenstreuspektrometrie) 198

K

Kalorimetrie 39 ff.
–, technologische 27, 36, 47 ff.
Kalorimeter 30, 31, 33, 39 ff.
–, Arbeitsweise 41
–, Aufbau 41
–, dynamische 41, 42 ff., 46
–, statische 43 ff.
Kalorimetergleichung 41
Kamerakonstante 150
Katalyse, Untersuchung der, mit AES 244
Katode 144
Katodolumineszenzstrahlung 177
Keramographie 54, 68
Kernmagneton 252
Kernresonanzfluoreszenz 249
Kernspin 252, 257
Kikuchi-Diagramm 150, 162
Klassenbreite 68
Klassengrenze 68
Klassenteilung, lineare 68
–, logarithmische 68
Kleinwinkelstreuung von Neutronen 130 ff.
Kondensorlinse 145, 164
Kontamination 145, 167
Kontrast 140, 141, 145, 155, 161, 188
Konturfolgeverfahren 74
Konversionselektronen 256
Konzentrationsbestimmung mit AES 240 ff.
Kornfläche, mittlere 60
Korngrenze 170
Korngrenzenfläche, spezifische 62, 63, 64, 65, 68
Korngrenzensegregation, Untersuchung mit AES 244

Korngröße 54, 171
–, mittlere lineare 62, 64, 66, 67
–, räumliche 68
Korngrößenverteilung 66
Korrosion, Untersuchung mit AES 244
Kossel-Technik 90

L

Laue-Indizes 87, 100
– -Verfahren 90
Lebensdauerspektrum 269
LEED 230
Leerstellen, Agglomeration 274, 281
–, Ausheilung von 280 ff.
– Bildungsenthalpie 277 ff., 283
– Bindungsenthalpie 278
–, in Legierungen 278 ff.
– Konzentration 280 ff.
– Wanderungsenthalpie 278
Lichtemission, ioneninduzierte 198
Lichtmikroskop 55
Linearanalysator, automatischer 73
Linearanalyse 62 ff., 65, 66, 67, 71
Linienbreite von Auger-Linien 236
Linienformmessung 272 ff.
Linsenfehler 139, 145, 152, 161
Lösungskalorimetrie 46 ff.
Lorentz-Mikroskopie 161

M

Magnetfeld, inneres 252
Magnetstruktur 134
–, antiferromagnetische 135
–, kollineare 134
–, nichtkollineare 135
Massenschwächungskoeffizient 180
Massenspektrum 200, 207
Matrixgefüge 56 ff., 62, 66, 67
Metallographie, halbquantitative 54, 58 ff.
–, quantitative 54
–, stereometrische 54
Mikroanalyse mit AES 237
Mikrobeugung 164
Millersche Indizes 84 ff.
Mitführungsmethode 50
Modulationstechnik 237 ff.
Mössbauer-Effekt 248 ff.
– -Isotop 248

Mössbauer-Linie 251
--Quelle 249, 256
--Spektrometer 255
--Spektrum 250ff., 257
Moment, magnetischer 134, 251ff.
Monochromator für Neutronenstrahlung 126
Moseley, Gesetz von 179

N

Nachweisempfindlichkeit der AES 240
Nachweisgrenze 194
Nahordnung 128
Nahordnungsparameter 128
Netzebenenabbildung 149, 168
Neutralteilchenemission 198
Neutronen, Energie 123
-, Impuls 123
-, polarisierte 134
-, thermische 123ff.
Neutronenquelle 122
Neutronenstrahl 123
-, Kreisfrequenz 123
-, Wellenlänge 123
-, Wellenvektor 123
Neutronenstreuapperatur 125
Neutronenstreuung, diffuse 126, 128
-, elastische 124
-, inelastische 123
-, magnetische 124, 125
-, magnetisch-diffuse 136
Normalverteilung, logarithmische 70

O

Oberfläche, ESCA 212
Oberflächenanalytik 240ff.
Objektiv 145
Öffnungsfehler 139, 167ff.
Ordnungszahlkontrast 186
Ordnungszahlkorrektur 193
Orientierung, flächenhafte 65
-, linienhafte 64
Orientierungsachse 65
Orientierungsbeziehung 162, 170
Orientierungsebene 65
Orientierungsgrad 65
Orientierungsverteilungsfunktion 131
Ortsauflösung 167

P

Partialdruckmessung 48
Peak-Peak-Höhe bei AES 237, 241
Peak-shifts 243
Petrographie 68
Phasenanalyse, qualitative 104ff.
-, quantitative 100, 106ff., 130ff.
Phasengrenzfläche, relative spezifische 63, 64, 65
-, spezifische 62, 63, 65
Phasenkontrast 167, 170
Phasenumwandlung 34, 278, 284ff.
Photoeffekt 180
Photoemission, quantitative 227
-, winkelaufgelöste 217
Planfilmverfahren 95, 115
Plastographie 54
Polfigur 132
Polkugel 91
Positronenannihilation 267ff.
--Einfangrate 275, 277
--Lebensdauermessung 268ff.
--Lebensdauerspektrum 268ff.
--quelle 267ff., 271, 272
Präparation von Schliffen 53
Präzisionsgitterkonstantenbestimmung 93, 115ff.
-, Extrapolationsmethoden 115
-, Fehler der 116
Probenaustrittsarbeit 213
Probenpräparation 140ff., 219ff.
Projektiv 145
Punktdiagramm 150, 162
Punktzählung 61, 67, 71

Q

Quadrupolmoment 253
Quadrupolspaltung 253ff.

R

Rasterelektronenmikroskopie 55, 144, 146ff., 176
Rasterprinzip 184ff.
Rauhigkeitsfaktor bei AES 236, 240ff.
Rauschen 188
Realstrukturanalyse 111ff.
Reflex, -profil 120
-, verbotener 99
--verbreiterung 112
--verschiebung 112

Relaxation 213
Relaxationsenergie 232
Replika-Technik 140 ff.
Resonanzabsorption 248 ff.
Resonanzfluoreszenz 250
RFA (Gegenfeldanalysator) 238 ff.
Richtreihe 58 ff.
Richtstrahlwert 144
Ringdiagramm 150, 162
Röntgenauflösung, laterale 179
Röntgenbremsstrahlung 177, 193
Röntgenfluoreszenzstrahlung 180
Röntgenmikroanalyse 176, 189 ff.
Röntgenröhre 81 ff.
Röntgenspektralanalyse 176, 179, 189 ff.
Röntgenstrahlung, charakteristische 81 ff., 144, 177, 179 ff., 184
–, elastische Streuung 83 ff.
Röntgentopographie 90
ROWLAND-Kreis 182
Rückstreufaktor für Elektronen bei AES 235
Rückstreukoeffizient für Elektronen 180

S

Schiebestreifenmethode 102 ff.
Schliff, metallographischer 53
Schmelzdiagramme 36
Schnittfläche, mittlere 59
Sehnenlänge 62
Sekundärelektronen 144, 181, 184 ff.
–-ausbeute 180, 185, 188
–-vervielfacher 186 ff.
Sekundärionenausbeute 200
–-energie 200
Signal-Rausch-Verhältnis 188 
SIMS, dynamisch 201, 207 ff.
–, Geräte 202 ff.
–, Korrekturprogramme 208
–, statisch 201, 205 ff.
$\sin^2$ 4-Verfahren 117 ff. 
Spannungsanalyse 117 ff.
Spektrometer, energiedispersives 183 ff.
–, wellenlängendispersives 182 ff.
Sputterausbeute 239
Sputterprozeß 199 ff.
Standardprofil 120
Stereologie 54
Stoffwandlungsprozesse, chemische 28
–, physikalisch-chemische 28, 29, 33, 42
–, physikalische 28, 29, 34 ff., 42
Strahlungsquelle für ESCA 218
Streifenkontrast 158

Streuabsorptionskontrast 148
Streuamplitude für Neutronenstrahlung 124
Streuexperiment 250
Streuung 161, 169
–, inkohärente 128, 129
–, kohärente 125
Streuvektor 124
Strukturamplitude 98
Summenhäufigkeitskurve 70

T

Taupunktmethode 49 ff.
Teilchenabstand, mittlerer 63
Teilchengröße, mittlere lineare 65, 66, 67, 68
Texturuntersuchung mit Röntgenstrahlung 109 ff.
– mit Neutronen 131 ff.
Texturgoniometer 111
Tiefenionisation 177
Tiefenprofilmessung mit SIMS 201, 205, 207 ff.
– mit AES 241, 244
Tiefenverteilungsfunktion 179
Topographie 181
Topographiekontrast 185, 187
Trapping-Modell 274

U

Überstrukturreflex 100, 127, 130

V

Verbrennungskalorimetrie 46 ff.
Verformung, plastische 280
Verschiebung, chemische 212, 243
Versetzung 159, 170
Versetzungsdichte, Bestimmung der 119 ff., 170, 280 ff.
Verteilungskurve 68, 70
Vielstrahlabbildung 152, 161, 170

W

Wärmekapazität, Elektronenbeitrag zur 38
–, Gitterbeitrag zur 38
–, Messung der 34, 39, 42, 46, 47
Walztextur 133
weak beam Technik 159

Weglänge, freie, für Elektronen 225, 234
WEISSENBERG-Verfahren 90
Weitwinkeltechnik 90
Wellenvektor 149
Winkelauflösung 164
Winkelkorrelationsmessung 270 ff.
Wirkungsquerschnitt, photoelektrischer 216

Z

Zählrohrdiffraktometerverfahren 93, 95
Zweistrahlfall 151
Zwischenlinse 145
Zylinderspiegelanalysator 238 ff.

Einführung in die Werkstoffwissenschaft

Hochschullehrbuch

Von einem Autorenkollektiv
Herausgeber: Prof. Dr.-Ing. habil.
WERNER SCHATT

4., völlig überarbeitete und neu gestaltete Auflage
480 Seiten mit 420 Bildern und 44 Tabellen
Format 16,5 × 23 cm · Leinen 43,– M
Bestell-Nr.: 541 612 2

Grundanliegen des Lehrbuches ist es, den Erkenntnisstand und die Entwicklungsrichtungen auf dem Gebiet der Werkstoffwissenschaft darzulegen und das Grundlagenwissen zu vermitteln, das für die Erörterung der Eigenschaften, des Einsatzes, der Bearbeitungs- und Verarbeitungsverfahren und der Prüfung von Werkstoffen notwendig ist. Das Buch ist zugleich Lehrbuch für die wissenschaftliche Ausbildung und Standardwerk der Werkstoffwissenschaft.

In der vorliegenden 4. Auflage wurden der unterdessen erbrachte Wissenszuwachs und die bei der studentischen Ausbildung gesammelten Erfahrungen voll berücksichtigt und dabei auch dem inzwischen genauer bestimmten Inhalt der „Werkstoffwissenschaft" Rechnung getragen. Im Ergebnis dessen entstand ein vom Umfang her erweitertes und in großen Teilen des Textes neues Buch mit einem auch überwiegend neuen Bildmaterial. Die vom Herausgeber entscheidend mitgeprägte Lehrmeinung der gleichrangigen Behandlung der drei Werkstoffgruppen Metalle, hochpolymere und keramische Werkstoffe wurde auch in der 4. Auflage beibehalten.

Zum besseren Verständnis des Stoffs wurden die in den einzelnen Kapiteln dargestellten grundlegenden Sachverhalte durch repräsentative und praktisch bedeutungsvolle Beispiele erläutert.